Autodesk Inventor Professional 2018 中文版从入门到精通

三维书屋工作室

胡仁喜　刘昌丽　等编著

机械工业出版社

Autodesk Inventor Professional 2018 中文版是美国 Autodesk 公司推出的三维设计系统。利用它能够完成从二维设计到三维设计的转换，因其易用性和强大的功能，它在机械、汽车、建筑等领域得到了广泛的应用。

本书系统介绍了 Autodesk Inventor Professional 2018 中文版的基本功能，以及与其他 CAE 软件联合进行动力学分析、二次开发、应力分析等内容。本书共 4 篇 15 章。第 1 篇介绍 Inventor 的基本功能模块的使用；第 2 篇介绍减速器的各个零件的设计方法；第 3 篇介绍减速器部件的装配过程以及其运动模拟和干涉检查，以及减速器工程图与表达视图设计；第 4 篇为高级应用篇，介绍了 Inventor 的应力分析、二次开发及运动仿真等内容。

本书既可供高等院校机械类、机电类或其他相关专业的师生使用，也可作为普通设计人员以及 Inventor 爱好者的自学参考资料。

图书在版编目（CIP）数据

Autodesk Inventor Professional 2018 中文版从入门到精通/胡仁喜等编著．—5 版．—北京：机械工业出版社，2018.10

ISBN 978-7-111-60762-5

Ⅰ．①A…　Ⅱ．①胡…　Ⅲ．①机械设计—计算机辅助设计—应用软件　Ⅳ．①TH122

中国版本图书馆 CIP 数据核字（2018）第 194479 号

机械工业出版社（北京市百万庄大街 22 号　邮政编码 100037）
策划编辑：曲彩云　责任编辑：曲彩云　李含阳
责任印制：孙　炜
北京中兴印刷有限公司印刷
2018 年 9 月第 5 版第 1 次印刷
184mm×260mm · 27.25 印张 · 671 千字
0001—3000 册
标准书号：ISBN 978-7-111-60762-5
定价：99.00 元

凡购本书，如有缺页、倒页、脱页，由本社发行部调换

电话服务		网络服务
服务咨询热线：010-88361066		机 工 官 网：www.cmpbook.com
读者购书热线：010-68326294		机 工 官 博：weibo.com/cmp1952
010-88379203		金 书 网：www.golden-book.com
编辑热线：010-88379782		教育服务网：www.cmpedu.com

前　言

Autodesk Inventor 是美国 Autodesk 公司于 1999 年底推出的中端三维参数化实体模拟软件。与其他同类产品相比，Autodesk Inventor 在用户界面三维运算速度和显示着色功能方面有突破性进展。Autodesk Inventor 建立在 ACIS 三维实体模拟核心之上，摒弃许多不必要的操作而保留了最常用的基于特征的模拟功能。Autodesk Inventor 不仅简化了用户界面、缩短了学习周期，而且大大加快了运算及着色速度，这样就缩短了用户设计意图的展现与系统反应速度之间的距离，从而可最大程度地发挥设计人员的创意。

目前，Autodesk Inventor 的新版本是 Autodesk Inventor Professional 2018。与前期版本相比，新版本在草图绘制、实体建模、图面及组合等方面的功能都有明显的提高。

本书以设计实例为主线，同时兼顾基础知识，图文并茂地介绍了 Autodesk Inventor Professional 2018 中文版的功能、使用方法，以及进行零件设计、部件装配、创建二维工程图等基础内容，同时为高级用户提供了 Inventor 运动学与动力学仿真、二次开发，以及利用 Inventor 进行零件的应力分析等更加深入的内容。所以，本书既适用于初中级用户的快速入门，也满足高级用户对 Inventor 进行深入研究的需要。本书共 4 篇，第 1 篇是功能介绍篇，介绍了 Inventor 的工作界面、草图创建、特征创建、部件装配以及创建工程图和表达视图等内容；第 2 篇是零件设计篇，介绍了减速器各个零件的创建过程；第 3 篇是装配与工程图篇，介绍了减速器部件的装配过程、减速器的干涉检查与运动模拟，以及减速器零部件的零件图、部件装配图与表达视图的设计；第 4 篇是高级应用篇，介绍了 Inventor 的运动仿真、Inventor 二次开发，以及利用 Inventor 的应力分析模块进行零件应力分析、模态分析等内容。

本书具有较强的系统性，简明扼要地讲述了 Inventor 中大部分常用的功能，以及这些功能在具体的造型实例中（减速器）的具体应用，使读者在完成基础部分的学习后，能够在实际的设计中应用这些基础技能，从而加深对所学知识的理解。本书除了主要讲述减速器部件外，还列举了大量典型的实例，并且附有大量的插图；光盘中也附有实例的三维模型和详细的操作过程动画，以方便读者学习。读者在学习过程中不仅可以开阔视野，还可以从中学习到更多的 Inventor 使用技巧，巩固所学习到的知识和技能。

为了方便广大读者更加形象直观地学习本书，随书配赠电子资料包，包含全书实例操作过程录屏讲解 AVI 文件和实例源文件，以及 AutoCAD 操作技巧集锦，总学时长达 3000min。读者可以登录百度网盘地址：https://pan.baidu.com/s/1KWYrAPfXXVVY_ra6ltML5w 下载，密码：lnwz。备用地址为：https://pan.baidu.com/s/1TraaMuCwE7528CihKLf7qw，密码：xcho（读者如果没有百度网盘，需要先注册才能下载）。

本书由三维书屋工作室总策划，胡仁喜、刘昌丽主要编写，参加编写的还有康士廷、王敏、王玮、孟培、王艳池、闫聪聪、王培合、王义发、王玉秋、杨雪静、解江坤、卢园、孙立明、甘勤涛、李兵、路纯红、阳平华、李亚莉、张俊生、李鹏、周冰、董伟、李瑞、王渊峰等。

由于时间仓促，加上编者水平有限，书中不足之处在所难免，望广大读者登录 www.sjzswsw.com，或联系 **win760520@126.com** 批评指正，编者将不胜感激，也欢迎加入三维书屋图书学习交流群 QQ：488722285，交流探讨。

编　者

目　录

前言
第 1 篇　功能介绍篇 1
第 1 章　计算机辅助设计与 Inventor 简介 2
1.1　计算机辅助设计（CAD）入门 3
1.2　参数化造型简介 5
1.3　Inventor 的产品优势 7
1.4　Inventor 支持的文件格式 8
1.4.1　Inventor 的文件类型 8
1.4.2　与 Inventor 兼容的文件类型 8
1.5　Inventor 2018 工作界面一览 10
1.5.1　草图环境 10
1.5.2　零件（模型）环境 13
1.5.3　部件（装配）环境 14
1.5.4　钣金零件（模型）环境 16
1.5.5　工程图环境 16
1.5.6　表达视图环境 19
1.6　模型的浏览和属性设置 20
1.6.1　模型的显示 21
1.6.2　模型的动态观察 22
1.6.3　获得模型的特性 23
1.6.4　选择特征和图元 23
1.7　工作界面定制与系统环境设置 25
1.7.1　文档设置 25
1.7.2　系统环境常规设置 26
1.7.3　用户界面颜色设置 27
1.7.4　显示设置 28
1.8　Inventor 项目管理 29
1.8.1　创建项目 29
1.8.2　编辑项目 31
第 2 章　草图的创建与编辑 32
2.1　草图综述 33
2.2　草图的设计流程 34
2.3　选择草图平面与创建草图 34
2.4　草图基本几何特征的创建 35
2.4.1　点与曲线 35
2.4.2　圆与圆弧 36

2.4.3 槽 38
2.4.4 矩形和多边形 38
2.4.5 倒角与圆角 39
2.4.6 投影几何图元 40
2.4.7 插入 AutoCAD 文件 40
2.4.8 创建文本 43
2.4.9 插入图像 44
2.5 草图几何图元的编辑 45
2.5.1 镜像与特征 45
2.5.2 偏移、延伸与修剪 47
2.6 草图尺寸标注 48
2.6.1 自动标注尺寸 48
2.6.2 手动标注尺寸 49
2.6.3 编辑草图尺寸 51
2.7 草图几何约束 51
2.7.1 添加草图几何约束 52
2.7.2 草图几何约束的自动捕捉 55
2.7.3 显示和删除草图几何约束 55
2.8 草图尺寸参数关系化 56
2.9 定制草图工作区环境 57
第 3 章 特征的创建与编辑 59
3.1 基于特征的零件设计 60
3.2 基于草图的简单特征的创建 61
3.2.1 拉伸特征 61
3.2.2 旋转特征 64
3.2.3 孔特征 65
3.3 定位特征 67
3.3.1 基准定位特征 68
3.3.2 工作点 68
3.3.3 工作轴 69
3.3.4 工作平面 69
3.3.5 显示与编辑定位特征 70
3.4 放置特征和阵列特征 72
3.4.1 圆角与倒角 72
3.4.2 零件抽壳 78
3.4.3 拔模斜度 79
3.4.4 镜像特征 80
3.4.5 阵列特征 81

3.4.6 螺纹特征 83
3.4.7 加强筋与肋板 85
3.4.8 分割零件 86
3.5 复杂特征的创建 87
3.5.1 放样特征 87
3.5.2 扫掠特征 91
3.5.3 螺旋扫掠特征 92
3.5.4 加厚偏移特征 94
3.5.5 凸雕特征 95
3.5.6 贴图特征 97
3.6 编辑特征 97
3.6.1 编辑退化的草图以编辑特征 98
3.6.2 直接修改特征 98
3.7 设计元素（iFeature）入门 98
3.7.1 创建和修改 iFeature 99
3.7.2 放置 iFeature 100
3.7.3 深入研究放置 iFeature 102
3.8 表驱动工厂（iPart）入门 103
3.8.1 创建 iPart 工厂 103
3.8.2 iPart 电子表格管理 106
3.9 定制特征工作区环境 107
3.10 实例——参数化齿轮的创建 109
3.10.1 创建参数和草图 109
3.10.2 创建三维模型 110
第 4 章 部件装配 113
4.1 Inventor 的部件设计 114
4.2 零部件基础操作 115
4.2.1 装入和替换零部件 115
4.2.2 旋转和移动零部件 116
4.2.3 镜像和阵列零部件 116
4.2.4 零部件拉伸、打孔和倒角 121
4.3 添加和编辑约束 121
4.3.1 配合约束 122
4.3.2 角度约束 123
4.3.3 相切约束 123
4.3.4 插入约束 124
4.3.5 对称约束 125
4.3.6 运动约束 125

4.3.7 过渡约束 126
4.3.8 编辑约束 126
4.4 观察和分析部件 127
4.4.1 部件剖视图 128
4.4.2 干涉检查（过盈检查） 129
4.4.3 驱动约束 130
4.5 自上而下的装配设计 131
4.5.1 在位创建零部件 132
4.5.2 在位编辑零部件 133
4.6 衍生零件和部件 134
4.6.1 衍生零件 134
4.6.2 衍生部件 136
4.7 iMate 智能装配 137
4.7.1 iMate 基础知识 137
4.7.2 创建和编辑 iMate 138
4.7.3 用 iMate 来装配零部件 140
4.8 自适应设计 142
4.8.1 自适应设计基础知识 142
4.8.2 控制对象的自适应状态 144
4.8.3 基于自适应的零件设计 147
4.9 定制装配工作区环境 149
4.10 自适应部件装配范例——剪刀 151
第 5 章 工程图和表达视图 156
5.1 工程图 157
5.1.1 创建工程图与绘图环境设置 158
5.1.2 基础视图 160
5.1.3 投影视图 163
5.1.4 斜视图 164
5.1.5 剖视图 165
5.1.6 局部视图 167
5.1.7 打断视图 168
5.1.8 局部剖视图 170
5.1.9 尺寸标注 171
5.1.10 技术要求和符号标注 175
5.1.11 文本标注和指引线文本 181
5.1.12 添加引出序号和明细栏 183
5.1.13 工程图环境设置 185
5.2 表达视图 187

5.2.1 创建表达视图 188
5.2.2 调整零部件位置 189
5.2.3 创建动画 189
第2篇 零件设计篇 191
第6章 通用标准件设计 192
6.1 定距环设计 193
6.1.1 实例制作流程 193
6.1.2 实例效果展示 193
6.1.3 操作步骤 194
6.1.4 总结与提示 195
6.2 键的设计 196
6.2.1 实例制作流程 196
6.2.2 实例效果展示 196
6.2.3 操作步骤 197
6.2.4 总结与提示 200
6.3 销的设计 200
6.3.1 实例制作流程 200
6.3.2 实例效果展示 201
6.3.3 操作步骤 201
6.3.4 总结与提示 203
6.4 螺母设计 203
6.4.1 实例制作流程 203
6.4.2 实例效果展示 203
6.4.3 操作步骤 204
6.4.4 总结与提示 206
6.5 螺栓设计 207
6.5.1 实例制作流程 207
6.5.2 实例效果展示 208
6.5.3 操作步骤 208
6.5.4 总结与提示 211
第7章 传动轴及其附件设计 212
7.1 传动轴设计 213
7.1.1 实例制作流程 213
7.1.2 实例效果展示 213
7.1.3 操作步骤 214
7.1.4 总结与提示 217
7.2 轴承设计 217
7.2.1 实例制作流程 217

7.2.2 实例效果展示 218
7.2.3 操作步骤 218
7.2.4 总结与提示 220
7.3 轴承支架设计 220
7.3.1 实例制作流程 220
7.3.2 实例效果展示 220
7.3.3 操作步骤 221
7.3.4 总结与提示 227
第 8 章 圆柱齿轮与蜗轮设计 228
8.1 大圆柱齿轮设计 229
8.1.1 实例制作流程 229
8.1.2 实例效果展示 230
8.1.3 操作步骤 230
8.1.4 总结与提示 235
8.2 小圆柱齿轮设计 235
8.2.1 实例制作流程 235
8.2.2 实例效果展示 236
8.2.3 操作步骤 236
8.2.4 总结与提示 240
8.3 蜗轮设计 240
8.3.1 实例制作流程 241
8.3.2 实例效果展示 241
8.3.3 操作步骤 241
8.3.4 总结与提示 246
第 9 章 减速器箱体与附件设计 247
9.1 减速器下箱体设计 248
9.1.1 实例制作流程 248
9.1.2 实例效果展示 248
9.1.3 操作步骤 249
9.1.4 总结与提示 263
9.2 减速器箱盖设计 264
9.2.1 实例制作流程 264
9.2.2 实例效果展示 265
9.2.3 操作步骤 265
9.2.4 总结与提示 272
9.3 油标尺与通气器设计 272
9.3.1 实例制作流程 273
9.3.2 实例效果展示 273

9.3.3 操作步骤 273
9.3.4 总结与提示 275
9.4 端盖设计 275
9.4.1 实例制作流程 275
9.4.2 实例效果展示 275
9.4.3 操作步骤 276
9.4.4 总结与提示 278
第 3 篇 装配与工程图篇 279
第 10 章 减速器装配 280
10.1 传动轴装配 281
10.1.1 装配流程 281
10.1.2 装配效果展示 281
10.1.3 装配步骤 282
10.1.4 总结与提示 286
10.2 小齿轮装配 286
10.3 减速器总装配 287
10.3.1 装配流程 287
10.3.2 装配效果展示 287
10.3.3 装配步骤 288
10.3.4 总结与提示 293
第 11 章 减速器干涉检查与运动模拟 294
11.1 齿轮传动的运动模拟 295
11.1.1 添加齿轮间的运动约束 295
11.1.2 驱动约束 296
11.1.3 录制齿轮运动动画 297
11.2 减速器的干涉检查 298
11.2.1 剖视箱体以观察干涉 298
11.2.2 检查静态干涉 301
11.2.3 检测运动过程中的干涉 302
11.2.4 检测零部件的接触 303
第 12 章 减速器工程图与表达视图设计 305
12.1 零件图绘制 306
12.1.1 标准件零件图 306
12.1.2 传动轴零件图 310
12.1.3 下箱体零件图 315
12.1.4 箱盖零件图 320
12.2 装配图绘制 325
12.2.1 传动轴装配图 325

12.2.2 减速器装配图 329
12.3 减速器表达视图 336
12.3.1 效果展示 336
12.3.2 操作步骤 336
12.3.3 爆炸图创建 339
第 4 篇 高级应用篇 342
第 13 章 运动仿真 343
13.1 Inventor2018 的运动仿真模块概述 344
13.1.1 运动仿真的工作界面 344
13.1.2 Inventor 运动仿真的特点 345
13.2 构建仿真机构 345
13.2.1 运动仿真设置 346
13.2.2 转换约束 346
13.2.3 插入运动类型 348
13.2.4 添加力和转矩 354
13.2.5 未知力的添加 357
13.2.6 修复冗余 358
13.2.7 动态零件运动 360
13.3 仿真及结果的输出 361
13.3.1 运动仿真设置 362
13.3.2 运行仿真 363
13.3.3 仿真结果输出 363
第 14 章 应力分析 368
14.1 Inventor 2018 应力分析模块概述 369
14.1.1 应力分析的一般方法 369
14.1.2 应力分析的意义 370
14.2 边界条件的创建 371
14.2.1 验证材料 371
14.2.2 力和压力 371
14.2.3 轴承载荷 373
14.2.4 力矩 374
14.2.5 体载荷 374
14.2.6 固定约束 375
14.2.7 销约束 375
14.2.8 无摩擦约束 375
14.3 模型分析及结果处理 376
14.3.1 应力分析设置 376
14.3.2 运行分析 377

14.3.3 查看分析结果......377
14.3.4 生成分析报告......381
14.3.5 生成动画......381
第 15 章 Inventor 二次开发入门......383
15.1 Inventor API 概述......384
15.1.1 Inventor API 总论......384
15.1.2 Inventor API 的分类......384
15.1.3 Inventor API 使用入门示例......385
15.2 Inventor VBA 开发基础......389
15.2.1 VBA 语法简介......389
15.2.2 Inventor VBA 工程......398
15.2.3 Inventor VBA 代码模块......402
15.3 插件（Add-In）......403
15.3.1 创建插件......403
15.3.2 为插件注册......408
15.4 学徒服务器（Apprentice Server）......411
15.4.1 学徒服务器简介......411
15.4.2 实例——部件模型树浏览器......412
15.5 综合实例——文档特性访问......416
15.5.1 读取文档特性......416
15.5.2 修改特性值......419

第1篇

功能介绍篇

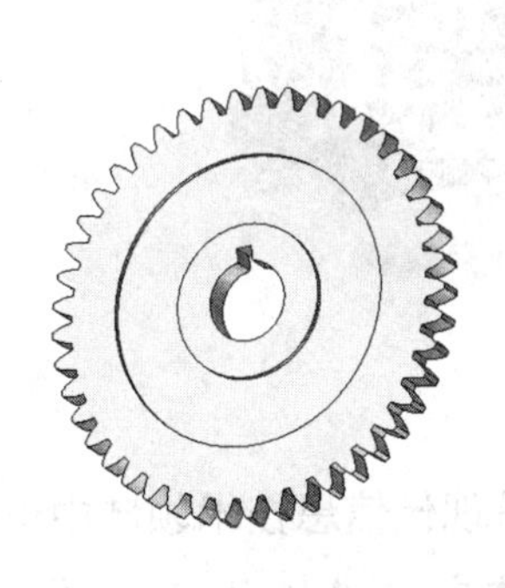
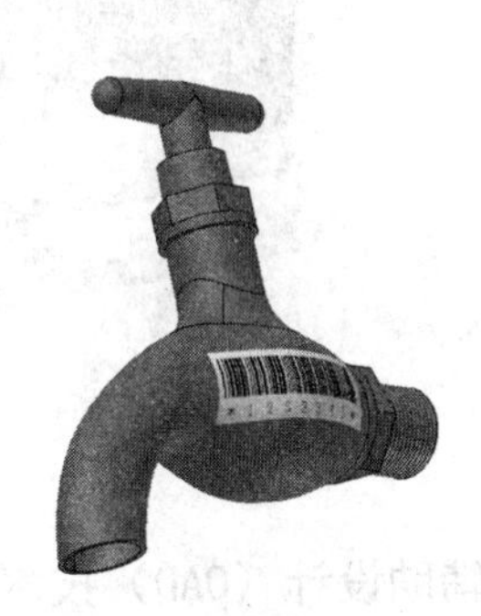
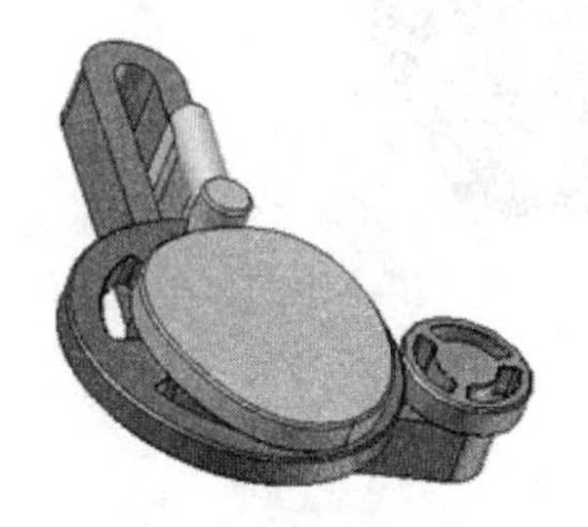

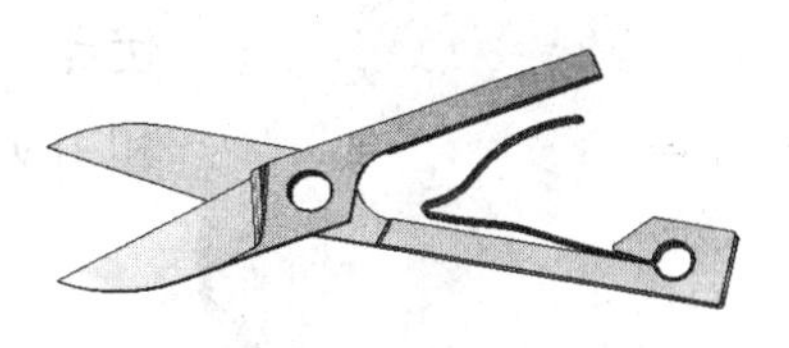

本篇介绍以下主要知识点：

 软件简介

 草图的创建与编辑

 特征的创建与编辑

 部件装配

 工程图和表达视图

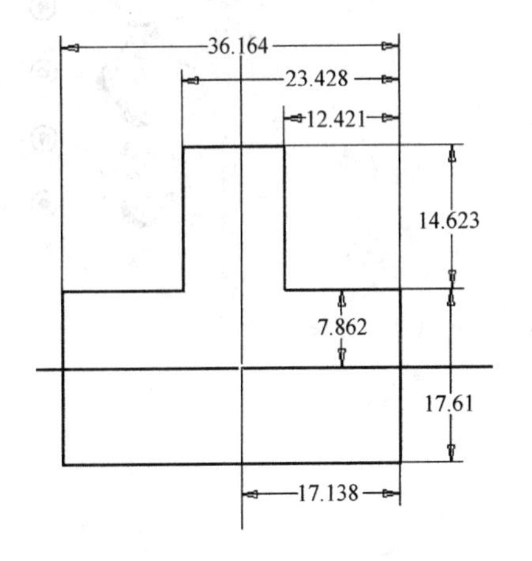

第 1 章

计算机辅助设计与 Inventor 简介

导读

计算机辅助设计（CAD）技术是现代信息技术领域中设计以及相关部门使用非常广泛的技术之一。Autodesk 公司的 Inventor 作为中端三维 CAD 软件，具有功能强大、易操作等优点，因此被认为是领先的中端设计解决方案。本章对 CAD 和 Inventor 软件作简要介绍。

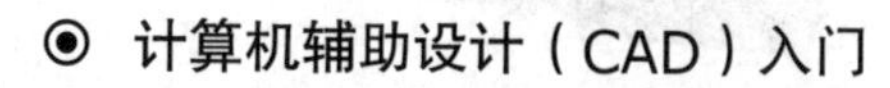

精彩内容

- 计算机辅助设计（CAD）入门
- Inventor2018 工作界面一览
- 模型的浏览和属性设置
- 工作界面定制与系统环境设置
- Inventor 项目管理

1.1 计算机辅助设计（CAD）入门

计算机辅助设计简称为 CAD，是英文 Computer Aided Design（计算机辅助设计）的缩写，是利用计算机强大的计算功能和高效的图形处理能力，辅助进行工程产品的设计与分析，以达到理想的目的或取得创新成果的一种技术。

CAD 技术集计算机图形学、数据库、网络通信以及对应的工程设计方面的技术于一身，现在已经被广泛地应用在机械、电子、航天、化工、建筑等行业。CAD 技术的应用，提高了企业的设计效率，减轻了技术人员的劳动强度，并且大大缩短了产品的设计周期，增强了设计的标准化水平。图 1-1 所示为利用 Autodesk 公司的三维 CAD 软件 Inventor 所设计的产品样机。

1. 曲面造型

三维 CAD 技术可根据给定的离散数据和工程问题的边界条件来定义、生成、控制和处理过渡曲面与非矩形域曲面的拼合能力，提供曲面造型技术。图 1-2 所示为利用 PTC 公司的三维造型产品 Pro/Engineer 所设计的显示器外壳曲面。

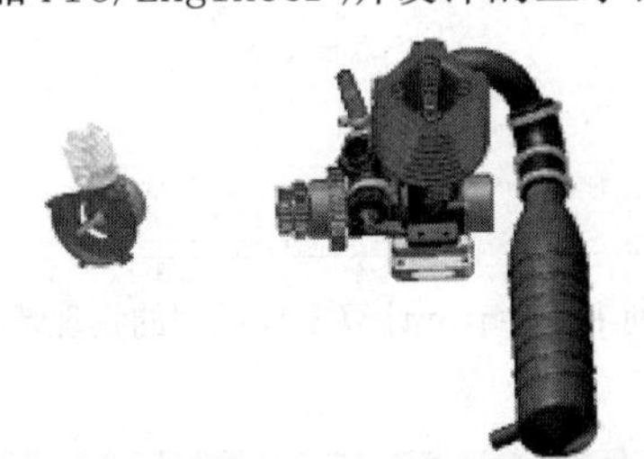

图1-1 利用Inventor设计的产品样机

图1-2 利用Pro/Engineer设计的显示器外壳曲面

2. 实体造型

三维 CAD 技术具有定义和生成几何体素的能力，以及用几何体素构造法 CSG 或连界表示法 B-rep 构造实体模型的能力，并且能提供机械产品总体、部件、零件，以及用规则几何形体构造产品几何模型所需要的实体造型技术。图 1-3 所示为利用 Autodesk 公司的三维 CAD 软件 Inventor 设计的三维组装部件模型。

3. 物质质量特性计算

三维 CAD 技术具有根据产品几何模型计算相应物体的体积、表面积、质量、密度、重心、导线长度以及轴的转动惯量和回转半径等几何特性的能力，为系统对产品进行工程分析和数值计算提供必要的基本参数和数据。图 1-4 所示为利用 Autodesk 公司的三维 CAD 软件 Inventor 计算出的零件模型的物理特性。

4. 三维机构的分析和仿真功能

三维 CAD 技术具有结构分析、运动学分析和温度分析等有限元分析功能，它具有一个机械机构的静态分析、模态分析、屈曲分析、振动分析、运动学分析、动力学分析、干涉分析及瞬态温度分析等功能，即具有对机构进行分析和仿真等研究能力，从而为设计师在设计运动机构时，提供直观的、可仿真的交互式设计技术。图 1-5 所示为利用 PTC 公司的 CAD 产品 Pro/Engineer 对构件所进行应力得到的分析结果。

图1-3　利用Inventor设计的部件模型

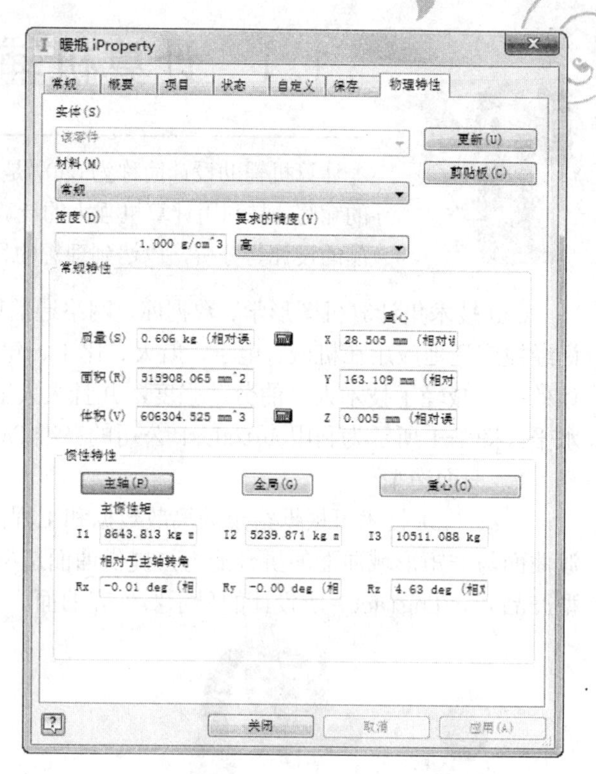

图1-4　利用Inventor计算零件模型的物理特性

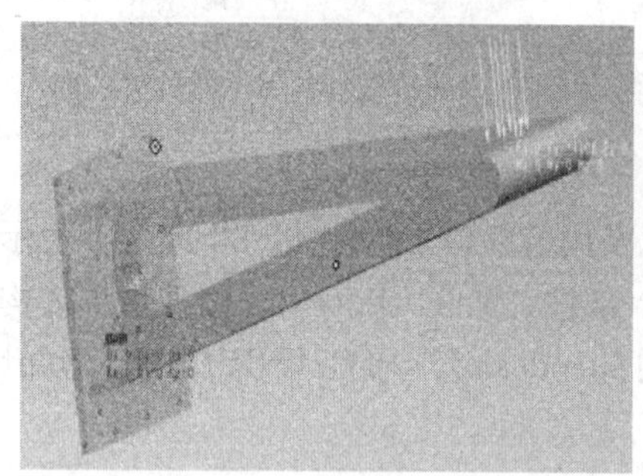

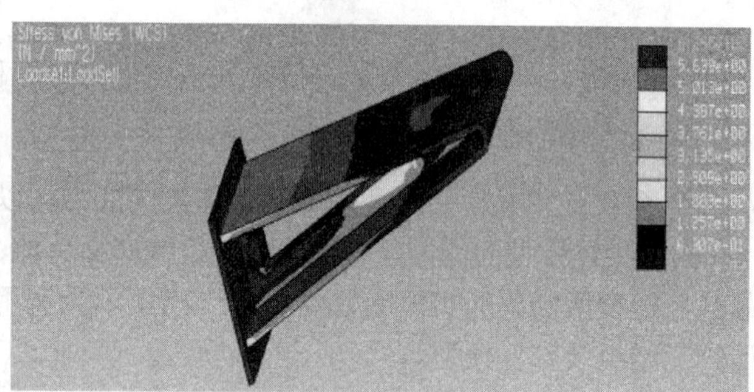

图1-5　利用Pro/Engineer分析模型应力

5．三维几何模型的显示处理功能

三维 CAD 技术具有动态显示图形、消除隐藏线及彩色浓淡处理的能力，以便使设计师通过视觉直接观察、构思和检验产品模型，解决了三维几何模型在设计复杂空间布局的问题。图 1-6 所示为 Autodesk 公司的三维 CAD 产品 Inventor 中的三种不同的模型显示方式。

6．有限元法网格自动生成的功能

三维 CAD 技术具有利用有限元分析方法对产品结构的静、动态特性，强度、振动、热变形、磁场强度和流场等进行分析的能力，以及自动生成有限元网格的能力，对复杂的三维模型进行有限元网格的自动划分。图 1-7 所示为利用 PTC 公司的 Pro/Engineer 对零件进行有限元网格的划分。

图1-6 Inventor的模型显示方式

7. 优化设计功能

三维 CAD 技术具有用参数优化法进行方案优选的功能，优化设计是保证现代产品设计具有快速、高质量和良好的市场销售的主要技术手段之一。

8. 数控加工功能

三维 CAD 技术具有三、四、五坐标机床加工产品零件的能力，并能在图形显示终端上识别、校核刀具轨迹和刀具干涉，以及对加工过程的模态进行仿真。

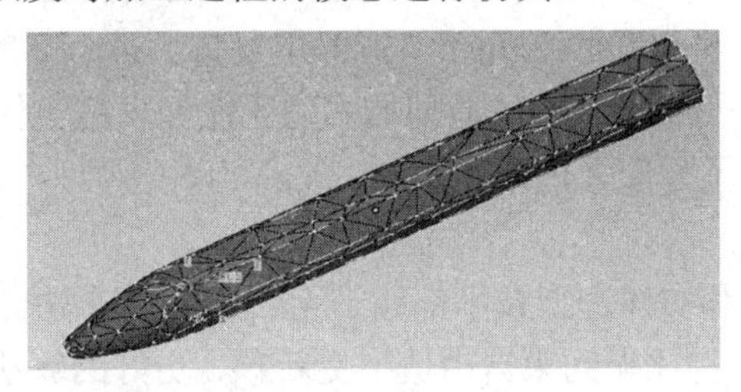

图1-7 利用Pro/ Engineer对零件进行有限元网格划分

9. 信息处理和信息管理功能

三维 CAD 技术具有统一处理和管理有关产品设计、制造以及生产计划等全部信息的能力，即建立一个与系统规模匹配的统一的数据库，以实现设计、制造、管理的信息共享，并达到自动检索、快速存取和不同系统间交换的传输目的。

1.2 参数化造型简介

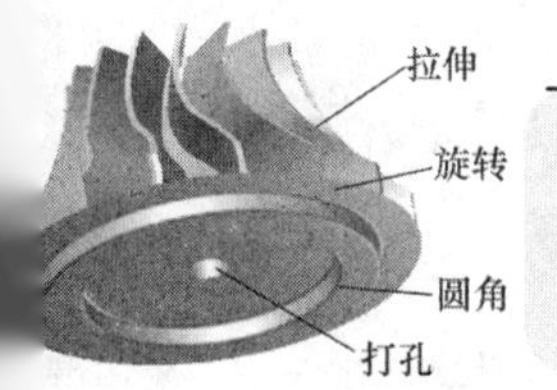

CAD 三维造型技术的发展经历了线框造型、曲面造型、实体造型、参数化实体造型以及变量化造型几个阶段。

1. 线框造型

最初的是线框造型技术，即由点、线集合方法构成的线框式系统，这种方法符合人们的思维习惯，很多复杂的产品往往仅用线条勾画出基本轮廓，然后逐步细化。这种造型方式数据存储量小、操作灵活、响应速度快、但是由于线框的形状只能用棱线表示，只能表达基本的几何信息，因此在使用中有很大的局限性。图 1-8 所示为利用线框造型做出的模型。

2. 曲面造型

20 世纪 70 年代，在飞机和汽车制造行业中需要进行大量的复杂曲面的设计，如飞机的机翼和汽车的外形曲面设计，由于当时只能够采用多截面视图和特征纬线的方法来进行近似设计，因此设计出来的产品和设计者最初的构想往往存在很大的差别。法国人在此时提出了贝赛尔算法，人们开始使用计算机进行曲面设计。法国的达索飞机公司首先进入了第一个三维曲面造型系统“CATIA”，是 CAD 发展历史上一次重要的革新，CAD 技术有了质的飞跃。

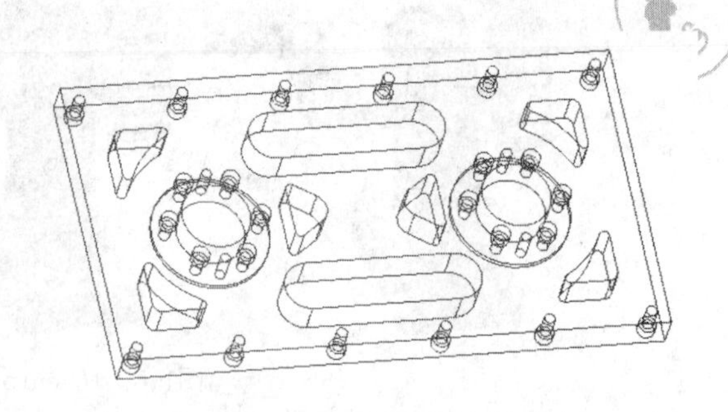

图1-8　线框模型

3. 实体造型

曲面造型技术只能表达形体的表面信息，要想表达实体的其他物理信息，如质量、重心、惯性矩等信息时，就无能为力了。如果要对实体模型进行各种分析和仿真，模型的物理特征是不可缺少的。在这一趋势下，SDRC 公司于 1979 年发布了第一个完全基于实体造型技术的大型“CAD/CAE”软件——“I-DESA”。实体造型技术完全能够表达实体模型的全部属性，给设计以及模型的分析和仿真打开了方便之门。

4. 参数化实体造型

线框造型、曲面造型和实体造型技术都属于无约束自由造型技术。进入 20 世纪 80 年代中期，CV 公司内部提出了一种比无约束自由造型更新颖、更好的算法——参数化实体造型方法。从算法上来说，这是一种很好的设想。它主要的特点是基于特征、全尺寸约束、全数据相关及尺寸驱动设计修改。

（1）基于特征　指在参数化造型环境中，零件是由特征组成的，所以参数化造型也可成为基于特征的造型。参数化造型系统可把零件的结构特征十分直观地表达出来，因为零件本身就是特征的集合。图 1-9 所示为利用 Autodesk 公司的 Inventor 软件设计的零件模型。左边是零件的浏览器，显示这个零件的所有特征。浏览器中的特征是按照特征的生成顺序排列的，最先生成的特征排在浏览器的最上方，这样模型的构建过程就会一目了然。

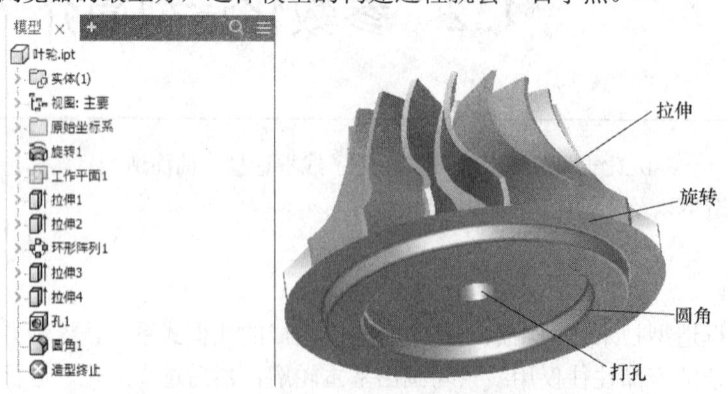

图1-9　利用Inventor设计的零件模型

（2）全尺寸约束　指特征的属性全部通过尺寸来进行定义。例如，在 Inventor 软件中进

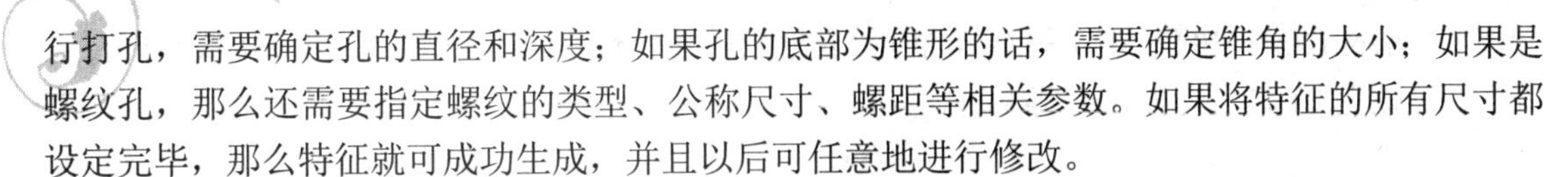

行打孔，需要确定孔的直径和深度；如果孔的底部为锥形的话，需要确定锥角的大小；如果是螺纹孔，那么还需要指定螺纹的类型、公称尺寸、螺距等相关参数。如果将特征的所有尺寸都设定完毕，那么特征就可成功生成，并且以后可任意地进行修改。

（3）全数据相关　指模型的数据如尺寸数据等不是独立的，而是具有一定的关系。例如，设计一个长方体，要求其长（length）、宽（width）和高（height）的比例是一定的（如 1：2：3），这样长方体的形状就是一定的，尺寸的变化仅仅意味着其大小的改变。那么在设计时，可将其长度设置为 L，宽度设置为 $2L$，高度设置为 $3L$。这样，如果以后对长方体的尺寸数据进行修改的话，仅仅改变其长度参数就可以了。如果分别设置长方体的三个尺寸参数，以后在修改设计尺寸时，工作量就增加了 3 倍。

（4）尺寸驱动设计修改　指在修改模型特征的时候，由于特征是尺寸驱动的，所以可针对需要修改的特征，确定需要修改的尺寸或者关联的尺寸。在某些 CAD 软件中，零件图的尺寸和工程图的尺寸是关联的，改变零件图的尺寸，工程图中对应的尺寸会自动修改；一些软件甚至支持从工程图中对零件进行修改，即修改工程图中的某个尺寸，则零件图中对应特征会自动更新为修改过的尺寸。

1.3　Inventor 的产品优势

本节主要介绍 Inventor 的产品优势。通过本节的学习使读者对 Inventor 软件的深化模拟技术有个大体的了解。

在基本的实体零件和装配模拟功能之上，Inventor 提供了更为深化的模拟技术。

1）二维图案布局可用来试验和评估一个机械原理。

2）有了二维的设置布局更有利于三维零件的设计。

3）首次在三维模拟和装配中使用自适应的技术。

4）通过应用自适应的技术，一个零件及其特征可自动去适应另一个零件及其特征，从而保证这些零件在装配的时候能够相互吻合。

5）可用扩展表来控制一系列实体零件的尺寸集。实体的特征可重新使用，一个实体零件的特征可转变为设计清单中的一个设计元素，使其可在其他零件的设计过程中得以采用。

6）为了充分利用网络的优势，一个设计组的多个设计师可使用一个共同的设计组搜索路径和共用文件搜索路径来协同工作。Inventor 在这方面与其他软件相比具有很大的优势，它可直接与微软的网上会议相联进行实时协同设计；在一个现代化的工厂中，实体零件及装配件的设计资料可直接传送到后续的加工和制造部门。

7）为了满足在许多情况下设计师和工程师之间的合作和沟通，Inventor 也充分考虑到了二维投影工程图样的重要性，Inventor 提供了简单而充足的从三维的实体零件和装配来产生工程图的功能。

8）以设计支持系统的方式提供，用户界面以视觉语集方式快速引导用户，各个命令的功能一目了然并要求用最少的键盘输入。

9）Inventor 与 3DStudio 和 AutoCAD 等其他软件兼容性强，其输出文件可直接或间接转化成为快速成型 STL 文件和 STEP 等文件。

1.4 Inventor 支持的文件格式

Inventor 是完全在 Windows 平台上开发的软件，不像 UG、Pro/Engineer 等软件是在 Unix 平台上移植过来的，所以 Inventor 在易用性方面具有无可比拟的优势。Inventor 支持众多的文件格式，提供与其他格式文件之间的转换，可满足不同软件用户之间的文件格式转换需求。

1.4.1 Inventor 的文件类型

1）零件文件 ——以.ipt 为扩展名，文件中只包含单个模型的数据，可分为标准零件和钣金零件。

2）部件文件 ——以.iam 为扩展名，文件中包含多个模型的数据，也包含其他部件的数据，即部件中不仅仅可包含零件，也可包含子部件。

3）工程图文件 ——以.idw 为扩展名，可包含零件文件的数据，也可包含部件文件的数据。

4）表达视图文件 ——以.ipn 为扩展名，可包含零件文件的数据，也可包含部件文件的数据。由于表达视图文件的主要功能是表现部件装配的顺序和位置关系，所以零件一般很少用表达视图来表现。

5）设计元素文件 ——以.ide 为扩展名，包含了特征、草图或子部件中创建的 iFeature 信息，用户可打开特征文件来观察和编辑“iFeature”。

6）设计视图 ——以.idv 为扩展名，它包含了零部件的各种特性，如可见性、选择状态、颜色和样式特性，以及缩放、视角等信息。

7）项目文件 ——以.ipj 为扩展名，包含项目的文件路径和文件之间的链接信息。

8）草图文件——以.dwg 为扩展名，文件中包含草绘图案的数据。

Inventor 在创建文件的时候，每一个新文件都是通过模板创建的。可根据自己具体设计需求选择对应的模板，例如，创建标准零件可选择标准零件模板（Standard.ipt），创建钣金零件可选择钣金零件模板（Sheet Metal.ipt）等。用户可修改任何预定义的模板，也可创建自己的模板。

1.4.2 与 Inventor 兼容的文件类型

Inventor 具有很强的兼容性，具体表现在它不仅可打开符合国际标准的 IGES 文件和 SEPT 格式的文件，甚至还可打开 Pro/Engineer 文件。另外，它还可打开 AutoCAD 和 MDT 的 DWG 格式文件；同时，Inventor 还可将本身的文件转换为其他各种格式的文件，也可将自身的工程图文件保存为 DXF 和 DWG 格式文件等。下面对主要兼容文件类型作一介绍。

1. AutoCAD 文件

Inventor 2018 可打开 R12 以后版本的 AutoCAD（DWG 或 DXF）文件。在 Inventor 中打开 AutoCAD 文件时，可指定要进行转换的 AutoCAD 数据。

1）可选择模型空间、图纸空间中的单个布局或三维实体，可选择一个或多个图层。

2）可放置二维转换数据；可放置在新建的或现有的工程图草图上，作为新工程图的标题栏，也可作为新工程图的略图符号；还可放置在新建的或现有的零件草图上。

3）如果转换三维实体，每一个实体都成为包含 ACIS 实体的零件文件。

4）当在零件草图、工程图或工程图草图中输入 AutoCAD（DWG）图形时，转换器将从模型空间的 XY 平面获取图元并放置在草图上。图形中的某些图元不能转换，如样条曲线。

2. Autodesk MDT 文件

在 Inventor 中将工程图输出到 AutoCAD 时，将得到可编辑的图形。转换器创建新的 AutoCAD 图形文件，并将所有图元置于 DWG 文件的图样空间。如果 Inventor 工程图中有多张图样，每张图样都保存为一个单独的 DWG 文件。输出的图元成为 AutoCAD 图元，包括尺寸。

Inventor 可转换 Autodesk Mechanical Desktop 的零件和部件，以便保留设计意图。可将 Mechanical Desktop 文件作为 ACIS 实体输入，也可进行完全转换。要从 Mechanical Desktop 零件或部件输入模型数据，必须在系统中安装并运行 Mechanical Desktop。Inventor 所支持的特征将被转换，不支持的特征则不被转换。如果 Inventor 不能转换某个特征，它将跳过该特征，并在浏览器中放置一条注释，然后完成转换。

3. STEP 文件

STEP 文件是国际标准格式的文件，这种格式是为了克服数据转换标准的一些局限性而开发的。过去，由于开发标准不一致，导致产生各种不统一的文件格式，如 IGES（美国）、VDAFS（德国）、IDF（用于电路板）。这些标准在 CAD 系统中没有得到很大的发展。STEP 转换器使 Inventor 能够与其他 CAD 系统进行有效地交流和可靠地转换。当输入 STEP（*.stp、*.ste、*.step）文件时，只有三维实体、零件和部件数据被转换，草图、文本、线框和曲面数据不能用 STEP 转换器处理。如果 STEP 文件包含一个零件，则会生成一个 Inventor 零件文件。如果 STEP 文件包含部件数据，则会生成包含多个零件的部件。

4. SAT 文件

SAT 文件包含非参数化的实体，它们可以是布尔实体或去除了相关关系的参数化实体。SAT 文件可在部件中使用。用户可将参数化特征添加到基础实体中。输入包含单个实体的 SAT 文件时，将生成包含单个零件的 Inventor 零件文件。如果 SAT 文件包含多个实体，则会生成包含多个零件的部件。

5. IGES 文件

IGES（*.igs、*.ige、*.iges）文件是美国标准。很多 NC/CAM 软件需要 IGES 格式的文件，Inventor 可输入和输出 IGES 文件。如果要将 Inventor 的零部件文件转换成为其他格式的文件，如 BMP、IGES、SAT 文件等，将其工程图文件保存为 DWG 或 DXF 格式的文件时，可选择主菜单中的【另存为】→【保存副本为】选项，在弹出的【保存副本为】对话框中选择好所需要的文件类型和文件名即可，如图 1-10 所示。

图1-10 【保存副本为】对话框

1.5 Inventor 2018 工作界面一览

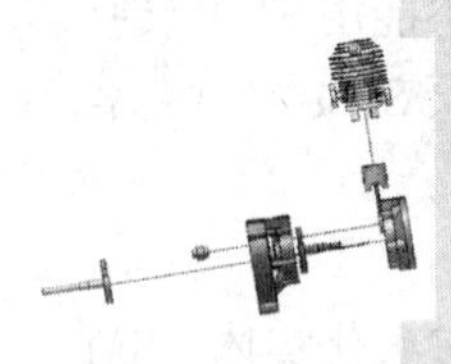

Inventor 具有多个功能模块，如二维草图模块、特征模块、部件模块、工程图模块、表达视图模块及应力分析模块等，每一个模块都拥有自己独特的菜单栏、工具栏、工具面板和浏览器，并且由这些菜单栏、工具栏、工具面板和浏览器组成了自己独特的工作环境。用户最常接触的六种工作环境是草图环境、零件（模型）环境、钣金零件（模型）环境、部件（装配）环境、工程图环境和表达视图环境，下面分别简要介绍。

1.5.1 草图环境

在 Inventor 中，绘制草图是创建零件的第一步。草图是截面轮廓特征和创建特征所需的几何图元（如扫掠路径或旋转轴），可通过投影截面轮廓或绕轴旋转截面轮廓来创建草图三维模型。图 1-11 所示为草图以及由草图拉伸创建的实体。可由以下两种途径进入草图环境。

1）当新建一个零件文件时，在 Inventor 的默认设置下，草图环境会自动激活，草图工具面板为可用状态。

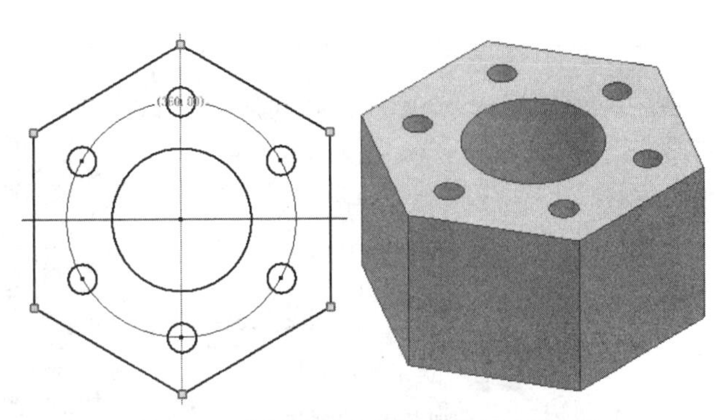

图1-11　草图以及由草图拉伸创建的实体

2）在现有的零件文件中，如果要进入草图环境，应该首先在浏览器中激活草图。这个操作会激活草图环境中的工具面板，这样就可为零件特征创建几何图元。由草图创建模型之后，可再次进入草图环境，以便修改特征或绘制新特征的草图。

1. 由新建零件进入草图环境

新建一个零件文件，以进入草图环境。运行 Inventor 2018，首先弹出图 1-12 所示的启动界面；然后选择【启动】面板中的【新建】选项，进入图 1-13 所示的【新建文件】对话框。在对话框中选择 Standard. ipt 模板，新建一个标准零件文件，则会进入图 1-14 所示的 Inventor 草图环境。

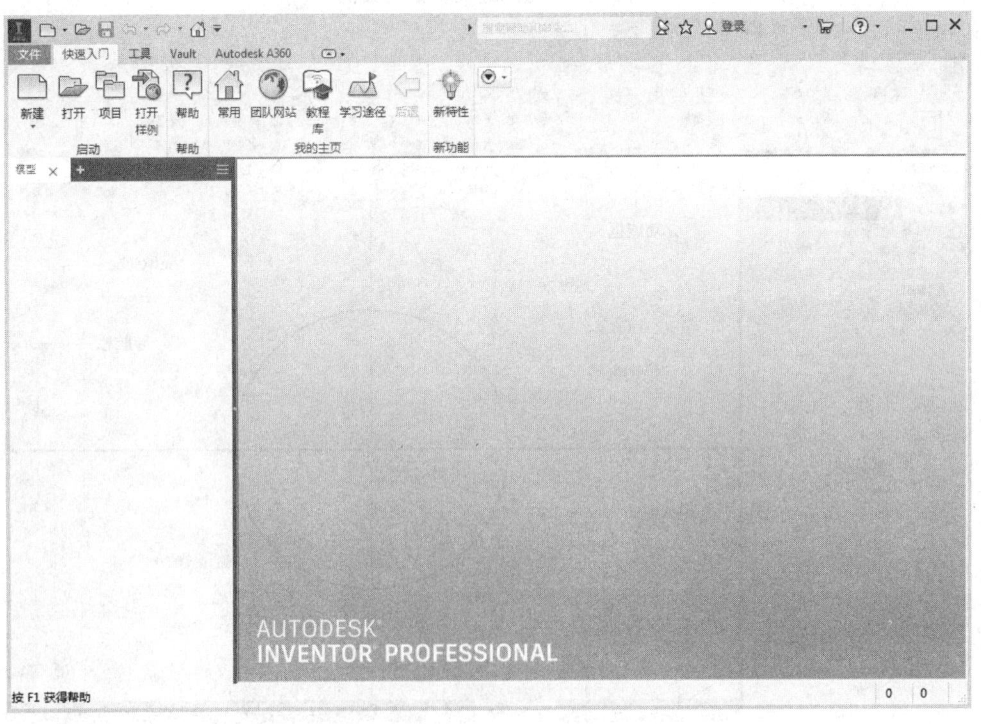

图1-12　Inventor 2018 启动界面

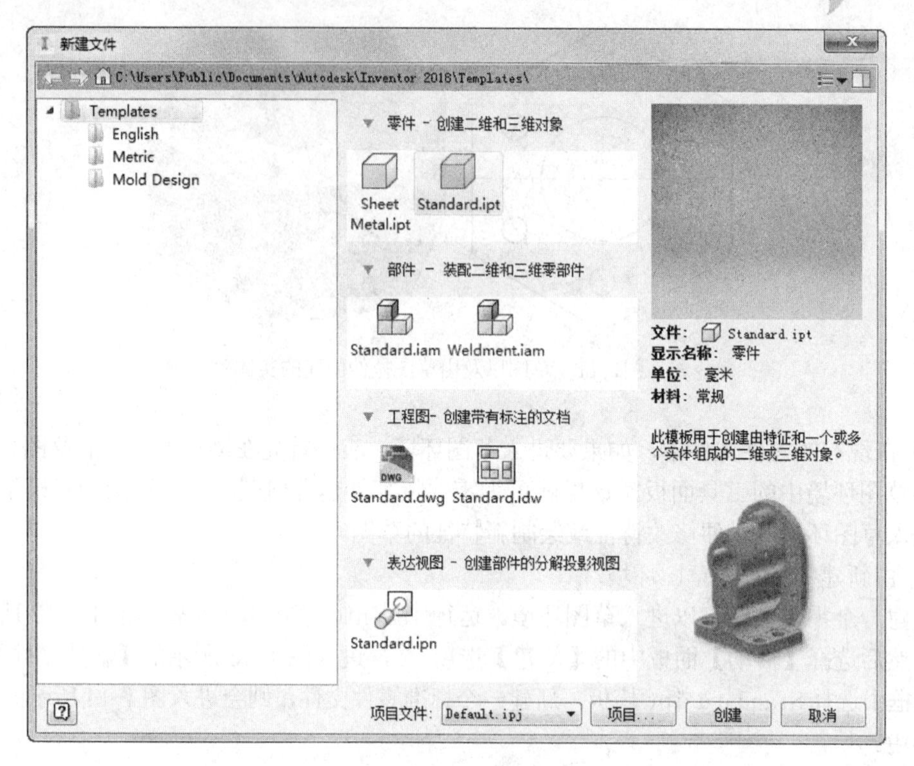

图1-13 【新建文件】对话框

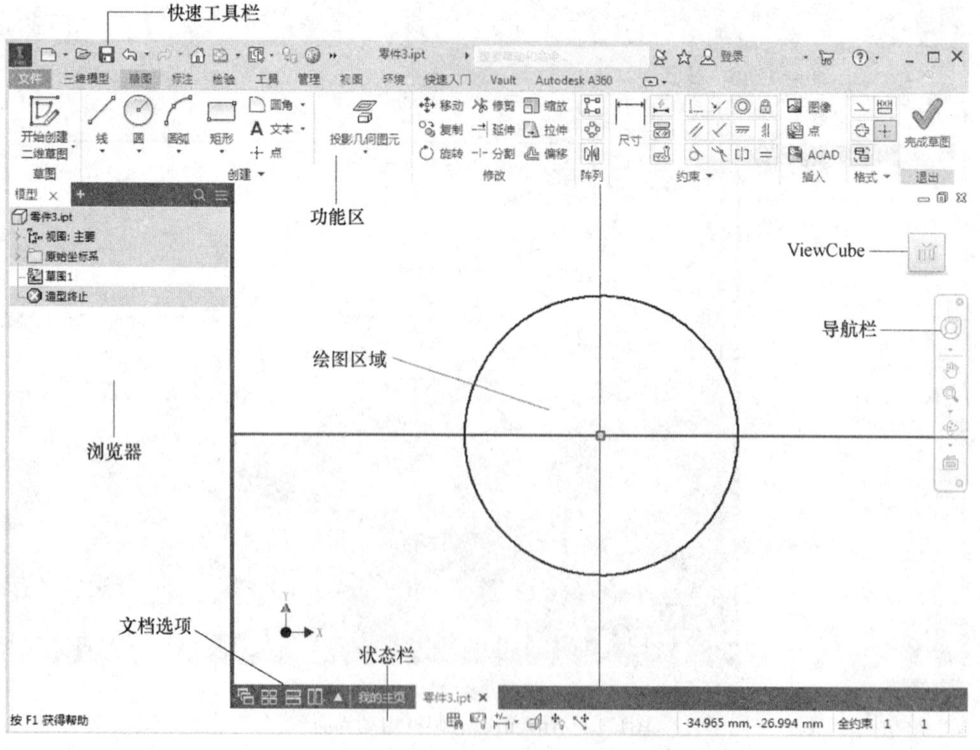

图1-14 Inventor草图环境

Inventor 草图环境主要由 ViewCube（绘图区右上部）、导航栏（绘图区右中部）、快速工具栏（上部）、功能区、浏览器（左部）、文档选项和状态栏以及绘图区域构成。二维草图功能区如图 1-15 所示。该区包括【创建】、【约束】、【阵列】和【修改】等面板，使用功能区比起使用快速工具栏效率会有所提高。

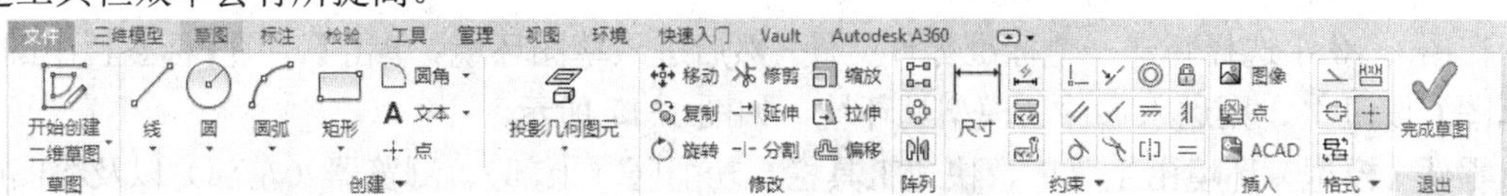

图1-15 二维草图功能区

2. 编辑退化的草图以进入草图环境

如果要在一个现有的零件图中进入草图环境，首先应该找到属于某个特征的曾经存在的草图（也叫退化的草图）。选择该草图，单击右键，在打开的快捷菜单中选择【编辑草图】选项，即可重新进入草图环境，如图 1-16 所示。当编辑某个特征的草图时，该特征会消失。

如果想从草图环境返回到零件（模型）环境，只需在草图绘图区域空白处单击右键，从弹出的快捷菜单中选择【完成二维草图】选项即可，被编辑的特征也会重新显示，并且根据重新编辑的草图自动更新。

关于草图面板中绘图工具的使用，将在后面的章节中较为详细地讲述。读者必须注意，在 Inventor 中是不可保存草图的，也不允许在草图状态下保存零件。

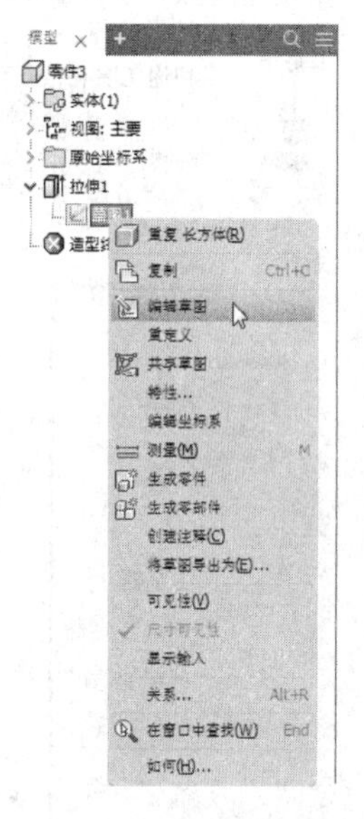

图1-16 快捷菜单

1.5.2 零件（模型）环境

1. 零件（模型）环境概述

任何时候创建或编辑零件，都会激活零件环境，也称为模型环境。可使用零件（模型）环境来创建和修改特征、定义定位特征、创建阵列特征以及将特征组合为零件。使用浏览器可编辑草图特征、显示或隐藏特征、创建设计笔记、使特征自适应以及访问特性。特征是组成零件的独立元素，可随时对其进行编辑。特征有四种类型：

1）草图特征：基于草图几何图元，由特征创建命令中输入的参数来定义。用户可以编辑草图几何图元和特征参数。

2）放置特征：如圆角或倒角，在创建的时候不需要草图。要创建圆角，只需输入半径并选择一条边。标准的放置特征包括抽壳、圆角、倒角、拔模斜度、孔和螺纹。

3）阵列特征：指按矩形、环形或镜像方式重复多个特征或特征组。必要时，可抑制阵列特征中的个别特征。

4）定位特征：用于创建和定位特征的平面、轴或点。

Inventor 的草图环境似乎与零件环境现在有了一定的相通性。用户可以直接新建一个草图文件，但是任何一个零件，无论简单的或复杂的，都不是直接在零件环境中创建的，必须首先在草图环境中绘制好轮廓，然后通过三维实体操作来生成特征，一个十足的迂回战略。特征可分为基于草图的特征和非基于草图的特征两种。一个零件最先得到造型的特征，一定是基于草图的特征，所以在 Inventor 中如果新建了一个零件文件，在默认的系统设置下会自动进入草图环境。

2. 零件（模型）环境的组成部分

在图 1-13 中选择新建一个标准零件文件，然后进入草图环境。单击【草图】标签栏中的【完成草图】按钮✔，则进入零件（模型）环境，如图 1-17 所示。

零件（模型）环境由主菜单、快速工具栏、功能区（上部）、浏览器（左部）以及绘图区域等组成。零件的浏览器如图 1-18 所示。从浏览器中可清楚地看到，零件是特征的组合。零件（模型）功能区如图 1-19 所示。

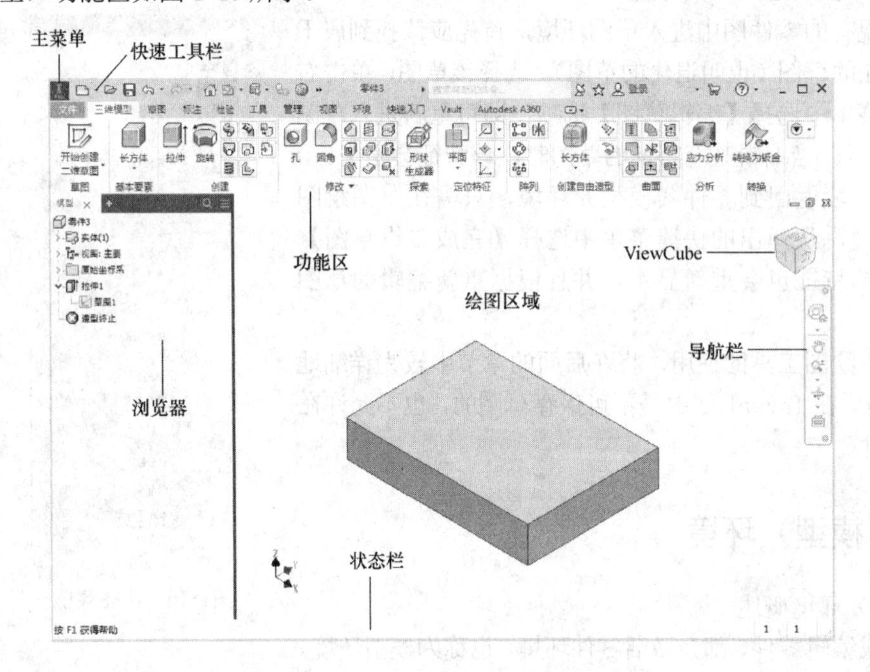

图1-17　Inventor零件（模型）环境

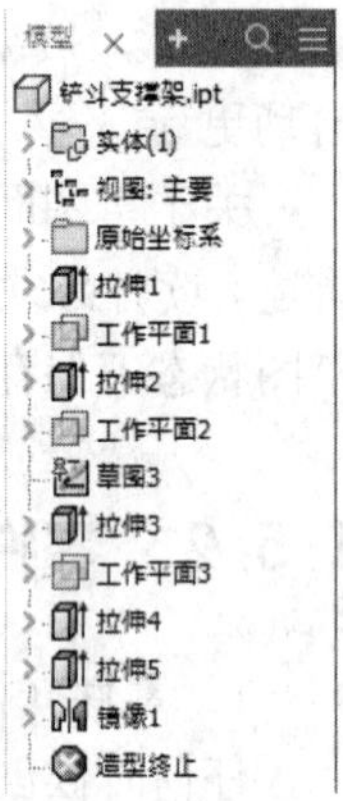

图1-18　零件浏览器

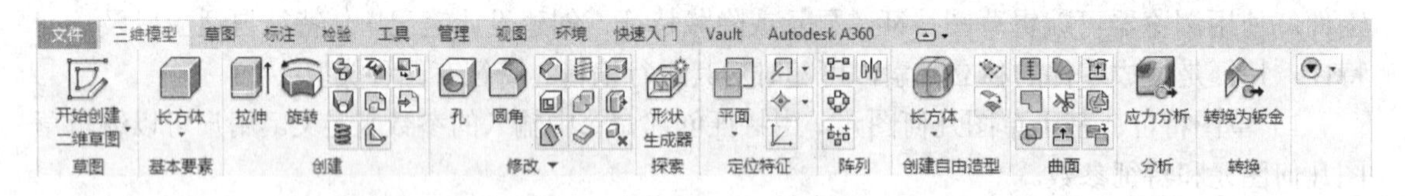

图1-19　零件（模型）功能区

1.5.3　部件（装配）环境

1. 进入部件（装配）环境

部件是零件和子部件的集合。在 Inventor 中创建或打开部件文件时，也就进入了部件环境，也称为装配环境。在图 1-13 所示的对话框中选择 Standard.iam，就会进入部件环境，如图 1-20 所示。

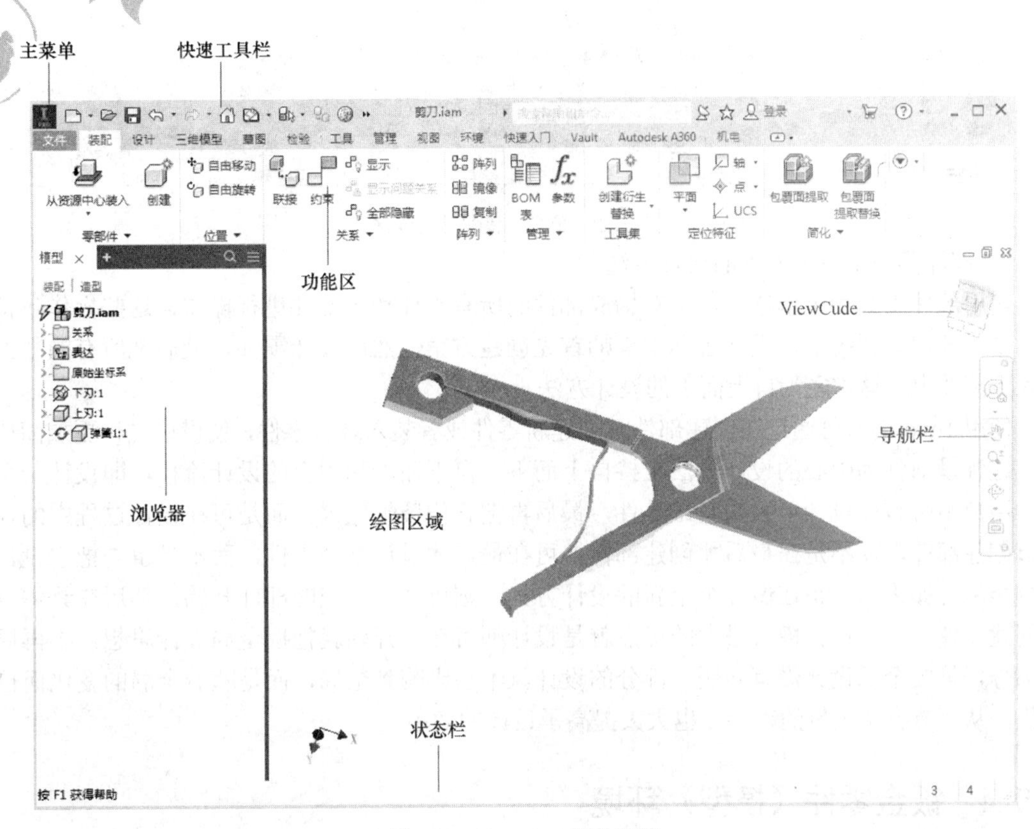

图1-20　Inventor部件环境

装配环境由主菜单、快速工具栏、功能区（上部）、浏览器（左部）以及绘图区域等组成。图 1-21 所示为一个部件及其浏览器。从浏览器中可以看出，部件是零件和子部件以及装配关系的组合。部件（装配）功能区如图 1-22 所示。

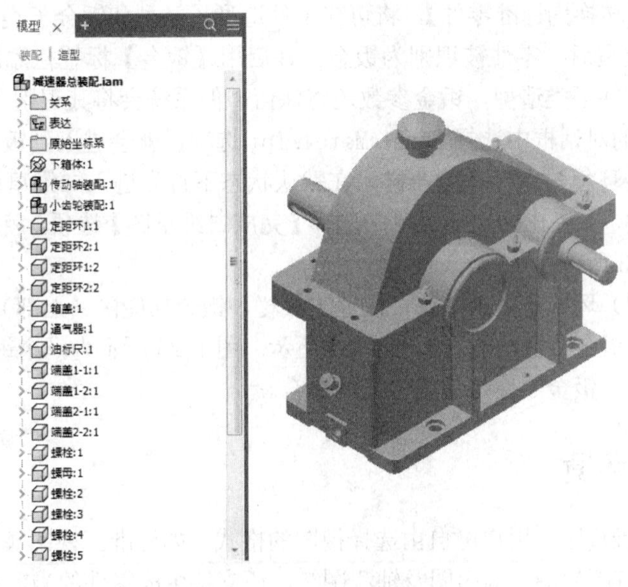

图1-21　部件及其浏览器

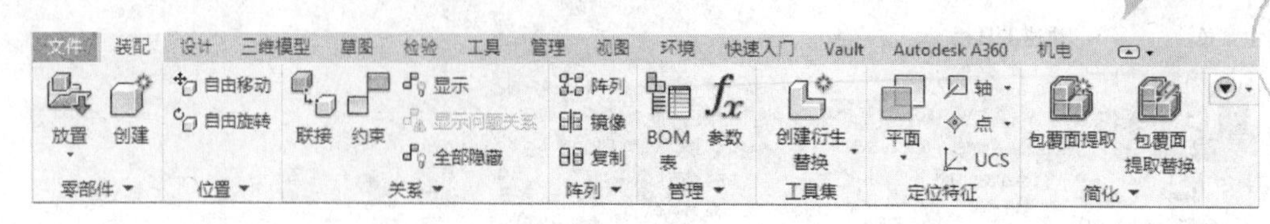

图1-22　部件（装配）功能区

2. 部件环境中自上而下的设计方法

使用部件工具和菜单选项，可对构成部件的所有零件和子部件进行操作，这些操作包括装入一个零部件。传统上，设计者和工程师首先创建方案，然后设计零件，最后把所有的零部件装入到部件中，这称之为自上而下的设计方法。

使用 Inventor 可通过在创建部件时创建新零件或者装入现有零件，使设计过程更加简单有效。这种以部件为中心的设计方法支持自上而下、自下而上和混合的设计流程，即设计一个系统，用户不必首先设计单独的基础零件，最后再把它们装配起来，而是可在设计过程中的任何环节创建部件，而不是在最后才创建部件；可在最后才设计某个零件，而不是事先把它设计好等待装配。如果用户正在做一个全新的设计方案，则可从一个空的部件开始，然后在具体设计时创建零件。这种设计模式最大的优点就是设计师可在一开始就把握全局设计思想，不再局限于部分，只要全局设计没有问题，部分的设计就不会影响到全局，而是随着全局的变化而自动变化，从而节省了大量的人力，也大大提高了设计的效率。

1.5.4　钣金零件（模型）环境

钣金零件的特点之一就是同一种零件都具有相同的厚度，其加工方式与普通的零件不同，所以在三维 CAD 软件中，普遍将钣金零件和普通零件分开，并且提供不同的设计方法。在 Inventor 中，将零件造型和钣金作为零件文件的子类型。用户可在任何时候通过单击【转换】面组上的【转换为钣金】和【转换为标准零件】，将可在零件造型子类型和钣金子类型之间转换。零件子类型转换为钣金子类型后，零件被识别为钣金，并启用【钣金】标签栏添加钣金参数。如果将钣金子类型改回为零件子类造型，钣金参数还将保留，但系统会将其识别为造型子类型。

在图 1-13 所示的对话框中选择 Sheet Metal.ipt 选项，就会进入到钣金零件（模型）环境中。可以看到，钣金环境与零件环境一样，在默认状态下首先进入二维草图环境。在草图绘图区域空白处单击右键，在弹出的快捷菜单中选择【完成二维草图】选项，就进入了钣金零件（模型）环境，如图 1-23 所示。

钣金零件（模型）环境是由主菜单、快速工具栏、钣金功能区（上部）、浏览器（左部）以及绘图区域等组成。钣金特征功能区如图 1-24 所示。图 1-25 所示为一个钣金零件及其浏览器。从浏览器中可以看出，钣金零件是钣金特征的组合。

1.5.5　工程图环境

1）自动生成二维视图。用户可自由选择视图的格式，如标准三视图（主视图、俯视图、侧视图）、局部视图、打断视图、剖面图及轴测图等，还支持生成零件的当前视图，即可从任何方向生成零件的二维视图。

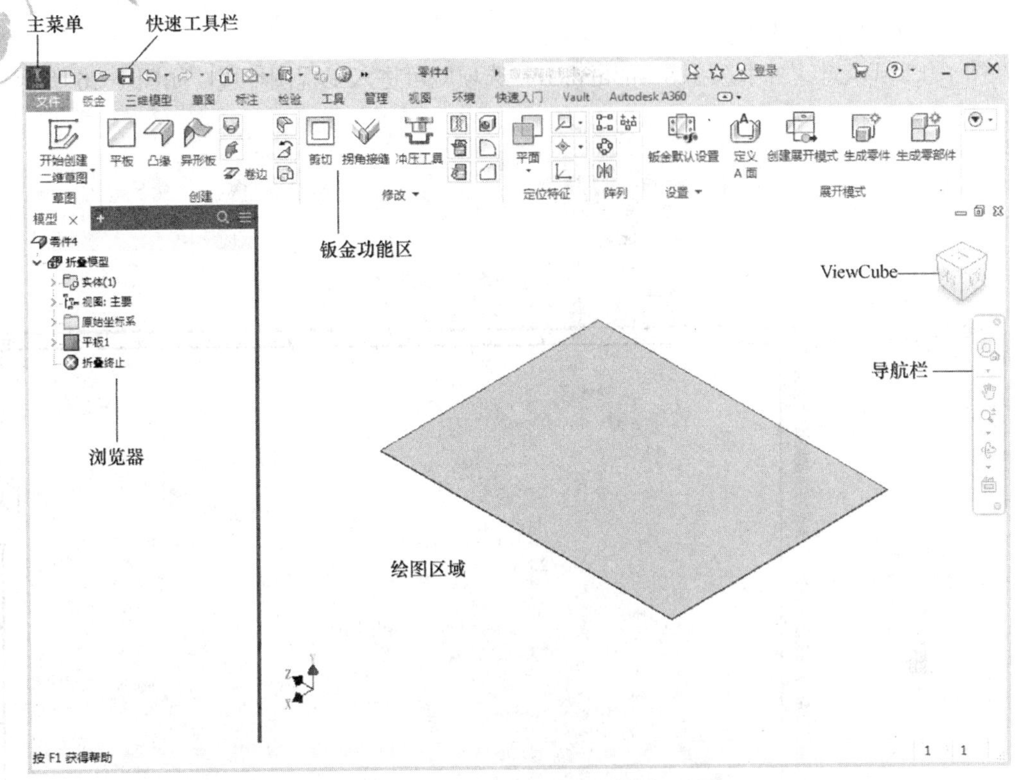

图1-23 Inventor钣金零件（模型）环境

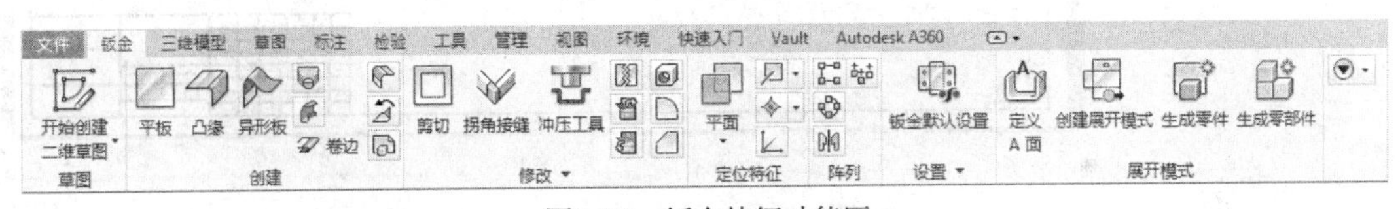

图1-24 钣金特征功能区

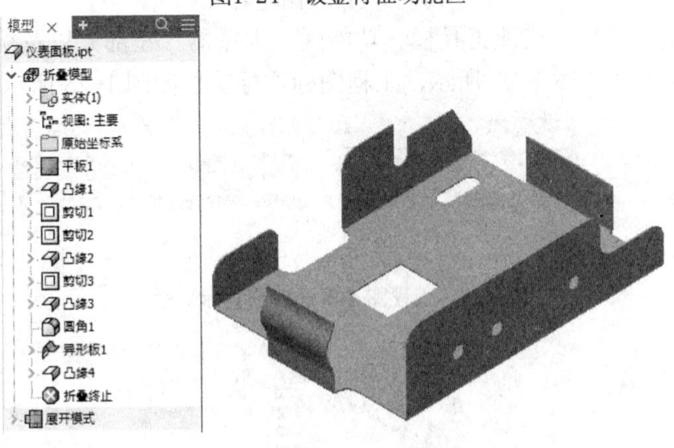

图1-25 钣金零件及其浏览器

2）用三维实体生成的二维图是参数化的，同时二维、三维可双向关联，即当改变了三维实体尺寸时，对应的二维工程图的尺寸会自动更新；当改变了二维工程图的某个尺寸时，对应的三维实体的尺寸也随之改变，这就大大地节约了设计过程中的劳动时间。

1. 工程图环境的组成部分

在图 1-13 所示对话框中选择 Standard. idw 选项就可进入工程图环境，如图 1-26 所示。

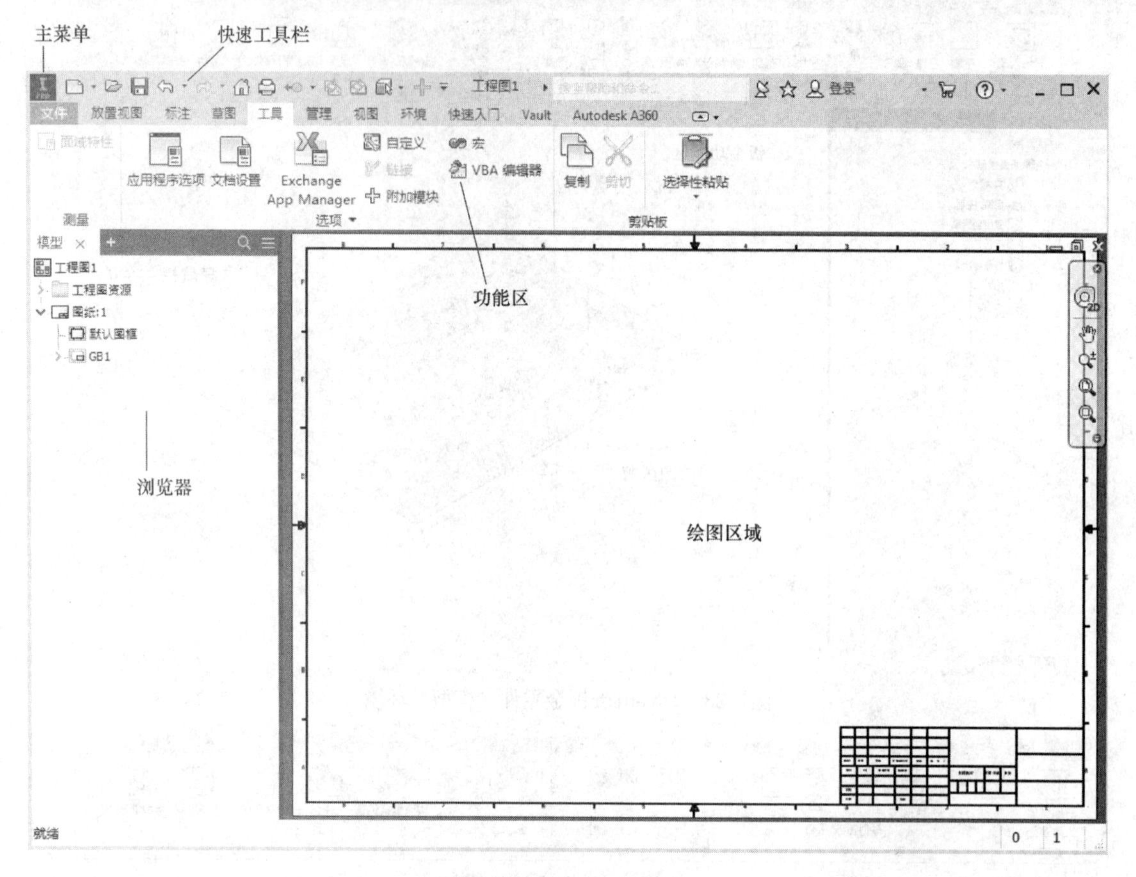

图1-26 工程图环境

工程图环境是由主菜单、快速工具栏、功能区、浏览器（左部）以及绘图区域等组成。工程图【放置视图】标签栏如图 1-27 所示，工程图标注标签栏如图 1-28 所示。

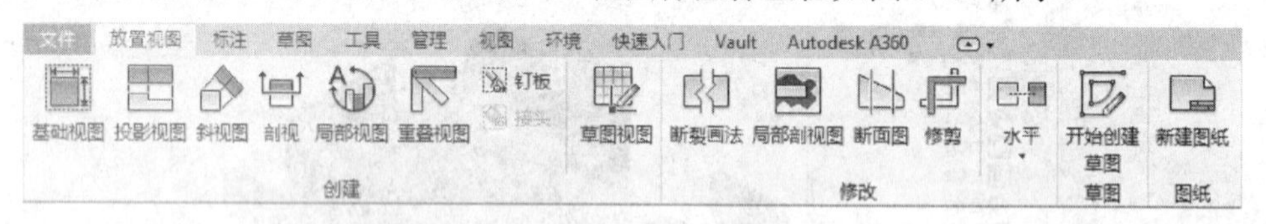

图1-27 工程图【放置视图】标签栏

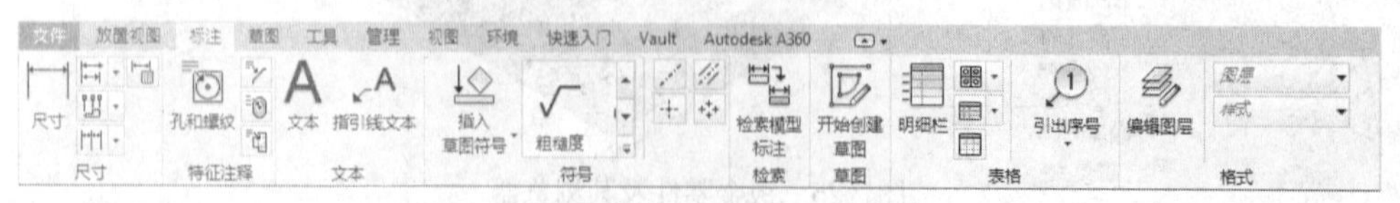

图1-28 工程图【标注】标签栏

2. 工程图工具面板的作用

利用工程图【放置视图】标签栏可创建各种需要的二维视图，如基础视图、投影视图、斜视图及剖视图等；利用工程图【标注】标签栏则可对生成的二维视图进行尺寸标注、公差标注、基准标注、表面粗糙度标注以及生成部件的明细栏等。图 1-29 所示为一幅完成的零件工程图。

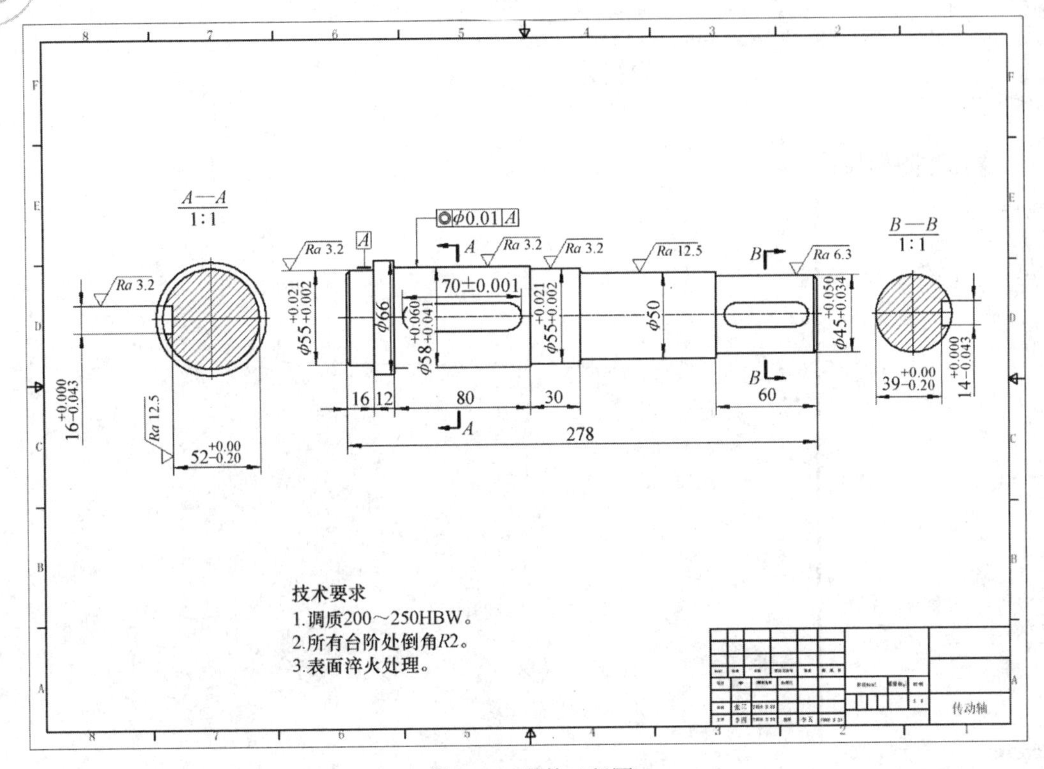

图1-29　零件工程图

1.5.6　表达视图环境

1. 表达视图的必要性

在实际生产中，往往是按照装配图的要求对部件进行装配。装配图相对于零件图来说具有一定的复杂性，需要有一定看图经验的人才能明白设计者的意图。如果部件十分复杂，那么即使有看图经验的老手也要花费很多的时间来读图。如果能动态的显示部件中每一个零件的装配位置，甚至显示部件的装配过程，那么势必能节省工人读懂装配图的时间，大大提高工作效率。表达视图的产生就是为了满足这种需要。

2. 表达视图概述

表达视图是动态显示部件装配过程的一种特定视图，在表达视图中，通过给零件添加位置参数和轨迹线，使其成为动画，动态演示部件的装配过程。表达视图不仅说明了模型中零部件和部件之间的相互关系，还说明了零部件按什么顺序完成总装，也可将表达视图用在工程图文件中来创建分解视图，即爆炸图。

3. 进入表达视图环境

在图 1-13 所示的对话框中选择 Standard.ipn 选项，则进入表达视图环境，如图 1-30 所示。从【表达视图】标签栏中可以看出，表达视图的主要功能是创建表达视图、调整表达视图中零部件的位置、按照增量旋转视图创建动画以演示部件装配的过程。图 1-31 所示为创建的表达视

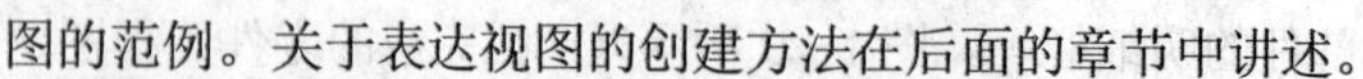

图的范例。关于表达视图的创建方法在后面的章节中讲述。

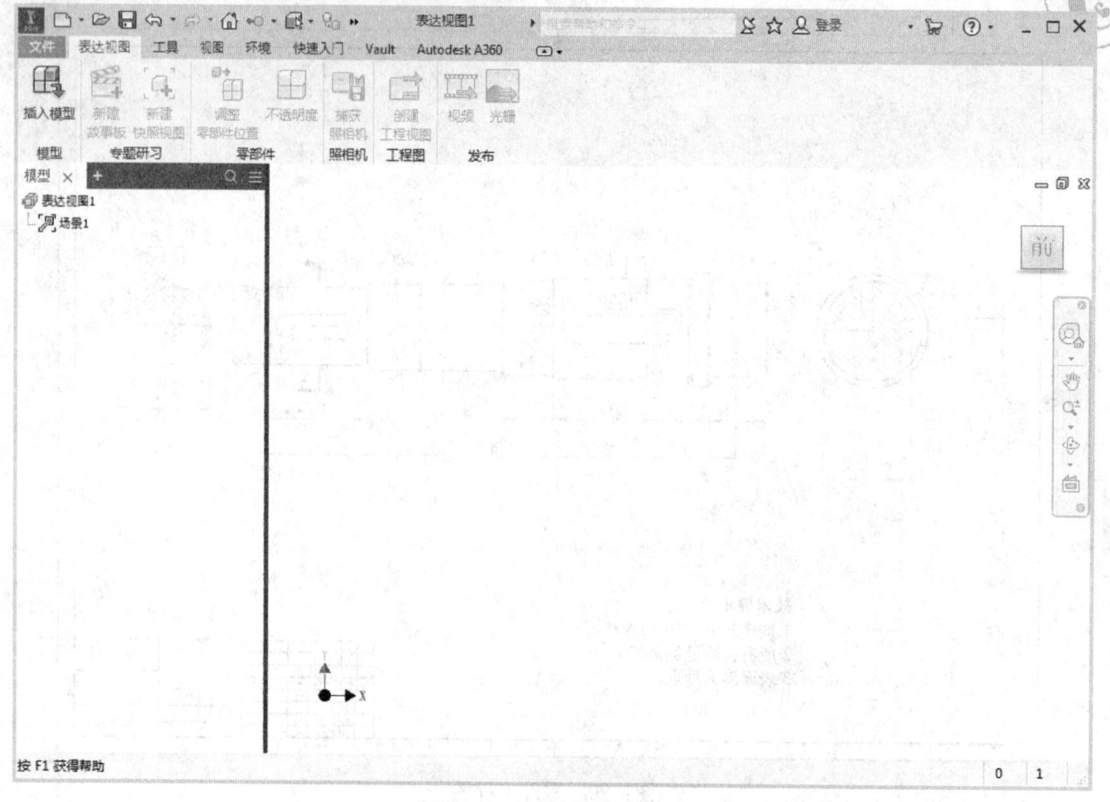

图1-30　表达视图环境

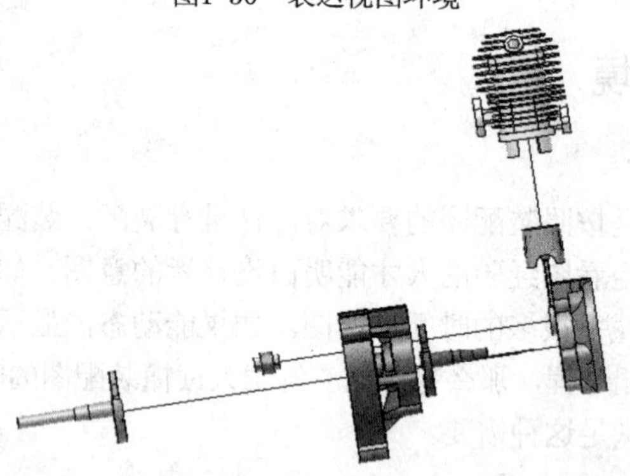

图1-31　表达视图的范例

1.6　模型的浏览和属性设置

本节讲述如何浏览观察三维模型以及模型的属性设置。Inventor 提供了丰富的实体操作工具，借助这些工具，用户可轻松直观地观察模型的形状特征，获得模型的物理特性等。

1.6.1 模型的显示

在三维 CAD 软件中，为了方便观察三维实体的细节，引入了显示模式、观察模式和投影模式的功能，用户可通过工具栏中的图标按钮方便地实现三维实体的观察。

1. 显示模式

Inventor 中提供了多种显示模式，如着色显示、隐藏边显示和线框显示等，选择功能区中【视图】标签，单击【外观】面板中的【视觉样式】下三角按钮，如图 1-32 所示。选择一种显示模式即可。图 1-33 所示可很好地说明同一个三维实体模型在常见三种显示模式下的区别。

2. 观察模式

Inventor 2018 提供两种观察模式：平行模式和透视模式，单击【视图】标签栏【外观】面板中的观察模式下三角按钮，如图 1-34 所示。

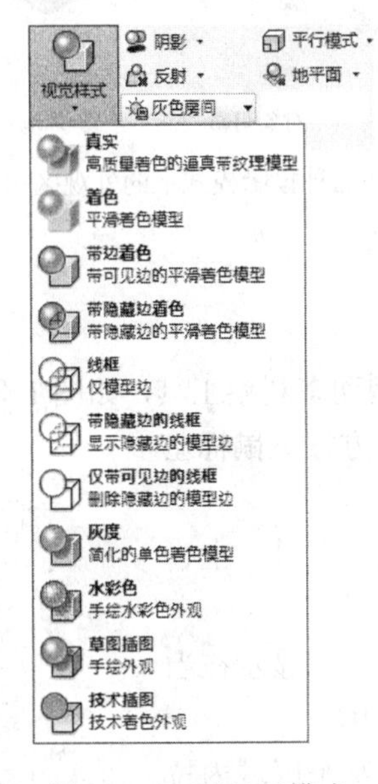

图1-32 三种显示模式

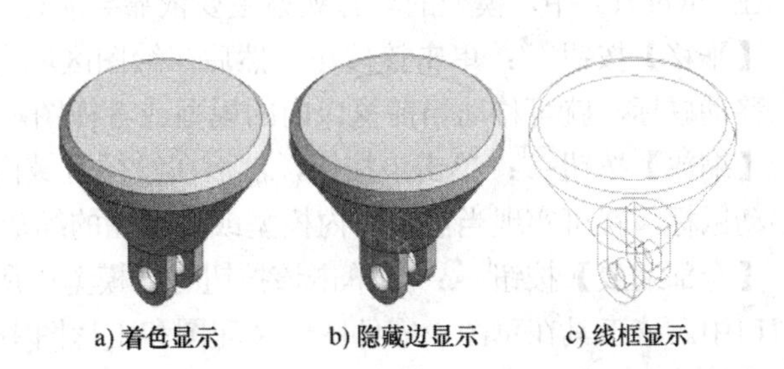

图1-33 模型在三种显示模式下的区别

1）在平行模式下，模型以所有的点都沿着平行线投影到它们所在的屏幕上的位置来显示，也就是所有等长平行边以等长度显示。在此模式下，三维模型平铺显示。

2）在透视模式下，三维模型的显示类似于在现实世界中观察到的实体形状。模型中的点、线、面以三点透视的方式显示，这也是人眼感知真实对象的方式。图 1-35 所示为同一个模型在两种观察模式下的外观。

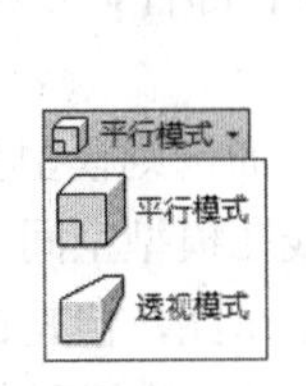

图1-34 观察模式工具

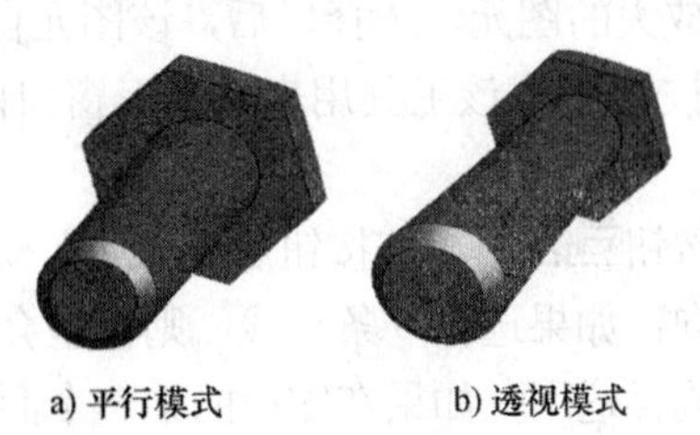

图1-35 同一模型在两种观察模式下的外观

3. 投影模式

投影模式增强了零部件的立体感，使得零部件看起来更加真实，同时投影模式还显示出光源的设置效果。Inventor 提供了三种投影模式：地面阴影、对象阴影和环境光阴影，选择功能区中【视图】标签，单击【外观】面板中的【阴影】模式右侧的下三角按钮，如图 1-36 所示。其中地面阴影和 X 射线地面阴影最明显的区别是后者的阴影中包含实体的轮廓线。同一模型在这三种投影模式下的外观区别如图 1-37 所示。

图1-36　投影模式工具

图1-37　模型在三种投影模式下的外观区别

1.6.2　模型的动态观察

在 Inventor 中，模型的动态观察主要依靠导航栏中的模型动态观察工具，如图 1-38 所示。

【平移】按钮：单击该按钮，然后在绘图区域内任何地方按下鼠标左键，移动鼠标，就可移动当前窗口内的模型或者视图。

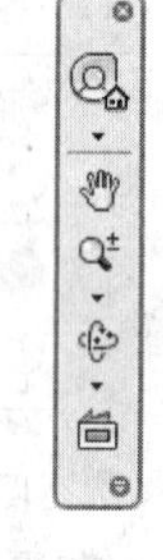

图1-38　模型动态观察工具

【缩放】按钮：单击该按钮，然后在绘图区域内按下鼠标左键，上、下移动鼠标，就可实现当前窗口内模型或者视图的缩放。

【全部缩放】按钮：当单击该按钮时，模型中所有的元素都显示在当前窗口中。该工具在草图、零件图、装配图和工程图中都可使用。

【缩放窗口】按钮：该工具的使用方法是用鼠标左键在某个区域内拉出一个矩形，则矩形内的所有图形会充满整个窗口。该工具也可成为局部放大工具，在进行局部操作的时候，如果局部尺寸很小，给图形的绘制以及标注等操作带来了很大的不便，这时候可利用这个工具将局部放大，操作就会变得十分方便。

【缩放选定实体】按钮：这是一个设计非常贴心的工具，单击该按钮，可在绘图区域内用鼠标左键选择要放大的图元，选择以后，该图元自动放大到整个窗口，便于用户观察和操作。

【动态观察】按钮：该工具用来在图形窗口内旋转零件或者部件，以便于全面观察实体的形状。

【观察方向】按钮：单击该按钮后，如果在模型上选择一个面，则模型会自动旋转到该面正好面向用户的方向；如果选择一条直线，则模型会旋转到该直线在模型空间处于水平的位置。该工具在草图空间同样适用，如果在零件的某一个面上新建了一个草图，但是该草图并不是面向用户，这时候可选择这个工具，单击一下新建的草图，则草图会旋转到恰好面向用户的方向。

1.6.3 获得模型的特性

Autodesk 允许用户为模型文件指定特性，如物理特性，这样可方便在后期对模型进行工程分析和计算以及仿真等。获得模型特性可通过选择菜单【文件】中的 iProperty 选项来实现，也可在浏览器上选择文件图标，单击右键，在快捷菜单中选择【特性】选项即可。图 1-39 所示为传动轴模型，图 1-41 所示为它的特性对话框中的【物理特性】选项卡。

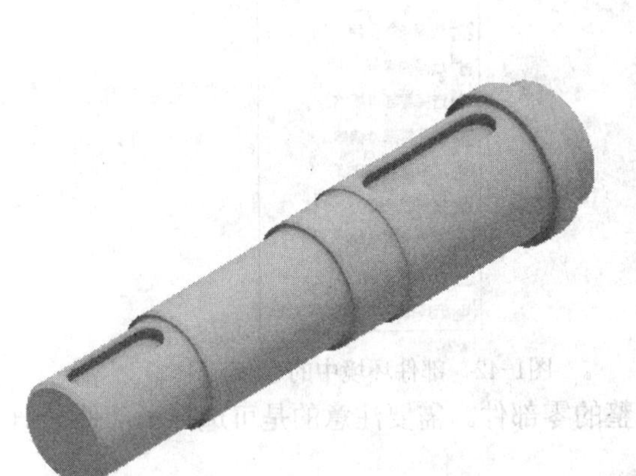

图1-39　传动轴模型

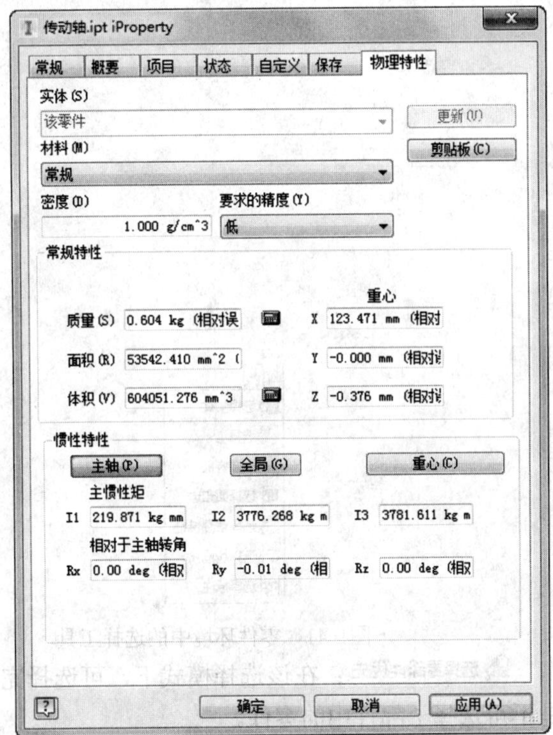

图1-40　传动轴的【物理特性】选项卡

其中物理特性是工程中最重要的，从图 1-40 中可以看出，已经分析出了模型的质量、体积、重心以及惯性信息等。在计算惯性时，除了可计算模型的主轴惯性矩外，还可计算出模型相对于 X、Y、Z 轴的惯性特性。

除了物理特性外，模型特性中还包括模型的概要、项目、状态等信息，用户可根据自己的实际情况填写，方便以后查询和管理。

1.6.4 选择特征和图元

Inventor 2018 在工具栏中提供了选择特征和图元的工具。在零件和部件环境中，选择工具是不相同的，下面分别介绍。

1. 零件环境中的选择工具

零件环境中的选择工具在 Inventor 2018 零件环境的快速工具栏中，如图 1-41 所示。在零件环境中，可选择的特征为选择实体、选择特征、选择面和边，以及选择草图特征等。

1）选择特征和选择面、边工具可直接在零件（模型）环境中对面、边和特征进行选择。

2）选择草图特征工具则需要进入草图环境中对草图元素进行选择。

2．部件环境中的选择工具

部件环境中的选择工具如图 1-42 所示。部件环境中由于包含较多的零部件，所以选择模式更加复杂，下面对各种选择模式分别介绍。

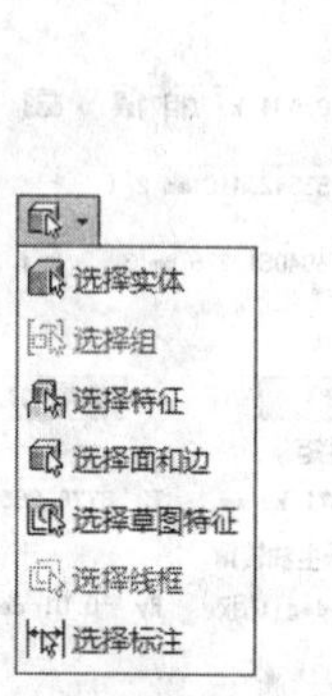

图1-41　零件环境中的选择工具

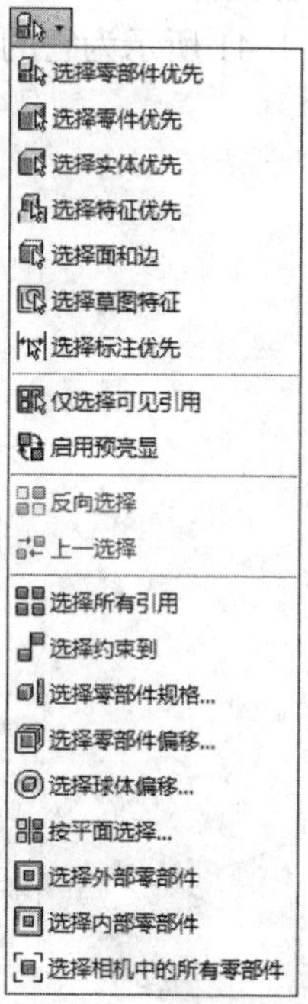

选择零部件优先
选择零件优先
选择实体优先
选择特征优先
选择面和边
选择草图特征
选择标注优先
仅选择可见引用
启用预亮显
反向选择
上一选择
选择所有引用
选择约束到
选择零部件规格...
选择零部件偏移...
选择球体偏移...
按平面选择...
选择外部零部件
选择内部零部件
选择相机中的所有零部件

图1-42　部件环境中的选择工具

选择零部件优先：在该选择模式下，可选择完整的零部件。需要注意的是可选择子部件，但是不可选择子部件中的零件。

选择零件优先：在该选择模式下可选择零件，无论是添加到部件中单独的零件还是子部件中的零部件都可。不能给一个零件选择特征和草图几何图元。

选择特征优先：在该选择模式下可选择任何一个零件上的特征，包括定位特征。

选择面和边：在该选择模式下可选择零部件的上表面和单独的边，包括用于定义面的曲线。

选择草图特征：在该选择模式下，可进入草图环境中对草图元素进行选择，与在零件环境中选择草图元素类似。

零部件选择菜单的子菜单中还提供了几种更加完善的选择模式，分别说明如下：

1）选择【选择约束到】选项后，再随意选择部件中的一个零件或子部件，则与该零件或子部件存在约束关系的零件或子部件都将同时被选定。

2）选择【选择零部件规格】选项后，弹出如图 1-43 所示的【按大小选择】对话框。对话框中有一个文本框，可填入具体的数值，也可以填入比例数值。不小于或不大于这个数值的零件就会自动被选择并亮显，同时其大小将显示出来，并由选定零部件的边框的对角点来确定。如果需要，请单击箭头选择一个零部件以测量其大小。选择相应的选项，以选择大于或小于零部件大小的零部件。

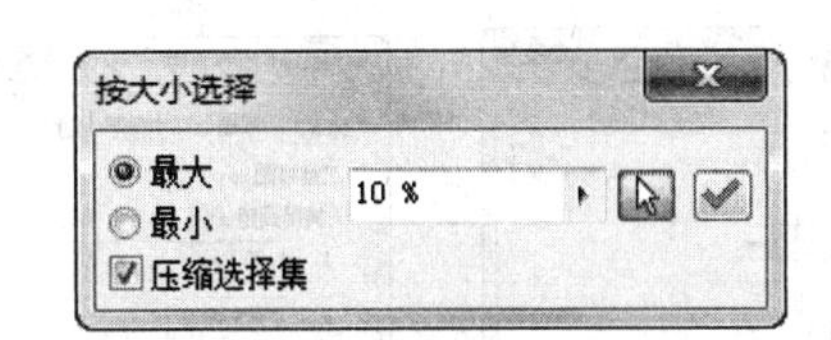

图1-43　【按规格选择】对话框

3）选择【选择零部件偏移】选项后，会弹出如图 1-44 所示的【按偏移选择】对话框，包含在选定零部件偏移距离范围内的零部件将会亮显出来。可在【按偏移选择】框中设置偏移距离，也可单击并拖动某个面，以调整其大小。如果需要，可单击箭头按钮以使用【测量】工具。选择【包括部分包含的内容】复选框，还将亮显部分包含的零部件。

4）选择【选择球体偏移】选项后，弹出如图 1-45 所示的【按球体选择】对话框。可亮显位于选定零部件周围球体内的零部件。可在【按球体选择】对话框中设置球体大小，也可单击并拖动球体边界，以调整其大小。如果需要，可单击箭头按钮以使用【测量】工具。选择【包括部分包含的内容】复选框，还将亮显部分包含的零部件。

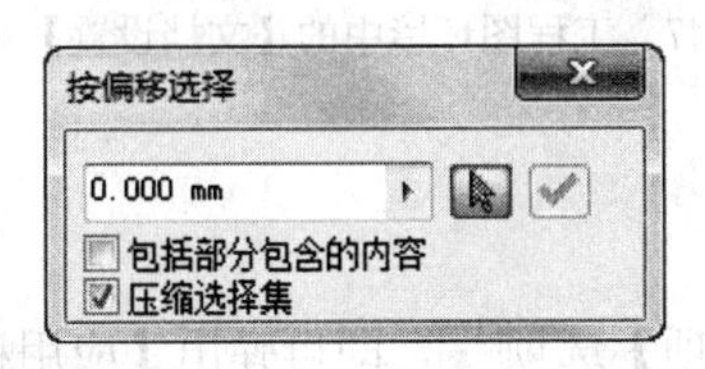

图1-44　【按偏移选择】对话框

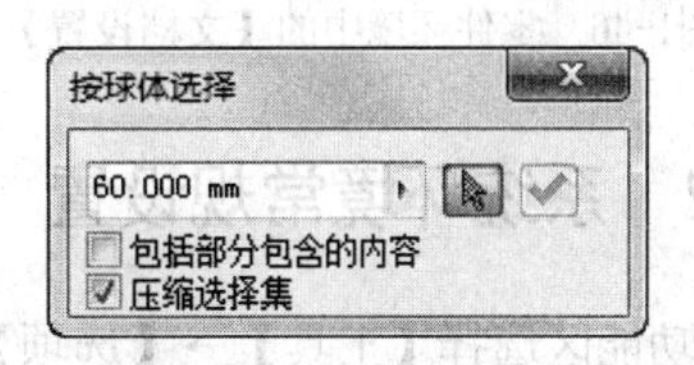

图1-45　【按球体选择】对话框

1.7　工作界面定制与系统环境设置

在 Inventor 中，需要用户自己设定的环境参数很多，工作界面也可由用户自己定制，这样可使用户根据自己的实际需求对工作环境进行调节。一个方便高效的工作环境，不仅仅使用户有良好的感觉，还可大大提高工作效率。本节着重介绍如何定制工作界面，如何设置系统环境。

1.7.1　文档设置

在 Inventor 2018 中，可通过【文档设置】对话框来改变度量单位、捕捉间距等。在零件或部件环境中，要打开【文档设置】对话框，可选择功能区中【工具】→【选项】→【文档设置】选项，弹出的对话框如图 1-46 所示。

1）【单位】选项卡可用于设置零件或部件文件的度量单位。

2）【草图】选项卡可用于设置零件或工程图的捕捉间距、网格间距和其他草图设置。

3）【造型】选项卡可为激活的零件文件设置自适应或三维捕捉间距。

4）【默认公差】选项卡可用于设定标准输出公差值。

工程图环境中的【文档设置】对话框如图 1-47 所示。

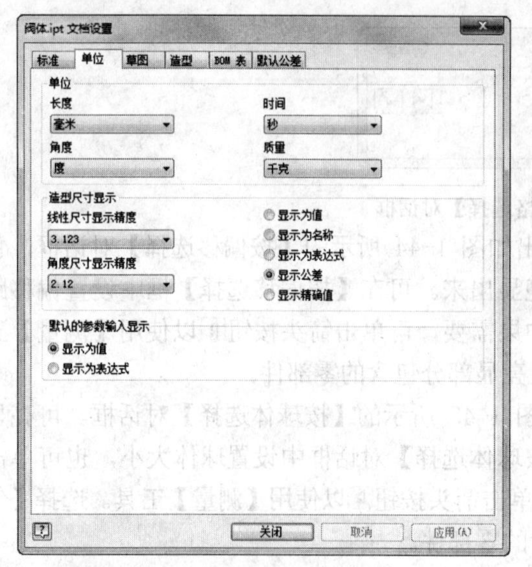

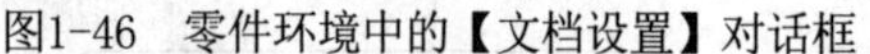
图1-46　零件环境中的【文档设置】对话框

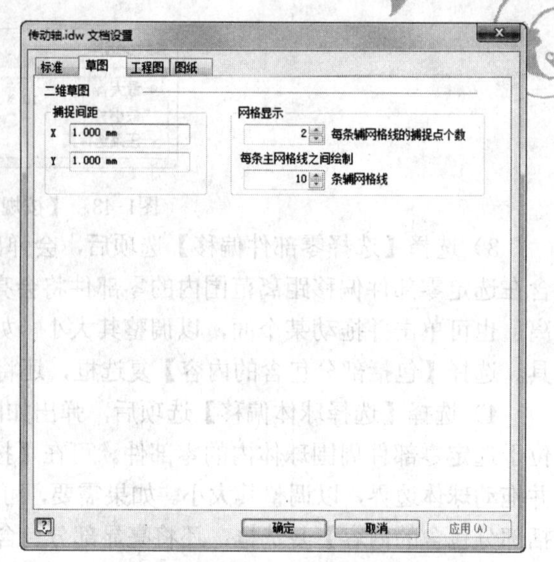

图1-47　工程图环境中的【文档设置】对话框

1.7.2　系统环境常规设置

在功能区选择【工具】→【选项】→【应用程序选项】选项，即可弹出【应用程序选项】对话框中，如图 1-48 所示。本小节将讲述系统环境的常规设置。

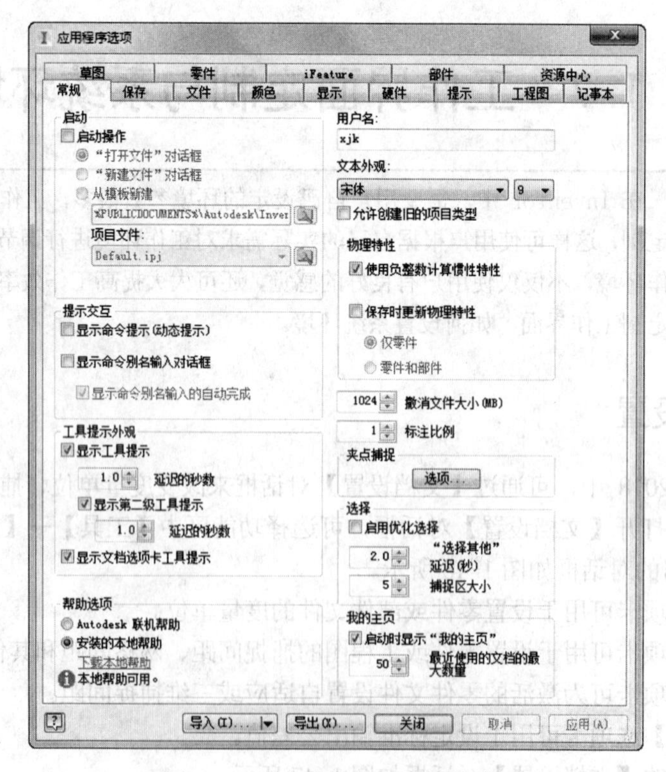

图1-48　【应用程序选项】对话框

1)【启动】选项组：用来设置默认的启动方式。在此选项组中可选择是否【启动操作】，还可以启动默认操作方式，包含【打开文件】对话框、【新建文件】对话框和【从模板新建】。

2)【提示交互】选项组：控制工具栏提示外观和自动完成的行为，包括两个选项：【显示命令提示（动态提示）】复选框，选择此复选框后，将在光标附近的工具栏提示中显示命令提示；【显示命令别名输入对话框】复选框，选择此复选框后，输入不明确或不完整的命令时将显示【自动完成】显示框。

3)【工具提示外观】选项组：控制在功能区中的命令上方悬停光标时工具提示的显示。从中可设置【延迟的秒数】，还可以通过选择【显示工具提示】复选框来禁用工具提示的显示。【显示第二级工具提示】用于控制功能区中第二级工具提示的显示。【显示文档选项卡工具提示】复选框用于控制光标悬停时工具提示的显示。

4)【用户名】选项：用于设置 Autodesk Inventor 2018 的用户名称。

5)【文本外观】选项组：用于设置对话框、浏览器和标题栏中的文本字体及大小。

6)【允许创建旧的项目类型】复选框：选择此复选框后，Autodesk Inventor 2018 将允许创建共享和半隔离项目类型。

7)【物理特性】选项选项组：选择保存时是否更新物理特性，以及选择更新物理特性的对象是零件还是零部件。

其他的设置选项不再一一讲述，读者一方面可查阅帮助，还可在实际的使用中自己体会其用法。

8)【撤销文件大小】选项：可通过设置【撤销文件大小】选项的值来设置撤销文件的大小，即用来跟踪模型或工程图改变临时文件的大小，以便撤销所做的操作。当制作大型或复杂模型和工程图时，可能需要增加该文件的大小，以便提供足够的撤销操作容量，文件大小以 MB 为单位。

9)【标注比例】选项：可通过设置【标注比例】选项的值来设置图形窗口中非模型元素（如尺寸文本、尺寸上的箭头、自由度符号等）的大小。可将比例从 0.2 调整为 5.0。默认值为 1。

1.7.3 用户界面颜色设置

可通过【应用程序选项】对话框中的【颜色】选项卡设置图形窗口的背景颜色或图像，如图 1-49 所示。既可设置零部件设计环境中的背景色，也可设置绘图环境中的背景色。可通过左上方的【设计】、【绘图】按钮来切换。

1）在【颜色方案】中，Inventor 提供了八种配色方案。当选择某一种方案时，上方的预览窗口会显示该方案的预览图。

2）用户也可通过【背景】选项选择每一种方案的背景色是单色还是梯度，或以图像作为背景。如果选择单色则将纯色应用于背景，选择梯度则将饱和度梯度应用于背景颜色，选择背景图像，则在图形窗口背景中显示位图。【文件名】选项用来选择存储在硬盘或网络上作为背景图像的图片文件。为避免图像失真，图像应具有与图形窗口相同的大小（比例以及宽高比）。如果与图形窗口大小不匹配，图像将被拉伸和裁剪。

1.7.4 显示设置

可通过【应用程序选项】对话框中的【显示】选项卡设置模型的线框显示方式、渲染显示方式以及显示质量，如图 1-50 所示。

1）在【外观】选项组中，通过选择【使用文档设置】单选按钮，指定当打开文档或文档上的其他窗口（又称视图）时使用文档显示设置；通过选择【使用应用程序设置】单选按钮，指定当打开文档或文档上的其他窗口（又称视图）时使用应用程序选项显示设置。

2）在【未激活的零部件外观】选项组中，可适用于所有未激活的零部件，而不管零部件是否已启用，这样的零部件又称为后台零部件。选择【着色】复选框，指定未激活的零部件面显示为着色。选择【不透明度】选项，若同时选择【着色】复选框，可以设定着色的不透明度。选择【显示边】复选框，设定未激活的零部件边显示。选择该复选框后，未激活的模型将基于模型边应用程序或文档外观设置显示边。

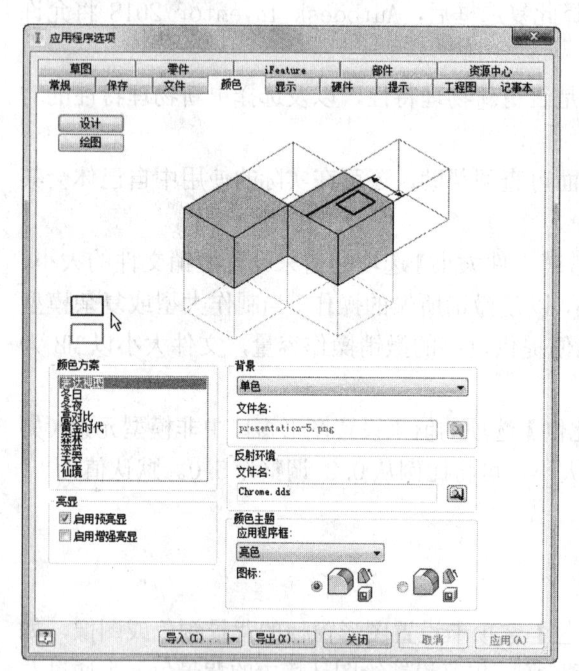

图1-49 【颜色】选项卡

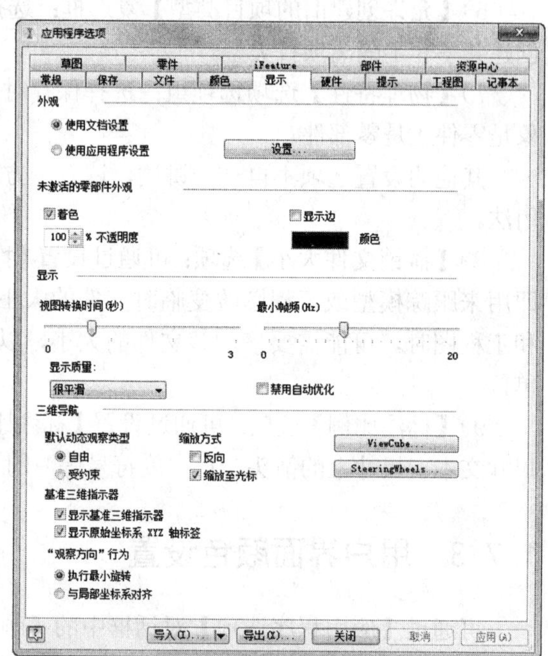

图1-50 【显示】选项卡

3）在【显示质量】下拉列表中设置模型显示的分辨率。

4）【基准三维指示器】选项组：对三维视图，在图形窗口的左下方显示 XYZ 轴指示器。选择【显示基准三维指示器】复选框可显示轴指示器，取该复选框可关闭此项功能。红箭头表示 X 轴，绿箭头表示 Y 轴，蓝箭头表示 Z 轴。在部件中，指示器显示顶级部件的方向，而不是正在编辑的零部件的方向。

5）【显示原始坐标系 XYZ 轴标签】复选框：关闭和开启各个三维轴指示器方向箭头上的 XYZ 标签的显示。默认情况下为打开状态。选择【显示基准三维指示器】时可用。注意，在【编辑坐标系】命令的草图网格中心显示的 XYZ 指示器中，标签始终为打开状态。

1.8 Inventor 项目管理

在创建项目以后，可使用项目编辑器来设置某些选项，如设置保存文件时保留的文件版本数等。在一个项目中，可能包含专用于项目的零件和部件，专用于用户公司的标准零部件，以及现成的零部件，如紧固件、连接件或电子零部件等。

Inventor 使用项目来组织文件，并维护文件之间的链接。项目的作用是：

1）用户可使用项目向导为每个设计任务定义一个项目，以便更加方便地访问设计文件和库，并维护文件引用。

2）可使用项目指定存储设计数据的位置，编辑文件的位置，访问文件的方式，保存文件时所保留的文件版本数以及其他设置。

3）可通过项目向导逐步完成选择过程，以指定项目类型、项目名称、工作组或工作空间（取决于项目类型）的位置以及一个或多个库的名称。

1.8.1 创建项目

1. 打开项目编辑器

在 Inventor 中，可利用项目向导创建 Autodesk Inventor 新项目，并设置项目类型、项目文件的名称和位置，以及关联工作组或工作空间，还用于指定项目中包含的库等。关闭 Inventor 当前打开的任何文件，然后在图 1-12 所示的 Inventor 2018 启动界面中选择【快速入门】→【启动】→【项目】选项，就会打开【项目】编辑器，如图 1-51 所示。

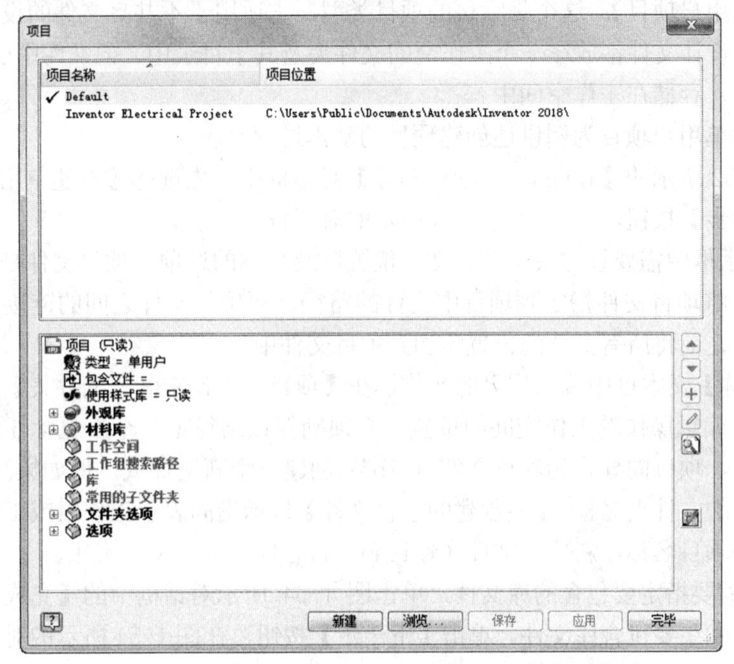

图1-51 【项目】编辑器

2. 新建项目

单击【新建】按钮，则会弹出如图 1-52 所示的对话框。在 Inventor【项目向导】对话框中，用户可新建几种类型的项目，分别简述如下：

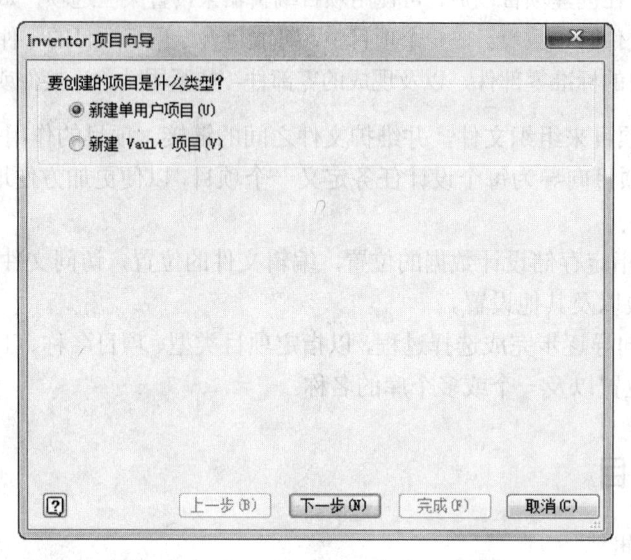

图1-52 【Inventor项目向导】对话框

1)【新建 Vault 项目】：只有在安装 Autodesk Vault 之后，才可创建新的 Vault 项目；然后指定一个工作空间、一个或多个库，并将多用户模式设置为 Vault。

2)【新建单用户项目】：这个是默认的项目类型，它适用于不共享文件的设计者。在该类型的项目中，所有设计文件都放在一个工作空间文件夹及其子目录中，但从库中引用的文件除外。项目文件（.ipj）存储在工作空间中。

下面以创建单用户项目为例讲述创建项目的基本过程。

1）在图 1-52 所示的【Inventor 项目向导】对话框中首先选择【新建单用户项目】选项，然后单击【下一步】按钮，弹出如图 1-53 所示的对话框。

2）在该对话框中需要设定关于项目文件位置以及名称的选项。项目文件是以 .ipj 为扩展名的文本文件。将项目文件指定到项目中文件的路径。要确保文件之间的链接正常工作，必须在使用模型文件之前将所有文件的位置添加到项目文件中。

3）在【名称】文本框中输入项目的名称，在【项目（工作空间）文件夹】中设定所创建的项目或用于个人编辑操作的工作空间的位置。必须确保该路径是一个不包含任何数据的新文件夹。默认情况下，项目向导将为项目文件（.ipj）创建一个新文件夹，但如果浏览到其他位置，则会使用所指定的文件夹名称。【要创建的项目文件】显示指向表示工作组或工作空间已命名子文件夹的路径和项目名称，新项目文件（*.ipj） 将存储在该子文件夹中。

4）如果不需要指定要包含的库文件，单击图 1-54 所示对话框中的【完成】按钮，即可完成项目的创建。如果要包含库文件，单击【下一步】按钮，在图 1-54 所示的对话框中指定需要包含的库的位置即可，最后单击【完成】按钮，一个新的项目就建成了。

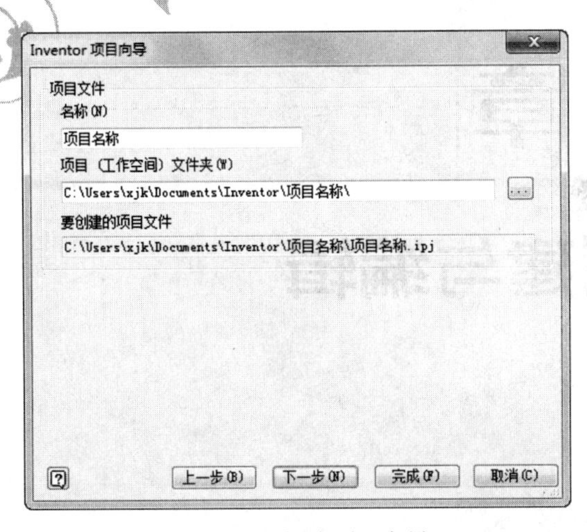

图1-53　新建项目向导

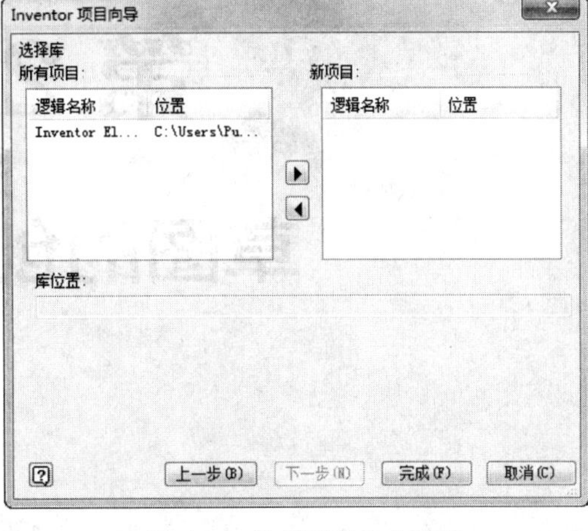

图1-54　选择项目包含的库

1.8.2　编辑项目

在 Inventor 中可编辑任何一个存在的项目，如可添加或删除文件位置、可添加或删除路径、更改现有的文件位置或更改它的名称。在编辑项目之前，请确认已关闭所有 Autodesk Inventor 文件。如果有文件打开，则该项目将是只读的。编辑项目也需要通过项目编辑器来实现，在图 1-55 所示的【项目】对话框中，选择某个项目，然后在下方的项目属性选项中选择某个属性，如【选项】中的【包含文件】选项，这时可看到右侧的【编辑所选项目】按钮是可用的。单击该按钮，则【包含文件】属性旁边出现一个下三角按钮，显示当前包含文件的路径和文件名，还有一个浏览文件按钮。用户可自行通过浏览文件按钮选择新的包含文件以进行修改。如果某个项目属性不可编辑，【编辑所选项目】按钮是灰色不可用的。一般来说，项目的包含文件、工作空间、本地搜索路径、工作组搜索路径、库都是可编辑的，如果没有设定某个路径属性，可单击右侧的【添加新路径】按钮添加。【选项】项目中可编辑的属性包括保存时是否保留旧版本、Streamline 观察文件夹、项目名称及是否可快速访问等。

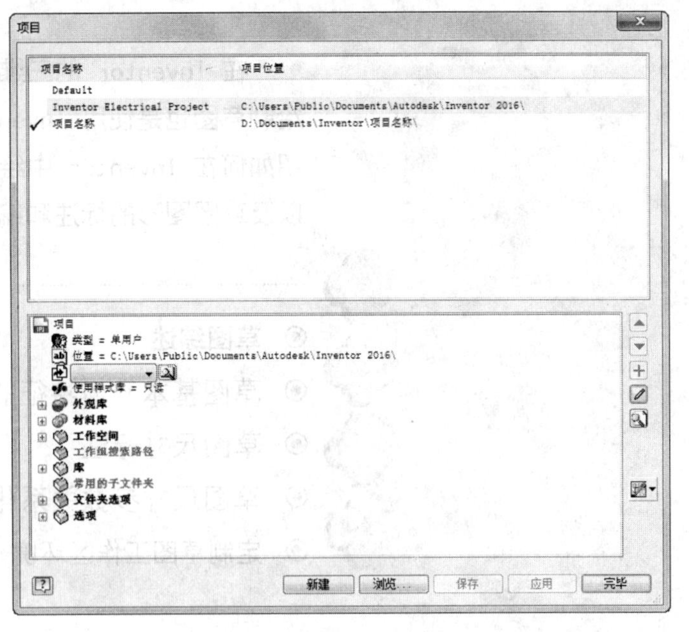

图1-55　【项目】对话框

第 2 章

草图的创建与编辑

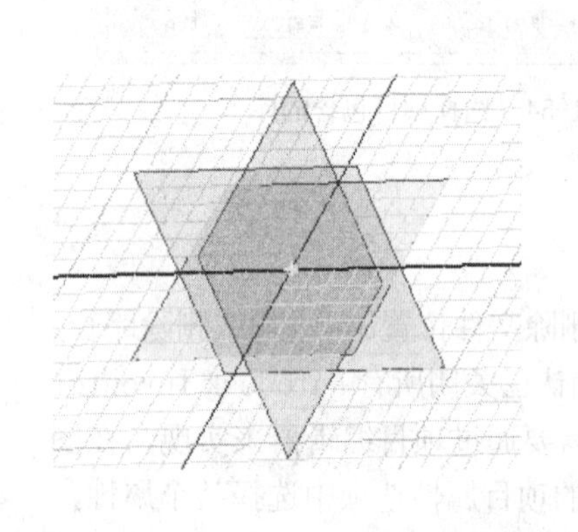

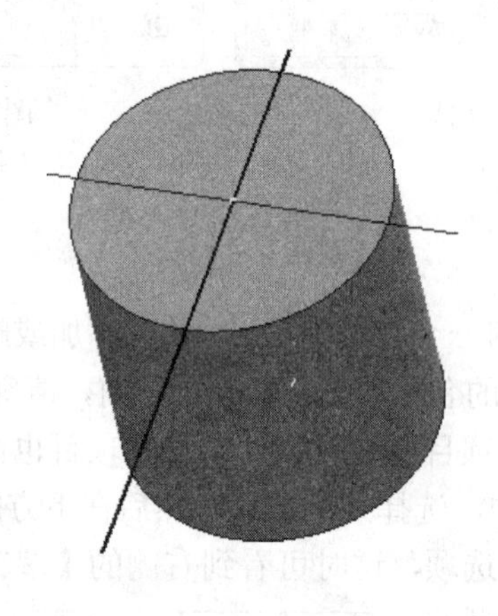

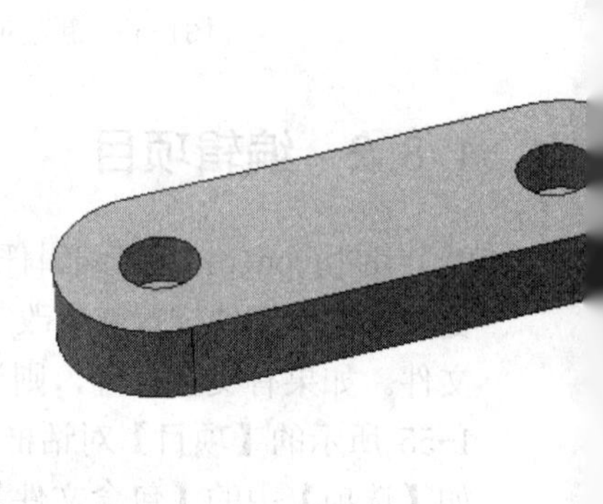

在 Inventor 的三维造型中，草图是创建零件的基础，绘制草图也是使用 Inventor 的一项基本技巧。本章主要介绍如何在 Inventor 中绘制能够满足造型需要的草图图形，以及草图图形的标注和编辑等。

精彩内容

- 草图综述
- 草图基本几何特征的创建
- 草图尺寸标注
- 草图尺寸参数关系化
- 定制草图工作区环境

2.1 草图综述

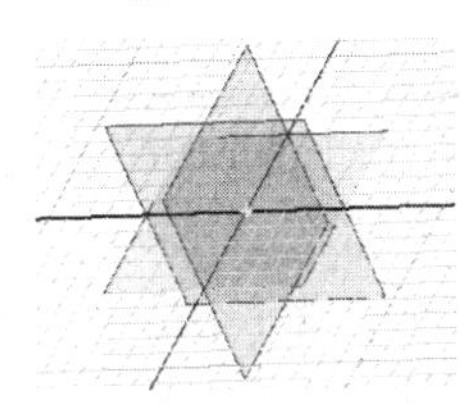

在 Inventor 的三维造型中，草图是创建零件的基础，所以在 Inventor 的默认设置下，新建一个零件文件后，会自动转换到草图环境。草图的绘制是 Inventor 的一项基本技巧，没有一个实体模型的创建可以完全脱离草图环境。草图为设计思想转换为实际零件铺平了道路。

1. 草图的组成

草图由草图平面、坐标系、草图几何图元和几何约束以及草图尺寸组成。在草图中，定义截面轮廓、扫掠路径以及孔的位置等造型元素，是用来形成拉伸、扫掠、打孔等特征不可缺少的因素。草图也可包含构造几何图元或者参考几何图元，构造几何图元不是界面轮廓或者扫掠路径，但是可用来添加约束；参考几何图元可由现有的草图投影而来，并在新草图中使用，参考几何图元通常是已存在特征的部分，如边或轮廓。

2. 退化的草图

在一个零件环境或部件环境中对一个零件进行编辑时，用户可在任何时候新建一个草图，或编辑退化的草图。当在一个草图中创建了需要的几何图元以及尺寸和几何约束，并且以草图为基础创建了三维特征时，该草图就成为退化的草图。凡是创建了一个基于草图的特征，就一定会存在一个退化的草图，图 2-1 所示为一个零件的模型树，可清楚地反映这一点。

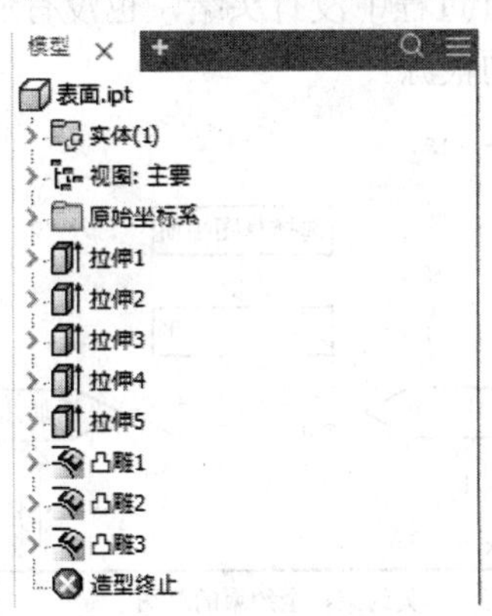

图2-1 零件的模型树

3. 草图与特征的关系

1）退化的草图依然是可编辑的。如果对草图中的几何图元进行了尺寸以及约束方面的修改，那么退出草图环境以后，基于此草图的特征也会随之更新。草图是特征的母体，特征是基于草图的。

2）特征只受到属于它的草图的约束，其他特征草图的改变不会影响到本特征。

3）如果两个特征之间存在某种关联关系，那么二者的草图就可能会影响到对方。例如，在一个拉伸生成的实体上打孔，拉伸特征和打孔特征都是基于草图的特征，如果修改了拉伸特征草图，使得打孔特征草图上孔心位置不在实体上，那么孔是无法生成的，Inventor 也会在实体更新时给出错误信息。

2.2 草图的设计流程

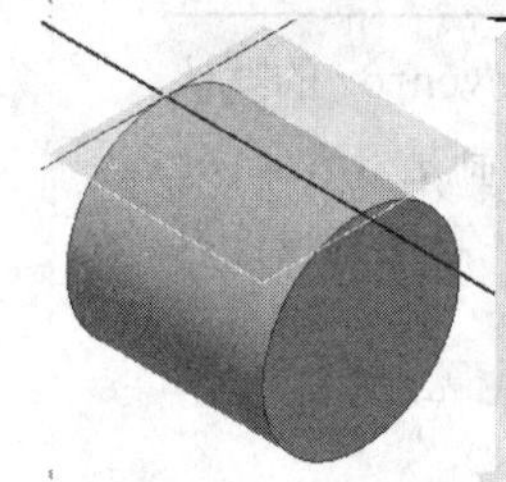

绘制草图是进行三维造型的第一步，也是非常基础和关键的一步。在 Inventor 中，进行草图设计是参数化的设计，如果在绘制二维草图几何图元、添加尺寸约束和几何约束时方法和顺序不正确，那么一定会给设计过程带来很多麻烦。设计不是一次完成的，必然要经历很多的修改过程，如果掌握了良好的草图设计方法，保证草图设计过程中的正确顺序，那么将大大减少重复工作，缩减设计修改过程中的工作量，提高工作效率和工作成效。

创建一幅合理而正确的草图的顺序是：

1）利用功能区内【草图】标签栏中所提供的几何图元绘制工具，创建基本的几何图元，并组成和所需要的二维图形相似的图形。

2）利用功能区内【草图】标签栏中提供的几何约束工具对二维图形添加必要的约束，确定二维图形的各个几何图元之间的关系。

3）利用功能区内【草图】标签栏中提供的尺寸约束工具来添加尺寸约束，确保二维图形的尺寸符合设计者的要求。

这样的设计流程最大的好处是，如果在特征创建之后，发现某处不符合要求，可重新回到草图中，针对产生问题的原因，或修改草图的几何形状，或修改尺寸约束，或修改几何约束，可快速解决问题。如果草图在设计过程中没有头绪，也没有遵循一定的顺序，那么出现了问题之后，往往无法快速地找到问题的根源。

上述工作过程可用图 2-2 来表示。

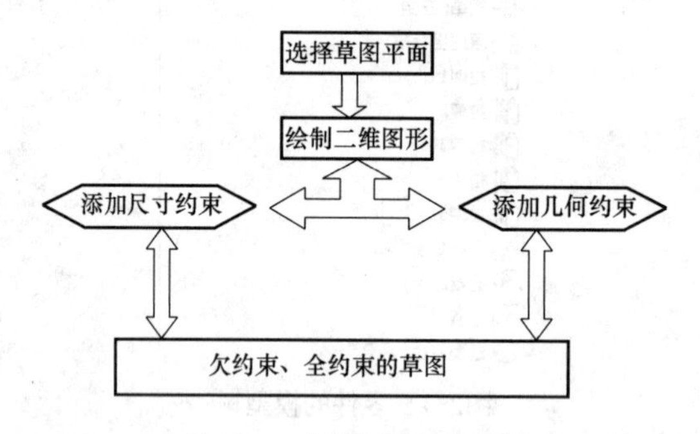

图2-2　草图设计流程图

2.3　选择草图平面与创建草图

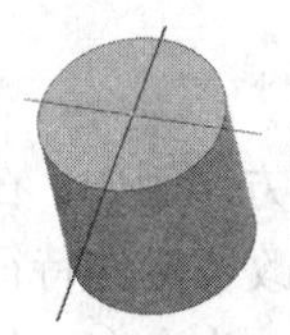

本节主要介绍如何新建草图，如何在零件表面创建草图和在工作平面上创建草图。

二维草图必须建立在一个二维草图平面上。草图平面是一个带有坐标系的无限大的平面。当新建了一个零件文件的时候，在默认状态下，一个新的草图平面已经被创建，并且建立了草

图，在这种情况下，不需要用户自己指定草图平面。

更多的时候，需要用户自己选择草图平面建立草图。为了建立正确的特征，用户必须选择正确的平面来建立草图。用户可在平面上或工作平面上建立草图，平面可是零件的表面，也可是坐标平面，也称基准面。如果要在曲面相关的位置建立草图，就必须建立工作平面，然后在工作平面上创建草图。

草图的创建过程比较简单。要在基准面上创建草图，可在浏览器中选择某个基准面，或在工作空间内选择某个基准面（如果基准面在工作空间内不显示的话，在浏览器中选择该基准面，单击右键，在弹出的快捷菜单中选择【可见】项即可），然后单击右键，在弹出的快捷菜单中选择【新建草图】选项即可，新建草图如图 2-3 所示。要在某个零件的表面新建草图，可选择该工作平面，然后单击右键，在弹出的快捷菜单中选择【新建草图】选项即可，在零件表面新建的草图如图 2-4 所示。如果要在某个工作平面上建立草图，用相同的方法在工作平面上新建草图，如图 2-5 所示。

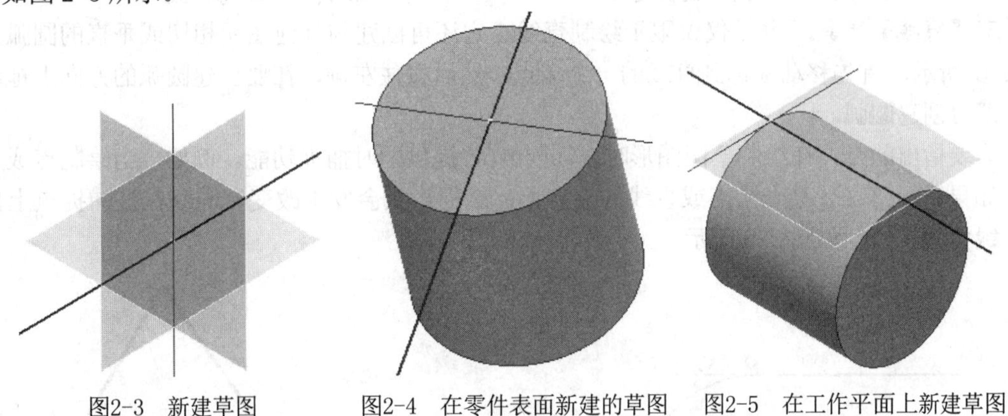

图2-3　新建草图　　图2-4　在零件表面新建的草图　　图2-5　在工作平面上新建草图

2.4　草图基本几何特征的创建

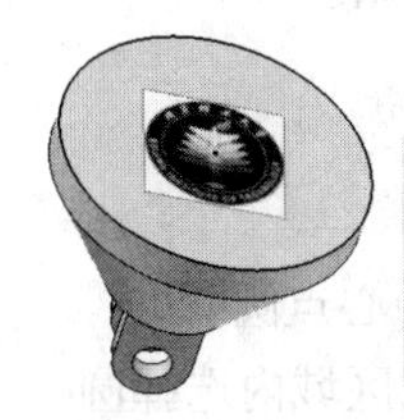

本节主要讲述如何利用 Inventor 提供的草图工具，正确快速地绘制基本的几何元素，并且添加尺寸约束和几何约束等。工欲善其事，必先利其器。熟练掌握草图基本工具的使用方法和技巧，是绘制草图前的必修课程。

2.4.1　点与曲线

在 Inventor 中可利用点和曲线工具方便快捷地创建点、直线和样条曲线。

1）单击【草图】标签栏【创建】面板中的【点】工具按钮+，然后在绘图区域内的任意处单击左键，则单击处就会出现一个点。

2）如果要继续绘制点，可在要创建点的位置再次单击左键。要结束绘制可单击右键，在弹出的快捷菜单中选择【取消】选项即可。

3）如果要创建直线，单击【草图】标签栏【创建】面板中的【直线】工具按钮╱，然后在

绘图区域内某一位置单击左键，继续在另外一个位置单击左键，则在两次单击的点的位置之间会出现一条直线，此时可从快捷菜单中选择【取消】选项，或按下 Esc 键，直线即绘制完成；也可选择【重启动】选项以接着绘制另外的直线。否则，继续绘制，将绘制出首尾相连的折线，如图 2-6 所示。

4）如果要绘制样条曲线，单击【草图】标签栏【创建】面板中的【样条曲线】工具按钮，通过在绘图区域内单击左键，即可绘制样条曲线，如图 2-7 所示。

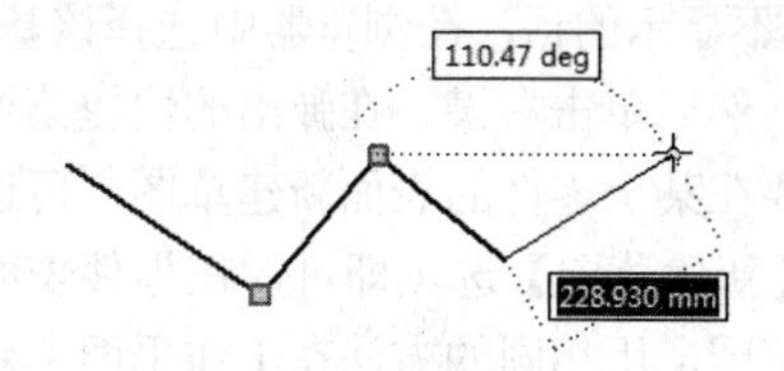

图2-6　绘制首尾相连的折线

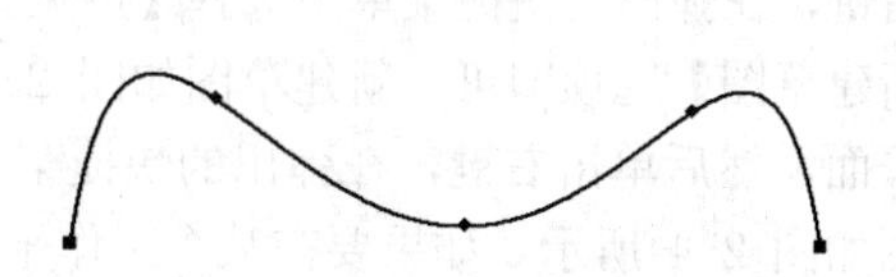

图2-7　绘制样条曲线

5）【直线】工具并不仅仅限于绘制直线，它还可创建与几何图元相切或垂直的圆弧。如图 2-8 所示，首先移动鼠标到直线的一个端点，然后按住左键，在要创建圆弧的方向上拖动鼠标，即可创建圆弧。

需要指出的是，在绘制草图图形时，Inventor 提供即时捕捉功能。例如，当绘制点或直线时，如果鼠标落在了某一个点或直线的端点上，鼠标形状会发生改变，同时在被捕捉点上出现一个绿色的亮点，如图 2-9 所示。

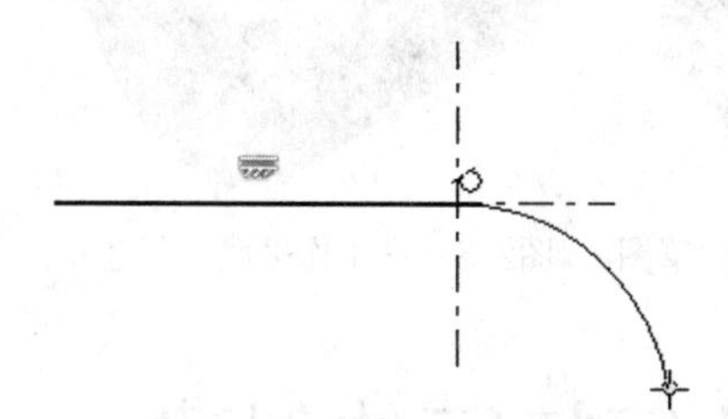

图2-8　利用直线工具创建圆弧

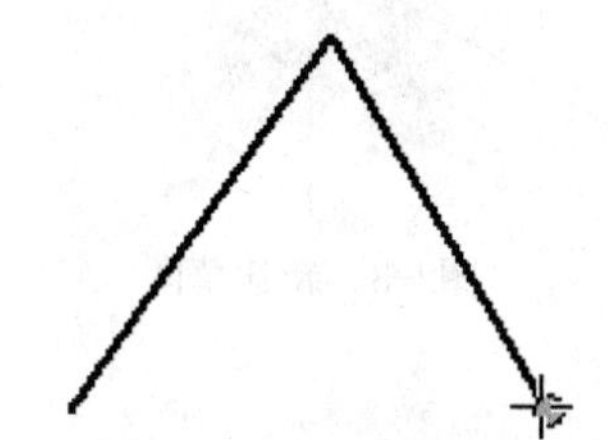

图2-9　绘图点自动捕捉

2.4.2　圆与圆弧

在 Inventor 中可利用圆与圆弧工具创建圆、椭圆、三点圆弧、相切圆弧和中心点圆弧。

1）如果要根据圆心和半径创建圆，可选择【圆】选项，单击左键，在绘图区域内选择圆心，然后拖动鼠标来设定圆的半径，同时在绘图窗口的状态栏中显示当前鼠标指针的坐标位置和半径大小，如图 2-10 所示。

2）通过圆工具还可创建与三条不共线直线同时相切的圆。单击【圆】工具下方的下三角按钮，在弹出的下拉菜单中选择【相切圆】工具，然后选择三条直线，即可创建相切圆，如图 2-11 所示。

3）可利用【椭圆】工具绘制椭圆。单击该工具按钮后，首先在绘图区域内单击左键以确定椭圆圆心位置，然后拖动鼠标以改变椭圆长轴的方向和长度，合适后单击左键即可确定；再拖动鼠标确定短轴的长度即可，此时可预览到椭圆的形状，符合要求后单击鼠标左键，椭圆即可生成，绘制的椭圆如图 2-12 所示。

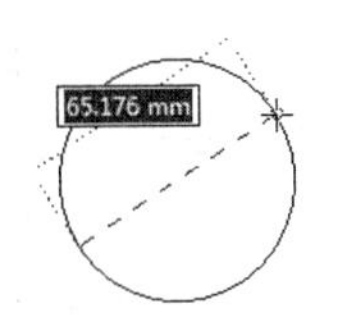

图2-10 指针位置和圆半径的实时显示

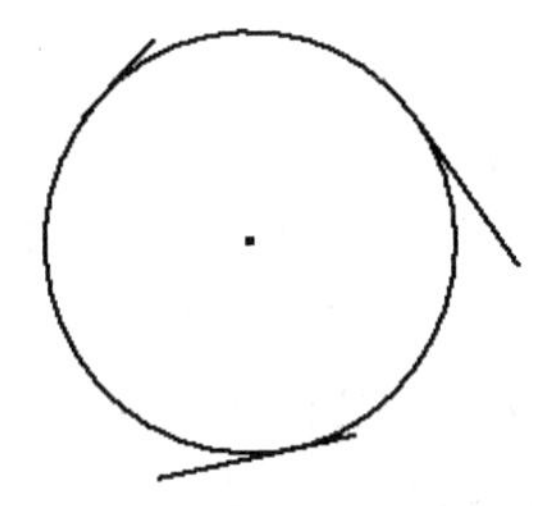

图2-11 创建相切圆

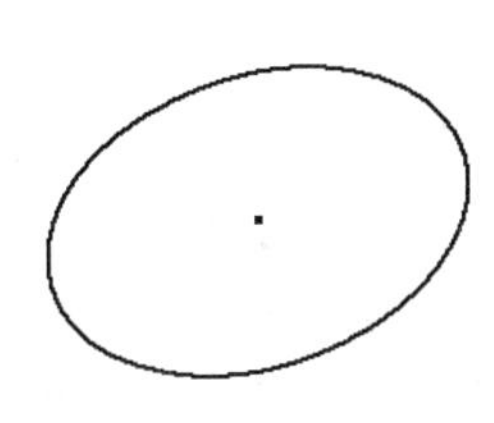

图2-12 绘制的椭圆

可通过三种方法来创建圆弧：三点圆弧、中心点圆弧和相切圆弧。

1）创建三点圆弧的过程是：单击【圆弧】工具下方的下三角按钮，在下拉菜单中单击【三点圆弧】工具，在绘图区域中单击以创建圆弧起点；然后移动光标并单击以设置圆弧终点，这时候就可移动光标以预览圆弧方向；最后单击以设置圆弧上一点，这样，三点圆弧就创建成功了。

2）创建中心点圆弧的过程是：单击【圆弧】工具下方的下三角按钮，在下拉菜单中单击【圆心圆弧】工具，在绘图区域中单击以创建圆弧中心点；然后移动鼠标以改变圆弧的半径和起点，单击以确定，接着移动鼠标预览圆弧方向；最后单击设置圆弧终点，此时圆弧创建成功。创建中心点圆弧的顺序如图 2-13 所示。

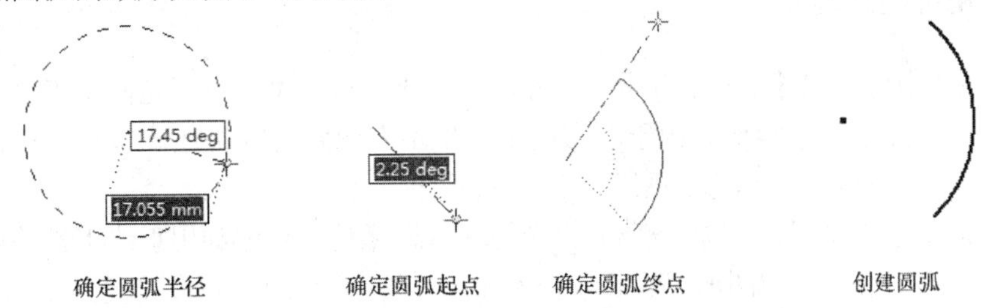

图2-13 创建中心点圆弧的顺序

3）创建相切圆弧的过程是：单击【圆弧】工具下方的下三角按钮，在下拉菜单中单击【相切圆弧】工具，在绘图区域中将光标移动到曲线上，以便亮显其端点；然后在曲线端点附近单击以便从亮显端点处开始画圆弧；最后移动鼠标预览圆弧并单击设置其终点，圆弧创建完毕。

当圆弧或圆绘制完毕以后，可通过标注尺寸约束对图形进行大小与形状的约束，但是 Inventor 也允许通过鼠标对图形形状进行粗调。一般方法是用鼠标选中图形，即圆或圆弧的圆心，然后按住左键拖动，即可改变图形的位置、形状以及大小等。图 2-14 所示为利用鼠标调节圆弧位置和形状的过程。

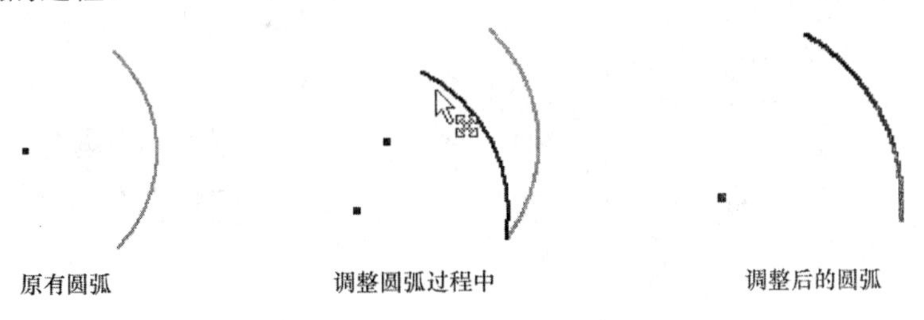

图2-14 利用鼠标调整圆弧位置和形状的过程

2.4.3 槽

在 Inventor 中可利用【槽】工具方便地创建槽，也可通过指定两点和宽度来创建槽。可通过中心到中心槽、整体槽、中心点槽、三点圆弧槽和圆心圆弧槽五种方法来创建槽。

单击【槽】工具旁边的下三角按钮，单击【中心到中心槽】工具，在图形窗口中单击以创建槽中心点；然后移动鼠标以改变槽的长度，单击以确定，接着移动鼠标预览槽的宽度；最后单击设置槽的宽度，此时圆弧创建成功。创建中心到中心槽的顺序如图 2-15 所示。

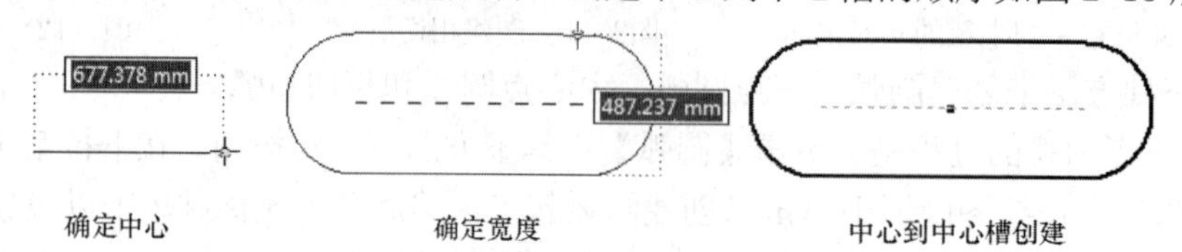

图2-15 创建中心到中心槽的顺序

当槽绘制完毕以后，可通过标注尺寸约束对图形进行大小与形状的约束，但是 Inventor 也允许通过鼠标对图形形状进行粗调。一般方法是用鼠标选择槽的中心，然后按住左键拖动，即可改变图形的位置、形状以及大小等。

2.4.4 矩形和多边形

在 Inventor 中可利用【矩形】工具方便地创建矩形，可通过指定两个点来创建矩形，也可通过指定三个点来创建矩形。由于非常简单这里不在浪费篇幅讲述。本小节详细讲述一下多边形的创建，这里的多边形仅仅局限于等边多边形。

在一些 CAD 造型软件中，绘制一个多边形的基本思路是：首先利用直线工具绘制一个和预计图形边数相同的不规则多边图形，然后为它添加尺寸约束和几何约束，使之成为一个多边形，如在 Pro/Engineer 中创建的等边六边形如图 2-16 所示。可看出，在该图形中共添加了四个约束，即所有的边长相等，以及三个内角均等于 120°。而在 Inventor 中，通过单击【草图】标签栏【创建】面板中的【多边形】工具按钮创建多边形，不必添加任何的尺寸约束和几何约束，这些 Inventor 都可自动替用户完成。创建的多边形最多可具有 120 条边。

用户还可创建同一个圆形内接或外切的多边形，这些功能都集中在多边形工具中。首先看一下多边形的创建过程：

1）单击【多边形】工具后，弹出【多边形】对话框，如图 2-17 所示。在该对话框中输入要创建的多边形的边数。

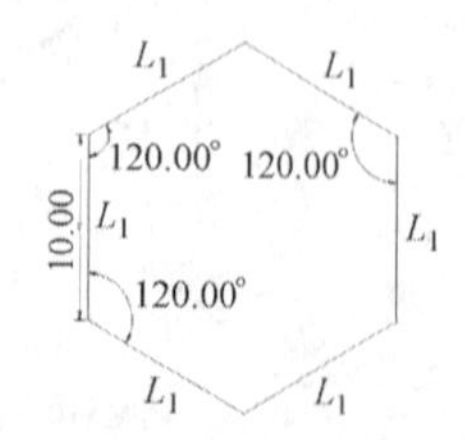

图2-16 在Pro/Engineer中创建的等边六边形

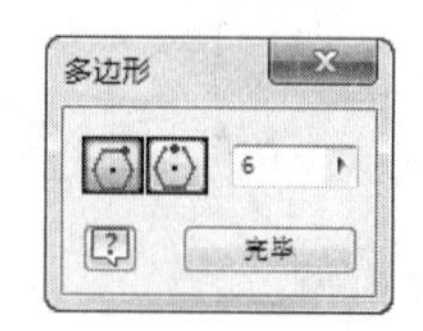

图2-17 【多边形】对话框

2）在绘图区域中单击左键以确定多边形的中心，此时可拖动鼠标以预览多边形。

3）单击左键以确定多边形的大小，多边形创建即完成。

4）如果要创建圆的内接或外切多边形，可通过【多边形】对话框中的【内切】选项和【外切】选项完成。下面以创建外切多边形为例来说明具体的创建过程：首先在【多边形】对话框中选择【外切】选项，输入边数为 6；然后在绘图区域中选择内接圆的圆心，拖动鼠标预览多边形，当多边形与圆外切时，鼠标旁边会出现相切标识，如图 2-18 所示。这时可单击左键，完成外切多边形的创建。

2.4.5 倒角与圆角

单击【草图】标签栏【创建】面板中的【倒角】工具按钮，可在两条直线相交的拐角、交点位置或两条非平行线处放置倒角。单击功能区中【草图】标签栏上的【倒角】工具右侧的下三角按钮，选择【倒角】选项，弹出【二维倒角】对话框，如图 2-19 所示。对话框中各个选项的含义解释如下：

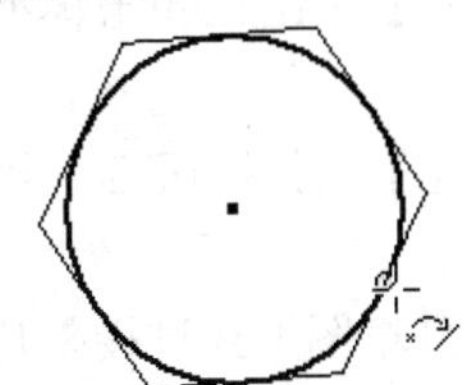

图2-18 外切标识

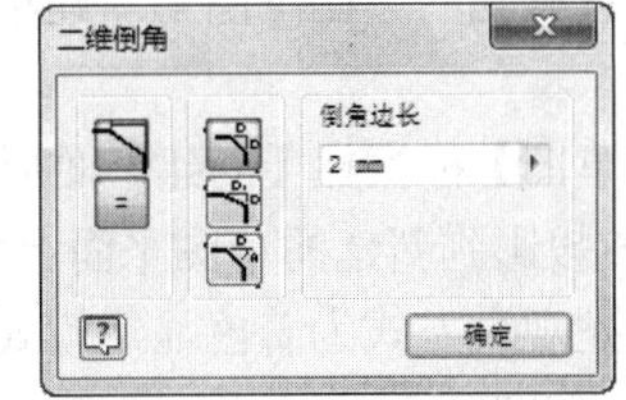

图2-19 【二维倒角】对话框

放置【对齐尺寸】选项：用来指示倒角的大小。

【相等】选项：倒角的距离和角度设置与当前命令中创建的第一个倒角的参数相等。

【等边】选项：即通过与点或选择直线的交点相同的偏移距离来定义倒角。

【不等边】选项：即通过每条选择的直线指定到点或交点的距离来定义倒角。

【距离和角度】选项：即由所选的第一条直线的角度和从第二条直线的交点开始的偏移距离来定义倒角。

倒角的创建方法很简单，选择好倒角的各种参数以后，在绘图区域中选择两条直线即可。由该工具创建的倒角如图 2-20 所示。

创建圆角更加简单一些。选择【圆角】工具按钮，弹出【二维圆角】对话框，如图 2-21 所示。在该对话框中输入创建的圆角半径即可。如果选择【等长】按钮，则会创建等半径的圆角，圆角的创建过程与创建倒角的类似，这里不再赘述。

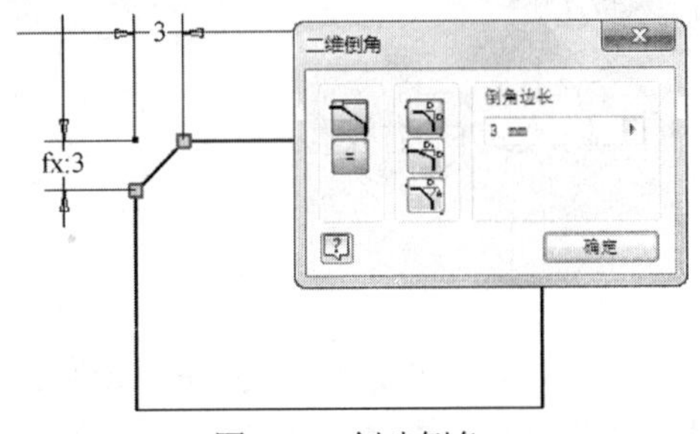

图2-20 创建倒角

图2-21 【二维圆角】对话框

2.4.6 投影几何图元

1．投影几何图元的作用

在 Inventor 中，可将模型几何图元（边和顶点）、回路、定位特征或其他草图中的几何图元投影到激活草图平面中，以创建参考几何图元。参考几何图元可用于约束草图中的其他图元，也可直接在截面轮廓或草图路径中使用，作为创建草图特征的基础。下面举例说明如何投影几何图元以及投影几何图元的作用。

2．投影几何图元的方法

在图 2-22 所示的零件中，零件厚度为 3mm，在一侧有两个直径为 3mm，深度为 2mm 的孔，现在要在零件的另一侧平面创建草图，并且出于造型的需要，要在该草图上绘制两个圆，要求圆心与零件上的两个孔的孔心重合，圆的直径与孔的直径相等。要达到这样的设计目的，可利用各种草图工具实现，但是费时费力，而利用投影几何图元工具可很好的实现该目的。其操作步骤如下：

1）在零件没有孔的一侧平面上新建草图，利用【视觉样式】按钮更改模型的观察方式为线框方式。

2）单击【草图】标签栏【创建】面板中的【投影几何图元】工具按钮，用鼠标单击两个孔，则孔轮廓被投影到新建的草图平面上，如图 2-23 所示。

3）设置模型观察方式为着色显示模式，可更加清楚地看到草图上经过投影几何图元得到的新的几何图元，如图 2-24 所示。

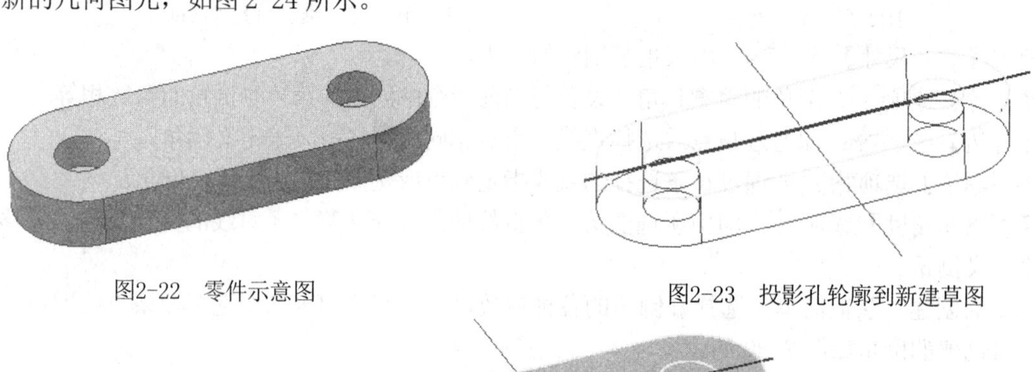

图2-22　零件示意图

图2-23　投影孔轮廓到新建草图

图2-24　着色显示模式下进行观察

2.4.7 插入 AutoCAD 文件

用户可将二维数据的 AutoCAD 图形文件（*.dwg）转换为 Inventor 草图文件，并用来创建零件模型。可通过单击【草图】标签栏【插入】面板中的【插入 AutoCAD 文件】工具按钮来实现。其操作步骤如下：

单击【插入 AutoCAD 文件】工具按钮，即弹出如图 2-25 所示的【打开】对话框。选择要插入的.dwg 文件，选择一个文件后，单击【打开】按钮，弹出【图层和对象导入选项】对话框，选择【全部】复选框，如图 2-26 所示。

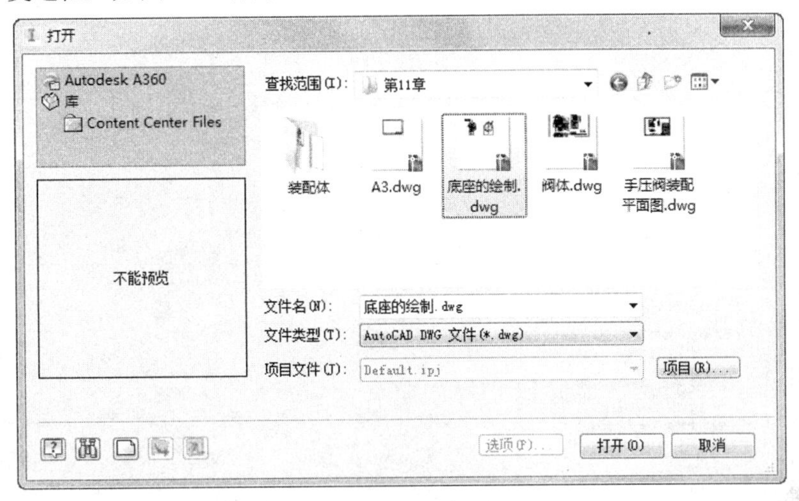

图2-25 【打开】对话框

单击【下一步】按钮，弹出【导入目标选项】对话框，如图 2-27 所示。单击【完成】按钮，导入的 CAD 文件如图 2-28 所示。AutoCAD 数据转换为 Inventor 数据的规则见表 2-1。

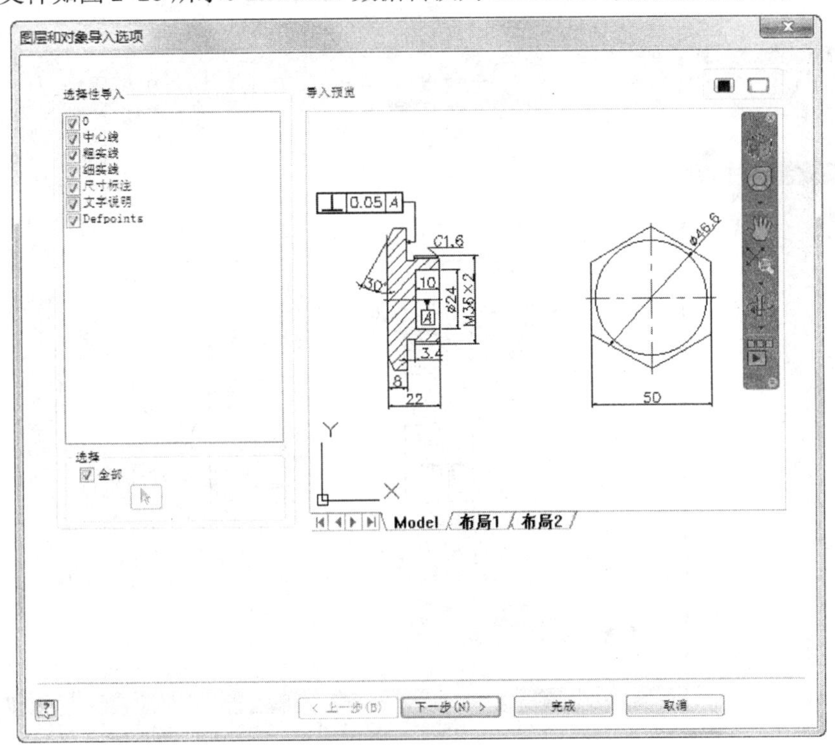

图2-26 【图层和对象导入选项】对话框

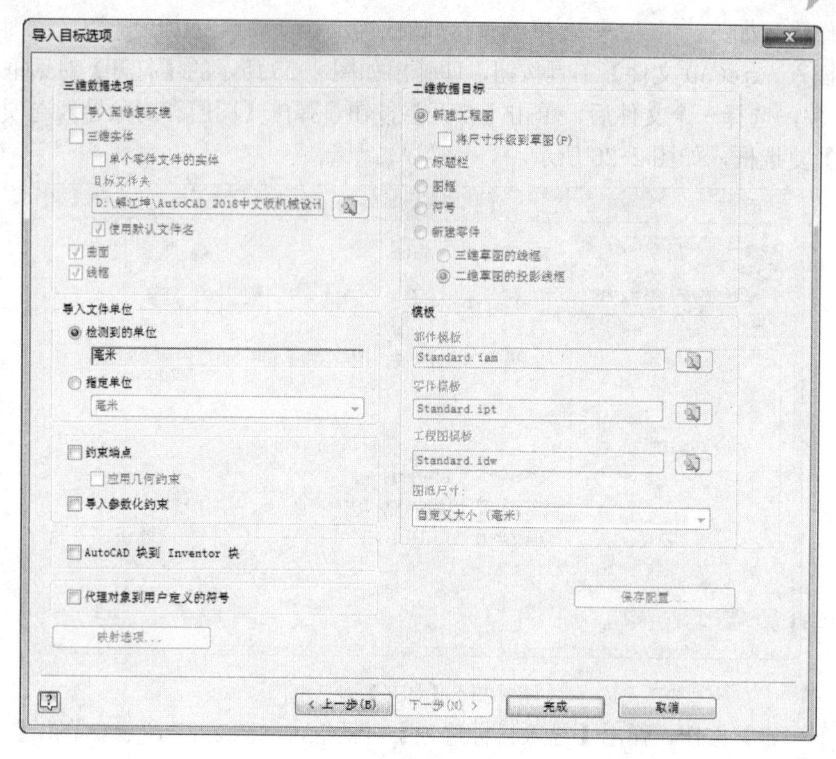

图2-27 【导入目标选项】对话框

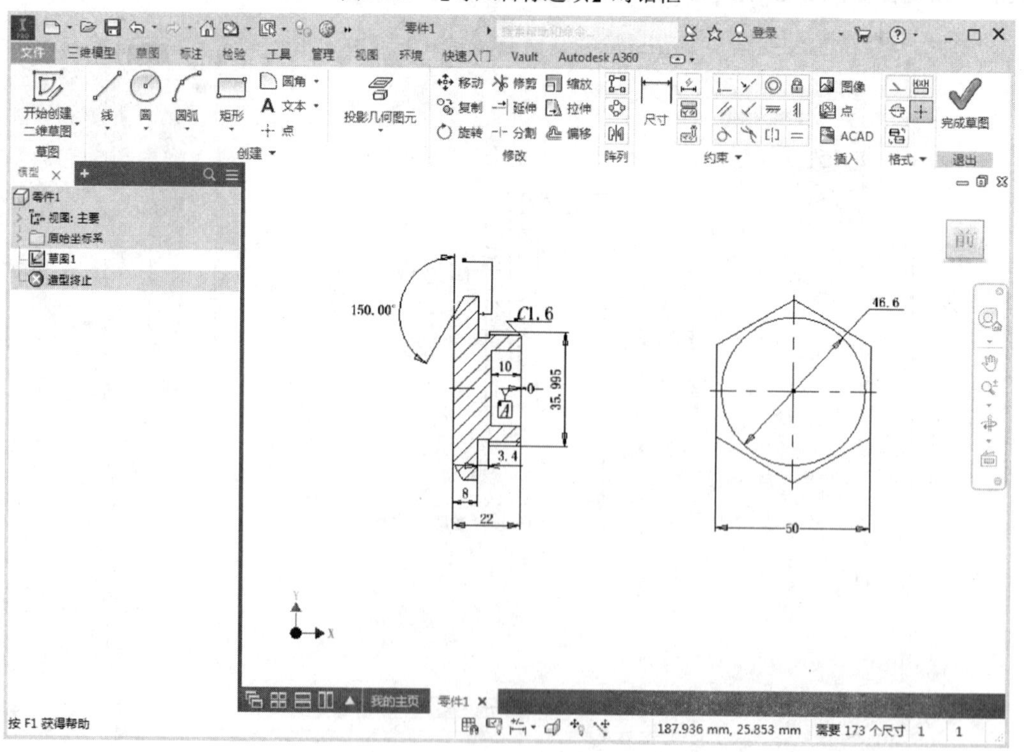

图2-28 导入的CAD文件

表2-1 AutoCAD数据转换为Inventor数据的规则

AutoCAD 数据	Inventor 数据
模型空间	几何图元放置在草图中，尺寸和注释不被转换。用户可指定在转换后的草图中是否约束几何图元的端点
布局（图纸）空间	一次只能转换一个布局；几何图元放置在草图平面中，尺寸和注释不被转换。用户可决定是否在被转换的草图中约束几何图元
三维实体	AutoCAD 三维实体作为 ACIS 实体放置到零件文件中，如果在 AutoCAD 文件中有多个三维实体，将为每一个实体创建一个 Inventor 零件文件，并引用这些零件文件创建部件文件。转换的时候，不能转换布局数据
图层	用户可指定要转换部分或全部图层。由于在 Inventor 中没有图层，所以所有的几何图元都被放置到草图中，尺寸和注释不被转换
块	块不会被转换到零件文件中

2.4.8 创建文本

在 Inventor 中，可向工程图中的激活草图或工程图资源（如标题栏格式、自定义图框或略图符号）中添加文本框，所添加的文本既可作为说明性的文字，又可作为创建特征的草图基础，图 2-29 所示零件上的文字 MADE IN CHINA 就是利用文字作为草图基础得到的。

要创建文本，可通过单击【草图】标签栏【创建】面板中的【文本】工具按钮**A**来实现，其操作步骤如下：

1）选择该按钮后，在草图绘图区域中要添加文本的位置单击左键，就会弹出【文本格式】对话框，如图 2-30 所示。

2）在该对话框中，用户可指定文本的对齐方式、行间距和拉伸的百分比，还可指定字体、字号等；然后在下方的文本框中输入文本即可。

3）单击【确定】按钮完成文本的创建。

如果要编辑已经生成的文本，可在文本上单击右键，在快捷菜单中选择【编辑文本】选项，此时弹出【文本格式】对话框，用户可自行修改文本的属性。

图2-29 零件上的文字

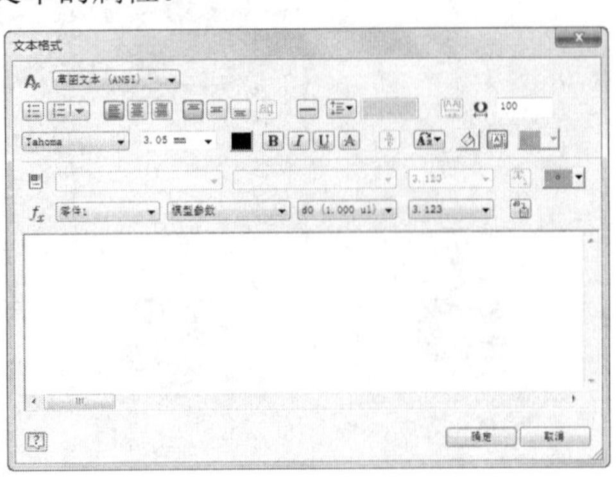

图2-30 【文本格式】对话框

2.4.9 插入图像

在实际的造型中，用户可能需要表示贴图、着色或丝网印刷的应用，单击【草图】标签栏【插入】面板中的【插入图像】工具按钮即可将图片添加到草图中，然后选择【模型】标签栏，单击【创建】工具面板中的【贴图】或【凸雕】工具将图像应用到零件面。

注 意

在 Inventor 2018 中，支持多种格式图像的插入，如 JPG、GIF、PNG 格式的图像文件等，甚至可将 Word 文档作为图像插入到绘图区域中。而在 Inventor 8 以及以前的版本中，仅仅支持.BMP 格式的图像文件。

插入图像的过程如下：

1）单击【草图】标签栏【插入】面板中的【插入图像】工具按钮，则会弹出【打开】对话框。浏览到图像文件所在的文件夹，选定一个图像文件后，单击【打开】按钮。

2）此时，在草图区域中光标附着在图像的左上角，在图形窗口中单击以放置该图像，然后单击右键并单击【取消】按钮，即可完成图像的创建。

3）根据需要，用户可调整图像的位置和方向。方法是：单击该图像，然后拖动该图像，使其沿水平或垂直方向移动，如图 2-31 所示；或单击角点，旋转和缩放该图像，如图 2-32 所示。可单击一条边重新调整图像的大小，图像将保持其原始的宽高比，如图 2-33 所示。单击图像边框上的某条边或某个角，然后使用约束工具和尺寸工具对图像边框进行精确定位。图 2-34 所示为在一个零件的表面放置的图像。

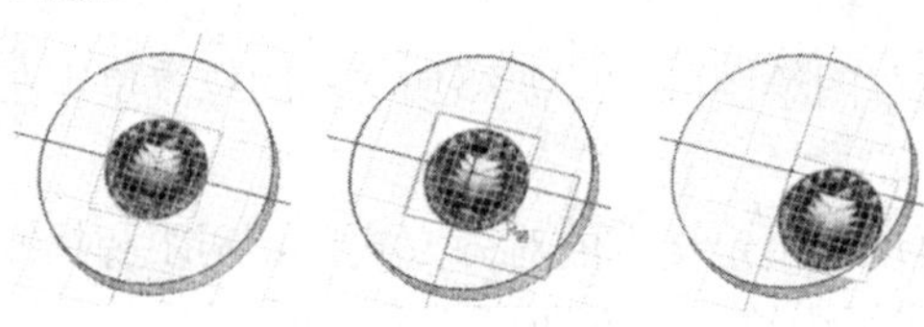

图2-31 拖动图像以改变位置

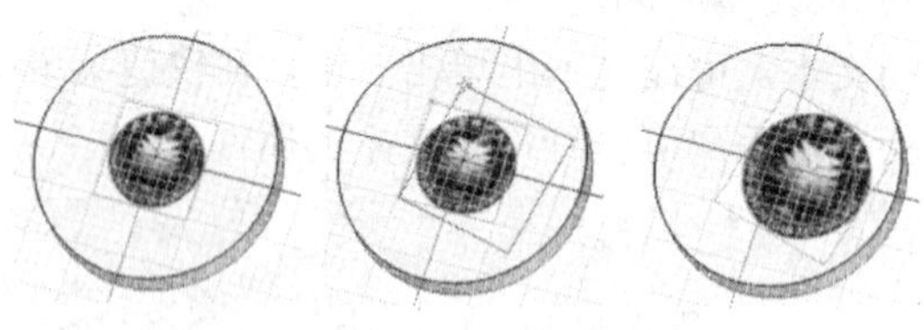

图2-32 旋转图像

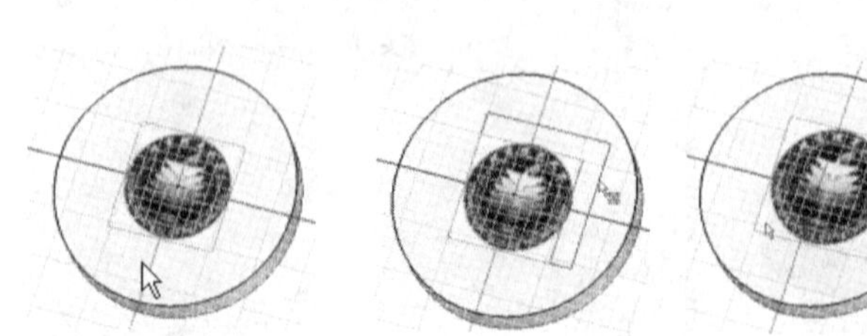

图2-33 改变图像的宽高比

图2-34 在零件表面放置的图像

2.5 草图几何图元的编辑

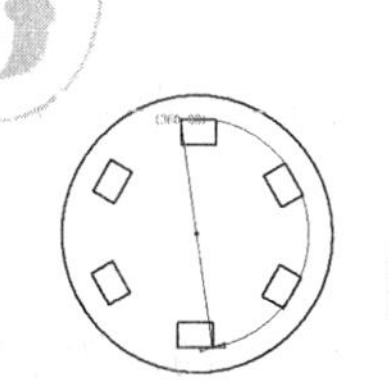

本节主要介绍草图几何图元的编辑，包括镜像、阵列、偏移、修剪和延伸等。

2.5.1 镜像与特征

1. 镜像

在 Inventor 中借助草图【镜像】工具对草图的几何图元进行镜像操作。创建镜像的一般步骤如下：

1）单击【草图】标签栏【阵列】面板中的【镜像】工具按钮，弹出【镜像】对话框，如图 2-35 所示。

2）单击【镜像】对话框中的【选择】按钮，选择要镜像的几何图元；单击【镜像】对话框中的【镜像线】按钮，选择镜像线。

3）单击【应用】按钮，镜像草图几何图元即被创建。镜像对象的过程如图 2-36 所示。

2. 阵列

如果要线性阵列或圆周阵列几何图元，就会用到 Inventor 提供的矩形阵列和环形阵列工具。矩形阵列可在两个互相垂直的方向上阵列几何图元，如图 2-37 所示。环形阵列则可使得某个几何图元沿着圆周阵列，如图 2-38 所示。

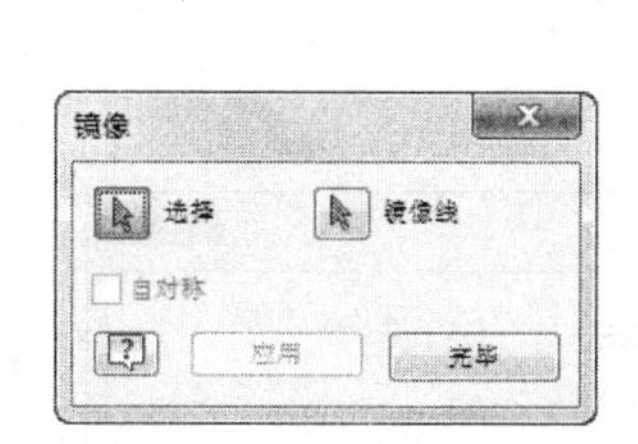

图2-35 【镜像】对话框

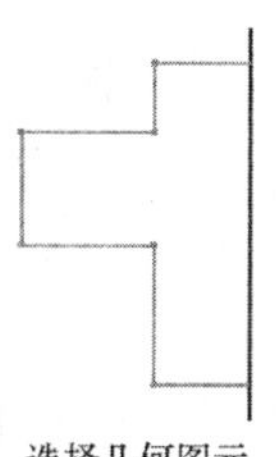

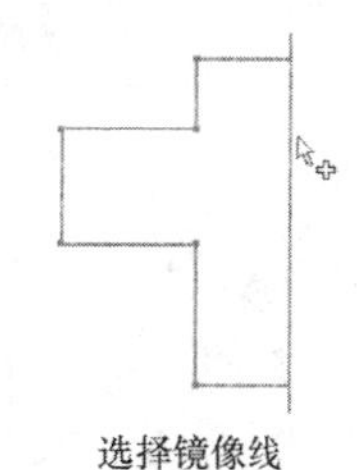

图2-36 镜像对象的过程

注 意

草图几何图元在镜像时，使用镜像线作为其镜像轴，相等约束自动应用到镜像的双方，但镜像完毕，用户可删除或编辑某些线段，同时其余的线段仍然保持对称。这时候请不要给镜像的图元添加对称约束，否则系统会给出约束多余的警告。

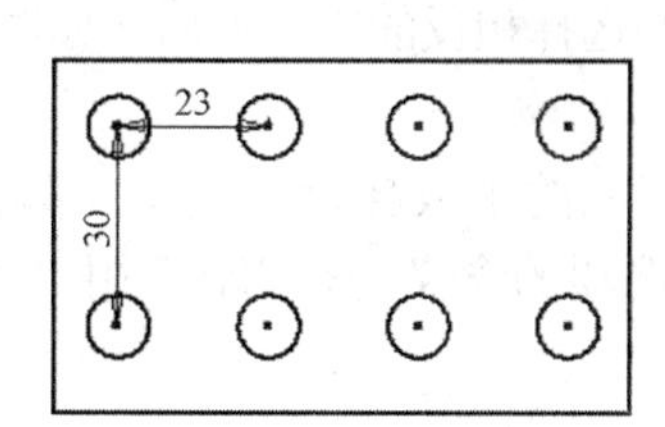

图2-37 矩形阵列示意

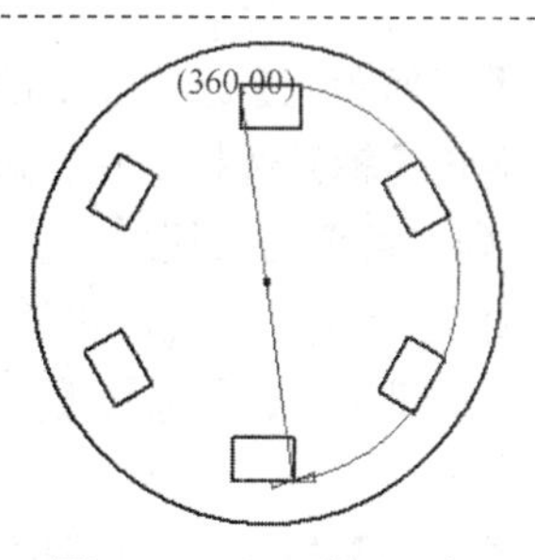

图2-38 环形阵列示意

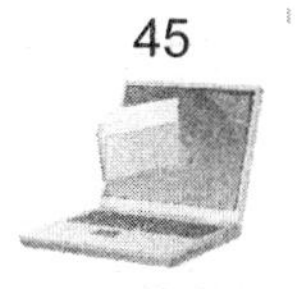

创建矩行阵列的一般步骤如下：

1）单击【草图】标签栏【阵列】面板中的【矩形阵列】工具按钮，弹出【矩形阵列】对话框，如图 2-39 所示。

2）利用【几何图元】选择工具 几何图元 选择要阵列的草图几何图元。

3）单击【方向 1】选项组中的选择按钮，选择几何图元定义阵列的第一个方向；如果要选择与选择方向相反的方向，可单击反向按钮。

4）在【数量】框 2 中，指定阵列中元素的数量，在【间距】框 10 mm 中，指定元素之间的间距。

5）进行【方向 2】方面的设置，操作与方向 1 相同。

6）如果要抑制单个阵列元素，将其从阵列中删除，可选择【抑制】选项 抑制，同时该几何图元将转换为构造几何图元。

7）如果【关联】复选框被选中，当修改零件时，会自动更新阵列。

8）如果选择【范围】复选框，则阵列元素均匀分布在指定间距范围内。如果未选择此选项，阵列间距将取决于两元素之间的间距。

9）单击【确定】按钮以创建阵列。

创建环形阵列的一般步骤如下：

1）单击【草图】标签栏【阵列】面板中的【环形阵列】工具按钮，弹出【环形阵列】对话框，如图 2-40 所示。

图2-39 【矩形阵列】对话框

图2-40 【环形阵列】对话框

2）利用【几何图元】选择工具 几何图元 选择要阵列的草图几何图元。

3）利用旋转【轴】选择工具，选择旋转轴；如果要选择相反的旋转方向（如顺时针方向变逆时针方向排列）可单击按钮。

4）选择好旋转方向之后，再输入要复制的几何图元的个数 6 以及旋转的角度 360 deg 即可。【抑制】、【关联】和【范围】选项的含义与矩形阵列中对应选项的含义相同。

5）单击【确定】按钮，完成环形阵列特征的创建。

2.5.2 偏移、延伸与修剪

1. 偏移

在 Inventor 中选择【草图】标签栏，单击【修改】工具面板中的【偏移】工具，复制所选草图几何图元并将其放置在与原图元偏移一定距离的位置。在默认情况下，偏移的几何图元与原几何图元有等距约束。

偏移图元的步骤如下：

1）单击【草图】标签栏【修改】面板中的【偏移】按钮，选择要复制的草图几何图元。

2）在要放置偏移图元的方向上移动光标，此时可预览偏移生成的图元。

3）单击左键以创建新几何图元。

4）如果需要，可使用尺寸标注工具设置指定的偏移距离。

5）在移动鼠标以预览偏移图元的过程中，如果单击右键，可弹出快捷菜单，如图 2-41 所示。在默认情况下，【回路选择】和【约束偏移量】两个选项是选中的，即软件会自动选择回路（端点连在一起的曲线），并将偏移曲线约束为与原曲线距离相等。

6）如果要偏移一个或多个独立曲线，或要忽略等长约束，取消选择【回路选择】和【约束偏移量】选项上的复选标记即可。图 2-42 所示为经偏移生成的图元示意图。

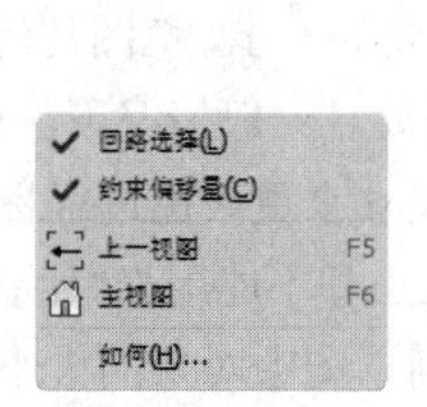

图2-41 偏移过程中的快捷菜单

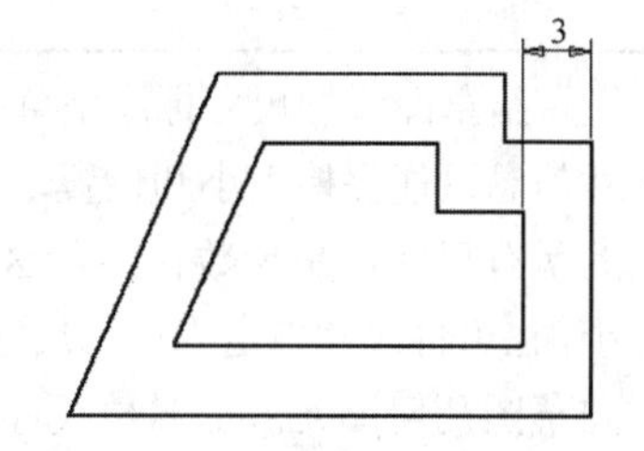

图2-42 经偏移生成的图元示意图

2. 延伸

在 Inventor 中可单击【草图】标签栏【修改】面板中的【延伸】工具来延伸曲线，以便清理草图或闭合处于开放状态的草图。曲线的延伸非常简单，其操作步骤如下：

1）单击【草图】标签栏【修改】面板中的【延伸】工具按钮，将鼠标指针移动到要延伸的曲线上，此时，该功能将所选曲线延伸到最近的相交曲线上，用户可预览到延伸的曲线，

2）单击左键即可完成延伸，如图 2-43 所示。

3）曲线延伸以后，在延伸曲线和边界曲线端点处创建重合约束。如果曲线的端点具有固定约束，那么该曲线不能延伸。

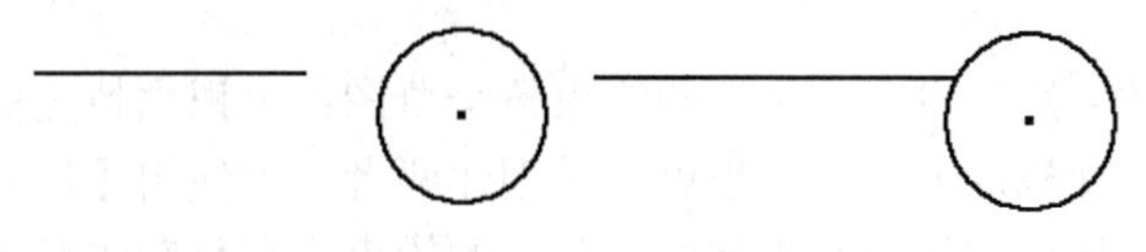

图2-43 曲线的延伸

3. 修剪

在 Inventor 中可单击【草图】标签栏【修改】面板中的【修剪】工具来修剪曲线或删除线段，该功能将选择的曲线修剪到与最近曲线的相交处。该工具可在二维草图、部件和工程图中

使用。在一个具有很多相交曲线的二维图环境中，该工具可很好地去除多余的曲线部分，使得图形更加整洁。

该工具的使用方法与延伸工具类似，单击【修剪】按钮，将鼠标指针移动到要修剪的曲线上，此时将被修改的曲线变成虚线，单击左键则曲线被删除，如图 2-44 所示。

在曲线中间进行选择会影响离光标最近的端点。可能有多个交点时，将选择最近的一个。在修剪操作中，删除掉的是鼠标指针下方的部分。

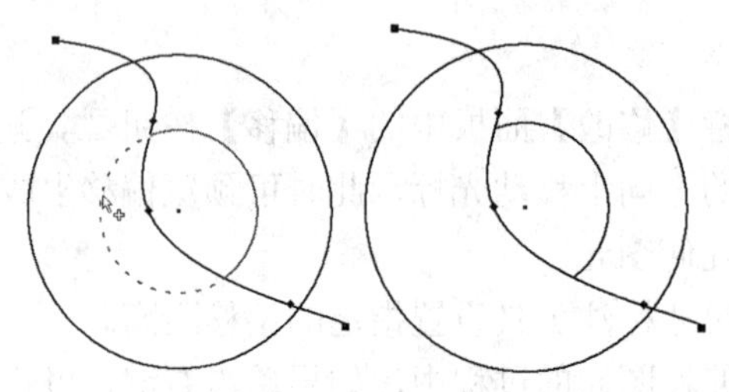

图2-44　曲线的修剪

2.6　草图尺寸标注

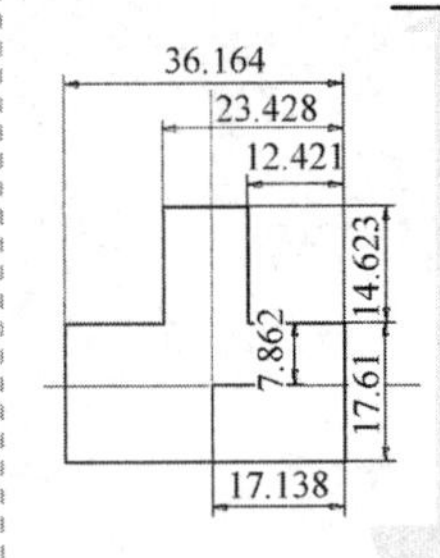

给草图添加尺寸标注是草图设计过程中非常重要的一步，草图几何图元需要尺寸信息以便保持大小和位置，以满足设计意图的需要。一般情况下，Inventor 中的所有尺寸都是参数化的。这意味着可通过修改尺寸来更改已进行标注的项目大小，也可将尺寸指定为计算尺寸，它反映了项目的大小却不能用来修改项目的大小。向草图几何图元添加参数尺寸的过程也是用来控制草图中对象的大小和位置的约束的过程。在 Inventor 中，如果对尺寸值进行更改，草图也将自动更新，基于该草图的特征也会自动更新，正所谓牵一发而动全身。

2.6.1　自动标注尺寸

在 Inventor 中，可利用自动标注尺寸工具自动、快速地给图形添加尺寸标注，该工具可计算所有的草图尺寸，然后自动添加。如果单独选择草图几何图元（如直线、圆弧、圆和顶点），系统将自动应用尺寸标注和约束；如果不单独选择草图几何图元，系统将自动对所有未标注尺寸的草图对象进行标注。自动标注尺寸工具使用户可通过一个步骤自动、快捷地完成草图的尺寸标注。

通过自动标注尺寸，用户可完全标注和约束整个草图；可识别特定曲线或整个草图，以便进行约束；可仅创建尺寸标注或约束，也可同时创建两者；可使用【尺寸】工具来提供关键的尺寸，然后使用【自动尺寸和约束】来完成对草图的约束；在复杂的草图中，如果不能确定缺少哪些尺寸，可使用【自动尺寸和约束】工具来完全约束该草图，用户也可删除自动尺寸标注和约束。

下面介绍如何给图 2-45 所示的草图自动标注尺寸。

1）单击【草图】标签栏【约束】面板中的【自动尺寸和约束】工具按钮，弹出如图 2-46 所示的对话框。

2）利用箭头选择工具选择要标注尺寸的曲线。

3）如果【尺寸】和【约束】选项都选中，那么对所选的几何图元应用自动尺寸和约束。173 所需尺寸显示要完全约束草图所需的约束和尺寸的数量。如果从方案中排除了约束或尺寸，在显示的总数中也会减去相应的数量。

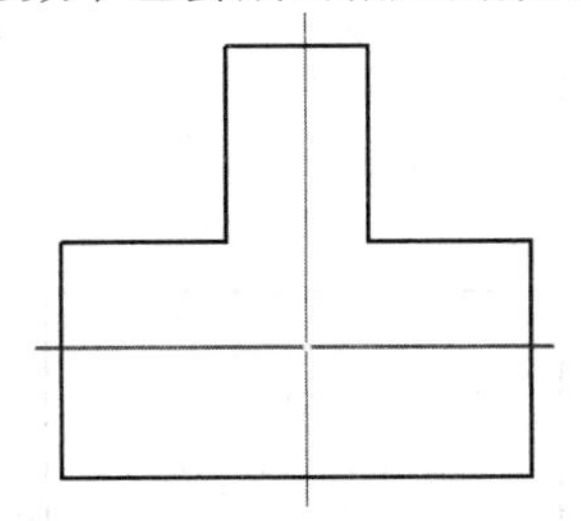

图2-45　要标注尺寸的草图图形

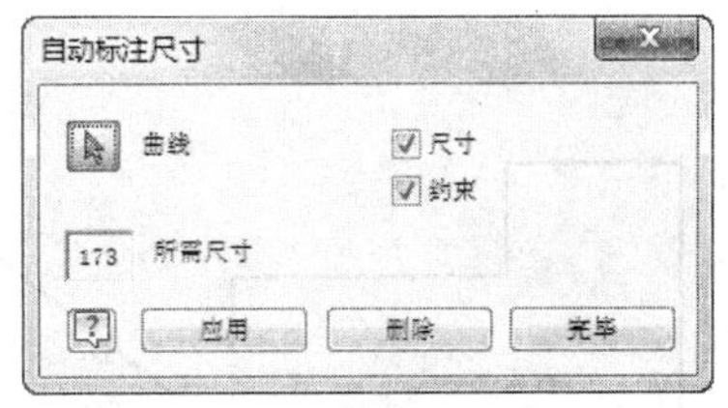

图2-46　【自动标注尺寸】对话框

4）单击【应用】按钮，即可完成几何图元的自动标注。

5）单击【删除】按钮，则从所选的几何图元中删除尺寸和约束。标注完毕的草图如图 2-47 所示。

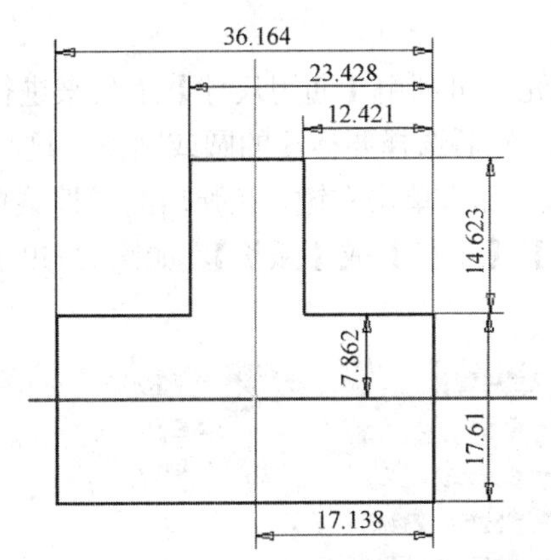

图2-47　标注完毕的草图

2.6.2　手动标注尺寸

虽然自动标注尺寸功能强大，省时省力，但是很多设计人员在实际工作中采用手动标注尺寸。手动标注尺寸的一个优点就是可很好地体现设计思路，设计人员可选择在标注过程中体现重要的尺寸，以便于加工人员更好地掌握设计意图。

手动标注尺寸的类型可分为三种：线性尺寸、圆弧尺寸和角度尺寸。可选择【草图】标签栏，单击【约束】面板中的【尺寸】工具按钮进行尺寸的添加，下面分别讲述。

1. 线性尺寸标注

线性尺寸标注用来标注线段的长度，或标注两个图元之间的线性距离，如点和直线的距离。标注的方法很简单，其基本步骤如下：

1）单击【草图】标签栏【约束】面板中的【尺寸】工具按钮，然后选择图元即可。

2）要标注一条线段的长度，单击该线段即可。

3）要标注平行线之间的距离，分别单击两条线即可。

4）要标注点到点或点到线的距离，分别单击两个点或点与线即可。

5）移动鼠标预览标注尺寸的方向，然后单击左键以完成标注。图 2-48 所示为线性尺寸标注的几种样式。

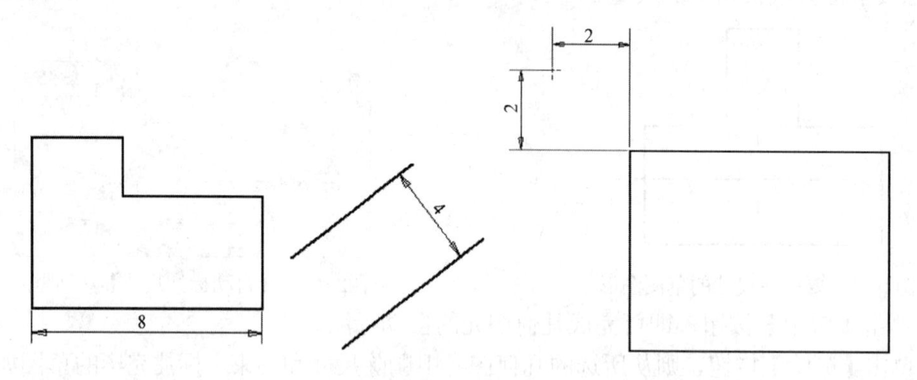

图2-48　线性尺寸标注的几种样式

2. 圆弧尺寸标注

圆以及圆弧都属于圆类图元，可利用【通用尺寸】工具来进行半径或直径的标注。

1）单击【尺寸】按钮，然后选择要标注的圆或圆弧，这时会出现标注尺寸的预览。

2）如果当前选择标注半径，那么单击右键，在弹出的快捷菜单中可看到【尺寸类型】选项，在子菜单中可选择标注【直径】、【半径】或【弧长】，如图 2-49 所示。读者可根据自己的需要灵活地在三者之间切换。

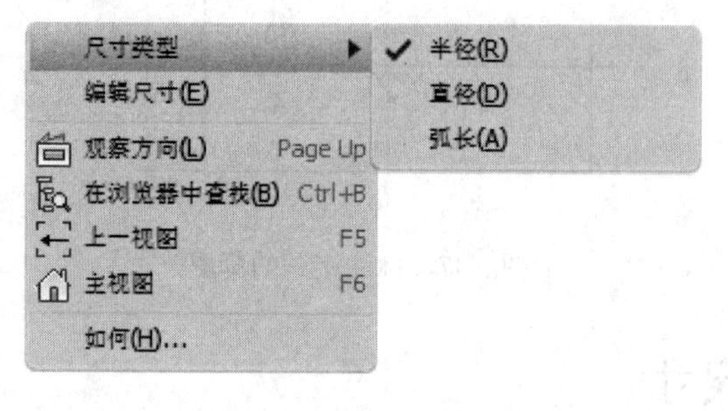

图2-49　圆弧尺寸标注

3）单击左键完成标注。

3. 角度标注

在 Inventor 中可标注相交线段形成的夹角，也可标注由不共线的三个点之间的角度，还可对圆弧形成的角进行标注。标注的时候只要选择好形成角的元素即可。

1）如果要标注相交直线的夹角，只要依次选择这两条直线即可。

2）要标注不共线的三个点之间的角度，依次选择这三个点即可。

3）要标注圆弧的角度，只要依次选取圆弧的一个端点、圆心和圆弧的另外一个端点即可。图 2-50 所示为角度标注范例示意图。

2.6.3 编辑草图尺寸

用户可在任何时候编辑草图尺寸，不管草图是否已经退化。如果草图未退化，它的尺寸是可见的，可直接编辑；如果草图已经退化，用户可在浏览器中选择该草图并激活草图进行编辑。激活草图的方法是在该草图上单击右键，在弹出的快捷菜单中选择【编辑草图】即可，如图 2-51 所示。

要修改一个具体的尺寸数值，可在该尺寸上双击，弹出【编辑尺寸】对话框，如图 2-52 所示。此时，可直接在数据框中输入新的尺寸数据，然后单击☑，接受新的尺寸。

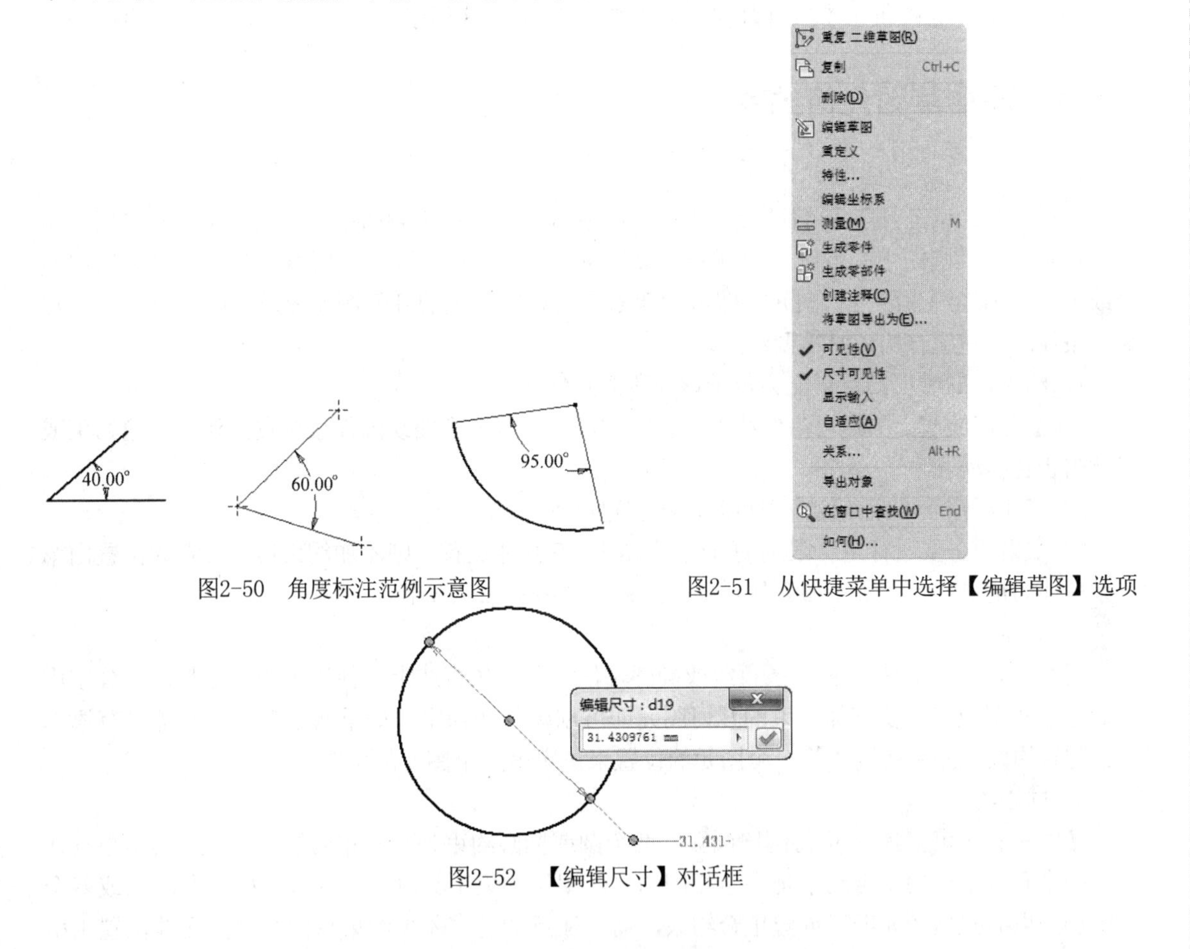

图2-50 角度标注范例示意图

图2-51 从快捷菜单中选择【编辑草图】选项

图2-52 【编辑尺寸】对话框

2.7 草图几何约束

在草图的几何图元绘制完毕以后，往往需要对草图进行约束，如约束两条直线平行或垂直，约束两个圆同心等。

约束的目的就是保持图元之间的某种固定关系，这种关系不受被约束对象的尺寸或位置因素的影响。倒如，在设计开始时绘制了一条直线和一个圆始终相切，但是如果圆的尺寸或位置

在设计过程中发生改变时，这种相切关系不会自动维持，而如果给直线和圆添加了相切约束，无论圆的尺寸和位置怎么改变，这种相切关系会始终得以维持。

这里介绍一下自由度的概念，例如，画一个圆，只要确定了圆心和直径，圆就被完全约束了，所以圆有两个自由度；矩形也有两个自由度，即长度和宽度。在草图中，如果通过施加约束和标注尺寸消除了全部自由度，就称作草图被完全约束。如果草图存在被约束的自由度，就称该草图为欠约束的草图。在 Inventor 中，允许欠约束的草图存在，但是不允许一幅草图过约束。欠约束的草图可用于自适应零件的设计创建。

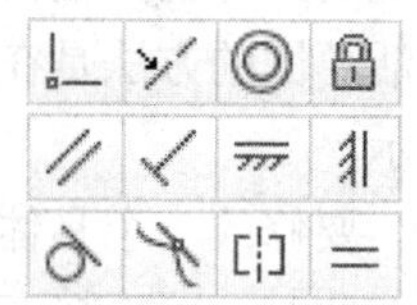

图2-53　几何约束工具

Inventor 一共提供了十二种几何约束工具，如图 2-53 所示。

2.7.1　添加草图几何约束

1．重合

【重合】约束工具可将两点约束在一起或将一个点约束到曲线上。当此约束被应用到两个圆、圆弧或椭圆的中心点时，得到的结果与使用同心约束相同。使用时，分别用鼠标选取两个或多个要施加约束的几何图元，即可创建重合约束。这里的几何图元要求是两个点或一个点和一条线。创建重合约束时需要注意：

1）约束在曲线上的点可能会位于该线段的延伸线上。

2）重合在曲线上的点可沿曲线滑动，因此这个点可位于曲线的任意位置，除非其他约束或尺寸阻止它移动。

3）当使用重合约束来约束中点时，将创建草图点。

4）如果两个要进行重合限制的几何图元都没有其他位置，则添加约束后，二者的位置由第一条曲线的位置决定。关于如何显示草图约束，请参看 2.7.3 节。

2．共线

【共线】约束工具使两条直线或椭圆轴位于同一条直线上。使用该约束工具时，分别用鼠标选取两个或多个要施加约束的几何图元即可创建共线约束。如果两个几何图元都没有添加其他位置约束，则由所选的第一个图元的位置来决定另一个图元的位置。

3．同心约束

【同心】约束工具可将两段圆弧、两个圆或椭圆约束为具有相同的中心点，其结果与在曲线的中心点上应用重合约束是完全相同的。使用该约束工具时，分别用鼠标选取两个或多个要施加约束的几何图元即可创建重合约束。需要注意的是，添加约束后的几何图元的位置由所选的第一条曲线来设置中心点，未添加其他约束的曲线被重置为与已约束曲线同心，其结果与应用到中心点的重合约束是相同的。添加了同心约束的圆弧、圆和椭圆如图 2-54 所示。

4．固定

【固定】约束工具可将点和曲线固定到相对于草图坐标系的位置。如果移动或转动草图坐标系，固定曲线或点将随之运动。固定约束将点相对于草图坐标系固定，其具体含义如下：

1）直线将在位置和角度上固定，用户不可用鼠标拖动直线以改变其位置，但可移动端点使直线伸长或缩短。

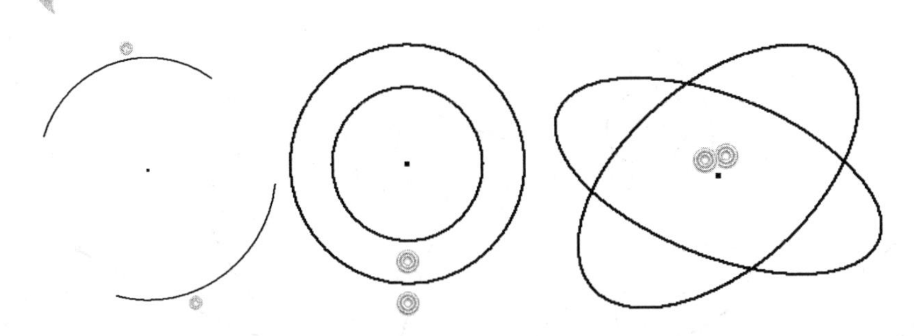

图2-54 添加了同心约束的圆弧、圆和椭圆

2）圆和圆弧有固定的中心点和半径。

3）被固定的圆弧和直线端点不可在直径方向和垂直于直线的方向上运动，但是可在圆周或长度方向上自由移动。

4）固定端点或中点，允许直线或曲线绕这些点转动；圆或椭圆的位置、大小及方向被固定，即全部自由度均被约束。

5）对于点来说，位置被固定。

下面举例说明固定约束的一个作用。在标注固定约束的时候，一定要有一个标注的基准，但是在 Inventor 中，这个基准不会自动生成，需要用户自己指定。很多用户在设计的过程中会发现，如果改变某个尺寸的话，草图图元的改变与预想的方向相反。如图 2-55 所示，设计者本想增大尺寸 400，使得右侧的边向右方移动，但是当改变尺寸为 500 的时候，结果左侧的边向左侧移动。为了使得左侧的边成为尺寸的基准，可使用【固定】约束工具来固定左侧的边。这样，当修改尺寸的时候，左侧边就会成为基准。

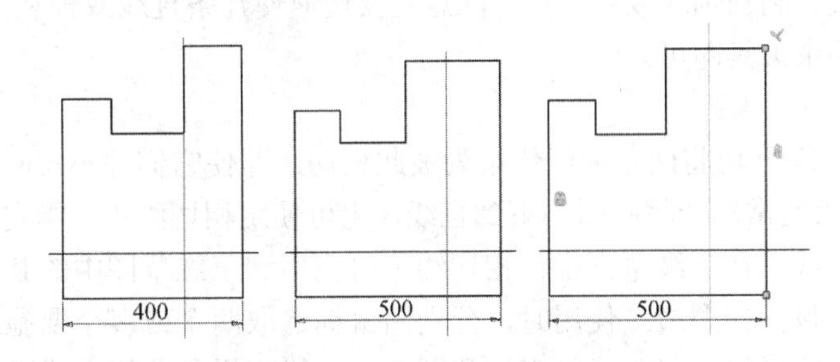

图2-55 尺寸变化导致几何图元变化

5．平行

【平行】约束工具将两条或多条直线（或椭圆轴）约束为互相平行。使用时，分别用鼠标选取两个或多个要施加约束的几何图元即可创建平行约束。使用【平行】约束工具的时候，要快速使几条直线或轴互相平行，可先选择它们，然后单击【平行】约束工具即可。

使用【平行】约束工具为直线和椭圆轴创建平行约束如图 2-56 所示。

6．垂直

【垂直】约束工具可使所选的直线、曲线或椭圆轴相互垂直。使用时，分别用鼠标选取两个要施加约束的几何图元即可创建垂直约束。为直线、曲线和椭圆轴添加垂直约束如图 2-57 所示。需要注意的是，要对样条曲线添加垂直约束，约束必须用于样条曲线和其他曲线的端点处。

图2-56　为直线和椭圆轴创建平行约束　　　　图2-57　为直线、曲线和椭圆轴添加垂直约束

7. 水平

【水平】约束工具使直线、椭圆轴或成对的点平行于草图坐标系的 X 轴，添加了该几何约束后，几何图元的两点（如线的端点、中心点、中点或点等）被约束到与 X 轴相等的距离。使用该约束工具时，分别用鼠标选取两个或多个要施加约束的几何图元即可创建水平约束，这里的几何图元是直线、椭圆轴或成对的点。注意，要快速使几条直线或轴水平，可先选择它们，然后单击【水平】约束工具即可。

8. 竖直

【竖直】约束工具使直线、椭圆轴或成对的点平行于草图坐标系的 Y 轴，添加了该几何约束后，几何图元的两点（如线的端点、中心点、中点或点等）被约束到与 Y 轴相等的距离。使用该约束工具时，分别用鼠标选取两个或多个要施加约束的几何图元即可创建竖直约束，这里的几何图元是直线、椭圆轴或成对的点。注意，要快速使几条直线或轴竖直，可先选择它们，然后单击【竖直】约束工具即可。

9. 相切

【相切】约束工具可将两条曲线约束为彼此相切，即使它们并不实际共享一个点（在二维草图中）。相切约束通常用于将圆弧约束到直线，也可使用相切约束，指定如何结束与其他几何图元相切的样条曲线。在三维草图中，相切约束可应用到三维草图中的其他几何图元共享端点的三维样条曲线，包括模型边。使用时，分别用鼠标选取两个或多个要施加约束的几何图元即可创建相切约束，这里的几何图元是直线和圆弧，直线和样条曲线，或圆弧和样条曲线等。直线与圆弧之间的相切约束和圆弧与样条曲线之间的相切约束如图 2-58 所示。一条曲线具有多个相切约束，这在 Inventor 中是允许的，如图 2-59 所示。

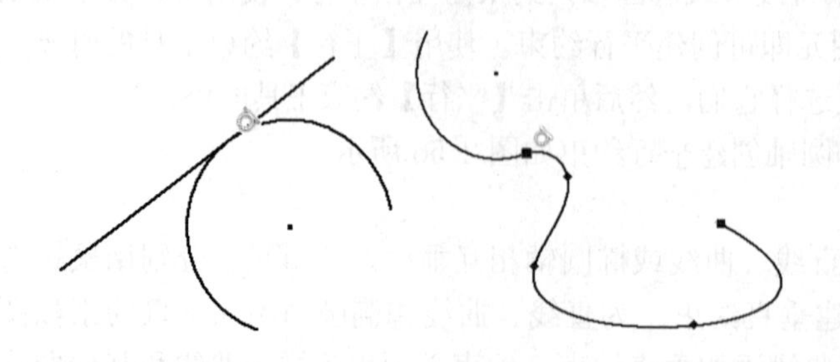

图2-58　直线与圆弧、圆弧与样条曲线的相切约束

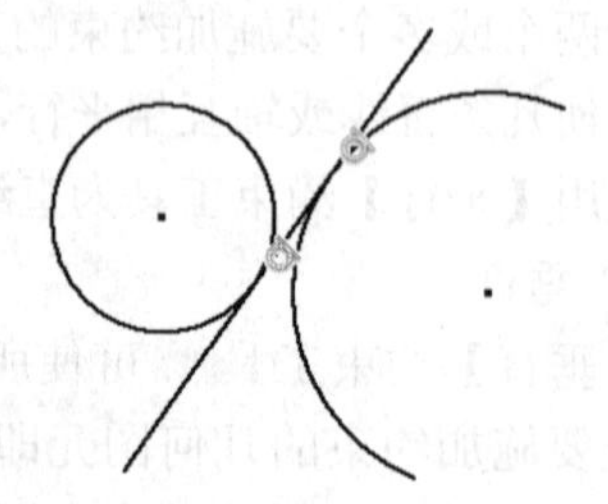

图2-59　一条曲线具有多个相切约束

10．平滑

使用【平滑】约束指在样条曲线和其他曲线（如线、圆弧或样条曲线）之间创建曲率连续。【平滑】约束可用于二维或三维草图中，也可用于工程图草图中。

11．对称

【对称】约束工具将使所选直线或曲线或圆相对于所选直线对称。应用这种约束时，约束到所选几何图元的线段也会重新确定方向和大小。使用该约束工具时，依次用鼠标选取两条直线或曲线或圆，然后选择它们的对称直线即可创建对称约束。注意，如果删除对称直线，将随之删除对称约束。具有对称约束的图形如图2-60所示。

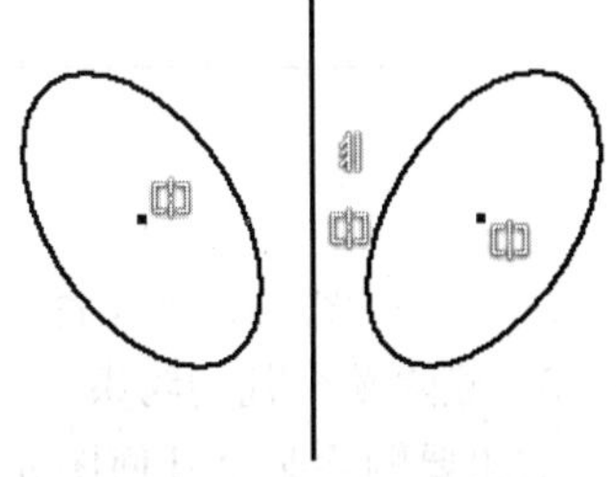
图2-60　具有对称约束的图形

12．等长

【等长】约束工具将所选的圆弧和圆调整到具有相同半径，或将所选的直线调整到具有相同的长度。使用该约束工具时，分别用鼠标选取两个或多个要施加约束的几何图元即可创建等长约束，这里的几何图元是直线、圆弧和圆。需要注意的是，要使几个圆弧或圆具有相同半径，或使几条直线具有相同长度，可同时选择这些几何图元，然后单击【等长】约束工具即可。

2.7.2　草图几何约束的自动捕捉

Inventor 软件设计非常人性化的一面就是设置有草图约束的自动捕捉功能。用户在创建草图几何图元的过程中，如果在预览状态下即将创建的几何图元与现有的某个几何图元存在某种约束关系，如水平或相切等，那么光标附近将显示约束符号的预览并指明约束的类型，如图2-61所示。当要创建的直线与左侧竖直方向的直线垂直且与右侧圆弧相切的时候，则垂直与相切的约束符号同时显示在图形中。

当用户创建草图时，约束通常被自动加载。为了防止自动创建约束，可在创建草图几何图元的时候按住<Ctrl>键。需要注意的是，当用【直线】工具创建直线时，直线的端点在默认情况下已经用重合约束连接起来，但是当按<Ctrl>键的时候，不但不能创建推理约束，如平行、垂直和水平约束，甚至不能捕捉另一个几何图元的端点。

2.7.3　显示和删除草图几何约束

1．显示所有几何约束

在给草图添加几何约束后，默认情况下这些约束是不显示的，但是用户可自行设定是否显示约束。如果要显示全部约束，可在草图绘图区域内单击右键，在弹出的快捷菜单中选择【显示所有约束】选项即可；相反，如果要隐藏全部的约束，在快捷菜单中选择【隐藏所有约束】选项即可。

2．显示单个几何约束

如果要显示单个几何图元的约束，可选择【草图】标签栏，单击【约束】面板中的【显示约束】工具按钮，然后在草图绘图区域选择某几何图元，则该几何图元的约束会显示，如图

2-62 所示。当鼠标位于某个约束符号的上方时，与该约束有关的几何图元会变为红色，以方便用户观察和选择。在显示约束的小窗口右侧有一个关闭按钮，单击可关闭该约束窗口。另外，还可用鼠标移动约束显示窗口，用户可把它拖放到任何位置。

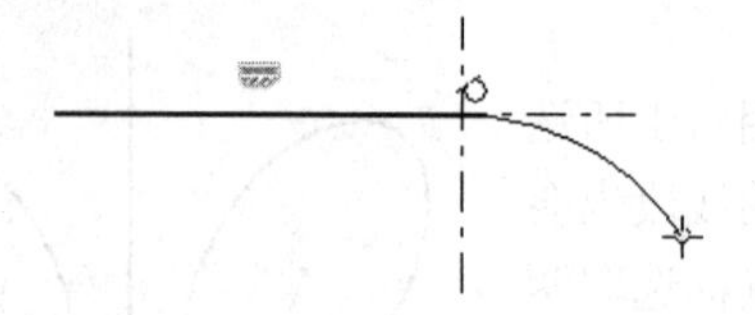

图2-61　约束符号预览显示

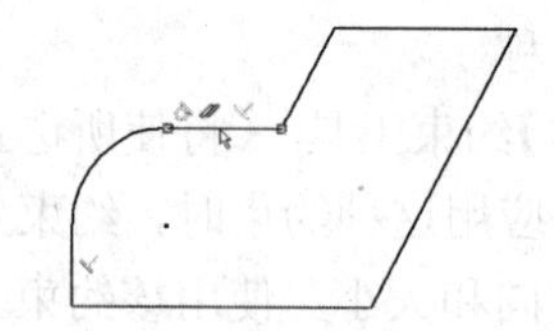

图2-62　显示对象的几何约束

3．删除某个几何约束

如果要删除某个几何图元的约束，可在显示约束的小窗口中右键单击该约束符号，在快捷菜单中选择【删除】选项即可。如果多条曲线共享一个点，则每条曲线上都显示一个重合约束。如果在其中一条曲线上删除该约束，此曲线将可被移动，其他曲线仍保持约束状态，除非删除所有重合约束。

2.8　草图尺寸参数关系化

草图的每一个尺寸都由尺寸名称（如 d1，d2）和尺寸数值组成。本节主要介绍尺寸参数的关系。

在介绍草图尺寸参数化前，有必要介绍一下尺寸的显示方式。在 Inventor 中可看到五种式样的尺寸标注形式，即显示值、显示名称、显示表达式、显示公差和显示精确值，依次如图 2-63 所示。如果要改变某个尺寸的显示形式，可在该尺寸上单击右键，在弹出的快捷菜单中选择【尺寸特性】，打开【尺寸特性】对话框。选择【文档设置】选项卡，在【造型尺寸显示】的下拉列表中选择显示方式即可，如图 2-64 所示。

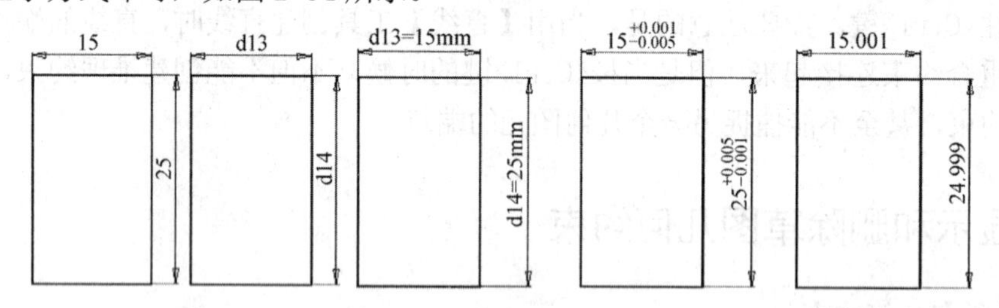

图2-63　5种尺寸标注形式示意

显而易见，草图的每一个尺寸都是由尺寸名称（如 d1，d2）和尺寸数值组成，参数化的尺寸主要借助尺寸名称来实现。Inventor 允许用户在已经标注的草图尺寸之间建立参数关系，例如，某个设计意图要求设计的长方体的长 d0 永远是宽 d1 的两倍且多 8，则用户可双击长度尺寸，在【编辑尺寸】对话框中输入 2*d1+8，如图 2-65 所示。这样当长方体的宽度发生变化的时候，长方体的长度也会自动变化以维持二者的尺寸关系。

在【编辑尺寸】对话框中输入的参数表达式可包含其他尺寸名称，也可包括三角函数、运算符号等。

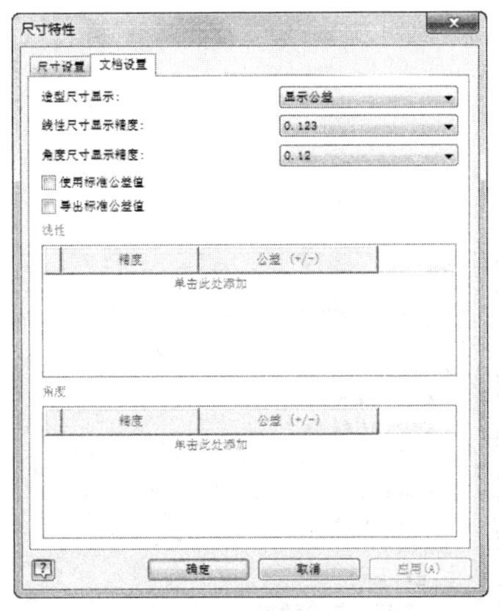

图2-64　选择造型尺寸显示形式

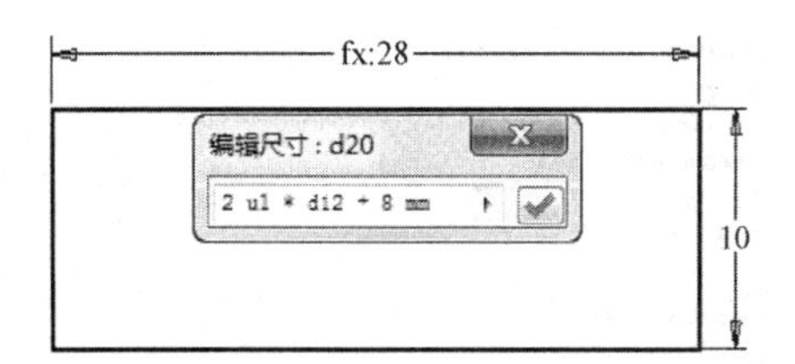

图2-65　参数化尺寸

2.9　定制草图工作区环境

本节主要介绍草图环境设置选项。读者可以根据自己的习惯定制自己需要的草图工作环境。

草图工作环境的定制主要依靠【工具】标签栏【选项】面板中的【应用程序选项】来实现。打开【应用程序选项】对话框后，选择【草图】选项卡，则进入草图设置界面，如图 2-66 所示。

1. 约束设置

单击【设置】按钮，弹出如图 2-67 所示的【约束设置】对话框，用于控制草图约束，以及尺寸标注的显示、创建、推断、放宽拖动和过约束的设置。

2. 显示选项

可通过选择【网格线】来设置草图中网格线的显示；选择【辅网格线】设置草图中次要的或辅网格线的显示；选择【轴】设置草图平面轴的显示；选择【坐标系指示器】设置草图平面坐标系的显示。

3. 样条曲线拟合方式选项

该选项组用于设定点之间的样条曲线过渡，确定样条曲线识别的初始类型。

【标准】：设定该拟合方式可创建点之间平滑连续的样条曲线，适用于 A 类曲面。

【AutoCAD】：设定该拟合方式以使用 AutoCAD 拟合方式来创建样条曲线。不适用于 A 类曲面。

【最小能量-默认张力】：设定该拟合方式可创建平滑连续且曲率分布良好的样条曲线，适用于 A 类曲面。选取最长的进行计算，并创建最大的文件。

4. 二维草图其他选项

【捕捉到网格】：可通过设置【捕捉到网格】来设置草图任务中的捕捉状态，选择此复选框以打开网格捕捉。

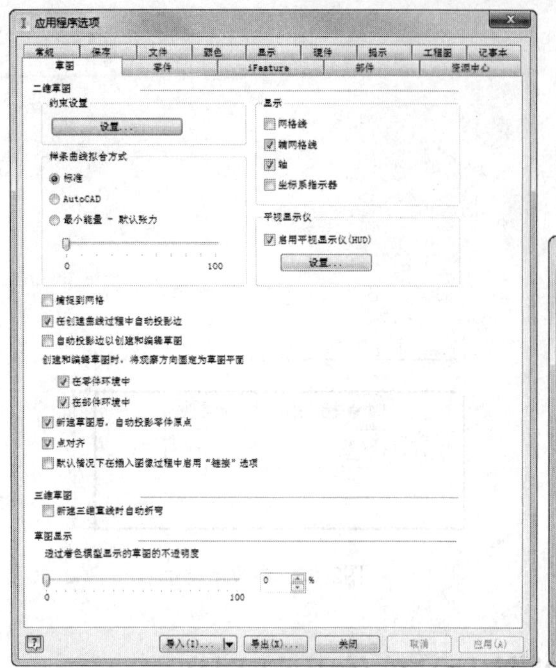

图2-66 【草图】选项卡

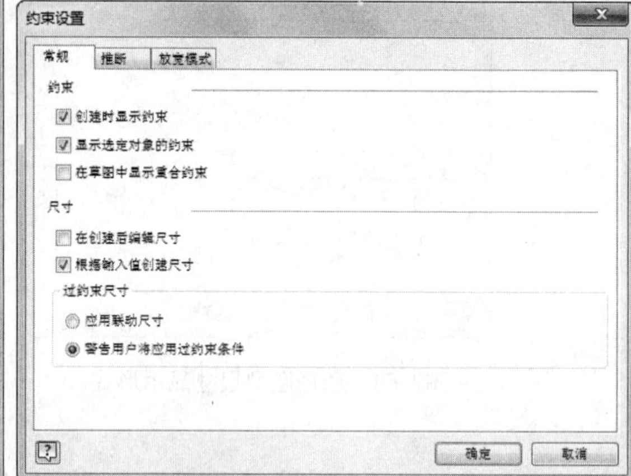

图2-67 【约束设置】对话框

【在创建曲线过程中自动投影边】：启用选择功能，并通过擦洗线将现有几何图元投影到当前的草图平面上，此直线作为参考几何图元投影。选择此复选框以使用自动投影，取消选择此复选框则抑制自动投影。

【自动投影边以创建和编辑草图】：当创建或编辑草图时，将所选面的边自动投影到草图平面上作为参考几何图元。选择此复选框为新的和编辑过的草图创建参考几何图元；取消选择此复选框则抑制创建参考几何图元。

【创建和编辑草图时，将观察方向固定为草图平面】：选择此复选框，指定重新定位图形窗口，以使草图平面与新建草图的视图平行；取消此复选框的选择，在选定的草图平面上创建一个草图，而不考虑视图的方向。

【新建草图后，自动投影零件原点】：选择此复选框，指定新建的草图上投影的零件原点的配置。取消此复选框的选择，手动投影原点。

【点对齐】：选择此复选框，类推新创建几何图元的端点和现有几何图元的端点之间的对齐，将显示临时的点线以指定类推的对齐；取消此复选框的选择，相对于特定点的类推对齐在草图命令中可通过将光标置于点上临时调用。

5．三维草图选项

【新建三维直线时自动折弯】：该选项用于设置在绘制三维直线时，是否自动放置相切的拐角过渡。选择该选框，自动放置拐角过渡；取消此复选框则抑制自动创建拐角过渡。

第3章 特征的创建与编辑

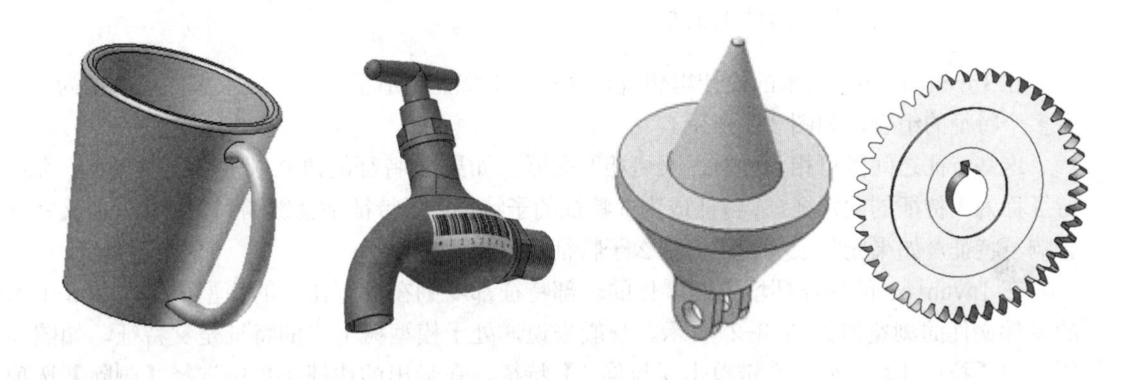

在 Inventor 中，零件是特征的集合，设计零件的过程也就是依次设计零件的每一个特征的过程。Inventor 中主要有草图特征、放置特征和定位特征三种类型的特征，本章将简要讲述如何创建这三种特征，以及特征的编辑等。

- ⊙ 基于草图简单特征的创建
- ⊙ 复杂特征的创建
- ⊙ 设计元素（iFeature）入门
- ⊙ 定制特征工作区环境
- ⊙ 实例——参数化齿轮的创建

3.1 基于特征的零件设计

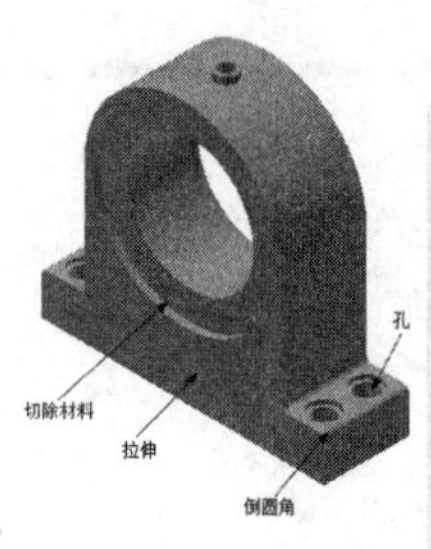

在 CAD 技术的研究方面，如何正确地对实体进行描述和表示，采用何种描述方法才能使得计算机很好地理解实体，以进行合理有效的几何推理，成为人们目前聚焦的问题。传统的实体表示方法是用简单原始的几何元素来表达实体，如线条、圆弧、圆柱以及圆锥等，这样显得很枯燥、单调，计算机很难识别和理解这样粗糙的模型。因此，就迫切需要发展一种建立在高层次实体基础上的实体表示法，这种实体需要包含更多的工程信息，这种实体被称为特征，并且由此提出了以特征为基础基于特征的设计方法。

在 Inventor 中，基本的设计思想就是这种基于特征的造型方法，一个零件可以视为一个或者多个特征的组合，如图 3-1 所示。

这些特征之间既可相互独立，又可相互关联。如果 A 特征的建立以 B 特征为基础，那么 B 特征称为 A 特征的父特征，A 特征成为 B 特征的子特征。子特征不会影响到父特征，但父特征会影响子特征，如果删除了父特征，那么子特征也不再存在。

在 Inventor 的特征环境下，零件的全部特征都罗列在浏览器中的模型树中，图 3-1 所示的零件文件的浏览器如图 3-2 所示。一般来说，处于模型树上方的特征是父特征，如图 3-2 所示的【拉伸 1】特征。右键单击【拉伸 1】特征，在弹出的快捷菜单中选择【删除】选项，弹出【删除特征】对话框，提示用户如果删除了该特征，该特征的草图和基于该特征的子特征都会被删除，同时在浏览器中，所有基于【拉伸 1】特征的子特征都会被选中，如图 3-3 所示。

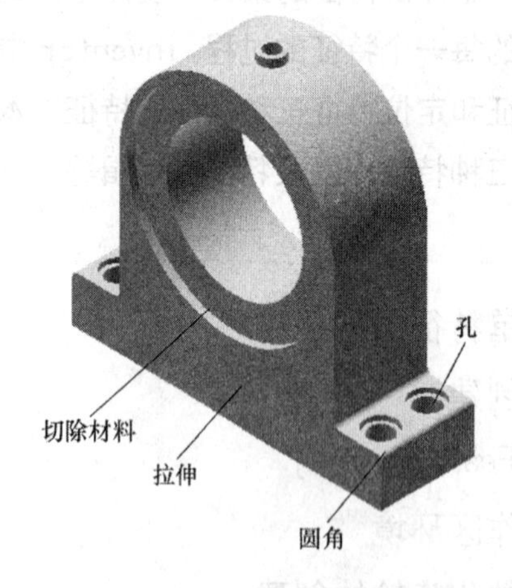

图3-1 零件是特征的组合

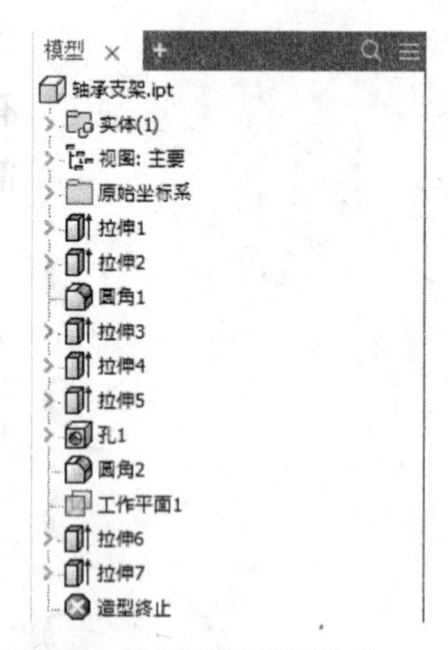

图3-2 零件文件的浏览器

在 Inventor 中，特征也是用尺寸参数来约束的，用户可以通过编辑特征的尺寸来对特征进行修改。

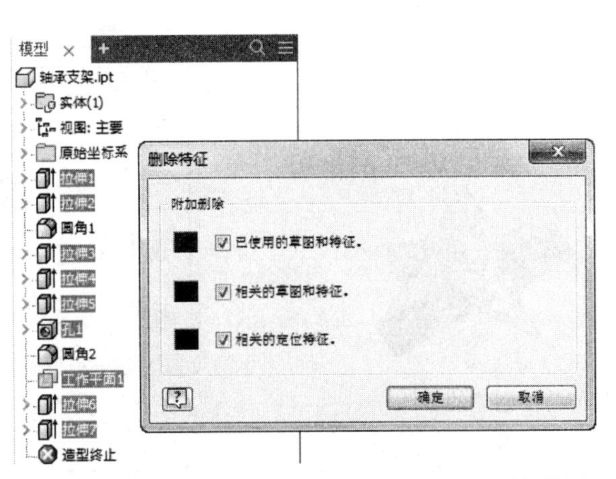

图3-3　删除父特征可以选择删除子特征和关联的草图

3.2　基于草图的简单特征的创建

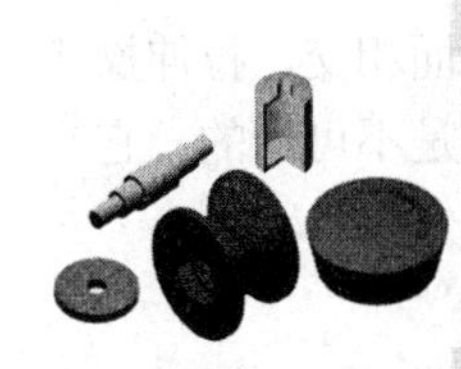

在 Inventor 中，有一些特征是必须要首先创建草图然后才可以创建的，如拉伸特征，首先必须在草图中绘制拉伸的截面形状，否则就无法创建该特征，这样的特征称之为基于草图的特征；有一些特征则不需要创建草图，而是直接在实体上创建，如倒角特征，它需要的要素是实体的边线，与草图没有一点关系，这些特征就是非基于草图的特征。本节首先介绍一些基于草图的简单特征。另外，有一些基于草图的特征非常复杂，将在复杂特征的创建一节讲述。

3.2.1　拉伸特征

拉伸特征是通过草图截面轮廓添加深度的方式创建的特征。在零件的造型环境中，拉伸用来创建实体或切割实体；在部件的造型环境中，拉伸通常用来切割零件。特征的形状由截面形状、拉伸范围和扫掠斜角三个要素来控制。利用拉伸特征创建的零件如图 3-4 所示，左侧为拉伸的草图截面，右侧为拉伸生成的特征。下面按照顺序介绍一下拉伸特征的造型要素。首先单击【三维模型】标签栏【创建】面板中的【拉伸】工具按钮，弹出【拉伸】对话框，如图 3-5 所示。

1. 截面轮廓形状

进行拉伸操作的第一个步骤就是利用【拉伸】对话框中的【截面轮廓】选择工具选择截面轮廓。在选择截面轮廓时，可以选择多种类型的截面轮廓创建拉伸特征：

1）可选择单个截面轮廓，系统会自动选择该截面轮廓。

2）可选择多个截面轮廓，如图 3-6 所示。

3）要取消某个截面轮廓的选择，按下 Ctrl 键，然后单击要取消的截面轮廓即可。

4）可选择嵌套的截面轮廓，如图 3-7 所示。

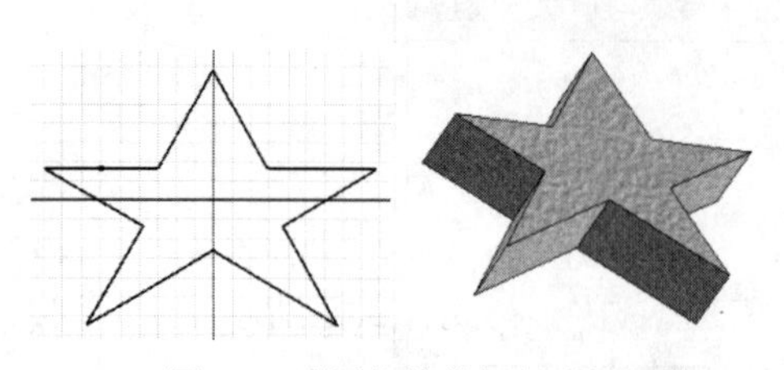

图3-4 利用拉伸特征创建的零件

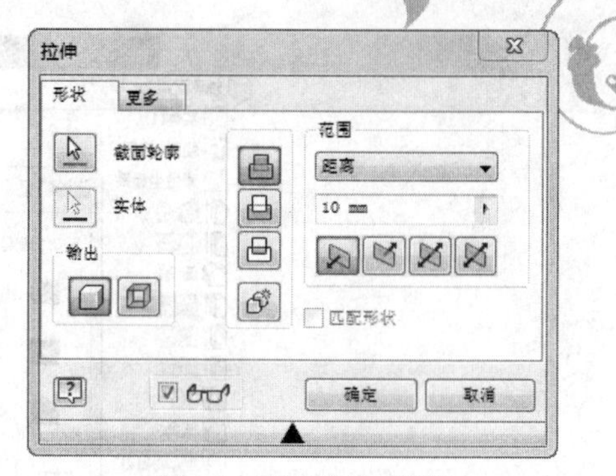

图3-5 【拉伸】对话框

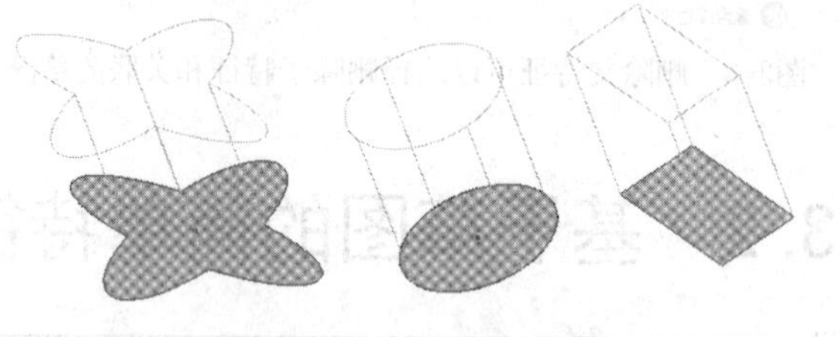

图3-6 选择多个截面轮廓

5）还可选择开放的截面轮廓，该截面轮廓将延伸它的两端直到与下一个平面相交，拉伸操作将填充最接近的面，并填充周围孤岛（如果存在）。这种方式对部件拉伸来说是不可用的，它只能形成拉伸曲面，如图 3-8 所示。

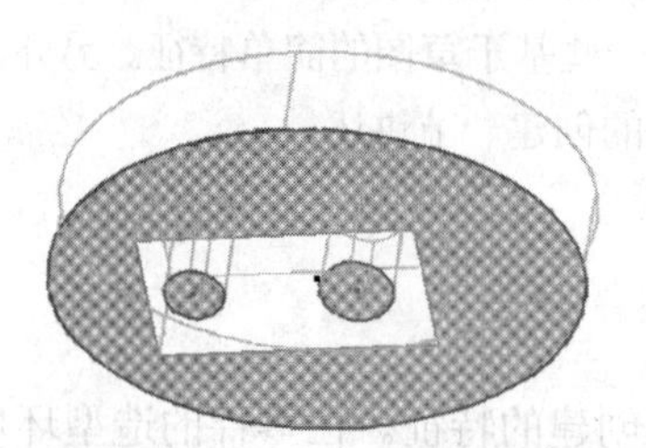

图3-7 选择嵌套的截面轮廓

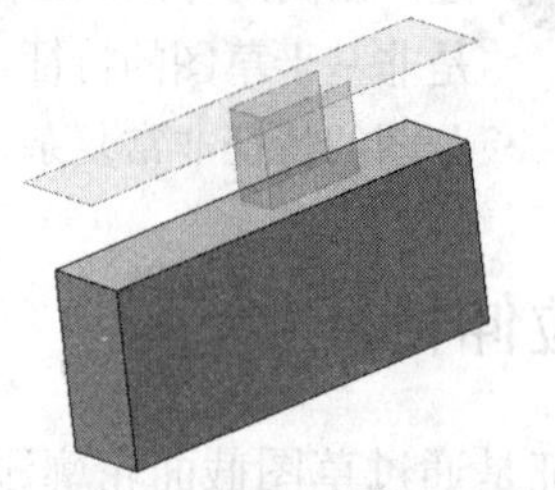

图3-8 拉伸形成曲面

2．输出方式

拉伸操作提供两种输出方式，即【实体】和【曲面】。选择【实体】，可将一个封闭的截面形状拉伸成实体；选择【曲面】，可将一个开放的或封闭的截面形状拉伸成曲面。图 3-9 所示为将封闭曲线和开放曲线拉伸成曲面的示意图。

3．布尔操作

布尔操作提供了三种操作方式：

1）选择【求并】选项，将拉伸特征产生的体积添加到另一个特征上去，二者合并为一个整体。

2）选择【求差】选项，从另一个特征中去除由拉伸特征产生的体积。

3）选择【求交】选项，将拉伸特征和其他特征的公共体积创建为新特征，未包含在公共体积内的材料被全部去除。

图 3-10 所示为在三种布尔操作模式下生成的零件特征。

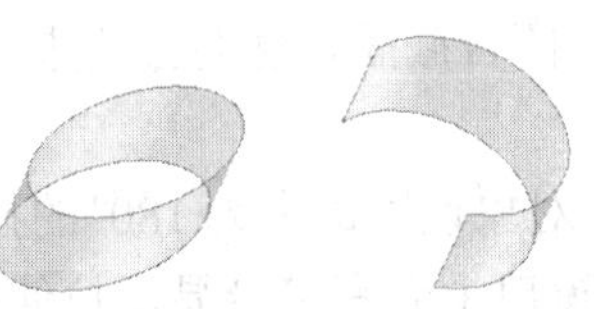

图3-9 将封闭曲线和开放曲线拉伸成曲面的示意图

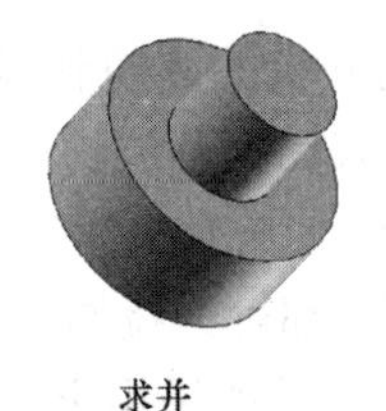

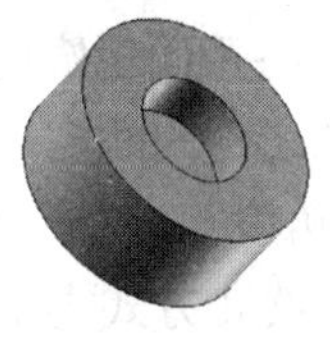

图3-10 布尔操作模式下生成的零件特征

4．终止方式

终止方式用来确定要把轮廓截面拉伸的距离，即要把截面拉伸到什么范围才停止。用户完全可决定用指定的深度进行拉伸，或使拉伸终止到工作平面、构造曲面或零件面（包括平面、圆柱面、球面或圆环面）。Inventor 提供了六种终止方式：

1)【距离】方式：是系统的默认方法，它需要指定起始平面和终止平面之间建立拉伸的深度。在该模式下，需要在【拉伸深度】文本框中输入具体的深度数值，数值可有正有负，正值代表拉伸方向为正方向，但是可利用方向按钮、、、指定方向，可方向 1 拉伸、方向 2 拉伸，也可对称拉伸或不对称拉伸。同一个截面轮廓在这四种方向下拉伸的效果如图 3-11 所示。

2)【到表面或平面】方式：需要用户选择下一个可能的表面或平面，以指定的方向终止拉伸。可拖动截面轮廓使其反向拉伸到草图平面的另一侧。

3)【到】方式：对于零件拉伸，需要选择终止拉伸的面或平面，可在所选面上，或在终止平面延伸的面上终止零件特征；对于部件拉伸，选择终止拉伸的面或平面，可选择位于其他零部件上的面和平面。创建部件拉伸时，所选的面或平面必须位于相同的部件层次，即 A 部件的零件拉伸只能选择 A 部件的子零部件的平面作为参考。选择终止平面后，如果终止选项不明确，可选择【更多】选项卡中的选项指定为特定的方式，如在圆柱面或不规则曲面上。

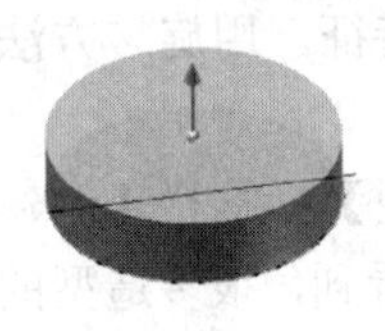

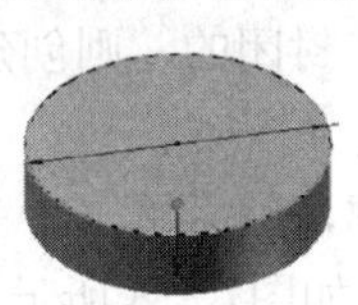

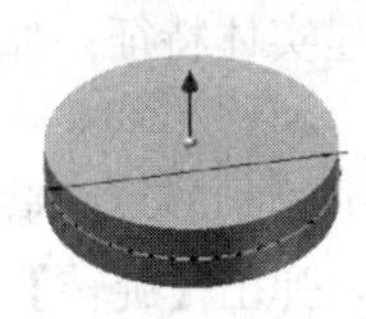

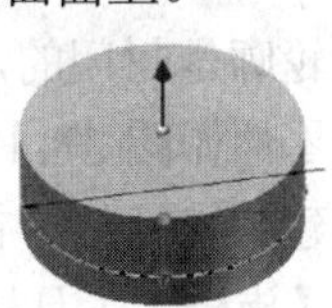

图3-11 同一截面轮廓在四种方向下的拉伸效果

4)【介于两面之间】方式：对于零件拉伸，需要选择终止拉伸的起始和终止面或平面；对于部件拉伸来说，也选择终止拉伸的面或平面，可选择位于其他零部件上的面和平面，但是所选的面或平面必须位于相同的部件层次。

5)【贯通】方式：可使得拉伸特征在指定方向上贯通所有特征和草图拉伸截面轮廓。可通过拖动截面轮廓的边，将拉伸反向到草图平面的另一端。

6)【距面的距离】方式：选择要从其开始拉伸的面、工作平面或曲面。对于面或平面，在选定的面上终止零件特征。

5．匹配形状

如果选择了【匹配形状】选项，将创建填充类型操作。将截面轮廓的开口端延伸到公共边或面，所需的面将被缝合在一起，以形成与拉伸实体的完整相交；如果取消选择【匹配形状】

选项，则通过将截面轮廓的开口端延伸到零件，并通过包含由草图平面和零件的交点定义的边来消除开口端之间的间隙，来闭合开放的截面轮廓。按照指定闭合截面轮廓的方式来创建拉伸。

6. 拉伸角度

对于所有终止方式类型，都可为拉伸（垂直于草图平面）对象设置最大为 180º 的拉伸角度，拉伸角度在两个方向对等延伸。如果指定了拉伸角度，图形窗口中会有符号显示拉伸角度的固定边和方向，如图 3-12 所示。

拉伸角度的一个常用用途就是创建锥形。要在一个方向上使特征变成锥形，在创建拉伸特征时，使用【锥度】工具为特征指定拉伸角度。在指定拉伸角度时，正角表示实体沿拉伸矢量增加截面面积，负角恰相反，如图 3-13 所示。对于嵌套截面轮廓来说，正角导致外回路增大，内回路减小，负角则相反。

当上述的所有拉伸特征因素都已经设置完毕以后，单击【拉伸】对话框的【确定】按钮，即可创建拉伸特征。

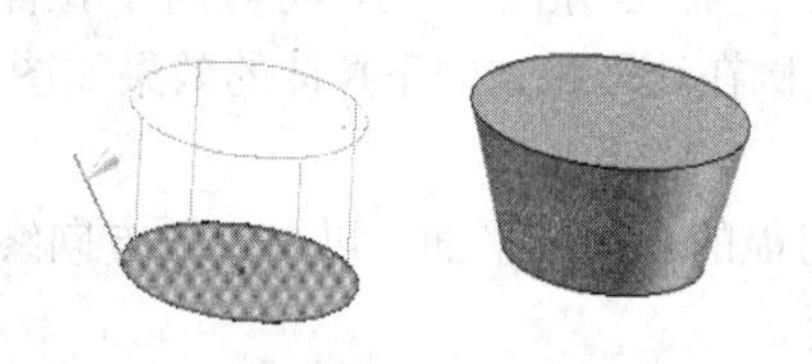

图3-12　拉伸角度

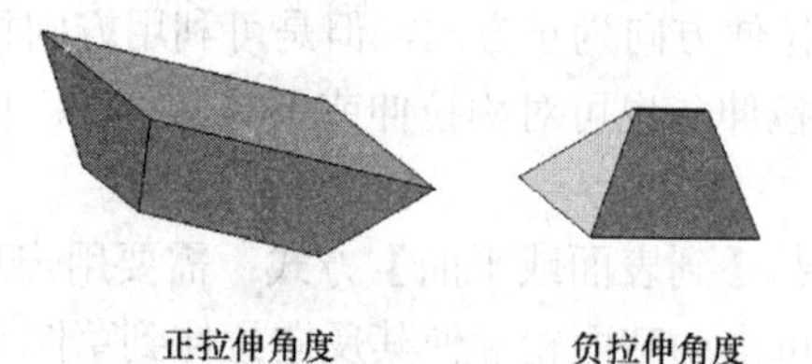

图3-13　不同拉伸角度时的拉伸结果

3.2.2　旋转特征

在 Inventor 中，可让一个封闭的或不封闭的截面轮廓围绕一根旋转轴来创建旋转特征，如果截面轮廓是封闭的，则创建实体特征；如果是非封闭的，则创建曲面特征。用旋转方法创建的典型零件如图 3-14 所示。

创建旋转特征，首先必须绘制好草图截面轮廓，然后单击【三维模型】标签栏【创建】面板中的【旋转】工具按钮，弹出【旋转】对话框如图 3-15 所示。可以看到，很多造型的因素和拉伸特征的造型因素相似，所以这里不再花费很多笔墨详述，仅就其中的不同项进行介绍。旋转轴可以是已经存在的直线，也可以是工作轴或构造线。在一些软件（如 Pro/Engineer）中，旋转轴必须是参考直线，这就没有 Inventor 方便和快捷。旋转特征的终止方式可以是整周或角

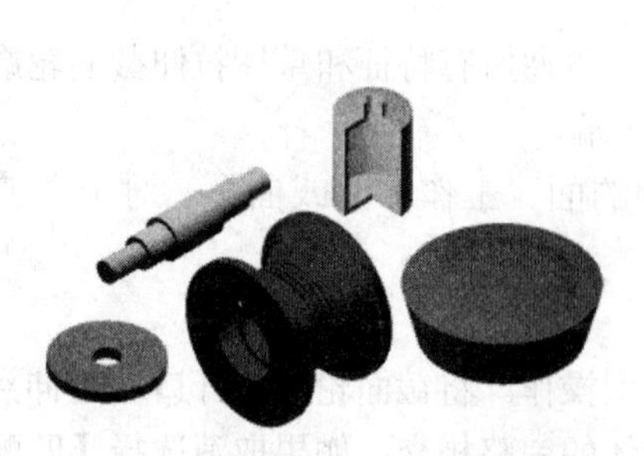

图3-14　用旋转方法创建的典型零件

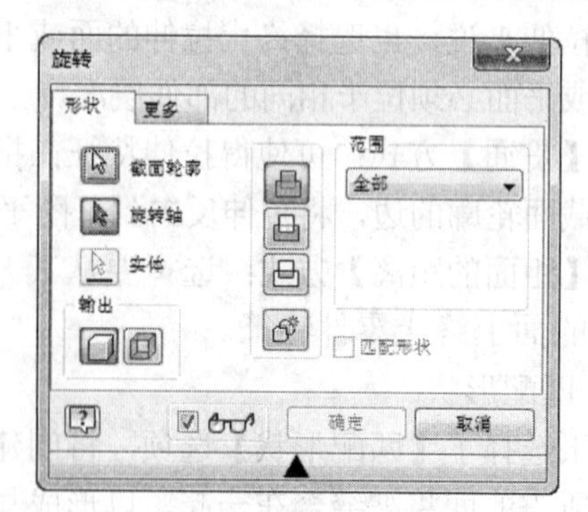

图3-15　【旋转】对话框

度，如果选择角度，用户需要自己输入旋转的角度值，还可单击方向箭头以选择旋转方向，或在两个方向上等分输入的旋转角度。

参数设置完毕以后，单击【确定】按钮即可创建旋转特征。图 3-16 所示为利用旋转特征创建的轴承外圈零件及其草图截面轮廓。

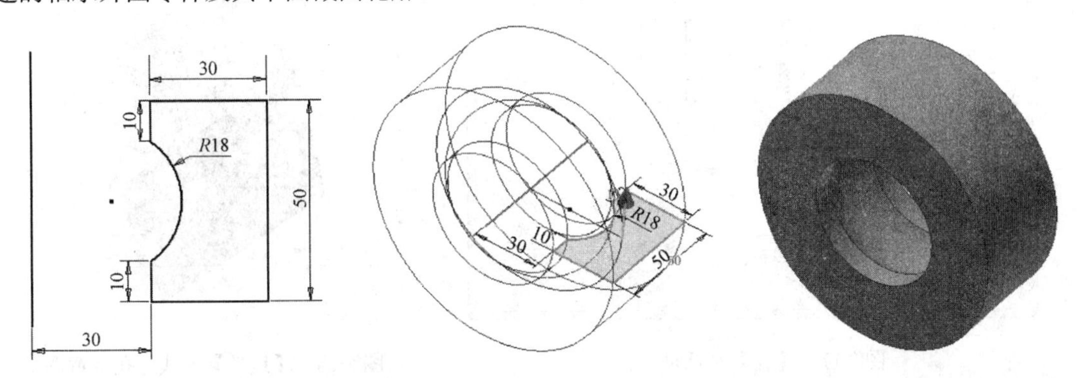

图3-16 利用旋转特征创建的轴承外圈零件及其草图截面轮廓

3.2.3 孔特征

在 Inventor 中，可利用打孔工具在零件环境、部件环境和焊接环境中创建参数化直孔、沉头孔、锪平或倒角孔特征，还可自定义螺纹孔的螺纹特征和顶角的类型，来满足设计要求。

在 Inventor 2018 中，孔特征已经不完全是基于草图的特征，在没有退化草图的情况下仍然可创建孔。

也可按照以前版本软件的方法来创建基于草图的孔，创建基于草图的孔是 Inventor 2018 创建孔的方式之一。进入零件工作环境，单击【三维模型】标签栏【修改】面板中的【孔】工具按钮，弹出【孔】对话框，如图 3-17 所示。该对话框由参数设置部分和预览区域组成。创建孔需要设定的参数，按照顺序简要说明如下：

1. 放置尺寸

1）【从草图】方式：该方式下，孔是基于草图的特征，要求在现有特征上绘制一个孔中心点，用户也可在现有几何图元上选择端点或中心点来作为孔中心。单击【中心】按钮，选择几何图元的端点或中心点作为孔中心。如果当前草图中只有一个点，则孔中心点将被自动选择为该点。

2）【线性】方式：该方式根据两条线性边在面上创建孔。如果选择了【线性】方式，在【放置】选项组中将出现选择【面】以及两个【参考】按钮。单击【面】按钮则选择要放置孔的面；单击【参考 1】按钮选择用于标注孔放置尺寸的第一条线性参考边，单击【参考 2】按钮选择用于标注孔放置尺寸的第二条线性引用边。当选择了两个参考之后，与参考相关的尺寸会自动显示，可单击该尺寸以进行修改。图 3-18 所示为线性方式下的打孔示意图。

3）【同心】方式：该方式在面上创建与环形边或圆柱面同心的孔。选择该方式以后，在【放置】选项组中将出现选择【面】和【同心参考】的按钮。单击【面】按钮选择要放置孔的面或工作平面；单击【同心参考】按钮选择孔中心放置所引用的对象，可以是环形边或圆柱面。最

后所创建的孔与同心引用对象具有同心约束。

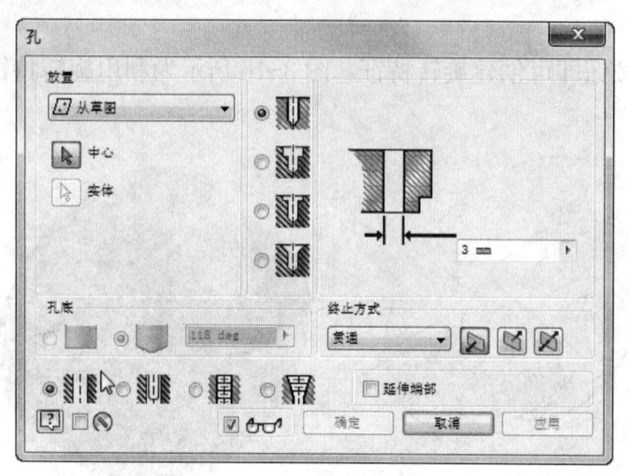

图3-17 【孔】对话框

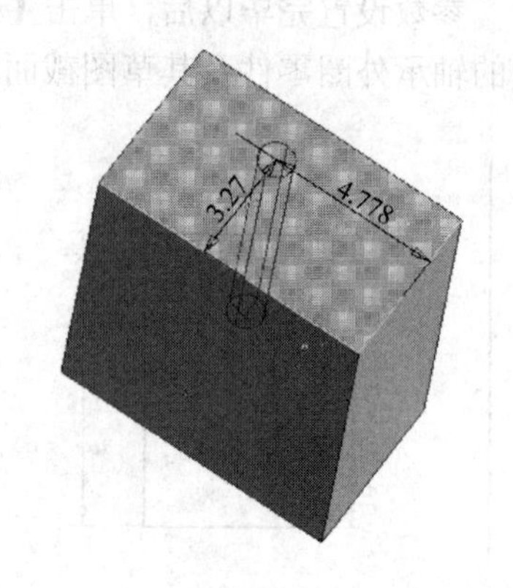

图3-18 【线性】方式打孔示意图

4)【参考点】方式：该方式创建与工作点重合并根据轴、边或工作平面进行放置的孔。选择该方式以后，在【放置】选项组中出现选择【点】和【方向】的按钮。单击【点】按钮选择要设置为孔中心的工作点；单击【方向】按钮选择孔轴的方向，可选择与孔轴垂直的平面或工作平面，则该平面的法线方向成为孔轴的方向，或选择与孔轴平行的边或轴。单击【反向】按钮可反转孔的方向。

2．孔的形状

可选择创建四种形状的孔，即【直孔】、【沉头孔】、【沉头平面孔】和【倒角孔】。直孔与平面齐平，并且具有指定的直径；沉头孔具有指定的直径、沉头直径和沉头深度；沉头平面孔具有指定的直径、沉头平面直径和沉头平面深度，孔和螺纹深度从沉头平面的底部曲面进行测量；倒角孔具有指定的直径、倒角直径和倒角深度。

不能将锥角螺纹孔与沉头孔结合使用。

3．孔预览区域

在孔的预览区域内可预览孔的形状。需要注意的是，孔的尺寸是在预览窗口中进行修改的，双击对话框中孔图像上的尺寸，此时尺寸值变为可编辑状态，然后输入新值即完成修改。

4．孔底

通过【孔底】选项组设定孔的底部形状，有两个选项：【平直】和【角度】，如果选择了【角度】选项，可设定角度的值。

5．终止方式

通过【终止方式】选项组中的选项设置孔的方向和终止方式。单击【终止方式】中的下三角按钮，可看到选项有【距离】、【贯通】或【到】。其中，【到】方式仅可用于零件特征，在该方式下需指定是在曲面还是在延伸面（仅适用于零件特征）上终止孔。如果选择【距离】或【贯通】选项，则通过【方向】按钮、选择是否反转孔的方向。

6．孔的类型

可选择创建四种类型的孔，即【简单孔】、【螺纹孔】、【配合孔】和【锥螺纹孔】。要为孔设置螺纹特征，可选择【螺纹孔】或【锥螺纹孔】选项，此时出现【螺纹】选项组，用户可自己指定螺纹类型：

1）英制孔对应于 ANSI Unified Screw Threads 选项作为螺纹类型，公制孔则对应于 ANSI Metric M Profile 选项作为螺纹类型；

2）可设定螺纹的旋向是右旋还是左旋，可设置是否为全螺纹，还可设定公称尺寸、螺距、系列和直径等；

3）如果选择【配合孔】选项，创建与所选紧固件配合的孔，此时出现【紧固件】选项组。可从【标准】下拉列表中选择紧固件标准；从【紧固件类型】下拉列表中选择紧固件类型；从【大小】下拉列表中选择紧固件的大小；从【配合】下拉列表中设置孔配合的类型，可选的值为【常规】、【紧】或【松】。

最后，单击【确定】按钮，以指定的参数值创建孔。

3.3 定位特征

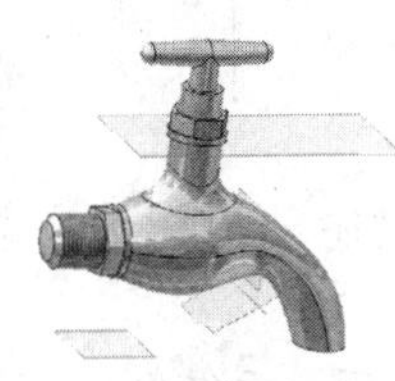

在 Inventor 中，定位特征指可作为参考特征投影到草图中并用来构建新特征的平面、轴或点。定位特征的作用是在几何图元不足以创建和定位新特征时，为特征创建提供必要的约束，以便于完成特征的创建。定位特征抽象地构造几何图元，本身是不可用来进行造型的。

在 Inventor 的实体造型中，定位特征的重要性值得引起重视，许多常见形状的创建离不开定位特征。图 3-19 所示为水龙头的三维造型。可以看到，这个水龙头的主体是一个截面面积变化特征，在这个造型中就利用定位特征作为造型的参考，图中的平面就是用到所有的工作平面（定位特征的一种）。

一般情况下，零件环境和部件环境中的定位特征是相同的，但以下情况除外：

1）中点在部件环境中时不可选择点。

2）【三维移动/旋转】工具在部件环境中不可用于工作点上。

3）内嵌定位特征在部件中不可用。

4）不能使用投影几何图元，因为控制定位特征位置的装配约束不可用。

5）零件定位特征依赖于用来创建它们的特征。

6）在浏览器中，这些特征被嵌套在关联特征中。

7）部件定位特征从属于创建它们时所用部件中的零部件。

8）在浏览器中，部件定位特征被列在装配层次的底部。

9）当用另一个部件来定位定位特征以便创建零件时，便创建了装配约束。设置在需要选择装配定位特征时，选择特征的选择优先级。

对文中提到内嵌定位特征，略作解释。在零件中使用定位特征工具时，如果某一点、线或平面是所希望的输入，可创建内嵌定位特征。内嵌定位特征用于帮助创建其他定位特征。在浏览器中，它们显示为父定位特征的子定位特征。例如，可在两个工作点之间创建工作轴，而在启动【工作轴】工具前这两个点并不存在。当工作轴工具激活时，可动态创建工作点。

定位特征包括基准定位特征工作点、工作轴和工作平面，下面分别讲述。

3.3.1 基准定位特征

在 Inventor 中，有一些定位特征是不需要用户自己创建的，它们在创建一个零件或部件文件时自动产生，这个称之为基准定位特征。这些基准定位特征包括 X、Y、Z 轴以及它们的交点即原点，还有它们所组成的平面，即 XY、YZ 和 XZ 平面。图 3-20 所示分别为零件环境和部件环境中的基准定位特征。可以看到，基准定位特征全部位于浏览器中【原始坐标系】文件夹中。

图3-19 水龙头的三维造型

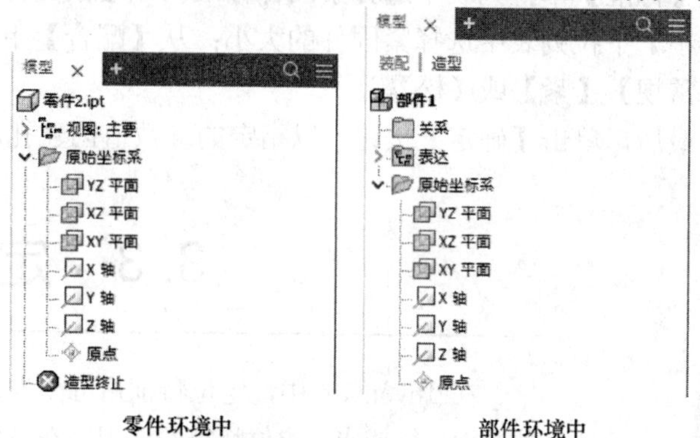

图3-20 零件文件和部件文件中的基准定位特征

基准定位特征的用途是：

1）基准定位特征可作为系统基础草图平面的载体。当用户新建了一个零件文件后，系统会自动在基准定位特征的 XY 平面上新建一个草图。

2）基准定位特征可为建立某些特殊的定位特征提供方便，如新建一个工作面或工作轴，都可把基准定位特征作为参考。

3）另外，当在部件环境中装入第一个零件时，该零件的基准定位特征与部件环境下的基准定位特征重合，即第一个零件的坐标系和部件文件的坐标系是重合的。

3.3.2 工作点

工作点是参数化的构造点，可放置在零件几何图元、构造几何图元或三维空间中的任意位置。工作点的作用是用来标记轴和阵列中心、定义坐标系、定义平面（三点）和定义三维路径。工作点在零件环境中和部件环境中都可使用。

在零件环境及在部件环境中，可利用【三维模型】标签栏【定位特征】面板中的【工作点】工具选择模型的顶点、边和轴的交点，三个不平行平面的交点或平面的交点，以及其他可作为工作点的定位特征，也可在需要时人工创建工作点。

要创建工作点，可单击【三维模型】标签栏【定位特征】面板中的【工作点】工具按钮◈。创建工作点的方法比较多且较为灵活，如当工作点创建以后，在浏览器中会显示该工作点，如

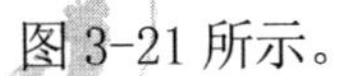

图 3-21 所示。

1）用户可选择单个对象创建工作点，如选择曲线和边的端点或中点，选择圆弧或圆的中心等，这时即可创建一个与所选的点位置重合的工作点；

2）还可通过选择多个对象来创建工作点。

可以这么说，在几何中如何确定一个点，在 Inventor 中就需要选择什么样的元素来构造一个工作点。例如，选择两条相交的直线，则在直线的交点位置处会创建工作点；选择三个相交的平面，则在平面的交点处创建工作点等，这里不再一一叙述，图 3-22 所示为几种常用的创建工作点的方法。

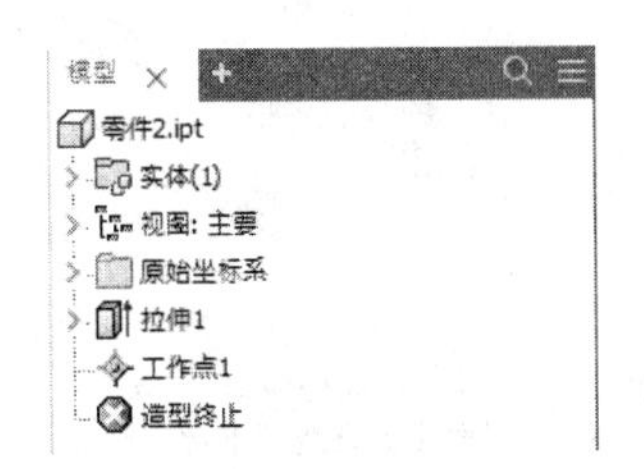

图3-21　浏览器中显示的工作点

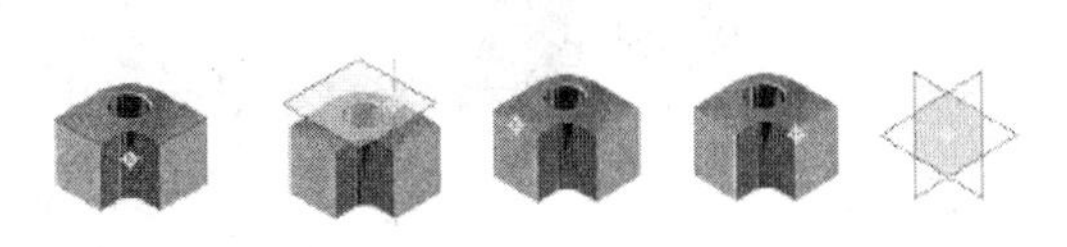

两条直线相交　平面、工作轴或直线相交　中点处　顶点处　三个平面相交

图3-22　常用的创建工作点的方法

3.3.3　工作轴

工作轴是参数化附着在零件上的无限长的构造线，在三维零件设计中，常用来辅助创建工作平面，辅助草图中的几何图元的定位，创建特征和部件时用来标记对称的直线、中心线或两个旋转特征轴之间的距离，作为零部件装配的基准，创建三维扫掠时作为扫掠路径的参考等。

要创建工作轴，可单击【三维模型】标签栏【定位特征】面板中的【工作轴】工具按钮。创建工作轴的方法很多，可选择单个元素创建工作轴，也可选择多个元素创建。

1）选择一个线性边、草图直线或三维草图直线，沿所选的几何图元创建工作轴。

2）选择一个旋转特征如圆柱体，沿其旋转轴创建工作轴。

3）选择两个有效点，创建通过它们的工作轴。

4）选择一个工作点和一个平面（或面），创建与平面（或面）垂直并通过该工作点的工作轴。

5）选择两个非平行平面，在其相交位置创建工作轴。

6）选择一条直线和一个平面，创建的工作轴会与沿平面法向投影到平面上的直线的端点重合等。

在各种情况下创建的工作轴如图 3-23 所示。

3.3.4　工作平面

在零件中，工作平面是一个无限大的构造平面，该平面被参数化附着于某个特征；在部件中，工作平面与现有的零部件相约束。工作平面的作用很多，可用来构造轴、草图平面或中止平面，作为尺寸定位的基准面，作为另外工作平面的参考面，作为零件分割的分割面以及作为定位剖视观察位置或剖切平面等。

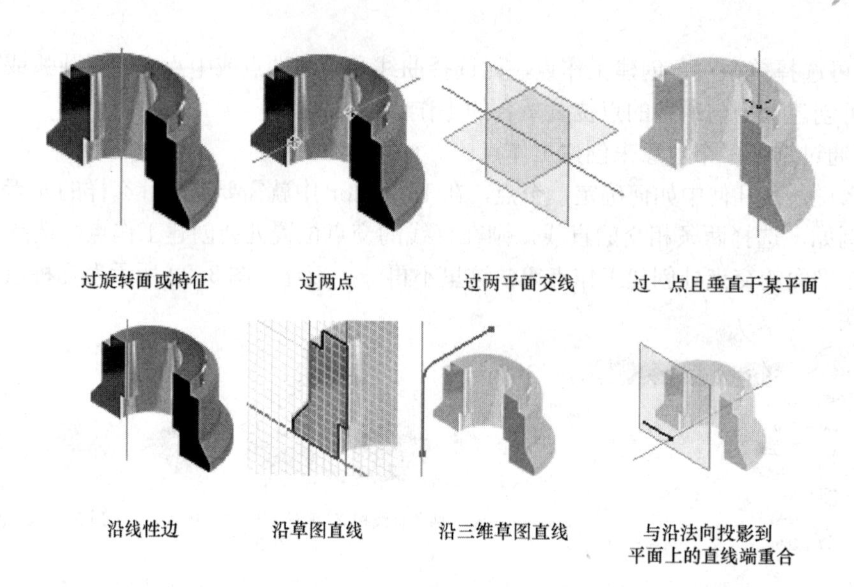

图3-23　各种情况下创建的工作轴

要创建工作平面，单击【三维模型】标签栏【定位特征】面板中的【平面】工具按钮。可选择单个元素创建工作平面，也可选择多个元素创建。在立体几何学上如何创建一个平面，那么在 Inventor 中也可采取相同的法则来建立工作平面。

1）选择一个平面，创建与此平面平行同时偏移一定距离的工作平面。

2）选择不共线的三点，创建一个通过这三个点的工作平面。

3）选择一个圆柱面和一条边，创建一个过这条边并且和圆柱面相切的工作平面。

4）选择一个点和一条轴，创建一个过点并且与轴垂直的工作平面。

5）选择一条边和一个平面，创建过边且与平面垂直的工作平面。

6）选择两条平行的边，创建过两条边的工作平面。

7）选择一个平面和平行于该平面的一条边，创建一个与该平面成一定角度的工作平面。

8）选择一个点和一个平面，创建过该点且与平面平行的工作平面。

9）选择一个曲面和一个平面，创建一个与曲面相切并且与平面平行的曲面。

10）选择一个圆柱面和一个构造直线的端点，创建在该点处与圆柱面相切的工作平面。

利用各种方法创建的工作平面如图 3-24 所示。

在零件或部件造型环境中中，工作平面表现为透明的平面。工作平面创建以后，在浏览器中可看到相应的符号，如图 3-25 所示。

3.3.5　显示与编辑定位特征

定位特征创建以后，在左侧的浏览器中会显示出定位特征的符号，在这个符号上单击右键，则弹出快捷菜单，如图 3-26 所示。定位特征的显示与编辑操作主要通过快捷菜单中提供的选项进行。下面以工作平面为例，说明如何显示和编辑工作平面。

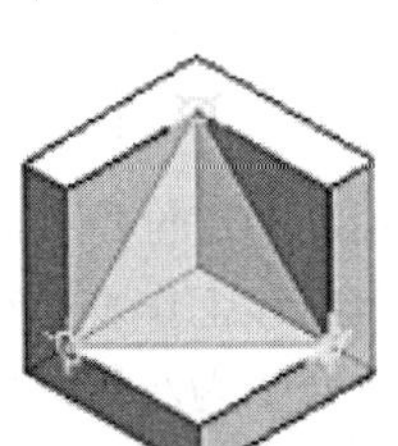
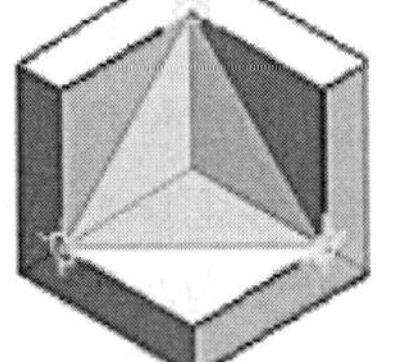
三点工作平面

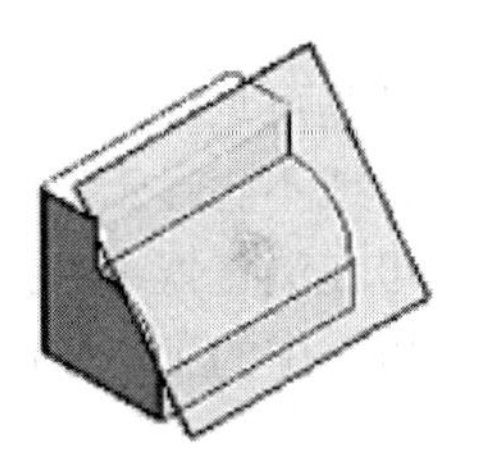
过边并与面相切

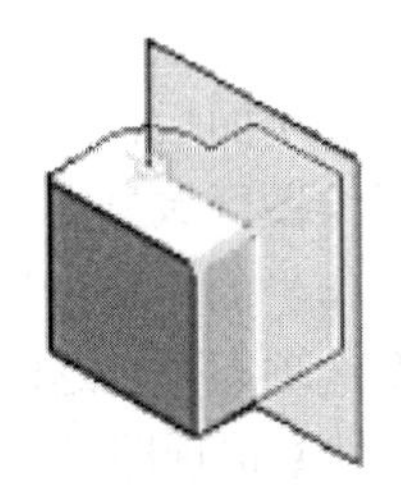
过点并与轴垂直

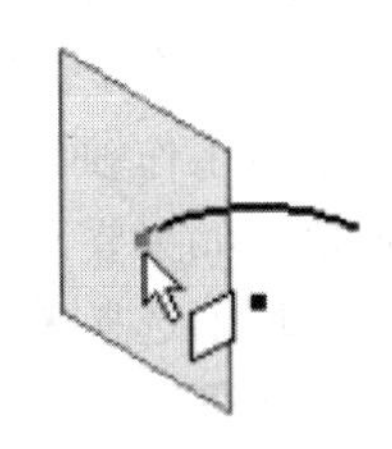
过曲线上的一点与曲线垂直

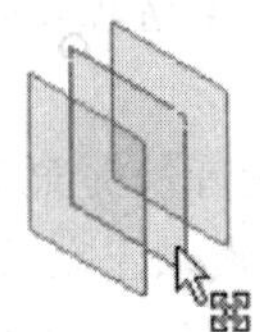
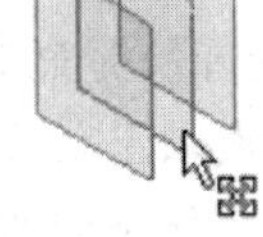
对分两个平行平面

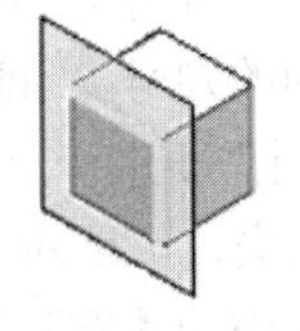
过两条共面的边

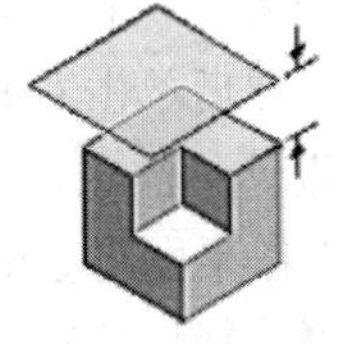
从某个面偏移

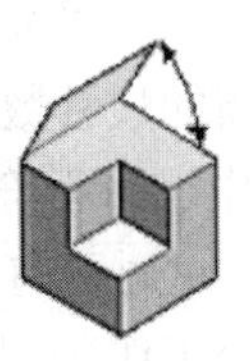
与某个平面成一定角度

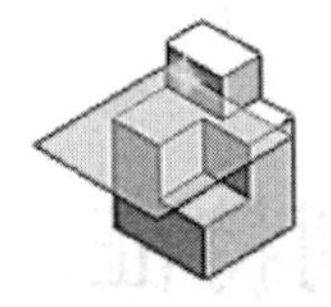
过一点并与平面平行

与曲面相切并与平面平行

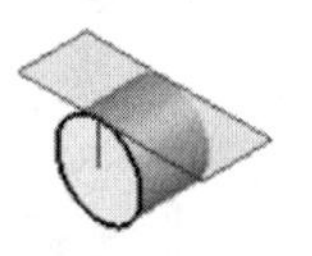
与圆柱体相切

图3-24 利用各种方法创建的工作平面

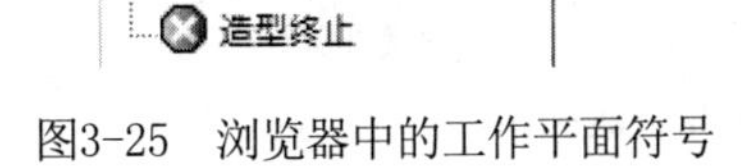

图3-25 浏览器中的工作平面符号

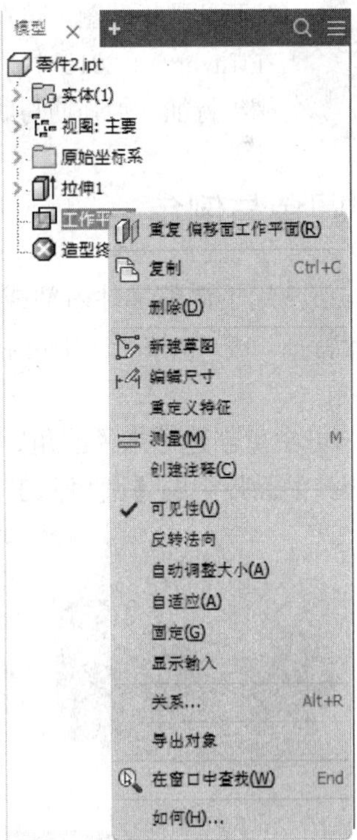

图3-26 定位特征的快捷菜单

1．显示工作平面

当新建了一个定位特征如工作平面后，这个特征是可见的，但是当在绘图区域内建立了很多工作平面或工作轴等，会使得绘图区域显得杂乱，或不想显示这些辅助的定位特征时，可选择将其隐藏。如果要设置一个工作平面为不可见，可在浏览器中右键单击该工作平面符号，在快捷菜单中取消选择【可见性】选项即可，这时浏览器中的工作平面符号变为灰色；如果要重新显示该工作平面，选择【可见性】选项即可。

2．编辑工作平面

如果要改变工作平面的定义尺寸，可在快捷菜单中选择【编辑尺寸】选项，弹出【编辑尺寸】对话框，输入新的尺寸数值，然后单击右面的勾号即可。

如果现有的工作平面不符合设计的需求，则需要进行重新定义。选择快捷菜单中的【重定义特征】选项即可。这时已有的工作平面将会消失，可重新选择几何要素以建立新的工作平面。

如果要删除一个工作平面，可选择快捷菜单中的【删除】选项，则工作平面即被删除。

对于其他的定位特征，如工作轴和工作点，可进行的显示和编辑操作与对工作平面进行的操作类似，故不再赘述。

3.4 放置特征和阵列特征

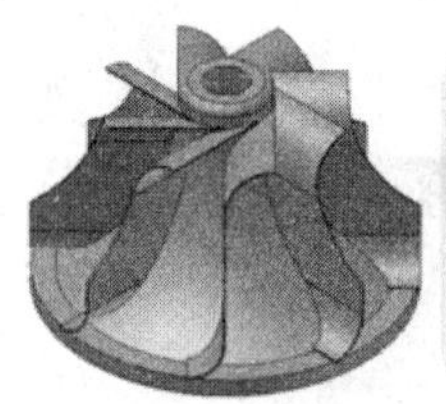

在 Inventor 中，放置特征和阵列特征都不是基于草图的特征，即这些特征的创建不依赖于草图，可在特征工作环境下直接创建，就好像直接放置在零件上一样。在 Inventor 2018 中，放置特征包括圆角与倒角、零件抽壳、拔模斜度、镜像特征、螺纹特征、加强筋与肋板以及分割零件。阵列特征包括矩形阵列和环形阵列。

3.4.1 圆角与倒角

圆角与倒角用于调整零件内部或外部的拐角，使得零件边处产生曲面或斜面。这两者是最典型的放置特征。在 Inventor 中可利用圆角工具和倒角工具方便快捷地产生圆角和倒角。

1．圆角

Inventor 中可创建等半径圆角、变半径圆角和过渡圆角，如图 3-27 所示。单击【三维模型】标签栏【修改】面板中的【圆角】工具按钮，弹出【圆角】对话框，如图 3-28 所示。

等半径圆角

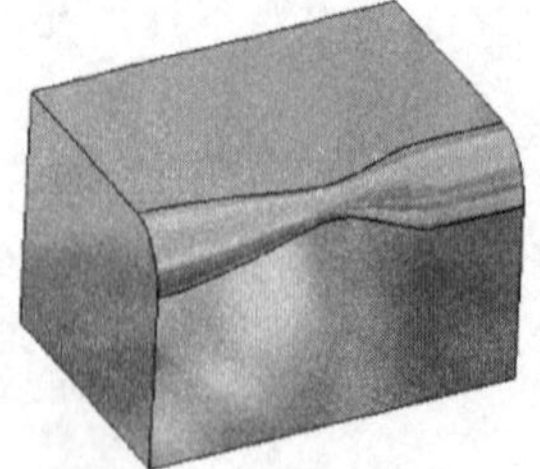

变半径圆角

过渡圆角

图3-27 等半径圆角、变半径圆角和过渡圆角

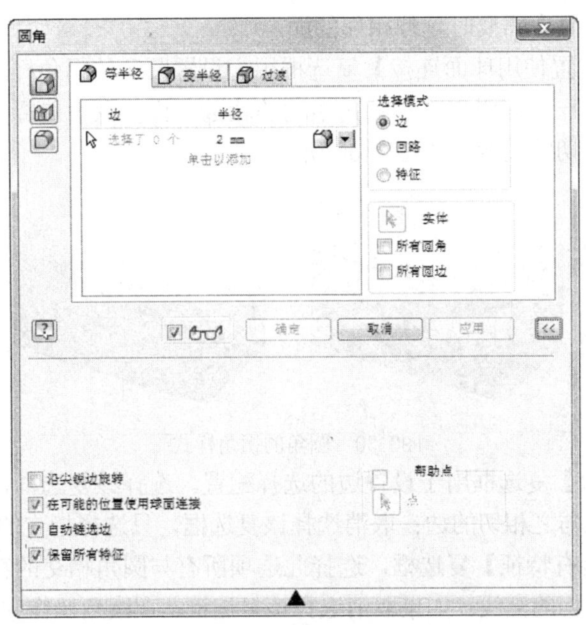

图3-28 【圆角】对话框

（1）【边圆角】 在零件的一条或多条边上添加内圆角或外圆角。在一次操作中，用户可以创建等半径和变半径圆角、不同大小的圆角和具有不同连续性（相切或平滑 G2）的圆角。在同一次操作中创建的不同大小的所有圆角将成为单个特征。

1）等半径圆角：由三个部分组成，即边、半径和选择模式。首先要选择产生圆角半径的边，然后指定圆角的半径，再选择一种圆角模式即可。【选择模式】有三种选项：

- 选择【边】单选按钮，只对选择的边创建圆角。
- 选择【回路】单选按钮，可选择一个回路，这个回路的整个边线都将创建圆角特征。
- 选择【特征】单选按钮，选择因某个特征与其他面相交所导致的边以外的所有边都将创建圆角。这三种模式下创建的圆角特征对比如图 3-29 所示。

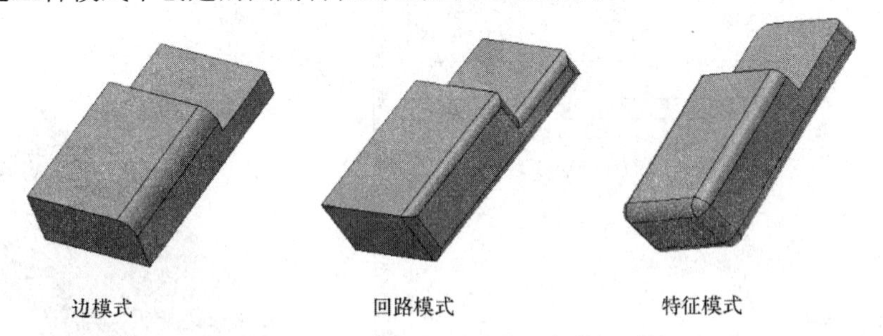

图3-29 三种模式下创建的圆角特征对比

对于其他的选项说明如下：

- 如果选择【所有圆角】复选框，那么所有的凹边和拐角都将创建圆角特征，选择【所有圆边】选项，那么所有的凸边和拐角都将创建圆角特征。
- 【沿尖锐边旋转】复选框用于设置当指定圆角半径会使相邻面延伸时，对圆角的解决方法。选择该复选框，可在需要时改变指定的半径，以保持相邻面的边不延伸；取消选择该复

选框，保持等半径，并且在需要时延伸相邻的面。

● 【在可能的位置使用球面连接】复选框用于设置圆角的拐角样式。选择该复选框，可创建一个圆角，它就象一个球沿着边和拐角滚动的轨迹一样；取消选择该复选框，在锐利拐角的圆角之间创建连续相切的过渡，如图 3-30 所示。

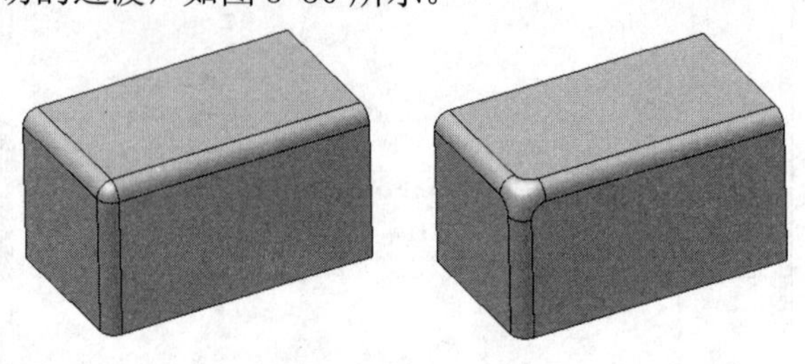

图3-30 圆角的拐角样式

● 【自动链选边】复选框用于设置边的选择配置。选择该复选框，在选择一条边以添加圆角时，自动选择所有与之相切的边；取消选择该复选框，只选择指定的边。

● 选择【保留所有特征】复选框，选择此选项所有与圆角相交的特征都将被选中，并且在圆角操作中将计算它们的交线。如果取消选择该复选框，在圆角操作中只计算参与操作的边。

2）变半径圆角：如果要创建变半径圆角，可选择【圆角】对话框中的【变半径】选项卡，如图 3-31 所示。创建变半径圆角的原理是：首先选择边线上至少三个点，分别指定这几个点的圆角半径，则 Inventor 会自动根据指定的半径创建变半径圆角。创建变半径圆角的一般步骤是：

● 当选择要创建圆角特征的边时，边线的两个端点自动被定为开始点和结束点。

● 把鼠标指针移动到边线上，则鼠标指针出现点的预览，如图 3-32 所示。

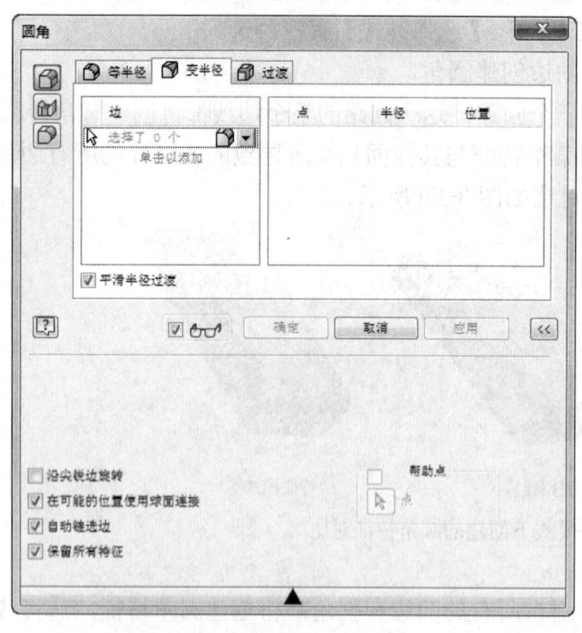

图3-31 【变半径】选项卡

图3-32 特征点的预览

● 单击左键即可创建点，同时在【圆角】对话框中也会显示这个创建点，其名称按照创建的先后顺序依次为点 1、点 2、点 3、…。

● 可用鼠标单击其名称，以选中该点；在右侧的【半径】和【位置】选项中可显示并且修改该点处的圆角半径和位置。注意，【位置】选项中的数值含义是该点与一个端点的距离占整条边线长度的比例。

● 【平滑半径过渡】复选框用于定义变半径圆角在控制点之间是如何创建的。选择该复选框，可使圆角在控制点之间逐渐混合过渡，过渡是相切的（在点之间不存在跃变）；取消选择该复选框，在点之间用线性过渡来创建圆角。

3）过渡圆角：指相交边上的圆角连续地相切过渡。要创建过渡圆角，可选择【圆角】对话框中的【过渡】选项卡，如图 3-33 所示。首先，选择一个两条或更多要创建过渡圆角边的顶点；然后，在依次选择边即可，此时会出现圆角的预览，修改左侧窗口内的每一条边的过渡尺寸；最后，单击【确定】按钮，即可完成过渡圆角的创建。

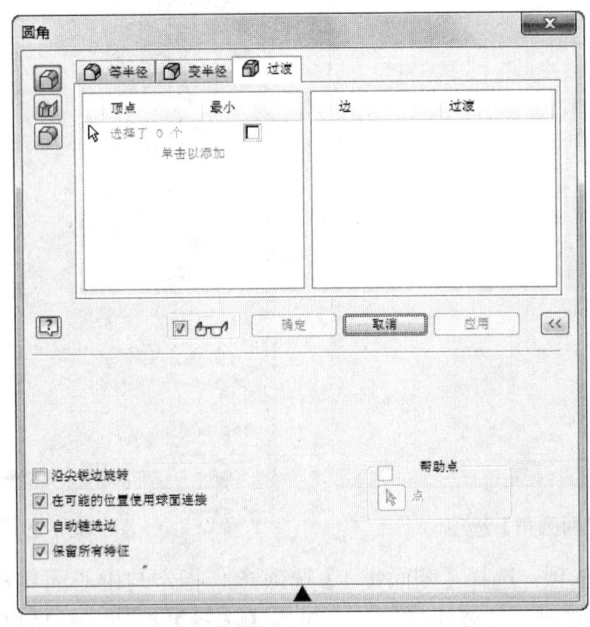

图3-33 【过渡】选项卡

（2）【面圆角】 在不需要共享边的两个所选面集之间添加内圆角或外圆角。选择【面圆角】选项，弹出的对话框，如图 3-34 所示。

● 【面集 1】选项：选择【面集 1】选项，指定要创建圆角的第一个面集中的模型或曲面实体的一个或多个相切、相邻面。若要添加面，可单击【选择】按钮，然后单击图形窗口中的面。

● 【面集 2】选项：选择【面集 2】选项，指定要创建圆角的第二个面集中的模型或曲面实体的一个或多个相切、相邻面。若要添加面，可单击【选择】按钮，然后单击图形窗口中的面。

● 选择【反向反转】选项：在选择曲面时，在其上创建圆角的一侧。

● 【包括相切面】复选框：用于设置面圆角的面选择配置。选择该复选框，允许圆角在相切、相邻面上自动继续；取消选择该复选框，仅在两个选择的面之间创建圆角。此选项不会从选择集中添加或删除面。

● 【优化单个选择】复选框：进行单个选择后，即自动前进到下一个【选择】按钮。对每个面集进行多项选择时，取消选择该复选框。要进行多个选项，单击对话框中的下一个【选择】按钮，或选择快捷菜单中的【继续】选项以完成特定选择。

● 【半径】选项：用于指定所选面集的圆角半径。要改变半径，可单击该半径值，然后输入新的半径值。

（3）【全圆角】 全圆角添加与三个相邻面相切的变半径圆角或外圆角。中心面集由变半径圆角取代。全圆角可用于带帽或圆化外部零件特征，如加强筋。选择【全圆角】选项，弹出【圆角】对话框，如图 3-35 所示。

图3-34 选择【面圆角】选项

图3-35 选择【全圆角】选项

● 【侧面集 1】选项：选择【侧面集 1】选项，指定与中心面集相邻的模型或曲面实体的一个或多个相切、相邻面。若要添加面，可单击【选择】按钮，然后单击图形窗口中的面。

● 【中心面集】选项：选择【中心面集】选项，指定使用圆角替换的模型或曲面实体的一个或多个相切、相邻面。若要添加面，可单击【选择】按钮，然后单击图形窗口中的面。

● 【侧面集 2】选项：选择【侧面集 2】选项，指定与中心面集相邻的模型或曲面实体的一个或多个相切、相邻面。若要添加面，请单击【选择】按钮，然后单击图形窗口中的面。

● 【包含相切面】复选项框：用于设置面圆角的面选择配置。选择该复选框，允许圆角在相切、相邻面上自动继续；取消选择该复选框，仅在两个选择的面之间创建圆角。此选项不会从选择集中添加或删除面。

● 【优化单个选择】复选框：进行单个选择后，即自动前进到下一个【选择】按钮。对每个面集进行多项选择时，取消选择复选框。要进行多个选项，单击对话框中的下一个【选择】按钮，或选择快捷菜单中的【继续】选项以完成特定选择。

2．倒角

倒角可在零件和部件环境中使零件的边产生角度。倒角可使与边的距离等长、距边指定的距离和角度，或从边到每个面的距离不同。与圆角相似，倒角不要求有草图，并被约束到要放置的边上。典型的倒角特征如图 3-36 所示。由于倒角是精加工特征，因此可考虑把倒角放在设计过程最后、其他特征已稳定的时候。例如，在部件中，倒角经常用于准备后续操作（如焊接）时去除材料

单击【三维模型】标签栏【修改】面板中的【倒角】工具按钮，弹出【倒角】对话框，如图 3-37 所示。在该对话框中可选择创建倒角的方式。Inventor 提供了三种创建倒角的方式，即用倒角边长创建倒角、用倒角边长和角度来创建倒角，以及用两个倒角边长来创建倒角。

1）用【倒角边长】创建倒角：这是最简单的一种创建倒角的方式，通过设置与所选择的边线偏移同样的距离来创建倒角。可选择单条边、多条边或相连的边界链以创建倒角。还可指定拐角过渡类型的外观。创建时仅需选择用来创建倒角的边，以及指定倒角距离即可。对于该方式下的选项说明如下：

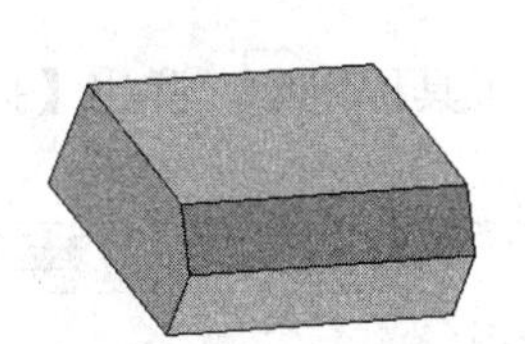

图3-36　典型的倒角特征

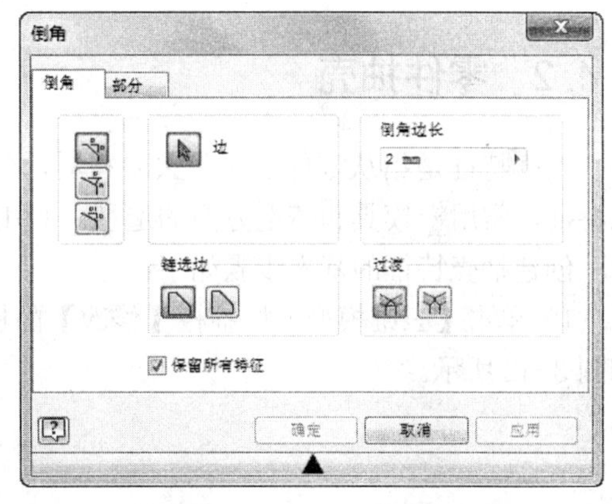

图3-37　【倒角】对话框

- 【链选边】选项组，提供了两个子功能选项，【所有相切连接边】和【独立边】。选择【所有相切连接边】选项，在倒角中一次可选择所有相切边；选择【独立边】选项 一次只选择一条边。
- 【过渡类型】选项组，可在选择了三个或多个相交边创建倒角时应用，以确定倒角的形状。选择【过渡】选项，则在各边交汇处创建交叉平面而不是拐角；选择【无过渡】选项，则倒角的外观好像通过铣去每个边而形成的尖角，有过渡和无过渡形成的倒角如图 3-38 所示。

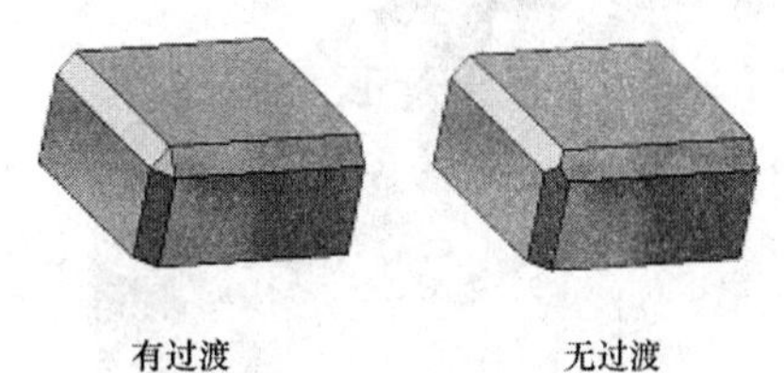

图3-38　有过渡和无过渡形成的倒角

2）用【倒角边长和角度】创建倒角：顾名思义，需要指定倒角边长和倒角角度两个参数。选择了该选项后，对话框如图 3-39 所示。首先选择要创建倒角的边，然后选择一个表面，倒角所成的斜面与该面的夹角就是所指定的倒角角度。倒角边长和倒角角度均可在【倒角边长】和【角度】文本框中输入。最后单击【确定】按钮，就可创建倒角特征。

3）用【两个倒角边长】创建倒角：需要指定两个倒角边长来创建倒角。选择该选项后，对话框如图 3-40 所示。首先选定倒角边，然后分别指定两个倒角边长即可。可选择【反向】选项，使模型距离反向，单击【确定】按钮即可完成创建。

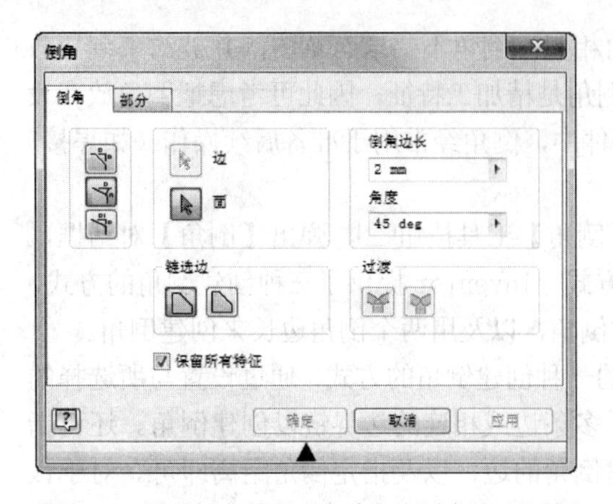

图3-39　用【倒角边长和角度】创建倒角对话框

图3-40　用【两个倒角边长】创建倒角对话框

3.4.2　零件抽壳

抽壳特征是指从零件的内部去除材料，创建一个具有指定厚度的空腔零件。抽壳也是参数化特征，常用于模具和铸造方面的造型。利用抽壳特征设计的零件如图 3-41 所示。

创建抽壳特征的基本步骤如下：

1）单击【三维模型】标签栏【修改】面板中的【抽壳】工具按钮，弹出【抽壳】对话框如图 3-42 所示。

图3-41　利用抽壳特征设计的零件

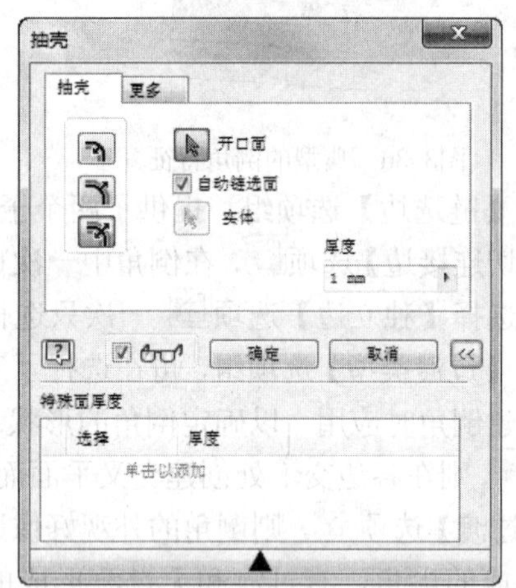

图3-42　【抽壳】对话框

2）选择【开口面】，指定一个或多个要去除的零件面，只保留作为壳壁的面。如果不想选择某个面，可按住<Ctrl>键左键单击该面即可。

3）选择好开口面以后，需要指定壳体的壁厚。在【抽壳】方式上，有三种选择：

- 选择【向内】选项，向零件内部偏移壳壁，原始零件的外壁成为抽壳的外壁。
- 选择【向外】选项，向零件外部偏移壳壁，原始零件的外壁成为抽壳的内壁。
- 选择【双向】选项，向零件内部和外部以相同距离偏移壳壁，每侧偏移厚度是零件厚度的一半。

4）在【特殊面厚度】选项组中，用户可忽略默认厚度，而对所选的壁面应用其他厚度。需要指出的是，指定相等的壁厚是一个好的习惯，因为相等的壁厚有助于避免在加工和冷却的过程中出现变形。当然，如果特殊情况需要的话，可为特定壳壁指定不同的厚度。在提示行中单击激活，然后选择面。【选择】一栏中显示应用新厚度所选面的个数，【厚度】一栏中显示和修改为所选面所设置的新厚度。

5）【更多】选项卡提供了系统给予的抽壳优化措施，如不要过薄、不要过厚、中等，还可指定公差。

6）单击【确定】按钮，完成抽壳特征的创建。

不同厚度情况下的抽壳特征如图 3-43 所示。

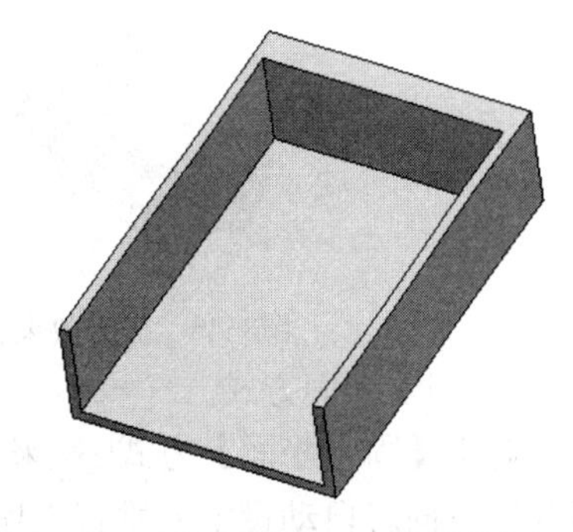

图3-43　不同厚度情况下的抽壳特征

3.4.3　拔模斜度

在进行铸件设计时，通常需要有一个拔模面，使得零件更容易地从模型中取出。在为模具或铸造零件设计特征时，可通过为拉伸或扫掠指定正的或负的扫掠斜角来应用拔模斜度，当然也可直接对现成的零件进行拔模斜度操作。Inventor 提供了一个拔模斜度工具，可很方便地对零件进行拔模操作。

要对零件进行拔模斜度操作，可单击【三维模型】标签栏【修改】面板中的【拔模】工具按钮，弹出的【面拔模】对话框如图 3-44 所示。

1. 固定边方式

对于【固定边】方式来说，在每个平面的一个或多个相切的连续固定边处，创建拔模，拔模结果是创建额外的面。创建的一般步骤如下：

1）按照固定边方式创建拔模。首先应该选择拔模方向，可选择一条边，则边的方向就是拔模的方向；也可选择一个面，则面的垂线方向就是拔模的方向。当鼠标指针位于边或面上时，可出现拔模方向的预览，如图 3-45 所示。【反向】按钮可使得拔模方向产生 180° 的翻转。

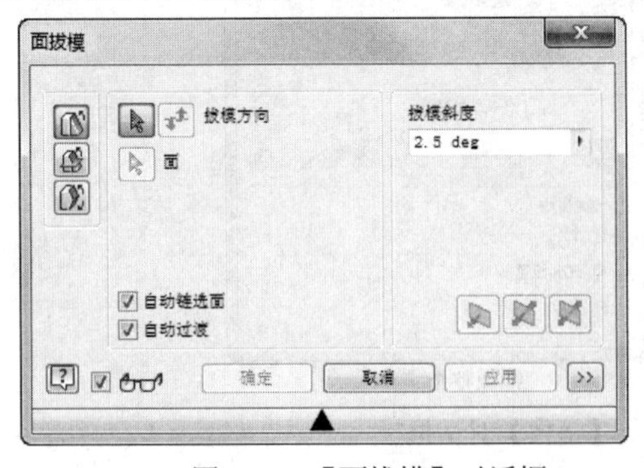

图3-44　【面拔模】对话框

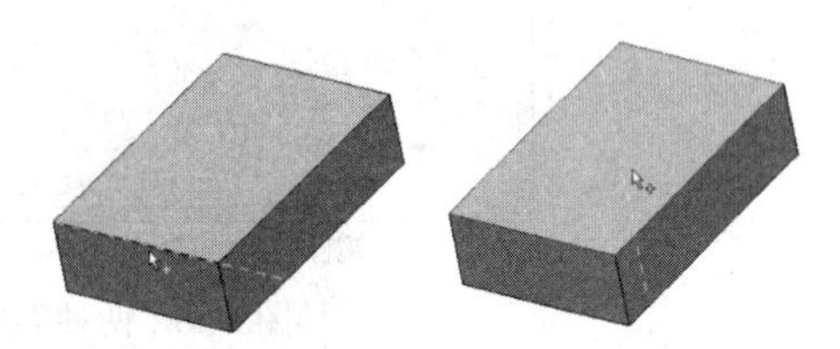

图3-45　拔模方向预览

2）在【拔模斜度】文本框中输入要进行拔模的斜度，可以是正值或负值。

3）选择要进行拔模的平面。可选择一个或多个拔模面，注意，拔模的平面不能与拔模方向垂直。当鼠标指针位于某个符合要求的平面时，会出现拔模效果的预览，如图 3-46 所示。

4）单击【确定】按钮，即可完成拔模斜度特征的创建，如图 3-47 所示。

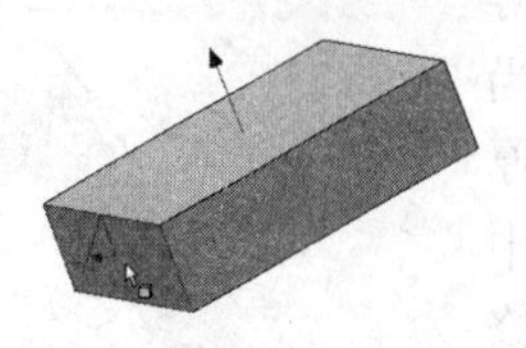

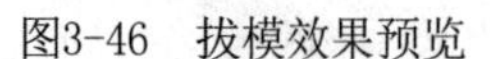

图3-46　拔模效果预览

图3-47　创建的拔模斜度特征

2．固定平面方式

对于【固定平面】方式来说，需要先选择一个固定平面（也可以是工作平面），选择以后开模方向就自动设定为垂直于所选平面；然后再选择拔模面，即根据确定的拔模角度来创建拔模斜度特征。

3．分模线方式

对于【分模线】方式来说，创建有关二维或三维草图的拔模。模型将在分模线上方和下方进行拔模。

3.4.4　镜像特征

镜像特征可以以等长距离在平面的另外一侧创建一个或多个特征甚至整个实体的副本。如果零件中有多个相同的特征，且在空间的排列上具有一定的对称性，可使用镜像工具以减少工作量，提高工作效率。

要创建镜像特征，可单击【三维模型】标签栏【阵列】面板中的【镜像】工具按钮，则弹出【镜像】对话框。首先要选择是对各个特征进行镜像操作，还是对整个实体进行镜像操作，两种类型操作的【镜像】对话框如图 3-48 所示。

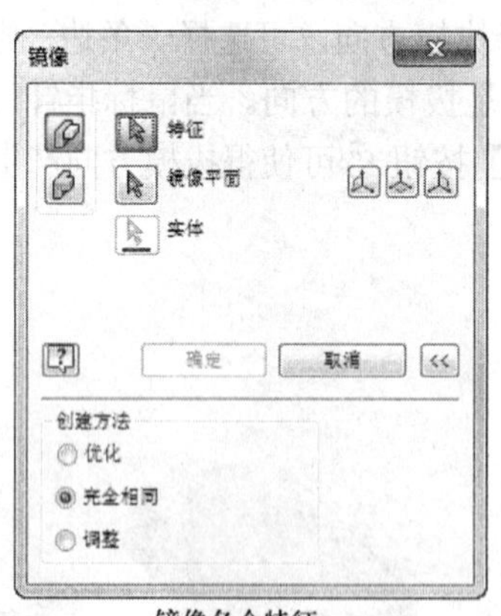

镜像各个特征

镜像整个实体

图3-48　两种类型操作的【镜像】对话框

1．对特征进行镜像

1）选择一个或多个要镜像的特征，如果所选特征带有从属特征，则它们也将被自动选中。

2）选择镜像平面。任何直的零件边、平坦零件表面、工作平面或工作轴都可作为用于镜像所选特征的对称平面。

3）在【创建方法】选项组中，如果选择【优化】单选按钮，则创建的镜像引用的是原始特征的直接副本；如果选择【完全相同】单选按钮，则创建完全相同的镜像体，而不管它们是否与另一特征相交。当镜像特征终止在工作平面上时，使用此方法可高效地镜像出大量的特征。如果选择【调整】单选按钮，则用户可根据其中的每个特征分别计算各自的镜像特征。

4）单击【确定】按钮，完成特征的创建，如图 3-49 所示。

2．对实体进行镜像

可选择【镜像整个实体】选项，镜像包含不能单独镜像的特征的实体，实体的阵列也可包含其定位特征。其操作步骤如下：

1）选择【包括定位/曲面特征】复选框，选择一个或多个要镜像的定位特征。

2）选择【镜像平面】复选框，选择工作平面或平面，所选定位特征将穿过该平面做镜像。

3）如果选择了【删除原始特征】复选框，则删除原始实体，零件文件中仅保留镜像引用。可使用此选项对零件的左旋和右旋版本进行造型。

4）【创建方法】选项组中的选项含义与镜像特征中的对应选项相同。注意，【调整】选项不能用于镜像整个实体。

5）单击【确定】按钮，完成镜像特征的创建，如图 3-49 所示。

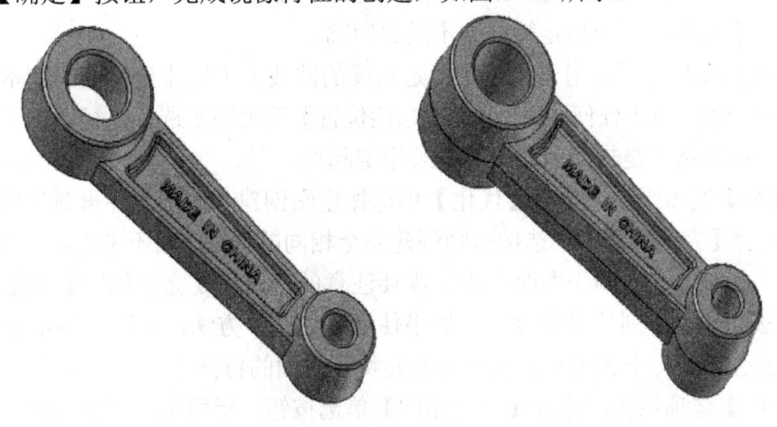

图3-49　镜像整个实体示意图

3.4.5　阵列特征

阵列特征是创建特征的多个副本，并且将这些副本在空间内按照一定的准则排列。特征副本在空间的排列方式有两种，即线性排列和圆周排列，在 Inventor 中，前者称为矩形阵列，后者称为环形阵列，利用这两种阵列方式创建的零件如图 3-50 所示。

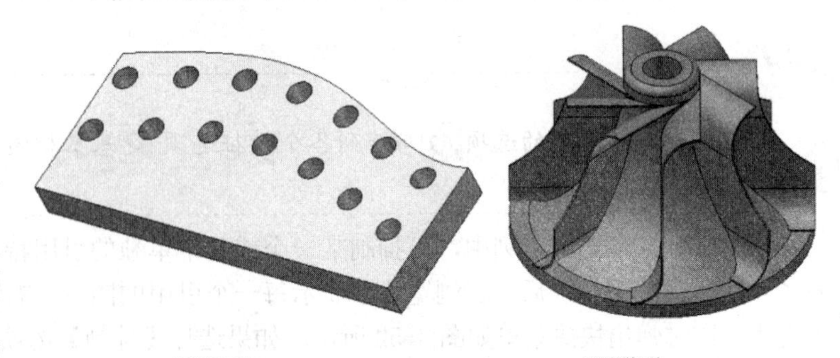

图3-50　利用矩形阵列和环形阵列创建的零件

1. 矩形阵列

矩形阵列指复制一个或多个特征的副本，并且在矩形中或沿着指定的线性路径排列所得到的引用特征。线性路径可以是直线、圆弧、样条曲线，也可以是修剪的椭圆。

创建矩形阵列特征的基本步骤如下：

1）单击【三维模型】标签栏【阵列】面板中的【矩形阵列】工具按钮，弹出的【矩形阵列】对话框如图 3-51 所示。

2）在 Inventor 2018 中，与镜像操作类似，也可选择【阵列各个特征】或【阵列整个实体】。如果【阵列各个特征】，可选择要阵列的一个或多个特征。对于精加工特征（如圆角和倒角），仅当选择了它们的父特征时才能包含在阵列中。

3）选择阵列的两个方向。用【路径选择】工具选择线性路径以指定阵列的方向，路径可以是二维或三维直线、圆弧、样条曲线、修剪的椭圆或边，可以是开放回路，也可以是闭合回路。【反向】按钮用来使得阵列方向反向。

4）为在该方向上复制的特征指定【副本的个数】 2 ，以及【副本之间的距离】 10 mm 。副本之间的距离可用三种方法来定义，即间距、距离和曲线长度。

- 【间距】选项：用于指定每个特征副本之间的距离。
- 【距离】选项：用于指定特征副本的总距离。
- 【曲线长度】选项：用于指定在指定长度的曲线上平均排列特征的副本。两个方向上的设置是完全相同的。对于任何一个方向，【起始位置】选项用于选择路径上的一点以指定一列或两列的起点。如果路径是封闭回路，则必须指定起点。

5）在【计算】选项组中，选择【优化】单选按钮则创建一个副本并重新生成面，而不是重新生成特征；选择【完全相同】单选按钮则创建完全相同的特征，而不考虑终止方式；选择【调整】单选按钮，使特征在遇到平面时终止。需要注意的是，用【完全相同】方法创建的阵列比用【调整】方法创建的阵列计算速度快。如果使用【调整】方法，则阵列特征会在遇到平面时终止，所以可能会得到一个其大小和形状与原始特征不同的特征。

6）在【方向】选项组中，选择【完全相同】单选按钮，指用第一个所选特征的放置方式放置所有特征，选择【方向 1】或【方向 2】单选按钮，指定控制阵列特征旋转的路径。

7）单击【确定】按钮，完成【矩形阵列】特征的创建

注 意

【阵列整个实体】的选项与阵列各个特征选项基本相同，只是【调整】选项在阵列整个实体时不可用。

矩形阵列（环形）阵列中，可抑制某一个或几个单独的引用特征即创建的特征副本。当创建了一个矩形阵列特征后，在浏览器中显示每一个引用的图标，右键单击某个引用，该引用即被选中，同时弹出快捷菜单如图 3-52 所示。如果选择【抑制】选项，该特征即被抑制，同时变为不可见。要同时抑制几个引用，可在按住<Ctrl>键的同时左键单击想要抑制的引用即可；如果要去除引用的抑制，右键单击被抑制的引用，在快捷菜单中选择【抑制】选项，去掉前面的勾号即可。

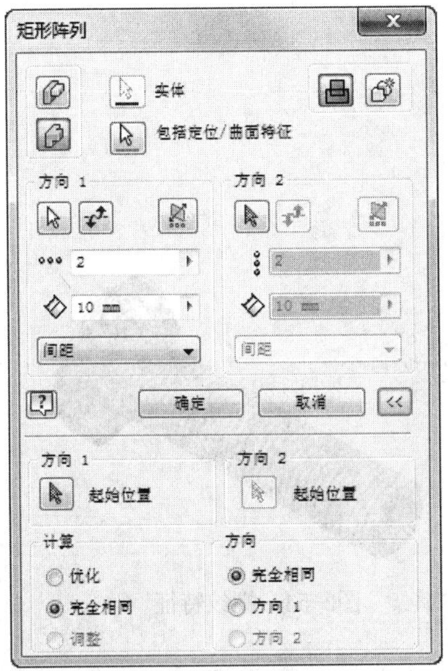

图3-51 【矩形阵列】对话框

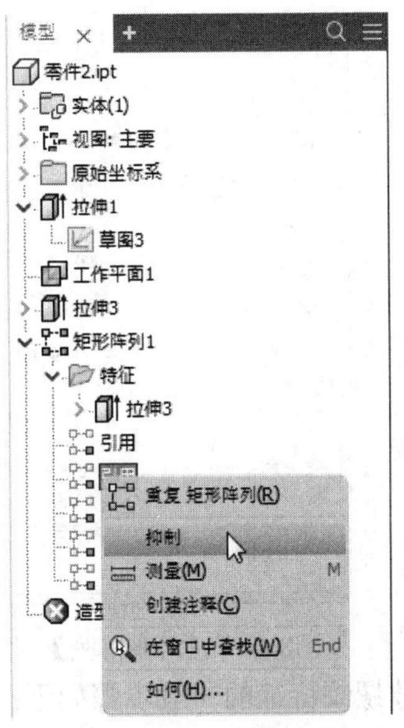

图3-52 快捷菜单

2．环形阵列

环形阵列指复制一个或多个特征，然后在圆弧或圆中按照指定的数量和间距排列所得到的引用特征，如图 3-50 所示。

创建环形阵列特征的一般步骤如下：

1）单击【三维模型】标签栏【阵列】面板中的【环形阵列】工具按钮，弹出的【环形阵列】对话框如图 3-53 所示。

2）选择【阵列各个特征】或阵列整个实体。如果要阵列各个特征，则可选择要阵列的一个或多个特征。

3）选择【旋转轴】选项，旋转轴可以是边线、工作轴以及圆柱的中心线等，它可以不和特征在同一个平面上。

4）在【放置】选项组中可指定【引用数目】 6 和【引用夹角】 360 deg。创建方法与矩形阵列中的对应选项的含义相同。

5）在【放置方法】选项组中可定义引用夹角是所有引用之间的夹角（【范围】单选按钮）还是两个引用之间的夹角（【增量】单选按钮）。

6）单击【确定】按钮，完成特征的创建。

如果选择【阵列整个实体】选项，则【调整】选项不可用。其他选项的含义与阵列各个特征的对应选项相同。

3.4.6 螺纹特征

在 Inventor 中可使用螺纹特征工具在孔或轴、螺柱、螺栓等圆柱面上创建螺纹特征，如图 3-54 所示。Inventor 的螺纹特征实际上不是真实存在的螺纹，是用贴图的方法实现的效果图，这样可大大减少系统的计算量，使得特征的创建时间更短，效率更高。

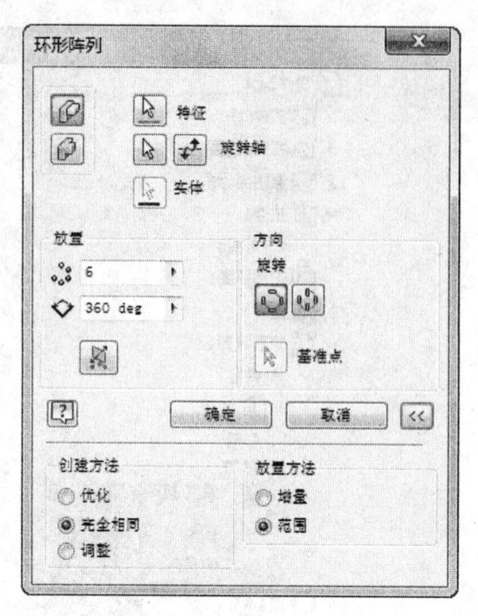

图3-53 【环形阵列】对话框

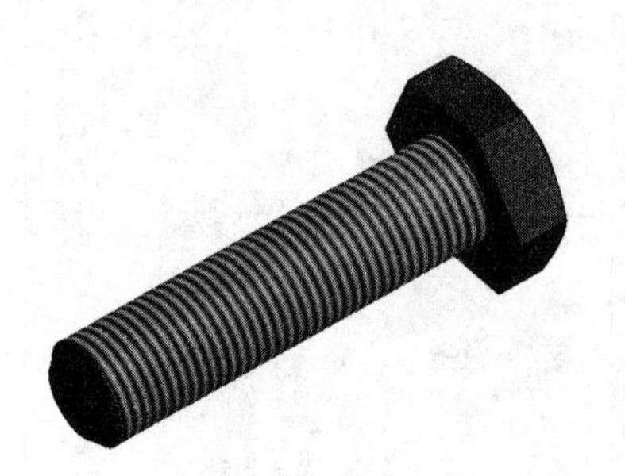

图3-54 螺纹特征

创建螺纹特征的一般步骤如下：

1）单击【三维模型】标签栏【修改】面板中的【螺纹】工具按钮，弹出的【螺纹】对话框如图 3-55 所示。

2）在该对话框中的【位置】选项卡中，首先应该选择螺纹所在的平面。

3）当选择了【在模型上显示】复选框时，创建的螺纹可在模型上显示出来，否则即使创建了螺纹也不会显示在零件上。

4）在【螺纹长度】选项组中，可指定螺纹是全螺纹，也可指定螺纹相对于螺纹起始面的偏移量和螺纹的长度。

5）在【定义】选项卡中（见图 3-56），可指定【螺纹类型】、【尺寸】、【规格】、【类】，以及【右旋】或【左旋】方向。

6）单击【确定】按钮即可创建螺纹。

图3-55 【螺纹】对话框

图3-56 【定义】选项卡

Inventor 使用 Excel 电子表格来管理螺纹和螺纹孔数据。默认情况下，电子表格位于\Inventor 安装文件夹\Inventor2018\Design Data\ 文件夹中。电子表格中包含了一些常用行业标准的螺纹类型和标准的螺纹孔大小，用户可编辑该电子表格，以便包含更多标准的螺纹大小、更多标准的螺纹类型，创建自定义螺纹大小和螺纹类型等。

电子表格的基本形式如下：

1）每张工作表表示不同的螺纹类型或行业标准。

2）每个工作表上的单元格 A1 保留用来定义测量单位。

3）每行表示一个螺纹条目。

4）每列表示一个螺纹条目的独特信息。

如果用户要自行创建或修改螺纹（或螺纹孔）数据时，应该考虑以下因素：

1）编辑文件之前备份电子表格（thread.xls）；要在电子表格中创建新的螺纹类型，可先复制一份现有工作表，以便维持数据列结构的完整性；然后在新工作表中进行修改，得到新的螺纹数据。

2）要创建自定义螺纹孔大小，在电子表格中创建一个新工作表，使其包含自定义的螺纹定义，选择【螺纹】对话框中的【定义】选项卡，选择【螺纹类型】下拉列表中的【自定义】选项。

3）修改电子表格不会使现有的螺纹和螺纹孔产生关联变动。

4）修改并保存电子表格后，编辑螺纹特征并选择不同的螺纹类型，然后保存文件即可。

3.4.7 加强筋与肋板

在模具和铸件的制造过程中，常常为零件增加加强筋和肋板（也叫做隔板或腹板），以提高零件强度。在塑料零件中，它们也常常用来提高刚性和防止弯曲。Inventor 提供了加强筋工具以便于快速地在零件中添加加强筋和肋板。加强筋指封闭的薄壁支撑形状，肋板指开放的薄壁支撑形状，如图 3-57 所示。

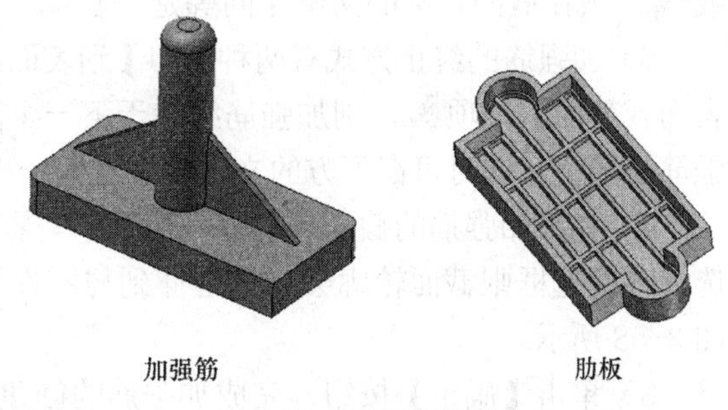

图3-57 加强筋和肋板

加强筋和肋板也是非基于草图的特征，在草图中完成的工作就是绘制二者的截面轮廓，可创建一个封闭的截面轮廓作为加强筋的轮廓，可创建一个开放的截面轮廓作为肋板的轮廓，也可创建多个相交或不相交的截面轮廓定义网状加强筋和肋板。

加强筋的创建过程比较简单，如果要创建图 3-58 所示的加强筋，其基本步骤如下：

1）绘制如图 3-59 所示的草图轮廓。

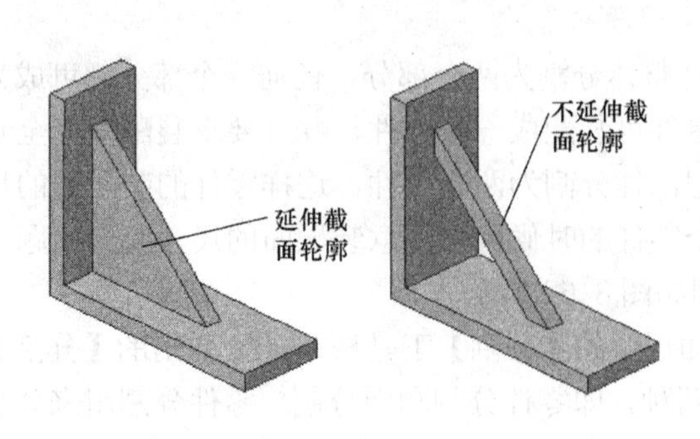

图3-58 加强筋

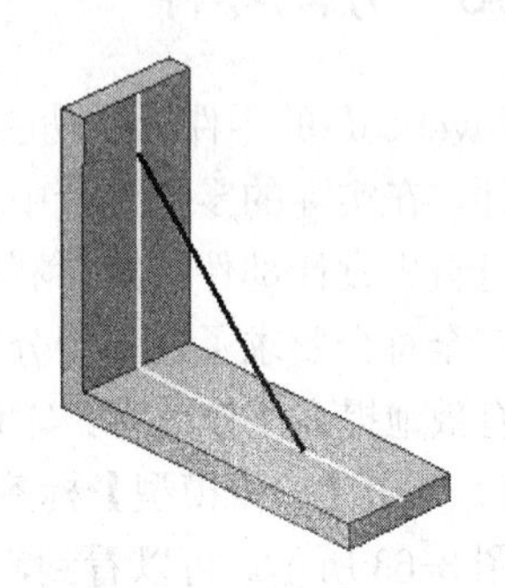
图3-59 加强筋的草图轮廓

2）回到零件环境下，单击【三维模型】标签栏【创建】面板中的【加强筋】工具按钮，

弹出的【加强筋】对话框如图 3-60 所示。

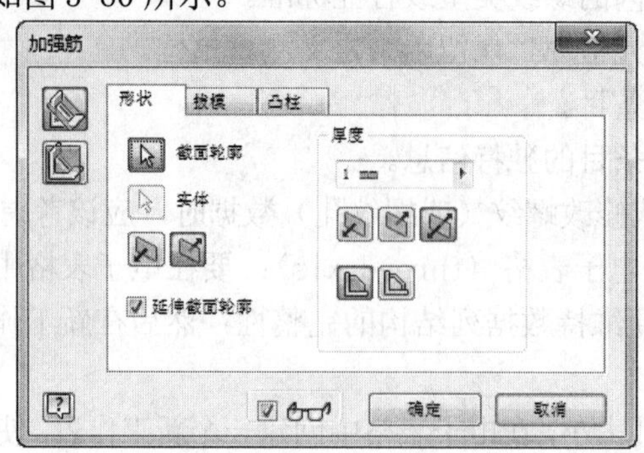

图3-60 【加强筋】对话框

3）选择截面轮廓。由于草图上只有一个截面轮廓，所以该轮廓自动被选中。

4）选择类型。加强筋有两种类型，即【垂直于草图平面】类型和【平行于草图平面】类型。选择【垂直于草图平面】类型，垂直于草图平面拉伸几何图元，厚度平行于草图平面；选择【平行于草图平面】类型，平行于草图平面拉伸几何图元，厚度垂直于草图平面。

5）可指定加强筋的厚度，还可指定其厚度的方向。可在截面轮廓的任一侧应用【厚度】或，或在截面轮廓的两侧【同等延伸】。

6）加强筋的终止方式有两种，即【到表面或平面】选项和【有限的】选项。选择【到表面或平面】选项，则加强筋终止于下一个面；选择【有限的】选项，则需要设置终止加强筋的距离，这时可在下方的文本框中输入一个数值。

7）如果加强筋的截面轮廓的结尾处不与零件完全相交，会显示【延伸截面轮廓】复选框，选择该复选框则截面轮廓会自动延伸到与零件相交的位置。在这两种不同方式下生成的特征如图 3-58 所示。

8）单击【确定】按钮，完成加强筋的创建。

如果要创建图 3-59 中所示的网状加强筋，可首先在零件草图中绘制如图 3-61 所示的截面轮廓。回到零件环境中，在【加强筋】对话框中指定各个参数即可，步骤与上述完全一致。需要注意的是，在终止方式中只能够选择【有限的】选项并且输入具体的数值，即可完成创建。

3.4.8 分割零件

Inventor 的零件分割功能可把一个零件整体分割为两个部分，任何一个部分都可成为独立的零件。在实际的零件设计中，如果两个零件可装配成一个部件，并且要求装配面完全吻合的话，可首先设计部件，然后利用分割工具把部件分割为两个零件，这样零件的装配面的尺寸就已经完全符合要求了，不用分别在设计两个零件的时候特别注意装配面的尺寸配合问题了，这样可有效地提高工作效率。零件分割的范例如图 3-62 所示。

1）单击【三维模型】标签栏【修改】面板中的【分割】工具按钮，弹出的【分割】对话框如图 3-63 所示。可以看到，分割方式有两种，即零件分割和面分割。零件分割用来分割零件实体，面分割用来分割面，这里仅仅讲述零件的分割。

2）分割零件首先应该选择分割工具。在零件的分割中，分割工具可以是工作平面，或在工作平面或零件面上绘制的分断线，分断线可以是直线、圆弧或样条曲线，也可以将曲面体用作分割工具，用户可根据具体情况自行选择。

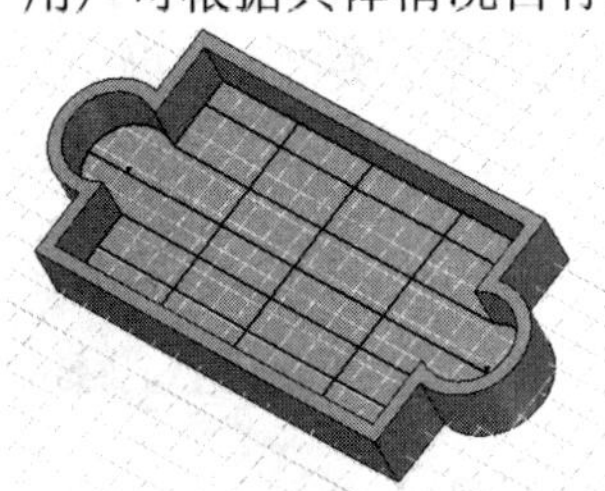

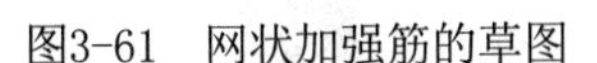
图3-61　网状加强筋的草图

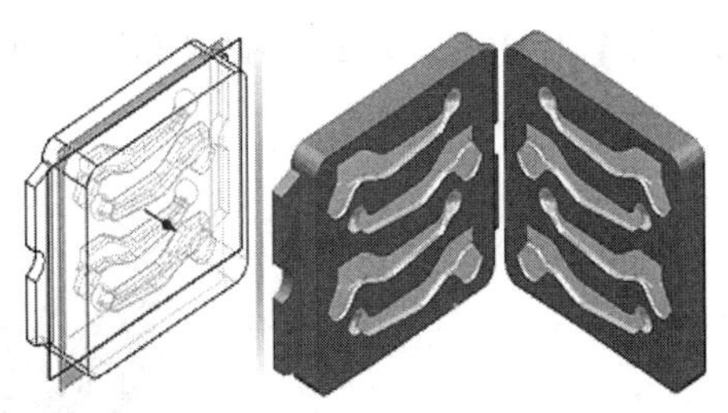
图3-62　零件分割的范例

3）选择完分割工具以后，在【删除】选项中确定要去除分割产生的部分的那一侧。

4）单击【确定】按钮以完成分割。

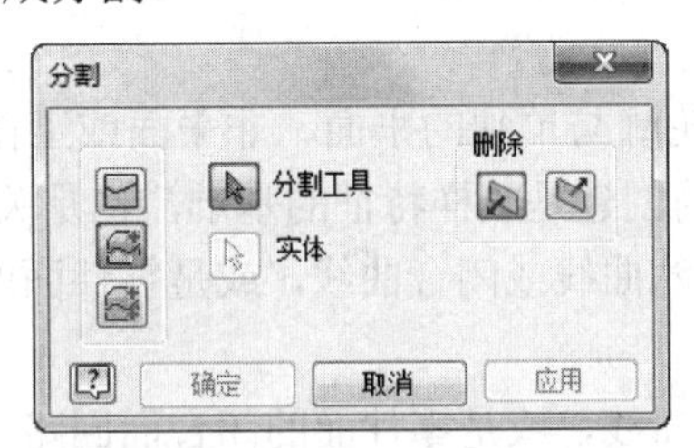

图3-63　【分割】对话框

可利用分割工具将零件分割成两个零件，并分别使用唯一的名称保存。首先将零件进行分割，去除分割后的一部分；然后在主菜单中选择【保存副本为】选项，将零件与分断线一起保存。重新打开源文件，使用【分割】工具分割零件，选择去除分割后的另一半，选择【保存副本为】选项，保存零件剩余的部分。分割所形成的两个部分都保存在不同的文件中。

3.5　复杂特征的创建

在前面的章节中讲述了简单的草图特征和放置特征，这些特征的创建通常只需要一个草图就已经足够了。在Inventor中，除了这些简单的特征以外，还有一些复杂的特征，创建这些特征往往需要两个或两个以上草图，在创建的过程中也往往需要大量的工作平面、工作轴等辅助定位特征。这些复杂的零件特征称之为复杂的特征，如放样特征、扫掠特征及螺旋扫掠特征等。本节中重点讲解这些复杂特征的创建。虽然一个零件的大部分特征一般都仅利用简单的特征是创建的，但是一些复杂的特征仅利用简单特征是不能够完成的，必须借助这些复杂特征创建工具来完成。

3.5.1　放样特征

放样特征是通过光滑过渡两个或更多工作平面，或平面上的截面轮廓的形状而创建的，它常用来创建一些具有复杂形状的零件，如塑料模具或铸模的表面，这些表面可用作拉伸的终止

截面，如图 3-64 所示。放样特征也可用来创建一些形状比较复杂的零件，如图 3-65 所示。

要创建放样特征，首先单击【三维模型】标签栏【创建】面板中的【放样】工具按钮，弹出【放样】对话框，如图 3-66 所示。下面对创建放样特征的各个关键要素做一简要说明。

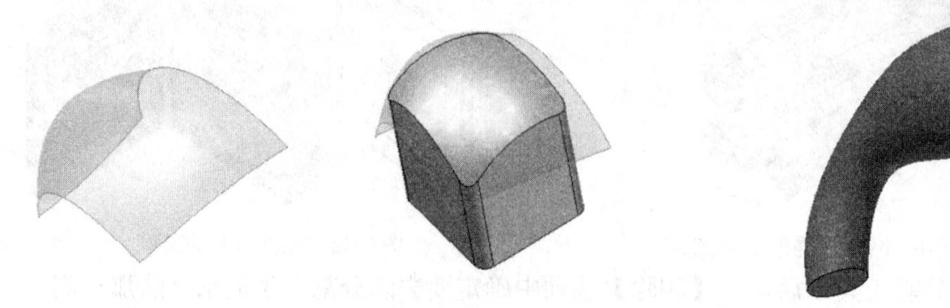

图3-64 表面作为拉伸的终止截面　　图3-65 放样特征创建的零件

1. 截面形状

放样特征通过将多个截面轮廓与单独的平面、非平面或工作平面上的各种形状相混合来创建复杂的形状，因此截面形状的创建是放样特征的基础，也是关键要素：

1）如果截面形状是非封闭的曲线或闭合曲线，或是零件面的闭合面回路，则放样生成曲面特征。

2）如果截面形状是封闭的曲线，或是零件面的闭合面回路，或是一组连续的模型边，则可生成实体特征，也可生成曲面特征。

3）截面形状是在草图上创建的，在放样特征的创建过程中，往往需要首先创建大量的工作平面以在对应的位置创建草图，再在草图上绘制放样截面形状。图 3-67 所示为图 3-64 和图 3-65 中所示的曲面和零件的放样截面轮廓。

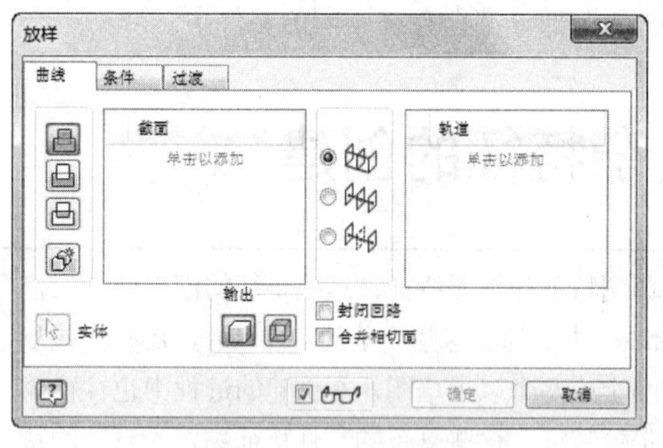

图3-66 【放样】对话框

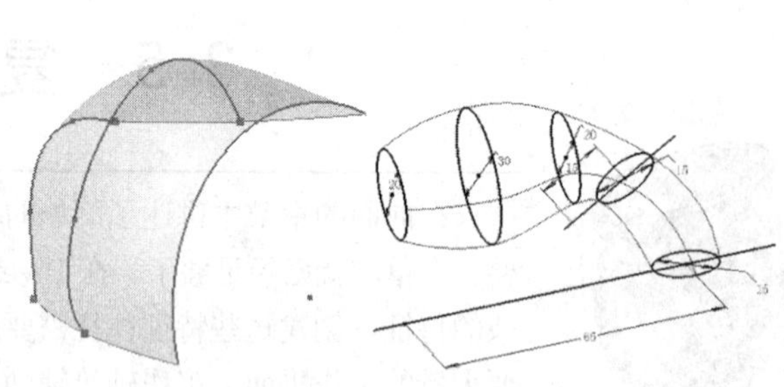

图3-67 放样的截面轮廓

4）可创建任意多个截面轮廓，但是要避免放样形状扭曲，最好沿一条直线向量在每个截面轮廓上映射点。

5）可通过添加轨道进一步控制形状，轨道是连接至每个截面上的点的二维或三维线。起始和终止截面轮廓可以是特征上的平面，并可与特征平面相切以获得平滑过渡。可使用现有面作为放样的起始和终止面，在该面上创建草图以使面的边可被选中用于放样。如果使用平面或非平面的回路，可直接选择它，而不需要在该面上创建草图。

2. 轨道

为了加强对放样形状的控制，引入了轨道的概念。轨道是在截面之上或之外终止的二维或三维直线、圆弧或样条曲线，如二维或三维草图中开放或闭合的曲线，以及一组连续的模型边等，都可作为轨道。轨道必须与每个截面都相交，并且都应该是平滑的，在方向上没有突变。创建放样时，如果轨道延伸到截面之外，则将忽略延伸到截面之外的那一部分轨道。轨道可影响整个放样实体，而不仅仅是与它相交的面或截面。如果没有指定轨道，对齐的截面和仅具有两个截面的放样将用直线连接。未定义轨道的截面顶点受相邻轨道的影响。

3. 输出类型和布尔操作

放样的输出可以是实体也可以是曲面，可通过【输出】选项组中的【实体】选项和【曲面】选项来实现，还可利用放样来实现三种布尔操作，即【求并】、【求差】和【求交】。前面已经有过相关讲述，这里不再赘述。

4. 条件

选择【放样】对话框中的【条件】选项卡，如图 3-68 所示。【条件】选项卡用来指定终止截面轮廓的边界条件，以控制放样体末端的形状。可对每一个草图几何图元分别设置边界条件。

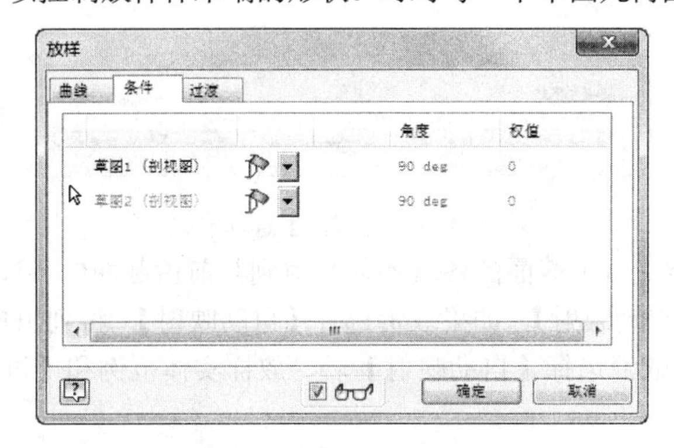

图3-68 【条件】选项卡

放样有三种边界条件：

1）选择【无条件】选项，则对其末端形状不加以干涉。

2）选择【相切条件】选项，仅当所选的草图与侧面的曲面或实体相毗邻，或选择面回路时可用，这时放样的末端与相毗邻的曲面或实体表面相切。

3）选择【方向条件】选项，仅当曲线是二维草图时可用，需要用户指定放样特征的末端形状相对于截面轮廓平面的角度。

当选择【相切条件】和【方向条件】选项时，需要指定【角度】和【线宽】条件。

1）【角度】条件用于指定草图平面与由草图平面上放样创建的面之间的角度。

2）【线宽】条件用于决定角度如何影响放样外观的无量纲值。大数值创建逐渐过渡，而小数值创建突然过渡。从图 3-69 中可以看出，线宽为 0 意味着没有相切，小线宽可能导致从第一个截面轮廓到放样曲面的不连续过渡，大线宽可能导致从第一个截面轮廓到放样曲面的光滑过渡。需要注意的是，特别大的线宽值会导致放样曲面的扭曲，并且可能会生成自交的曲面。此时应该在每个截面轮廓的截面上设置工作点并构造轨道（穿过工作点的二维或三维线），以使形状扭曲最小化。

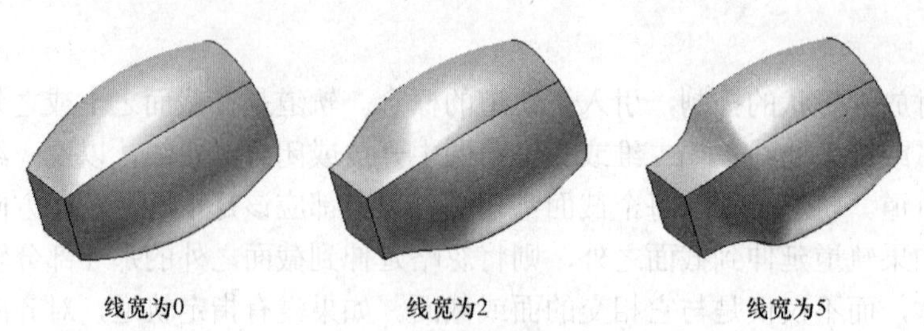

图3-69　不同线宽下的放样

5. 过渡

选择【放样】对话框中的【过渡】选项卡，如图 3-70 所示。

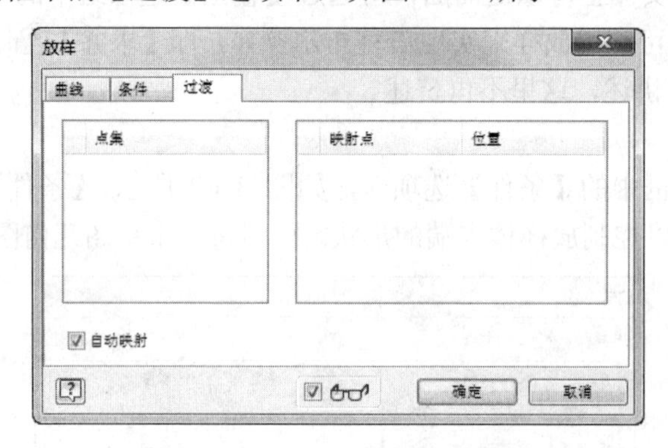

图3-70　【过渡】选项卡

1）过渡特征用于定义一个截面的各段如何映射到其前后截面的各段中。从图 3-70 中可以看到，默认的选项是【自动映射】，如果取消选择【自动映射】，将列出自动计算的点集，并根据需要添加或删除点。取消选择【自动映射】后，放样实体范例和【过渡】选项卡如图 3-71 所示。

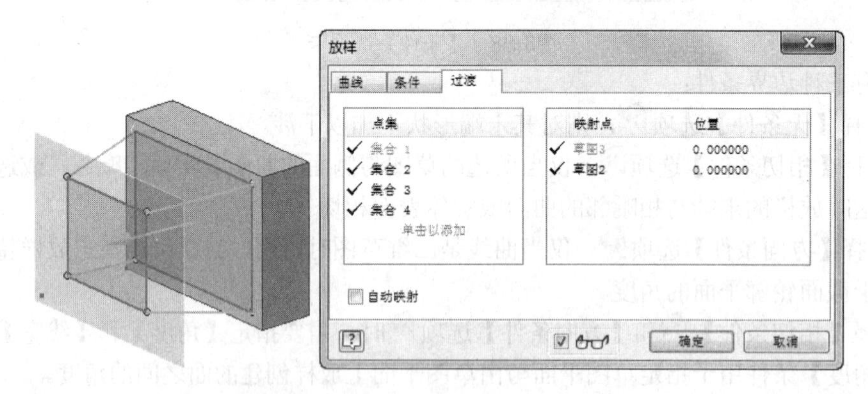

图3-71　放样实体范例和【过渡】选项卡

2）【点集】选项表示在每个放样截面上列出自动计算的点。

3）【映射点】选项表示在草图上列出自动计算的点，以便沿着这些点线性对齐截面轮廓，使放样特征的扭曲最小化。点按照选择截面轮廓的顺序列出。

4）【位置】选项用无量纲值指定相对于所选点的位置。0 表示直线的一端，0.5 表示直线的中点，1 表示直线的另一端，用户可进行修改。

当所有需要的参数设置完毕后，单击【确定】按钮，即可完成放样特征的创建。

3.5.2 扫掠特征

在实际的中，常常需要创建一些沿着一个不规则轨迹但有着相同截面形状的对象，如管道和管路的设计、把手、衬垫凹槽等。Invnetor 提供了一个扫掠工具，用来完成此类特征的创建，它通过沿一条平面路径移动草图截面轮廓来创建一个特征。如果截面轮廓是曲线，则创建曲面；如果是闭合曲线，则创建实体。图 3-72 所示的杯子的把手就是利用扫掠工具创建的。

创建扫掠特征两个的重要要素是截面轮廓和扫掠路径。

1）截面轮廓可以是闭合的或非闭合的曲线，截面轮廓可嵌套，但不能相交。如果选择多个截面轮廓，可按住<Ctrl>键，然后继续选择即可。

2）扫掠路径可以是开放的曲线或闭合的回路，截面轮廓在扫掠路径的所有位置都与扫掠路径保持垂直，扫掠路径的起点必须放置在截面轮廓和扫掠路径所在平面的相交处。扫掠路径草图必须在与扫掠截面轮廓平面相交的平面上。

有以下两种方法来定位扫掠路径草图和截面轮廓：①创建两个相交的工作平面。在一个平面上绘制代表扫掠特征截面形状的截面轮廓，在其相交平面上绘制表示扫掠轨迹的扫掠路径；②创建一个过渡工具体，如一个块。单击【草图】按钮，然后单击该块的平面，绘制代表扫掠特征横截面的截面轮廓，单击【草图】按钮完成草图绘制。再次单击【草图】按钮并选择与轮廓平面相交的平面，绘制扫掠轨迹，单击【草图】按钮结束绘制。创建扫掠特征时，选择求交操作，只留下扫掠形成的实体并删除工具体（方块）。

创建扫掠特征的基本步骤如下：

1）单击【三维模型】标签栏【创建】面板中的【扫掠】工具按钮，弹出【扫掠】对话框，如图 3-73 所示。

图3-72　扫掠创建的杯子把手

图3-73　【扫掠】对话框

2）首先选择截面轮廓，然后选择扫掠路径。在【输出】选项组中确定是输出【实体】还是【曲面】。在布尔操作选项中选择【求并】、【求差】和【求交】。

3）在【类型】选项中可以选择【路径】、【路径和引导轨道】以及【路径和引导曲面】。

- 【路径】：通过沿路径扫掠截面轮廓来创建扫掠特征。

- 【路径和引导轨道】：通过沿路径和引导轨道扫掠截面轮廓来创建扫掠特征。引导轨道可以控制扫掠截面轮廓的比例和扭曲。引导轨道选择可以控制扫掠截面轮廓的比例和扭曲的引导曲线或轨道。引导轨道必须穿透截面轮廓平面。
- 【路径和引导曲面】：通过沿路径和引导曲面扫掠截面轮廓来创建扫掠特征。引导曲面可以控制扫掠截面轮廓的扭曲。引导曲面选择一个曲面，该曲面的法向可以控制绕路径扫掠截面轮廓的扭曲。要获得最佳结果，路径应该位于引导曲面上或附近。

4）【方向】选项有两种方式可以选择，分别是：

- 【路径】选项：保持该扫掠截面轮廓相对于路径不变。所有扫掠截面都维持与该路径相关的原始截面轮廓。
- 【平行】选项：将使扫掠截面轮廓平行于原始截面轮廓。

5）扩张角是扫掠垂直于草图平面的斜角。如果指定了扩张角，将有一个符号显示扫掠斜角的固定边和方向，它对于闭合的扫掠路径不可用。角度可正可负，正的扩张角使扫掠特征沿离开起点方向的截面面积增大，负的扩张角使扫掠特征沿离开起点方向的截面面积减小。对于嵌套截面轮廓来说，扩张角的符号（正或负）应用在嵌套截面轮廓的外环，内环为相反的符号。图 3-74 所示为扩张角为 0° 和 5° 时的区别。

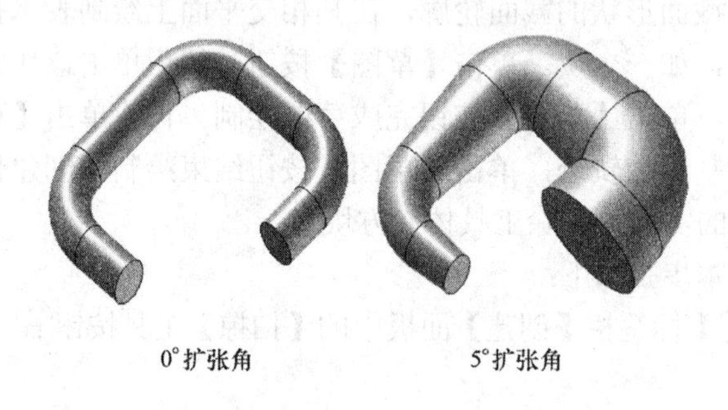

图3-74　不同扩张角下的扫掠结果

3.5.3　螺旋扫掠特征

螺旋扫掠特征是扫掠特征的一个特例，它的作用是创建扫掠路径为螺旋线的三维实体特征，如弹簧、发条、以及圆柱体上真实的螺纹特征等，如图 3-75 所示。

创建螺旋扫掠特征的基本步骤如下：

1）单击【三维模型】标签栏【创建】面板中的【螺旋扫掠】工具按钮，弹出【螺旋扫掠】对话框如图 3-76 所示。

2）创建螺旋扫掠特征首先需要选择的两个要素是截面轮廓和旋转轴。截面轮廓应该是一个封闭的曲线，以创建实体；旋转轴应该是一条直线，它不能与截面轮廓曲线相交，但是必须在同一个平面内。如图 3-77 所示，该螺旋扫掠实体的截面轮廓和旋转轴分别在图示两个平面建立的草图中，两个草图平面互相垂直，但是截面轮廓和旋转轴是在一个平面中。所以，实际的情况是可在同一个草图中创建截面轮廓和旋转轴，也可在不同的草图中创建，但是二者“不相交、同平面”的要求一定要满足。

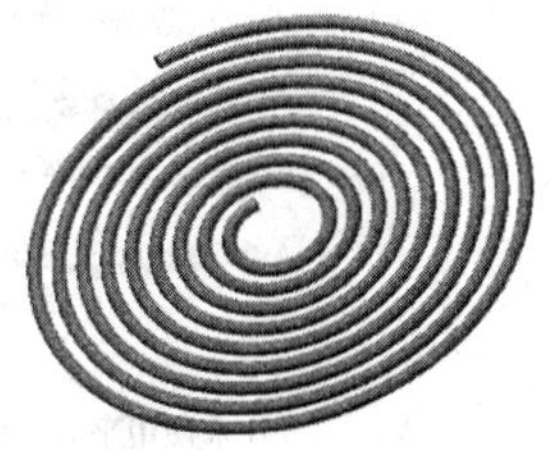

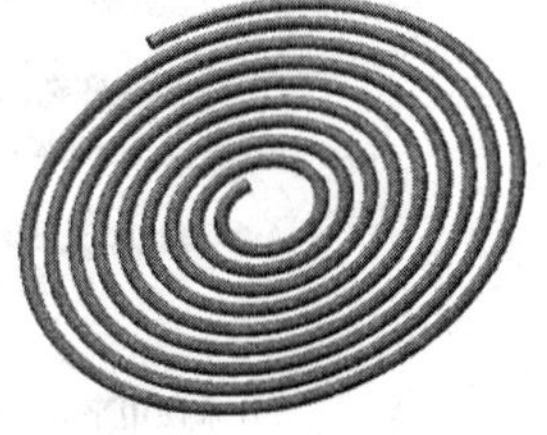

图3-75　三维螺旋实体

图3-76　【螺旋扫掠】对话框

3）在【转动】选项中，可指定螺旋扫掠按【顺时针方向】还是【逆时针方向】旋转。

4）如果要设置螺旋的尺寸，可选择【螺旋规格】选项卡，如图 3-78 所示。可设置的螺旋类型一共有四种，即【螺距和转数】、【转数和高度】、【螺距和高度】以及【螺旋】。选择了不同的类型以后，在下方的参数文本框中输入对应的参数即可。需要注意的是，如果要创建发条类没有高度的螺旋特征，可选择【平面螺旋】选项。

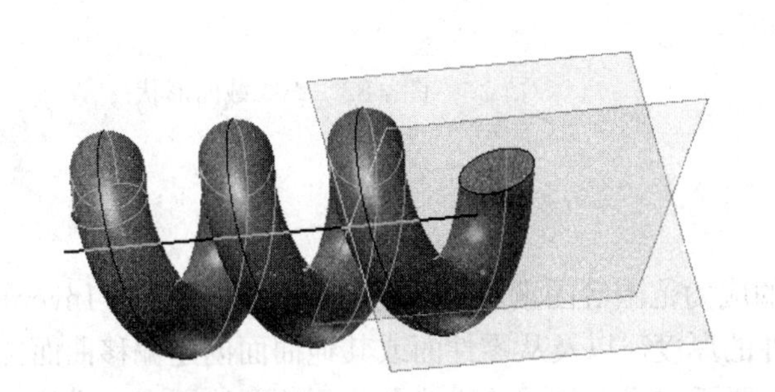

图3-77　螺旋扫掠特征

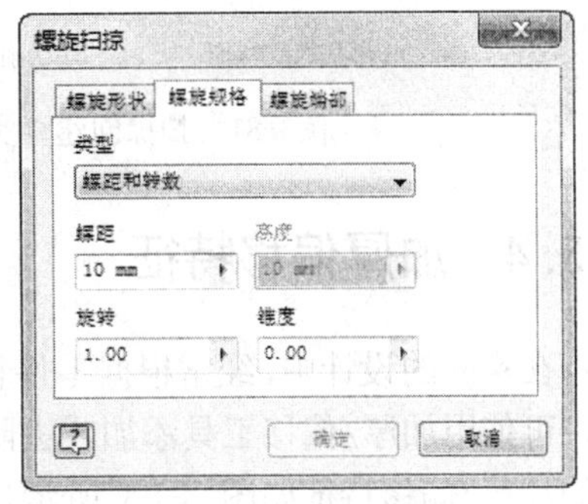

图3-78　【螺旋规格】选项卡

5）如果要设置螺旋端部的特征，可选择【螺旋端部】选项卡，如图 3-79 所示。注意只有当螺旋线是平底时可用，而在螺旋扫掠截面轮廓时不可用。可指定螺旋扫掠的两端为【自然】或【平底】样式，开始端和终止端可以是不同的终止类型。如果选择【平底】选项，可指定具体的【过渡段包角】和【平底段包角】。

● 过渡段包角是螺旋扫掠获得过渡的距离（单位为度数，一般少于一圈）。图 3-80a 所示为顶部是自然结束，底部是 1/4 圈（90°）过渡并且未使用平底段包角的螺旋扫掠。

● 平底段包角是螺旋扫掠过渡后不带螺距（平底）的延伸距离（度数），它是从螺旋扫掠的正常旋转的末端过渡到平底端的末尾。图 3-80b 所示与图 3-80a 显示的过渡段包角相同，但指定了一半转向（180°）的平底段包角的螺旋扫掠。

6）当所有需要的参数都指定完毕以后，可单击【确定】按钮以创建螺旋扫掠特征。

另外，螺旋扫掠还有一个重要的功能就是创建真实的螺纹，如图 3-81 所示。这主要是利用了螺旋扫掠的布尔操作功能。图 3-81a 所示的添加螺纹特征是通过向圆柱体上添加螺纹扫掠形成的螺纹得到的，图 3-81b 所示的切削螺纹特征是通过以螺旋扫掠切削圆柱体得到的，两者的螺纹截面形状如图 3-82 所示。

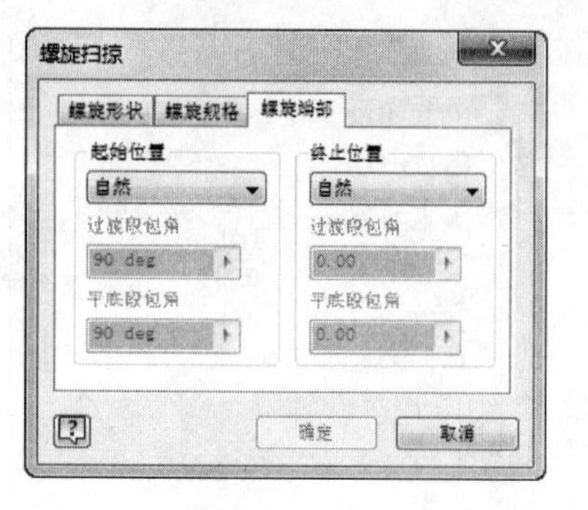

图3-79 【螺旋端部】选项卡

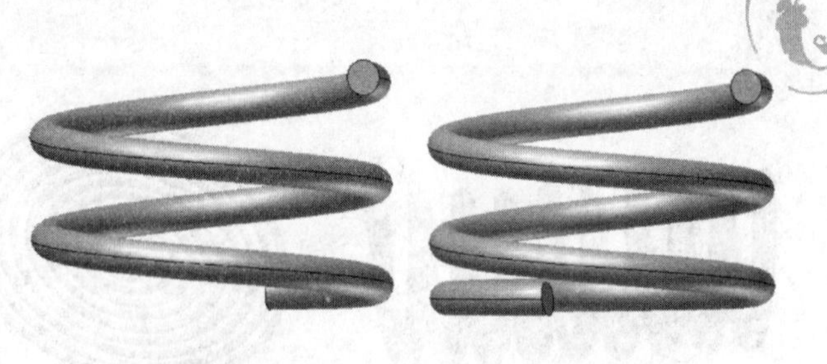

a) 未使用平底段包角　　b) 使用平底段包角

图3-80 不同过渡包角下的扫掠效果

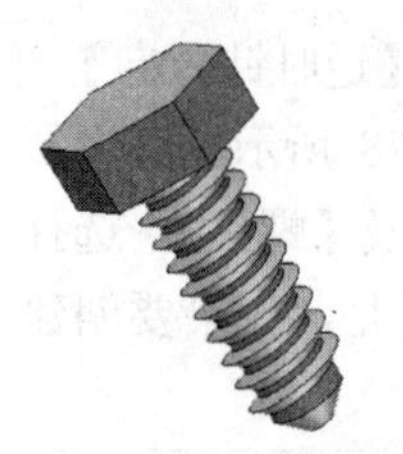

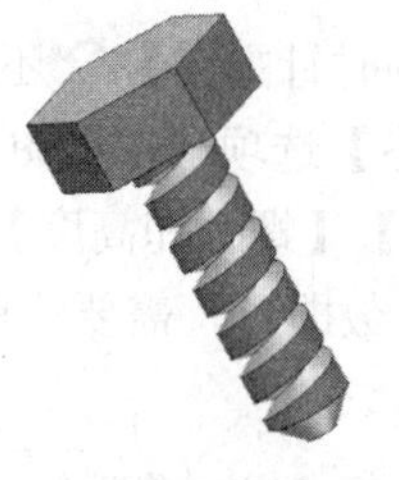

a) 添加螺纹特征　　b) 切削螺纹特征

图3-81 扫掠创建真实螺纹

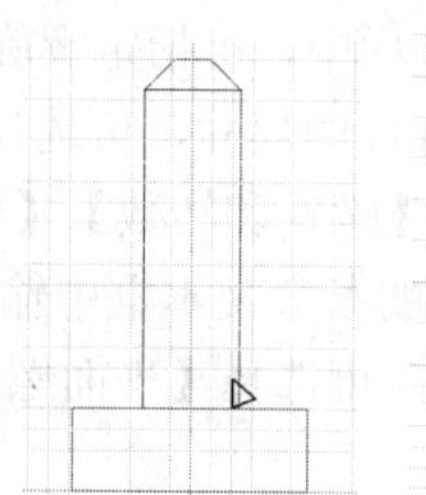

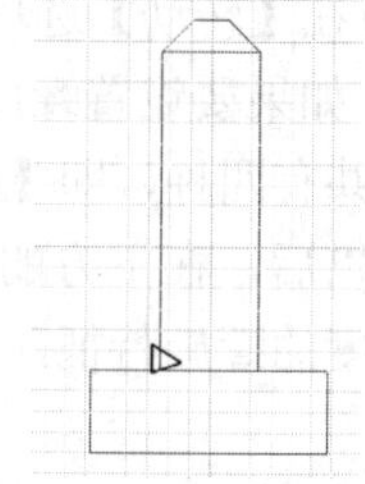

图3-82 螺纹截面形状

3.5.4 加厚偏移特征

在实际的设计中，经常根据零件材料的应力范围等因素对零件的厚度进行修改。在 Inventor 中，可使用加厚/偏移工具添加或去除零件的厚度，以及从零件面或其他曲面创建偏移曲面。典型的加厚/偏移特征如图 3-83 所示。如果要添加或去除零件或缝合曲面的面的厚度，或从一个或多个面或缝合曲面创建偏移曲面，可单击【三维模型】标签栏【修改】面板中的【加厚/偏移】工具按钮，弹出的【加厚/偏移】对话框如图 3-84 所示。下面对各个关键参数分别说明。

1. 选择面

1）可设定是【面】或【缝合曲面】选项，如果选择【缝合曲面】选项，可一次单击选择一组相连的面。用户可选择零件的表面（平面和曲面），也可以是创建的曲面或输入的曲面。如果是输入曲面的话，必须将输入的曲面升级到零件环境中才可进行偏移或加厚。

2）曲面如果不相邻则不能进行偏移。另外，竖直曲面只能从缝合曲面的内部边界创建。

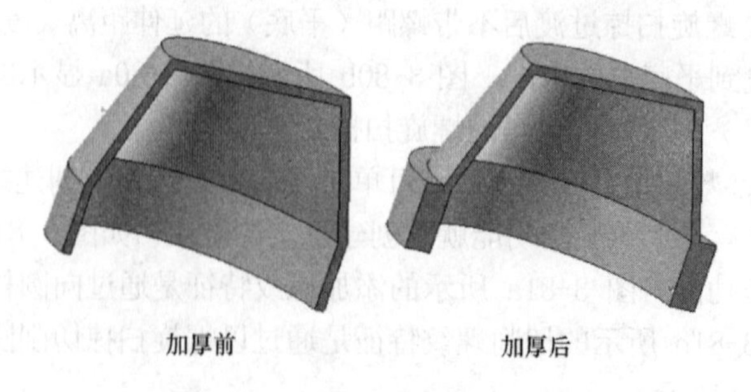

加厚前　　加厚后

图3-83 典型的加厚/偏移特征

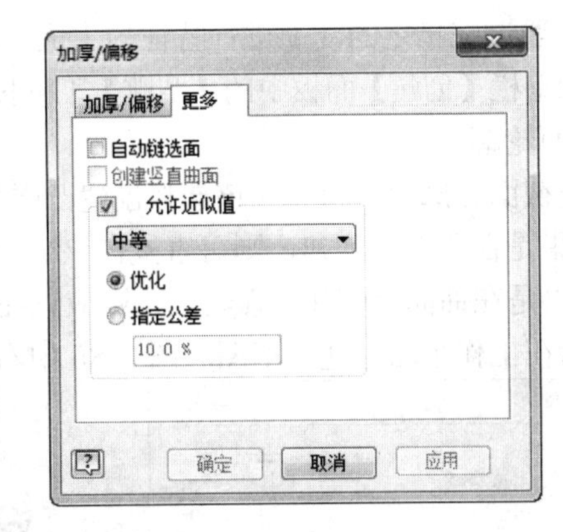

图3-84 【加厚/偏移】对话框

2. 偏移距离

指定加厚平面较原来平面偏移的距离。

3. 输出和布尔操作以及方向

可选择输出是【实体】或【曲面】。加厚/偏移操作提供布尔工具，可使得加厚或偏移的实体或曲面与其他实体或曲面之间产生求并、求交、求差关系。利用方向按钮、、可将厚度或偏移特征沿一个方向延伸或在两个方向上同等延伸。

4. 其他

1）如果选择了【自动链选面】选项，则会自动选择多个相切的相邻面进行加厚，所有选择的面使用相同的布尔操作和方向加厚。

2）如果选择了【创建竖直曲面】选项，则对于偏移特征，需要先创建将偏移面连接到原始缝合曲面的竖直面或侧面。竖直曲面仅在内部曲面的边处创建，而不会在曲面边界的边处创建。另外，竖直曲面无法将偏移曲面添加到实体零件。

指定完必要的参数后，可单击【确定】按钮以创建特征。

3.5.5 凸雕特征

在零件设计中，往往需要在零件表面增添一些凸起或凹进的图案或文字，以实现某种功能或美观性，如图3-85所示。

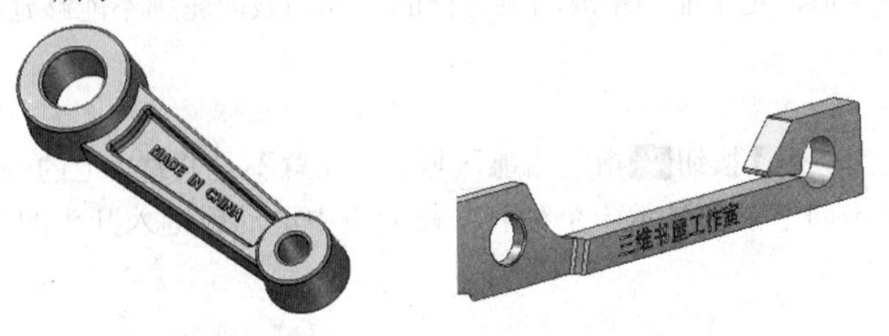

图3-85 零件表面凸起或凹进的文字

在 Inventor 中，可利用凸雕工具来实现这种设计功能。进行凸雕的基本思路是：首先建立草图，因为凸雕也是基于草图的特征；然后在草图上绘制用来形成特征的草图几何图元或草图

文本；最后通过在指定的面上进行特征的生成，或将特征以缠绕或投影到其他面上。单击【三维模型】标签栏【创建】面板中的【凸雕】工具按钮，弹出【凸雕】对话框，如图 3-86 所示。

1．截面轮廓

在创建截面轮廓前，首先应该选择创建凸雕特征的面。

1）如果是在平面上创建，则可直接在该平面上创建草图，绘制截面轮廓。

2）如果是在曲面上创建凸雕特征，则应该在对应的位置建立工作平面，或利用其他的辅助平面，然后在工作平面上建立草图。图 3-85 中右侧零件的草图平面以及草图如图 3-87 所示。

图3-86 【凸雕】对话框

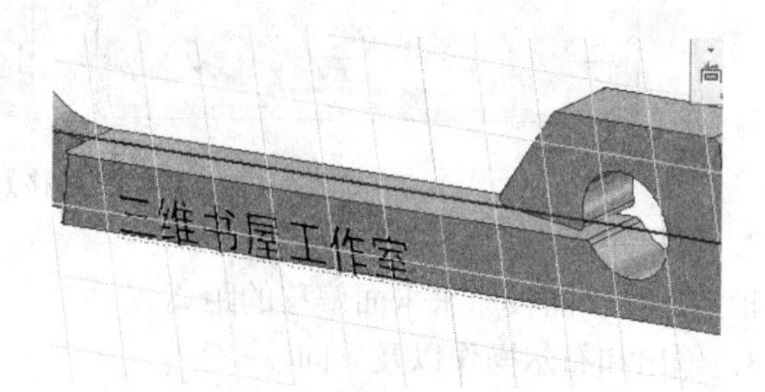

图3-87 凸雕的草图平面以及草图

草图中的截面轮廓用作凸雕图像。可使用【草图】标签栏中的工具创建截面轮廓，主要有两种方法，一是使用文本工具创建文本，二是使用草图工具创建形状，如圆形、多边形等。

2．类型

【类型】选项用于指定凸雕区域的方向，有三个选项可供选择：

1）【从面凸雕】选项：将升高截面轮廓区域，即截面将凸起。

2）【从面凹雕】选项：将凹进截面轮廓区域。

3）【从平面凸雕/凹雕】选项：将从草图平面向两个方向或一个方向拉伸，向模型中添加并从中去除材料。如果向两个方向拉伸，则会在去除的同时添加材料，这取决于截面轮廓相对于零件的位置。如果凸雕或凹雕对零件的外形没有任何的改变作用，那么该特征将无法生成，系统也会给出错误提示信息。

3．深度和方向

可指定凸雕或凹雕的深度，即凸雕或凹雕截面轮廓的偏移深度，还可指定凸雕或凹雕特征的方向，当截面轮廓位于从模型面偏移的工作平面上时尤其有用。当截面轮廓位于偏移的平面上时，如果深度不合适，是不能够生成凹雕特征的，因为截面轮廓不能够延伸到零件的表面形成切割。

4．顶面颜色

通过单击【顶面颜色】按钮指定凸雕区域面（注意不是其边）上的颜色。在弹出的【颜色】对话框中，单击向下箭头显示一个列表，在列表中滚动或键入开头的字母以查找所需的颜色。

5．折叠到面

对于【从面凸雕】和【从面凹雕】类型，用户可通过选择【折叠到面】选项，指定截面轮廓缠绕在曲面上。注意，仅限于单个面，不能是接缝面。面只能是平面或圆锥形面，而不能是样条曲线面。如果不选择该复选框，图像将投影到面而不是折叠到面。如果截面轮廓相对

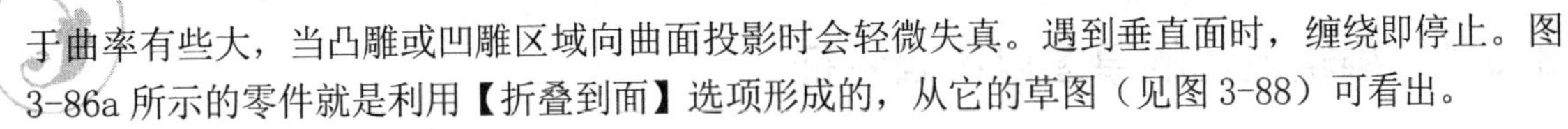

于曲率有些大，当凸雕或凹雕区域向曲面投影时会轻微失真。遇到垂直面时，缠绕即停止。图3-86a所示的零件就是利用【折叠到面】选项形成的，从它的草图（见图3-88）可看出。

当指定完所有的参数后，单击【确定】按钮即可完成特征创建。

3.5.6 贴图特征

在Inventor中，可将图像应用到零件面来创建贴图特征，用于表示如标签、艺术字体的品牌名称、徽标和担保封条等制造要求。贴图中的图像可以是位图、Word文档或Excel电子表格。在实际的设计中，贴图应该放置在凹进的区域中，以便为部件中的其他零部件提供间隙或防止在包装时损坏。典型的贴图特征如图3-88a所示。

在零件的表面创建贴图特征的基本步骤如下：

1）单击【三维模型】标签栏【创建】面板中的【贴图】工具按钮。贴图特征是基于草图的特征，如果不是在草图环境下并且当前的工作环境中没有退化的草图，那么系统将提示用户当前没有退化的草图以建立特征。所以，用户在建立贴图特征前，需要在零件的表面或相关的辅助平面上利用【草图】标签栏中的【插入图像】工具导入图像。

2）可退出草图环境，单击【三维模型】标签栏【创建】面板中的【贴图】工具按钮，则弹出【贴图】对话框，如图3-88b所示。

a)

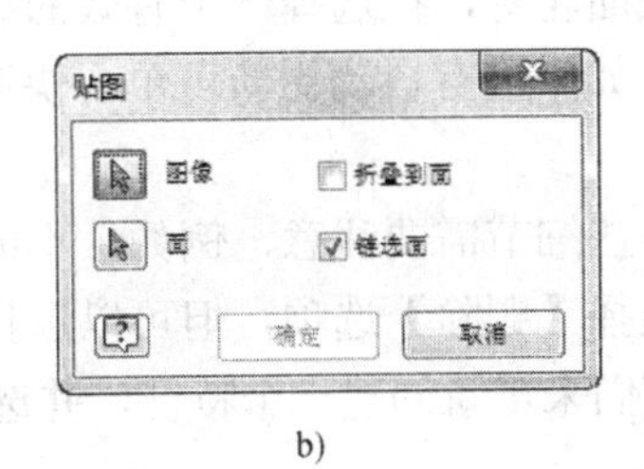

b)

图3-88 贴图特征范例

3）选择已经导入的图像，然后选择图像要附着的表面。如果选择【折叠到面】选项，则指定图像缠绕到一个或多个曲面上；取消选择该复选框，则将图像投影到一个或多个面上而不缠绕。选择【链选面】选项，则将贴图应用到相邻的面，如跨一条边的两侧的面。在放置贴图图像时，应避免与拐角交叠，否则贴图将沿着边被剪切，因为贴图无法平滑地缠绕到两个面。

4）指定了所有的参数后，单击【确定】即可完成特征的创建。

3.6 编辑特征

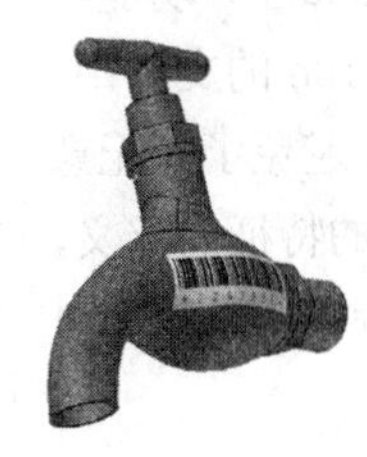

设计过程中，用户创建了特征以后往往需要对其进行修改，以满足设计或装配的要求。对于基于草图的特征，可编辑草图以编辑特征，还可直接对特征进行修改；对于非基于草图的放置特征，直接进行修改即可。

3.6.1 编辑退化的草图以编辑特征

要编辑基于草图创建的特征，可编辑退化的草图以更新特征，具体方法是：

1）在浏览器中，找到需要修改的特征。在该特征上单击右键，并从快捷菜单中选择【编辑草图】选项。或右击该特征的退化的草图标志，在快捷菜单中选择【编辑草图】选项，此时该特征将被暂时隐藏，同时显示其草图。

2）进入草图环境后，用户可利用【草图】标签中的工具对草图进行所需的编辑。如要添加新尺寸，可单击【通用尺寸】工具按钮，然后单击以选择几何图元并放置尺寸。

3）当草图修改完毕以后，单击右键，在弹出的快捷菜单中选择【完成二维草图】选项，或者直接单击【草图】标签上的【完成草图】工具按钮，则重新回到零件环境下，此时特征将会自动更新。如果没有自动更新的话，单击快速访问工具栏中的【更新】按钮来更新特征。

3.6.2 直接修改特征

对于所有的特征，无论是基于草图的还是非基于草图的，都可直接修改。在图形窗口或浏览器中选择要编辑的特征，单击右键并从弹出的快捷菜单中选择【编辑特征】选项，将显示特征草图（如果适用）和特征对话框，根据需要修改特征的具体参数。例如，选择【截面轮廓】选项重新定义特征的截面轮廓，在选择一个有效的截面轮廓后，才能选择其他值。修改完成后一般特征会自动更新，如果没有自动更新可单击快速访问工具栏中的【更新】按钮，使用新值更新特征。

在编辑特征时，有些细节需要注意，例如，不能将特征类型从实体改为曲面；在浏览器中的特征上单击右键并选择【删除】选项，但可以选择是否保留特征草图几何图元，如果保留了草图几何图元，可用它们来重新创建一个特征，并选择不同的特征类型。

3.7 设计元素（iFeature）入门

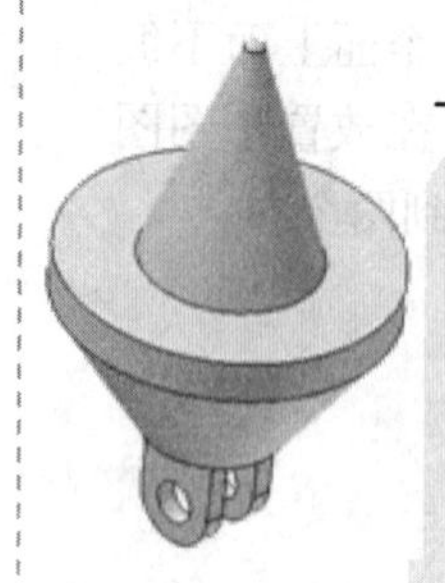

在实际的设计工作中，常常出现大量相同特征的设计问题，如同一个零件上有不规则排列的 20 个凸台特征。在同一个零件中，可通过浏览器中特征的复制、粘贴来实现特征的重用，但是如果在不同的零件中都存在某一个相同的特征时，简单的复制、粘贴就不能奏效了。另外，在设计过程中，还经常需要对某一个特征进行某个尺寸的修改而大量重用，这时使用 Inventor 的设计元素（iFeature）功能，可将多个设计的特征或草图指定为 iFeature，并且保存在扩展名为.ide 的文件中。这样，用户可在任何一个设计文件中导入该文件包含的特征或草图，避免了毫无意义的重复设计，节省了大量时间。同时，用户还可修改.ide 文件中的特征的定义，通过对特征参数的修改从而改变其具体的特征，这样可在需要修改特征然后重用时减轻大量的劳动量。

3.7.1 创建和修改 iFeature

1. 创建 iFeature

在零件或草图环境中，创建 iFeature 的一般步骤如下：

1）通过【管理】标签【编写】面板中的【提取 iFeature】按钮来创建当前零件特征或草图的 iFeature 文件。选择该按钮后，弹出的【提取 iFeature】对话框如图 3-89 所示。

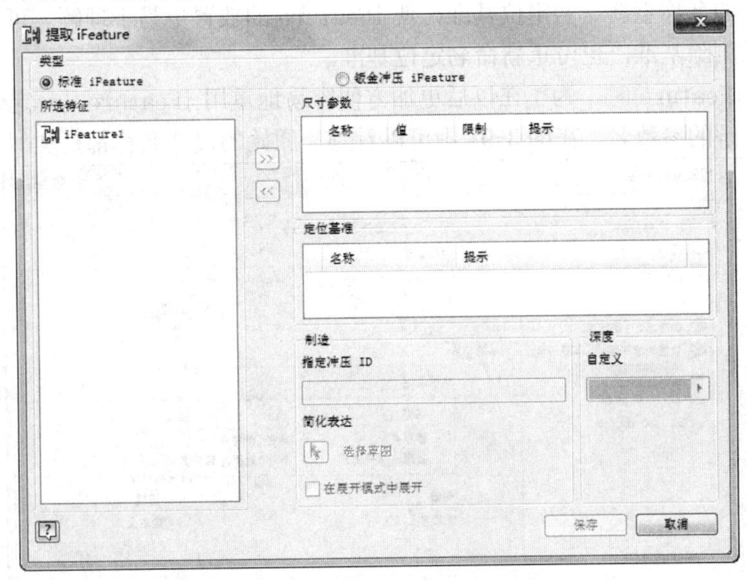

图3-89 【提取iFeature】对话框

2）这时就可从浏览器中选择需要加入到 iFeature 中的零件特征了，可选择零件中的一个特征，也可选择多个特征。当选择了一个或几个特征以后，特征的相关参数就显示在【提取 iFeature】对话框中左侧的列表框中，如图 3-90 所示。

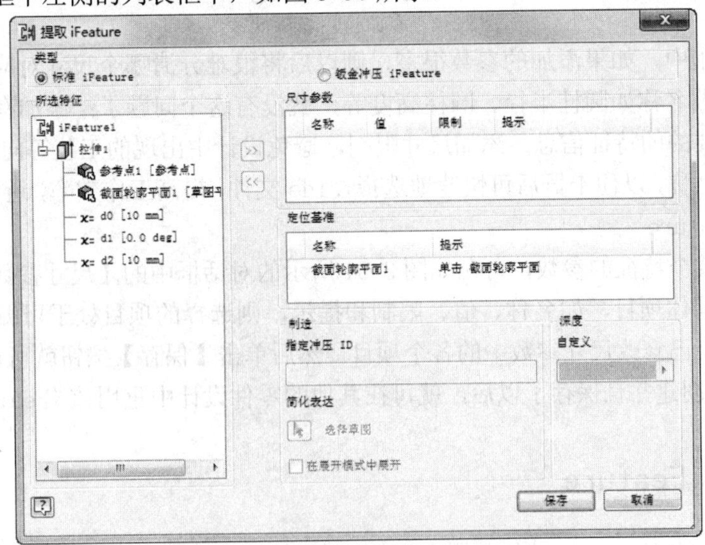

图3-90 显示特征的相关参数

3）双击左侧列表框中的尺寸，或选择某个尺寸后单击按钮>>，则该尺寸会添加到右侧的【尺寸参数】列表框中。可选择部分尺寸或全部尺寸，如图 3-91 所示。如果要去除某个已经加入的尺寸，可选择该尺寸，然后单击按钮<<即可。单击【保存】按钮既可保存 iFeature 文件，文件扩展名为.ide，用户可自行选择保存的文件名和路径。

4）【提取 iFeature】对话框中的【定位基准】列表框描述了放置 iFeature 时加入到特征上的基准界面。典型的基准界面是草图平面，但用户可添加其他要在定位 iFeature 时使用的几何元素。用描述性的名称重新命名定位基准，使 iFeature 的放置更易于理解。可在【定位基准】列表框中添加或删除基准，也可重新命名定位基准。

5）在创建 iFeature 时，为了在以后更加方便容易地重用 iFeature，一定要考虑到以下几点：使用易于理解的参数名。在图 3-91 中可以看到，原始的尺寸名称都是类似 d0 的名称。

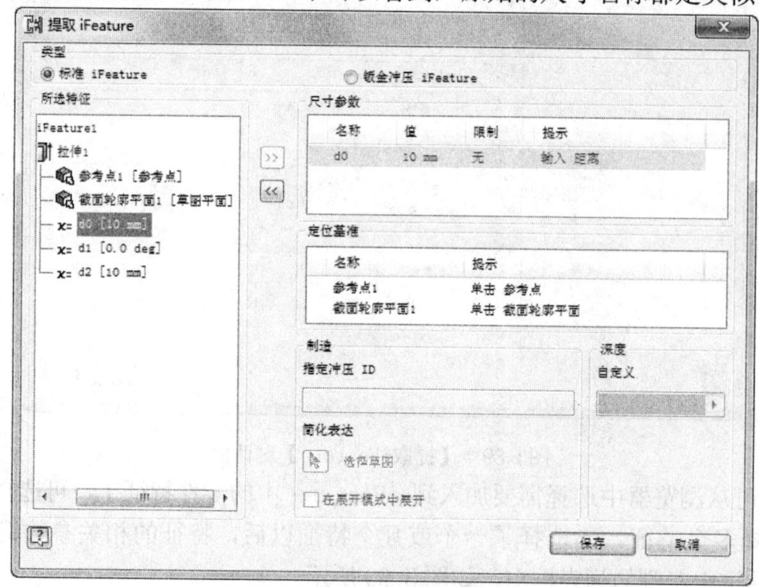

图3-91　添加和删除特征参数

在实际的运用中，如果添加的参数很多，则以后将很难分清哪个尺寸对应哪个特征。如果使用描述性的参数名称如圆柱半径、圆柱高度等，就没有这个问题了；添加有效的提示信息，可不至于忽略重要的的特征信息；添加尺寸限制，避免设计中出现的工艺等问题；为 iFeature 文件指定合理的名称，以便于日后可快速地选择*.ide 文件，提高工作效率，避免混淆和错误等。

2．修改 iFeature

如果要修改某个特征的参数，可在如图 3-91 所示的对话框中的【尺寸参数】列表框中单击某个尺寸的某个具体项目，如名称、值、限制和提示，则选择的项目处于可编辑的状态，用户可根据具体情况自己修改尺寸参数中的各个项目。然后单击【保存】按钮就可保存 iFeature 文件。当 iFeature 创建并且保存了以后，就可在其他的零件设计中重用该 iFeature。

3.7.2　放置 iFeature

要将已经创建的 iFeature 特征放置在零件的表面上，需要借助插入 iFeature 工具来实现，

其基本步骤如下：

1）单击【管理】标签栏【插入】面板中的【插入 iFeature】工具按钮，则弹出【打开】对话框。

2）选择.ide 文件，弹出【插入 iFeature】对话框。

3）指定 iFeature 的放置位置，同时在绘图区域内出现要插入的 iFeature 的预览，此时的【插入 iFeature】对话框和 iFeature 预览如图 3-92 所示。

4）可以看到，在 iFeature 图形的放置位置（图 3-92b 中为锥形底部）出现了一个移动箭头标志和旋转箭头标志。单击移动箭头标志可移动 iFeature 图形，单击旋转箭头标志可旋转 iFeature 图形，也可在图 3-93 所示的对话框中选择【角度】选项，以定量地旋转 iFeature 图形。

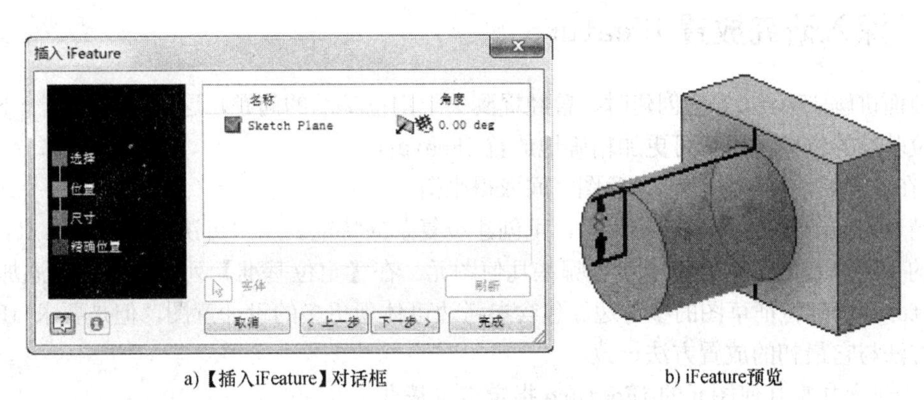

a)【插入iFeature】对话框　　b) iFeature预览

图3-92　【插入iFeature】对话框和iFeature预览

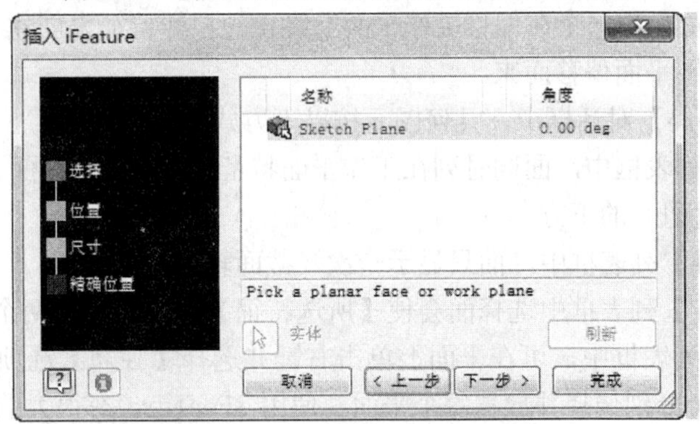

图3-93　【插入iFeature】对话框

5）单击【下一步】按钮，此时的对话框如图 3-94 所示。可编辑 iFeature 的尺寸特征，用户可单击某个尺寸值然后输入新的数值即可。注意，这里对 iFeature 的改变不会影响零件文件中已经放置的 iFeature 引用，也不会修改源 iFeature 文件。

6）单击【下一步】按钮完成最后一步的设置，即进一步确定要放置的 iFeature 的精确位置，此时的对话框如图 3-95 所示，用户可选择是否激活草图编辑。如果激活草图编辑，则意味着 iFeature 可通过约束和尺寸定位，此时 iFeature 的草图被激活到编辑状态，可通过在父特征上使用尺寸和约束来定位 iFeature 的草图，以达到精确控制 iFeature 位置的目的。

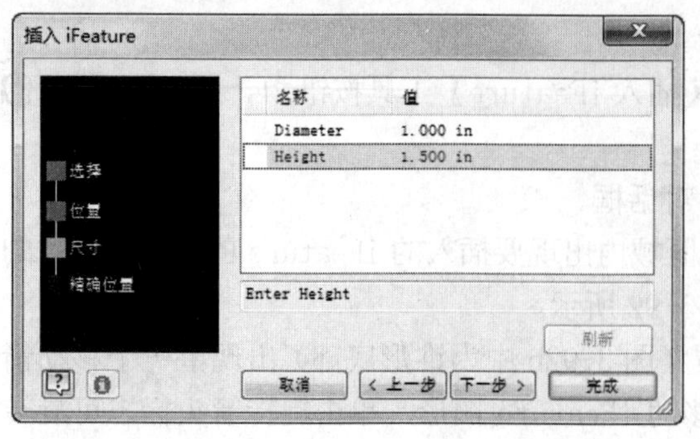

图3-94 编辑iFeature尺寸特征

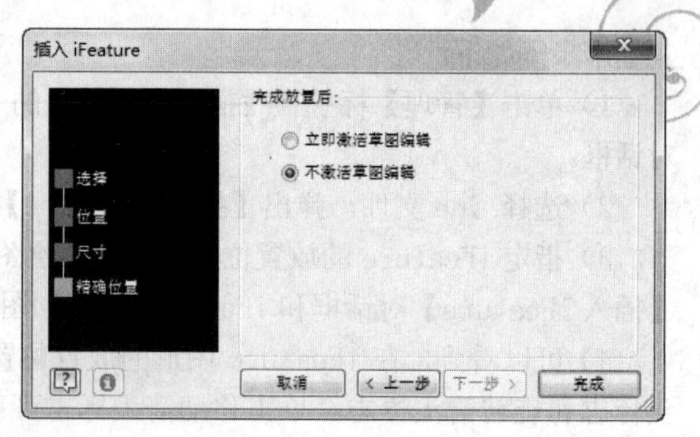

图3-95 选择是否激活草图

3.7.3 深入研究放置 iFeature

在前面讲解 iFeature 的创建时，曾经提到关于定位基准的问题，这里详细讲述一下。因为通过定位基准的辅助，用户可更加精确地放置 iFeature。

1. 在放置灵活性和体现设计意图之间取得平衡

在精通 iFeature 的创建和使用后，可创建更复杂的特征。用户可决定在【提取 iFeature】对话框的【定位基准】列表框中包含哪些几何图元。在【定位基准】列表框中，可添加用于定位 iFeature 基础特征草图的参考边。包含参考边可体现更多的设计意图，但是要求 iFeature 的放置方法与它最初的放置方法一致。

2. 为包含共享几何图元的 iFeature 指定定位基准

由多个共享几何图元的特征创建 iFeature 时，默认情况下，共享图元在【定位基准】列表框中只出现一次。例如，由一个在偏移工作平面上终止的拉伸特征来创建 iFeature，该工作平面是从拉伸所在的草图平面偏移而来。

在【提取 iFeature】对话框中，几何图元按以下方式显示：

1)【所选特征】列表框中，面同时列在工作平面特征（平面 1 [平面]）和拉伸特征（截面轮廓平面 2 [草图平面]）的下方。

2) 在【定位基准】列表框中，面只显示一次（截面轮廓平面 2)。

3) 在【定位基准】列表框中选择面会使【所选特征】列表框中的两个面同时亮显。

在【定位基准】列表框中，可在平面上单击右键并选择【独立】选项，单独列出平面。当使用 iFeature 时，可分别选择并放置每个平面。使用 iFeature 有很大的灵活性，但是需要在放置时选择附加的定位基准。另外，用户可重新命名平面，使它们在放置 iFeature 时更容易理解。可将平面 1 重命名为工作平面偏移面，将截面轮廓平面 2 重命名为草图平面，等。

3. 为包含多个草图的 iFeature 指定定位基准

在向【定位基准】列表框添加几何图元元素时，从多个草图特征（如放样和扫掠）创建的 iFeature 更为有用，下面分别讲述。

1) 放样。放样包含两个或更多独立草图平面上的草图。默认情况下，在放样特征中所选的第一个截面轮廓会在【定位基准】列表框中显示，其余草图平面的位置将相对于第一个截面轮廓来定义。通过在【定位基准】列表框中包含其他草图平面，可在放置 iFeature 时选择包含平

面的位置。在【所选特征】列表框中选择截面轮廓，单击右键，然后选择【独立】选项。此时，单独的草图平面将列在【定位基准】列表框中；当放置 iFeature 时，草图平面可单独放置。如果需要，可在【定位基准】列表框中组合两个或多个草图平面，使它们的位置与其中一个草图平面相关联。当在【定位基准】列表框中选择要组合的草图平面时，第一个选择的草图平面将保留在列表框中，其他草图平面的位置将与第一个平面相关联。在草图平面上单击右键，然后选择【合并几何图元】选项。

2）扫掠。如果截面轮廓和扫掠路径草图不存在关联关系，默认情况下，截面轮廓草图将在【定位基准】列表框中显示。这种情况下，路径草图的位置是相对于截面轮廓定义的，要使路径草图的放置与截面轮廓草图无关，可将它添加到【定位基准】列表框中。在【所选特征】列表框中的路径草图上单击右键，然后选择【独立】选项。对于有些 iFeature，如用扫掠特征创建的 O 形密封圈，可能需要相对于路径草图来定义位置。在【定位基准】列表框中的路径草图上单击右键，并选择【合并】选项，单击截面轮廓草图。由于路径草图是优先选择的，所以它将被列出来。

3.8 表驱动工厂（iPart）入门

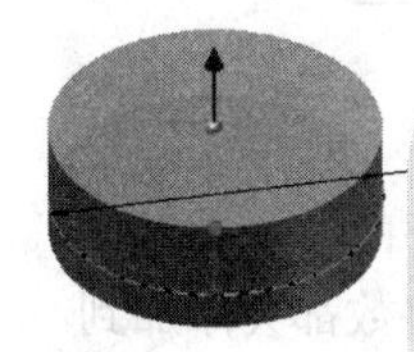

在大型工程项目设计中，一般都是由很多设计者共同完成最终的设计任务。在这种协同设计的过程中，保证部件设计的一致性，发布带内置版本信息的零件，以及建立首选零件库，管理和重复使用设计数据等对设计全局的影响就会十分显著。如果在设计中没有很好的共享和协作，将大大降低设计的总效率，造成大量的重复性劳动。例如，A 部门设计了一套螺栓，B 部门同样设计了一套螺栓，这两套螺栓的尺寸参数仅有螺距不同，其他参数完全一样。试想，如果 A 部门将设计的螺栓以某种通用的格式共享，而 B 部门使用的话，仅仅修改一下格式中的螺距数据即可自行使用，这样就减少了很多劳动。Inventor 提供了表驱动工厂（iPart），通过创建和放置 iPart、发布零件族，可使所有参与者在协同设计过程中共享设计意图，使得设计者的合作和沟通更加方便。

iPart 是由 iPart 工厂生成的零件，具有如下的特点：

1）它有多个配置，每一个配置都由 iPart 工厂中定义的电子表格的一行来确定。

2）iPart 工厂设计者指定了每个 iPart 中包含或不包含的参数、特性、iMate 值和其他参数。

3）系统将为添加的每一个项目在 iPart 表中创建一个列，表中的每一行表示该 iPart 的一个引用。

3.8.1 创建 iPart 工厂

要创建 iPart 工厂，必须首先打开一个新零件，或是现有零件和钣金零件，然后确定设计

的哪一部分要随每个引用一同修改。单击【管理】标签栏【编写】面板中的【创建 iPart】工具按钮，弹出【iPart 编写器】对话框，如图 3-96 所示。在该对话框中定义表中表示零件引用的行，指定其参数、特性、螺纹信息、iMate 信息、特征抑制和定位特征包含的各种变化形式；然后保存零件，零件即被自动另存为一个 iPart 工厂，参数表格在浏览器中也会显示出来。下面简要介绍一下创建 iPart 工厂的各个参数。

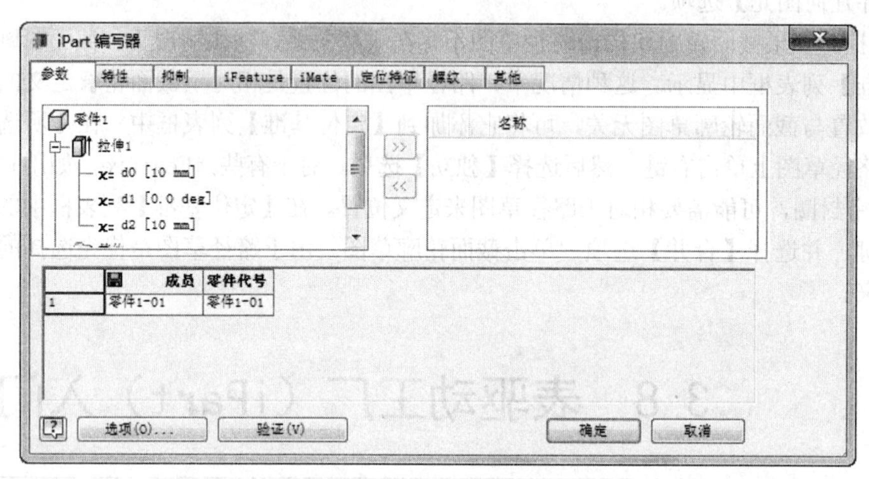

图3-96 【iPart编写器】对话框

1. 参数

1）在图 3-96 所示的【参数】选项卡中，左侧的列表框列出了可作为 iPart 的特征及其参数，如果双击某个特征，或选择该特征后单击按钮>>，则该特征下的所有尺寸参数都会添加到右侧的列表框中，成为 iPart 工厂零件的参数；或双击某个特征的某个尺寸，或选择该特征后单击按钮>>，也可将该尺寸添加到右侧的列表框中。

2）如果要删除右侧列表框中的某个参数，可选择后单击按钮<<即可。

3）加入到 iPart 工厂中的参数同时出现在下方的表格中，成为表格的一行。如果要向表格中添加新的一行，创建另外一个引用，可选择表格的一行，然后单击右键，在快捷菜单中选择【插入行】选项，则会创建一个新的行，新行中的参数数值完全是第一行的复制，用户可随意修改。

2. 特性

选择【iPart 编写器】对话框中的【特性】选项卡，则该对话框如图 3-97 所示。【特性】选项卡中列出了要包含在 iPart 中的【概要】信息、【项目】信息和【物理特性】信息。用户可决定是否在 iPart 工厂中包含这些非尺寸的参数信息。添加和删除参数的方式与【参数】选项卡中一致，这里不再重复。

3. 抑制

【抑制】选项卡如图 3-98 所示。【抑制】选项卡为 iPart 的每个引用指定要计算或抑制的单独的特征。左侧列表框为零件的所有特征，右侧列表框为要计算或抑制的特征，用户可将左侧列表框中选择特征添加到右侧列表框中，右侧列表框的每个特征都在 iPart 表格中创建一列，该列的值可人为设定是计算或抑制。如果特征被抑制，那么 iPart 工厂中将不会显示该特征。

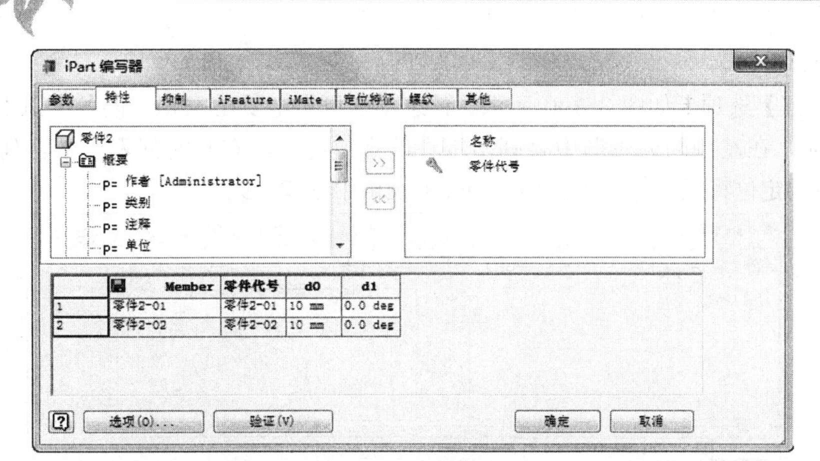

图3-97 【特性】选项卡

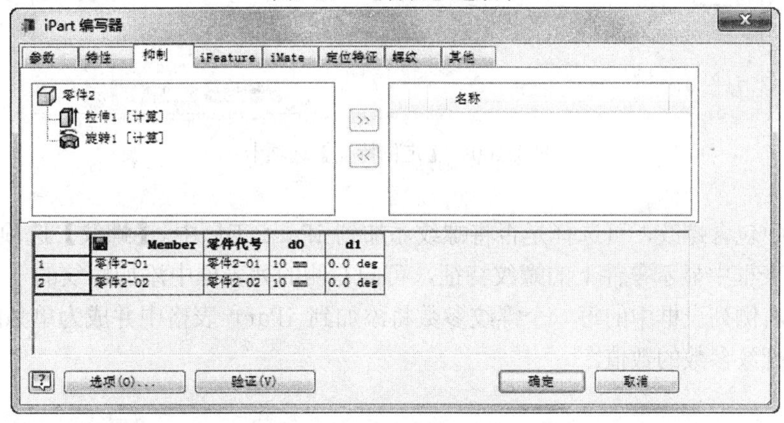

图3-98 【抑制】选项卡

4. iMate

iMate 选项卡如图 3-99 所示。在左边的列表框中，显示模型中定义的 iMate，单击可展开浏览器中的 iMate。单击方向箭头，在所选 iMate 列表框中添加或删除 iMate。对于自定义的 iPart，只有添加到所选 iMate 列表框的 iMate 才可修改。

图3-99 iMate选项卡

5. 定位特征

【定位特征】选项卡如图 3-100 所示。该选项卡可指定要在 iPart 的各个引用中包含或排除的定位特征。在左侧的列表框中将列出零件的定位特征，右侧的列表框中将列出要包含在 iPart 工厂中的定位特征。每个特征都在 iPart 表格中创建一列。

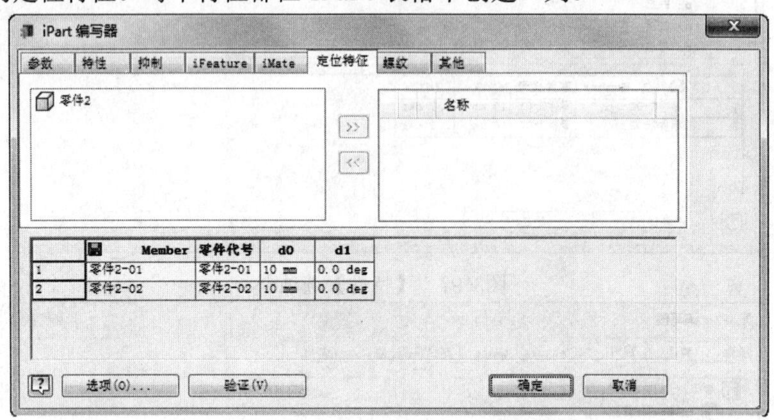

图3-100 【定位特征】选项卡

6. 螺纹

如果零件中包含螺纹，可选择是否将螺纹添加到 iPart 工厂中。【螺纹】选项卡如图 3-101 所示，左侧列表框中显示零件上的螺纹特征，可向右侧的列表框中添加螺纹的一个或几个参数特征。添加到右侧列表框中的每一个螺纹参数将添加到 iPart 表格中并成为单独的一列，用户可编辑表格中螺纹参数的数值。

7. 其他

用户可在【其他】选项卡中选择为 iPart 工厂添加新的参数并且为参数赋值。

最后，单击【确定】按钮，即可完成创建 iPart 工厂。

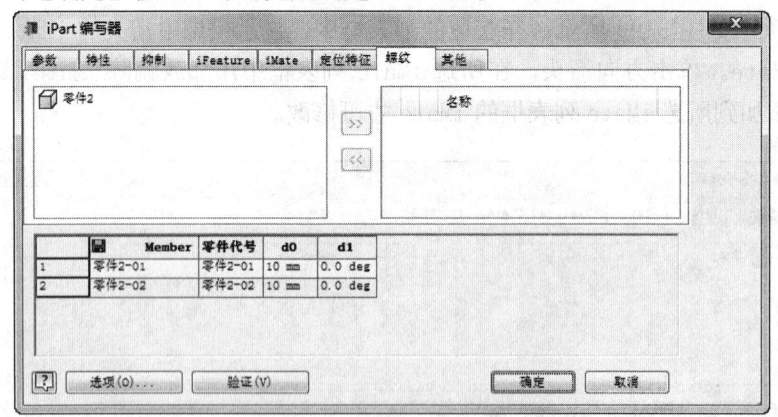

图3-101 【螺纹】选项卡

3.8.2 iPart 电子表格管理

当由一个零件创建了一个 iPart 工厂后，一个 iPart 表格也同时建立了，并且出现在浏览器中。iPart 工厂的特征主要由这个表格来控制，通过修改电子表格中的参数，可改变 iPart 工厂的特征。

在浏览器中的电子【表格】图标上单击右键，如图 3-102 所示。可以看到，快捷菜单中有【删除】、【通过电子表格编辑】和【编辑表】等选项。

1）如果选择【删除】选项，则电子表格将被删除，iPart 工厂将退化为基本的零件。

2）如果选择【通过电子表格编辑】选项，Excel 将自动打开，用户可对表格进行编辑。

3）如果选择【编辑表】选项，则弹出【iPart 编写器】对话框，用户可重新对表格进行定义和修改等。

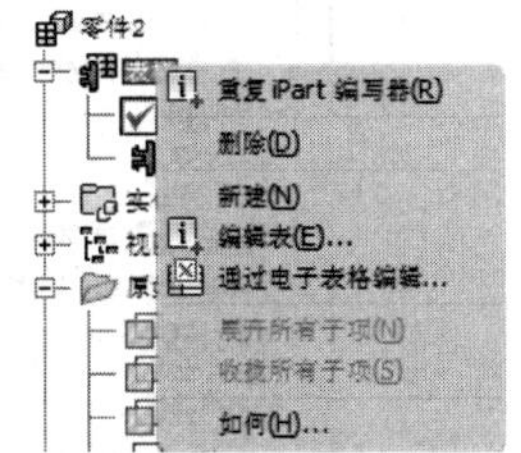

图3-102 【表格】快捷菜单

在【iPart 编写器】对话框的电子表格中，每一行是它定义的 iPart 工厂电子表格中的一行，都是 iPart 的一个引用。在一行中单击右键，然后选择快捷菜单中的选项以编辑表：

① 选择【插入行】选项，添加其他 iPart 的版本，然后根据需要编辑单元值以创建唯一引用。

② 选择【删除行】选项，将从表中删除 iPart 引用。

③ 选择【设为默认行】选项，将该行设为默认的 iPart 引用。

④ 选择【自定义参数单元】选项，放置 iPart 的设计者在单元中指定的计算或抑制，还允许输入以下值：抑制 Suppress、S、s、OFF、Off、off、0、计算 Compute，以及 U、u、C、c、ON、On、on、1 等。

电子表格中的列表示在所选特征列表框中已命名的特征。在列中单击右键，然后选择右键菜单中的选项以编辑表。例如，选择【自定义参数列】选项，以便放置 iPart 的设计者指定是计算特征还是抑制特征；选择【删除列】选项可从表中删除列。

3.9 定制特征工作区环境

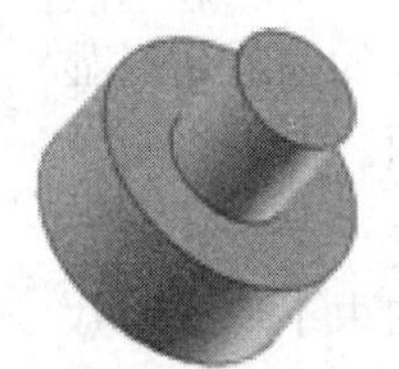

在 Inventor 中，可单击【工具】标签栏中的【应用程序设置】按钮来定制特征环境的工作区域。

在【应用程序选项】对话框中选择【零件】选项卡，如图 3-103 所示。对各个参数含义说明如下：

1）在【新建零件时创建草图】选项组中创建新的零件文件时，设置创建草图的首选项。选择【不新建草图】选项创建零件时，禁用自动创建草图功能。选择【在 X-Y 平面创建草图】选项创建零件时，把 X-Y 面设置为草图平面，后同。

2）【构造】选项组中的【不透明曲面】选项可用于设置所创建的曲面是否透明。在默认的设置下，创建的曲面为半透明，但可以通过选择该选项修改为不透明。

图3-103 【零件】选项卡

3）如果选择【自动隐藏内嵌定位特征】选项，当通过其他定位特征退化时，定位特征将会自动被隐藏。

4）如果选择【自动使用定位特征和曲面特征】选项，浏览器就会更整洁，特征从属项之间的通信也会更有效，但是不能在无共享内容的退化特征之间回退零件结束标记，如在拉伸特征及其退化的草图。取消选择该选项，如果创建了多个工作平面，每个平面都从前一个工作平面偏移（如为放样特征创建草图）。最好取消选择该复选框，自动使用会导致不希望出现的浏览器节点的深度嵌套。

5）【三维夹点】选项组中的【选择时显示夹点】选项可以在选择零件或部件的面或边时显示夹点。当选择优先设置为边和面时，夹点将显示，并可以使用三维夹点编辑面。在夹点上单击将启动【三维夹点】命令。

6）【尺寸约束】选项组可用于指定由三维夹点编辑导致的特征变化与现有约束不一致时尺寸约束如何响应。

- 【永不放宽】选项用于防止在具有线性尺寸或角度尺寸的方向上对特征进行夹点编辑。
- 【在没有表达式的情况下放宽】选项用于防止在由基于等式的线性尺寸或角度尺寸定义的方向上对特征进行夹点编辑，没有等式的尺寸不受影响。
- 【始终放宽】选项用于允许对特征进行夹点编辑，而不考虑是否应用线性尺寸、角度尺寸或基于等式的尺寸。
- 【提示】选项与【始终放宽】类似，但是如果夹点编辑影响尺寸或基于表达式的尺寸，将显示一条警告。接受后，尺寸和等式将被放宽，并且夹点编辑结束后两者将更新为数值。

7）【几何约束】选项组用于指定由三维夹点编辑导致的特征变化与现有约束不一致时几何约束如何响应。

- 【永不打断】选项用于防止约束存在时对特征进行夹点编辑。
- 【始终打断】选项用于断开一个或多个约束，使得即使约束存在时也能够对特征进行夹点编辑。
- 【提示】选项与【始终打断】类似，但是如果夹点编辑将打断一个或多个约束，将显示一条警告。

3.10 实例——参数化齿轮的创建

在本节中，通过齿轮的创建，讲述在 Inventor 中使用参数功能创建零件特征的方法。在本书的第 2 篇中涉及到齿轮零件的创建，读者应该认真学习本节的内容。

齿轮的实例文件位于网盘的“\第 3 章目录下，文件名是参数化齿轮.ipt”。

3.10.1 创建参数和草图

齿轮是通过对其截面轮廓进行拉伸得到的，也是一种基于草图的特征，因此首先进行草图的绘制，其操作步骤如下：

1）运行 Inventor 2018，选择 Standard.ipt 模板，新建一个零件文件，系统同时进入到草图环境中。

2）单击【管理】标签栏【参数】面板中的【参数】工具按钮f_x，弹出【参数】对话框。单击【添加数字】按钮，在【用户参数】一栏中添加用户自定义的参数变量。这里，需要添加四个用户参数，即齿轮齿数 Z、模数 m、压力角 α 和齿厚 L，这是创建尺寸的四个关键要素。同时还要为参数指定数值和单位。这里，取 $Z=31$，$m=3$，$\alpha=20\text{deg}$，$L=10$ mm，此时的【参数】对话框如图 3-104 所示。

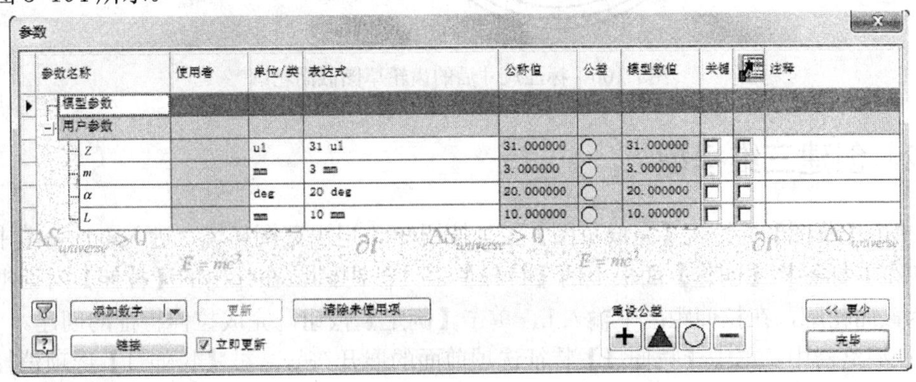

图3-104 【参数】对话框

3）选择【草图】标签栏，利用【绘图】面板中的【圆】、【圆弧】和【直线】工具绘制齿轮的草图截面轮廓。使用【圆心、半径】工具分别绘制齿轮的分度圆、齿顶圆和齿根圆，然后使

用【三点圆弧】和【直线】工具绘制齿轮的齿形截面轮廓，如图 3-105 所示。

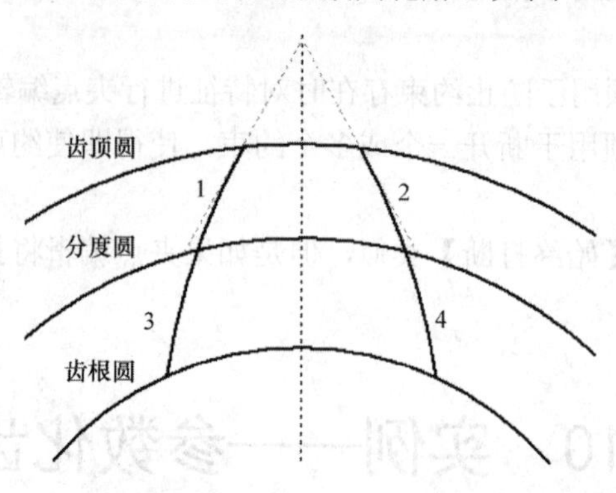

图3-105　绘制齿形截面轮廓

4）单击【草图】标签栏【约束】面板中的【尺寸】工具按钮，为齿轮的草图轮廓添加尺寸约束。注意，这里应该完全根据国标所规定的齿轮标准尺寸进行标注，如分度圆的直径应该是模数×齿数，齿根圆应该是模数×（齿数－2.5）等。在草图绘图区域内单击右键，在弹出的快捷菜单中选择【尺寸显示】选项，在它的子菜单中选择【表达式】选项，这样尺寸就会以表达式的方式显示。标注尺寸后的齿轮草图截面轮廓如图 3-106 所示。

5）单击【草图】标签栏【修改】面板中的【修剪】工具按钮，修剪多余的线段，齿轮草图截面轮廓如图 3-107 所示。

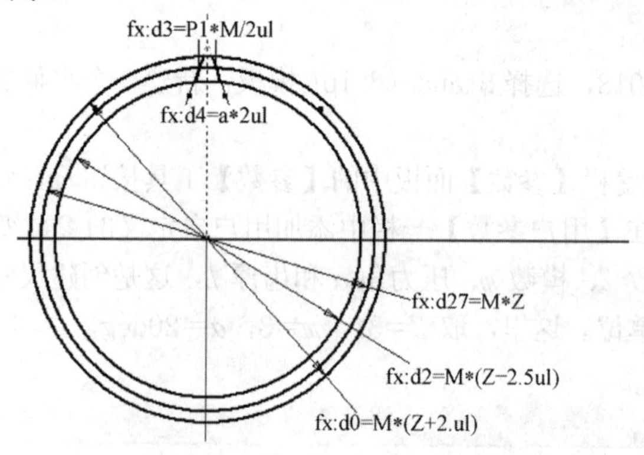

图3-106　标注尺寸后的齿轮草图截面轮廓

3.10.2　创建三维模型

1）单击【草图】标签栏【完成草图】工具按钮，退出草图环境，进入零件环境中。单击【三维模型】标签栏【创建】面板上的【拉伸】工具按钮，在弹出的【拉伸】对话框中选择齿根圆为截面轮廓，在拉伸距离中输入 L，单击【确定】按钮，完成拉伸特征的创建。

2）在浏览器中，单击【拉伸 1】特征选项前面的展开符号，被【拉伸 1】选项消耗的退化的草图将会显示出来，右键单击该草图，在快捷菜单中选择【共享草图】选项，则拉伸 1 的退化的草图会重新显示，虽然现在不是在草图环境，但是还可利用这个草图创建特征。重新编辑一下该草图，使得其截面轮廓如图 3-107 所示。选择【三维模型】标签栏【创建】面板中的【拉伸】工具按钮，选择轮齿的截面轮廓作为轮廓截面，将拉伸的深度设置为 L，拉伸完毕以后隐藏该拉伸特征的草图，拉伸一个轮齿的效果如图 3-108 所示。

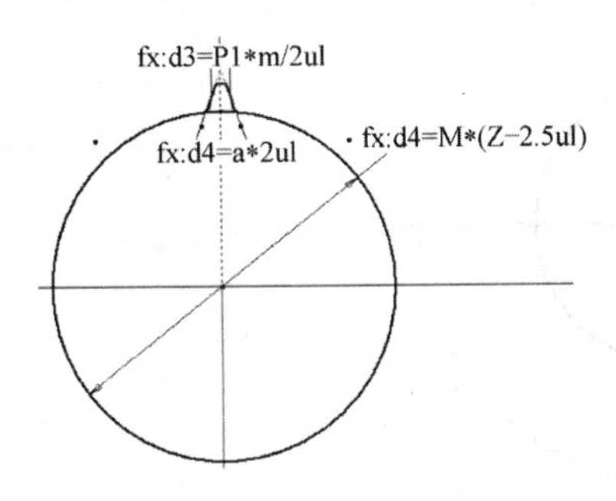

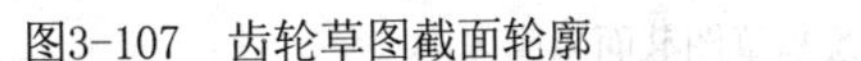
图3-107 齿轮草图截面轮廓

图3-108 拉伸一个轮齿的效果

3）对轮齿进行环形阵列操作。单击【三维模型】标签栏【阵列】面板中的【环形阵列】工具按钮，选择齿轮的齿形作为要阵列的特征，以齿根圆的轴线作为阵列的旋转轴，输入环形阵列特征的个数为 Z，即齿数，阵列角度为 360°。单击【确定】按钮，完成轮齿的环形阵列，如图 3-109 所示。

4）创建齿轮的安装定位特征。首先在齿轮的侧面新建一个草图，绘制如图 3-110 所示的草图截面轮廓，然后以环形为截面轮廓进行拉伸。【拉伸】对话框中的参数设置以及拉伸形成的特征如图 3-111 所示。同理，在另一侧创建安装定位特征。

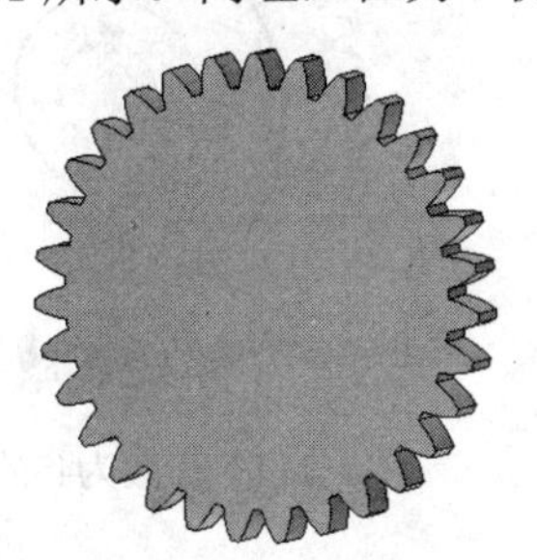
图3-109 环形阵列轮齿

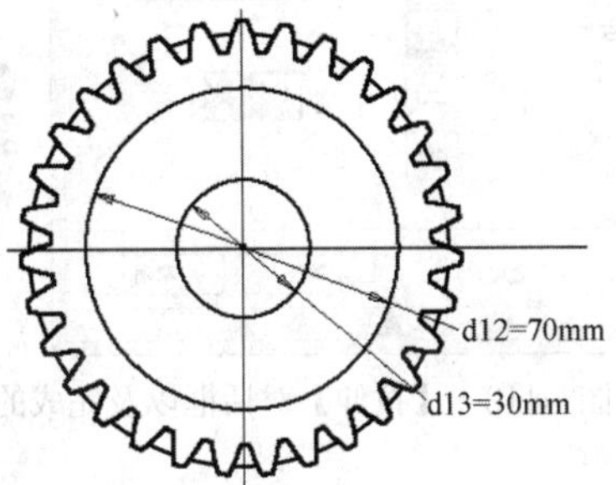

图3-110 绘制草图截面轮廓

5）创建键槽特征。首先在齿轮的中心凸台的表面新建草图，绘制如图 3-112 所示的草图截面轮廓，然后选择【拉伸】工具，以该截面轮廓为拉伸的截面轮廓，【拉伸】对话框以及完成的齿轮如图 3-113 所示。

图3-111 拉伸对话框以及拉伸形成的特征

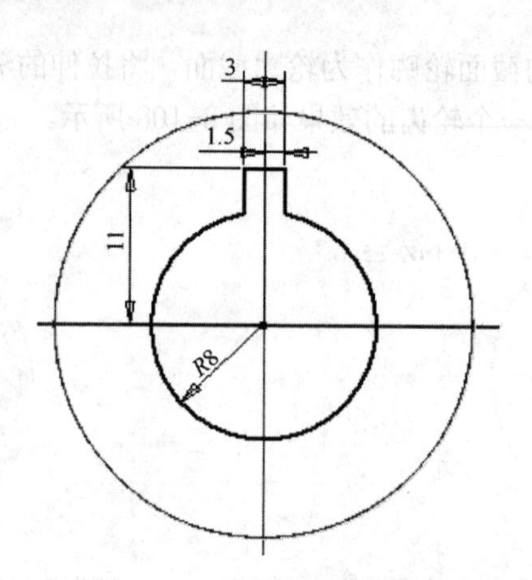

图3-112　绘制草图截面轮廓

齿轮零件已经创建完毕了。用户可把这个零件作为创建其他齿轮零件的一个模板，如果要创建不同模数、齿数和齿厚的齿轮时，可通过在参数表中修改对应的参数，然后对零件进行更新，就可得到想要的齿轮零件。例如，将上面的齿轮的齿数改为 45，则得到如图 3-114 所示的齿轮零件。

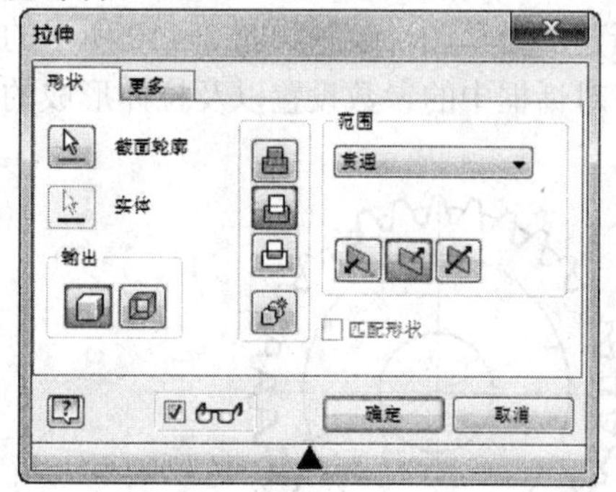

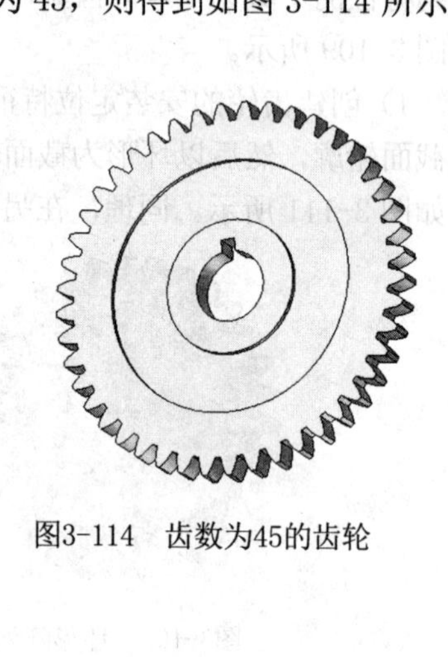

图3-113　【拉伸】对话框以及完成的齿轮

图3-114　齿数为45的齿轮

第 4 章

部件装配

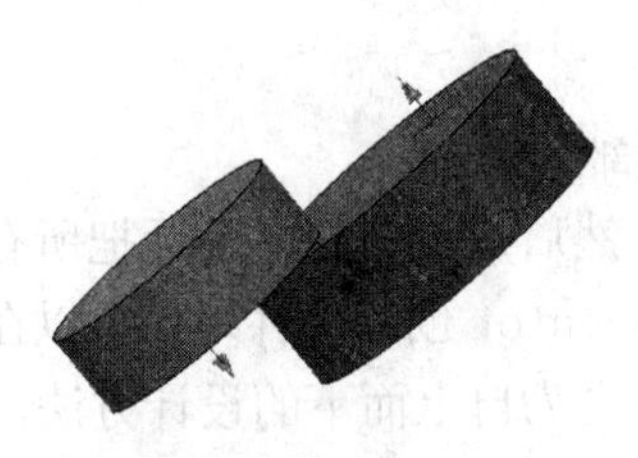
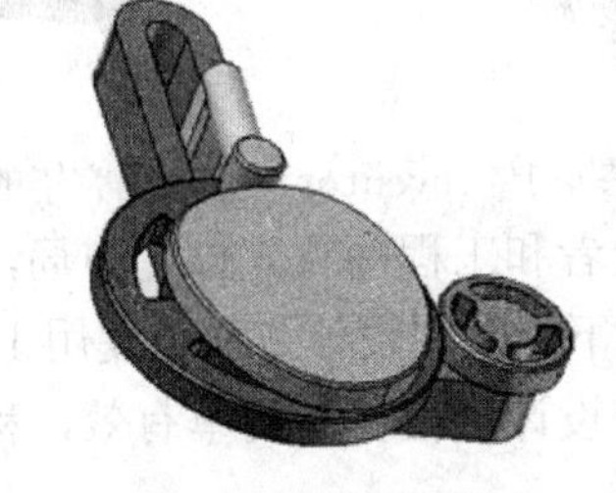
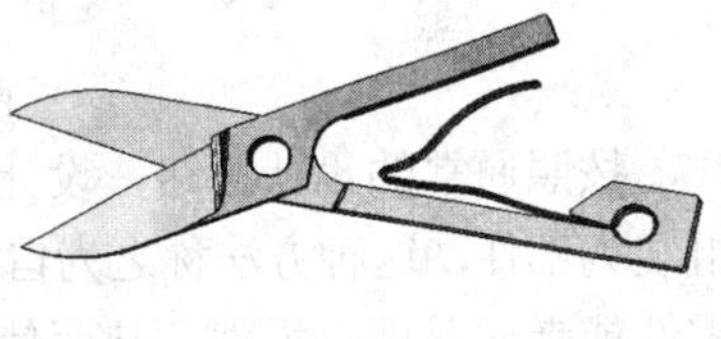

Inventor 提供将单独的零件或者子部件装配成为部件的功能，本章扼要讲述了部件装配的方法和过程。另外，还介绍了零部件的衍生、干涉检查与约束的驱动，iMate 智能装配的基础知识，以及 Inventor 中独有的自适应设计等常用功能。

精彩内容

- 添加和编辑约束
- 衍生零件和部件
- 定制装配工作区环境
- 自适应部件装配范例——剪刀

4.1 Inventor 的部件设计

在 Inventor 中，可以将现有的零件或者部件按照一定的装配约束条件装配成一个的部件，同时这个部件也可以作为子部件装配到其他的部件中，最后零件和子部件构成一个符合设计构想的整体部件。

图4-1 Inventor中的装配完毕的部件

按照通常的设计思路，设计者和工程师首先创建布局，然后设计零件，最后把所有零部件组装为部件，这种方法称之为自下而上的设计方法。使用 Inventor 创建部件时，可以在位创建零件或者放置现有零件，从而使设计过程更加简单有效，称之为自上而下的设计方法。这种自上而下的设计方法的优点是：

1）这种以部件为中心的设计方法支持自上而下、自下而上和混合的设计策略。Inventor 可以在设计过程中的任何环节创建部件，而不是在最后才创建部件。

2）如果用户正在做一个全新的设计方案，可以从一个空的部件开始，然后在具体设计时创建零件。

3）如果要修改部件，可以在位创建新零件，以使它们与现有的零件相配合。对外部零部件所做的更改将自动反映到部件模型和用于说明它们的工程图中。

在 Inventor 中，可以自由的使用自下而上的设计方法、自上而下的设计方法以及二者同时使用的混和设计方法，下面分别简要介绍。

1. 自下而上的设计方法

对于从零件到部件的设计方法，即自下而上的部件设计方法，当进行设计时，需要向部件文件中放置现有的零件和子部件，并通过应用装配约束（如配合和表面齐平约束）将其定位。如果可能，应按照制造过程中的装配顺序放置零部件，除非零部件在它们的零件文件中是以自适应特征创建的，否则它们就有可能无法满足部件设计的要求。

在 Inventor 中，可以在部件中放置零件，然后在部件环境中使用零件自适应功能。当零件的特征被约束到其他的零部件时，在当前设计中零件将自动调整本身大小以适应装配尺寸。如果希望所有欠约束的特征在被装配约束定位时自适应，可以将子部件指定为自适应。如果子部件中的零件被约束到固定几何图元，它的特征将根据需要调整大小。

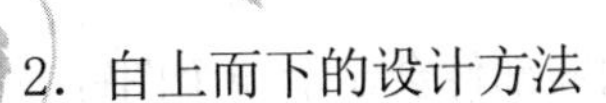

2. 自上而下的设计方法

对于从部件到零件的设计方法，即自上而下的部件设计方法，当用户在进行设计时，会遵循一定的设计标准并创建满足这些标准的零部件。设计者列出已知的参数，并且会创建一个工程布局（贯穿并推进整个设计过程的二维设计）。布局可能包含一些关联项目，例如，部件靠立的墙和底板、从部件设计中传入或接受输出的机械以及其他固定数据。布局中也可以包含其他标准，如机械特征。可以在零件文件中绘制布局，然后将它放置到部件文件中。在设计进程中，草图将不断地生成特征。最终的部件是专门设计用来解决当前设计问题的相关零件的集合体。

3. 混和设计方法

混合部件设计的方法结合了自下而上设计策略和自上而下设计策略的优点。在这种设计思路下，可以知道某些需求，也可以使用一些标准零部件，但还是应当产生满足特定目的的新设计。通常，从一些现有的零部件开始设计所需的其他零件。首先分析设计意图，然后插入或创建固定（基础）零部件。设计部件时，可以添加现有的零部件，或根据需要在位创建新的零部件。这样部件的设计过程就会十分灵活，可以根据具体的情况，选择自下而上还是自上而下的设计方法。

4.2 零部件基础操作

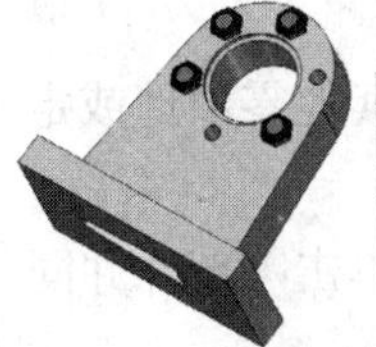

本节讲述如何在部件环境中装入和替换零部件、旋转和移动零部件以及阵列零部件等基本的操作技巧，这些是在部件环境中进行设计的必需技能。

4.2.1 装入和替换零部件

在 Inventor 中，不仅仅可以装入用 Inventor 创建的零部件，还可以输入并使用 SAT、STEP 和 Pro/Engineer 等格式和类型的文件，也可以输入 Mechanical Desktop 零件和部件，其特征将被转换为Inventor特征，或将Mechanical Desktop零件或部件作为零部件放置到Inventor的部件中。输入的各种非 Inventor 格式的文件被认为是一个实体，不能在 Inventor 中编辑其特征，但是可以向作为基础特征的实体添加特征，或创建特征从实体中去除材料。

1. 添加零部件

要在 Inventor 中添加已有的零部件，可以：

1）单击【装配】标签栏【零部件】面板中的【放置】工具按钮，弹出【装入零部件】对话框，用户可以选择需要装入进行装配的零部件。

2）选择完毕后单击该对话框中的【打开】按钮，则选择的零部件会装入到部件文件中。另外，从 Windows 的浏览器中将文件拖放到显示部件装配的图形窗口中，也可以装入零部件。

3）装入完第一个零部件后，单击右键，在弹出的快捷菜单中选择【在原点处固定放置】选项，系统会自动将其固定，即删除该零部件所有的自由度。并且，它的原点及坐标轴与部件的原点及坐标轴完全重合。这样后续零件就可以相对于该零部件进行放置和约束。要恢复零部件的自由度（解除固定），可以在图形窗口或部件浏览器中的零部件引用上单击鼠标右键，然后取消快

捷菜单中【固定】选项旁边的复选标记。在部件浏览器中，固定的零部件会显示一个图钉图标。

4）如果用户需要放置多个同样的零件，可以单击左键，继续装入第二个相同的零件，否则单击右键，在快捷菜单中选择【取消】选项即可。在实际的装配设计过程中，最好按照制造中的装配顺序来装入零部件，因为这样可以尽量与真实的装配过程吻合，如果出现问题，也可以尽快找到原因。

2. 替换零部件

在设计过程中，可能需要根据设计的需要替换部件中的某个零部件。要替换零部件，可以：

1）单击【装配】标签栏【零部件】面板中的【替换】工具按钮，单击该按钮后，需要在绘图区域内选择要替换的零部件。

2）打开选择文件的【打开】对话框，可以自行选择用来替换原来零部件的新零部件即可。

3）新的零部件或零部件的所有引用被放置在与原始零部件相同的位置，替换零部件的原点与被替换零部件的原点重合。如果可能，装配约束将被保留。

4）如果替换零部件具有与原始零部件不同的形状，原始零部件的所有装配约束都将丢失。必须添加新的装配约束以正确定位零部件。如果装入的零件为原始零件的继承零件（包含编辑内容的零件副本），则替换时约束不会丢失。

4.2.2 旋转和移动零部件

约束零部件时，可能需要暂时移动或旋转约束的零部件，以便更好地查看其他零部件或定位某个零部件以便于放置约束。要移动零部件，可以：

1）单击【装配】标签栏【位置】面板中的【自由移动】工具按钮，然后单击零部件并同时拖动鼠标即可拖动。

2）要旋转零部件，可以选择【装配】标签栏【位置】面板中的【自由旋转】工具按钮，在要旋转的零部件上单击左键，出现三维旋转符号。

- 要进行自由旋转，请在三维旋转符号内单击鼠标，并拖动到要查看的方向。
- 要围绕水平轴旋转，可以单击三维旋转符号的顶部或底部控制点并竖直拖动。
- 要围绕竖直轴旋转，可以单击三维旋转符号的左边或右边控制点并水平拖动。
- 要平行于屏幕旋转，可以在三维旋转符号的边缘上移动，直到符号变为圆，然后单击边框并在环形方向拖动。
- 要改变旋转中心，可以在边缘内部或外部单击鼠标以设置新的旋转中心。

当旋转或移动零部件时，将暂时忽略零部件的约束。当单击工具栏中的【更新】按钮更新部件时，将恢复由零部件约束确定的零部件的位置。如果零部件没有约束或固定的零部件位置，则它将重新定位到移动或者旋转到的新位置。对于固定的零部件来说，旋转将忽略其固定位置，零部件仍被固定，但它的位置被旋转了。

4.2.3 镜像和阵列零部件

在零件环境中可以阵列和镜像特征，在部件环境中也可以阵列和镜像零部件。通过阵列、镜像零部件，可以减少不必要的重复设计的工作量，提高工作效率。镜像和阵列零部件分别如图 4-2 和图 4-3 所示。

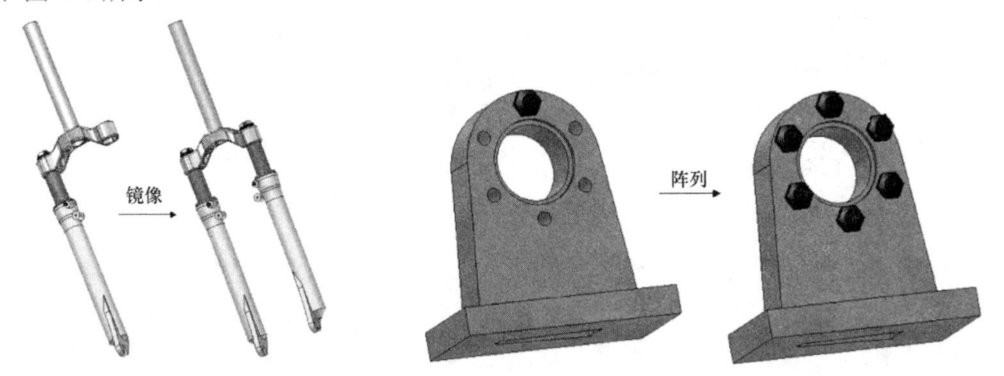

图4-2　镜像零部件　　　　图4-3　阵列零部件

1．镜像

1）单击【装配】标签栏【阵列】面板中的【镜像】按钮，弹出【镜像零部件：状态】对话框，如图 4-4 所示。

2）选择【镜像平面】选项，可以将工作平面或零件上的已有平面指定为镜像平面。

3）选择需要进行镜像的零部件，选择后在白色窗口中会显示已经选择的零部件。该窗口中零部件的前面会有各种状态标志，如、等，单击这些状态标志则改变，如单击状态则变成状态，再次单击变成状态等。这些状态符号表示了如何创建所选零部件的引用。

- 状态表示在新部件文件中创建镜像的引用，引用和源零部件关于镜像平面对称，如图 4-5 所示。

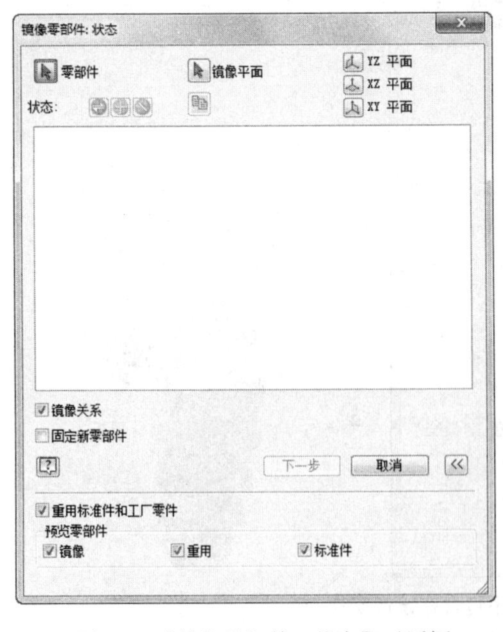

图4-4　【镜像零部件：状态】对话框

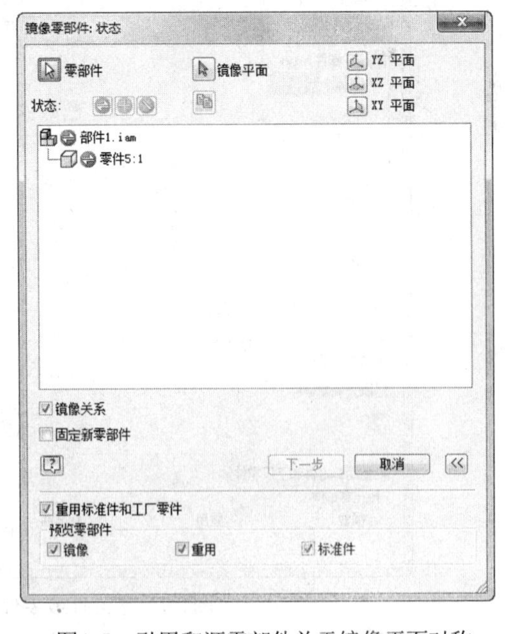

图4-5　引用和源零部件关于镜像平面对称

- 状态表示在当前或新部件文件中创建重复使用的新引用，引用将围绕最靠近镜像平

面的轴旋转，并相对于镜像平面放置在相对的位置，如图 4-6 所示。

● 状态表示子部件或零件不包含在镜像操作中，如图 4-7 所示。

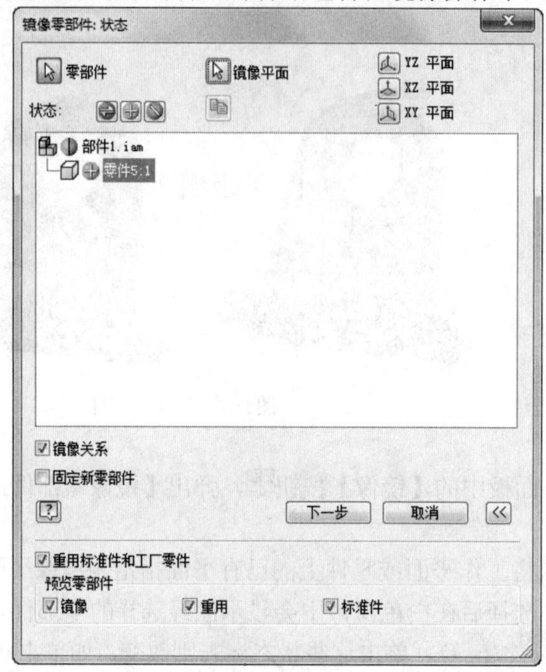

图4-6　创建重复使用的新引用

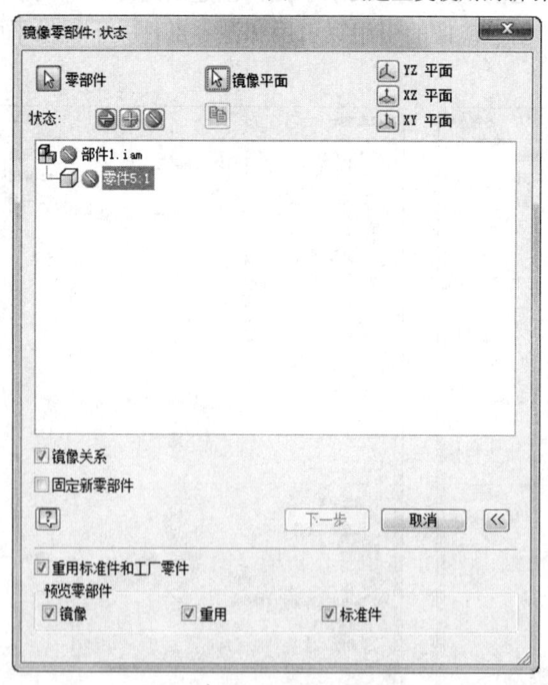

图4-7　子部件或零件不包含在镜像操作中

● 如果部件包含重复使用的和排除的零部件，或者重复使用的子部件不完整，则显示图标。该图标不会出现在零件图标左侧，仅出现在部件图标左侧。

4）选择【重用标准件和工厂零件】复选框可以限制库零部件的镜像状态。在【预览零部件】选项中，选择某个复选框则可以在图形窗口中以幻影色显示镜像的与选择项类型一致的零部件的状态。

5）每一个 Inventor 的零部件都将作为一个新的文件保存在硬盘中，所以此时将打开图 4-8 所示的【镜像副本：文件名】对话框以设置保存镜像零部件文件。用户可以单击显示在窗口中的副本文件名以重新命名该文件。

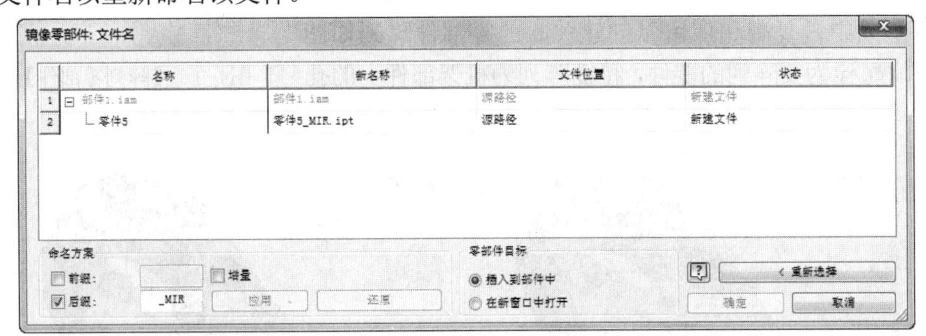

图4-8 【镜像副本：文件名】对话框

在【命名方案】选项组中，用户可以指定前缀或后缀（默认值为 _MIR）来重命名【名称】列中选定的零部件。选择【增量】选项则可以用依次递增的数字来命名文件。

在【零部件目标】选项组中，用户可以指定部件结构中镜像零部件的目标，选择【插入到部件中】选项，则将所有新部件作为同级零部件放到顶层部件中；选择【在新窗口中打开】选项，则在新窗口中打开包含所有镜像部件的新部件。

6）单击【确定】按钮以完成零部件的镜像。

对零部件进行镜像复制需要注意以下事项：

1）生成的镜像零部件并不关联，因此如果修改原始零部件，它并不会更新。

2）装配特征（包含工作平面）不会从源部件复制到镜像的部件中。

3）焊接特征不会从源部件复制到镜像的部件中。

4）零部件阵列中包含的特征将作为单个元素（而不是作为阵列）被复制。

5）镜像的部件使用与原始部件相同的设计视图。

6）仅当镜像或重复使用约束关系中的两个引用时，才会保留约束关系。如果仅镜像其中一个引用，则不会保留。

7）镜像的部件中维护了零件或子部件中的工作平面间的约束；如果有必要，则必须重新创建零件和子部件间的工作平面以及部件的基准工作平面。

2. 阵列

在 Inventor 中，可以在部件中将零部件排列为矩形或环形。使用零部件阵列可以提高生产率，并且可以更有效地实现用户的设计意图。例如，用户可能需要放置多个螺栓以便将一个零部件固定到另一个零部件上，或者将多个零件或子部件装入一个复杂的部件中。在零件环境中已经介绍了关于阵列特征的内容，在部件环境中的阵列操作与其类似，这里仅重点介绍不同点。

（1）创建阵列　要创建零部件的阵列，可以选择【管理】标签栏【阵列】面板中的【阵列】工具按钮，弹出【阵列零部件】对话框，如图 4-9 所示。有三种创建阵列的方法：

1）可以创建关联的零部件阵列，这是默认的阵列创建方式，如图 4-9 所示。

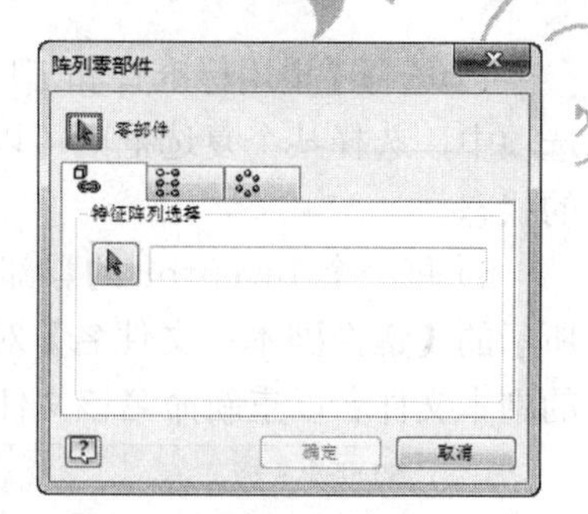

图4-9 【阵列零部件】对话框

首先选择要阵列的零部件，然后在【特征阵列选择】列表框中选择特征阵列，则需进行阵列的零部件将参照特征阵列的放置位置和间距进行阵列。对特征阵列的修改将自动更新部件阵列中零部件的数量和间距，同时与阵列的零部件相关联的约束在部件阵列中被复制和保留。创建关联的零部件阵列如图 4-10 所示。螺栓为要阵列的零件，特征阵列为机架部件上的孔阵列。

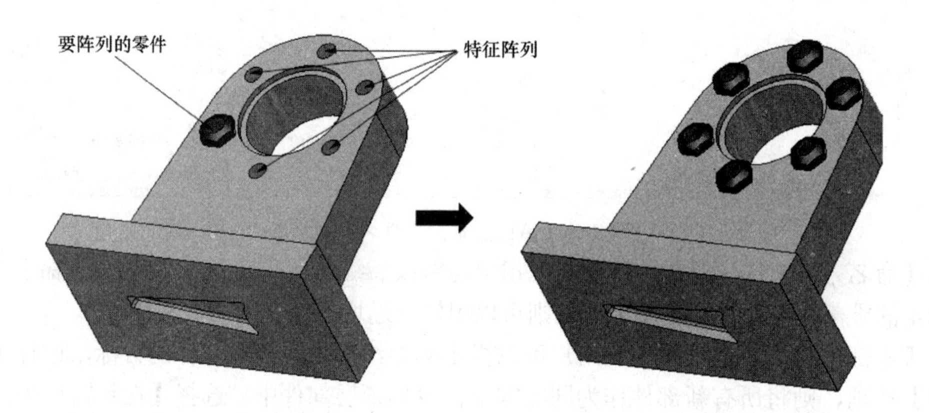

图4-10 创建关联的零部件阵列

2）矩形阵列。需要选择【阵列零部件】对话框中的【矩形】选项卡，如图 4-11 所示。依次选择要阵列的特征、矩形阵列的两个方向、副本在两个方向上的数量和距离即可。

3）环形阵列，需要选择【阵列零部件】面板上的【环形】选项卡，如图 4-12 所示。依次选择要阵列的特征、环形阵列的旋转轴、副本的数量和副本之间的角度即可。

图4-11 【矩形】阵列选项卡

图4-12 【环形】阵列选项卡

（2）阵列元素的抑制　在进行各种阵列操作时，如果阵列产生的个别元素与别的零部件（如与阵列冲突的杆、槽口、紧固件或其他几何图元）发生干涉，可以抑制一个或多个装配阵列元素。被抑制的阵列元素不会在图形窗口中显示，并且当部件更新时不会重新计算。其他几何图元可以占据被抑制元素相同的位置而不会发生干涉。要抑制某一个元素，可以在浏览器中选择该元素，单击右键，在弹出的快捷菜单中选择【抑制】选项即可。图 4-13 所示为抑制了两个阵列元素。如果要取消某个元素的抑制，同样在快捷菜单中取消【抑制】选项前面的勾号即可。

（3）阵列元素的独立　默认情况下，所有创建的非源阵列元素与源零部件是关联的。如果修改了源零部件的特征，则所有的阵列元素也随之改变，但是也可以选择打断这种关联，使得阵列元素独立于源零部件。要使得某个非源阵列元素独立，可以在浏览器中选择一个或多个非源阵列元素，单击鼠标右键并选择快捷菜单中的【独立】选项以打断阵列链接。当阵列元素独立时，所选阵列元素将被抑制，元素中包含的每个零部件引用的副本都放置在与被抑制元素相同的位置和方向上，新的零部件在浏览器装配层次的底部独立列出，浏览器中的符号×指示阵列链接被打断，如图 4-14 所示。

图4-13　抑制两个阵列元素

图4-14　阵列链接被打断

4.2.4　零部件拉伸、打孔和倒角

在部件环境中，【三维模型】标签栏中也提供了拉伸、孔和倒角工具，即用户现在可以在部件环境下直接对子零部件进行编辑。其中，拉伸和打孔依然是基于草图的特征，如果想在部件环境下进行拉伸，必须进入到单个零件编辑环境下，建立草图特征，再进行拉伸和打孔。倒角是典型的放置特征，无须建立草图，可以直接在部件环境中对任何零件进行倒角操作。拉伸、打孔和倒角的有关操作已经在前面的章节中有所讲述，在此不再浪费篇幅详细讲述。

4.3　添加和编辑约束

本节主要关注如何正确使用装配约束来装配零部件。

除了添加装配约束以组合零部件以外，Inventor 还可以添加运动约束以驱动部件的转动部分转动，以方便进行部件运动动态的观察，甚至可以录制部件运动的动画视频文件；还可以添加过渡约束，使得零部件之间的某些曲面始终保持一定的关系。

在部件文件中装入或创建零部件后，可以使用装配约束建立部件中零部件的方向，并模拟零部件之间的机械关系。例如，可以使两个平面配合，将两个零件上的圆柱特征指定为保持同

心关系，或约束一个零部件上的球面，使其与另一个零部件上的平面保持相切关系。装配约束决定了部件中的零部件如何配合在一起。当应用了约束，就删除了自由度，限制了零部件移动的方式。

装配约束不仅仅是将零部件组合在一起，正确应用装配约束还可以为Inventor提供执行干涉检查、冲突和接触动态及分析，以及质量特性计算所需的信息。当正确应用约束时，可以驱动基本约束的值并查看部件中零部件的移动，关于驱动约束的问题将在后面章节中讲述。

4.3.1 配合约束

配合约束将零部件面对面放置，或使这些零部件表面齐平相邻，该约束将删除平面之间的一个线性平移自由度和两个角度旋转自由度。

配合约束有两种类型，一是配合，互相垂直地相对放置选择的面，使面重合，如图4-15所示。二是对齐，用来对齐相邻的零部件，可以通过选择的面、线或点来对齐零部件，使其表面法线指向相同方向，如图4-16所示。

图4-15　配合约束

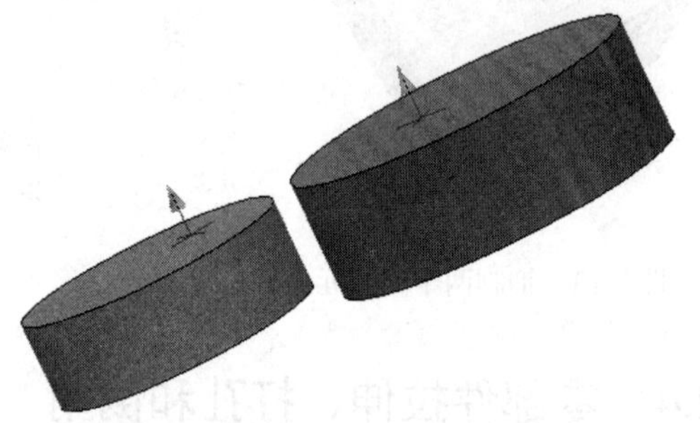

图4-16　对齐约束

要在两个零部件之间创建配合约束，可以：

1）单击【装配】标签栏【位置】面板中的【约束】工具按钮，弹出【放置约束】对话框，如图4-17所示。

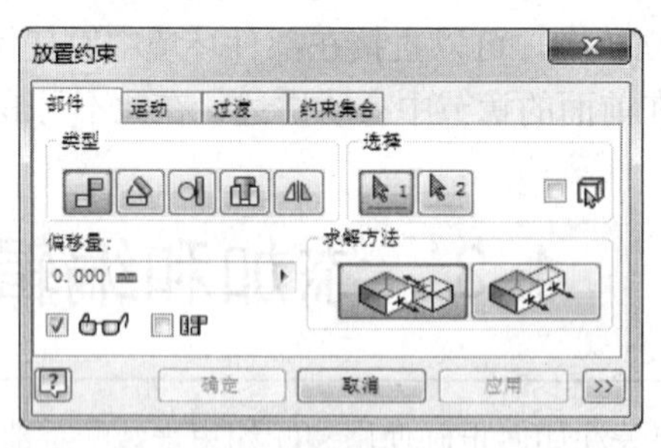

图4-17　【放置约束】对话框

2）选择【类型】选项组中的【配合】选项，然后单击的【选择】选项组中的两个红色箭头，分别选择配合的两个平面、曲线、平面、边或点。

3）如果选择了【先单击零件】选项，则将可选几何图元限制为单一零部件。这个功能适合在零部件处于紧密接近或部分相互遮挡时使用。

4）【偏移量】选项用来指定零部件相互之间偏移的距离。

5）在【求解方法】选项组中，可以选择配合的方式，即配合或者表面齐平。

6）可以通过选择【显示预览】选项来预览装配后的图形。

7）通过选择【预计偏移量和方向】选项，在装配时由系统自动预测合适的装配偏移量和偏移方向。

8）单击【确定】按钮以完成配合装配。

4.3.2 角度约束

对准角度约束可以使零部件的上平面或者边线按照一定的角度放置，该约束删除平面之间的一个旋转自由度或两个角度旋转自由度。

有两种对准角度的约束方法，一是定向角度方式，它始终适用于右手规则，即右手的拇指外的四指指向旋转的方向，拇指指向为旋转轴的正向。当设定了一个对准角度后，需要对准角度的零件总是沿一个方向旋转，即旋转轴的正向。二是非定向角度方式，它是默认的方式，在该方式下可以选择任意一种旋转方式。如果解出的位置近似于上次计算出的位置，则自动应用左手定则。典型的对准角度约束如图 4-18 所示。

要在两个零部件之间创建角度约束，可以：

1）单击【装配】标签栏【位置】面板中的【约束】工具按钮，弹出【放置约束】对话框，如图 4-17 所示。

2）选择【类型】选项组中的【角度】选项，对话框中弹出的【角度】选项如图 4-19 所示。

3）与添加【配合】约束一样，首先选择面或者边，然后指定面或者边之间的夹角，选择对准角度的方式等。

4）单击【确定】按钮，完成对准角度约束的创建。

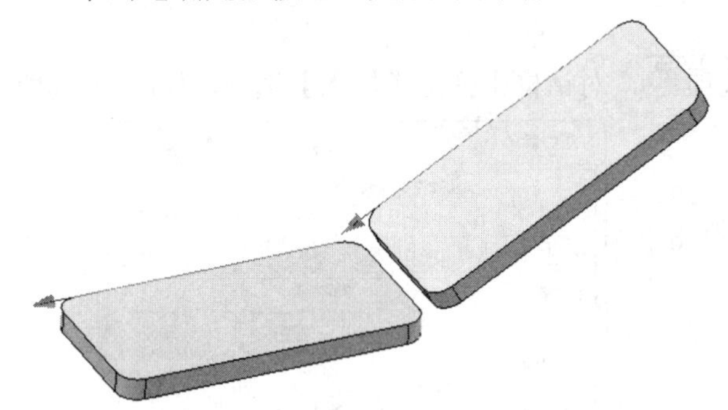

图4-18 典型的对准角度约束

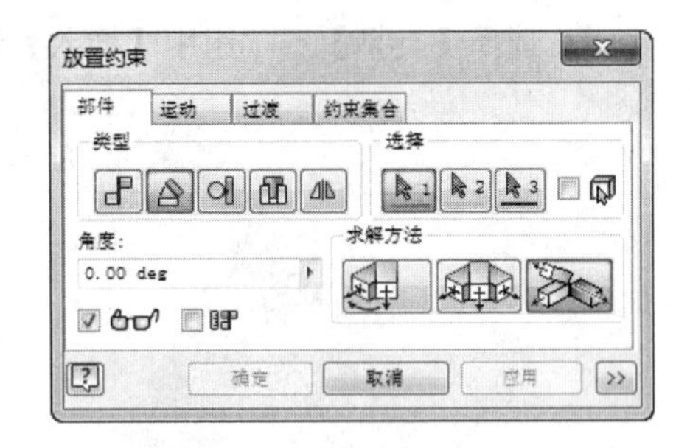

图4-19 【角度】选项

4.3.3 相切约束

相切约束用于定位面、平面、圆柱面、球面、圆锥面与规则的样条曲线在相切点处相切，相切约束将删除线性平移的一个自由度，或在圆柱和平面之间删除一个线性自由度和一个旋转自由度。相切约束有两种方式，即内切和外切，如图 4-20 所示。

要在两个零部件之间创建相切约束，可以：

1）单击【装配】标签栏【位置】面板中的【约束】工具按钮，弹出的【放置约束】对话框，如图 4-17 所示。

2）选择【类型】选项组中的【相切】选项，弹出的【相切】选项如图 4-21 所示。

3）依次选择相切的面、曲线、平面或点，指定偏移量，选择内切或者外切的相切方式。

4）单击【确定】按钮，即可完成相切约束的创建。

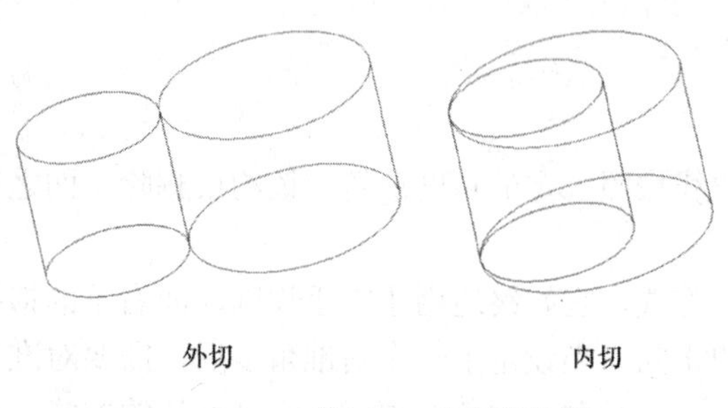

图4-20　内切和外切

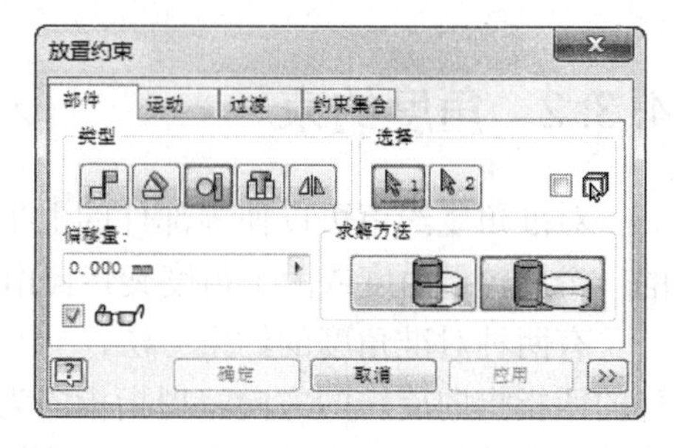

图4-21　【相切】选项

4.3.4　插入约束

插入约束是平面之间的面对面配合约束与两个零部件轴之间的配合约束的组合，它将配合约束放置于所选面之间，同时将圆柱体沿轴向同轴放置。插入约束保留了旋转自由度，平动自由度将被删除。插入约束可用于在孔中放置螺栓杆部，杆部与孔对齐、螺栓头部与平面配合等。典型的插入约束如图 4-22 所示。

要在两个零部件之间创建插入约束，可以：

1）单击【装配】标签栏【位置】面板中的【约束】工具按钮，弹出【放置约束】对话框，如图 4-17 所示。

2）选择【类型】选项组中【插入】选项，对话框中弹出【插入】选项，如图 4-23 所示。

图4-22　典型的插入约束

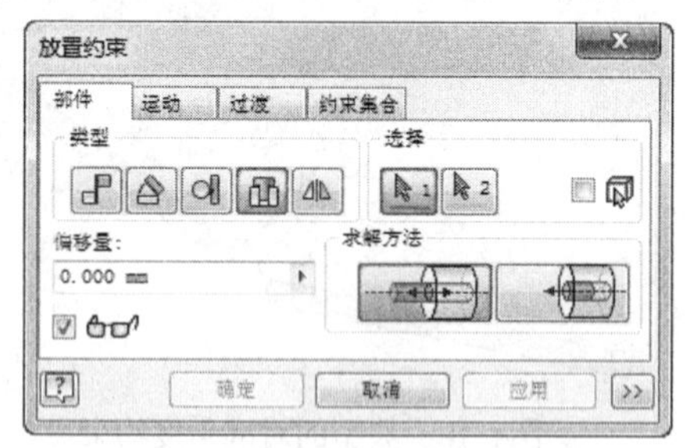

图4-23　【插入】选项

3）依次选择装配的两个零件的面或平面，指定偏移量，选择插入方式。选择【反向】选项则使第一个选择的零部件的配合方向反向，选择【对齐】选项将使第二个选择的零部件的配合方向反向。

4）单击【确定】按钮，完成插入约束的创建。

这里再次强调一下，插入装配不仅仅约束同轴，还约束表面的平齐，图 4-24 所示为在装配表面选择不同时，最终的装配结果会截然不同。

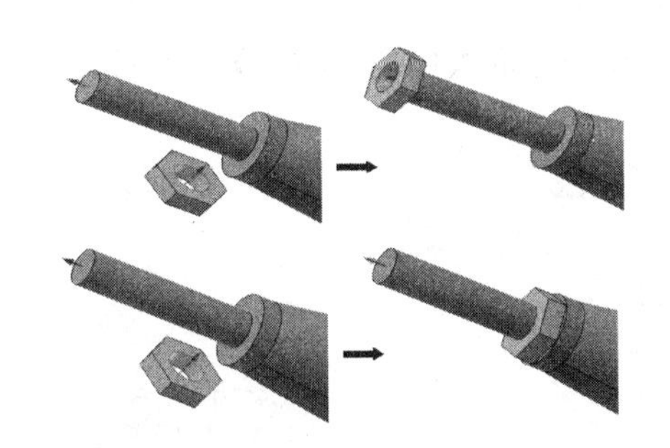

图4-24　装配表面选择不同导致不同的装配结果

4.3.5　对称约束

对称约束根据平面或平整面对称地放置两个对象，如图 4-25 所示。

创建对称约束的操作步骤如下：

1）单击【装配】标签栏【位置】面板中的【约束】工具按钮，弹出【放置约束】对话框，如图 4-17 所示。

2）选择【类型】选项组中【对称】选项，对话框中弹出【对称】选项，如图 4-26 所示。

3）依次选择装配的两个零件，然后选择对称面。

4）单击【确定】按钮，完成对称约束的创建。

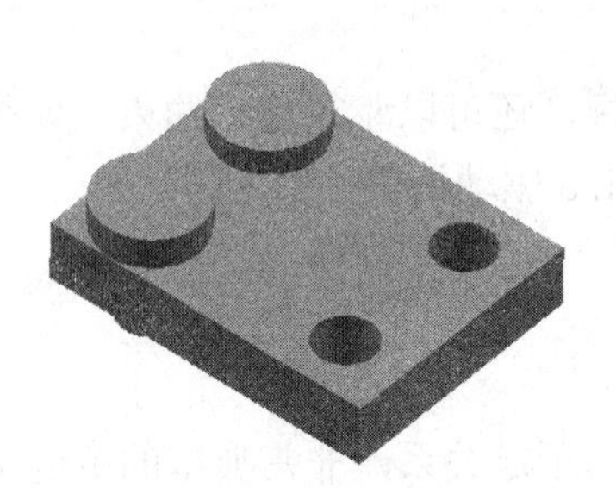

图4-25　对称约束

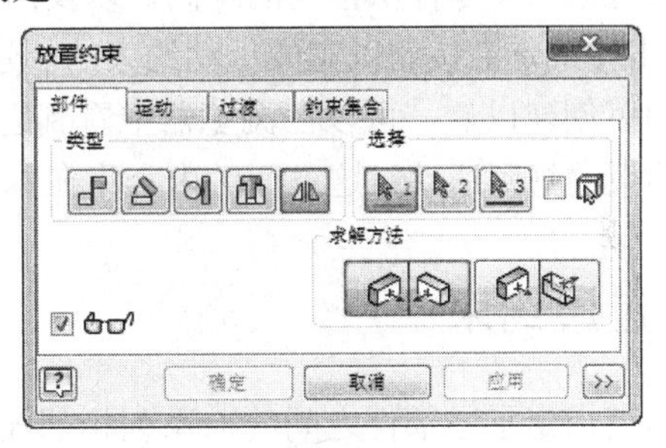

图4-26　【对称】选项

4.3.6　运动约束

在 Inventor 中，还可以向部件中的零部件添加运动约束。运动约束用于驱动齿轮、带轮、齿条与齿轮以及其他设备的运动。可以在两个或多个零部件间应用运动约束，通过驱动一个零部件使其他零部件做相应的运动。

运动约束指定了零部件之间的预定运动，因为它们只在剩余自由度上运转，所以不会与位置约束冲突、不会调整自适应零件的大小或移动固定零部件。重要的一点是，运动约束不会保持零部件之间的位置关系，所以在应用运动约束前，应首先完全约束零部件，然后可以抑制限制要驱动的零部件的运动约束。

要为零部件创建运动约束，可以：

1）单击【装配】标签栏【位置】面板中的【约束】工具按钮，弹出【放置约束】对话框，选择【运动】选项卡，如图 4-27 所示。

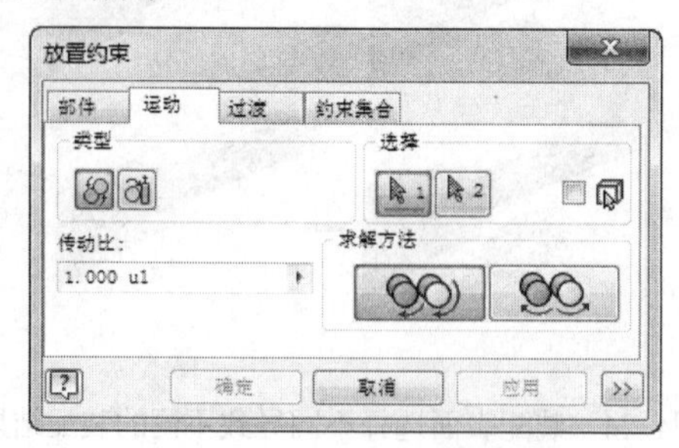

图4-27　【运动】选项卡

2）选择运动的类型。在 Inventor 2018 中可以选择两种运动类型：

①【转动】运动：指定了选择的第一个零件按指定传动比相对于另一个零件转动，典型的使用是齿轮和滑轮。

②【转动-平动】运动：指定了选择的第一个零件按指定距离相对于另一个零件的平动而转动，典型的使用是齿条与齿轮运动。

3）指定了运动类型后，选择要约束到一起的零部件上的几何图元，可以指定一个或更多的曲面、平面或点，以定义零部件如何固定在一起。

4）指定转动运动类型下的传动比，指定转动-平动类型下的距离，即指定相对于第一个零件旋转一次时第二个零件所移动的距离，以及两种运动类型下的运动方式。

5）单击【确定】按钮以完成运动约束的创建。

运动约束创建以后，可以在浏览器中看到它的图标，还可以驱动运动约束，使得约束的零部件按照约束的规则运动，这方面的内容将在本章 4.4.3 驱动约束小节中讲述。

4.3.7　过渡约束

过渡约束指定了零部件之间的一系列相邻面之间的预定关系，非常典型的范例是插槽中的凸轮，如图 4-28 所示。当零部件沿着开放的自由度滑动时，过渡约束会保持面与面之间的接触。如在图 4-28 中，当凸轮在插槽中移动时，凸轮的表面一直与插槽的表面接触。

要为零部件创建过渡约束，可以单击【装配】标签栏【位置】面板中的【约束】工具按钮，弹出【放置约束】对话框，选择【过渡】选项卡，如图 4-29 所示。分别选择要约束在一起的两个零部件的表面，第一次选择移动面，第二次选择过渡面，然后单击【确定】按钮，即可完成过渡约束的创建。

4.3.8　编辑约束

当装配约束不符合实际的设计要求时，就需要更改，在 Inventor 中可以快速地修改装配约束。首先选择浏览器中的某个装配约束，单击右键，在弹出的快捷菜单中选择【编辑】选项，弹出如图 4-30 所示的【放置约束】对话框。用户可以通过重新定义装配约束的每一个要素来进行对应的修改，如重新选择零部件、重新定义运动方式和偏移量等。

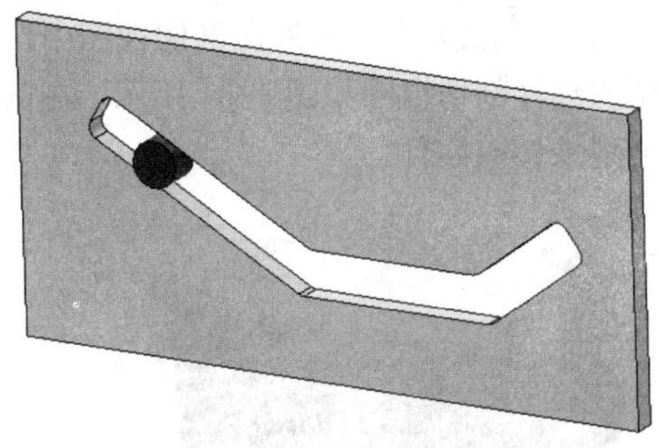

图4-28　过渡约束范例

图4-29　【过渡】选项卡

1）如果要快速地修改装配约束的偏移量，可以选择快捷菜单中的【修改】选项，弹出【编辑尺寸】对话框，用户可以输入新的偏移量数值即可。

2）如果要使某个约束不再有效，可以选择快捷菜单中的【抑制】选项，此时装配约束被抑制，浏览器中的装配图标变成灰色。要解除抑制，可以再次选择快捷菜单中的【抑制】选项将其前面的勾号去除即可。

3）如果约束策略或设计需求改变，也可以删除某个约束，以解除约束或者添加新的约束。选择快捷菜单中的【删除】选项，即可将约束完全删除。

4）也可以重命名装配约束，选择对应的约束，然后再单击该约束，即可以进行重命名。在实际的设计应用中，可以给约束取一个易于辨别和查找的名称，以防止部件中存在大量的装配约束时无法快速查找约束。

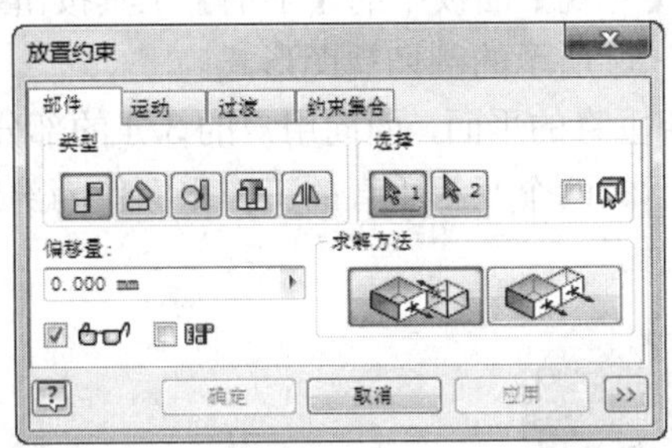

图4-30　【放置约束】对话框

4.4　观察和分析部件

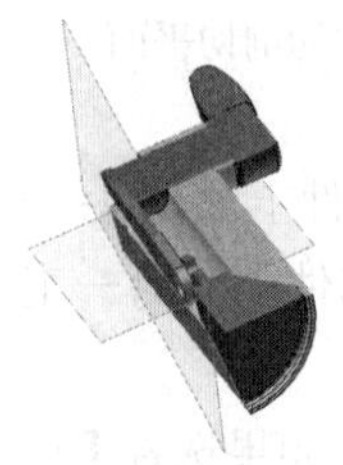

在 Inventor 中，可以利用它提供的工具方便地观察和分析零部件，如创建各个方向的剖视图以观察部件的装配是否合理；可以分析零件的装配干涉以修正错误的装配关系；还可以驱动运动约束使零部件发生运动，可以更加直观地观察部件的装配是否可以达到预定的要求等。

4.4.1 部件剖视图

部件的剖视图可以帮助用户更加清楚地了解部件的装配关系，因为在剖切视图中，腔体内部或被其他零部件遮挡的部件部分完全可见。典型的部件剖切视图如图 4-31 所示。在剖切部件时，仍然可以使用零件和部件工具在部件环境中创建或修改零件。

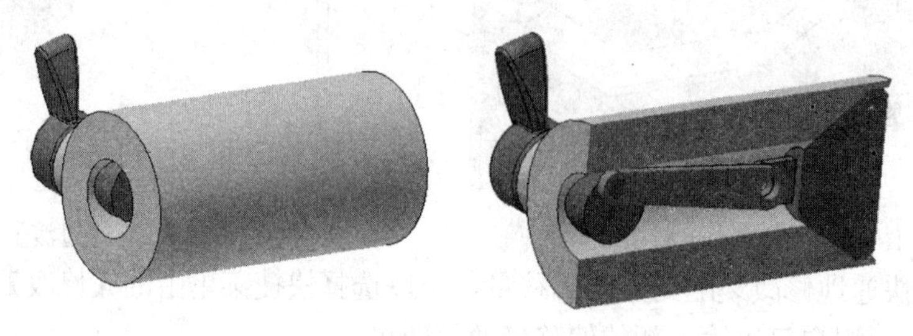

图4-31 典型的部件剖切视图

要在部件环境中创建剖切视图，可以选择【视图】标签栏【外观】面板中的【剖切】工具按钮，可以看到有四种剖切方式，即【不剖切】、【1/4 剖】、【半剖】和【3/4 剖】。下面以半剖和 1/4 剖为例，说明在部件环境中进行剖切的方法。

1）进行部件剖切的首要工作是选择剖切平面，在图 4-31 所示的装配部件中，因为没有现成的平面可以让我们对其进行半剖切，所以需要创建一个工作平面。选择图 4-32 所示的位置创建一个工作平面，以该平面为剖切平面可以恰好使得部件的圆柱形外壳被半剖。

2）选择【视图】标签栏【外观】面板中的【半剖】工具按钮，用鼠标左键选择创建的工作平面，部件被剖切成如图 4-32 所示的剖切视图形式。

3）1/4 剖切需要两个互相垂直的平面，面向用户的 3/4 的部分被删除。在图 4-31 所示的部件中，需要创建如图 4-33 所示的两个互相垂直的工作平面作为剖切平面。

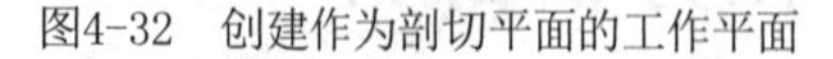

图4-32 创建作为剖切平面的工作平面

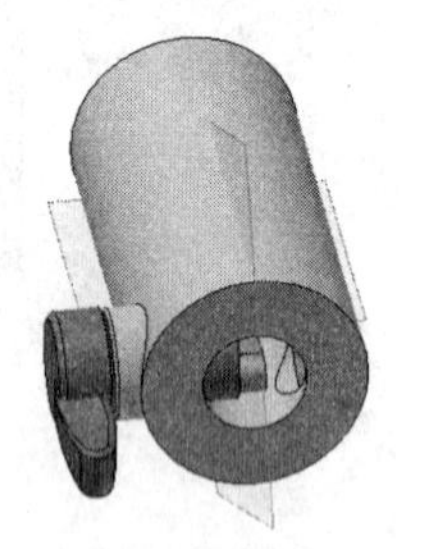

图4-33 两个互相垂直的工作平面作为剖切平面

4）选择【视图】标签栏【外观】面板中的【1/4 剖切】工具按钮，再选择部件上如图 4-33 所示的两个互相垂直的工作平面中的任一工作平面，单击按钮，然后再选择部件上的另一工作平面，单击按钮，则部件被剖切成如图 4-34 所示的形状。

5）在部件上单击右键，可以看到快捷菜单中有【反向剖切】、【3/4 剖】选项。如果选择【反向剖切】选项，则可以显示在相反方向上进行剖切的效果。图 4-34 所示的 1/4 剖切如果选择【反

向剖切】选项，剖切效果如图 4-35 所示。

6）需要注意的是，如果不断地选择【反向剖切】选项，则部件的每一个剖切部分都会依次成为剖切效果。如果选择快捷菜单中的【3/4 剖切】选项，则部件被 1/4 剖切后的剩余部分，即部件的 3/4 将成为剖切效果显示。如果在图 4-34 所示的剖切中选择【3/4 剖】选项，剖切效果如图 4-36 所示。同样，在 3/4 剖的快捷菜单中也会出现【1/4 剖】选项，作用与此相反。

7）如果要恢复部件的完整形式，即不剖切形式，可以选择【视图】标签栏【外观】面板中的【退出剖视图】工具按钮。

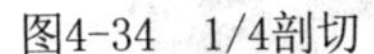

图4-34　1/4剖切

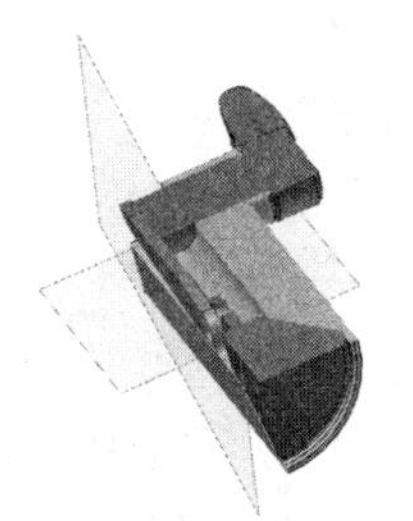

图4-35　1/4反向剖切效果

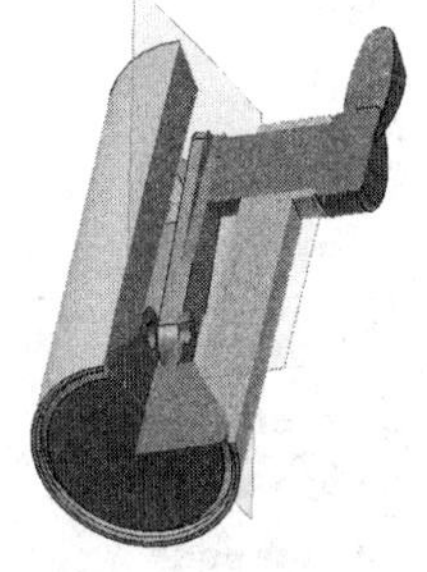

图4-36　3/4剖切效果

4.4.2　干涉检查（过盈检查）

在部件中，如果两个零件同时占据了相同的空间，则称部件发生了干涉。Inventor 的装配功能本身不提供智能检测干涉的功能，即如果装配关系使得某个零部件发生了干涉，那么也会按照约束照常装配，不会提示用户或者自动更改。所以，Inventor 在装配之外提供了干涉检查的工具，利用这个工具可以很方便地检查到两组零部件之间以及一组零部件内部的干涉部分，并且将干涉部分暂时显示为红色实体，以方便用户观察；同时还会给出干涉报告，列出干涉的零件或者子部件，显示干涉信息，如干涉部分的形心坐标，干涉的体积等。

要检查一组零部件内部或者两组零部件之间的干涉，可以：

1）选择【检验】标签栏【干涉】面板中的【干涉检查】选项，弹出如图 4-37 所示的【干涉检查】对话框。

2）如果要检查一组零部件之间的干涉，可以单击【定义选择集 1】按钮前的箭头按钮，然后选择一组部件，单击【确定】按钮，显示检查结果。

3）如果要检查两组零部件之间的干涉，就要分别在【干涉检查】对话框中选择【定义选择集 1】和【定义选择集 2】，即要检查干涉的两组零部件，单击【确定】按钮，显示检查结果。

4）如果检查不到任何的干涉存在，则弹出对话框显示【没有检测到干涉】，说明部件中没有干涉存在，否则会弹出【检测到干涉】对话框。

在图 4-38 所示的零件中，分别选择手柄连杆组和齿轮凸轮轴组作为要检查干涉的零部件，对其进行干涉检查，检查结果如图 4-39 所示。从图中可以看出，干涉部分以红色显示，且显示为实体；在【检测到干涉】对话框中显示发生干涉的零部件名称，干涉部分的形心坐标和体积等物理信息。

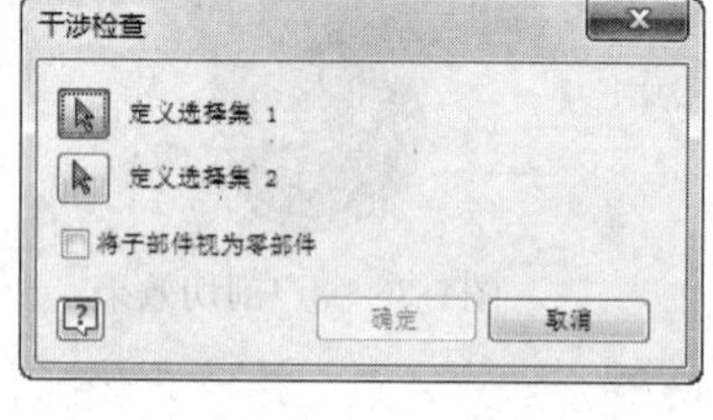

图4-37 【干涉检查】对话框

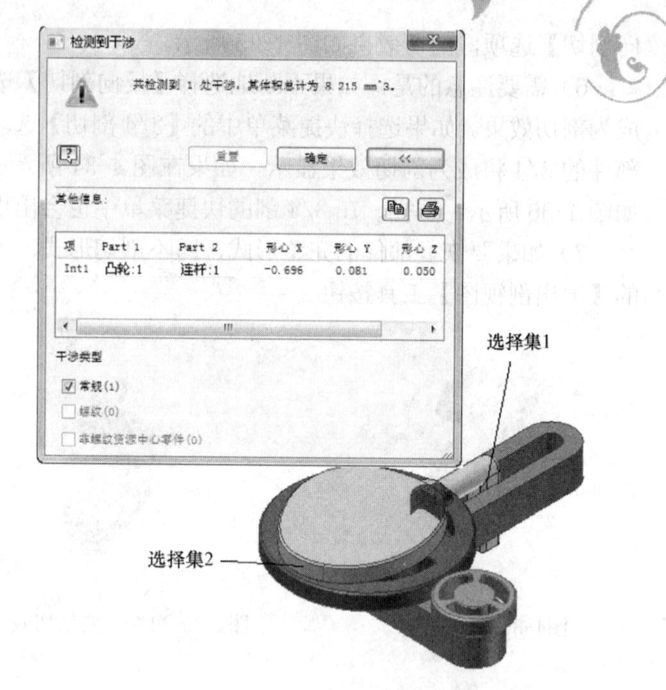

图4-38 检测到干涉并输出结果

4.4.3 驱动约束

往往在装配完毕的部件中包含有可以运动的机构，这时候可以利用 Inventor 的驱动约束工具来模拟机构运动，驱动约束是按照顺序步骤来模拟机械运动的，零部件按照指定的增量和距离依次进行定位。

进行驱动约束都是从浏览器中进行的，其基本步骤如下：

1）选择浏览器中的某一个装配的图标，单击右键，可以在快捷菜单中看到【驱动】选项，选择后弹出如图 4-39 所示的【驱动】对话框。

2）【开始】选项用来设置偏移量或角度的起始位置，数值可以被输入、测量或设置为尺寸值，默认值是定义的偏移量或角度。

3）【结束】选项用来设置偏移量或角度的终止位置，默认是起始值加 10。

4）【暂停延迟】选项以秒为单位设置各步之间的延迟，默认值是 0s。一组播放控制按钮用来控制演示动画的播放。

5）【录像】按钮◉用来将动画录制为 AVI 文件。

6）如果选择【驱动自适应】复选框，可以在调整零部件时保持约束关系。

7）如果选择【碰撞检测】复选框，则驱动约束的部件同时检测干涉。如果检测到内部干涉，系统将给出警告并停止运动，同时在浏览器和绘图区域内显示发生干涉的零件和约束值，如图 4-40 所示。

8）在增量选项组中，在【增量值】文本框中指定的数值将作为增量，【总步数】单选按钮用于指定以相等步长将驱动过程分隔为指定的数目。

9）在【重复次数】选项组中，选择【开始/结束】选项，则从起始值到结束值驱动约束，在起始值处重设。选择【开始/结束/开始】选项，则从起始值到结束值驱动约束并返回起始值，一次重复中完成的周期数取决于文本框中的值。

10）【Avi 速率】选项用来指定在录制动画时拍摄快照作为一帧的增量。

图4-39 【驱动】对话框

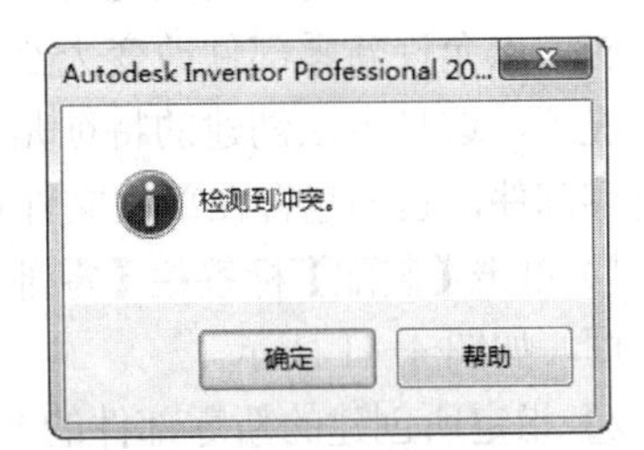

图4-40 检测到内部干涉

4.5 自上而下的装配设计

下面分别讲述如何在部件环境下设计和修改零部件。这是进行自上而下设计零件的基础。

在产品的设计过程中，有两种较为常用的设计方法：一种是首先设计零件，最后把所有零部件组装为部件，在组装过程中随时根据发现的问题进行零件的修改；另一种则是遵循从部件到零件的设计思路，即从一个空的部件开始，然后在具体设计时创建零件。如果要修改部件，则可以在位创建新零件，以使它们与现有的零件相配合。前者称为自下而上的设计方法，后者称为自上而下的设计方法。

自下而上的设计方法是传统的设计方法。在这种方法中，已有的特征将决定最终的装配体特征，这样，设计者就往往不能对总体设计特征有很强的把握力度。因此，自上而下的设计方法应运而生。在这种设计思路下，用户首先从总体的装配组件入手，根据总体装配的需要，在位创建零件，同时创建的零件与其母体部件自动添加系统认为最合适的装配约束，当然用户可以选择是否保留这些自动添加的约束，也可以手工添加所需的约束。所以，在自上而下的设计过程中，最后完成的零件是最下一级的零件。

在设计的过程中，往往混合应用自上而下和自下而上的设计方法。混合部件设计的方法结合了自下而上的设计策略和自上而下的设计策略的优点，这样部件的设计过程就会十分灵活。可以根据具体的情况，选择自下而上还是自上而下的设计方法。

如果掌握了自上而下的装配设计思想，那么要实现自上而下的装配设计方法其实十分简单。自上而下的设计方法的实现主要依靠在位创建和编辑零部件的功能来实现。

4.5.1 在位创建零部件

在位创建零部件就是在部件环境中新建零部件，新建的零部件是一个独立的零部件。在位创建零部件时，需要指定创建的零部件文件名和位置，以及使用的模板等。

创建在位零部件与插入先前创建的零部件文件结果相同，而且可以方便地在零部件面（或部件工作平面）上绘制草图，并且在特征草图中包含其他零部件的几何图元。当创建的零部件约束到部件中的固定几何图元时，可以关联包含于其他零部件的几何图元，并把零部件指定为自适应，以允许新零部件改变大小。用户还可以在其他零部件的面上开始和终止拉伸特征。默认情况下，这种方法创建的特征是自适应的。另外，还可以在部件中创建草图和特征，但它们不是零部件，它们包含在部件文件(.iam)中。下面按照步骤说明在位创建零部件的方法。

1）单击【装配】标签栏【零部件】面板中的【创建】工具按钮，弹出【创建在位零部件】对话框，如图4-41所示。

2）指定所创建的新零部件的文件名。

3）在【模板】选项中可以选择创建何种类型的文件。

4）指定新文件的位置。

5）如果选择【将草图平面约束到选定的面或平面】复选框，则在所选零部件面和草图平面之间创建配合约束。在图4-42中，在圆柱体零件的上表面在位创建了一个锥形零件，则锥形零件的底面自动与圆柱体零件的上表面自动添加了一个配合约束，从部件的浏览器中可以清楚地看出这一点。如果新零部件是部件中的第一个零部件，则该选项不可用。

6）单击【确定】按钮，则对话框关闭，回到部件环境中。首先选择一个用来创建在位零部件的草图，可以选择原始坐标系中的坐标平面、零部件的表面或者工作平面等以创建草图，绘制草图几何图元，

7）草图创建完毕后，选择【拉伸】、【旋转】、【放样】等造型工具创建零部件的特征。

8）当一个特征创建完毕后，还可以继续创建基于草图的特征或者放置特征。

9）当零部件创建完毕后，在绘图区域内单击右键，在快捷菜单中选择【完成编辑】选项，即可回到部件环境中。

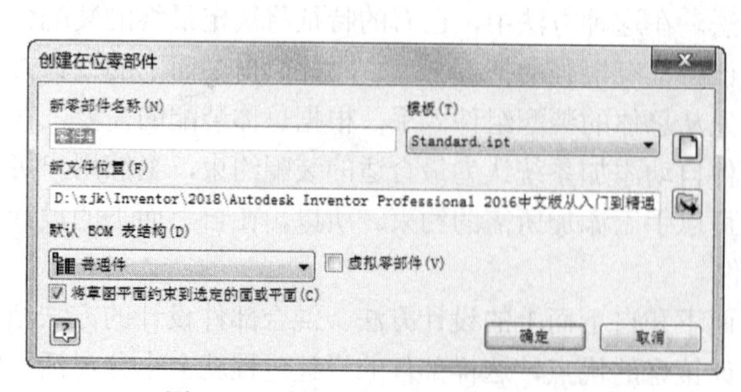

图4-41 【创建在位零部件】对话框

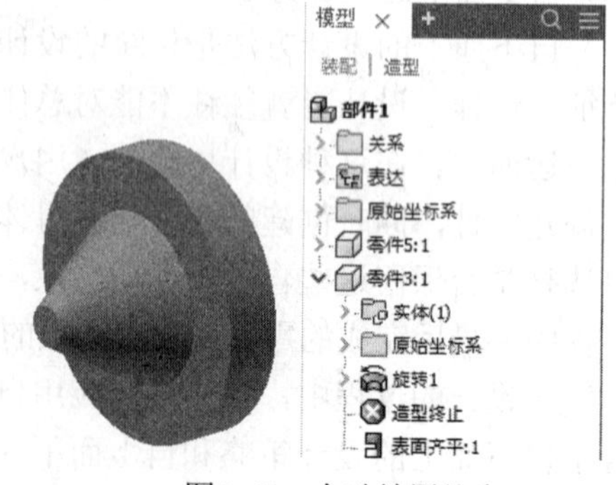

图4-42 自动放置约束

4.5.2 在位编辑零部件

Inventor 可以方便地直接在部件环境中编辑零部件，与在零件环境中编辑零件的方法和形式完全一样。

要在部件环境中编辑零部件，首先要激活零部件。有两种激活零部件的方法，一是在浏览器中单击要激活的零部件，单击右键，在快捷菜单中选择【编辑】选项；二是在绘图区域内双击要激活的零部件。

当零部件处于激活状态时，浏览器内其他零部件的符号变得灰暗，而激活的零部件的特征与以前一样，如图 4-43 所示。在绘图区域内，如果在着色显示模式下工作，激活的零部件处于着色显示模式，所有其他的零部件以线框模式显示；如果在线框显示模式下工作，激活的零部件会处于普通的线框显示模式，未激活的零部件以暗显的线框显示。图 4-44 所示为在着色模式下激活零部件与未激活零部件的区别。

1）当零部件激活以后，【装配】标签栏变为【三维模型】标签栏。

2）可以为该零部件添加新的特征，也可以修改、删除零部件的已有特征，既可以通过修改特征的草图以修改零部件的特征，也可以直接修改特征。要修改特征的草图，可以右键单击该特征，在快捷菜单上选择【编辑草图】选项即可；要编辑特征，可以选择快捷菜单中的【编辑特征】选项。

3）可以通过快捷菜单中的【显示尺寸】选项显示选择特征的关键尺寸，通过【抑制特征】选项抑制选择的特征，通过【自适应】选项使得当前零部件变为自适应零部件等。

当子部件被激活以后，可以删除零部件、改变固定状态、显示自由度，或把零部件指定为自适应，但不能直接编辑子部件中的零部件。要编辑部件中的零部件，方法与在部件环境中编辑零件的方法一样，首先要在子部件中激活这个零部件，然后进行编辑操作。

如果要从激活的零部件环境退回到部件环境，可以在绘图区域内单击右键，在快捷菜单中选择【完成编辑】选项，或单击【三维模型】标签栏中的【返回】按钮，即回到部件环境。

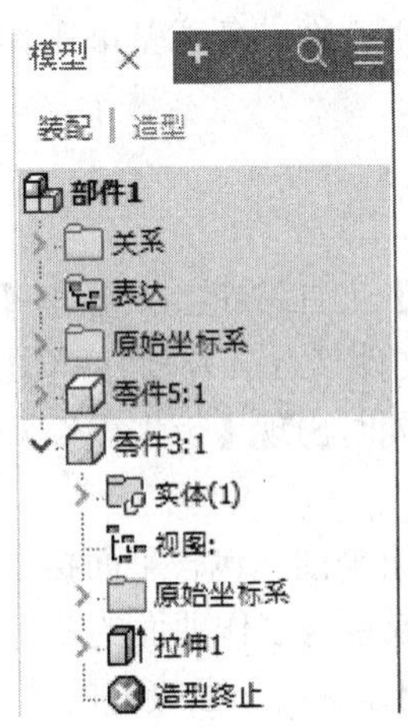

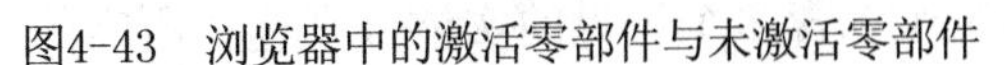

图4-43 浏览器中的激活零部件与未激活零部件

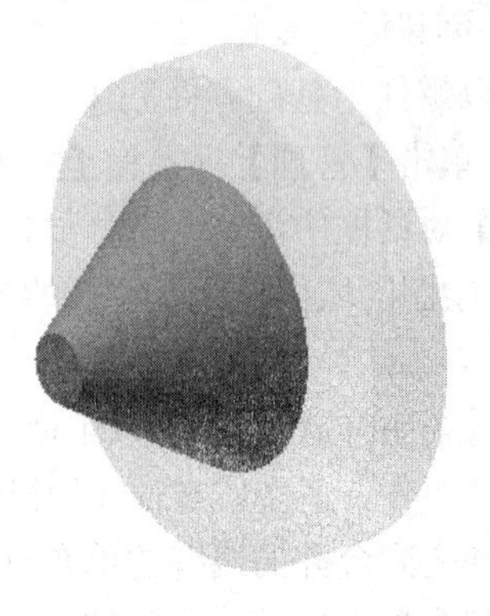

图4-44 着色模式下激活零部件与未激活零部件

4.6 衍生零件和部件

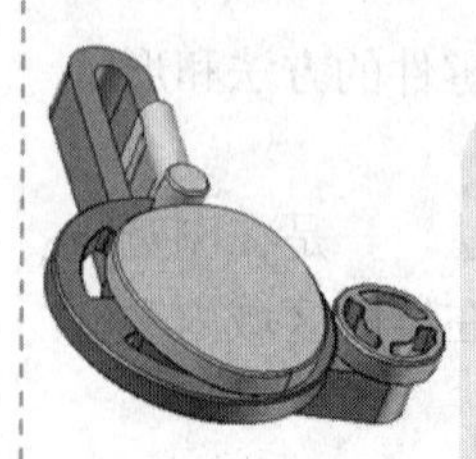

衍生零件和衍生部件是以现有零件和部件作为基础特征而创建的新零件，可以将一个零件作为基础特征，通过衍生生成新的零件，也可以把一个部件作为基础特征，通过衍生生成新的零件，新零件中可以包含部件的全部零件，也可以包含一部分零件。可以从一个零件衍生零件，也可以从一个部件衍生零件。衍生零件和衍生部件还是有区别的，下面分别介绍。

用户可以使用衍生零件来探究替换设计和加工过程，例如，在部件中，可以去除一组零件或与其他零件合并，以创建具有所需形状的单一零件；可以从一个仅包含定位特征和草图几何图元的零件衍生得到一个或多个零件；当为部件设计框架时，可以在部件中使用衍生零件作为一个布局，然后可以编辑原始零件，并更新衍生零件以自动将所做的更改反映到布局中来；可以从实体中衍生一个曲面作为布局，或用来定义部件中零件的包容要求；可以从零件中衍生参数并用于新零件等。

源零部件与衍生产生的零件存在着关联，如果修改了源零部件，则衍生零件也会随之变化；也可以选择断开两者之间的关联关系，此时源零部件与衍生零件成为独立的个体，衍生零件成为一个常规特征（或部件中的零部件），对它所做的更改只保存在当前文件中。

因为衍生零件是单一实体，因此可以用任意零件特征来对其进行自定义。从部件衍生出零件后，可以添加特征。这种工作流程在创建焊接件，以及对衍生零件中包含的一个或多个零件进行打孔或切割时很有用处。

4.6.1 衍生零件

可以用 Inventor 零件作为基础零件创建新的衍生零件，零件中的实体特征、可见草图、定位特征、曲面、参数和 iMate 都可以合并到衍生零件中。在创建衍生零件的过程中，可以将衍生零件相对于原始零件按比例放大或缩小，或者用基础零件的任意基准工作平面进行镜像。衍生几何图元的位置和方向与基础零件完全相同。

1. 创建衍生零件

要以零件为基础零件创建衍生零件，可以：

1）单击【管理】标签栏【插入】面板中的【衍生】工具按钮，弹出【打开】对话框。在【打开】对话框中浏览并选择要作为基础零件的零件文件（.ipt），然后单击【打开】按钮。

2）绘图区域内出现源零件的预览图形及其尺寸，同时出现【衍生零件】对话框，如图 4-45 所示。

3）【衍生样式】：提供以下命令按钮，可以选择按钮来创建包含平面接缝或不包含平面接缝的单实体零件、多实体零件（如果源包含多个实体），或包含工作曲面的零件。按钮用于创建包含平面之间合并的接缝的单实体零件。按钮用于创建保留平面接缝的单实体零件。按钮，如果源包含单个实体，则创建单实体零件；如果源包含多个可见的实体，则选择所需的实体以创建多实体零件。这是默认选项。按钮用于创建保留平面接缝的单实体零件。

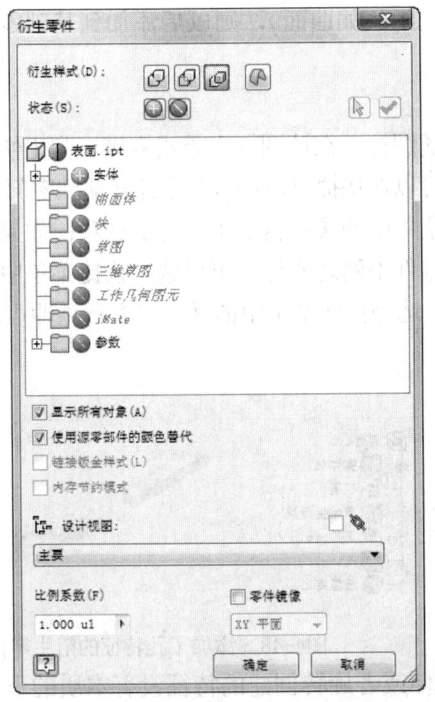

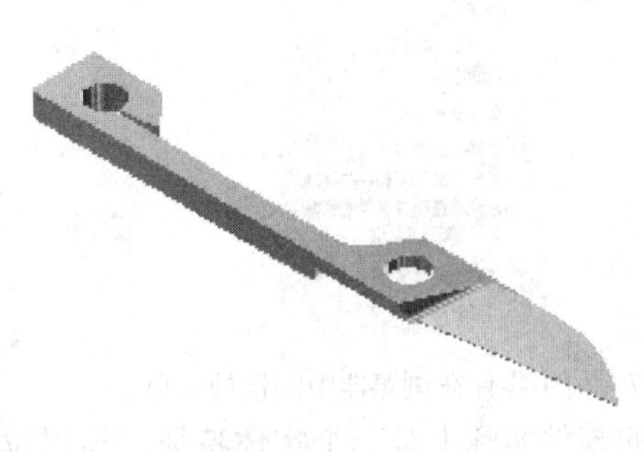

图4-45 【衍生零件】对话框

4）在【衍生零件】对话框中，模型元素，如实体特征、定位特征、曲面和 Imate 信息等以层次结构显示，其左侧都有图标标志，如⊘和⊕。单击这些图标，则它们会互相转变。图标⊕表示要选择包含在衍生零件中的元素；图标⊘表示要排除衍生零件中不需要的元素，如果某元素用此标记，则在衍生的新零件中该元素不被包含。

5）指定创建衍生零件的比例系数和镜像平面，默认比例系数为 1.0，或者输入任意正数。如果需要以某个平面为镜像产生镜像零件，可以选择【零件镜像】复选框，然后选择一个基准工作平面作为镜像平面。

6）单击【确定】按钮即可创建衍生零件。图 4-46 所示为衍生零件的范例。

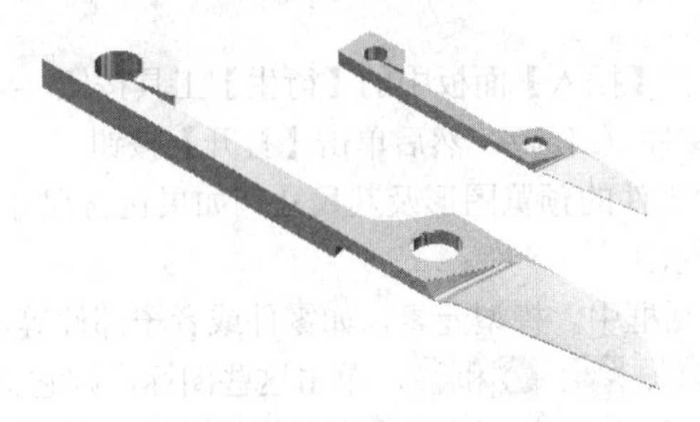

图4-46 衍生零件的范例

2. 创建衍生零件的注意事项

1）可以选择根据源零件衍生生成实体，或者生成工作曲面以用于定义草图平面、工作几何图元和布尔特征（如拉伸到曲面），可以通过在【衍生零件】对话框中将【实体】前面的状态符号变为⊘或者⊕。

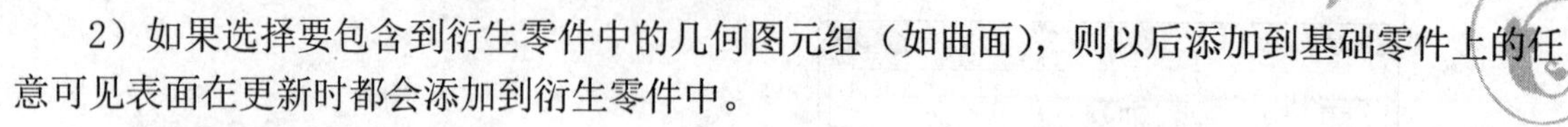

2）如果选择要包含到衍生零件中的几何图元组（如曲面），则以后添加到基础零件上的任意可见表面在更新时都会添加到衍生零件中。

3．编辑衍生零件

当创建了衍生零件后，浏览器中会出现对应的图标，在该图标上单击右键，弹出快捷菜单，如图 4-48 所示。如果要打开衍生零件的源零件，可以在快捷菜单中选择【打开基础零部件】选项；如果要对衍生零件重新进行编辑，可以选择快捷菜单中的【编辑衍生零件】选项；如果要断开衍生零件与源零件的关联，使得改变源零件时衍生零件不随之变化，可以选择快捷菜单中的【断开与基础零件的关联】选项；如果要删除衍生特征，选择快捷菜单中的【删除】选项即可。

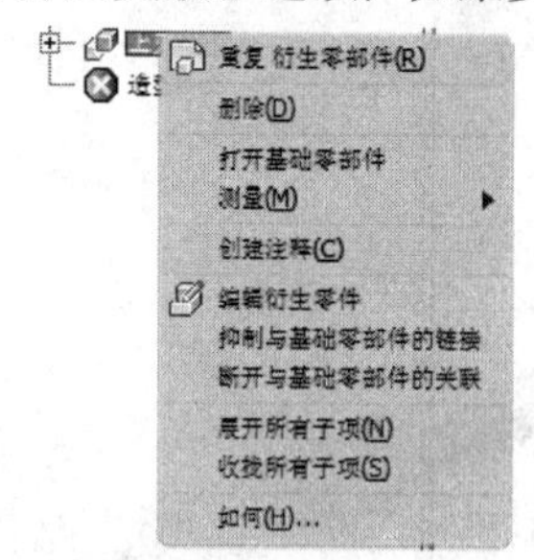

图4-47　衍生零件在浏览器中的快捷菜单

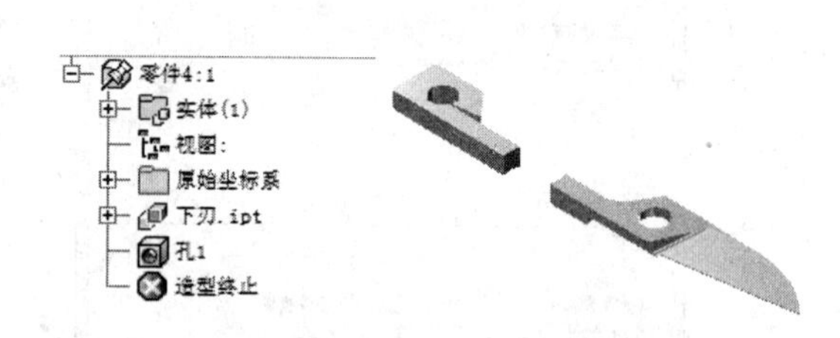

图4-48　添加了孔特征的衍生零件

衍生的零件实际上是一个实体特征，与用拉伸或者旋转创建的特征没有本质的不同。创建了衍生零件后，完全可以再次添加其他的特征以改变衍生零件的形状。在图 4-48 中，我们在图 4-46 所示的衍生零件的基础上添加了快捷特征。

4.6.2　衍生部件

衍生部件是基于现有部件的新零件。可以将一个部件中的多个零件连接为一个实体，也可以从另一个零件中提取出一个零件。这类自上而下的装配造型更易于观察，并且可以避免出错和节省时间。

衍生部件的组成部分源自于部件文件，它可能包含零件、子部件和衍生零件。创建衍生部件的步骤如下：

1）单击【管理】标签栏【插入】面板中的【衍生】工具按钮，弹出【打开】对话框。浏览要作为基础部件的部件文件（.iam），然后单击【打开】按钮。

2）绘图区域内出现源部件的预览图形及其尺寸（如果包含尺寸的话），同时出现【衍生部件】对话框，如图 4-49 所示。

3）在【衍生部件】对话框中，模型元素，如零件或者子部件等以层次结构显示，并且上方都有【状态】显示如、、、和。单击这些图标，则它们会互相转变。图标表示选择要包含在衍生零件中的组成部分。图标表示排除衍生零件中不需要的组成部分，用此图标标记的项在更新到衍生零件时将被忽略。图标表示去除衍生零件中的组成部分，如果被去除的组成部分与零件相交，其结果将形成空腔。图标表示将衍生零件中选择的零部件显示为边框。图标表示选定的零部件与衍生零件相交。

4）单击【确定】按钮以完成衍生部件的创建。图 4-48 所示部件的衍生零件如图 4-50 所示。

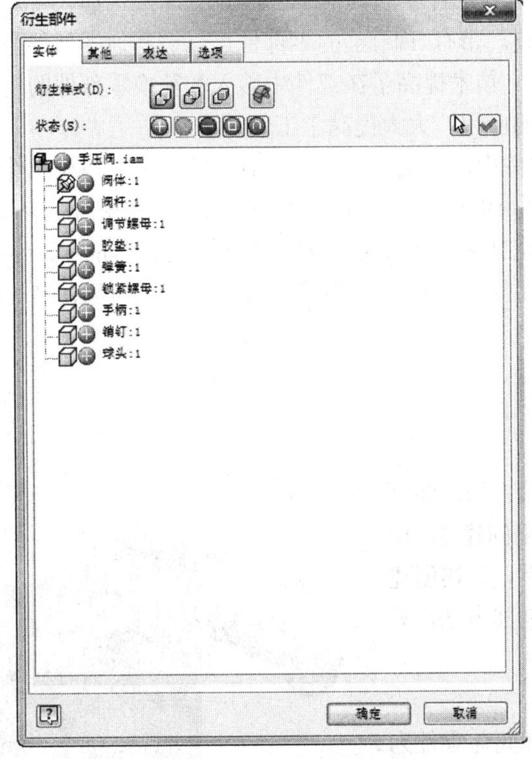

图4-49 【衍生部件】对话框

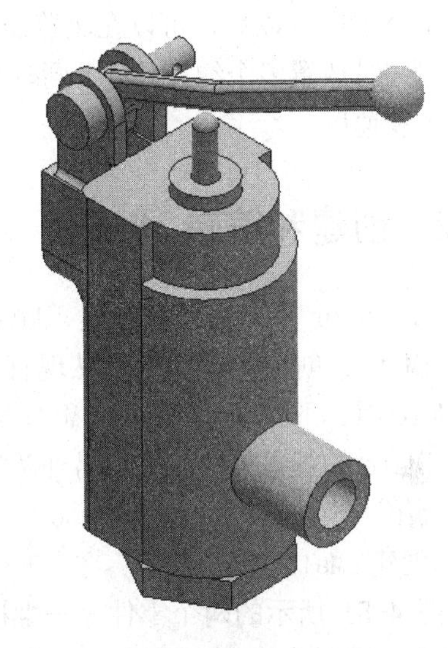

图4-50 由部件衍生的零件

衍生部件不可以像衍生零件那样，能够镜像或调整比例，但是在衍生零件环境中的一些编辑操作，如打开基础零部件、编辑衍生部件以及删除等操作在衍生部件环境中同样可以进行。另外，如果选择了添加或去除子部件，则在更新时任何以后添加到子部件的零部件将自动反映出来。

4.7 iMate 智能装配

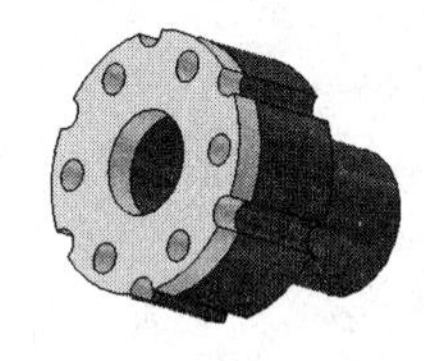

在装配一个大型的部件时，经常有很多零部件都使用相同的装配约束，如一个箱体盖上有很多大小不同的固定螺栓，如果手工装配费时费力。在 Inventor 中，为了解决这个问题，引入了 iMate 的设计概念。下面介绍如何创建和编辑 iMate，并用 iMate 来装配零件。

4.7.1 iMate 基础知识

在装配一个大型的部件时，经常有很多零部件都使用相同的装配约束，如一个箱体盖上有很多大小不同的固定螺栓，如果手工装配费时费力。在 Inventor 中，为了解决这个问题，引入了 iMate 的设计概念。iMate 是随零部件保存的约束，可以在以后重复使用。iMate 使用在零

部件中存储的预定义信息，告知零部件如何与部件中的其他零部件建立连接。插入带有 iMate 的零部件时，它会智能化地捕捉到装配位置。带有 iMate 的零部件可以被其他零部件替换，但是仍然保留这些智能的 iMate 约束。iMate 技术提高了在部件中装入和替换零部件的精确度和速度，因此在大型部件的装配中得到广泛的应用，大大提高了工作效率。

当 iMate 创建以后，它将保存在零部件中，定义零部件约束对中的一个。当在部件中放置零部件时，它会自动定位到具有相同名称的 iMate 上，这就是利用 iMate 智能装配的基本原理。创建了单个 iMate 以后，可以在浏览器中选择多个 iMate 以创建由 iMate 组合的 iMate 组，这样就可以同时放置多个约束。对于同时具有多个约束的零部件装配，iMate 组可以使装配具有更高的精度和速度。

4.7.2 创建和编辑 iMate

在 Inventor 中，有三种创建 iMate 的方法，即创建单个 iMate、创建 iMate 组和从现有约束创建 iMate 或者 iMate 组。下面以创建单个 iMate 为例，讲述创建和编辑 iMate 的基本方法。关于另外两种创建方法，只作简单介绍。

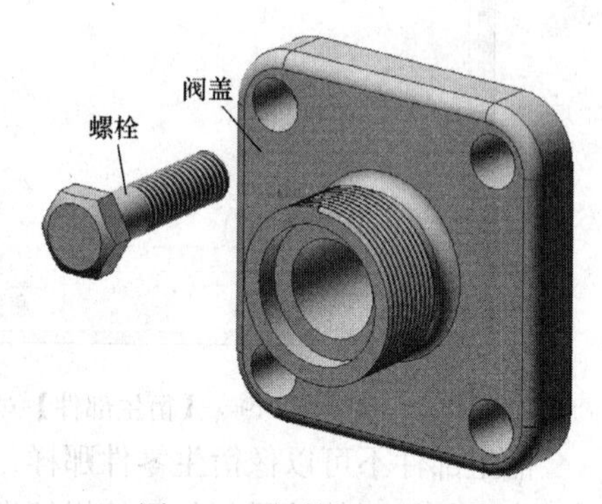

图 4-51 螺栓和阀盖零件

1. 创建 iMate

以图 4-51 所示的两个零件——螺栓和阀盖零件为例，讲述如何创建单个 iMate。在这两个零件中创建 iMate，以使得可以自动将螺栓装配到机架的孔中。

1）在螺栓零件中，单击【管理】标签栏【编写】面板中的 iMate 工具按钮，弹出【创建 iMate】对话框，如图 4-52 所示。

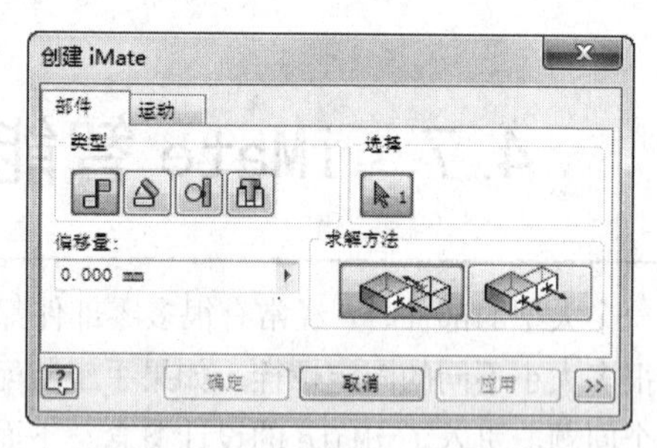

图4-52 【创建iMate】对话框

2）选择一种装配约束或者运动约束的类型，这里选择了【插入】约束方式。

3）在零件上选择要放置约束的特征，如图 4-53 所示。

4）设定偏移量（传动比）和装配方式（运动方式）等，这里我们全部采用默认值。

5）单击【确定】按钮以完成 iMate 的创建。

当 iMate 创建完毕以后，在零件上会出现一个小图标，在零件的浏览器上出现 iMate 文件夹，如图 4-54 所示。其中包含有创建的 iMate 的名称，名称显示了 iMate 的类型。为螺栓添加

了插入约束，则 iMate 的默认名称为 iInsert:1。

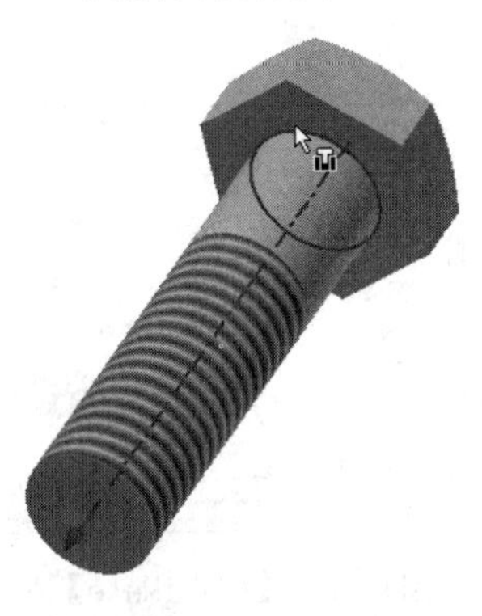

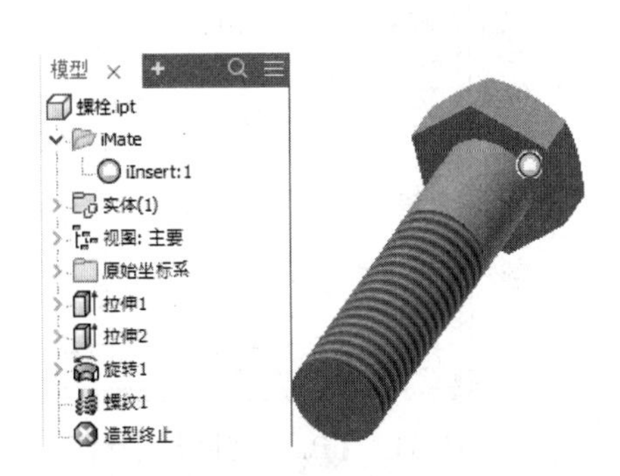

图4-53 选择要放置约束的特征　　　　图4-54 零件及浏览器中的iMate文件夹

按照同样的步骤为阀盖零件上的螺栓孔设置 iMate，iMate 约束类型等设置与螺栓零件的一致。为机架零件创建 iMate 所选择的零件特征和生成 iMate 后的浏览器及机架零件如图 4-55 所示。

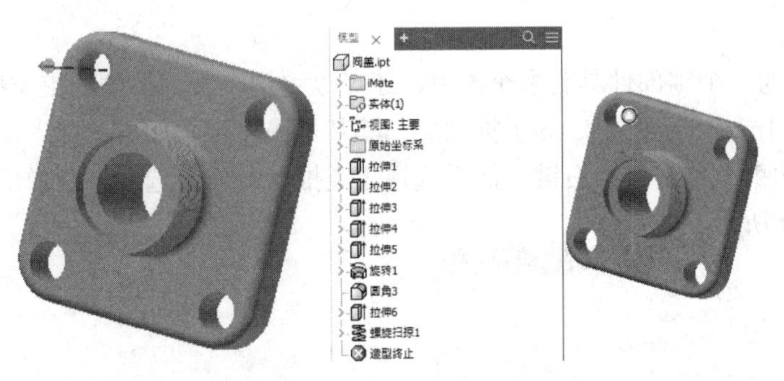

图4-55 生成iMate后的浏览器及机架零件

按照同样的步骤可以继续为零件添加其他类型的 iMate 约束。创建的每一个 iMate 是系统自动命名的，其名称反映了 iMate 约束的类型，如插入 iMate 约束的名称可以是 iInset:1（插入类型）或者 iMate:2（配合类型）等，但是当在一个零件中存在多个相同类型的 iMate 时，iMate 的名称诸如 iInsert:1、iInsert:2、……就会很容易令人混淆。所以，建议将系统默认的 iMate 名称重命名为更具含义的名称。例如，为标识几何图元，可以将 iMate:1 重命名为轴 1，将名为 iMate:2 的第二个 iMate 重命名为面 1。

2．编辑 iMate

要对 iMate 进行重命名以及编辑等操作，可以在浏览器中选择 iMate，单击右键，在快捷菜单中选择对应的选项即可。

1）选择【特性】选项，可以弹出【iMate 特性】对话框，如图 4-56 所示。在该对话框中可以修改 iMate 的名称，选择是否抑制该 iMate 约束，更改偏移量和该 iMate 的索引等。

2）选择【编辑】选项，可以弹出【编辑 iMate】对话框，如图 4-57 所示，用户可以重新定义 iMate。

3）如果要删除 iMate，选择快捷菜单中的【删除】选项即可。

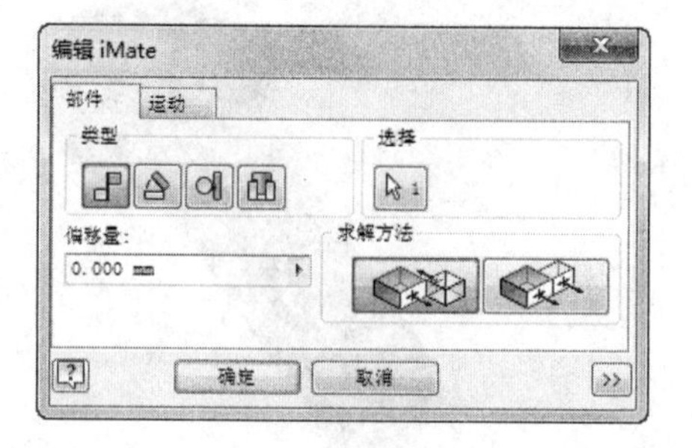

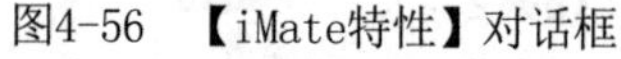
图4-56 【iMate特性】对话框　　图4-57 【编辑iMate】对话框

4）如果要将多个 iMate 组合为一个 iMate 组，可以在按住<Ctrl>键或者<Shift>键的同时选择多个 iMate，单击右键，在快捷菜单中选择【创建组合】选项即可，创建的 iMate 组也在浏览器中显示出来。图 4-58 所示为将机架零件中的两个 iMate 组合成一个 iMate 组，即 iComposite:1。

3. 类推 iMate

如果部件中的一个零部件具有多个约束，还可以将这个零部件的约束类推到一个 iMate 约束中去，这就是 Inventor 的 iMate 类推功能。其基本操作步骤如下：

1）在装配约束上单击鼠标右键，然后选择【类推 iMate】选项，则弹出【类推 iMate】对话框，如图 4-59 所示。

图4-58 浏览器中的iMate组

图4-59 【类推iMate】对话框

2）在【名称】文本框中为所选引用上包含的约束创建的 iMate 命名。

3）选择【创建组合 iMate】复选框，则自动将从类推约束创建的 iMate 合并到单个组合 iMate 中；取消选择该复选框，将创建多个单一 iMate。

4）单击【确定】按钮，即完成 iMate 的创建，同时创建的 iMate 出现在浏览器中。

4.7.3 用 iMate 来装配零部件

当零部件中的 iMate 都已经创建完毕后，就可以利用 iMate 来快速地装配零部件了。使用

iMate 装配零部件的方法有利用放置约束工具进行装配、使用<Alt>键拖动快捷方式来进行装配和通过自动放置 iMate 进行装配，这里分别简要介绍。

1. 用添加装配约束工具进行装配

1）利用【装配】标签栏【零部件】面板中的【放置】工具打开包含要连接的且已经创建了 iMate 的零件或者部件文件。

2）按住<Ctrl>键并单击包含要匹配的 iMate 定义的零部件，单击鼠标右键，在快捷菜单中选择【iMate 图示符可见性】选项，则所选零部件上的 iMate 图示符将显示出来。

3）选择【装配】标签栏【位置】面板工具栏中的【放置约束】选项，选择好与 iMate 相同的装配类型；单击两个零部件上对应的 iMate 图示符，然后单击【应用】按钮即完成装配。

2. 使用<Alt>键拖动快捷方式来进行装配

1）单击【装配】标签栏【零部件】面板中的【放置】工具按钮，装入一个或多个具有已定义 iMate 的零部件。注意，确保在【装入零部件】对话框中未选择【使用 iMate 交互放置】选项，如图 4-60 所示。

2）选择包含要匹配的 iMate 的零部件。

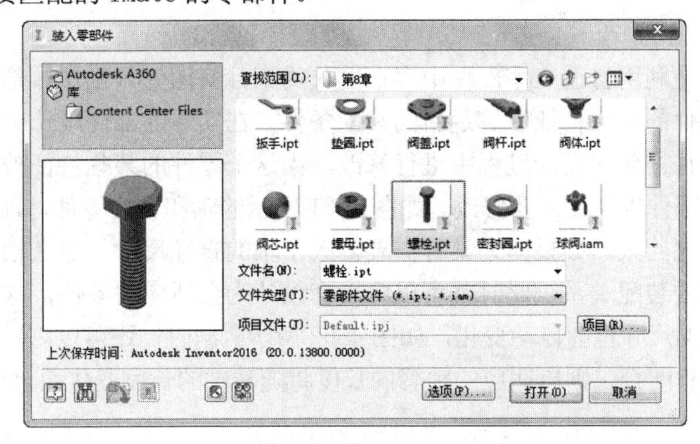

图4-60 【装入零部件】对话框

3）按住<Alt>键，单击一个 iMate 图示符并将其拖动到另一个零部件上的匹配 iMate 图示符上。开始拖动后，如果需要，可以松开<Alt>键。当第二个 iMate 图示符亮显，并且听到捕捉声音表明零部件已被约束时，单击以添加。

4）根据需要，继续选择和匹配 iMate。

3. 自动放置 iMate 进行装配

这是装配速度最快的一种装配方式，其操作步骤如下：

1）单击【装配】标签栏【零部件】面板中的【放置】工具按钮，在图 4-61 所示的【装入零部件】对话框中选择具有一个或多个已定义 iMate 的零部件。注意，一定要选择【使用 iMate 交互放置】复选框，然后单击【打开】按钮。

2）零部件被自动放置，并且浏览器中显示一个退化的 iMate 符号。注意，如果所放置的零部件没有自动求解，则所选零部件将附着到图形窗口中的光标位置。单击以放置它；单击鼠标右键，然后选择【取消】选项。

3）选择和放置带有已定义 iMate 的其他零部件，确保每次都在【装入零部件】对话框中选

择【使用 iMate 交互放置】复选框。当新的零部件装入后，系统将根据零部件之间匹配的 iMate 名称自动完成装配。用户在这种模式下所需要进行的工作仅仅是装入零部件。

4.8 自适应设计

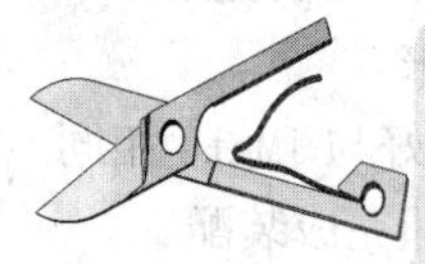

与其他三维 CAD 软件相比，Inventor 的一个突出的技术优势就是自适应功能。自适应技术充分体现了现代设计的理念，并且将计算机辅助设计的长处发挥到了极致。在实际的设计中，自适应设计方法能够在一定的约束条件下，自动调整特征的尺寸、草图的尺寸以及零部件的装配位置，因此给设计者带来了很大的方便和极高的设计效率。

4.8.1 自适应设计基础知识

1. 自适应设计原理

自适应功能就是利用自适应零部件中存在的欠约束几何图元，当该零部件的装配条件改变时，自动调整零部件的对应特征以满足新的装配条件。在实际的部件设计中，部件中的某个零件由于种种原因往往需要在设计过程中进行修改，当这个零件的某些特征被修改以后，与该特征有装配关系的零部件也往往需要修改。如图 4-61 所示的轴和轴套零件，轴套的内表面与轴的外表面有配合的装配约束。如果因为某种需要修改了轴的直径尺寸，那么轴套的内径也必须同时修改以维持两者的装配关系，此时就可以将轴套设计为自适应的零件，这样当轴的直径尺寸发生变化时，轴套的尺寸也会自动变化，如图 4-62 所示。同时，还可以将轴套的端面与轴的端面利用对齐约束进行配合，则自适应的轴套的长度将随着轴的长度变化而自动变化，如图 4-63 所示。

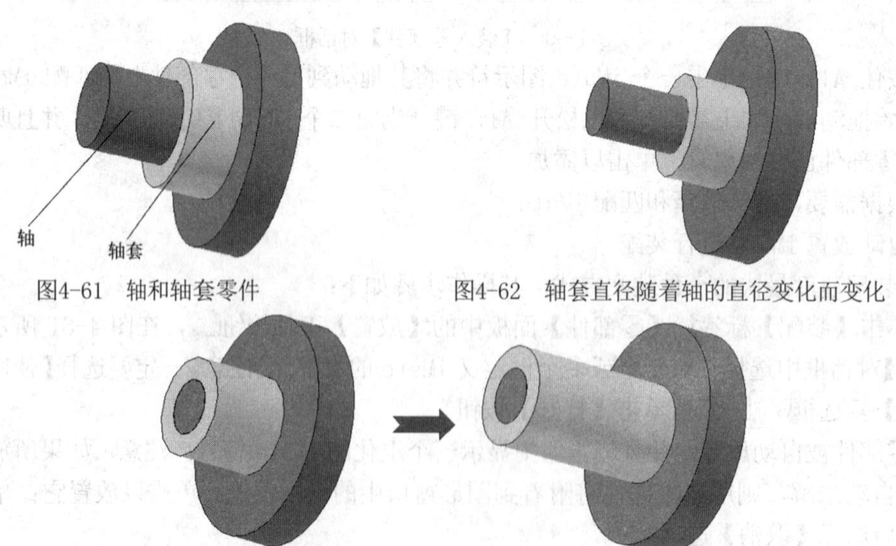

图4-61 轴和轴套零件

图4-62 轴套直径随着轴的直径变化而变化

图4-63 轴套的长度将随着轴的长度变化而变化

要实现零件的自适应，那么零件的某些几何图元就应该是欠约束的，即几何图元不是完全被尺寸约束的。图 4-61 所示的轴套零件是通过拉伸形成的，其拉伸的草图及其尺寸标注如图 4-64 所示。可以看到，拉伸的环形截面的内径和外径都没有标注，仅仅标注了内外环的距离，即轴套的厚度。在这种欠约束的情况下，轴套零件的厚度永远都是 4，但是轴套的内径是可以变化的，这是形成自适应的基础。当然，自适应特征不仅仅是靠欠约束的几何图元形成，还要为基于欠约束几何图元的特征指定自适应特性才可以，这个将在后面的章节中讲述。

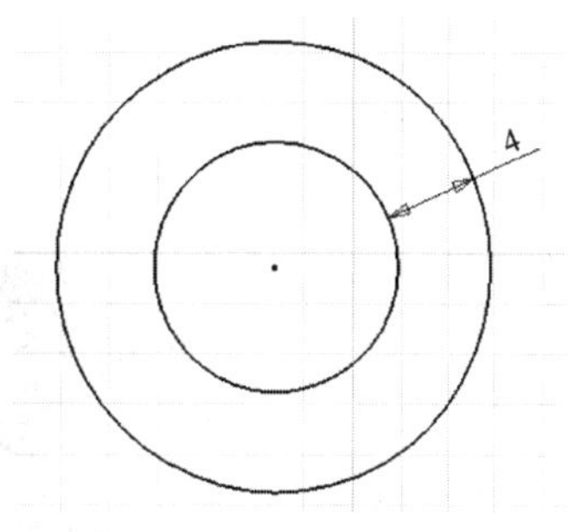

图4-64　轴套拉伸的草图及其尺寸标注

在 Inventor 中，所有欠约束的几何图元都可以被指定为欠约束的，具有未定自由度的特征或者零件也被称为欠约束的，所以欠约束的范围可以包括以下几种情况：

1）未标注尺寸的草图几何图元。

2）从未标注尺寸的草图几何图元创建的特征。

3）具有未定义的角度或长度的特征。

4）参考其他零件上的几何图元的定位特征。

5）包含投影原点的草图。

6）包含自适应草图或特征的零件。

7）包含带自适应草图或特征的零件的子部件

从以上可以看出，具有自适应特征的几何图元主要包括以下几种：

1）自适应特征。在欠约束的几何图元和其他零部件的完全约束特征之间添加装配约束时，自适应特征会改变大小和形状。可以在零件文档中将某一个特征指定为自适应。

2）自适应零件。如果某个零件被指定为自适应的零件，那么欠约束的零件几何图元能够自动调整自身大小，装配约束根据其他零件来定位自适应零件，并根据完全约束的零件特征调整零件的拓朴结构。总之，自适应零件中的欠约束特征可以根据装配约束和其他零件的位置调整自身大小。

3）自适应子部件。欠约束的子部件可以指定为自适应子部件。在部件环境中，自适应子部件可以被拖动到任何位置，或者约束到上级部件或者其他部件中的零部件中。例如，自适应的活塞和连杆子部件在插入到气缸部件中时可以改变大小和位置。

4）自适应定位特征。如果将定位特征设置为自适应，那么当创建定位特征的几何图元发生变化时，定位特征也会随之变化。例如，由一个零件的表面偏移出一个工作平面，当零件的表面因为设计的变动发生变化时，该工作平面自动随之变化。当某些零件的特征依赖于这些定位特征时，这些特征也会自动变化，如果这种变化符合设计要求，那么会显著的减少工作时间，提高效率。

在图 4-65 所示的部件中，圆管零件文件中创建的工作平面被约束到另一个零件的面。尽管工作平面属于圆管零件文件，但它并不依赖于任何圆管几何图元。圆管的一端终止于从零件面偏移出来的工作平面。圆管零件中的工作平面是自适应的，因为如果关联的零件面移动了，它允许圆管长度相应自动改变。

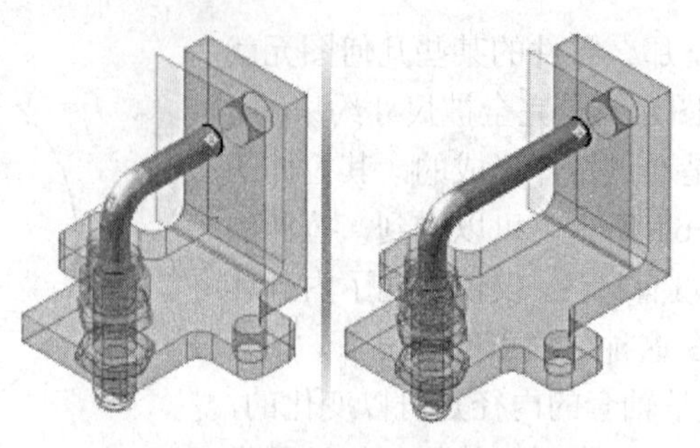

图4-65　圆管长度随工作平面位置变化而变化

2. 自适应模型准则

下面介绍一下使用自适应模型的准则。在部件设计的早期阶段，某些要求是已知的，而其他要求却经常改变，自适应零件在这时就很有用，因为它们可以根据设计更改而调整。通常，在以下情况下使用自适应模型：

1）如果部件设计没有完全定义，并且在某个特殊位置需要一个零件或子部件，但它的最终尺寸还不知道，此时可以考虑自适应设计方法。

2）一个位置或特征大小由部件中的另一个零件的位置或特征大小确定，则未确定的零件或者其特征可以使用自适应设计方法。

3）当一个部件中的多个引用随着另一个零件的位置和特征尺寸做调整时，可以考虑自适应设计方法，只有一个零件引用定义其自适应特征。如果部件中使用了同一零件的多个引用，那么所有引用（包括其他部件中的引用）都是自适应性的。

3. 使用自适应几何图元的限制条件

1）每个旋转特征仅使用一个相切。

2）在两点、两线或者点和线之间应用约束时，避免使用偏移。

3）避免在两点、点和面、点和线、线和面之间使用配合约束。

4）避免球面与平面、球面与圆锥面、两个球面之间的相切等。

在带有一个自适应零件的多个引用的部件中，非自适应引用间的约束可能需要两次更新才能正确解决。在非自适应的部件中，可以将几何图元约束到原始定位特征（平面、轴和原点）。在自适应部件中，这种约束不会影响零部件的位置。

注 意

在外部 CAD 系统中创建的零件不能变为自适应，因为输入的零件被认为是完全尺寸标注的。另外，一个零件只有一个引用可以设为自适应，如果零件已经被设置为自适应，关联菜单中的【自适应】选项将不可用。

4.8.2　控制对象的自适应状态

在 Inventor 中，可以将零件特征、零件或者子部件以及定位特征（如工作平面、工作轴等）指定为自适应状态，以及修改其自适应状态。

1. 指定零件特征为自适应

要将零件的某个特征参数指定为自适应状态，可以：

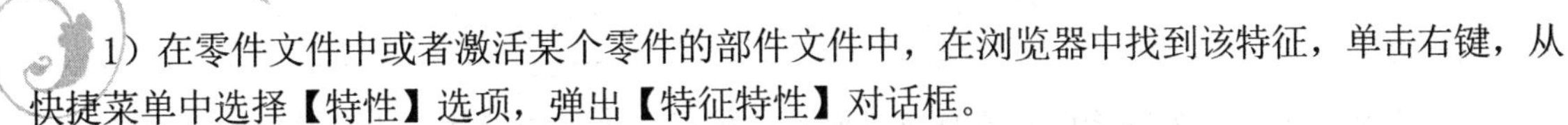

1）在零件文件中或者激活某个零件的部件文件中，在浏览器中找到该特征，单击右键，从快捷菜单中选择【特性】选项，弹出【特征特性】对话框。

2）在【自适应】选项组中选择某个或几个复选框使其成为自适应的参数，如图 4-65 所示。

- 选择【草图】复选框，则控制截面轮廓草图为自适应。
- 选择【参数】复选框，则控制特征参数（如拉伸深度和旋转角度）为自适应。
- 选择【起始/终止平面】复选框，则控制终止平面为自适应。

3）单击【确定】按钮完成设置。

需要指出，不同类型特征的【特征特性】对话框是不相同的，能够指定成为自适应元素的项目也不完全相同。

1）对于拉伸和旋转特征，其【特征特性】对话框如图 4-66 所示。

2）对于打孔特征，其【特征特性】对话框如图 4-67 所示。可以指定关于孔的各种要素如草图、孔深、公称直径，以及沉头孔的直径、深度等为自适应的特征。

3）对于放样和扫掠特征，其【特征特性】对话框如图 4-68 所示。可以看到，能够修改的只有特征名称和抑制状态以及颜色样式，不能从其中设置自适应特征。要将放样和扫掠特征指定为自适应，只能通过将整个零件指定为自适应，从而将零件的全部特征指定为自适应。

如果要将某个特征的所有参数设置为自适应，可以在零件特征环境中选择浏览器中的零件特征图标，单击右键，选择快捷菜单中的【自适应】选项即可，如图 4-69 所示。

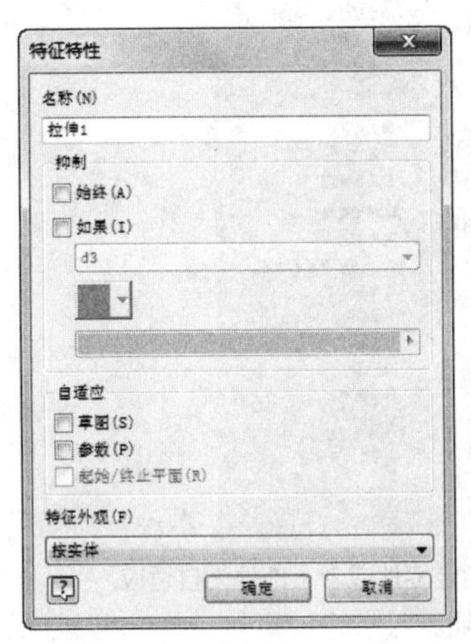

图4-66 拉伸和旋转【特征特性】对话框

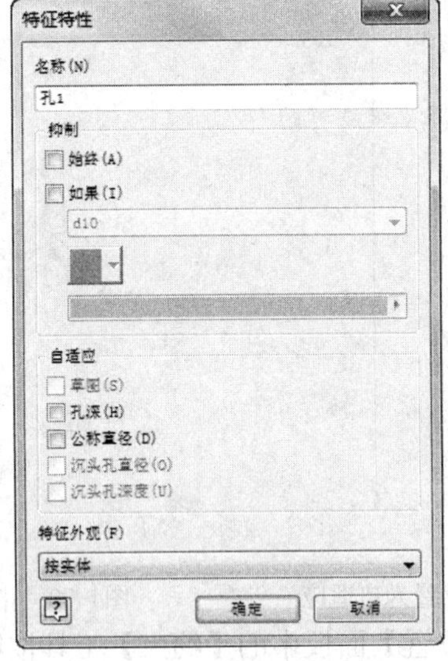

图4-67 打孔【特征特性】对话框

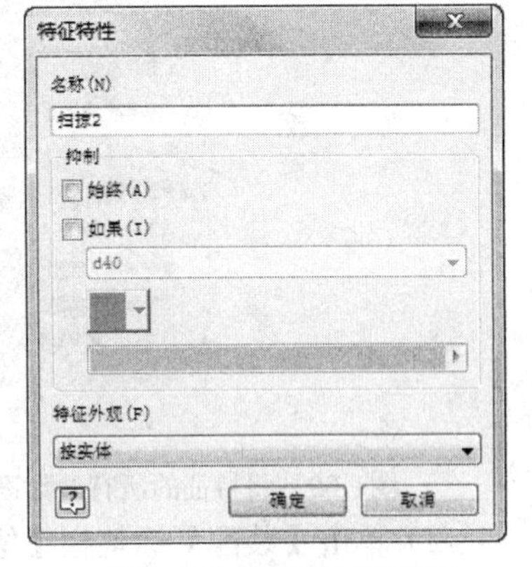

图4-68 放样和扫掠特征的【特征特性】对话框

2. 指定零件或者子部件为自适应

在部件文件中，可以将一个零件或者子部件指定为自适应的零部件。首先在浏览器中选择该零件或者子部件，单击右键，在快捷菜单中选择【自适应】选项，则零部件被指定为自适应状态，其图标也发生变化，如图 4-70 所示。

仅仅在部件中将一个零件设置为自适应以后，该零件是无法进行自适应操作的，还必须进入零件特征环境中，将该零件对应的特征设置为自适应。这两个步骤缺一不可，否则部件中的零件不能进行自适应装配以及其他相关的自适应操作。

3．指定定位特征为自适应

使用自适应定位特征可以在几何特征和零部件之间构造关系模型。自适应定位特征用于构造几何图元（点、平面和轴），以定位在部件中在位创建的零件。

如果要将非自适应定位特征转换为自适应定位特征，可以：

1）在浏览器或图形窗口中选择定位特征并单击鼠标右键，在快捷菜单中选择【自适应】选项。

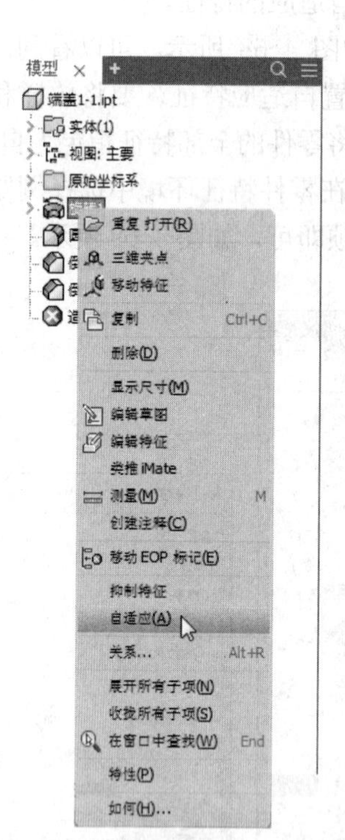

图4-69　将特征的所有参数设置为自适应

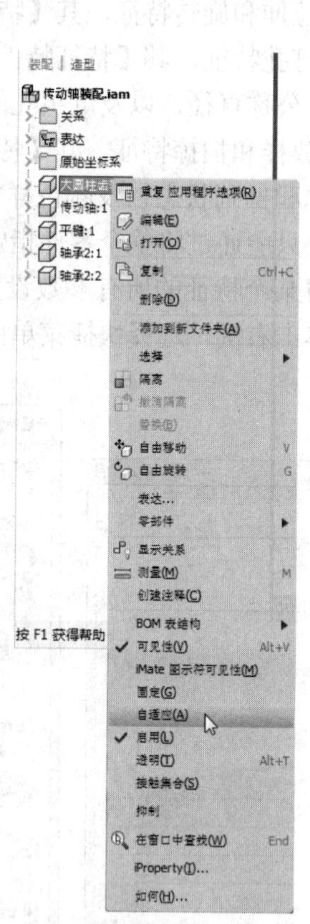

图4-70　指定零件或者子部件为自适应

2）单击【装配】标签栏【位置】面板中的【约束】工具按钮。

3）将定位特征约束到部件中的零件上，使它适应零件的改变。

在部件中，如果要使用单独零件上的几何图元作为定位特征的基准，可以：

1）在浏览器中双击，激活一个零件文件。

2）单击【三维模型】标签栏【定位特征】面板中的【定位特征】工具，然后在另一个零部件上选择几何图元来放置该定位特征。

3）使用特征工具创建新特征（如拉伸或旋转），然后使用定位特征作为其终止平面或旋转轴。

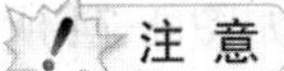
注意

如果需要，可以使用以下提示创建自适应定位特征：1）当某些定位特征由另一个定位特征使用时，隐藏这些定位特征。选择【工具】→【选项】→【应用程序选项】→【零件】选项卡，选择【自动隐藏内嵌定位特征】选项。2）创建内嵌定位特征。例如，单击【工作点】工具，单击鼠标右键，然后选择【创建工作轴】或【创建工作平面】，继续单击鼠标右键并创建定位特征，直到创建出工作点为止。

4.8.3 基于自适应的零件设计

1. 自适应零件设计的关键问题

在 Inventor 中，自上而下的零部件设计思想与自适应的设计方法结合得天衣无缝，并且这种结合使得零部件能够十分智能地自动更新，这样，当设计蓝图发生变化时，某一个零件发生变化，与之存在关联的自适应零部件的形状和装配关系也会自动变化以适应它的变化，这样就避免了手工改动全部需要改动的零部件，从而节省了大量工作时间。自适应零件设计的几个关键问题如下：

1）在位创建零部件是实现自适应零件设计的前提。在位创建的零部件与放入现有的零部件结果是完全一样的，只有在位创建零部件，才有可能实现零部件的几何图元之间的关联，零件才可以产生自适应性。所以，自适应零件的设计都是在部件环境中通过在位创建零部件方法产生的。

2）零部件之间几何图元的关联是产生零件自适应性的基础。例如，由一个零件 A 的端面的投影轮廓拉伸出一个另一个零件 B，这时零件 B 就被自动设置为自适应的零件。当零件 A 的端面发生变化时，零件 B 也会自动随之变化。又如，零件 C 是由一个截面轮廓拉伸至零件 D 的一个端面为止，此时零件 C 也被自动设置为自适应，那么当零件 D 的截面位置发生变化时，零件 C 也会随之变化。

3）在位创建零部件的自适应性是可以设置的。选择【工具】标签栏【选项】面板中的【应用程序选项】选项，弹出【应用程序选项】对话框；选择【部件】选项卡，在【在位特征】选项组中，如果选择【配合平面】选项，则构造特征得到所需的大小并使之与平面配合，但不允许它调整。选择【自适应特征】项则，当其构造的基础平面改变时，自动调整在位特征的大小或位置。另外，当部件中新建零件的特征时，往往将所选的几何图元从一个零件投影到另一个零件的草图来创建参考草图，如果选择了【在位造型时启用关联的边/回路几何图元投影】选项，则投影的几何图元是关联的，并且会在父零件改变时更新。

2. 自适应轴套零件的设计过程

下面以图 4-72 所示的轴套零件为例，介绍自适应零件的在位创建。

1）新建一个部件文件，并且创建一个轴套零件，如图 4-72 所示。

2）在位创建轴套零件。选择图 4-73 所示的平面新建草图，选择【投影几何图元】工具，将轴的截面投影到当前草图中；然后选择【圆心、半径】工具，绘制另外一个圆形以组成轴套的界面轮廓；选择【尺寸】工具，为其标注如图 4-73 中所示的轴套厚度尺寸。

单击【草图】标签栏中的【完成草图】工具按钮，退出草图环境；单击【三维模型】标签栏【创建】面板中的【拉伸】工具按钮，弹出【拉伸】对话框。选择环形截面轮廓进行拉伸，如图 4-74 所示；拉伸的终止方式设置为【到】，所到表面选择轴的一个端面，如图 4-74 所示。单击【确定】按钮，完成轴套零件的创建。

图4-71　轴套零件

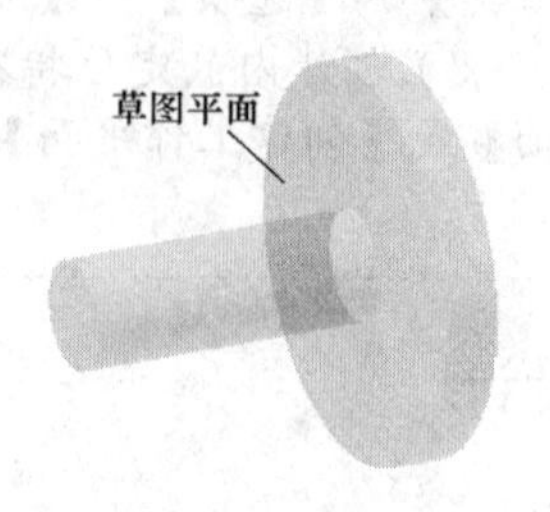

图4-72　创建轴套零件

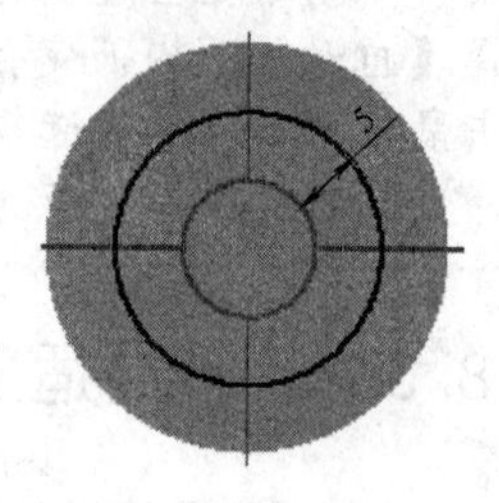

图4-73　标注轴套厚度尺寸

3）选择快捷菜单中的【完成编辑】选项，返回到部件环境中。此时可以看到浏览器中的轴套零件自动被设置为自适应零件，如图 4-75 所示。轴和轴套部件如图 4-76 所示。这时如果改变轴零件的直径和高度，则轴套零件也会自动变化以适应轴的变化。

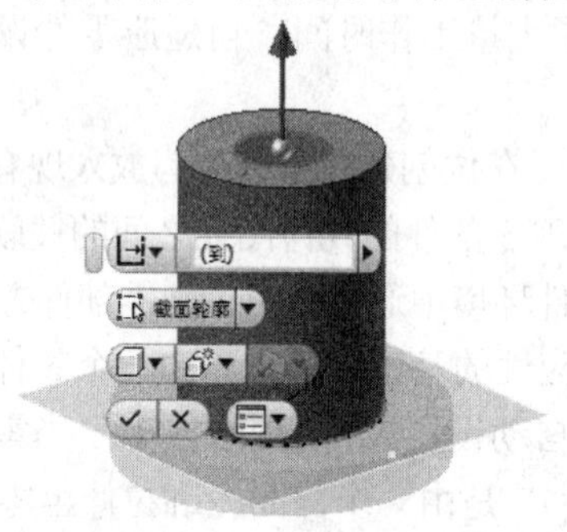

图4-74　拉伸环形截面轮廓

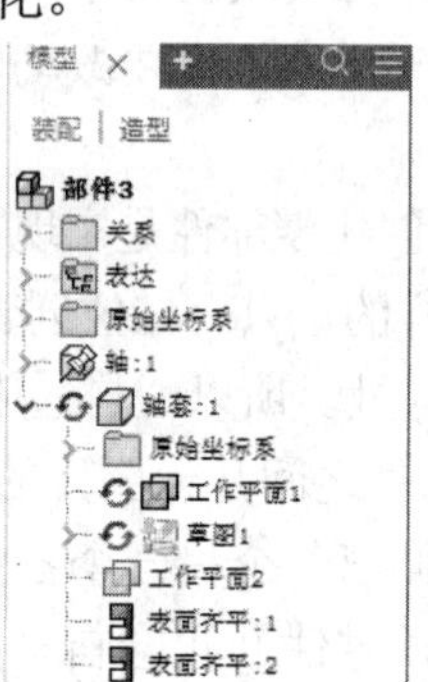

图4-75　轴套零件自动被设置为自适应

3．自适应垫片零件

通过另外一个示例来加深一下对自适应零件的自适应功能的理解。在这个示例中，需要为图 4-77 所示的零件设计一个垫片。垫片是通过拉伸零件端面几何图元投影得到的图形而得到的，垫片拉伸示意图如图 4-78 所示。显然垫片是自适应的，当零件的端面发生变化时，垫片会随之变化。双击零件以激活它，通过拉伸切削在零件上添加如图 4-79 所示的特征。此时可看到，垫片也随之变化，如图 4-80 所示。同样，改变零件上的孔的大小，则垫片也随之变化，如图 4-81 所示。

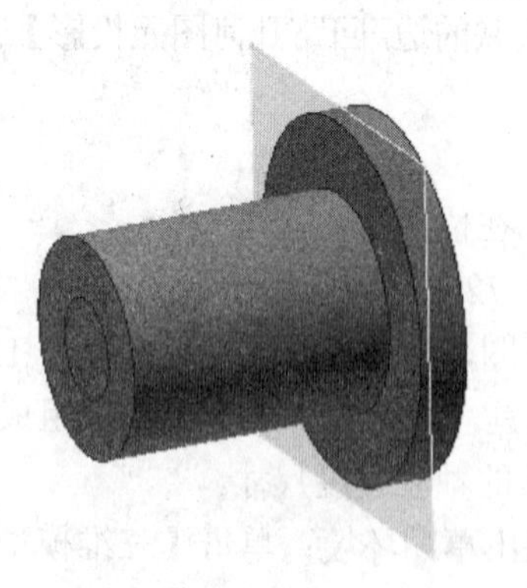

图4-76　轴和轴套部件

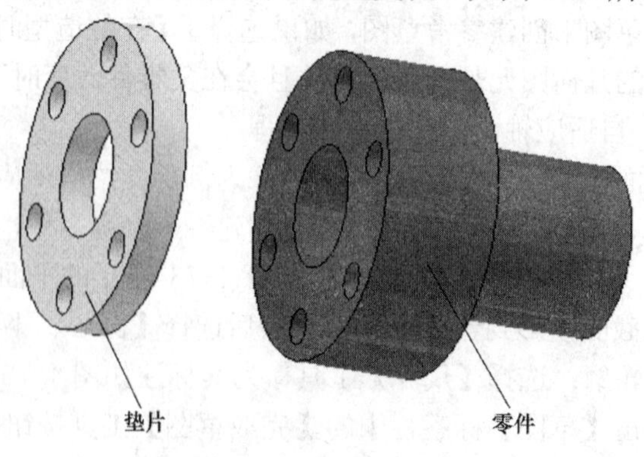

图4-77　零件及其垫片

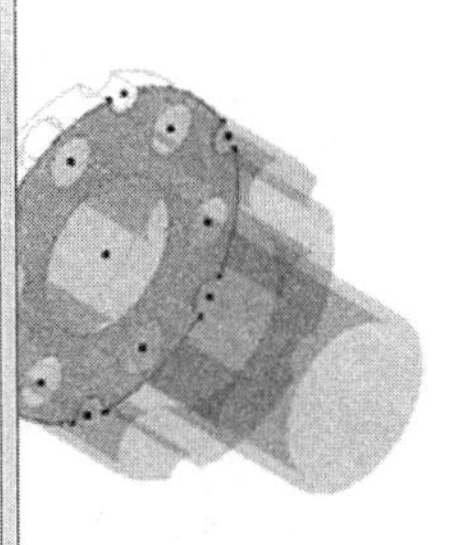

图4-78　垫片拉伸示意图

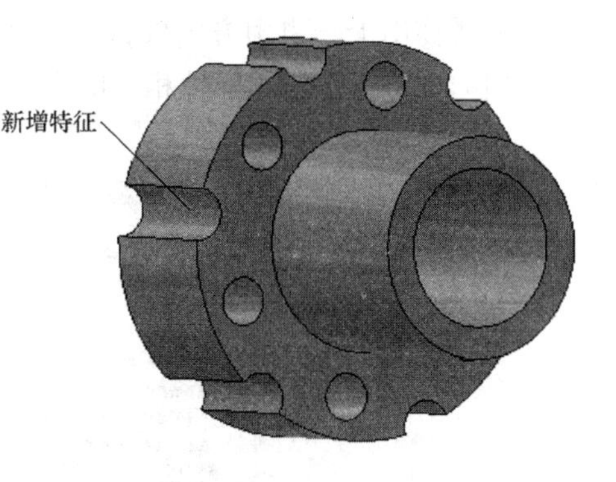

图4-79　为零件新增特征

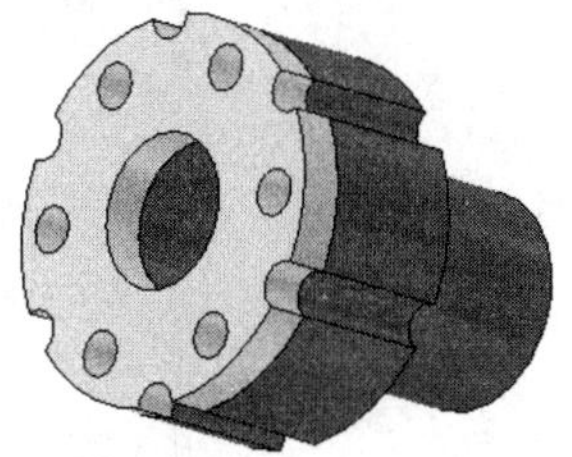
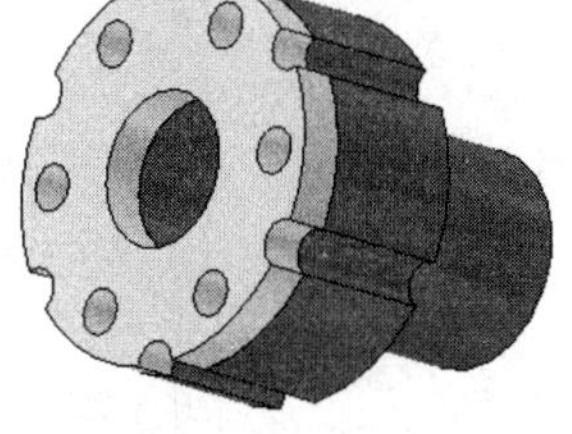

图4-80　垫片随零件外形变化而变化

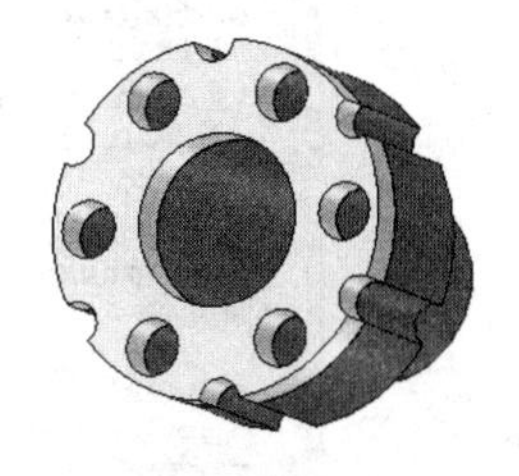

图4-81　零件的孔变化时垫片也随之变化

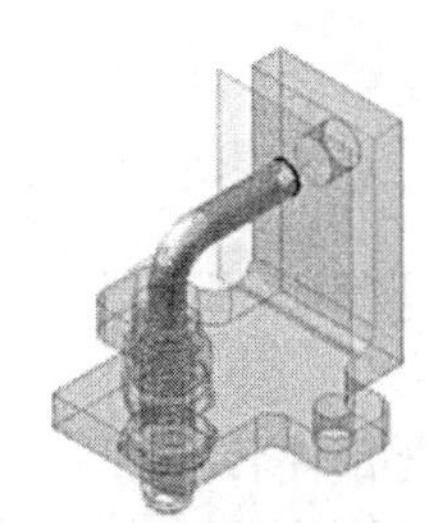

4.9　定制装配工作区环境

可以通过【工具】标签栏中的【应用程序选项】选项来对装配环境进行设置。

选择【工具】标签栏中的【应用程序选项】选项，则弹出【应用程序选项】对话框，选择【部件】选项卡，如图 4-82 所示。

1)【延时更新】复选框：在编辑零部件时利用该复选框，设置更新零部件的优先级。选择该复选框，则延迟部件更新，直到单击了该部件文件的【更新】按钮为止；取消选择该复选框，则在编辑零部件后自动更新部件。

2)【删除零部件阵列源】复选框：该复选框用于设置删除阵列元素时的默认状态。选择该复选框，则在删除阵列时删除源零部件；取消选择该复选框，则在删除阵列时保留源零部件引用。

3)【启用关系冗余分析】复选框：该复选框用于指定 Inventor 是否检查所有装配零部件，以进行自适应调整。默认设置为未选择。如果未选择该复选框，则 Inventor 将跳过辅助检查，辅助检查通常会检查是否有冗余关系并检查所有零部件的自由度，系统仅在显示自由度符号时才会更新自由度检查；选择该复选框后，Autodesk Inventor 将执行辅助检查，并在发现关系约束时通知用户，即使没有显示自由度，系统也将对其进行更新。

4)【特征的初始状态为自适应】复选框：控制新创建的零件特征是否可以自动设为自适应。

5)【剖切所有零件】复选框：控制是否剖切部件中的零件。子零件的剖视图方式与父零件相同。

6)【使用上一引用方向放置零部件】复选框：控制放置在部件中的零部件是否继承与上一个引用的浏览器中的零部件相同的方向。

图4-82 【部件】选项卡

7)【关系音频通知】复选框：选择此复选框，以在创建约束时播放提示音，取消选择此复选框，则关闭声音。

8)【在关系名称后显示零部件名称】复选框：是否在浏览器中的约束后附加零部件名称。

9)【在位特征】选项组：当在部件中创建在位零件时，可以通过设置该选项组来控制在位特征。选择【配合平面】选项，则设置构造特征得到所需的大小并使之与平面配合，但不允许它调整；选择【自适应特征】选项，则当其构造的基础平面改变时，自动调整在位特征的大小或位置；选择【在位造型时启用关联的边/回路几何图元投影】选项，则当部件中新建零件的特征时，将所选的几何图元从一个零件投影到另一个零件的草图来创建参考草图。投影的几何图元是关联的，并且会在父零件改变时更新。投影的几何图元可以用来创建草图特征。

10)【零部件不透明性】选项组：该选项组用来设置当显示部件截面时，哪些零部件以不透明的样式显示。如果选择【全部】选项，则所有的零部件都以不透明样式显示（当显示模式为着色或带显示边着色时）；选择【仅激活零部件】选项，则以不透明样式显示激活的零件，强调激活的零件，暗显未激活的零件。这种显示样式可忽略【显示选项】选项卡的一些设置。另外，也可以用【标准】工具栏中的【不透明性】按钮设置零部件的不透明性。

11)【缩放目标以便放置具有 iMate 的零部件】选项：该选项用于设置当使用 iMate 放置零部件时，图形窗口的默认缩放方式。选择【无】选项，则使视图保持原样，不执行任何缩放；选择【装入的零部件】选项，将放大放置的零件，使其填充图形窗口；选择【全部】选项，则缩放部件，使模型中的所有元素适合图形窗口。

4.10 自适应部件装配范例——剪刀

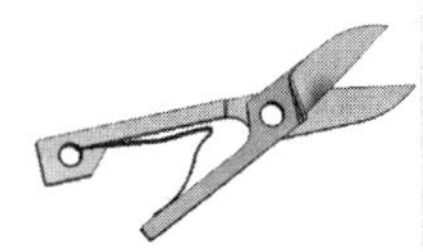

在完成了自适应零件的设计以后，就需要将它们组装成为部件。在包含自适应零件的部件中，一定要为零件尤其是自适应零件之间添加正确的约束，才能够使自适应零件能够随着其他具有装配关系的零件的变化而自动变化。

本节通过自适应部件装配范例——剪刀部件的装配，使读者对自适应部件装配有更深入的认识。剪刀的零部件模型在网盘的“\第 4 章\自适应剪刀”目录下。

1. 效果预览

剪刀部件如图 4-83 所示。剪刀部件主要由三个零件组成，即下刃、上刃和弹簧。其中弹簧是自适应零件，当剪刀上刃和下刃之间的角度变化时，弹簧能够自动调节自身的张开角度。

2. 弹簧的设计

弹簧是剪刀中的自适应零件，所以这里主要讲述一下弹簧的设计过程，其他两个零件的设计过程这里不再详细讲述。弹簧零件如图 4-84 所示。由于弹簧是个具有固定截面轮廓的零件，所以可以通过拉伸来造型。

图4-83 剪刀部件

1）在草图中绘制如图 4-85 所示的弹簧拉伸草图，并利用【尺寸】工具为其添加标注。注意，不能为两段弹簧之间添加角度尺寸，否则图形就会变成全尺寸约束图形，以该图形为截面轮廓创建的拉伸特征就无法设置为自适应。

图4-84 弹簧零件

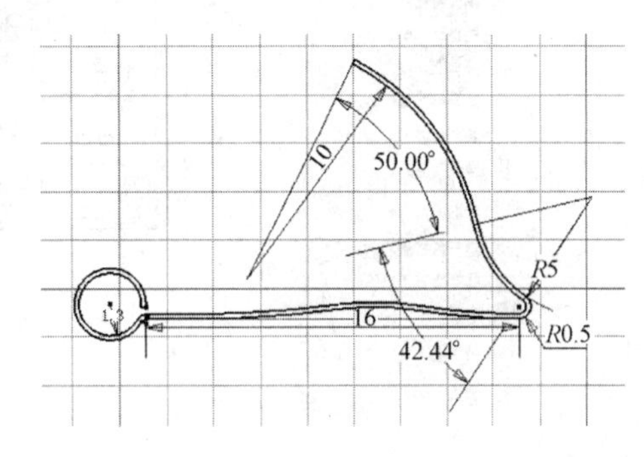

图4-85 弹簧拉伸草图

2）单击【草图】标签中的【完成草图】工具按钮✔，退出草图环境；单击【三维模型】标签栏【创建】面板中的【拉伸】工具按钮，弹出【拉伸】对话框。选择绘制的弹簧拉伸草图作为拉伸截面轮廓，设置终止方式为【距离】，拉伸深度为 2mm，弹簧拉伸示意图如图 4-86 所示。

3）单击【确定】按钮，完成弹簧零件的拉伸。

4）在浏览器中选择【拉伸】特征，单击右键，选择快捷菜单中的【自适应】选项，则弹簧成为自适应零件，如图 4-87 所示。

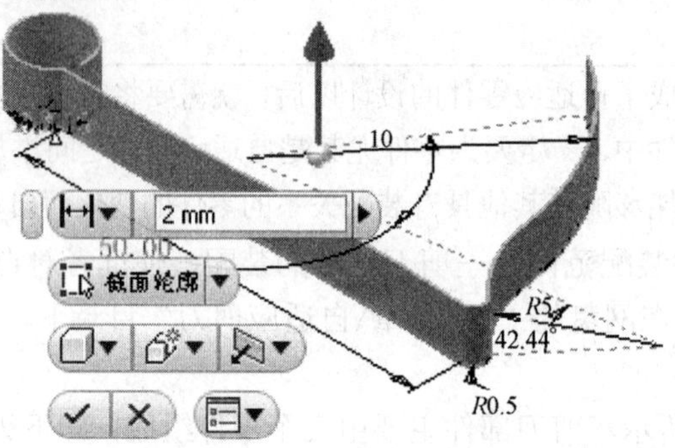

图4-86　弹簧拉伸示意图

3．部件装配

1）刀刃装配。单击【装配】标签栏【零部件】面板中的【放置】工具按钮，将剪刀部件的三个零件装入到绘图区域中。首先将上刃零件和下刃零件装配在一起。单击【装配】标签栏【位置】面板中的【约束】工具按钮，弹出【放置约束】对话框；选择【插入】装配约束，具体的装配按照如图 4-88 所示的插入装配示意图进行。单击【确定】按钮完成剪刀主体装配，如图 4-89 所示。

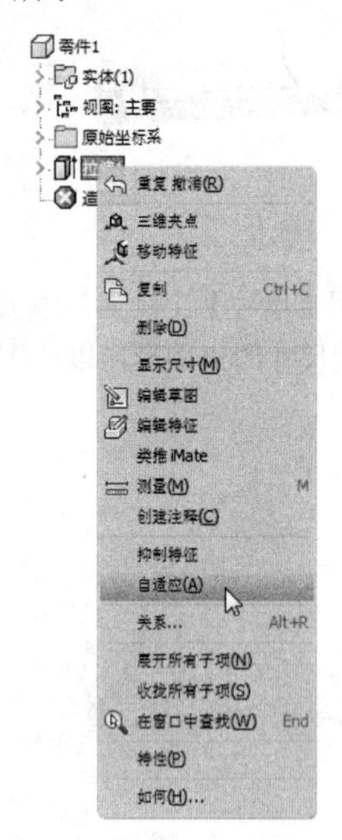

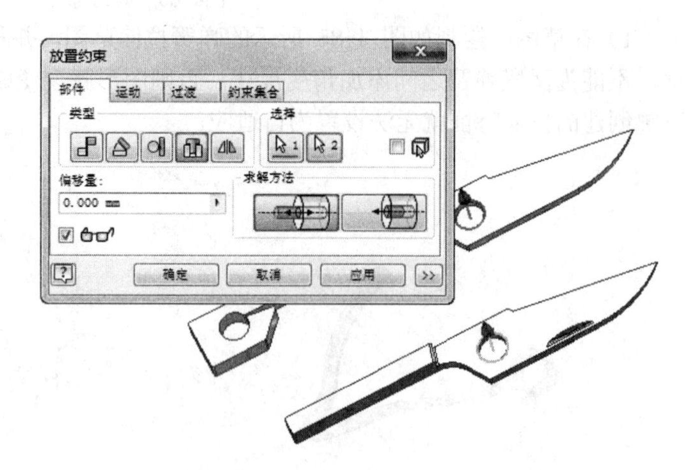

图4-87　设置弹簧为自适应零件　　　　图4-88　插入装配示意图

2）弹簧装配。单击【装配】标签栏【位置】面板中的【约束】工具按钮，弹出【放置约束】对话框；选择【插入】装配约束，将弹簧的一端装入下刃零件的对应孔中，装配示意图如图 4-90 所示，单击【确定】按钮完成弹簧一端的装配，如图 4-91 所示。

此时可以看到，弹簧能够随意被鼠标拖动而发生转动，且在转动过程中有时与下刃零件之间有干涉，所以应该将弹簧固定在一个正确的位置上。这时可以采用【角度】装配约束。单击【装配】标签栏【位置】面板上的【约束】工具按钮，弹出【放置约束】对话框，选择【角度】装配约束，具体的装配按照图 4-92 所示的角度装配示意图进行。单击【确定】按钮完成弹簧的对准角度装配，如图 4-93 所示。

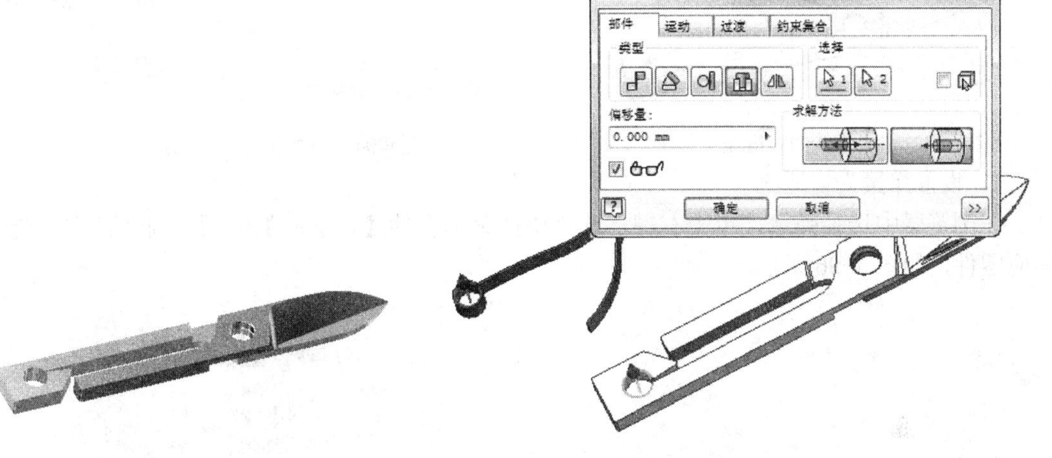

图4-89　完成剪刀主体装配　　图4-90　弹簧装配示意图

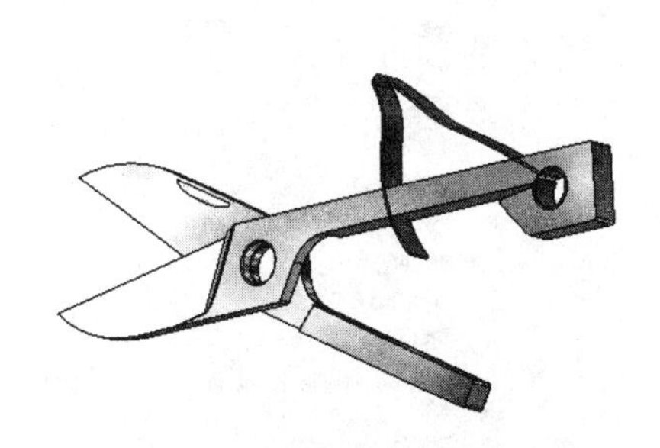

图4-91　完成弹簧一端的装配

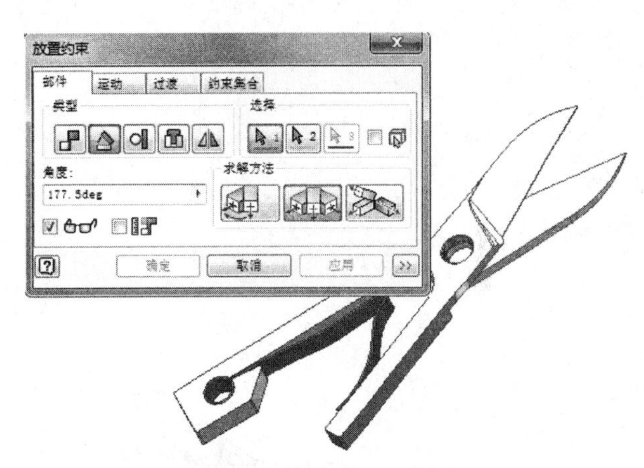

图4-92　角度装配示意图

注 意

读者在练习时，在【放置约束】对话框中所设定的角度可能与图 4-90 中所示的不同，这无关紧要，只要弹簧能够处于正确的位置，不与剪刀体发生干涉即可。

3）完成弹簧另外一端的安装。对于弹簧的另外一端，要求与上刃零件相切，所以可以采用【相切】装配约束。单击【装配】标签栏【位置】面板中的【约束】工具按钮，弹出【放置约束】对话框，选择【相切】装配约束，选择如图 4-94 中所示的剪刀上刃体的装配表面和弹簧的一个相切表面作为装配选择元素，其他设置如图 4-94 所示。单击【确定】按钮，完成相切装配，如图 4-95 所示。

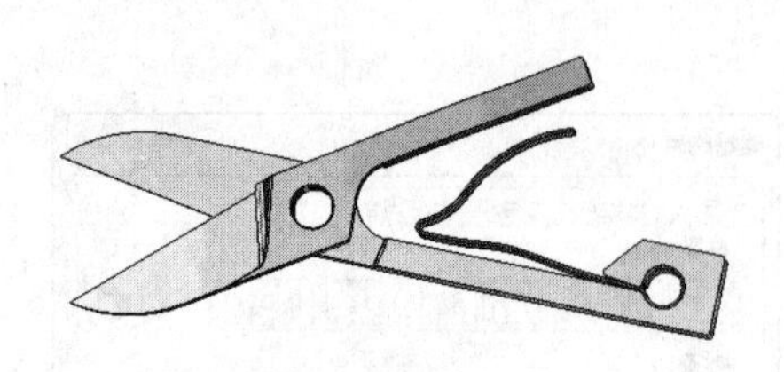

图4-93　完成弹簧的对准角度装配

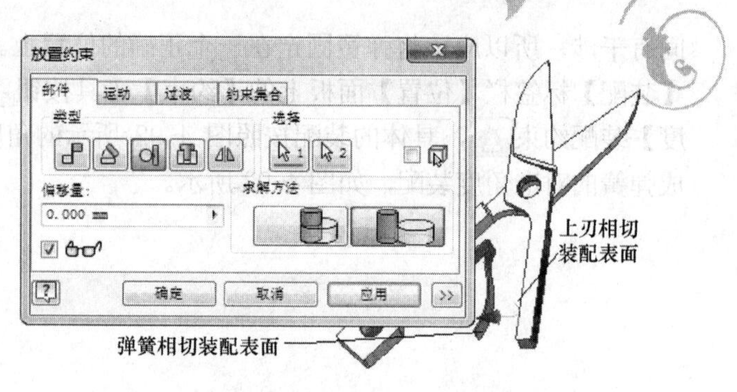

图4-94　添加相切约束示意图

4．设置弹簧为自适应

在浏览器中选择弹簧，单击右键，选择快捷菜单中的【自适应】选项，则弹簧零件变为自适应零件，如图 4-96 所示。

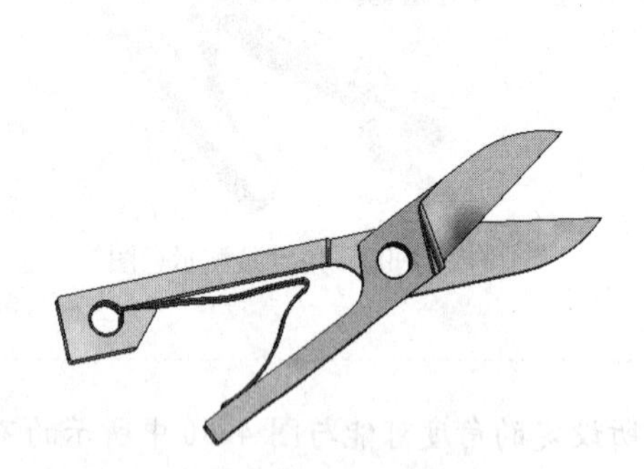

图4-95　完成相切装配

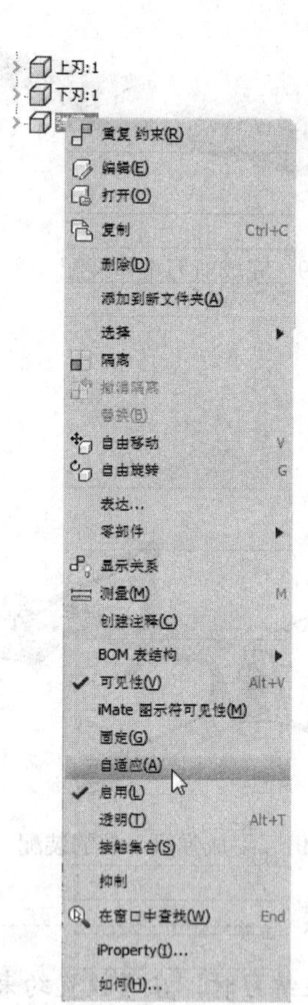

图4-96　设置弹簧为自适应零件

5．观察弹簧自适应效果

为了观察弹簧能够随着剪刀张开角度变化而变化的自适应效果，需要添加【角度】装配约束，以使得剪刀的张开角度能够自由变化。单击【装配】标签栏【位置】面板中的【约束】工具按钮，弹出【放置约束】对话框；选择【角度】装配约束，具体装配设置按照图 4-98 所示的角度装配示意图选择。单击【确定】按钮，完成装配约束的添加。

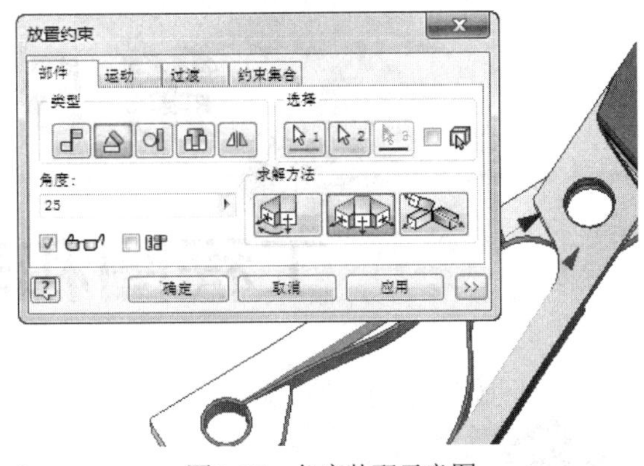

图4-97　角度装配示意图

改变对准角度约束中设定的角度，剪刀的张开角度就会变化，单击该【角度】装配约束，则在浏览器的下方出现角度设置文本框，可以任意指定角度值。在图4-98中设置张开角度为25°，图4-99中设置张开角度为40°，可以看到弹簧能够随着张开角度的变化而自动变化；也可以通过驱动约束的方法动态地观察在剪刀张开过程中的弹簧变化情况。在浏览器中选择【角度】装配约束，单击右键，在快捷菜单中选择【驱动】选项，则弹出【驱动】对话框，设定起始位置和终止位置为25°和40°，注意一定要选择【驱动自适应】复选框，如图4-100所示。单击【正向】按钮（见图4-101）开始播放，则可以看到弹簧随着剪刀张开角度变化而变化的动态过程。

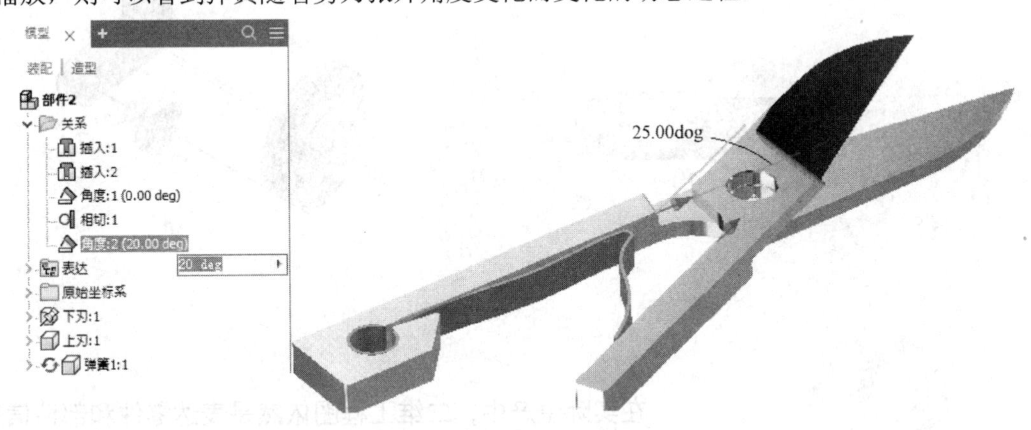

图4-98　设置张开角度为25°

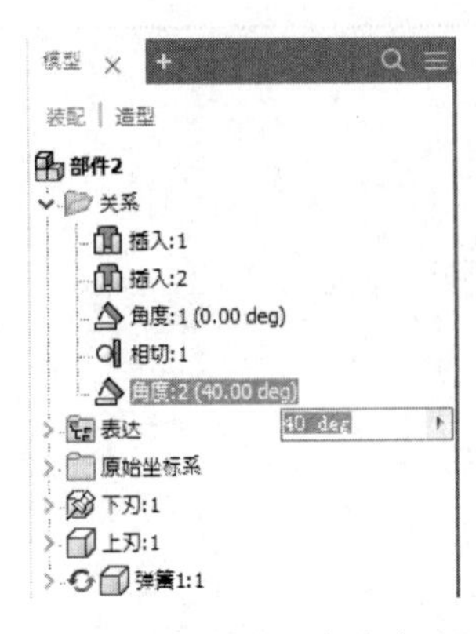

图4-99　设置张开角度为40°

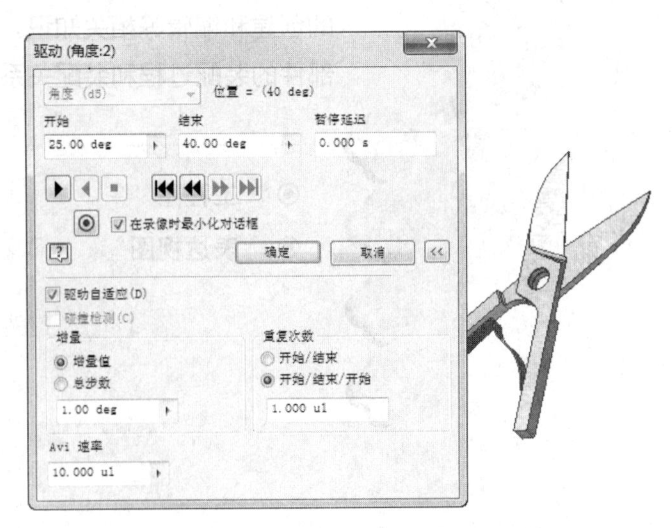

图4-100　选择【驱动自适应】复选框

第 5 章

工程图和表达视图

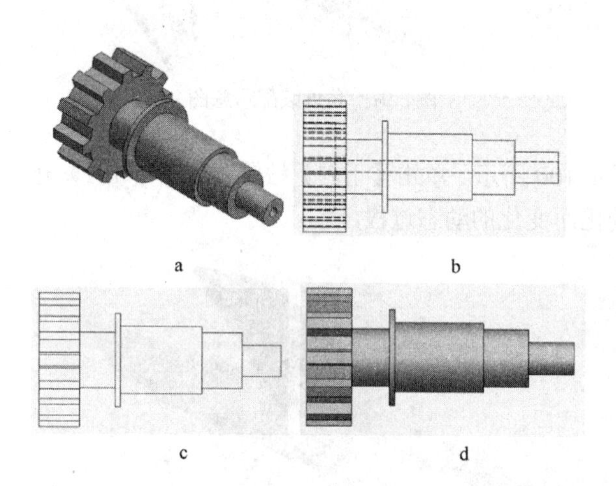

a　　b　　c　　d

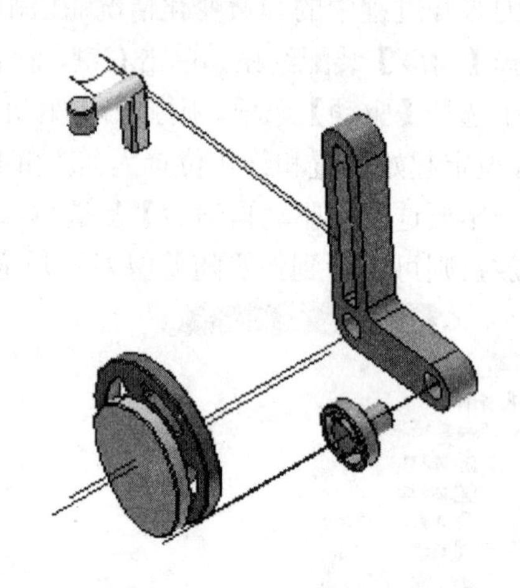

导读

在实际生产中，二维工程图依然是表达零件和部件信息的一种重要方式。本章重点讲述了 Inventor 中二维工程图的创建和编辑等相关知识。此外，本章还介绍了用来表达零部件的装配过程和装配关系的表达视图的有关知识。

精彩内容

- 工程图
- 表达视图

5.1 工程图

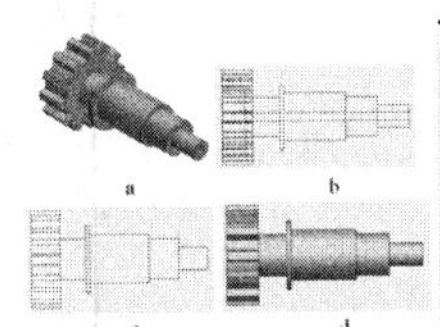

在前面的章节中，我们已经领会了 Inventor 强大的三维造型功能。但是就目前国内的加工制造条件来说，还不能够达到无图化加工生产的条件，工人还必须依靠二维工程图来加工零件，依靠二维装配图来组装部件。因此，二维工程图仍然是表达零部件信息的一种重要的方式。

图 5-1 所示为在 Inventor 中创建的零件的二维工程图，图 5-2 所示为在 Inventor 中创建的部件的装配图。

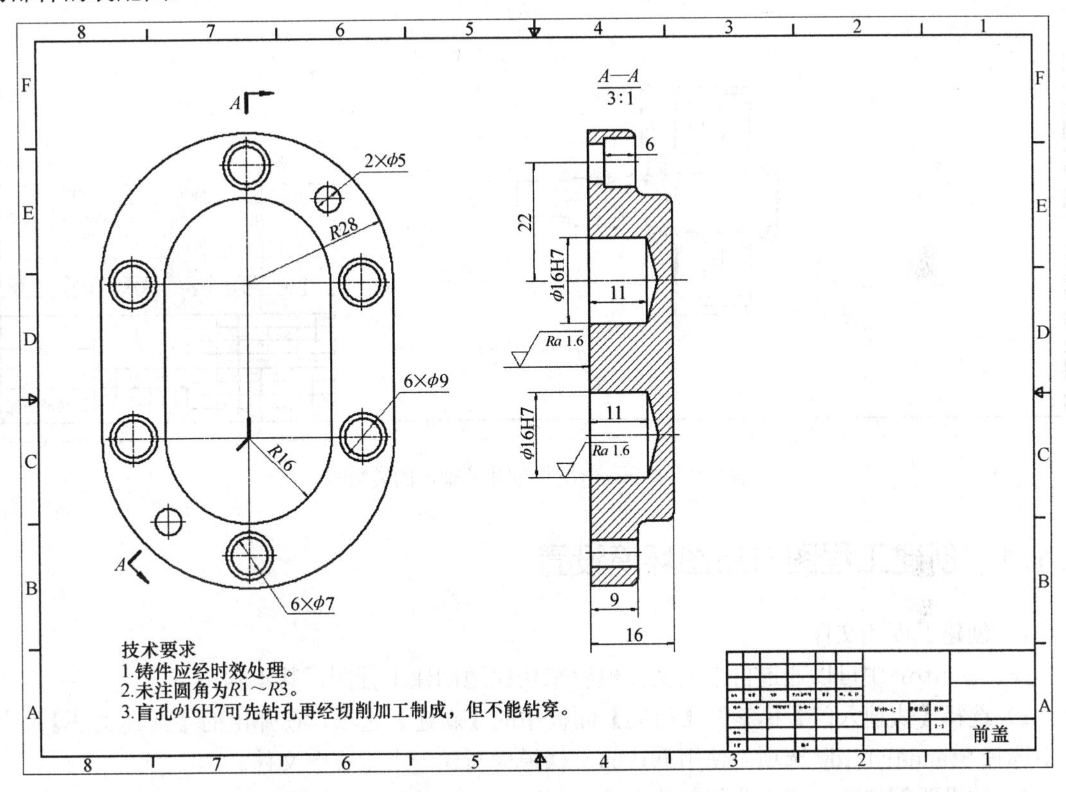

图5-1 在Inventor中创建的零件的二维工程图

与 Autodesk 公司的二维绘图软件 AutoCAD 相比，Inventor 的二维绘图功能更加强大和智能：

1）Inventor 可以自动由三维零部件生成二维工程图，不管是基础的三视图，还是局部视图、剖视图、打断视图等等，都可以十分方便、快速地生成。

2）由实体生成的二维图也是参数化的，二维、三维双向关联，如果更改了三维零部件的尺寸参数，那么它的工程图上的对应尺寸参数将自动更新；也可以通过直接修改工程图上的零件尺寸而对三维零件的特征进行修改。

3）有些时候，快速创建二维工程图要比设计实体模型具有更高的效率。使用 Autodesk Inventor，用户可以创建二维参数化工程图视图，这些视图也可以用作三维造型的草图。

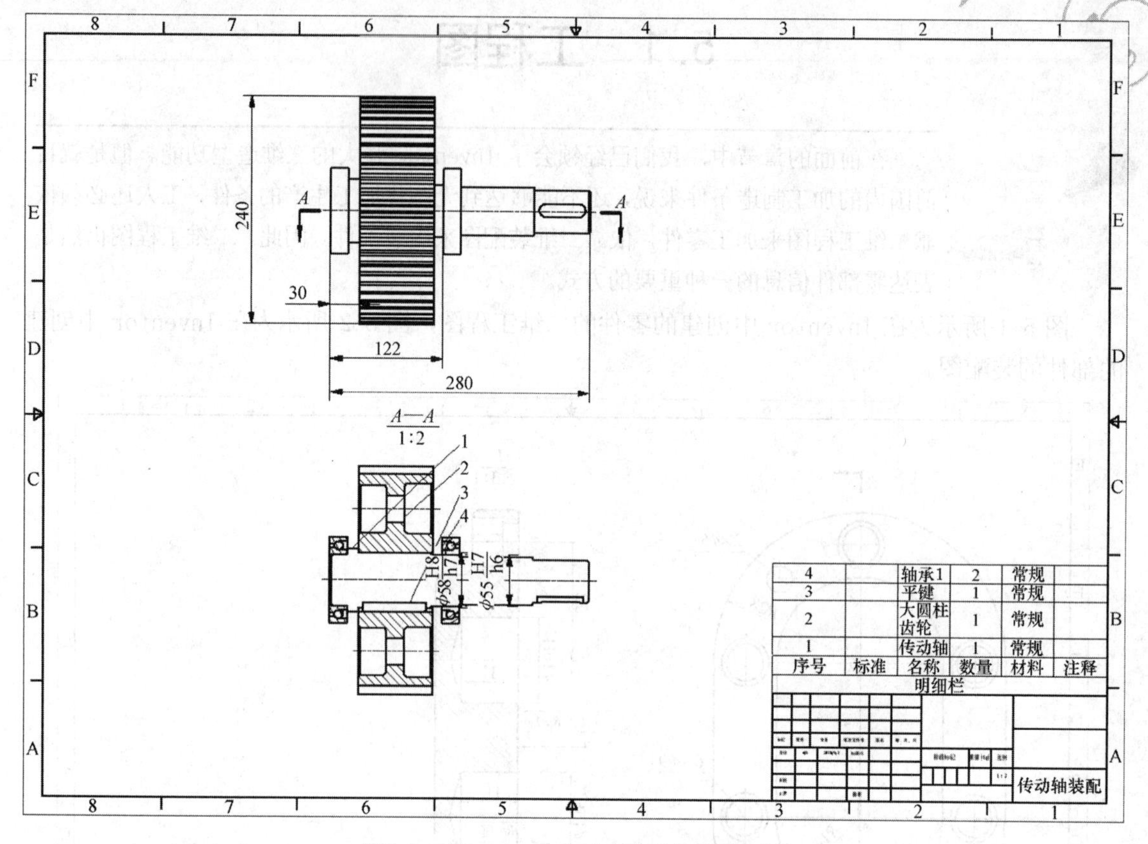

图5-2　在Inventor中创建的部件的装配图

5.1.1　创建工程图与绘图环境设置

1. 创建工程图文件

在 Inventor 中可以通过自带的文件模板来快捷地创建工程图，其步骤如下：

1）选择【快速入门】标签栏【启动】面板中的【新建】选项，在弹出的【新建文件】对话框中选择 Standard.idw 选项，使用默认的文档模板新建一个工程图文件。

2）如果要创建英制或者公制单位下的工程图，可以从该对话框的 English 或者 Metric 选项卡中选择对应的模板文件（*.idw）即可。

3）在 Metric 选项卡中还提供了很多不同标准的模板，其中，模板的名称代表了该模板所遵循的标准，如ISO.idw是符合ISO国际标准的模板，ANSI.idw则符合ANSI美国国家标准，GB.idw符合中国国家标准等。用户可以根据不同的环境，选择不同的模板以创建工程图。

4）需要说明一点，在安装 Inventor 时，需要选择绘图的标准，如 GB 或 ISO 等，然后在创建工程图时，会自动按照安装时选择的标准创建图样。

5）单击【确定】按钮，完成工程图文件的创建。

2. 编辑图纸

要设置当前工程图的名称、大小等，可以在浏览器中的图纸名称单击右键，在快捷菜单中

选择【编辑图纸】选项，则弹出【编辑图纸】对话框，如图 5-3 所示。

在该对话框中：

1）可以设定图纸的名称，设置图纸的大小，如 A4、A2 图纸等；也可以自定义图纸的高度和宽度；可以设置图纸的方向，如纵向或者横向等。

2）选择【不予计数】复选框，则所选择图纸部算在工程图的计数之内，选择【不予打印】复选框，则在打印工程图时不打印所选图纸。

3）【编辑图纸】对话框中的参数设置主要是为了满足在不同类型打印机中打印图纸的需要。如果在普通的家用或者办公打印机中打印图纸，图纸的大小最大只能设定为 A4，因为这些打印机最大只能支持 A4 图幅的打印。

3. 编辑图纸的样式和标准

如果要对工程图环境进行更加具体的设定，可以选择【管理】标签栏【样式和标准】面板中的【样式编辑器】选项，用以选择工程图的标准，以及对所选择的标准下的图纸参数进行修改。选择【样式编辑器】选项后弹出的【样式和标准编辑器】对话框如图 5-4 所示。可以在该对话框中设置长度单位、中心标记样式、各种线如可见边、剖切线等的样式、图纸的颜色、尺寸样式、几何公差符号、焊接符号、尺寸样式和文本样式等。在【样式和标准编辑器】对话框左下方有一个【导入】按钮，通过该按钮可以将样式定义文件(*.styxml)中定义的样式应用到当前的文档样式设置中来。

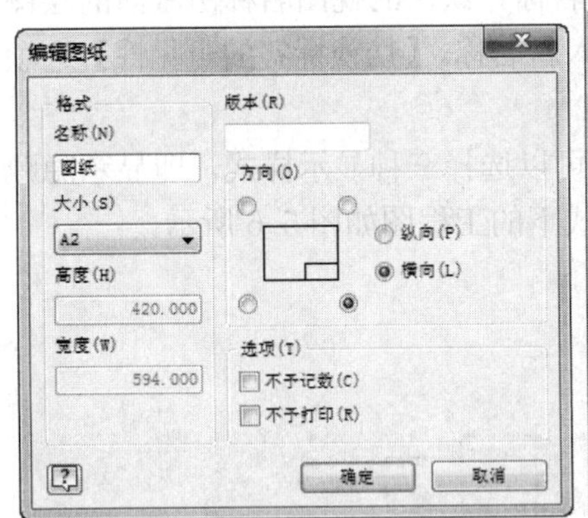

图5-3 【编辑图纸】对话框

图5-4 【样式和标准编辑器】对话框

4. 创建和管理多个图纸

可以在一个工程图文件中创建和管理多个图纸，

1）要新建图纸，可以在浏览器内单击右键，从弹出的快捷菜单中选择【新建图纸】选项即可。

2）要删除图纸，选择该图纸，单击右键，选择弹出的快捷菜单中的【删除图纸】选项即可。

3）要复制一幅图纸，则需要选择快捷菜单中的【复制】选项。

4）虽然在一幅工程图中允许有多幅图纸，但是只能有一个图纸同时处于激活状态，图纸只有

处于激活状态，才可以进行各种操作，如创建各种视图。要激活图纸，选择该图纸后单击右键，在快捷菜单中选择【激活】即可。在浏览器中，激活的图纸将被亮显，未激活的图纸将暗显。

5.1.2 基础视图

新工程图中的第一个视图是基础视图，基础视图是创建其他视图如剖视图、局部视图的基础。用户也可以随时为工程图添加多个基础视图。

要创建基础视图，可以单击【放置视图】标签栏【创建】面板中的【基础视图】工具按钮，弹出【工程视图】对话框，如图 5-5 所示。下面分别说明创建工程图的各个关键要素。

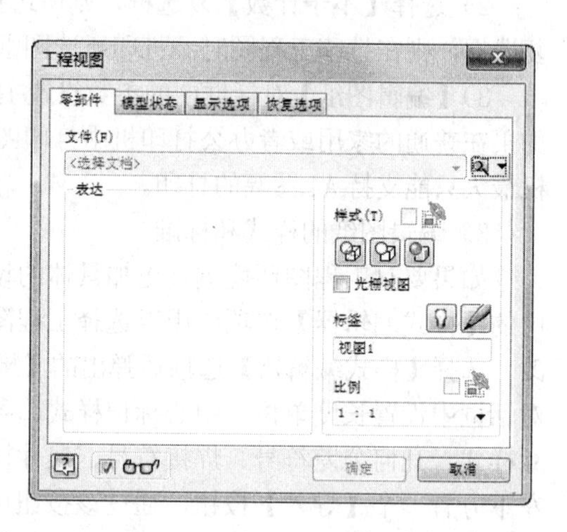

图5-5 【工程视图】对话框

1.【零部件】选项卡

1）【文件】选项：用来指定要用于工程视图的零件、部件或表达视图文件。单击【打开现有文件】按钮浏览并选择文件。

2）【比例】选项：用来设置生成的工程视图相对于零件或部件的比例。另外在编辑从属视图时，该选项可以用来设置视图相对于父视图的比例。可以在文本框中输入所需的比例，或者单击下三角按钮，从下拉列表中选择。

3）视图【标签】选项：【标签】选项用于指定视图的名称。默认的视图名称由激活的绘图标准所决定，要修改名称，可以选择编辑框中的名称并输入新名称。【切换标签的可见性】选项用于显示或隐藏视图名称。

4）【样式】选项：用于定义工程图视图的显示样式，可以选择三种显示样式，即显示隐藏线、不显示隐藏线和着色。同一个零件及其在三种显示样式下的工程图如图 5-6 所示。

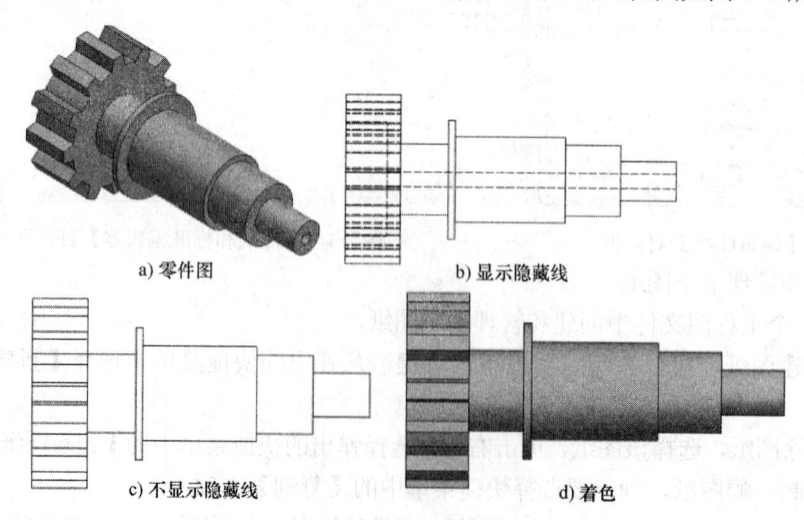

a) 零件图　b) 显示隐藏线　c) 不显示隐藏线　d) 着色

图5-6 同一个零件及其在三种显示样式下的工程图

2.【模型状态】选项卡

如图 5-7 所示，【模型状态】选项卡可用于指定要在工程视图中使用的焊接件状态和 iAssembly 或 iPart 成员；指定参考数据，如线样式和隐藏线计算配置。

1)【焊接件】选项组：仅在选定文件包含焊接件时可用。选择要在视图中表达的焊接件状态。准备分隔符行下列出了所有处于准备状态的零部件。

2)【成员】选项：对于 iAssembly 工厂，选择要在视图中表达的成员。

3)【参考数据】选项组：用于设置视图中参考数据的显示。

- 【线样式】：为所选的参考数据设置线样式，在下拉列表中选择样式，可选样式有【按参考零件】、【按零件】和【关】。
- 【边界】：可以通过设置【边界】选项的值来查看更多参考数据。设置边界值可以使得边界在所有边上以指定值扩展。
- 【隐藏线计算】：可以指定是计算【所有实体】的隐藏线还是计算【分别参考数据】的隐藏线。

图5-7 【模型状态】选项卡

3.【显示选项】选项卡

【显示选项】用于设置工程视图的元素是否显示。注意，只有适用于指定模型和视图类型的选项才可用。可以选择或者清除一个选项来决定该选项对应的元素是否可见。

在【工程视图】对话框中选择了要创建工程图的零部件以后，图纸区域内出现要创建的零部件视图的预览，可以通过移动鼠标把视图放置到合适的位置。当【工程视图】对话框中所有的参数都已经设定完毕以后，单击【确定】按钮或者在图纸上单击左键，即可完成基础视图的创建。

要编辑已经创建的基础视图，可以：

1）将鼠标移动到创建的基础视图上，则视图周围出现红色虚线形式的边框。当将鼠标移动到边框的附近时，指针旁边出现移动符号，此时按住左键就可以拖动视图，以改变视图在图纸中的位置。

2）在视图上单击右键，则会弹出快捷菜单。

- 选择快捷菜单中的【复制】和【删除】选项可以复制和删除视图。
- 选择【打开】选项，则会在新窗口中打开要创建工程图的源零部件。

- 在视图上双击左键，则重新打开【工程视图】对话框，用户可以修改其中可以进行修改的选项。
- 选择【对齐视图】或者【旋转】选项可以改变视图在图纸中的位置。

如果要为部件创建基础视图，方法和步骤同上所述。图 5-8 所示为在同一幅图纸中创建的三个零部件的基础视图。

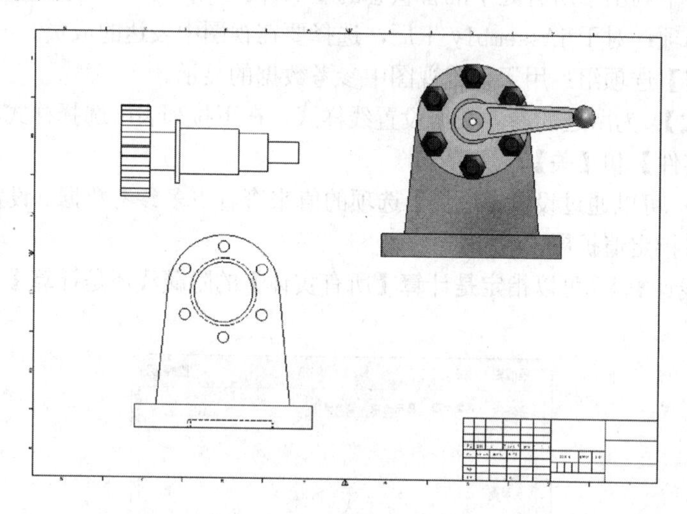

图5-8　零部件的基础视图

4.【恢复选项】选项卡

如图 5-9 所示，【恢复选项】选项卡用于定义在工程图中对曲面、网格实体以及模型尺寸和定位特征的访问。

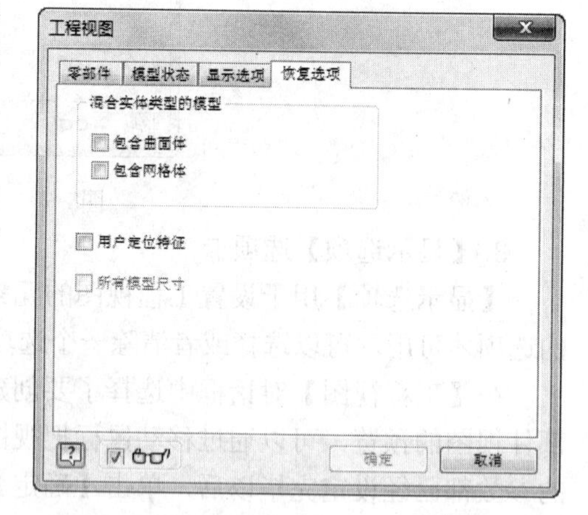

图5-9　【恢复选项】选项卡

（1）【混合实体类型的模型】选项组

① 【包含曲面体】复选框：可控制工程视图中曲面体的显示。该复选框默认情况下处于选中状态，用于包含工程视图中的曲面体。

② 【包含网格实体】复选框：可控制工程视图中网格实体的显示。该复选框默认情况下处于选中状态，用于包含工程视图中的网格实体。

（2）【所有模型尺寸】复选框　选择该复选框以检索模型尺寸。只显示与视图平面平行并且没有被图纸上现有视图使用的尺寸；取消选择该复选框，则在放置视图时不带模型尺寸。

如果模型中定义了尺寸公差，则模型尺寸中会包括尺寸公差。

（3）【用户定位特征】复选框　模型中恢复定位特征，并在基础视图中将其显示为参考线。选择该复选框，包含定位特征。此设置仅用于最初放置基础视图，若要在现有视图中包含或排除定位特征，请在【模型】浏览器中展开视图节点，然后在模型上单击鼠标右键。选择【包含定位特征】，然后在【包含定位特征】对话框中指定相应的定位特征。或者，在定位特征上单击鼠标右键，然后选择【包含】。

若要从工程图中排除定位特征，在单个定位特征上单击鼠标右键，然后清除【包含】复选框。

5.1.3 投影视图

创建了基础视图以后，可以利用一角投影法或者三角投影法创建投影视图。在创建投影视图前，必须首先创建一个基础视图。图 5-10 中所示为利用一个基础视图创建三个投影视图，即俯视图，左视图和轴测图。

创建投影视图的基本步骤如下：

1）单击【放置视图】标签栏【创建】面板中的【投影视图】工具按钮，用左键单击图纸上的一个基础视图。

2）向不同的方向拖动鼠标以预览不同方向的投影视图。如果竖直向上或者向下拖动鼠标，则可以创建仰视图或者俯视图，如图 5-10 中的俯视图；水平向左或者向右拖动鼠标则可以创建左视图或者右视图，如图 5-10 中的左视图；如果向图纸的四个角处拖动则可以创建轴测视图，如图 5-10 中的轴测视图。

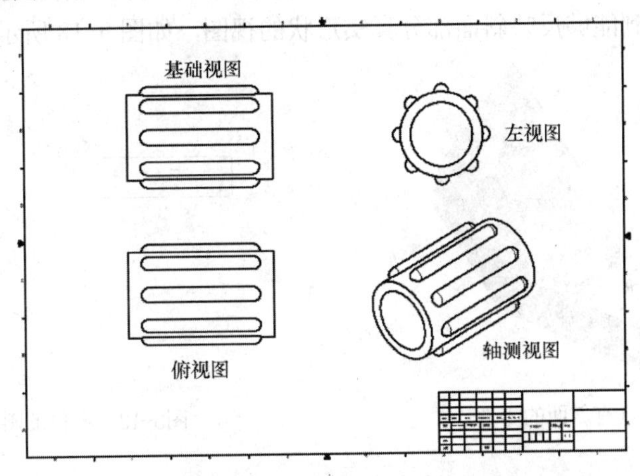

图5-10 利用一个基础视图创建三个投影视图

3）确定投影视图的形式和位置后，单击鼠标左键，指定投影视图的位置。

4）此时在鼠标单击的位置处出现一个矩形轮廓，单击右键，在快捷菜单中选择【创建】选项，则在矩形轮廓内部创建投影视图。创建完毕后矩形轮廓自动消失。

由于投影视图是基于基础视图创建的，因此常称基础视图为父视图，称投影视图以及其他以基础视图为基础创建的视图为子视图。在默认的情况下，子视图的很多特性继承自父视图：

1）如果拖动父视图，则子视图的位置随之改变，以保持和父视图之间的位置关系。

2）如果删除了父视图，则子视图也同时被删除。

3）子视图的比例和显示方式与父视图保持一致，当修改父视图的比例和显示方式时，子视图的比例和显示方式也随之改变。

但是有两点需要特别注意：

1）虽然轴测图也是从基础视图创建的，但是它独立于基础视图。当移动基础视图时，轴测图的位置不会改变。修改父视图的比例，轴测图的比例不会随之改变。如果删除基础视图，则测视图不会被删除。

2）虽然子视图的比例和显示方式继承自父视图，但是可以指定这些特征不再与父视图之间存在关联。可以在【工程视图】对话框中通过清除【与基础视图样式一致】选项来去除父视图与子视图的比例联系。关于投影视图的编辑以及复制、删除等均与基础视图相同，读者可以参考基础视图部分的相关内容。

当创建了投影视图后，浏览器中会显示对应的视图名称，并且显示了视图之间的关系，子视图位于父视图的下方并且包含在父视图内，如图 5-11 所示。

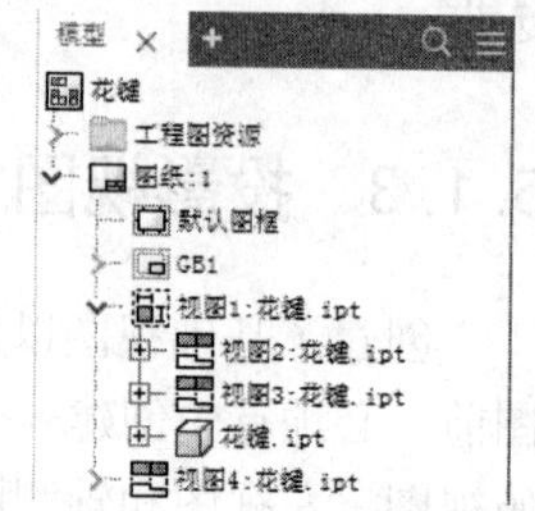

图5-11　浏览器中的视图名称以及关系

5.1.4　斜视图

当零件的某个表面与基本投影面有一定的夹角时，在基本视图上就无法反映该部分的真实形状，如图 5-12 所示零件的斜面部分。这时可以改变投影的方向，沿着与斜面部分垂直的方向投影，那么就可以得到能够反映斜面部分真实形状的视图，如图 5-13 所示。

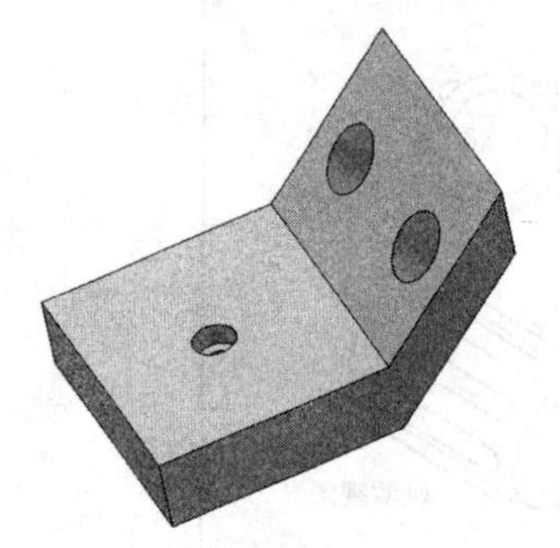

图5-12　具有斜面的零件

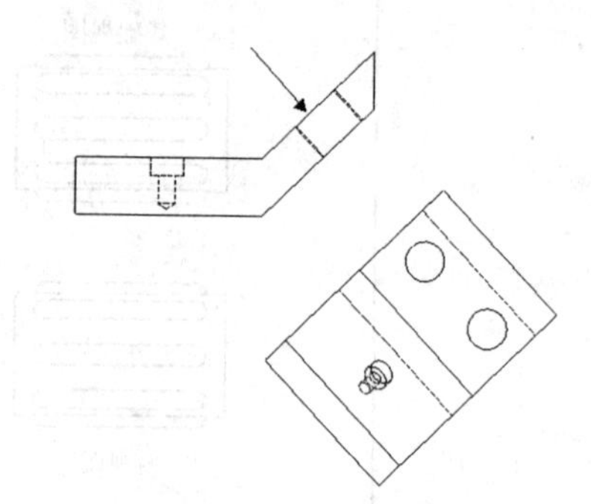

图5-13　零件的斜视图

可以从父视图中的一条边或直线投影来放置斜视图，得到的视图将与父视图在投影方向上对齐。创建斜视图的一般步骤如下：

1）要创建斜视图，当前图纸上必须有一个已经存在的视图，单击【放置视图】标签栏【创建】面板中的【斜视图】工具按钮，选择一个基础视图，然后会弹出【斜视图】对话框，如图 5-14 所示。

2）在【斜视图】对话框中，指定视图的视图标识符和缩放比例等基本参数以及显示方式。

3）此时鼠标指针旁边出现一条直线标志，选择垂直于投影方向的平面内的任意一条直线，此时移动鼠标则出现斜视图的预览。

4）在合适的位置上单击左键，或者单击【斜视图】对话框中的【确定】按钮，则斜视图被创建。

斜视图的编辑与前面所讲述的投影视图、基础视图的的编辑方法是一样的，这里不再赘述。

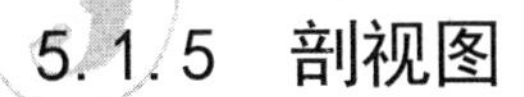

5.1.5 剖视图

剖视图是表达零部件上被遮挡的特征以及部件装配关系的有效方式。在 Inventor 中，可以从指定的父视图通过单一剖切面、几个平行的剖切平面和几个相交的剖切平面创建剖视图，也可以使用【剖视】创建斜视图或局部视图的视图剖切线。图 5-15 所示为在 Inventor 中创建的剖视图。

图5-14 【斜视图】对话框

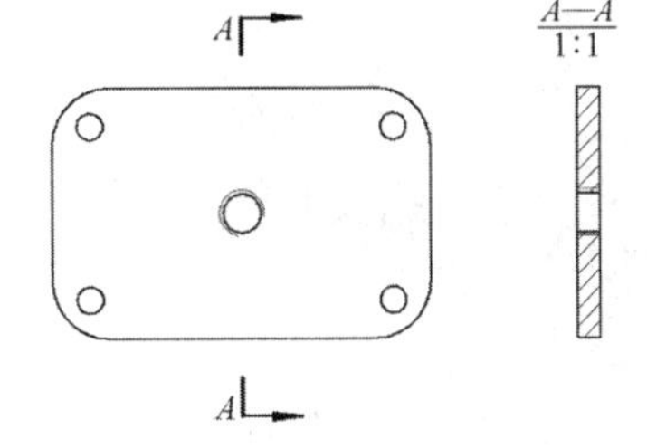

图5-15 在Inventor中创建的剖视图

创建剖视图的步骤如下：

1）单击【放置视图】标签栏【创建】面板中的【剖视】工具按钮，选择一个父视图，这时鼠标形状变为十字形。

2）单击左键设置视图剖切线的起点，然后单击以确定剖切线的其余点，视图剖切线上点的个数和位置决定了剖视图的类型。

3）当剖切线绘制完毕后，单击右键，在快捷菜单中选择【继续】选项，此时弹出【剖视图】对话框，如图 5-16 所示。可以设置视图标识符、比例、显示方式等参数，选择【剖切深度】选项，可以设置剖切深度为【全部】，则零部件被完全剖切；也可以选择【距离】方式，则按照指定的深度进行剖切。【切片】选项组包含【包括切片】选项；如果选择此复选框，则会根据浏览器属性创建包含一些切割零部件和剖视零部件的剖视图；选择【剖切整个零件】复选框，则会取代浏览器属性，并会根据剖视线几何图元切割视图中的所有零部件。剖视线未交叉的零部件将不会参与结果视图。

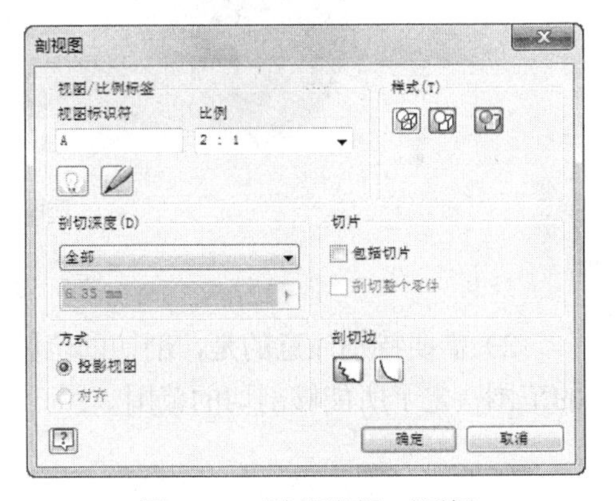

图5-16 【剖视图】对话框

4）图纸内出现剖视图的预览，移动鼠标以选择创建位置。

5）确定好视图位置以后，单击左键或者单击【剖视图】对话框中的【确定】按钮以完成剖视图的创建。

创建剖视图最关键的步骤是如何正确选择剖切线以及投影方向，使得生成的剖视图能够恰当地表现零件的内部形状或者部件的装配关系。有以下几点值得注意：

1）一般来说，剖切面由绘制的剖切线决定，剖切面过剖切线且垂直于屏幕方向。对于同一个剖切面，不同的投影方向生成的剖视图也不相同。因此，在创建剖视图时，一定要选择合适的剖切面和投影方向。在图 5-17 所示的具有内部凹槽的零件中，要表达零件内壁的凹槽，必须使用剖视图。为了表现方形的凹槽特征和圆形的凹槽特征，必须创建不同的剖切平面。要表现方形凹槽，所选择的剖切平面以及生成的剖视图如图 5-18 所示，要表现圆形凹槽，所选择的剖切平面以及生成的剖视图如图 5-19 所示。

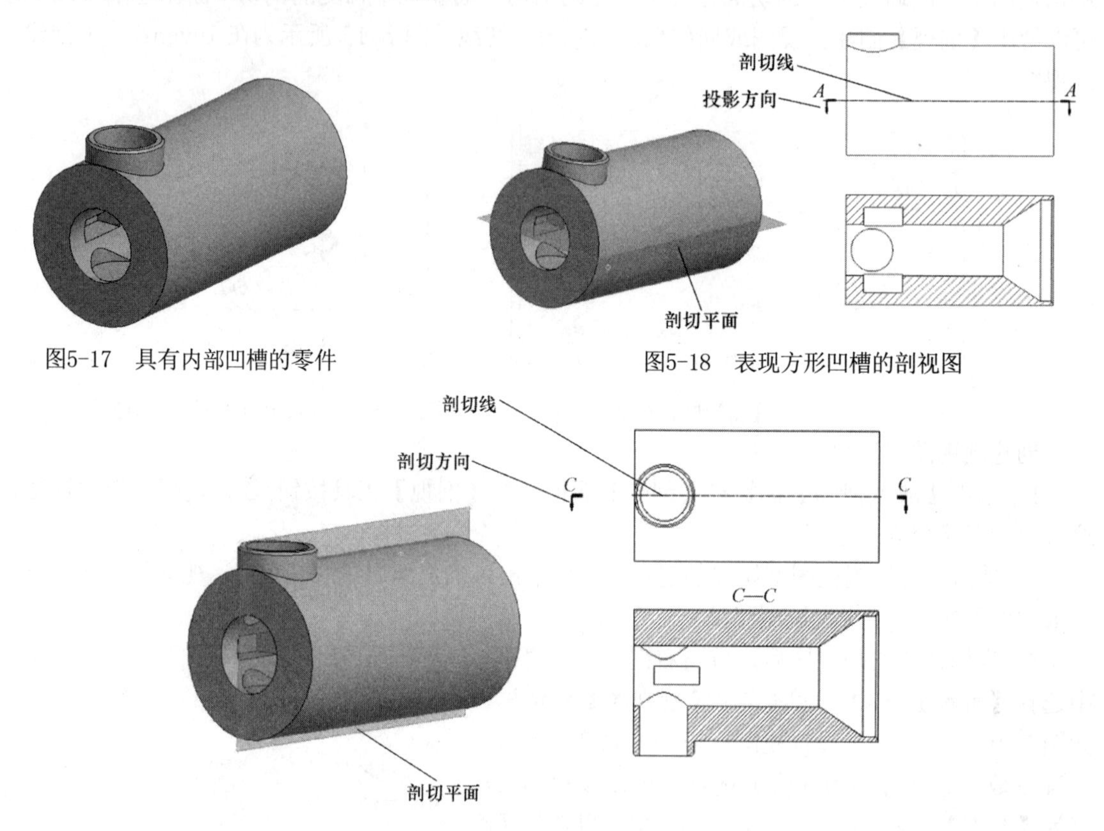

图5-17　具有内部凹槽的零件

图5-18　表现方形凹槽的剖视图

图5-19　表现圆形凹槽的剖视图

2）需要特别注意的是，剖切的范围完全由剖切线的范围决定，剖切线在其长度方向上延展的范围决定了所能够剖切的范围。图 5-20 所示为不同长度的剖切线所创建的剖视图。

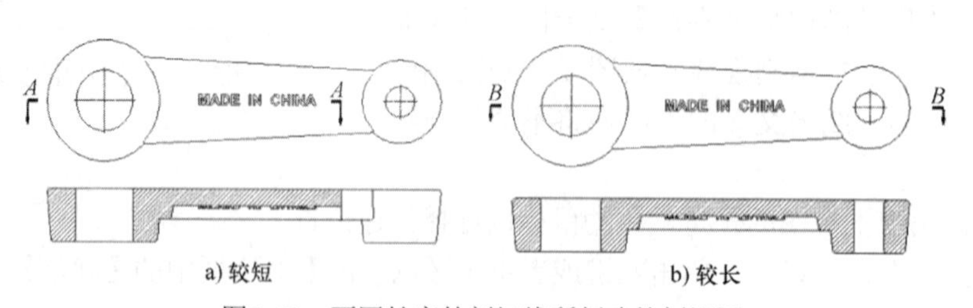

图5-20　不同长度的剖切线所创建的剖视图

3）剖视图中投影的方向就是观察剖切面的方向，它也决定了所生成的剖视图的外观。可以选择任意的投影方向生成剖视图，投影方向既可以与剖切面垂直，也可以不垂直，如图 5-21 所示，其中，H—H剖视图和 J—J剖视图的是由同一个剖切面剖切生成的，但是投影方向不相同，所以生成的剖视图也不相同。

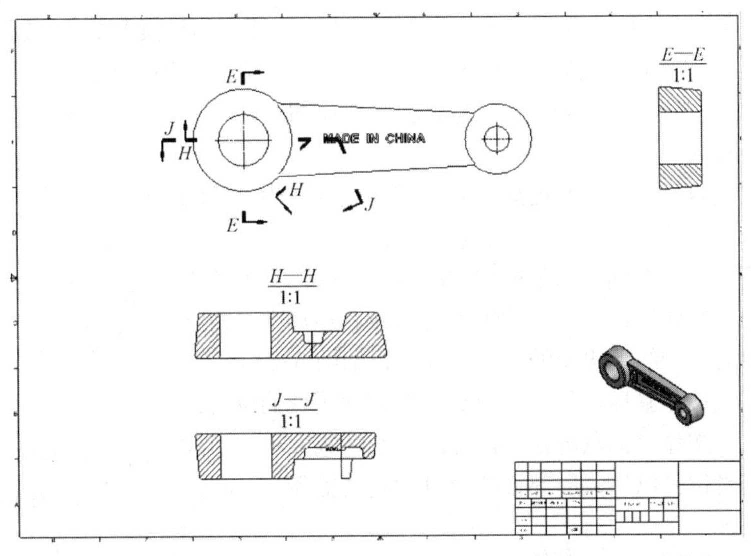

图5-21 选择任意的投影方向生成剖视图

对于剖视图的编辑，与前面所述的基础视图等一样，通过快捷菜单中的【删除】、【编辑视图】等选项进行相关操作。另外，与其他视图不同的是，可以通过拖动图纸上的剖切线与投影视图符号来对视图位置和投影方向进行更改。

5.1.6 局部视图

局部视图可以用来突出显示父视图的局部特征。局部视图并不与父视图对齐，默认情况下也不与父视图同比例。图5-22所示为创建的局部视图。

要创建局部视图，可以：

1）单击【放置视图】标签栏【创建】面板中的【局部视图】工具按钮，选择一个视图，则弹出【局部视图】对话框，如图5-23所示。

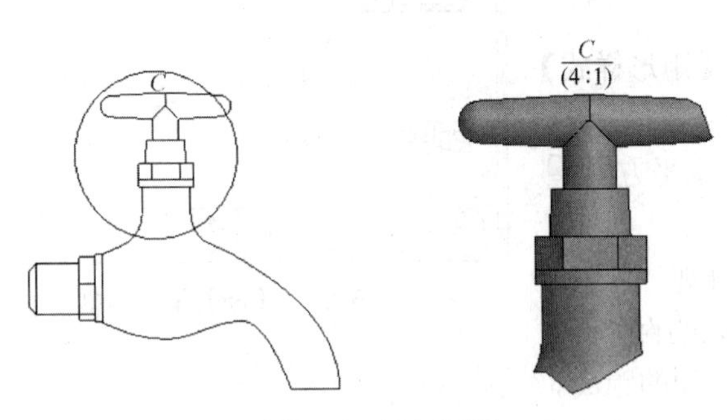

图5-22 局部视图

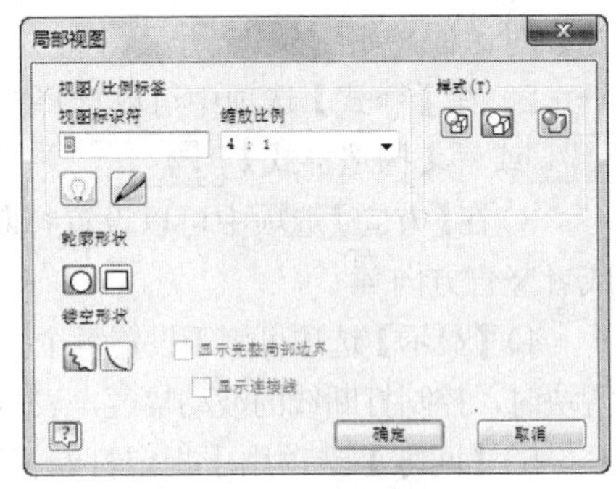

图5-23 【局部视图】对话框

2）在【局部视图】对话框中设置局部视图的视图标识符、缩放比例以及显示方式等选项；然后在视图上选择要创建局部视图的区域，区域可以是矩形区域，也可以是圆形区域。

3）选择【轮廓形状】选项，为局部视图指定圆形或矩形轮廓形状。父视图和局部视图的轮廓形状相同。

4）选择【镂空形状】选项，可以将切割线型指定为【锯齿过渡】或【平滑过渡】。

5）选择【显示完整局部边界】复选框，会在产生的局部视图周围显示全边界（环形或矩形）。

6）选择【显示连接线】复选框，会显示局部视图中轮廓和全边界之间的连接线。

局部视图创建以后，可以通过局部视图的快捷菜单中的【编辑视图】选项来进行编辑以及复制、删除等操作。

如果要调整父视图中创建局部视图的区域，可以在父视图中将鼠标指针移动到创建局部视图时拉出的圆形或者矩形上，则圆形或者矩形的中心和边缘上出现的绿色小原点，如图 5-24 所示。在中心的小圆点上按住鼠标，移动鼠标则可以拖动区域的位置；在边缘的小圆点上按住鼠标左键拖动，可以改变区域大小。当改变了区域大小或者位置以后，局部视图会自动随之更新。

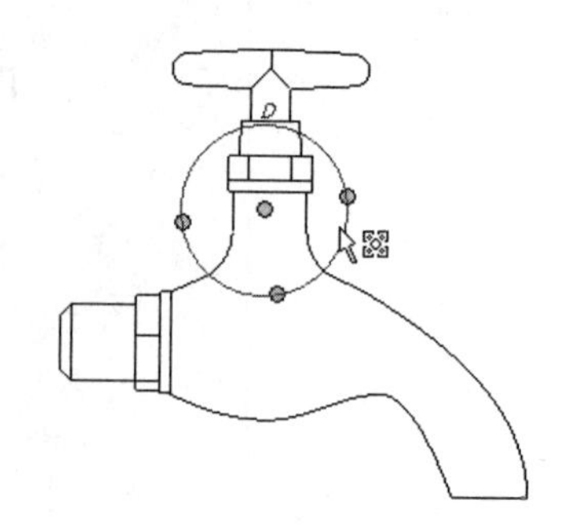

图5-24 鼠标指针移动到圆形或矩形的中心和边缘

5.1.7 打断视图

在制图时，有时零部件尺寸过大会造成视图超出工程图的长度范围，或者为了使零部件视图适合工程图而缩小零部件视图的比例使得视图变得非常小，或者当零部件视图包含大范围的无特征变化的几何图元时，都可以使用打断视图来解决这些问题。打断视图可以应用于零部件长度的任何地方，也可以在一个单独的工程视图中使用多个打断。

打断视图是通过修改已建立的工程视图来创建的，可以创建打断视图的工程图有零件视图、部件视图、投影视图、等轴测视图和剖视图，局部视图也可以用打断视图来创建其他视图，如可以用一个投影的打断视图创建一个打断剖视图。

要创建打断视图，可以：

1）单击【放置视图】标签栏【修改】面板中的【断裂画法】工具按钮，在图纸上选择一个视图，则弹出【断开】对话框，如图 5-25 所示。

2）在【样式】选项中可以选择打断样式为【矩形样式】或者【构造样式】。

3）在【方向】选项中可以设置打断的方向为水平方向或者竖直方向。

4）【显示】选项可用于设置每个打断类型的外观。当拖动滑块时，控制打断线的波动幅度，表示为打断间隙的百分比。

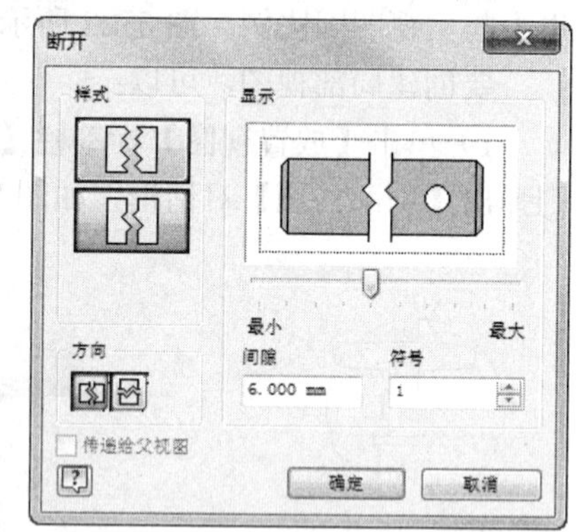

图5-25 【断开】对话框

5）【间隙】选项用于指定打断视图中打断之间的距离。

6）【符号】选项用于指定所选打断处的打断符号的数目，每处打断最多允许使用 3 个符号，并且只能在【结构样式】的打断中使用。

7）如果选择【传递给父视图】复选框，则打断操作将扩展到父视图。此复选框的可用性取决于视图类型。

设定好所有参数后，可以在图纸中单击鼠标左键，以放置第一条打断线；然后在另外一个位置单击鼠标左键，以放置第二条打断线，两条打断线之间的区域就是零件中要被打断的区域。放置完两条打断线后，打断视图即被创建。其过程如图 5-26 所示。

由于打断视图是基于其他视图而创建的，所以不能够在打断视图上单击右键通过快捷菜单中的选项来对打断视图进行编辑。如果要编辑打断视图，可以：

1）在打断视图的打断符号上单击右键，在快捷菜单中选择【编辑打断】选项，则重新打开【断开】对话框，可以重新对打断视图的参数进行定义。

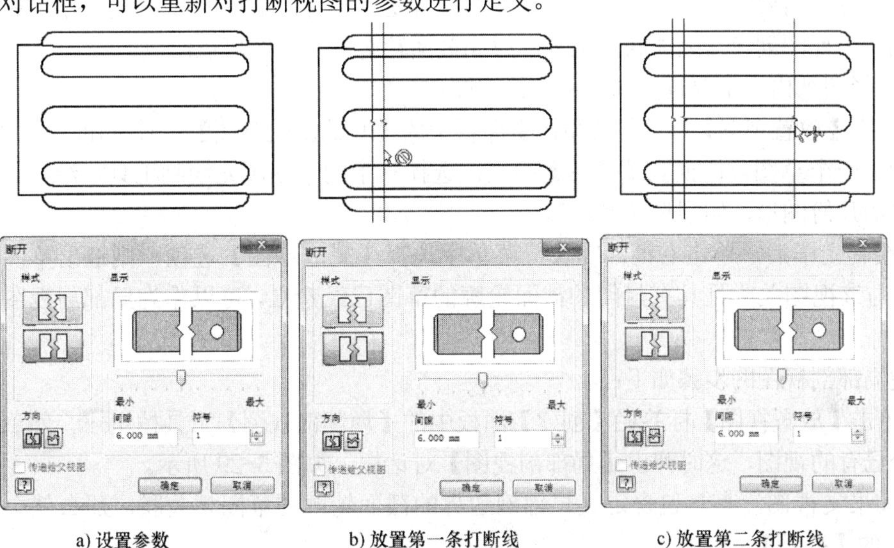

a) 设置参数　　b) 放置第一条打断线　　c) 放置第二条打断线

图5-26　打断视图的创建过程

2）如果要删除打断视图，选择快捷菜单中的【删除】选项即可。

3）打断视图提供了打断控制器以直接在图纸上对打断视图进行修改。当鼠标指针位于打断视图符号的上方时，打断控制器（一个绿色的小圆形）即会显示，可以用鼠标左键点住该控制器，左右或者上下拖动以改变打断的位置，如图 5-27 所示。还可以通过拖动两条打断线来改变去掉的零部件部分的视图量。如果将打断线从初始视图的打断位置移走，则会增加去掉零部件的视图量；将打断线移向初始视图的打断位置，会减少去掉零部件的视图量，如图 5-28 所示。

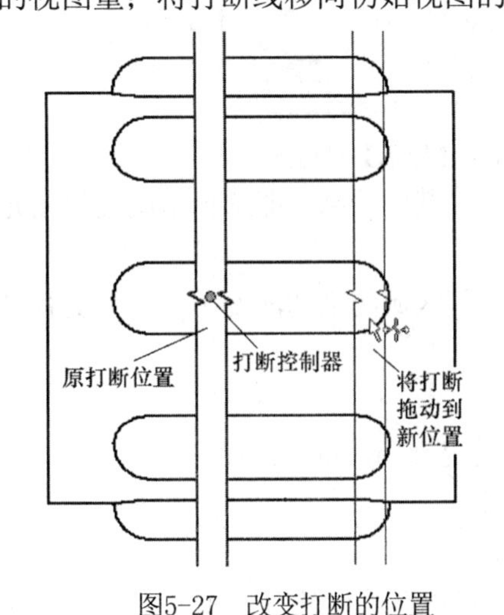

图5-27　改变打断的位置

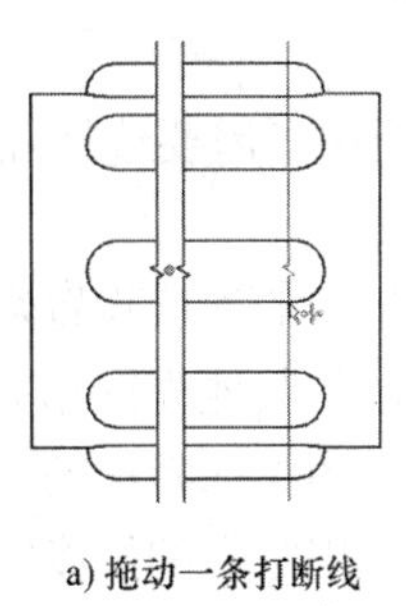

a) 拖动一条打断线

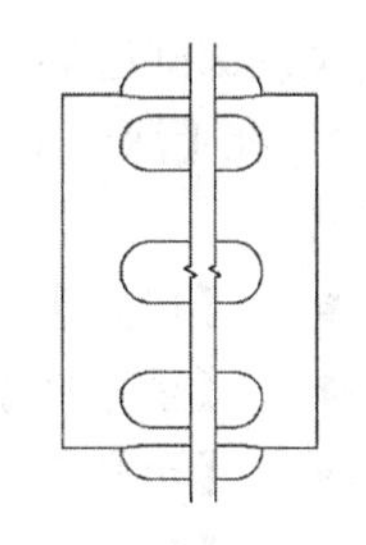

b) 拖动完毕后的打断视图

图5-28　拖动打断线

5.1.8 局部剖视图

要显示零件局部被隐藏的特征，可以创建局部剖视图。通过可以去除一定区域的材料，以显示现有工程视图中被遮挡的零件或特征。局部剖视图需要依赖于父视图，所以要创建局部剖视图，必须先放置父视图；然后创建与一个或多个封闭的截面轮廓相关联的草图，来定义局部剖区域的边界。需要注意的是，父视图必须与包含定义局部剖边界的截面轮廓的草图相关联。

要为一个视图创建与之关联且包含有封闭截面轮廓的草图，可以：

1）选择图纸内一个要进行局部剖切的视图。

2）单击【放置视图】标签栏【草图】面板中的【开始创建草图】工具按钮，则此时在图纸内新建了一个草图，切换到【草图】面板；选择其中的草图图元绘制工具，绘制封闭的作为剖切边界的几何图形，如圆形和多边形等。

3）绘制完毕后，单击右键，在快捷菜单中选择【完成草图】选项，则退出草图环境。此时，一个与该视图关联且具有封闭的截面轮廓的草图已经建立，可以作为局部剖视图的剖切边界。

创建局部剖视图的步骤如下：

1）单击【放置视图】标签栏【创建】面板中的【局部剖视图】工具按钮，然后选择图纸内的一个已有的视图，这时弹出【局部剖视图】对话框，如图 5-29 所示。

2）如果父视图没有与包含定义局部剖边界的截面轮廓的草图相关联，那么就会弹出如图 5-30 所示的【提示】对话框。

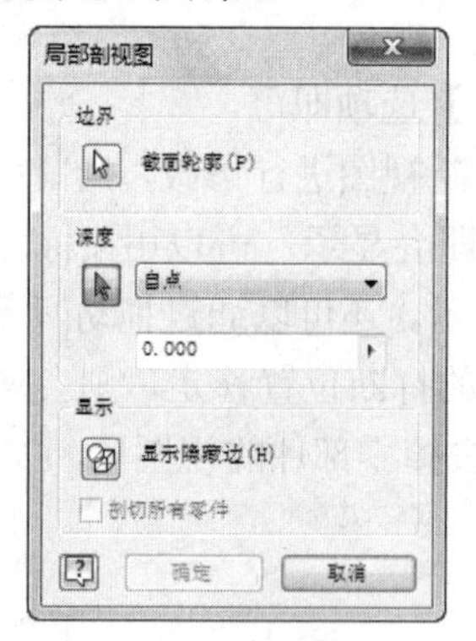

图5-29 【局部剖视图】对话框

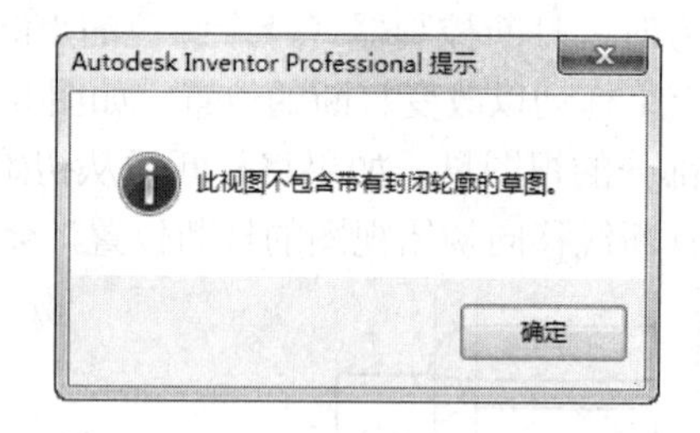

图5-30 【提示】对话框

3）在【局部剖视图】对话框中的【边界】选项中需要定义截面轮廓，即选择草图几何图元以定义局部剖边界。

4）在【深度】选项组中，需要选择几何图元以定义局部剖区域的剖切深度。深度类型有以下几种：

- 【自点】：为局部剖的深度设置数值。
- 【至草图】：使用与其他视图相关联的草图几何图元定义局部剖的深度。
- 【至孔】：使用视图中孔特征的轴定义局部剖的深度。
- 【贯通零件】：使用零件的厚度定义局部剖的深度。

5）【显示隐藏边】选项用于临时显示视图中的隐藏线，可以在隐藏线几何图元上拾取一点

来定义局部剖深度。局部剖视图的创建过程如图 5-31 所示。

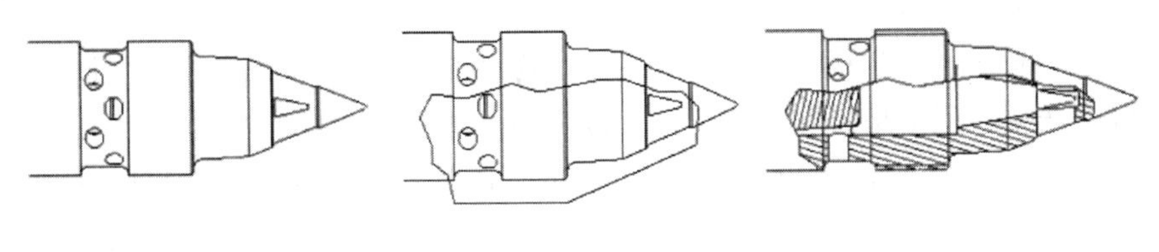

a) 父视图　　b) 创建边界轮廓　　c) 形成局部剖视图

图5-31　局部剖视图的创建过程

5.1.9　尺寸标注

在 Inventor 中，创建了工程图以后，可以为其标注尺寸，以用来作为零件加工过程中的必要参考。图 5-32 所示为一幅标注的工程图。尺寸是制造零件的重要依据，如果在工程图中的尺寸标注不正确或者不完整、不清楚，就会给实际的生产造成困难。所以，尺寸的标注在 Inventor 的二维工程图设计中尤为重要。

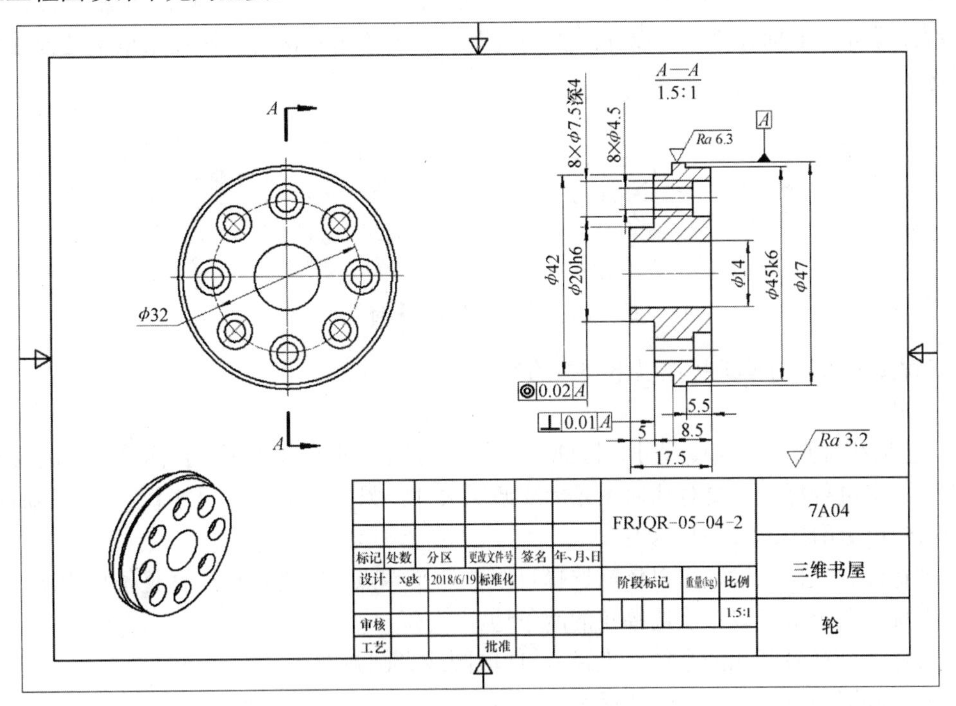

图5-32　标注的工程图

在 Inventor 中，可以使用两种类型的尺寸来标注工程图，即模型尺寸和工程图尺寸。

（1）模型尺寸　顾名思义，是与模型紧密联系的尺寸，它用来定义略图特征的大小以及控制特征的大小。如果更改工程图中的模型尺寸，源零部件将更新以匹配所做的更改，因此模型尺寸也称为双向尺寸或计算尺寸。在每个视图中，只有与视图平面平行的模型尺寸才在该视图中可用。

在安装 Autodesk Inventor 时，如果选择【在工程图中修改模型尺寸】选项，则可以编辑模型尺寸，并且源零部件也将更新。

在视图的快捷菜单中，提供一个了【检索尺寸】选项，可以用来显示模型尺寸。在放置视图时，用户可以选择显示模型尺寸。注意，只能显示与视图位于同一平面上的尺寸。

通常，模型尺寸显示在工程图的第一个视图或基础视图中，在后续的投影视图中，只显示那些未显示在基础视图中的模型尺寸。如果需要将模型尺寸从一个视图移动到另一个视图，则要从第一个视图删除该尺寸并在第二个视图中检索模型尺寸。

（2）工程图尺寸　与模型尺寸不同的是，它都是单向的。如果零件大小发生变化，工程图尺寸将更新，但是更改工程图尺寸不会影响零件的大小。工程图尺寸用来标注而不是用来控制特征的大小。

工程图尺寸的放置方式和草图尺寸相同。放置线性、角度、半径和直径尺寸的方法都是先选择点、直线、圆弧、圆或椭圆，然后定位尺寸。放置工程图尺寸时，系统将为其他特征类推约束。Inventor 将显示符号表明所放置的尺寸类型；也使用了可视提示，以便在距对象的固定间隔处定位尺寸。

要添加工程图尺寸，可以使用【标注】标签栏内提供的尺寸标注工具，如图 5-33 所示。要打开工程图【标注】标签栏，可以在工程图视图面板上单击右键，在快捷菜单中选择【标注】标签栏选项。

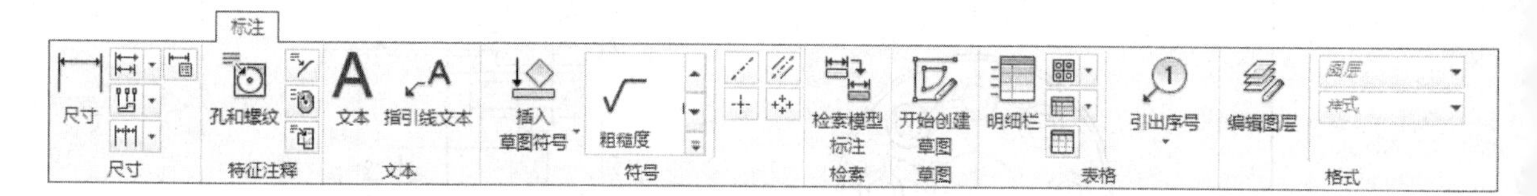

图5-33　工程图【标注】标签栏

在工程图中可以方便地标注以下类型的尺寸。

1. 尺寸

尺寸包括线性尺寸、角度尺寸、圆弧尺寸等，可以通过单击【标注】标签栏上的【尺寸】工具按钮来进行标注。要对几何图元标注通用尺寸，只需要选择【尺寸】工具，然后依次选择该几何图元的组成要素即可，如：

1）要标注直线的长度，可以依次选择直线的两个端点，或者直接选择整条直线。

2）要标注角度，可以依次选择角的两条边。

3）要标注圆或者圆弧的半径（直径），选取圆或者圆弧即可。

各种类型的尺寸标注如图 5-34 所示。

对于尺寸的编辑可以通过快捷菜单中的选项来实现。

1）选择快捷菜单中的【删除】选项，将从工程视图中删除尺寸。

2）选择【新建尺寸样式】选项，将弹出【新建尺寸样式】对话框。可以新建各种标准如 GB、ISO 的尺寸样式。

3）选择【编辑】选项，则弹出【编辑尺寸】对话框。可以在【精度和公差】选项卡中修改尺寸公差的具体样式。

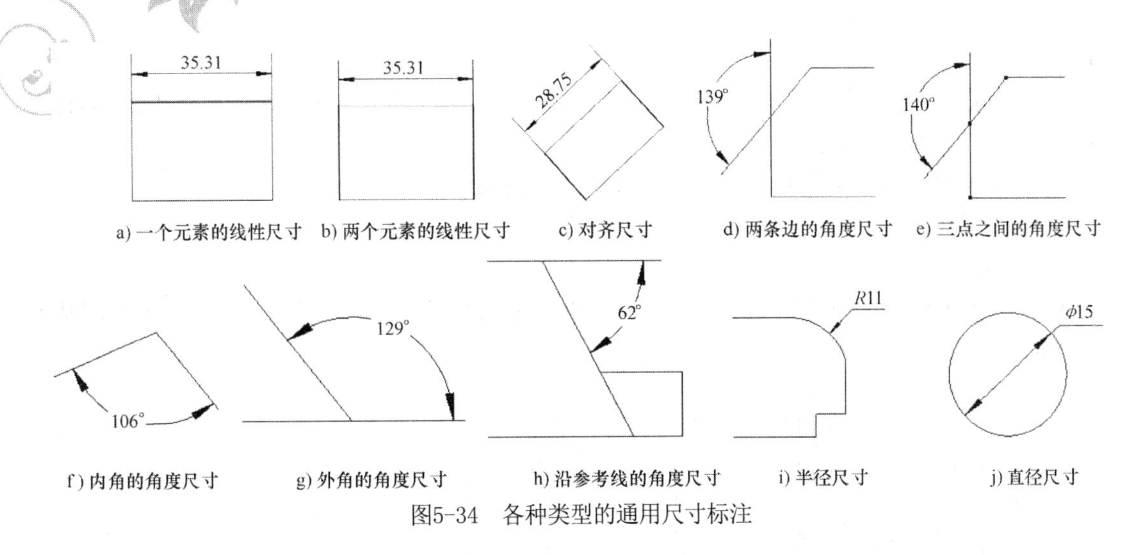

图5-34 各种类型的通用尺寸标注

4）选择【文本】选项，则弹出【文本格式】对话框。可以设定尺寸文本的特性，如字体、字号、间距以及对齐方式等。在对尺寸文本进行修改前，需要在【文本格式】对话框中选择代表尺寸文本的符号。

5）选择【隐藏尺寸界线】选项，则尺寸界线被隐藏。

2．基线尺寸和基线尺寸集

当要以自动标注的方式向工程视图中添加多个尺寸时，基线尺寸是很有用的。用户可以指定一个基准，以此来计算尺寸，并选择要标注尺寸的几何图元。在 Inventor 中，可以利用【标注】标签栏上的【基线】按钮向视图中添加基线工程图尺寸，其操作步骤如下：

1）选择该工具后，在视图上通过左键单击选择单个几何图元；要选择多个几何图元，可以继续单击所有要选择的几何图元。

2）选择完毕后，单击右键，在快捷菜单中选择【继续】选项，出现基线尺寸的预览。

3）在要放置尺寸的位置单击鼠标左键，即完成基线尺寸的创建。

4）如果要在其他位置放置相同的尺寸集，可以在结束命令之前按 Backspace 键，将再次出现尺寸预览，单击其他位置放置尺寸。

典型的基线尺寸如图 5-35 所示。

要对基线尺寸进行编辑，可以在图形窗口中选择基线尺寸集，然后单击鼠标右键，在快捷菜单中选择对应的选项以执行操作。

1）选择【编辑】选项，则弹出【编辑尺寸】对话框。可以在【精度和公差】选项卡中修改尺寸公差的形式。

2）选择【文本】选项，则弹出【文本格式】对话框，可以修改尺寸的文本样式。

3）选择【排列】选项，可以在移动尺寸集中的一个或多个成员后，使尺寸集成员相对于最靠近视图几何图元的成员重新对齐，成员间的间距由尺寸样式确定。

4）选择【创建基准】选项，可以修改基线尺寸基准的位置。方法是在要指定为新基准的边或点上单击鼠标右键，然后从快捷菜单中选择【创建基准】选项。

5）选择【添加成员】选项，可以向尺寸集中添加其他几何图元，添加时需要选择要添加到尺寸集中的点或边，如果该尺寸没有落在尺寸集的最后，尺寸集成员将重新排列以正确地定位新成员。

6）选择【分离成员】选项，可以从尺寸集中去除尺寸。在需要分离的尺寸上单击鼠标右键，然后从快捷菜单中选择【分离成员】。

7）选择【删除成员】选项，可以从工程视图中删除选择的尺寸。

8）选择【删除】选项，则删除整个基线尺寸。

3．同基准尺寸（尺寸集）

可以在 Inventor 中创建同基准尺寸，或者由多个尺寸组成的同基准尺寸集。典型的同基准尺寸集标注如图 5-36 所示。

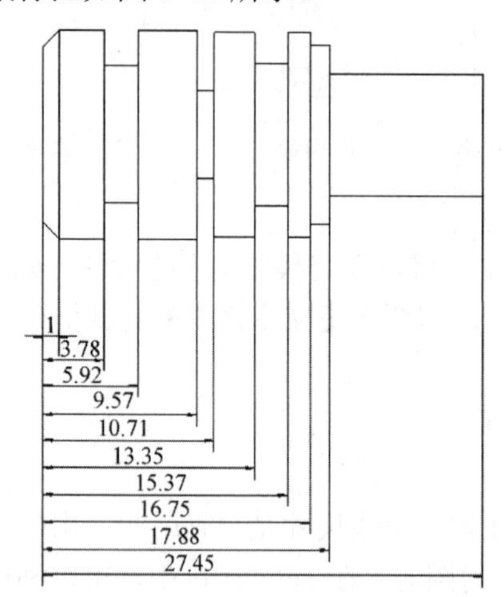

图5-35　典型的基线尺寸

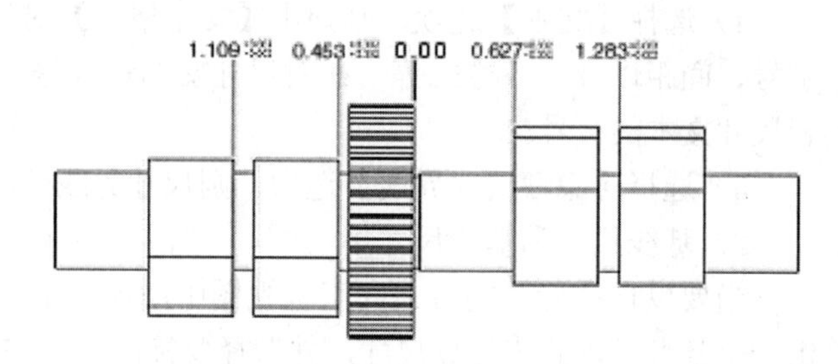

图5-36　典型的同基准尺寸集标注

创建同基准尺寸的步骤如下：

1）单击【标注】标签栏【尺寸】面板中的【同基准】工具按钮，然后在图纸上用鼠标左键单击一个点或者一条直线边作为基准，此时移动鼠标以指定基准的方向。基准的方向垂直于尺寸标注的方向，单击鼠标左键以完成基准的选择。

2）依次选择要进行标注的特征的点或者边，选择完则尺寸自动被创建。

3）当全部选择完毕以后，可以单击鼠标右键，在快捷菜单中选择【创建】选项，即可完成同基准尺寸的创建。

创建同基准尺寸集的步骤如下：

1）单击【标注】标签栏【尺寸】面板中的【同基准集】工具按钮，然后在图纸上选择一个视图，选择完毕后指针处出现基准指示器符号，选择一个点或者一条直线边作为尺寸基准，单击左键即可创建基准指示器。

2）用鼠标选择要进行标注的特征的点或者边，选择完则尺寸自动被创建。当全部选择完毕以后，可以单击鼠标右键，在快捷菜单中选择【创建】选项，即可完成同基准尺寸集的创建。

关于同基准尺寸（集）的编辑，与基线尺寸的编辑方式类似，相同之处这里不再赘诉。在快捷菜单中的【选项】选项中，有三个选项可供选择：

1）【允许打断指引线】复选框允许集成员的指引线有顶点。如果选择【允许打断指引线】复选框，则向指引线添加可移动的顶点，取消选择该复选框，则维护或重置直的指引线。

2）选择【两方向均为正向】复选框则为同基准尺寸创建正整数而不考虑相对尺寸基准的位

置，取消选择该复选框，则指定基准左侧或下方的尺寸为负整数。

3）选择【显示方向】复选框切换正整数方向指示器的可见性。

另外，还可以通过快捷菜单中的【隐藏基准指示器】选项来隐藏图纸中的基准指示器图标。

4. 孔/螺纹孔尺寸

当零件上存在孔以及螺纹孔时，就要考虑孔和螺纹孔的标注问题。在 Inventor 中，可以利用【孔和螺纹标注】工具，在完整的视图或者剖视图上为孔和螺纹孔标注尺寸。注意，孔标注和螺纹标注只能添加到在零件中使用【孔】特征和【螺纹】特征工具创建的特征上。典型的孔和螺纹标注如图 5-37 所示。

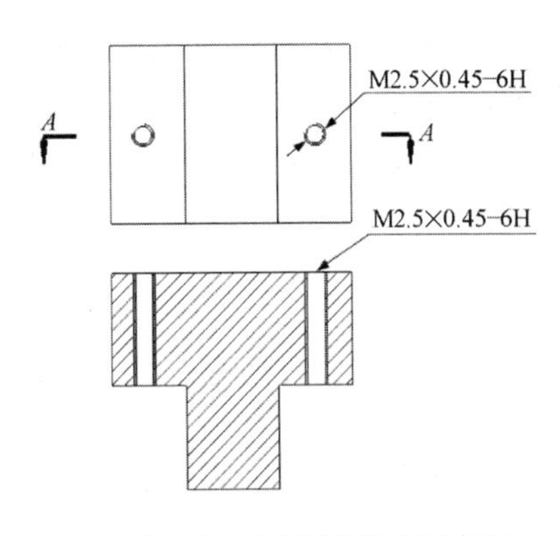

图5-37 典型的孔和螺纹标注

进行孔或者螺纹孔的标注很简单。单击【标注】标签栏【特征注释】面板中的【孔和螺纹】工具按钮，然后在视图中选择孔或者螺纹孔，则鼠标指针旁边出现要添加的标注的预览，移动鼠标以确定尺寸放置的位置，最后单击鼠标左键以完成尺寸的创建。

可以利用快捷菜单中的相关选项对孔/螺纹孔尺寸进行编辑。

1）在孔/螺纹孔尺寸的快捷菜单中选择【文本】选项，则弹出【文本格式】对话框以编辑尺寸文本的格式，如设定字体和间距等。

2）选择【编辑孔尺寸】选项，则弹出【编辑孔注释】对话框，如图 5-38 所示。可以为现有孔标注添加符号和值、编辑文本或者修改公差。在【编辑孔注释】对话框中，单击以清除【使用默认值】复选框中的复选标记；在编辑框中单击并输入修改内容；单击相应的按钮为尺寸添加符号和值；要添加文本，可以使用键盘进行输入；要修改公差格式或精度，可以单击【精度与公差】按钮并在【精度与公差】对话框中进行修改。需要注意的是，孔标注的默认格式和内容由该工程图的激活尺寸样式控制。要改变默认设置，可以编辑尺寸样式，或改变绘图标准以使用其他尺寸样式。

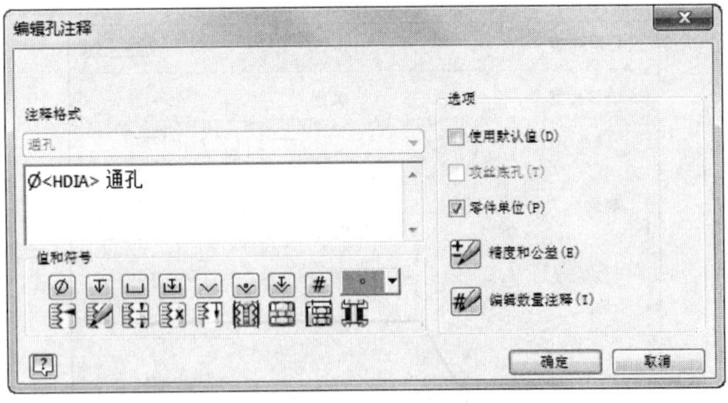

图5-38 【编辑孔注释】对话框

5.1.10 技术要求和符号标注

工程图不仅要求有完整的图形和尺寸标注，还必须有合理的技术要求，以保证零件在制造

时达到一定的质量，如表面粗糙度要求、尺寸公差要求、几何公差要求、热处理和表面镀涂层要求等，下面分别简要介绍。

1．表面粗糙度标注

表面粗糙度是评价零件表面质量的重要指标之一，它对零件的耐磨性、耐蚀性、零件之间的配合和外观都有影响。典型的表面粗糙度标注如图 5-39 所示。可以使用【粗糙度】工具√ 来为零件表面添加表面粗糙度要求。单击【标注】标签栏【符号】面板中的【粗糙度】工具按钮√，选择该工具以后，鼠标指针上会附上表面粗糙度符号，可直接进行标注。

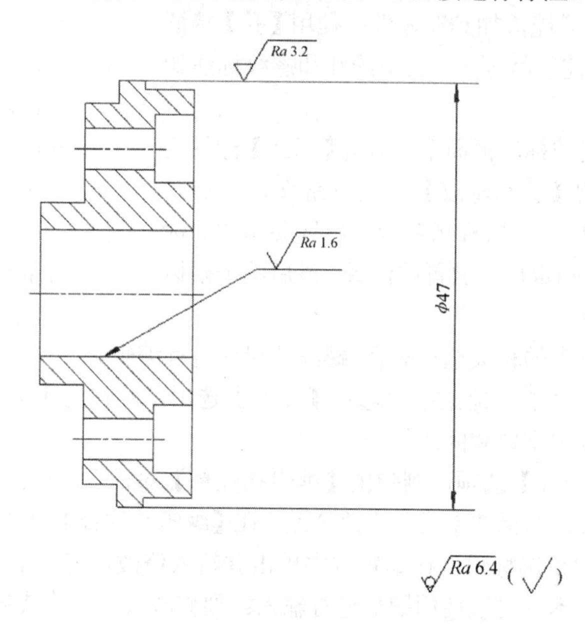

图5-39　典型的表面粗糙度标注

1）要创建不带指引线的符号，可以双击符号所在的位置，弹出【表面粗糙度符号】对话框，如图 5-40 所示。

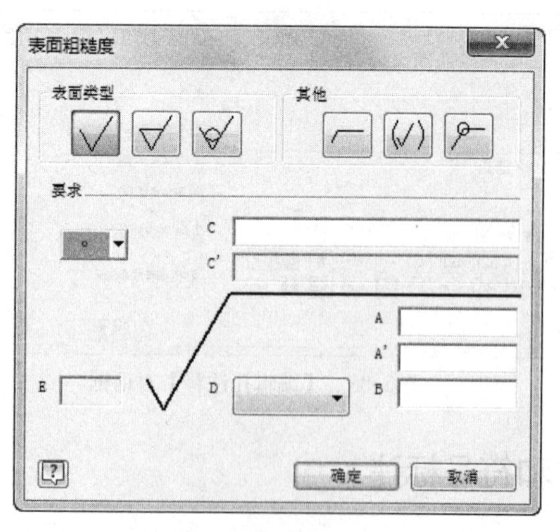

图5-40　【表面粗糙度符号】对话框

2）要创建与几何图元相关联的、不带指引线的符号，可以双击亮显的边或点，该符号随即附着在边或点上，并且弹出【表面粗糙度符号】对话框，可以拖动符号来改变其位置。

3）要创建带指引线的符号，可以单击指引线起点的位置，如果单击亮显的边或点，则指引线将被附着在边或点上，移动光标并单击左键以为指引线添加另外一个顶点。当表面粗糙度符号指示器位于所需的位置时，单击鼠标右键，选择【继续】选项以放置符号，此时也会弹出【表面粗糙度】对话框。

在【表面粗糙度符号】对话框中，可以：

1）设置表面类型，即基本表面粗糙度符号，表面用去除材料的方法获得，表面用不去除材料的方法获得。

2）在【其他】选项中，可以指定符号的总体属性。【长边加横线】选项为该符号添加一个尾部符号。【多数】选项表示该符号为工程图指定了标准的表面特性。【所有表面相同】选项为该符号添加表示所有表面粗糙度相同的标识。

2. 焊接符号

焊接件是一种特殊类型的部件模型，在 Inventor 中可以为焊接件添加焊接符号。即使模型中没有定义焊接件，用户也可以在工程视图中手动添加焊接标注。典型的焊接符号标注如图 5-41 所示。

在 Inventor 2018 中，一个重要的更新就是简化了焊接符号的创建过程。具体如下：

1）焊接符号控件在标准间是通用的。

2）当标准和焊缝类型更改后，特定于标准的控件会相应更改名称。

3）每个标准都有一组默认值，这些值可以根据需要进行修改。

4）可以在一个焊接符号下为多个焊缝特征编组。

为零件添加焊接标注的步骤如下：

1）单击【标注】标签栏【符号】面板中的【焊接】工具按钮，与创建带有指引线的表面粗糙度标注一样，先在零件上创建一条指引线，然后单击右键，从快捷菜单选择【继续】选项，则弹出【焊接符号】对话框，如图 5-42 所示。

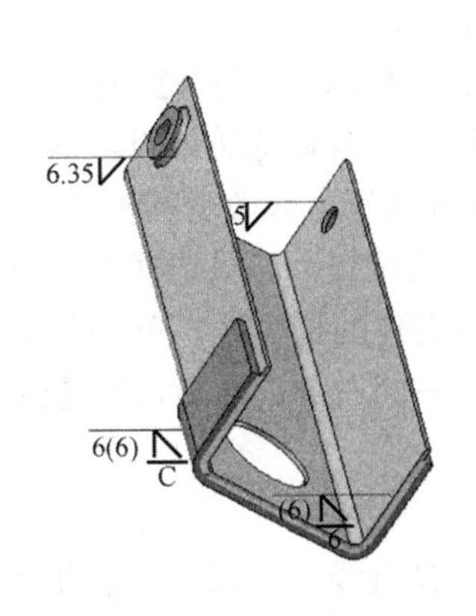

图5-41　典型的焊接符号标注

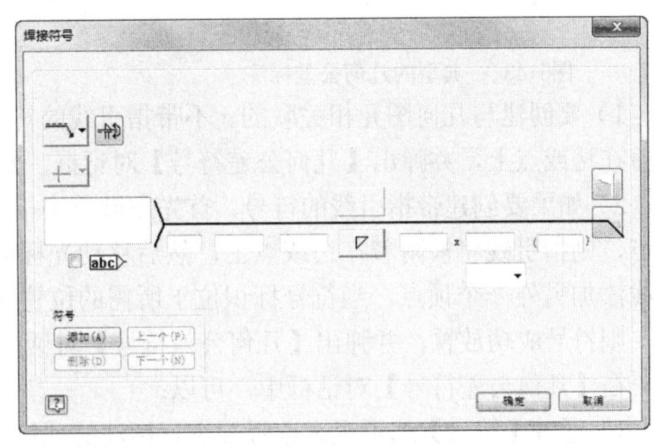

图5-42　【焊接符号】对话框

2）在该对话框中可以设置焊接符号组成部分的方向。其中，

- 【交换箭头/其他符号】选项将所选参考线的箭头侧与非箭头侧交换位置。

- 【识别线】选项▼只对 ISO 和 DIN 标准有效，单击箭头可选择不放置基准线、将基准线放置在参考线上方或将基准线放置在参考线下方。
- 【交错】框中的选项▼为倒角设置交错焊接符号，该工具只有当倒角焊接符号对称设置在参考线两侧时才有效。
- 【尾部注释】框将说明添加到所选的参考线上。
- 【abc】复选框：选择此复选框以封闭框中的注释文本。
- 【现场焊符号】按钮可用于指定是否在所选的参考线上添加现场焊接符号。
- 【全周边符号】用于指定是否对选定的参考线使用全周边符号。

3. 几何公差

几何公差限制了零件的形状和位置误差，以提高产品质量和提高其性能以及使用寿命。在 Inventor 中，可以使用【标注】标签栏【符号】面板中的【几何公差符号】按钮创建几何公差符号。可以创建带有指引线的几何公差符号或单独的符号，符号的颜色、目标大小、线条属性和度量单位由当前激活的绘图标准所决定。典型的几何公差标注如图 5-43 所示。

单击【标注】标签栏【符号】面板中的【几何公差符号】按钮，要创建不带指引线的符号，可以双击符号所在的位置，此时弹出【几何公差符号】对话框，如图 5-44 所示。

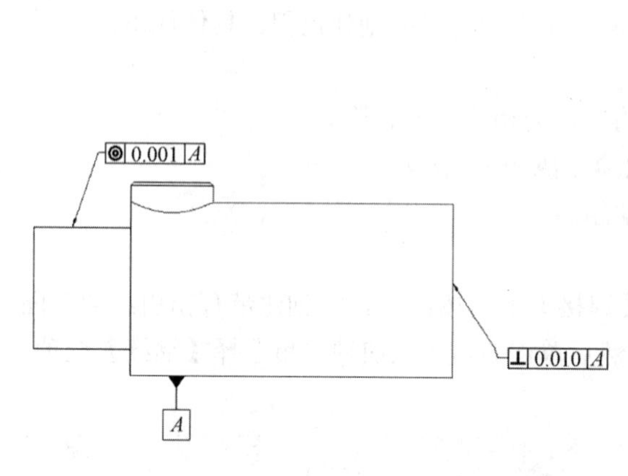

图5-43　典型的几何公差标注

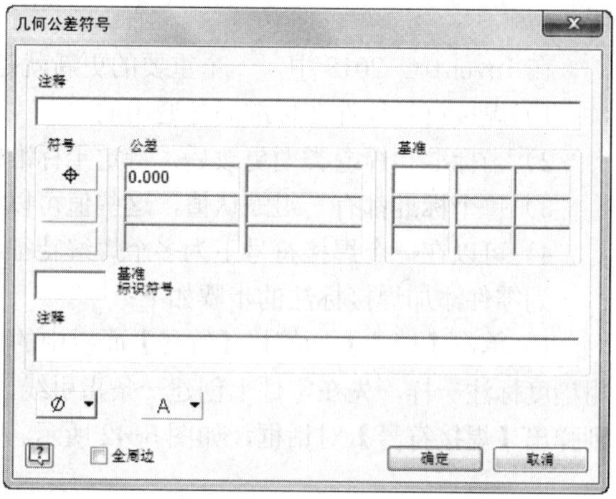

图5-44　【几何公差符号】对话框

1）要创建与几何图元相关联的、不带指引线的符号，可以双击亮显的边或点，则符号将被附着在边或点上，并弹出【几何公差符号】对话框，然后可以拖动符号来改变其位置。

2）如果要创建带指引线的符号，首先左键单击指引线起点的位置，如果选择单击亮显的边或点，则指引线将被附着在边或点上，然后移动光标以预览将创建的指引线，单击左键来为指引线添加另外一个顶点。当符号标识位于所需的位置时，单击鼠标右键，然后选择【继续】选项，则符号成功放置，并弹出【几何公差符号】对话框。

在【几何公差符号】对话框中，可以：

1）通过【符号】选项组来选择要进行标注的项目，可以选择直线度、圆度、垂直度、同心度等公差项目。

2）在【公差】选项中可以设置公差值，可以分别设置两个独立公差的数值，但第二个公差仅适用于 ANSI 标准。【基准】选项用于指定影响公差的基准。基准识别符号可以从下方的符号栏中选择，如A，也可以手工输入。【全周边】复选框用于在几何公差旁添加周围焊缝符号。

参数设置完毕后，单击【确定】按钮以完成几何公差的标注。

创建了几何公差符号标注以后，可以通过其快捷菜单中的选项进行编辑。

1）选择【编辑几何公差符号样式】选项，则弹出【样式和标准编辑器】对话框，其中的【几何公差符号】选项自动打开，如图5-45所示。可以编辑几何公差符号的样式。

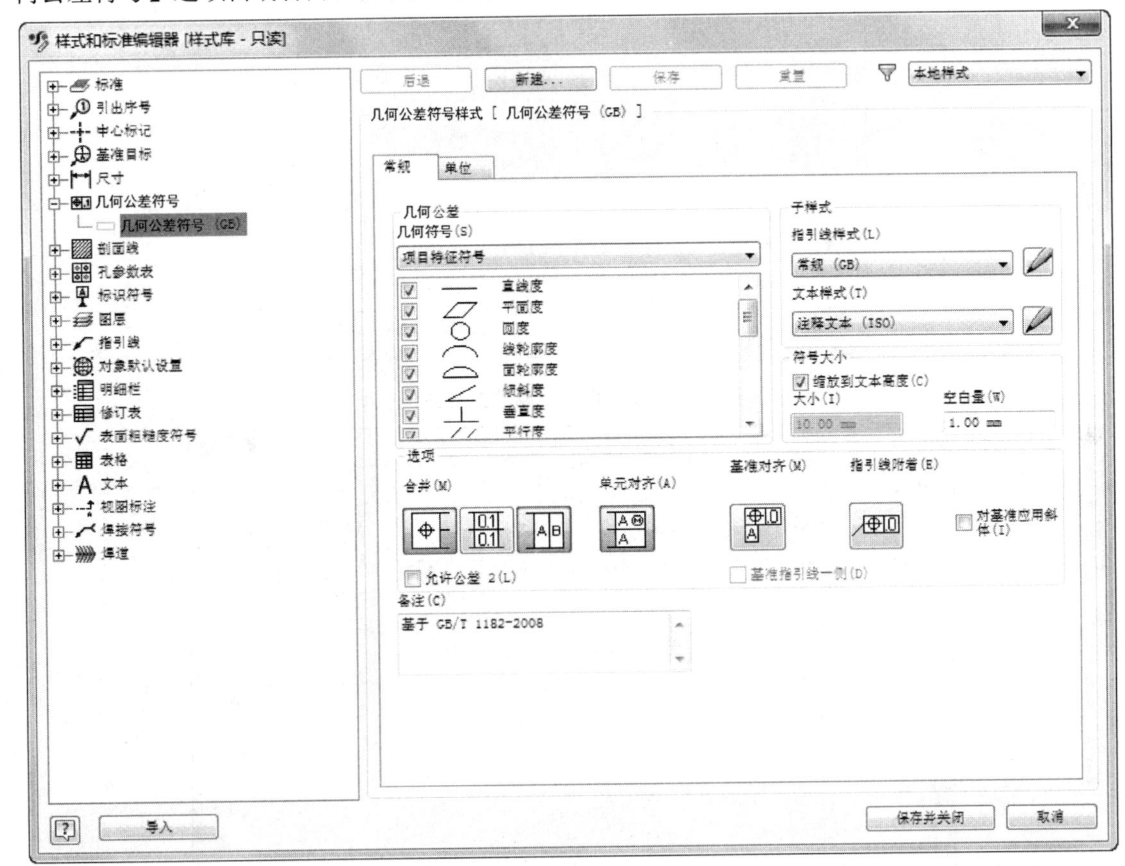

图5-45 【样式和标准编辑器】对话框

2）选择【编辑形位公差符号】后会弹出【形位公差符号】对话框可对形位公差进行定义；选择【编辑单位属性】选项后会弹出【编辑单位属性】对话框可对公差的基本单位和换算单位进行更改，如图5-46所示；

3）选择【编辑箭头】选项，则弹出【改变箭头】对话框可以修改箭头形状等。

4. 特征标识符号和基准标识符号

在Inventor中，可以使用【标注】标签栏中的【特征标识符号】按钮和【基准标识符号】按钮标注视图中的特征和基准。可以创建带有指引线的特征标识符号和基准标识符号，符号的颜色和线宽由激活的绘图标准所决定。除ANSI标准以外，所有激活的绘图标准均可使用此按钮。下面以特征标识符号的创建为例，说明如何在工程图中添加特征标识符号，基准标识符号的添加与此类似，故不再浪费篇幅。

创建特征标识符号的一般步骤如下：

1）单击【标注】标签栏中的【特征标识符号】工具按钮，如果要创建不带指引线的特征标识符号，可以双击符号所在的位置，此时弹出【文本格式】对话框，如图 5-47 所示。可以对要添加的符号文本进行编辑，编辑完毕后单击【确定】按钮，则特征标识符号即被创建。

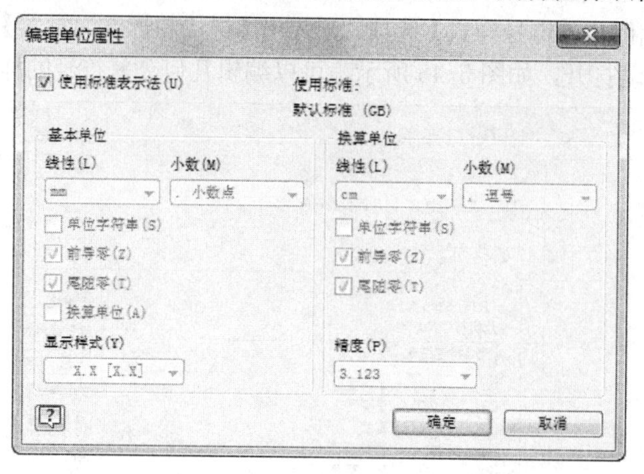

图5-46 【编辑单位属性】对话框

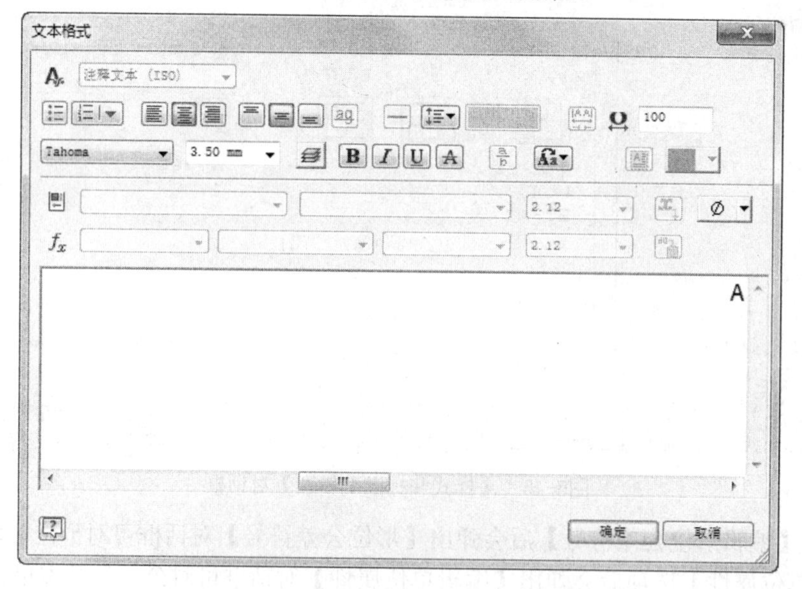

图5-47 【文本格式】对话框

2）要创建与几何图元相关联的、不带指引线的特征标识符号，可以双击亮显的边或点，符号将被附着在边或点上，并且弹出【文本格式】对话框，可以编辑符号文本。单击【确定】按钮后，特征标识符号即被创建。

3）要创建带指引线的特征标识符号，可以单击指引线起点的位置。如果单击亮显的边或点，则指引线将被附着在边或点上，移动光标并单击左键以添加指引线的另外一个顶点。注意，只能添加一个顶点，此时弹出【文本格式】对话框，可以输入文本或者编辑文本。当单击【确定】按钮后，【文本格式】对话框关闭，特征标识符号即被创建。

三种形式的特征标识符号如图 5-48 所示。

利用快捷菜单中的有关选项可以对基准标识符号进行编辑，如编辑特征标识符号、编辑箭头和删除指引线等，与前面所讲述的内容相似，故这里不再重复详细介绍。基准标识符号的创建与编辑与特征标识符号的类似，也不再重复讲述。

5. 基准目标符号

在 Inventor 中，可以使用【标注】标签栏中的【基准目标-指引线】工具按钮创建一个或多个基准目标符号，如图 5-49 所示。符号的颜色、目标大小、线属性和度量单位由当前激活的绘图标准所决定。

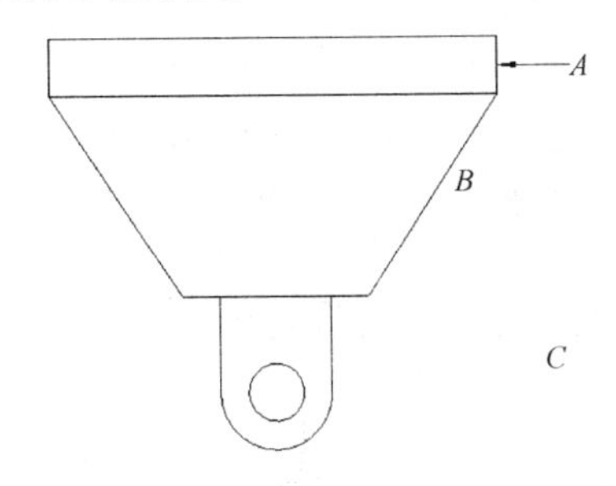

图5-48 三种形式的特征标识符号

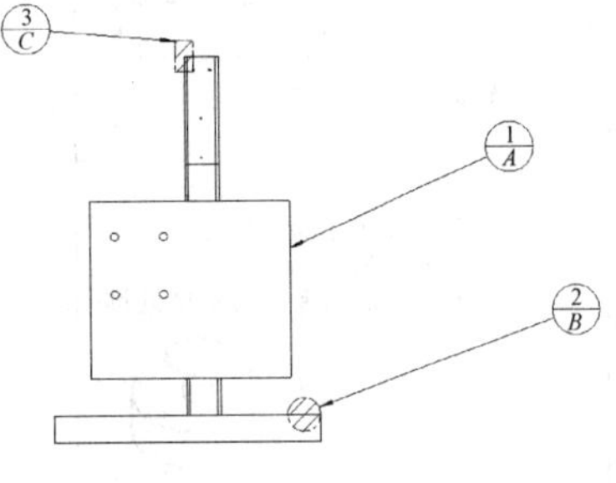

图5-49 基准目标符号

从图 5-49 可以看出，有多种样式的基准目标符号，如指引线形、矩形或者圆形等。要为视图添加基准目标符号，可以：

1）单击【标注】标签栏【符号】面板中的【基准目标-指引线】工具按钮，或其他样式的基准目标符号。

2）选择好目标样式后，在图形窗口中，单击鼠标左键以设置基准的起点。

- 对于直线和指引线基准来说，起点就是直线和指引线的起点。
- 矩形基准起点需要设置矩形的中心，再次单击以定义其面积。
- 圆基准起点需要设置圆心，再次单击以定义其半径。
- 点基准起点放置了点指示器。

3）出现目标的预览，拖动鼠标以改变目标的放置位置。

4）单击左键以设置指引线的另一端。当符号指示器位于所需的位置时，单击鼠标右键，然后选择【继续】选项，完成放置基准目标符号，同时弹出【基准目标】对话框，如图 5-50 所示，可以为符号输入适当的尺寸值和基准。

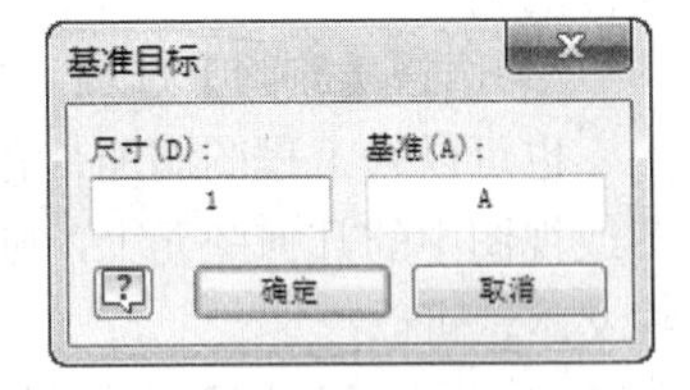

图5-50 【基准目标】对话框

5）单击【确定】按钮完成基准目标符号的创建。

也可以通过快捷菜单中的对应选项编辑基准目标符号。其方法与前面内容类似，不再重复讲述。

5.1.11 文本标注和指引线文本

在 Inventor 中，可以向工程图中的激活草图或工程图资源（如标题栏格式、自定义图框或略图符号）中添加文本框或者带有指引线的注释文本，作为图纸标题、技术要求或者其他的备注说明文本等，如图 5-51 所示。

要向工程图中的激活草图或工程图中添加文本，可以单击【标注】标签栏【文本】面板中的【文本】工具按钮A，然后在草图区域或者工程图区域按住左键，移动鼠标拖出一个矩形作为放置文本的区域，松开鼠标后弹出【文本格式】对话框，如图 5-52 所示。设置好文本的特性、样式等参数后，在下方的文本框中输入要添加的文本，单击【确定】按钮以完成文本的添加。

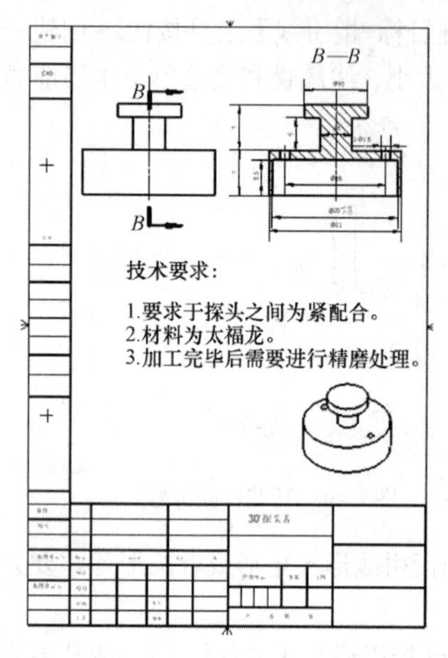

图5-51　添加文本

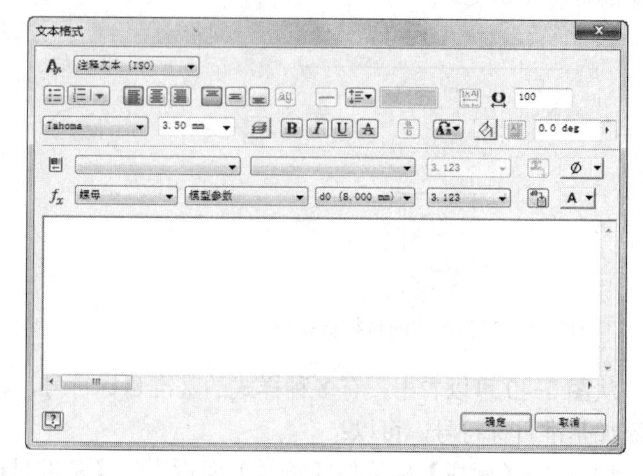

图5-52　【文本格式】对话框

要编辑文本，可以：

1）在文本上按住鼠标左键拖动，以改变文本的位置。

2）要编辑已经添加的文本，可以双击已经添加的文本，重新弹出【文本格式】对话框，可以编辑已经输入的文本。通过文本快捷菜单中的【编辑文本】选项可以达到相同的目的。

3）选择快捷菜单中的【顺时针旋转 90°】和【逆时针旋转 90°】选项可以将文本旋转 90°。

4）通过【编辑单位属性】选项可以弹出【编辑单位属性】对话框，以编辑基本单位和换算单位的属性。

5）选择【删除】选项，则删除所选择的文本。

也可以为工程图添加带有指引线的文本注释。需要注意的是，如果将注释指引线附着到视图或视图中的几何图元上，则当移动或删除视图时，注释也将被移动或删除。如果要添加指引线文本，可以：

1）单击【标注】标签栏【文本】面板中的【指引线文本】工具按钮↙A，在图形窗口中单击某处以设置指引线的起点，如果将点放在亮显的边或点上，则指引线将附着到边或点上，此时出现指引线的预览，移动光标并单击鼠标左键来为指引线添加顶点。

2）在文本位置上单击鼠标右键，在快捷菜单中选择【继续】选项，弹出【文本格式】对话框。

3）在【文本格式】对话框的文本框中输入文本，还可以使用该对话框中的选项，添加符号和命名参数，或者修改文本格式。

4）单击【确定】按钮，完成指引线文本的添加。

编辑指引线也可以用过其快捷菜单来完成。快捷菜单中的【编辑指引线文本】、【编辑单位属性】、【编辑箭头】、【删除指引线】等选项的功能与前面所讲述的类似，故不再重复讲述，读者可以参考前面的相关内容。

5.1.12　添加引出序号和明细栏

在创建工程视图尤其是部件的工程图后，往往需要向该视图中的零件和子部件添加引出序号和明细栏。明细栏是显示在工程图中的 BOM 表标注，为部件的零件或者子部件按照顺序标号。它可以显示两种类型的信息，即仅零件或第一级零部件。引出序号就是一个标注标识，用于标识明细表中列出的项，引出序号的数字与明细表中零件的序号相对应。添加了引出序号和明细栏的工程图如图 5-53 所示。

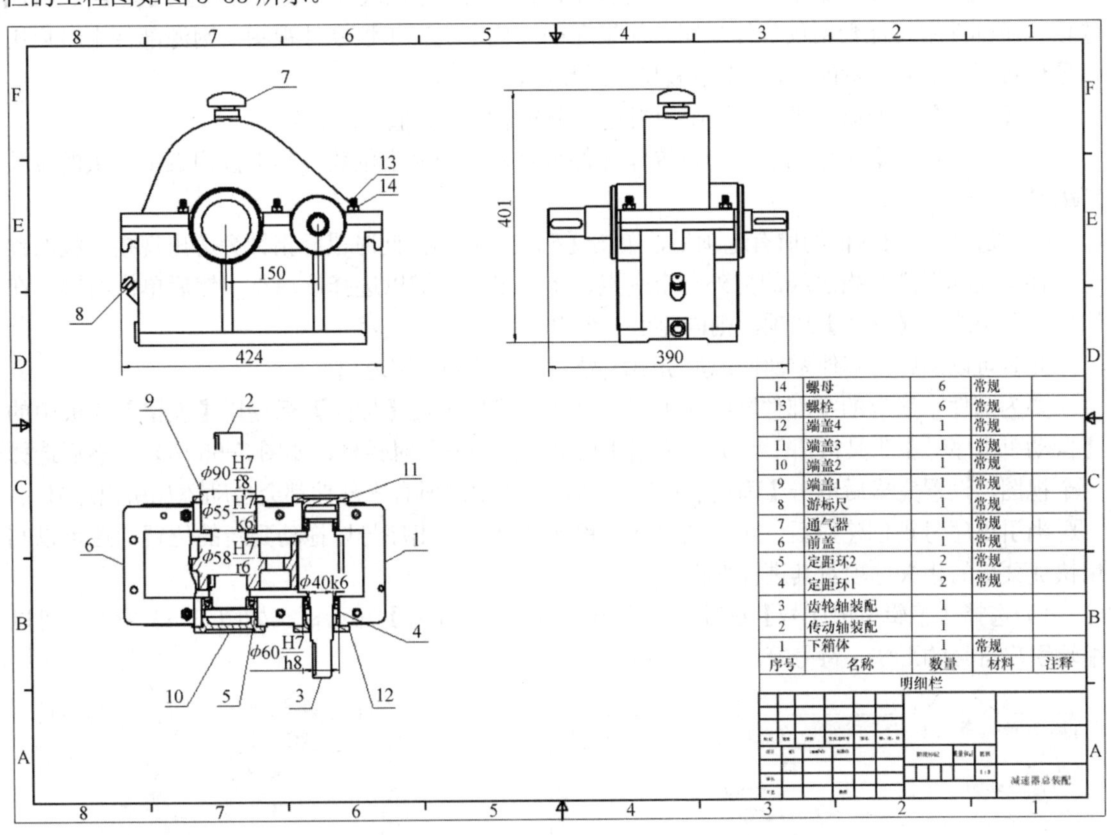

图5-53　添加了引出序号和明细栏的工程图

1. 引出序号

在 Inventor 中，可以为部件中的单个零件标注引出序号，也可以一次为部件中的所有零部件标注引出序号。

Inventor 2018 中，单个引出序号的设置和以前版本大有不同。

要为单个零件标注引出序号，可以：

1）单击【标注】标签栏【表格】面板中的【引出序号】工具按钮①，然后左键单击一个零件，同时设置指引线的起点，这时会弹出【BOM 表特性】对话框，如图 5-54 所示。

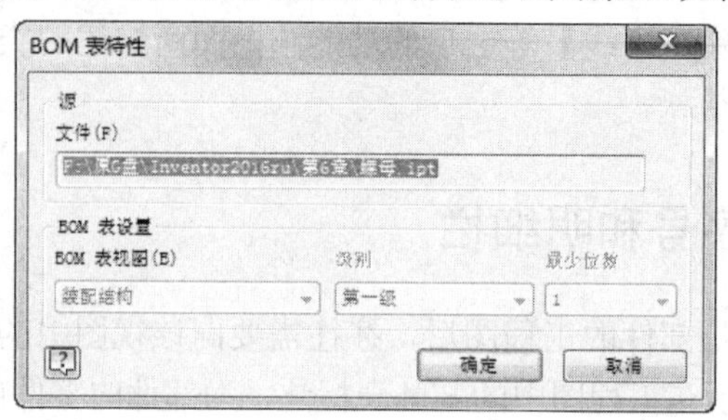

图5-54 【BOM表特性】对话框

2）【源】选项中的【文件】文本框用于显示在工程图中创建 BOM 表的源文件。

3）在【BOM 表视图】中可以选择适当的 BOM 表视图，可以选择【装配结构】或者【仅零件】选项。源部件中可能禁用仅零件视图。如果在明细栏中选择了仅零件视图，则源部件中将启用仅零件视图。需要注意的是，BOM 表视图仅适用于源部件。

4）【级别】中的第一级为直接子项指定一个简单的整数值。

5）【最少位数】选项用于控制设置零部件编号显示的最小位数，其下拉列表中提供的位数范围是 1～6。

6）设置好该对话框的所有选项后，单击【确定】按钮，此时鼠标指针旁边出现指引线的预览。移动鼠标以选择指引线的另外一个端点，单击鼠标左键以选择该端点；然后单击右键，在快捷菜单中选择【继续】选项，则创建了一个引出序号。

此时可以继续为其他零部件添加引出序号，或者按 Esc 键退出。

要为部件中所有的零部件同时添加引出序号，可以单击【标注】标签栏【表格】面板中的【自动引出序号】工具按钮，此时弹出【自动引出序号】对话框，如图 5-55 所示。然后选择一个视图，设置完毕后单击【确定】按钮，则该视图中的所有零部件都会自动添加引出序号。

当引出序号被创建以后，可以用鼠标左键点住某个引出序号以拖动到新的位置，还可以利用快捷菜单的相关选项对其进行编辑。

1）选择【编辑引出序号】选项，则弹出【编辑引出序号】对话框，如图 5-56 所示。可以编辑引出符号的形状、符号等。

图5-55 【自动引出序号】对话框

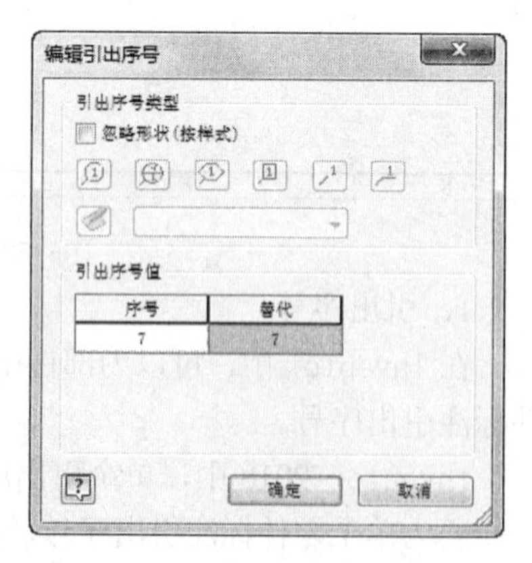

图5-56 【编辑引出序号】对话框

2）快捷菜单中的【附着引出符号】选项可以将另一个零件或自定义零件的引出序号附着到现有的引出序号。

其他的选项的功能与前面讲过的类似，故不再重复。

2. 明细栏

在 Inventor 2018 中，明细栏有了较大的变化。用户除了可以为部件自由添加明细外，还可以对关联的 BOM 表进行相关设置。

明细栏的创建十分简单。单击【标注】标签栏【表格】面板中的【明细栏】工具按钮，弹出图 5-57 所示【明细栏】对话框。选择要创建明细表的视图以及视图文件，单击该对话框的【确定】按钮，则此时在鼠标指针旁边出现矩形框，即明细栏的预览，在合适的位置单击左键，则自动创建部件明细栏。

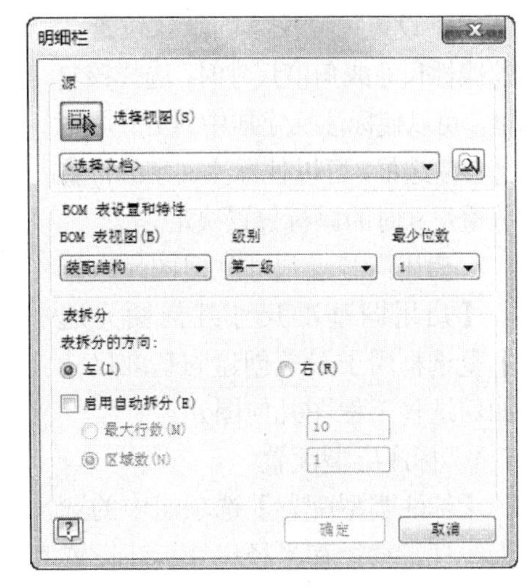

图5-57 【明细栏】对话框

关于【明细栏】对话框的设置说明如下：

1）【BOM 表视图】选项：选择适当的 BOM 表视图来创建明细栏和引出序号。

注 意

源部件中可能禁用仅零件类型。如果选择此选项，将在源文件中选择仅零件 BOM 表类型。

2）【表拆分】选项组：管理工程图中明细栏的外观。

- 【表拆分的方向】选项中的左、右表示将明细栏行分别向左、右拆分。
- 选择【启用自动拆分】复选框，用于启用自动拆分控件。
- 选择【最大行数】单选按钮，用于指定一个截面中所显示的行数，可键入适当的数字。
- 选择【区域数】单选按钮，用于指定要拆分的截面数。

创建明细栏以后，可以在上面按住鼠标左键以拖动它到新的位置。利用快捷菜单中的【编辑明细栏】选项，或者在明细栏上双击左键，则打开【编辑明细栏】对话框，可以进行编辑序号、代号和添加描述等，以及排序、比较等操作。选择【输出】选项，则可以将明细栏输出为 Microsoft Acess 文件（*.mdb）。

5.1.13 工程图环境设置

选择菜单【工具】中的【应用程序设置】选项，弹出【应用程序选项】对话框。选择该对话框中的【工程图】选项卡，如图 5-58 所示，可以对工程图环境进行定制。

1. 在工程图上检索所有模型尺寸

选择【放置视图时检索所有模型尺寸】复选框，则在放置工程视图时，将向各个工程视图添加适用的模型尺寸；不选择该复选框，可以在放置视图后手动检索尺寸。

2. 创建标注文字时居中对齐

【创建标注文字时居中对齐】复选框用于设置尺寸文本的默认位置。创建线性尺寸或角度尺寸时，选择该复选框，可以使标注文字居中对齐；取消选择该复选框，可以使标注文字的位置由放置尺寸时的鼠标位置决定。

3. 启用同基准尺寸几何图元选择

【启用同基准尺寸几何图元选择】复选框用于设置创建同基准尺寸时如何选择工程图几何图元。

4. 标注类型配置

【标注类型配置】选项组中的选项为线性、直径和半径尺寸标注设置首选类型。例如，在标注圆的尺寸时，选择 则标注直径尺寸，选择图标 则标注半径尺寸。

5. 视图对齐

【视图对齐】选项为工程图设置默认的对齐方式，有居中和固定两种方式。

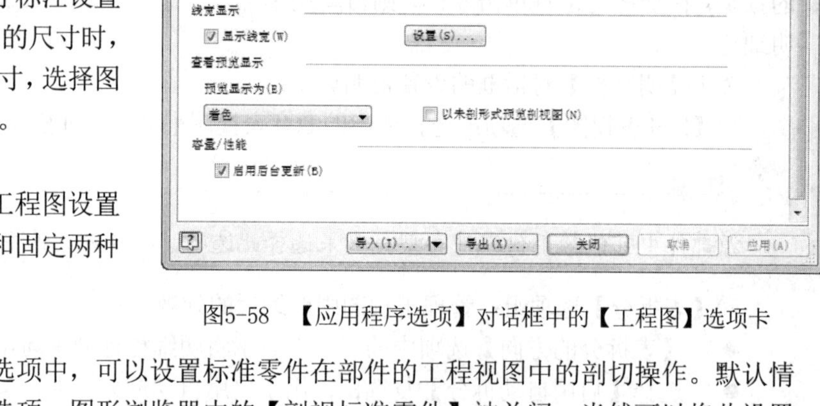

图5-58 【应用程序选项】对话框中的【工程图】选项卡

6. 剖视标准零件

在【剖视标准零件】选项中，可以设置标准零件在部件的工程视图中的剖切操作。默认情况下选择【遵从浏览器】选项，图形浏览器中的【剖视标准零件】被关闭，当然可以将此设置更改为【始终】或【从不】。

7. 标题栏插入

【标题栏插入】选项用于为工程图文件中所创建的第一张图纸指定标题栏的插入点。定位点对应于标题栏的最外角，单击以选择所需的定位器。注意，激活的图样的标题栏插入点设置将覆盖【应用程序选项】对话框中的设置，并决定随后创建的新图样的插入点设置。

8. 线宽显示选项

选择【线宽显示】选项，启用工程图中特殊线宽的显示。如果选择【显示线宽】复选框，则工程图中的可见线条将以激活的绘图标准中定义的线宽显示；如果取消选择该复选框，所有可见线条将以相同线宽显示。注意，此设置不影响打印工程图的线宽。

9. 默认对象样式

在默认情况下，【按标准】选项将对象默认样式指定为采用当前标准的【默认对象样式】中指定的样式。

【按上次使用的样式】选项指定在关闭并重新打开工程图文档时，默认使用上次使用的对象和尺寸样式。该设置可在任务之间继承。

10. 默认图层样式

【按标准】选项将图层默认样式指定为采用当前标准的【默认图层样式】中指定的样式。

【按上次使用的样式】选项指定在关闭并重新打开工程图文档时，默认使用上次使用的图层样式。该设置可在任务之间继承。

11. 查看预览显示

【预览显示为】选项用于设置预览图像的配置。默认设置为【所有零部件】。单击下三角按钮，可选择【部分】或【边框】。【部分】或【边框】选项可以减少内存消耗。

【以未剖形式预览剖视图】复选框通过剖切或不剖切零部件来控制剖视图的预览。选择此复选框，将以未剖形式预览模型；取消选择此复选框（默认设置），将以剖切形式预览模型。

12. 容量/性能

选择【启用后台更新】复选框，用于启用或禁用光栅工程视图显示。当为大型部件创建工程图时，光栅视图可提高工作效率。

【内容节约模式】选项指示 Autodesk Inventor 在进行视图计算之前和期间通过降低性能来更保守地占用内存，它通过更改加载和卸载零部件的方式来保留内存。

13. 默认工程图文件类型

当创建新工程图时用于设置所使用的默认工程图文件类型（.idw 或 .dwg）。

5.2 表达视图

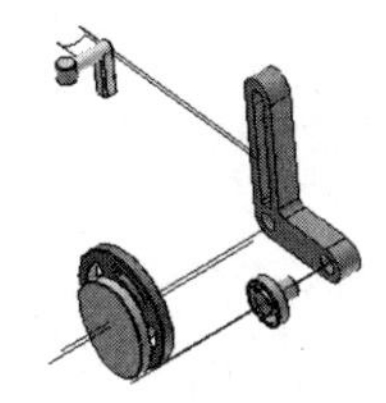

表达视图能够以动态的形式演示部件的装配过程和装配位置，将大大节省装配工人读懂装配图的时间，有效提高工作效率。

Inventor 的表达视图用于表现部件中的零件是如何相互影响和配合的，如使用动画分解装配视图来图解装配说明。表达视图还可以显示可能会被部分或完全遮挡的零件，例如，使用表达视图创建轴测的分解装配视图以显示部件中的所有零件，如图 5-59 所示。然后可以将该视图添加到工程图中，并引出部件中每一个零件的序号；还可以将表达视图用于工程图文件中创建分解视图，即爆炸图，如图 5-60 所示。

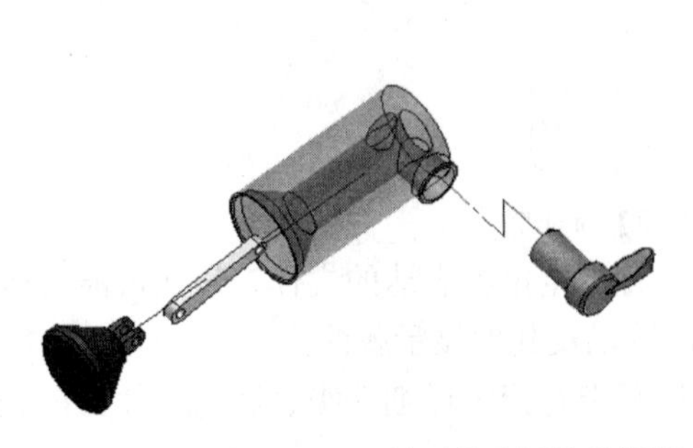

图5-59　表达视图创建轴测的分解装配视图

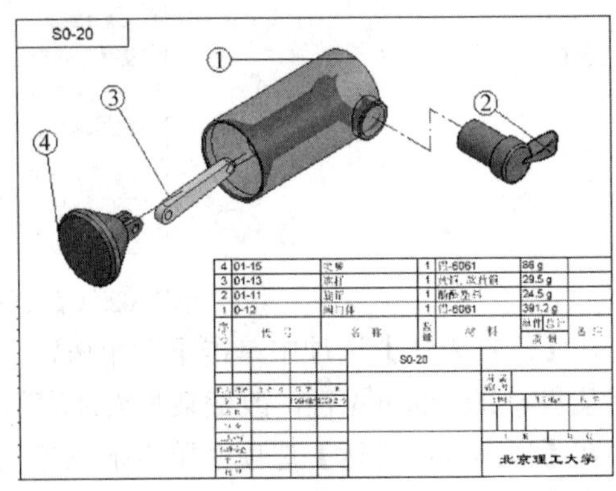

图5-60　创建爆炸图

5.2.1 创建表达视图

选择【快速入门】标签栏中的【新建】选项，在弹出的【打开】对话框中选择Standard.ipn，单击【创建】按钮即可新建一个表达视图文件。每个表达视图文件可以包含指定部件所需的任意多个表达视图。当对部件进行改动时，表达视图会自动更新。

创建表达视图的步骤如下：

1）单击【表达视图】标签栏【模型】面板中的【插入模型】工具按钮，弹出【插入】对话框，如图5-61所示。

2）单击【选项】按钮，弹出如图5-62所示的【文件打开选项】对话框。在该对话框中显示可供选择的指定文件的选项。如果文件是部件，也可以选择文件打开时显示的表达；如果文件是工程图，可以改变工程图的状态，在打开工程图之前延时更新。

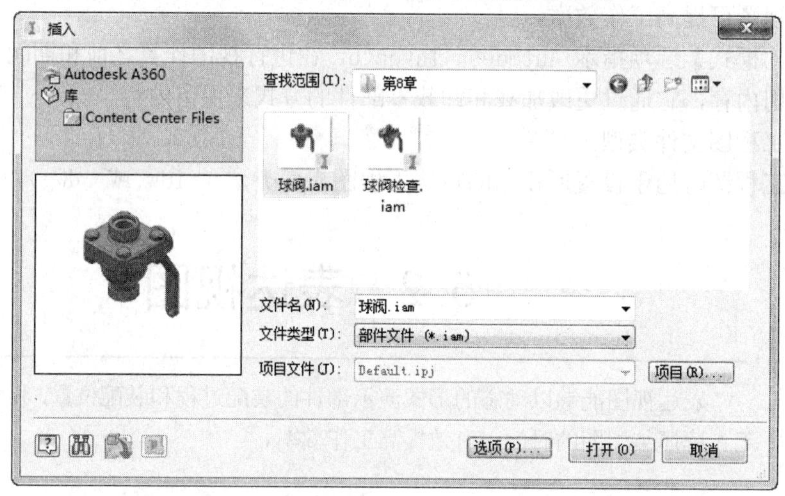

图5-61 【插入】对话框

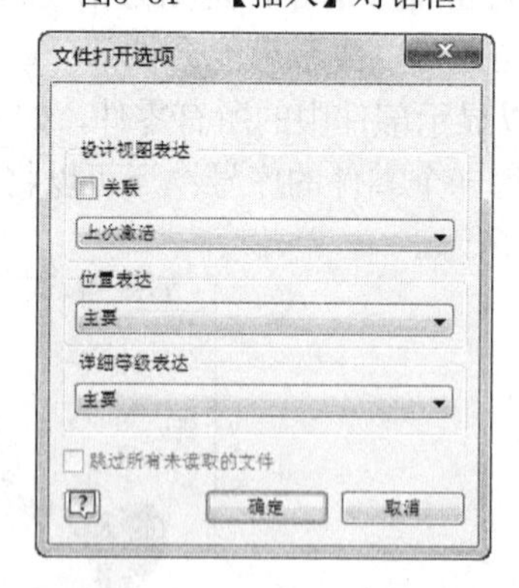

图5-62 【文件打开选项】对话框

在【位置表达】选项中单击下三角按钮，打开带有指定位置表达的文件。表达可能会包括关闭某些零部件的可见性，改变某些柔性零部件的位置以及其他显示属性。

在【详细等级表达】选项中单击下三角按钮，打开带有指定详细等级表达的文件。该表达用于内存管理，可能包含零部件抑制。

5.2.2 调整零部件位置

自动生成的表达视图在分解效果上有时不会太令人满意，有时可能还需要局部调整零件之间的位置关系以便于更好地观察，这时可以使用【调整零部件位置】工具来达到目的。

要对单个零部件的位置进行手动调整，可以：

1）单击【表达视图】标签栏【创建】面板中的【调整零部件位置】工具按钮，弹出【调整零部件位置】小工具栏，如图5-63所示。

2）需要创建位置参数，包括选定方向、零部件、轨迹原点，以及是否需要显示轨迹。当鼠标在零部件上移动时，出现一个坐标系的预览，如图5-64所示。在要调整位置的零件上单击以创建一个坐标系，则可以指定零部件沿着这个坐标系的某个轴移动。

图5-63 【调整零部件位置】小工具栏

3）选择一个坐标轴且输入平移的距离，然后单击按钮即可。

图5-64 坐标系的预览

5.2.3 创建动画

Inventor 的动画功能可以创建部件表达视图的装配动画，并且可以创建动画的视频文件，如AVI文件，以便随时随地地动态重现部件的装配过程。

创建动画的步骤如下：

1）单击【视图】标签栏【窗口】面板中的【用户界面】按钮，选择【故事板面板】选项，弹出【故事板面板】对话框，如图5-65所示。

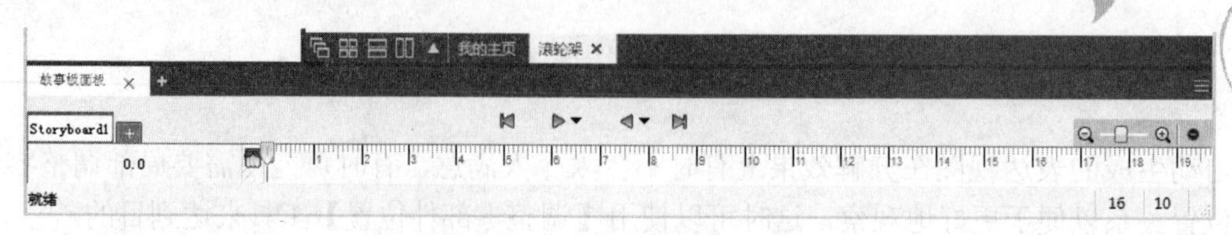

图5-65　【故事板面板】对话框

2）单击【故事板面板】对话框中的【播放当前故事板】按钮▶▼，可以查看动画效果。

3）单击【表达视图】标签栏【发布】面板中的【视频】按钮，弹出【发布为视频】对话框，输入文件名，选择保存文件的位置，选择文件格式为avi，如图5-66所示。单击【确定】按钮，弹出【视频压缩】对话框，采用默认设置，如图5-67所示。单击【确定】按钮，开始生成动画。

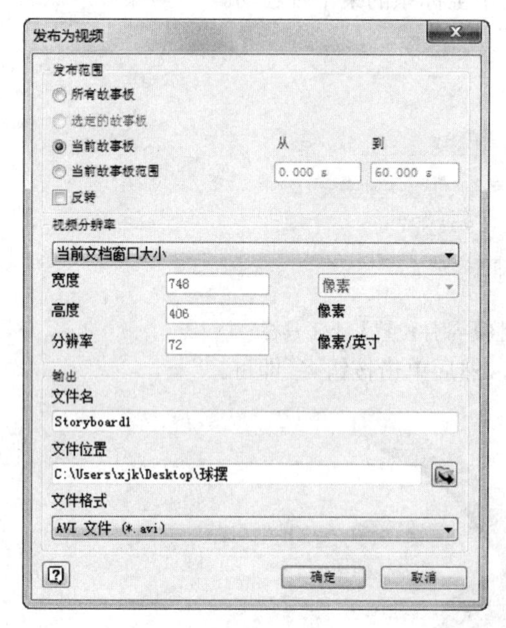

图5-66　【发布为视频】对话框

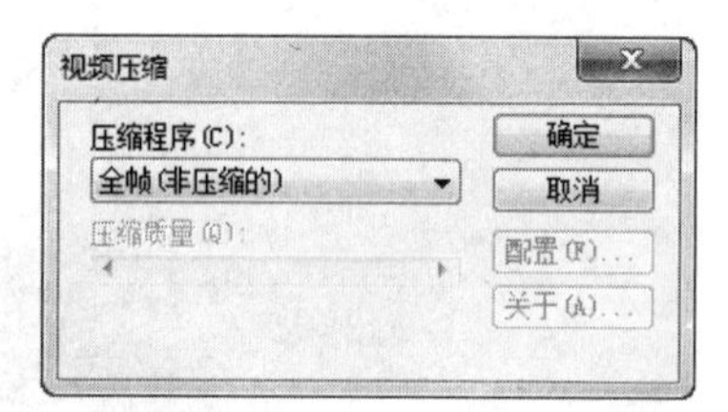

图5-67　【视频压缩】对话框

第2篇

零件设计篇

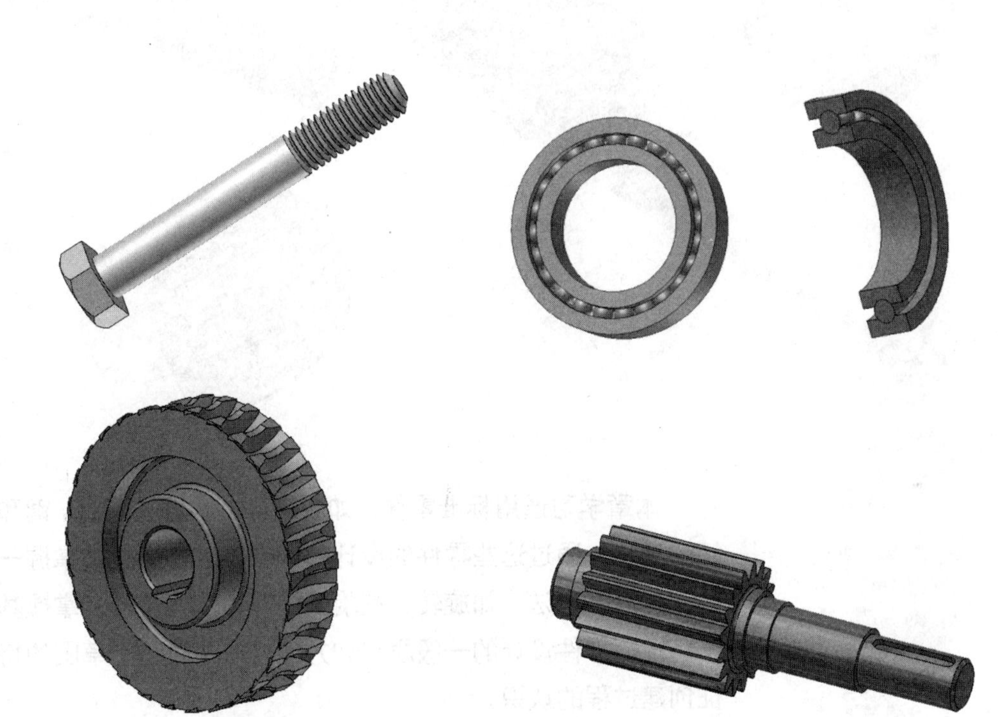

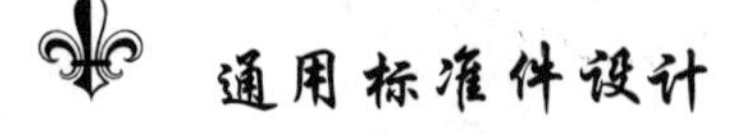

本篇介绍以下主要知识点：

- 通用标准件设计
- 传动轴及其附件设计
- 圆柱齿轮与蜗轮设计
- 减速器箱体与附件设计

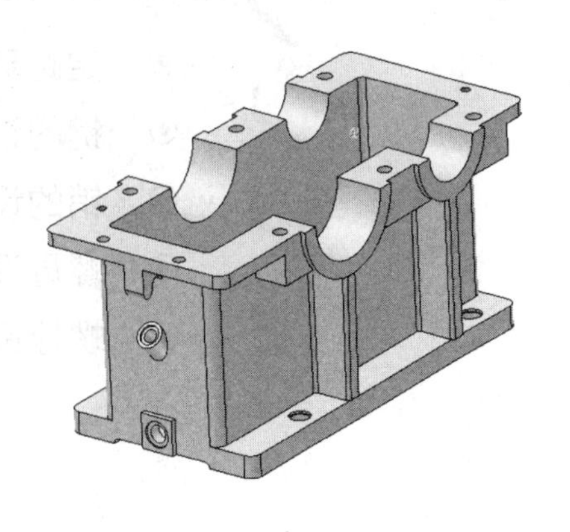

第6章

通用标准件设计

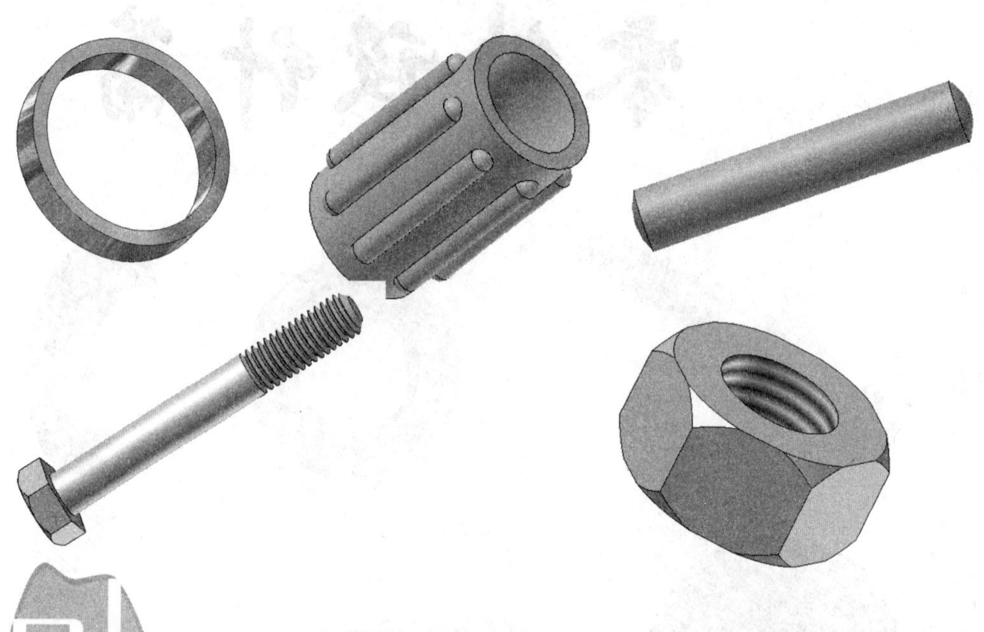

本章学习通用标准零件，如定距环、螺母、螺栓、键和销的设计。通过这些零件的设计，读者可以在实践中掌握一些实体造型方法，如旋转、螺旋扫掠等的操作技巧，掌握基于特征的零件设计的一般思路和方法，加深对基于草图的特征创建过程的认识。

精彩内容

- 定距环设计
- 键的设计
- 销的设计
- 螺母设计
- 螺栓设计

6.1 定距环设计

定距环是一个简单的零件，在部件中的作用一般是固定两个零部件之间的间距。本节将利用拉伸、打孔等基本的实体创建方法创建定距环。在学习了关于零件特征的基本技能以后，可以通过本节的学习进行实践，以加深对所学知识的理解。

在本书的减速器实例中，需要两种不同尺寸的定距环。这里只讲述一种尺寸的定距环的设计方法，对另外一种尺寸的定距环只作简单介绍，读者完全可以参照所讲述的内容自己动手完成。

定距环的模型文件在网盘中的“\第6章”目录下，文件名为“定距环1.ipt”和“定距环2.ipt”。

6.1.1 实例制作流程

定距环的设计过程如图6-1所示。

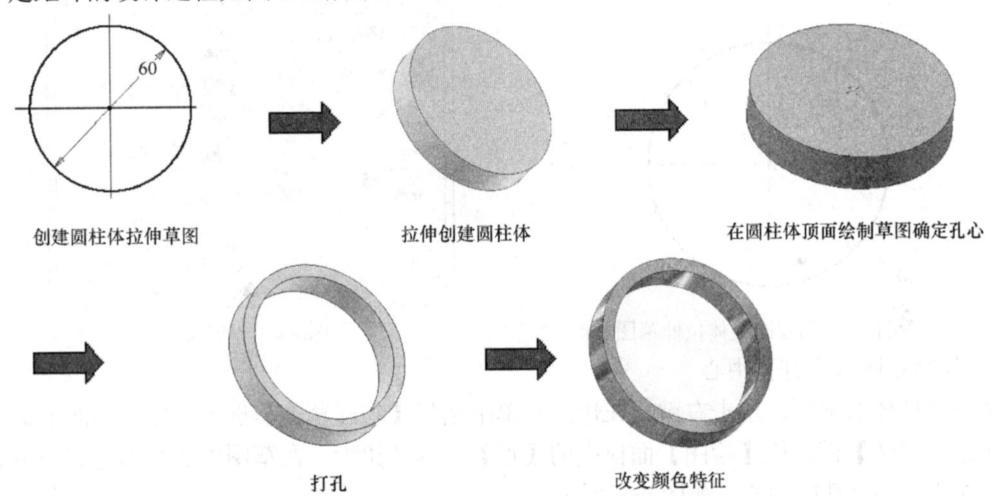

图6-1 定距环零件的设计过程

6.1.2 实例效果展示

定距环效果展示如图6-2所示。

图6-2 定距环效果展示

6.1.3 操作步骤

1. 新建文件

运行 Inventor，单击【快速入门】标签栏【启动】面板中的【新建】工具按钮，在弹出的【新建文件】对话框中选择 Standard.ipt 选项，新建一个零件文件，命名为定距环 1.ipt。这里我们选择在原始坐标系的 *XY* 平面新建草图。

2. 创建圆柱体拉伸草图

创建一个能够拉伸出圆柱体的草图截面轮廓。单击【草图】标签栏【绘图】面板中的【圆】工具按钮，绘制一个圆，大小随意；然后单击【约束】面板中的【尺寸】工具按钮，为圆标注直径，并设置直径值为 60，如图 6-3 所示。

3. 拉伸创建圆柱体

单击【草图】标签栏中的【完成草图】工具按钮，退出草图环境，进入零件环境，单击【三维模型】标签栏【创建】面板中的【拉伸】工具按钮，弹出【拉伸】对话框。由于只有一个可以进行拉伸的截面轮廓，所以创建的圆形轮廓自动被选中。在【拉伸】对话框中设置拉伸参数，如图 6-4 所示。单击【确定】按钮，完成拉伸，创建的圆柱体如图 6-5 所示。

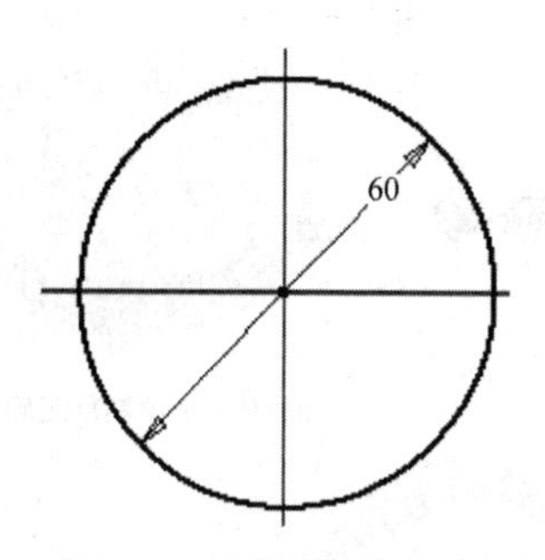

图6-3 创建圆柱体拉伸草图

图6-4 设置拉伸参数

4. 绘制草图确定打孔中心

选择圆柱体的顶面，单击右键，在快捷菜单中选择【新建草图】选项，则在该面上新建草图。单击【草图】标签栏【绘图】面板中的【点】工具按钮，在草图中的圆形轮廓的中心处创建一个点作为打孔的中心，如图 6-6 所示。

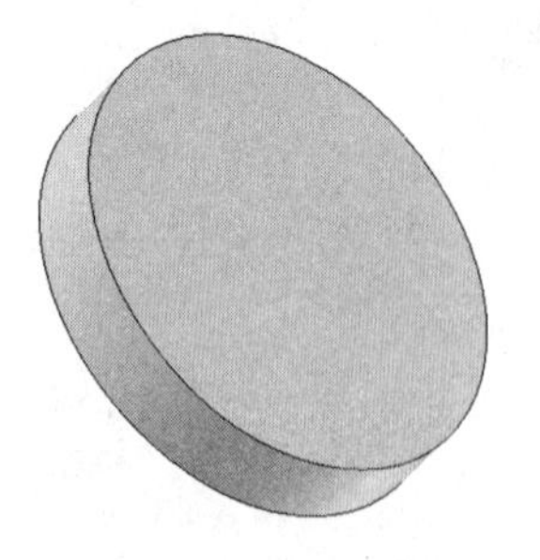

图6-5 创建的圆柱体

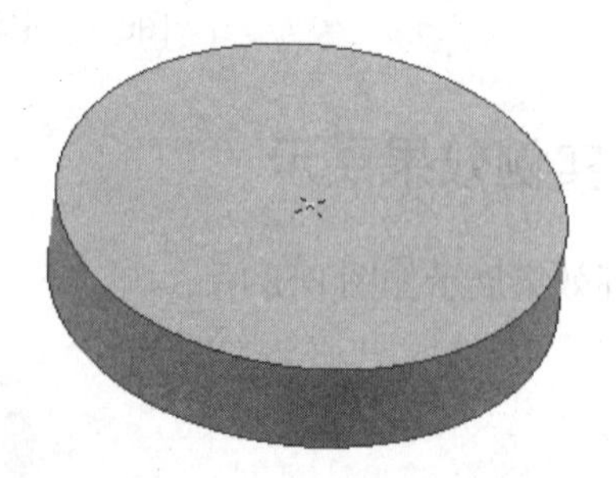

图6-6 在草图中创建孔心

5. 打孔

单击【草图】标签栏中的【完成草图】工具按钮，退出草图环境，进入零件环境。单击

【三维模型】标签栏【修改】面板中的【孔】工具按钮，弹出【孔】对话框。由于此时图形中只有一个点可以作为孔中心，所以刚才创建的点被自动选取作为孔心，在【孔】对话框中设置打孔参数，如图 6-7 所示。单击【确定】按钮，完成打孔，打孔后的零件如图 6-8 所示。此时定距环零件的基本形状特征已经创建完毕。

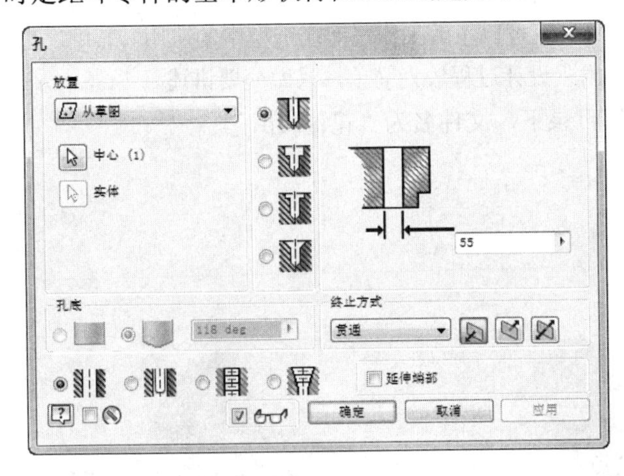

图6-7 设置打孔参数

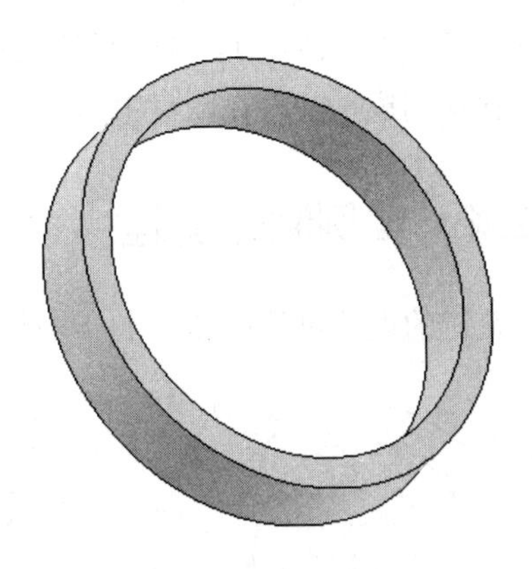

图6-8 打孔后的零件

6. 改变零件颜色

可以任意修改零件的颜色，为零件指定不同的颜色对于后期的部件装配工作很有好处。因为如果在部件中所有的零件都是同一种颜色，那么装配时既不好观察，装配完毕以后也看不清楚零件之间的位置关系。可以单击【工具】标签栏【材料和外观】面板中的【调整】工具按钮，为零件选择一种颜色，效果如图 6-2 所示。此时，定距环已经全部设计完成。

对于另外一种尺寸的定距环（文件名为定距环 2.ipt），与所讲述的定距环的尺寸区别在于拉伸直径和打孔半径的不同，其外环直径为 90mm，打孔直径为 80mm，具体造型过程不再详细叙述。

6.1.4 总结与提示

定距环除了通过拉伸与打孔的组合来实现以外，还有其他的创建方法，如直接拉伸如图 6-9 所示的截面轮廓，或者旋转一个矩形的截面轮廓，如图 6-10 所示。

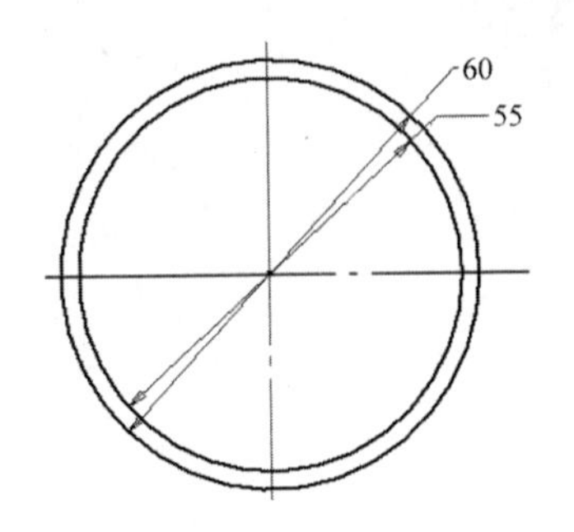

图6-9 直接拉伸出定距环的草图轮廓

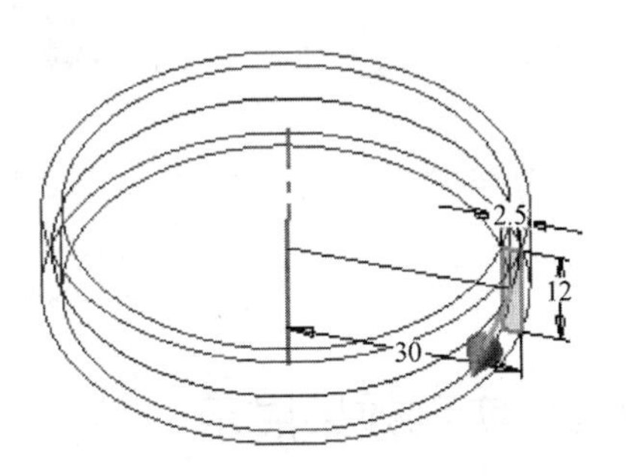

图6-10 旋转出定距环的界面轮廓

6.2 键的设计

本节讲述花键和平键的制作过程，通过键类零件的设计，除了可以练习基本的拉伸、倒角、阵列等造型方法外，还可以了解工作平面在造型中的应用。其中，重点讲述花键的设计过程。平键由于设计过程较为简单，只做简要讲述。

花键的模型文件在网盘中的“\第 6 章”目录下，文件名为“花键.ipt”。

6.2.1 实例制作流程

花键的设计过程如图 6-11 所示。

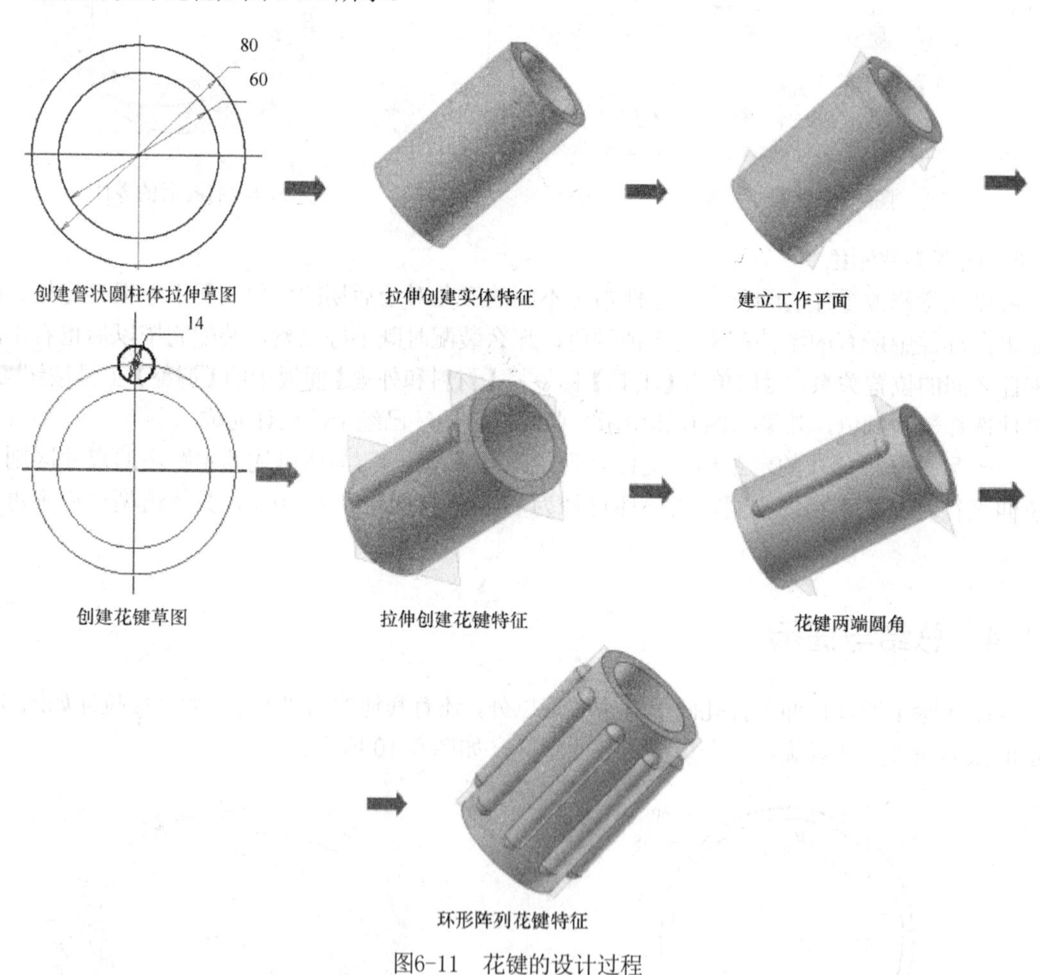

图6-11 花键的设计过程

6.2.2 实例效果展示

花键效果展示如图 6-12 所示。

6.2.3 操作步骤

1．新建零件文件

运行 Inventor，单击【快速入门】标签栏【启动】面板中的【新建】工具按钮，在弹出的【新建文件】对话框中选择 Standard.ipt 选项，新建一个零件文件，命名为花键.ipt。这里我们选择在原始坐标系的 *XY* 平面新建草图。

2．创建管状圆柱体的拉伸草图

在草图环境中，绘制一个能够拉伸出管状圆柱体的草图截面轮廓。单击【草图】标签栏【绘图】面板中的【圆】工具按钮，绘制两个同心圆，大小随意，然后单击【约束】面板中的【尺寸】工具按钮，为同心圆标注直径，并设置直径值为 80 和 60，如图 6-13 所示。

图 6-12 花键效果展示

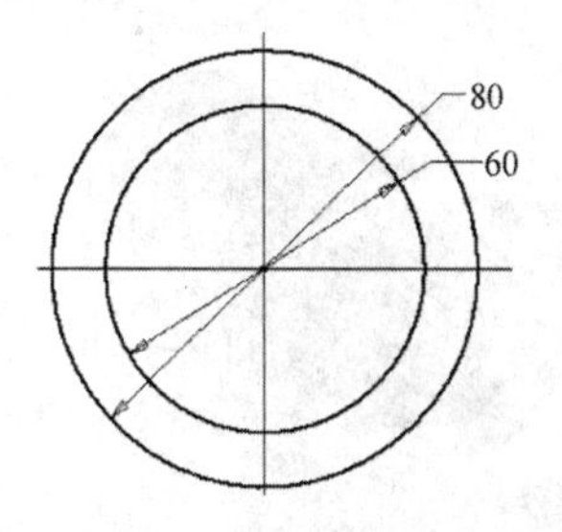

图 6-13 创建管状圆柱体的拉伸草图

3．拉伸创建实体特征

单击【草图】标签栏中的【完成草图】工具按钮，退出草图环境，进入零件环境。单击【三维模型】标签栏【创建】面板中的【拉伸】工具按钮，弹出【拉伸】对话框。选择拉伸截面轮廓为草图中的环形区域，拉伸距离为 140，如图 6-14 所示。单击【确定】按钮，完成拉伸。

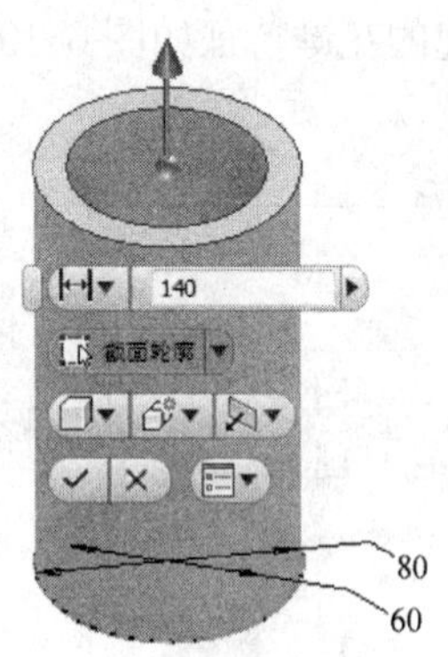

图6-14 设置拉伸参数

4．建立工作平面

花键主体上的半圆柱状特征体也是通过拉伸得到的，需要绘制拉伸的草图以及创建拉伸终止的条件。在这里我们建立一个工作平面以绘制拉伸的草图，建立另外一个工作平面作为拉伸结束的平面。单击【三维模型】标签栏【定位特征】面板中的【工作平面】工具按钮，然后鼠标单击拉伸创建的管状圆柱体的一个底面并拖动，此时弹出【偏移】对话框。指定工作平面

相对原始平面偏移的距离，输入-13 后单击按钮，完成工作平面的创建。在圆柱体的另外一个底面也建立一个偏移为-13 的工作平面，如图 6-15 所示。

5．创建花键半圆柱特征的草图

1）花键主体上的半圆柱状特征体是通过拉伸得到的，首先需要绘制其草图截面轮廓。单击【视图】标签栏【外观】面板中的【视觉样式】下三角按钮，将着色设置为【线框】以便于观察。然后在刚才新建的任何一个工作平面上单击右键，在快捷菜单中选择【新建草图】选项，则新建草图。可以看到，圆柱的轮廓投影到所建立的草图上，如图 6-16 所示。

2）单击【草图】标签栏【绘图】面板中的【圆】工具按钮，以圆象限点为圆心，绘制一个直径为 14 的圆，如图 6-17 所示。

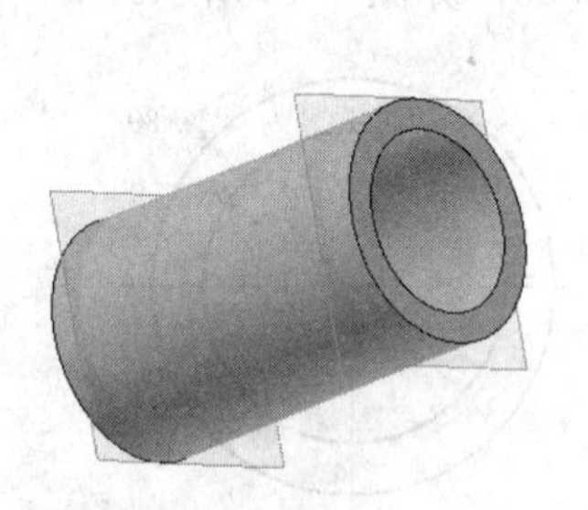

图6-15　创建工作平面

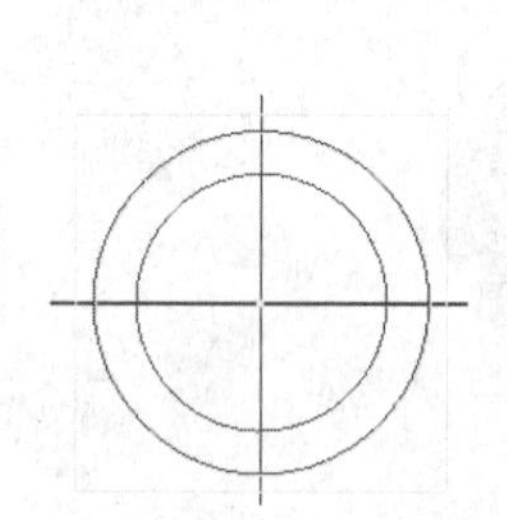

图6-16　创建花键特征的草图

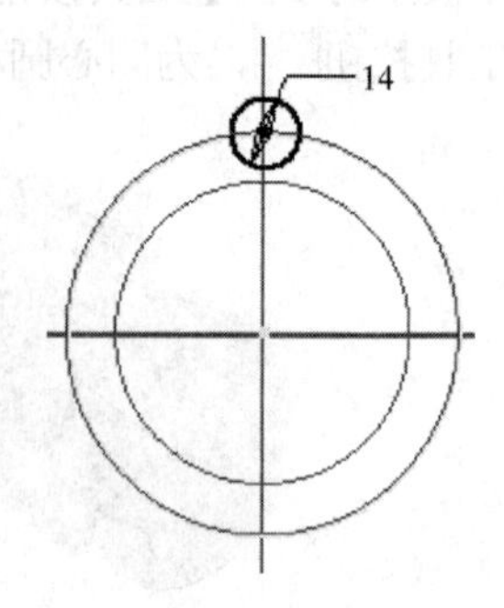

图6-17　绘制直径为14的圆

6．拉伸创建花键特征

单击【草图】标签栏中的【完成草图】工具按钮，退出草图环境，进入零件环境。单击【三维模型】标签栏【创建】面板中的【拉伸】工具按钮，选择直径为 14 的圆为拉伸截面轮廓，在弹出的【拉伸】对话框中设置拉伸终止方式为【介于两面之间】，起始表面为建立草图的工作平面，终止表面为另外一个工作平面，拉伸示意图如图 6-18 所示。单击【确定】按钮，完成拉伸，拉伸创建的花键特征如图 6-19 所示。

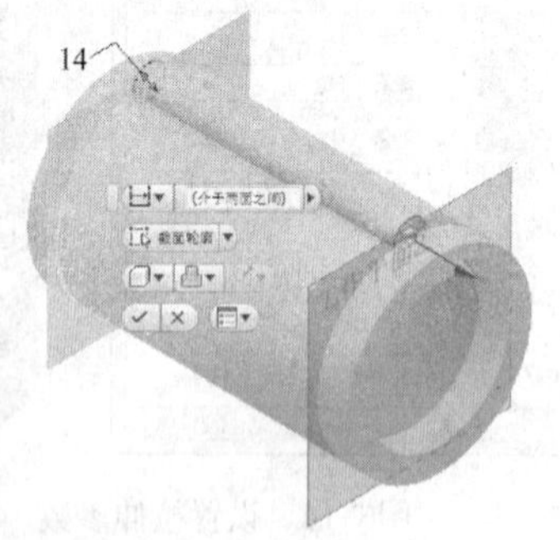

图6-18　拉伸示意图

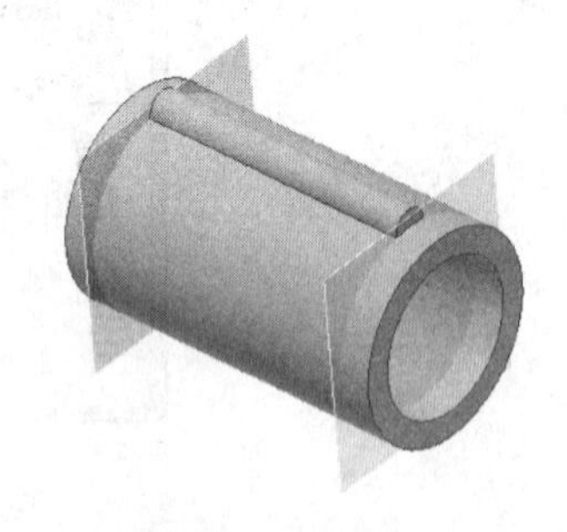

图6-19　拉伸创建花键的特征

7．花键两端圆角

为花键特征的两端圆角，以形成半球面特征。单击【三维模型】标签栏【修改】面板中的【圆角】工具按钮，选择花键特征两端的半圆曲线作为圆角边，将圆角半径设置为 7，如图

6-20 所示。单击【确定】按钮，隐藏工作平面，创建的花键圆角特征如图 6-21 所示。

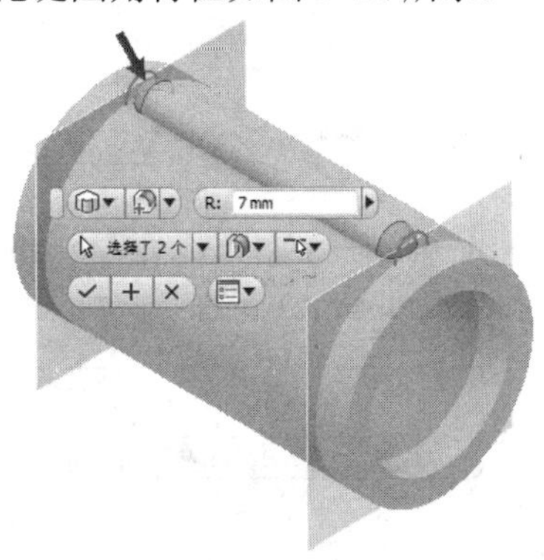

图6-20　设置圆角参数

8．环形阵列花键特征

将花键特征环形阵列以完成整个花键体的创建。单击【三维模型】标签栏【阵列】面板中的【环形阵列】工具按钮，选择【阵列各个特征】选项，然后选择花键体和两端的圆角作为要阵列的特征，选择管状圆柱体侧面以将其轴线作为环形阵列的旋转轴，设置引用数目为 8 个，引用角度范围为 360º，如图 6-22 所示。最终完成的花键如图 6-23 所示。

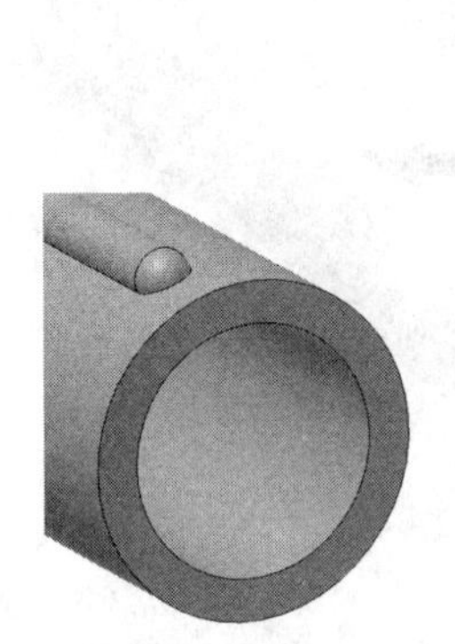

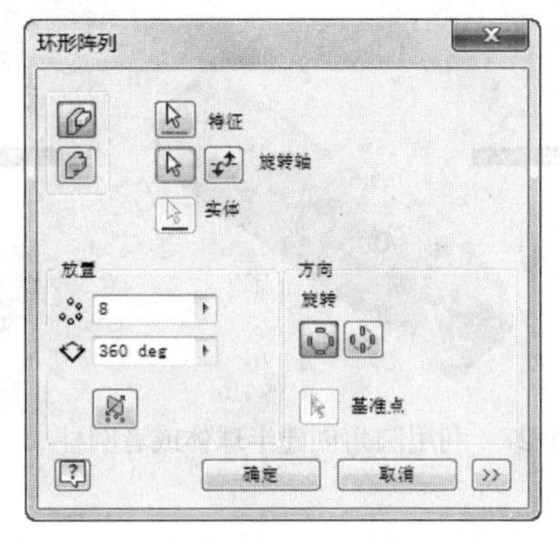

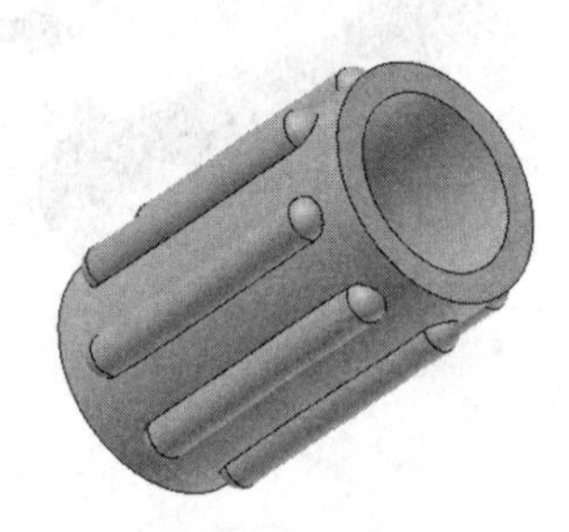

图6-21　创建的花键圆角特征　　图6-22　设置【环形阵列】参数　　图6-23　最终完成的花键

对平键的设计过程做一简单介绍。平键(模型文件位于“\第 6 章目录下，文件名为平键. ipt”)如图 6-24 所示。平键是通过拉伸得到的，首先创建拉伸草图的截面轮廓，如图 6-25 所示。注意，两端圆弧均与两条直线在交点处相切。对该截面轮廓进行拉伸，拉伸距离为 10，如图 6-26 所示。将拉伸得到的平键主体进行倒角，倒角距离为 1，即可得到图 6-24 所示的平键。

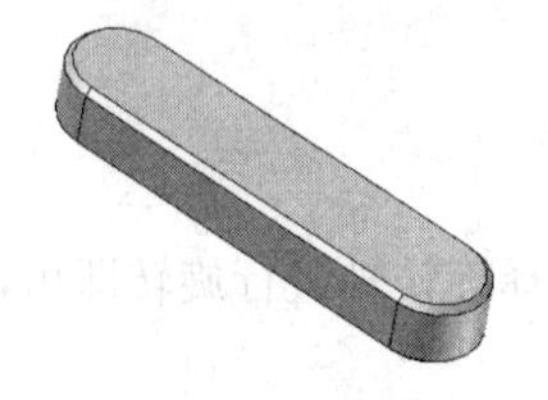

图6-24　平键

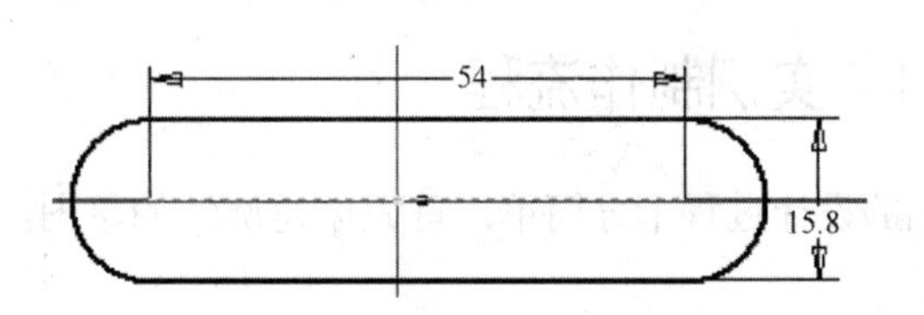

图6-25　创建拉伸草图的截面轮廓

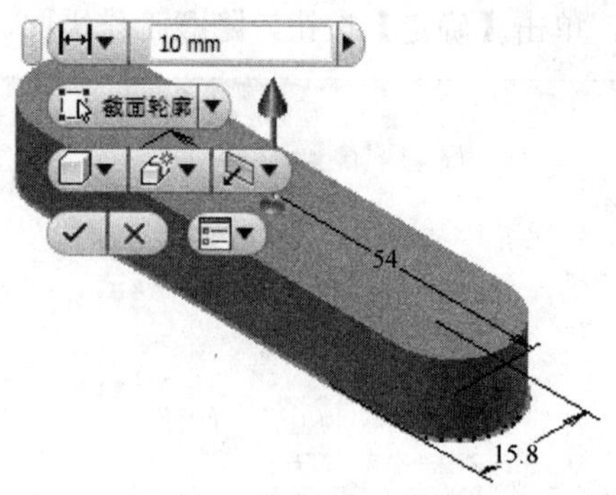

图6-26 设置拉伸参数

6.2.4 总结与提示

半球面的创建方法很多，例如，可以让一个半圆绕某条轴旋转，绘制几个圆形截面轮廓进行放样等，但是本节中利用圆角来形成半球面是一个非常巧妙的思路。对于一个截面为正方形、边长为 a 的立方体，以 $a/2$ 为半径对各个边线进行圆角，可以得到不同的半球体或者圆柱，如图 6-27 所示。读者可以动手尝试一下，很快就可以掌握其中的要领。

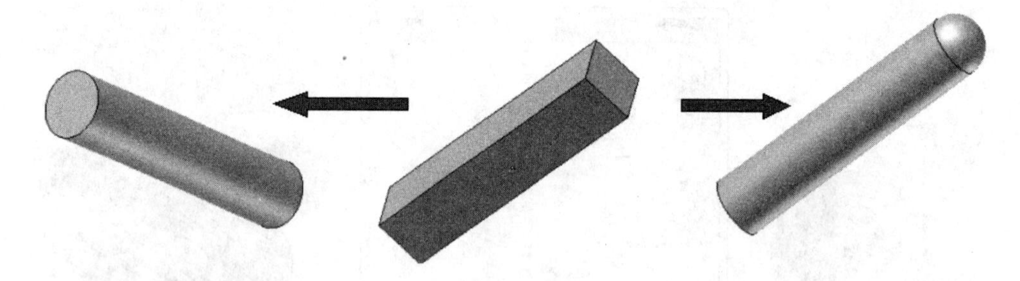

图6-27 利用圆角创建半球体或者圆柱

6.3 销的设计

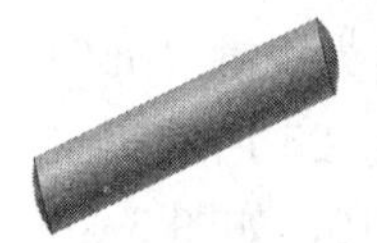

本节讲述销的创建过程。通过创建销体，读者可以加深对旋转造型的认识，以及创建草图的技巧等。

销的模型文件在网盘中的“\第 6 章”目录下，文件名为“销.ipt”。

6.3.1 实例制作流程

销的设计过程十分简单，首先创建旋转的草图，然后选择旋转轴进行旋转即可，如图 6-28 所示。

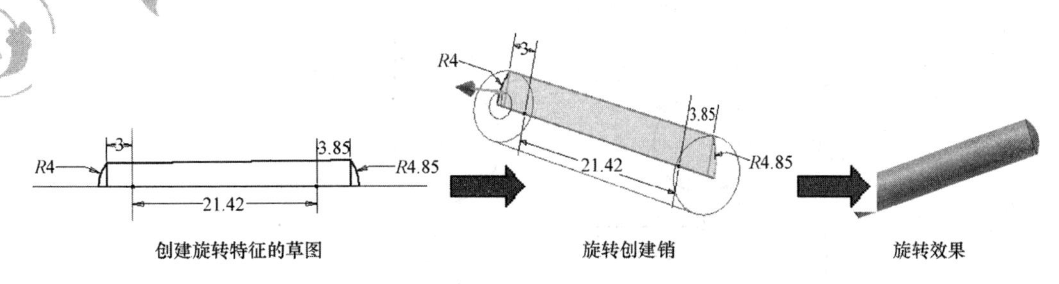

图6-28 销的设计过程

6.3.2 实例效果展示

销的效果展示如图 6-29 所示。

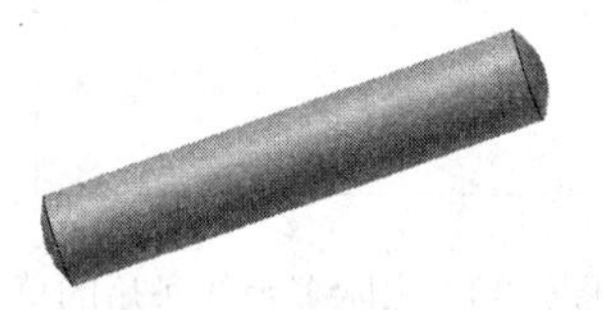

图6-29 销的效果展示

6.3.3 操作步骤

1．新建零件文件

运行 Inventor，单击【快速入门】标签栏【启动】面板中的【新建】工具按钮，在弹出的【新建文件】对话框中选择 Standard.ipt 选项，新建一个零件文件，命名为销.ipt。这里我们选择在原始坐标系的 *XY* 平面新建草图。

2．创建旋转特征的草图

图 6-30 所示为销的工程图，读者可以在创建销实体的过程中进行参照。也可按照以下的步骤绘制草图轮廓。

1）进入草图环境后，单击【草图】标签栏【绘图】面板中的【圆】工具按钮，绘制两个圆，并为其标注尺寸，如图 6-31 所示。同时利用【零】尺寸约束使两个圆的圆心处于一条水平上，也可以添加两圆心的水平约束，使两个圆的圆心连线处于水平方向。

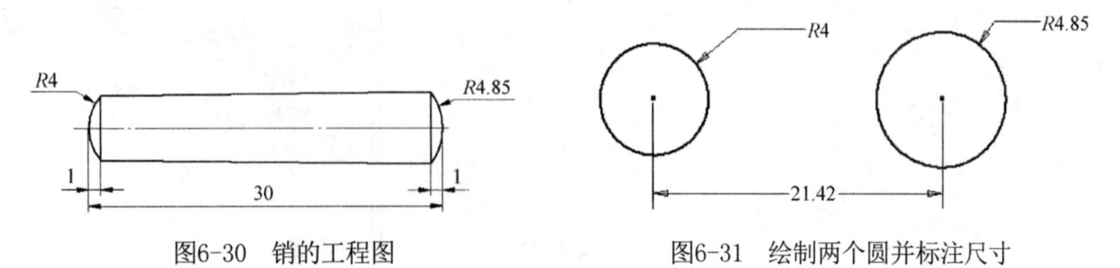

图6-30 销的工程图　　图6-31 绘制两个圆并标注尺寸

2）单击【草图】标签栏【绘图】面板中的【直线】工具按钮，绘制两条竖直方向的直线。注意，绘制时可以移动鼠标，当鼠标指针旁边出现竖直符号时，即说明此时直线是竖直方向的。绘制直线并标注尺寸，如图 6-32 所示。

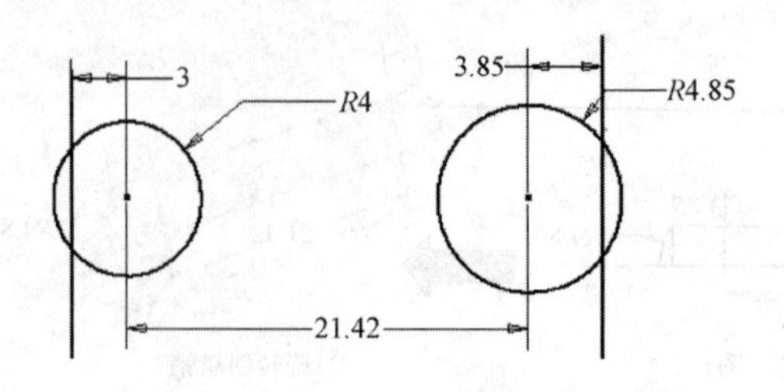

图6-32　绘制直线并标注尺寸

3）单击【草图】标签栏【修改】面板中的【修剪】工具按钮，去除多余的线条，此时的草图如图 6-33 所示。选择【直线】工具按钮，在草图中将剩余的几何图元连接，并且绘制旋转轴线，如图 6-34 所示。

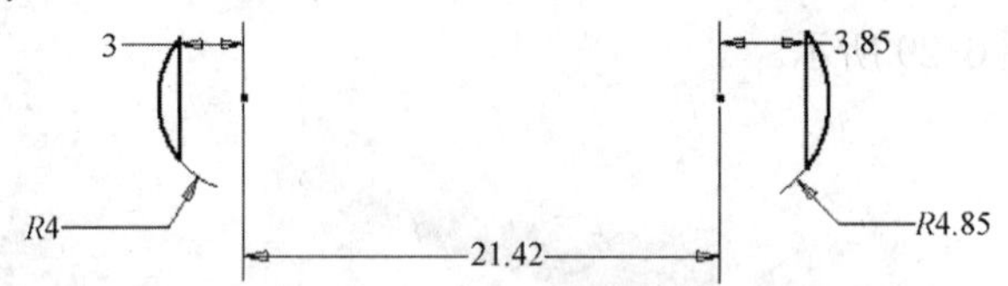

图6-33　去除多余线条后的草图

4）单击【草图】标签栏【修改】面板中的【修剪】工具按钮，将多余的线条全部剪切掉，最终的草图轮廓如图 6-35 所示。需要注意的是，有些线条可能对于轮廓来说没有任何造型的意义，但是尺寸约束却需要用到，所以如果这样的线条对实体造型不会产生影响的话，应该尽量保留，以便于以后对零件进行尺寸修改。

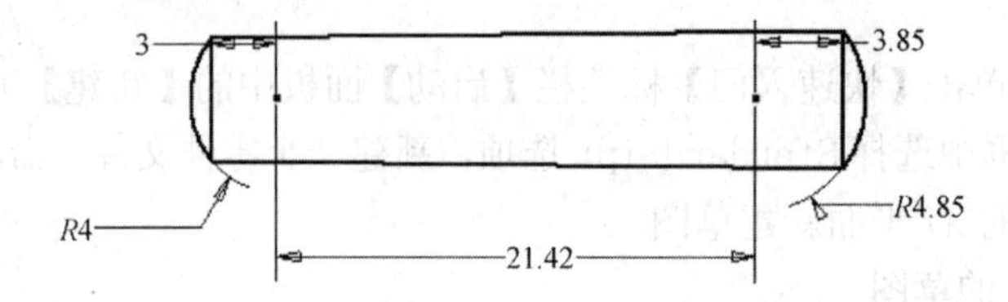

图6-34　连接几何图元并绘制旋转轴线

3．旋转创建销

单击【草图】标签栏中的【完成草图】工具按钮，退出草图环境，进入零件环境。单击【三维模型】标签栏【创建】面板中的【旋转】工具按钮，弹出【旋转】对话框；选择截面轮廓和旋转轴，其他设置如图 6-36 所示。单击【确定】按钮，完成销的创建。

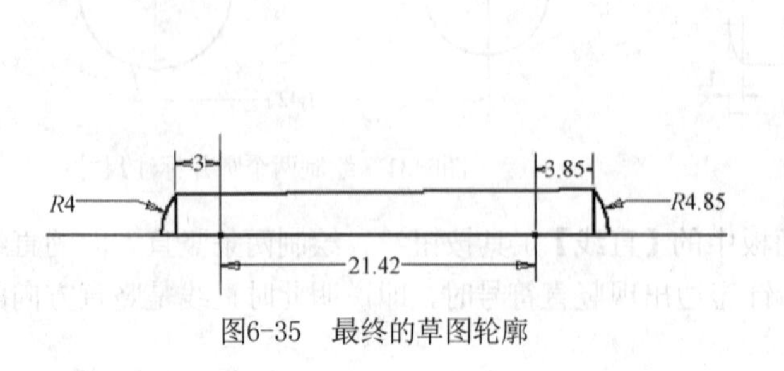

图6-35　最终的草图轮廓

图6-36　设置旋转参数

6.3.4 总结与提示

在进行旋转时，一定要注意，旋转轴不能在旋转的截面轮廓内部，否则无法创建旋转特征。另外，利用放样工具也可以创建销的锥形部分，然后用旋转来生成销两端的球冠特征，读者可以作为练习题目。

6.4 螺母设计

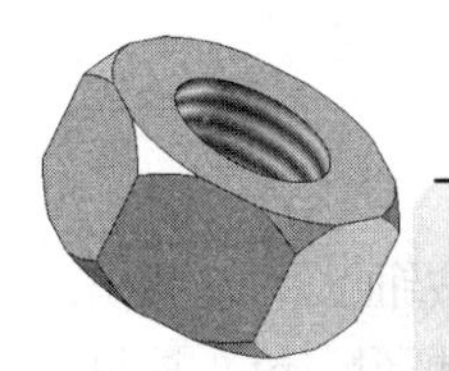

在螺母的设计中，读者可以掌握利用旋转进行零件求差的技巧，以及利用镜像操作快速地复制相同的特征，以提高工作效率。

螺母的模型文件在网盘中的“\第 6 章”目录下，文件名为“螺母.ipt”。

6.4.1 实例制作流程

螺母的设计过程如图 6-37 所示。

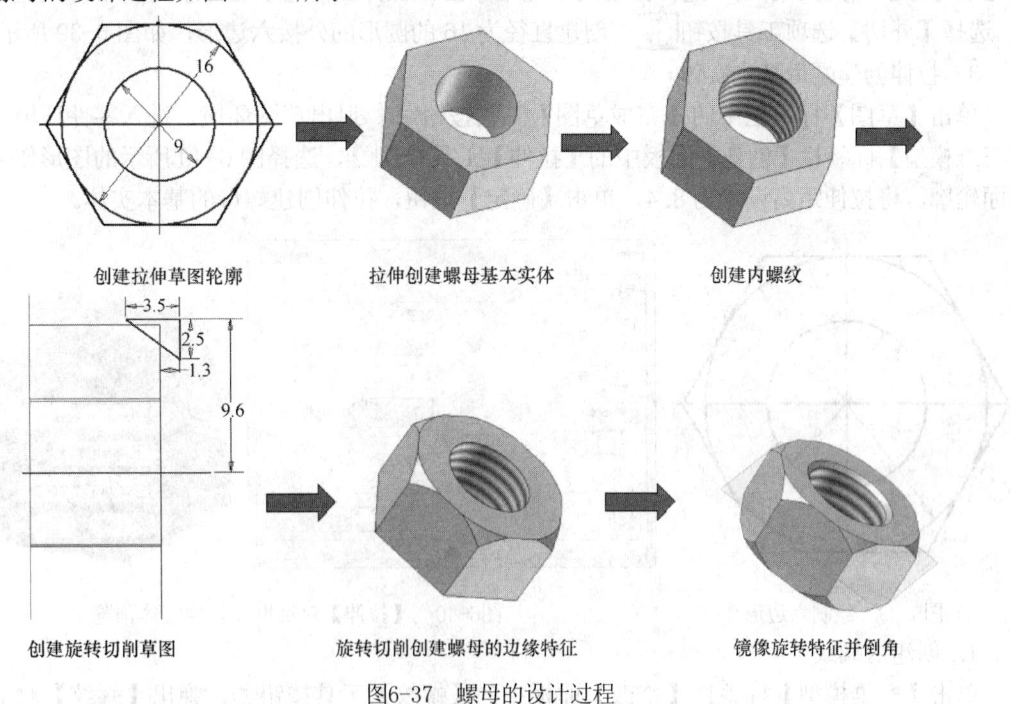

图6-37 螺母的设计过程

6.4.2 实例效果展示

螺母效果展示如图 6-38 所示。

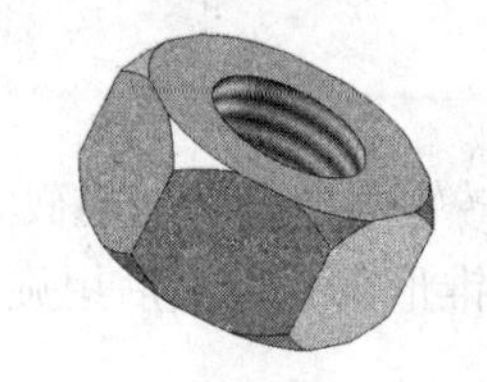

图6-38　螺母效果展示

6.4.3　操作步骤

1．新建文件

运行 Inventor，单击【快速入门】标签栏【启动】面板中的【新建】工具按钮，在弹出的【新建文件】对话框中选择 Standard.ipt 选项，新建一个零件文件，命名为螺母.ipt。这里我们选择在原始坐标系的 *XY* 平面新建草图。

2．创建拉伸草图轮廓

进入草图环境后，单击【草图】标签栏【绘图】面板中的【圆】工具按钮，绘制两个同心圆。单击【约束】面板中的【尺寸】工具按钮，分别将其直径尺寸标注为 16 和 9；然后单击【多边形】工具按钮，选择圆心为多边形中心，在弹出的【多边形】对话框中设置边数为 6，选择【外切】选项工具按钮，创建直径为 16 的圆形的外接六边形，如图 6-39 所示。

3．拉伸创建螺母基本实体

单击【草图】标签栏中的【完成草图】工具按钮，退出草图环境，进入零件环境。单击【三维模型】标签栏【创建】面板中的【拉伸】工具按钮，选择图 6-40 所示的图形作为拉伸截面轮廓，将拉伸距离设置为 8.4，单击【确定】按钮，拉伸创建螺母的基本实体。

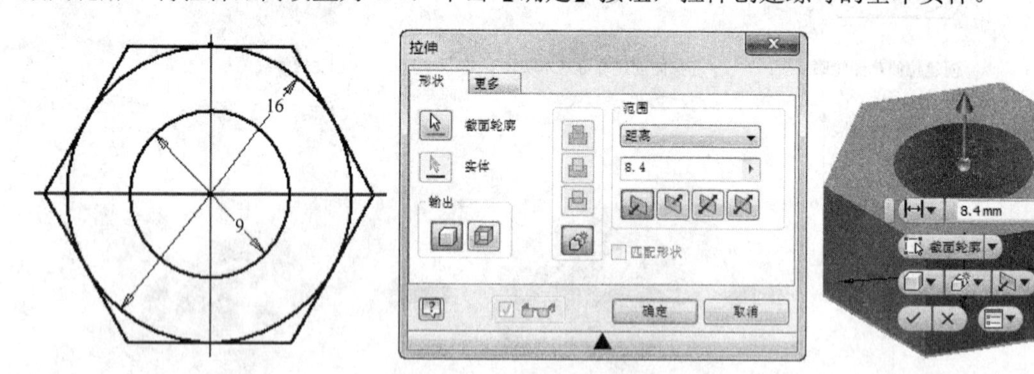

图6-39　绘制六边形　　图6-40　【拉伸】对话框及拉伸实体预览

4．创建内螺纹

单击【三维模型】标签栏【修改】面板中的【螺纹】工具按钮，弹出【螺纹】对话框。选择螺母的内表面作为螺纹表面，螺纹设置见图 6-41 中的【螺纹】对话框，则为螺母内表面创建螺纹特征，如图 6-41 中右图所示。

5．创建旋转切削草图

为了创建螺母的边缘特征，需要创建一个草图截面轮廓对螺母进行旋转切削。

1）建立一个工作平面以创建草图，这个工作平面选择在过螺母的两条相对棱边的平面上。单击【三维模型】标签栏【定位特征】面板中的【工作平面】工具按钮，选择螺母的两条相对棱边以建立工作平面，如图 6-42 所示。

图6-41 【螺纹】对话框及螺纹预览

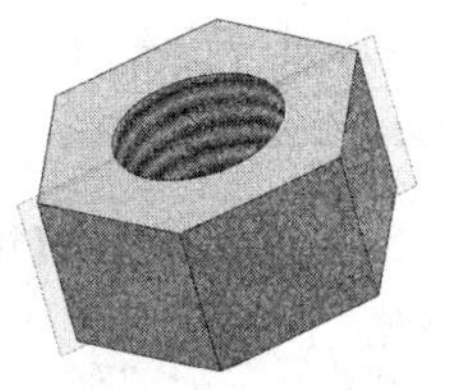

图6-42 建立工作平面

2）创建一条工作轴作为旋转轴，并且在草图中作为标注尺寸的基准。单击【三维模型】标签栏【定位特征】面板中的【工作轴】工具按钮，选择螺母的内表面，即建立一条与其螺母的轴线重合的工作轴。

3）在新建立的工作平面上新建草图，进入到草图环境中。在绘制旋转的草图轮廓之前，单击【草图】标签栏【零件特征】面板中的【投影几何图元】工具按钮，将步骤 2 中创建的工作轴投影到当前草图中。利用【草图】标签栏中的【直线】工具和【约束】面板中的【尺寸】工具，绘制如图 6-43 所示的旋转的草图轮廓并标注尺寸。为了便于观察，可以在工具栏中将模型的显示方式设置为【线框】显示。

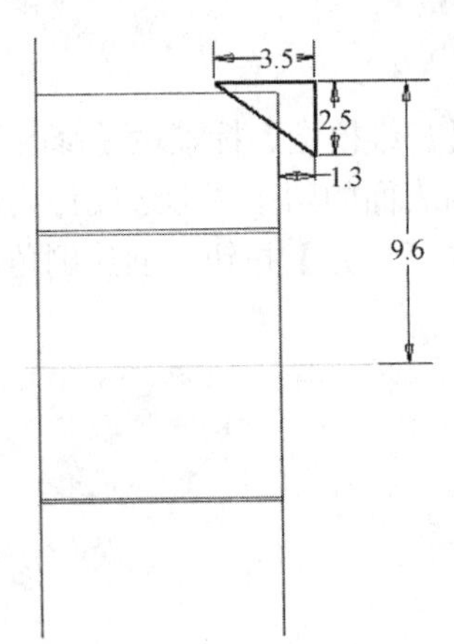

图6-43 创建旋转的草图轮廓

6．旋转切削创建螺母的边缘特征

单击【草图】标签栏中的【完成草图】工具按钮，退出草图环境，进入零件环境。单击【三维模型】标签栏【创建】面板中的【旋转】工具按钮，在弹出的【旋转】对话框中选择截面轮廓为图 6-43 中所示的三角形，旋转轴为所建立的直线，选择【求差】方式，如图 6-44 所示。单击【确定】按钮，创建旋转特征。隐藏工作平面和旋转轴后所创建的零件如图 6-45 所示。

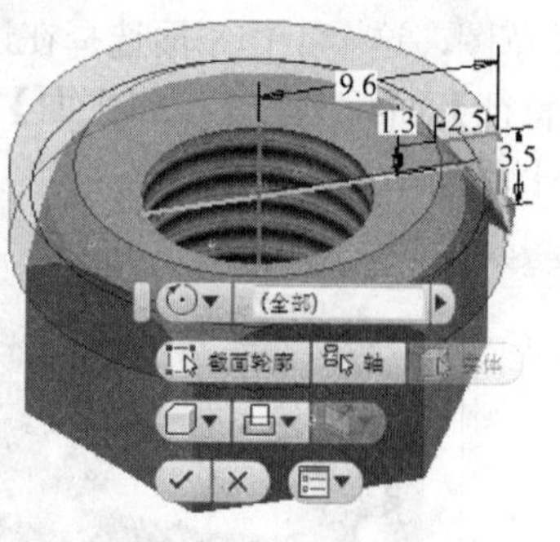

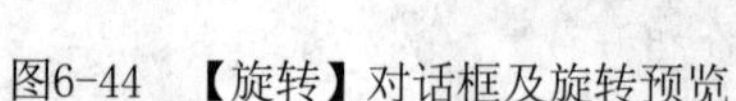
图6-44 【旋转】对话框及旋转预览

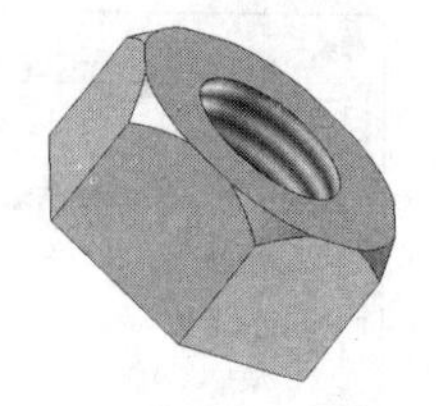
图6-45 隐藏工作平面和旋转轴后创建的零件

7．镜像旋转切削得到的特征

需要在螺母的另外一侧创建相同的旋转切削特征，可采用镜像零件特征的方法，无须再次新建草图进行旋转切削。要建立镜像特征，首先应该建立一个镜像的平面，镜像后得到的特征与原特征以镜像平面对称布置。在螺母零件中建立一个工作平面作为镜像平面，该工作平面应该选择在螺母的一半高度处，即可以通过将螺母的任意一个底面偏移 1/2 高度即可，如图 6-46 所示。

单击【三维模型】标签栏【阵列】面板中的【镜像】工具按钮，弹出【镜像】对话框。在零件上或者浏览器中选择旋转切削得到的特征为镜像特征，选择刚才创建的工作平面为镜像平面，在【创建方法】选项中选择【完全相同】选项，单击【确定】按钮，完成镜像特征的创建，如图 6-47 所示。

8．倒角

需要对螺母进行倒角。单击【三维模型】标签栏【修改】面板中的【倒角】工具按钮，弹出【倒角】对话框。将螺母的内表面的两条圆形边线作为倒角边，选择倒角方式为【倒角边长】，设置倒角距离为 0.5mm，单击【确定】按钮，创建倒角，如图 6-48 所示。

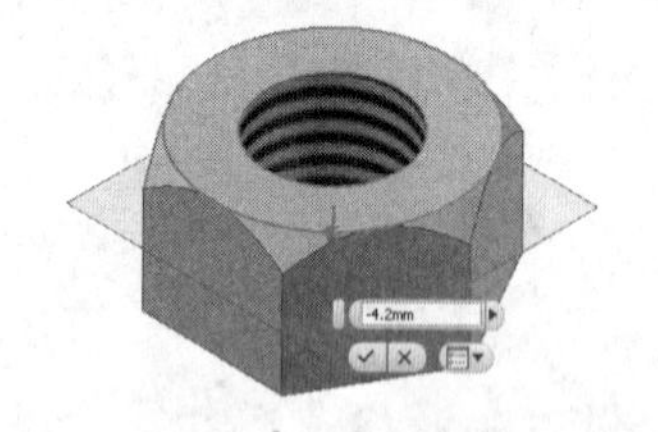

图6-46 建立作为镜像平面的工作平面

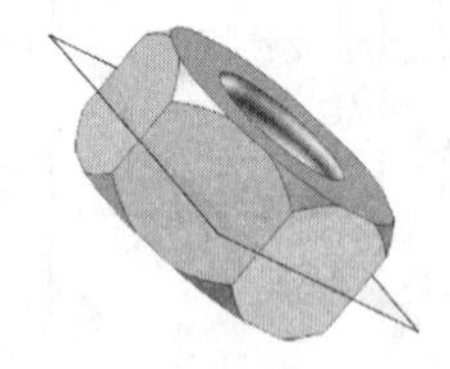
图6-47 创建镜像特征

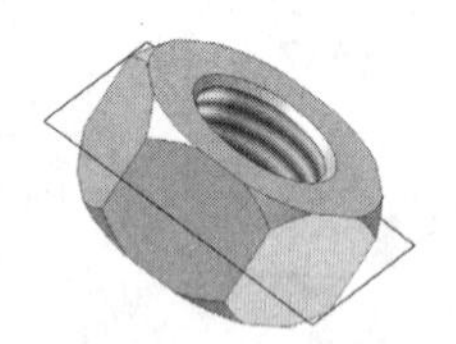
图6-48 创建倒角

6.4.4 总结与提示

Inventor 中的螺纹是通过贴图的方式生成的，并不是真实存在的螺纹，这样可以加快显示的速度，降低系统的需求和资源消耗；也可以通过【螺旋扫掠】工具创建真实的螺纹。本节中也可以为螺母创建真实的螺纹特征，读者可以进行练习。

6.5 螺栓设计

本节讲述螺栓的创建过程。通过螺栓零件的设计，读者可以对螺旋扫掠创建真实螺纹的过程有更加深入的了解。

螺栓的模型文件在网盘中的“\第 6 章”目录下，文件名为“螺栓.ipt”。

6.5.1 实例制作流程

螺栓的设计过程如图 6-49 所示。

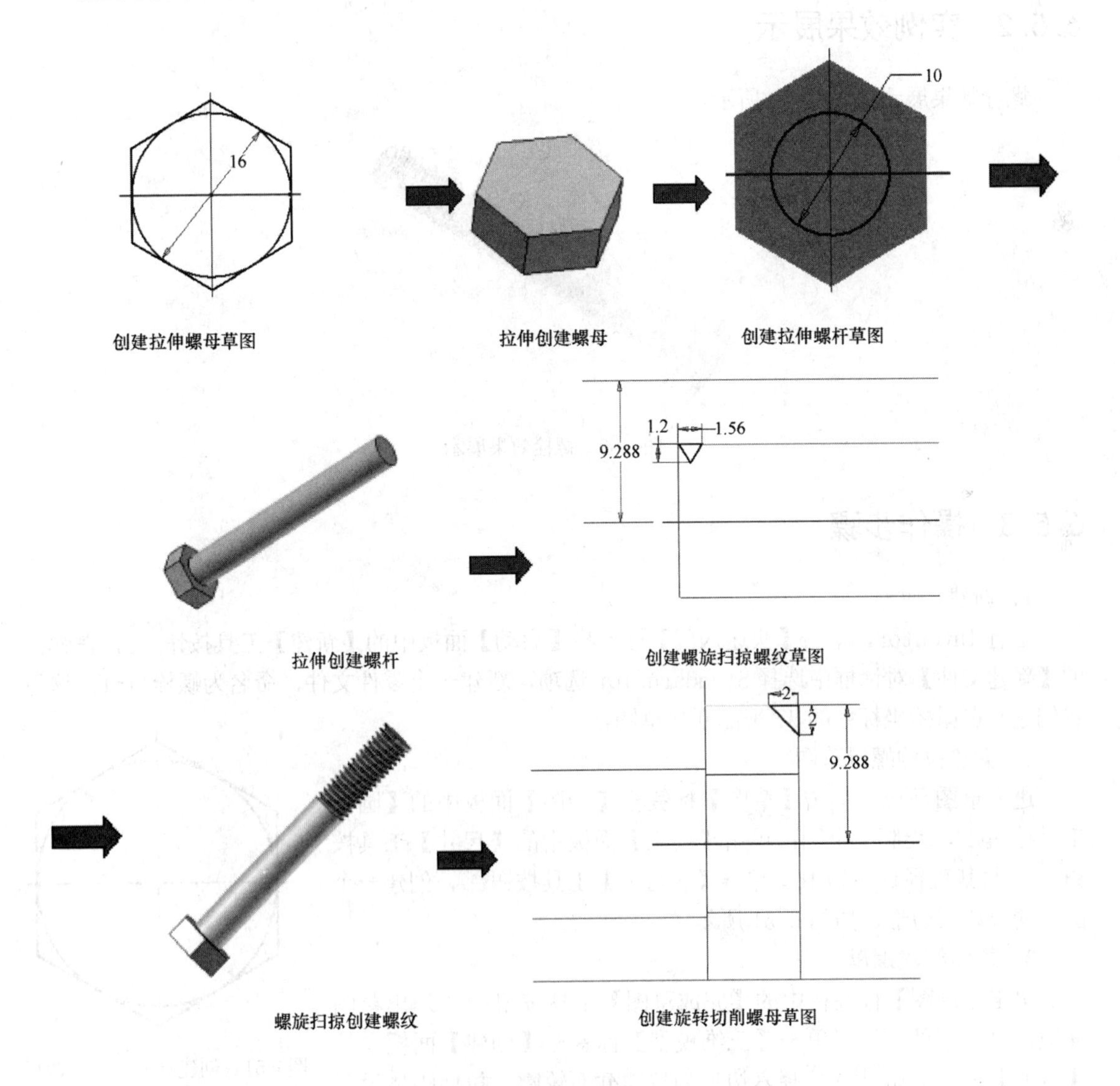

图6-49 螺栓的设计过程

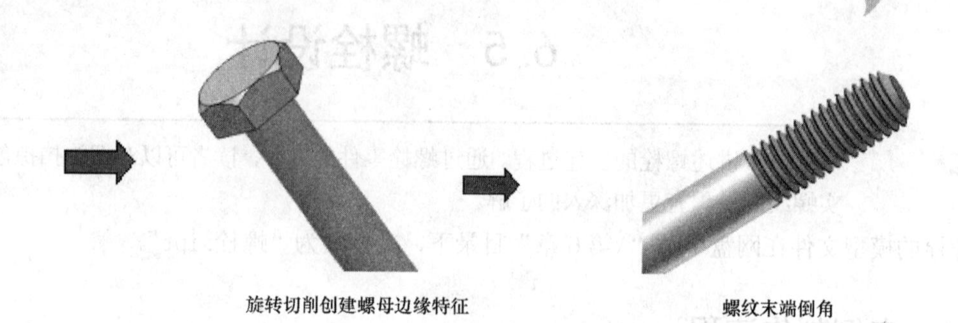

图6-49　螺栓的设计过程（续）

6.5.2　实例效果展示

螺栓效果展示如图 6-50 所示。

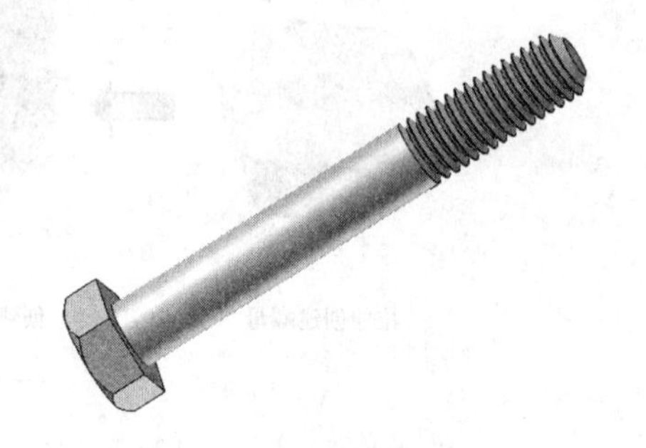

图6-50　螺栓效果展示

6.5.3　操作步骤

1．新建文件

运行 Inventor，单击【快速入门】标签栏【启动】面板中的【新建】工具按钮，在弹出的【新建文件】对话框中选择 Standard.ipt 选项，新建一个零件文件，命名为螺栓.ipt。这里我们选择在原始坐标系的 *XY* 平面新建草图。

2．创建拉伸螺母草图

进入草图环境，单击【草图】标签栏【绘图】面板中的【圆】工具按钮，绘制一个圆；单击【约束】面板中的【尺寸】工具按钮，将其直径标注为 16。单击【多边形】工具按钮，创建一个圆形的外切六边形，如图 6-51 所示。

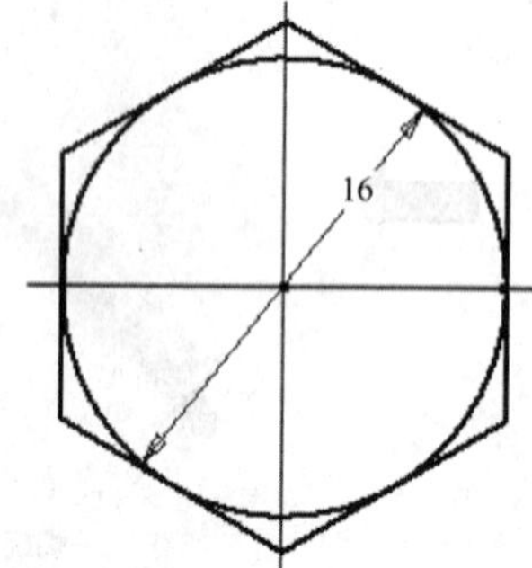

图6-51　创建圆形外切六边形

3．拉伸创建螺母

单击【草图】标签栏中的【完成草图】工具按钮，退出草图环境，进入零件环境。单击【三维模型】标签栏【创建】面板中的【拉伸】工具按钮，选择六边形为拉伸截面轮廓，拉伸距离设置为 6.4mm，单击【确定】按钮，拉伸创建的螺母如图 6-52 所示。

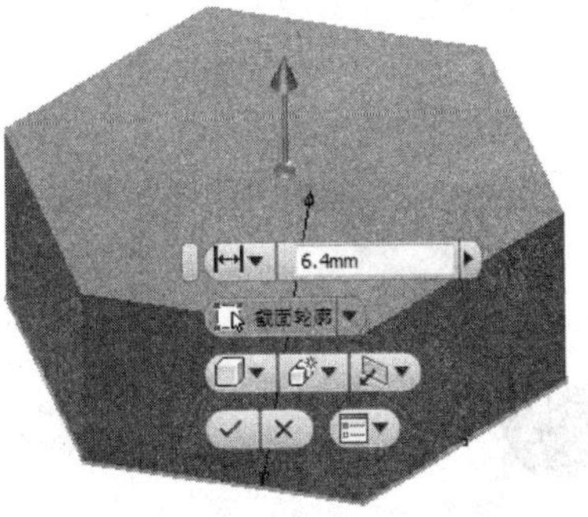

图6-52 【拉伸】对话框以及拉伸创建的螺母

4．创建拉伸螺杆草图

在螺母实体的任意一个底面上单击右键，在快捷菜单中选择【新建草图】选项，新建草图的同时进入草图环境。单击【草图】标签栏【绘图】面板中的【圆】工具按钮，绘制一个圆。注意，使圆心与六边形的中心重合。单击【约束】面板中的【尺寸】工具按钮，标注圆的直径，并设置直径值为10，如图6-53所示。

5．拉伸创建螺杆

单击【草图】标签栏中的【完成草图】工具按钮，退出草图环境，进入零件环境。单击【三维模型】标签栏【创建】面板中的【拉伸】工具按钮，以步骤4中绘制的圆为截面轮廓进行拉伸，【拉伸】对话框中的设置以及拉伸效果的预览如图6-54中所示。

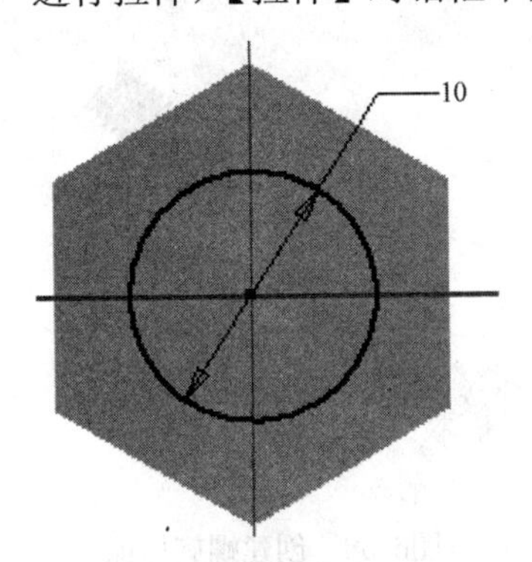

图6-53 绘制圆作为螺杆拉伸截面

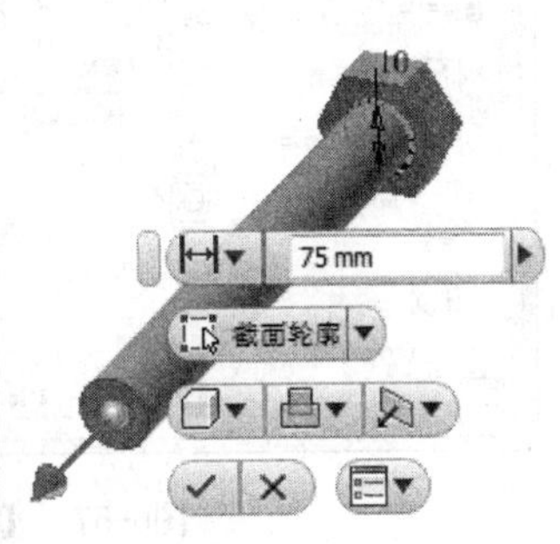

图6-54 【拉伸】对话框及拉伸预览

6．创建螺旋扫掠螺纹草图

1）建立一个工作平面，以创建螺旋扫掠的草图。工作平面应该过螺杆中心线且与螺母底面垂直。单击【三维模型】标签栏【定位特征】面板中的【工作平面】工具按钮，选择螺母两个相对的棱边，创建如图6-55所示的工作平面。

2）在这个工作平面上新建草图。为了观察方便，可以在工具栏中将模型的显示方式设置为【线框】显示。在新建的草图中，绘制如图6-56所示的螺旋扫掠截面轮廓，并且利用【约束】面板中的【尺寸】工具进行标注。注意，①进行扫掠的截面轮廓是图6-56中所示的三角形，应该根据具体的螺纹的齿形来决定三角形的形状，若有必要，读者可以查阅相关的机械零件手册；②要绘制一条直线作为螺旋扫掠的旋转轴，该直线一定要位于螺栓的中心线上。在图6-53中，用尺寸9.288实现这一点要求。

图6-55　建立工作平面

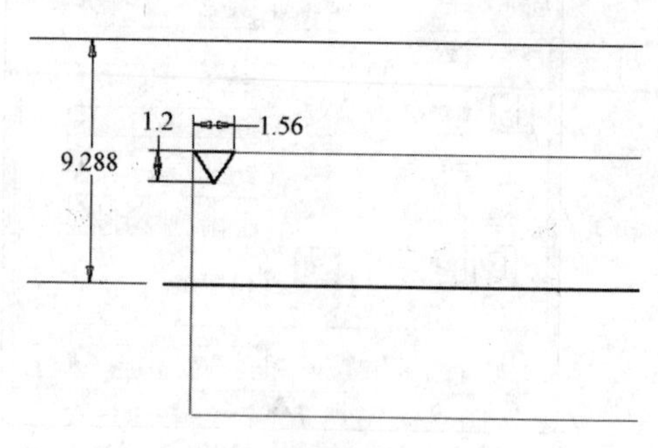

图6-56　绘制螺旋扫掠截面轮廓

7．螺旋扫掠创建螺纹

单击【草图】标签栏中的【完成草图】工具按钮，退出草图环境，进入零件环境。单击【三维模型】标签栏【创建】面板中的【螺旋扫掠】工具按钮，弹出【螺旋扫掠】对话框。选择图 6-56 中的三角形为截面轮廓，选择螺栓的中心直线为旋转轴，在布尔操作选项中选择【求差】选项，螺旋方向为默认的【左旋】方向即可。在【螺旋规格】选项卡中的设置如图 6-57 所示。单击【确定】按钮，创建螺旋扫掠，如图 6-58 所示。

8．创建旋转切削螺母边缘特征草图

本步骤将创建螺母边缘特征的旋转切削草图。内容与 6.4.3 节中创建螺母的边缘特征完全一样，故不再详细讲述，其草图如图 6-59 所示。

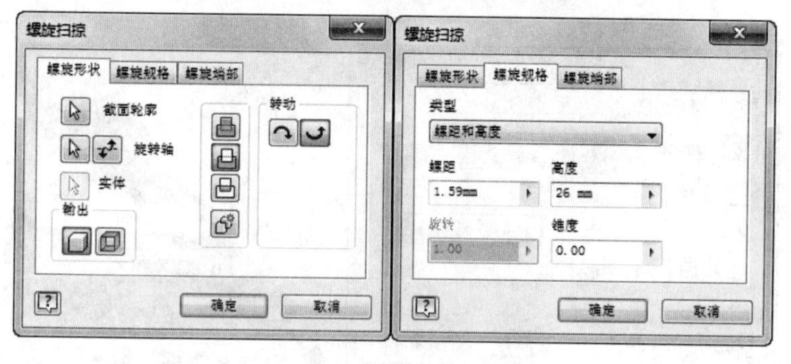

图6-57　【螺旋扫掠】对话框

图6-58　创建螺旋扫掠

9．旋转切削创建螺母边缘特征

与 6.4.3 节中创建螺母中的内容一样，故省略。旋转切削创建螺母边缘特征如图 6-60 所示。

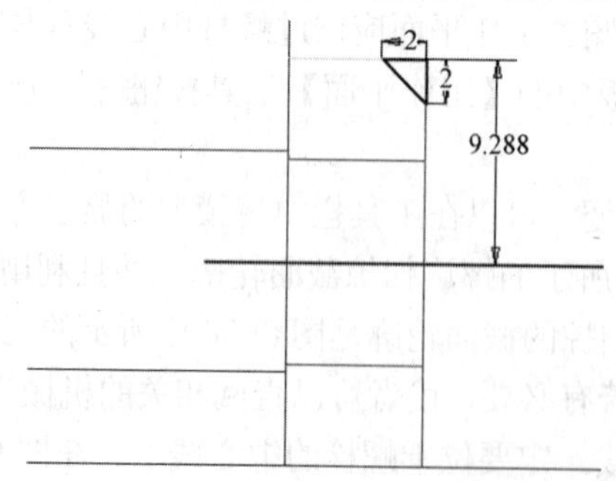

图6-59　旋转切削螺母边缘特征草图

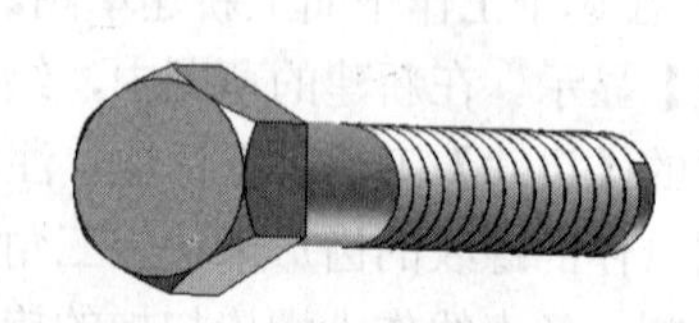

图6-60　旋转切削创建螺母边缘特征

10．螺纹末端倒角

对螺栓螺纹的末端进行倒角。单击【三维模型】标签栏【修改】面板中的【倒角】工具按钮，弹出【倒角】对话框。选择螺栓的末端圆形边作为倒角边，倒角方式为【距离】，【倒角边长】设置为2mm，单击【确定】按钮，完成螺纹末端倒角，如图6-61所示。至此，螺栓已经全部创建完毕。

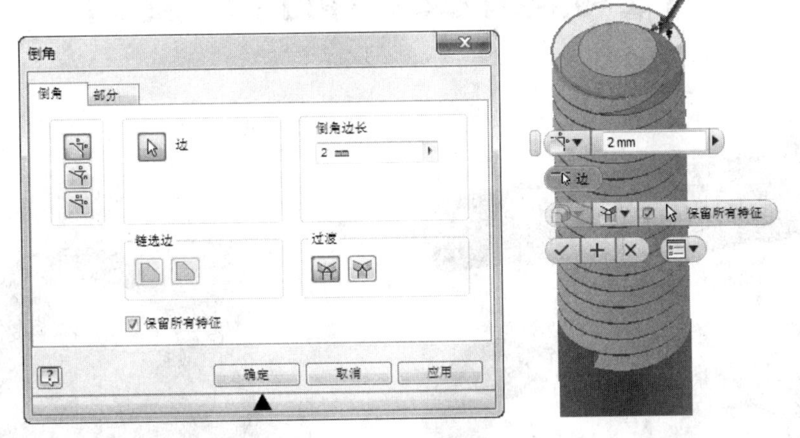

图6-61　【倒角】对话框以及倒角预览

6.5.4　总结与提示

在螺旋扫掠的过程中，扫掠截面轮廓的创建很重要。一个值得注意的地方就是，扫掠截面轮廓在扫掠过程中不可以相交，否则不能创建特征，同时会出现错误信息提示。如果扫掠截面轮廓相交，可以通过调整螺距来消除。图6-62所示为同一个扫掠截面轮廓在不同螺距下的扫掠情况。

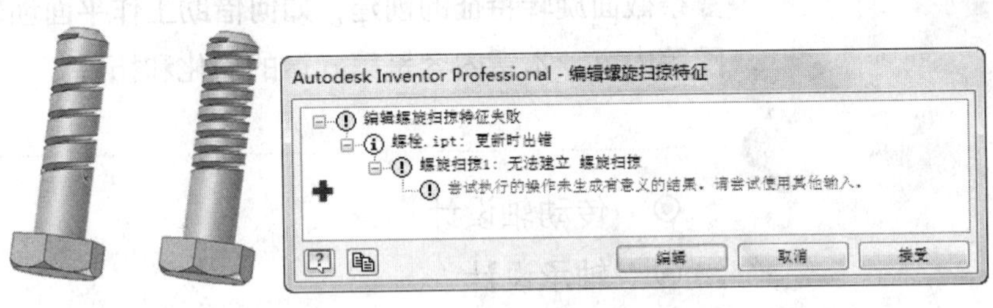

螺距＝5　　螺距＝3　　螺距＝2

图6-62　同一个扫掠截面轮廓在不同螺距下的扫掠结果

第7章 传动轴及其附件设计

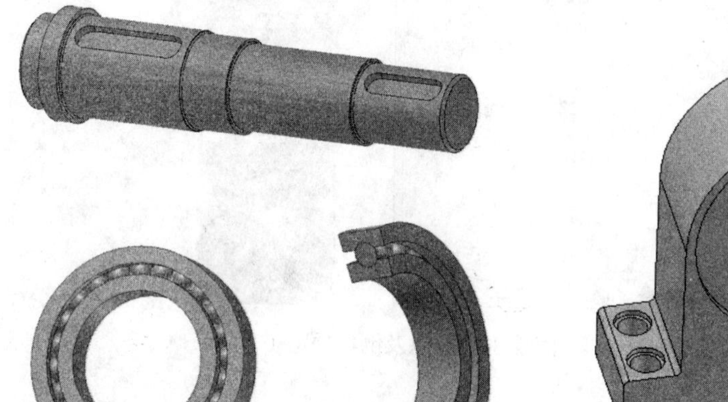

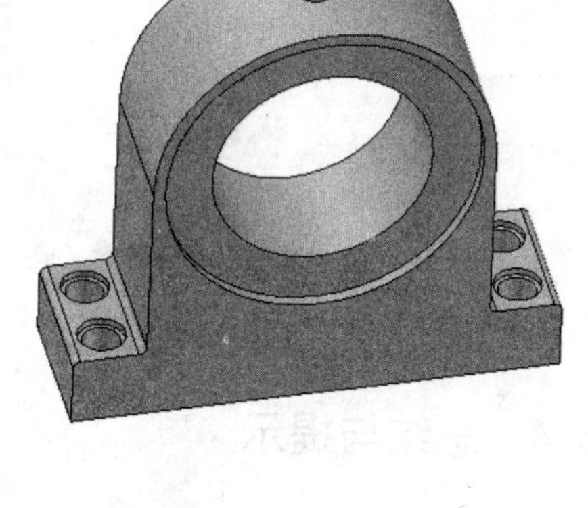

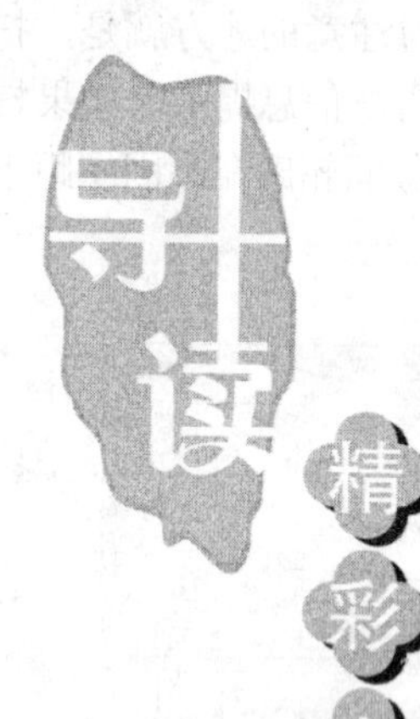

导读

本章介绍转动轴、轴承以及轴承支架的设计，其中包含复杂截面旋转特征的创建，如何借助工作平面创建正确的草图等内容。本章内容是第6章的深化和拓展。

精彩内容

- 传动轴设计
- 轴承设计
- 轴承支架设计

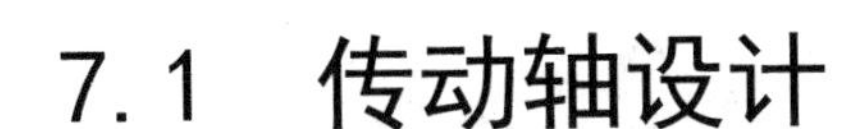

7.1 传动轴设计

本节介绍传动轴的创建过程。在本实例中读者主要掌握键槽的创建步骤。

传动轴的模型文件在网盘中的“\第 7 章”目录下，文件名为“传动轴.ipt”。

7.1.1 实例制作流程

传动轴的设计过程如图 7-1 所示。

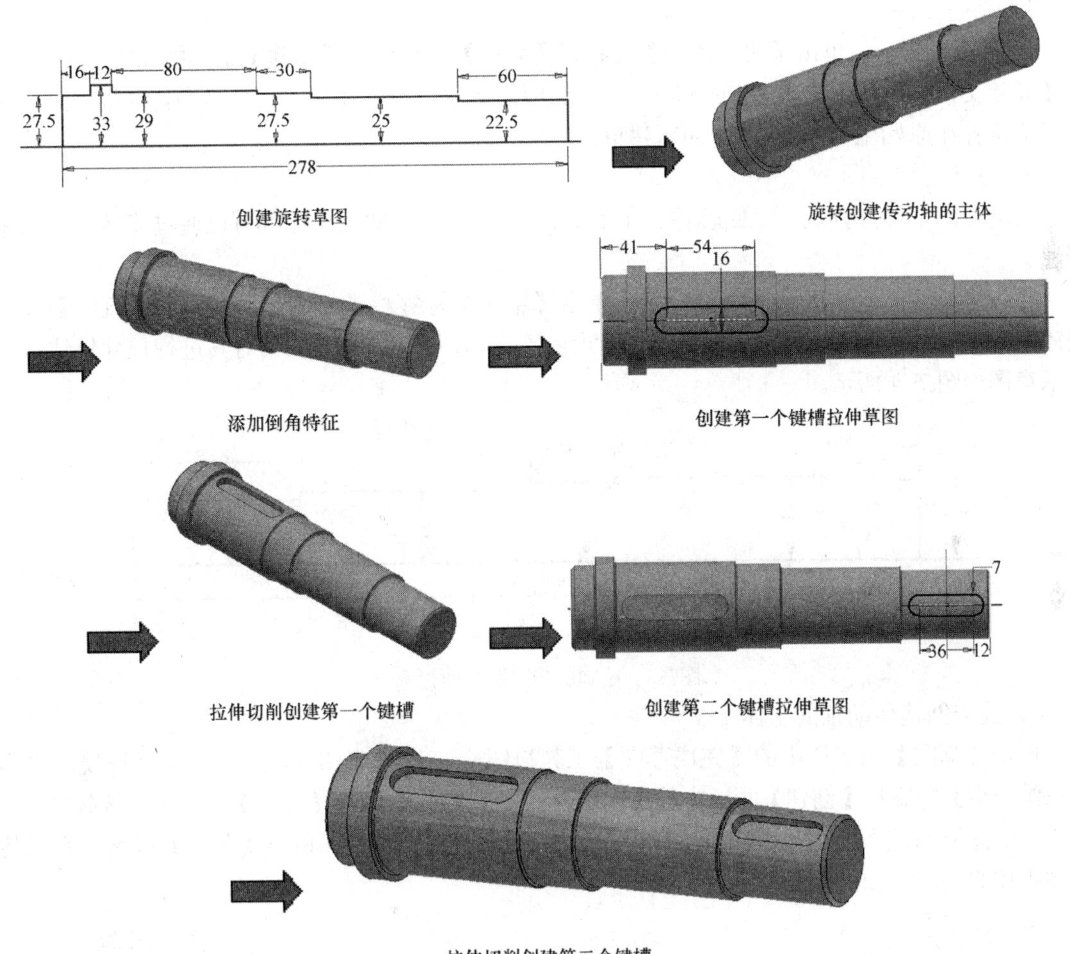

图7-1 传动轴的设计过程

7.1.2 实例效果展示

传动轴效果展示如图 7-2 所示。

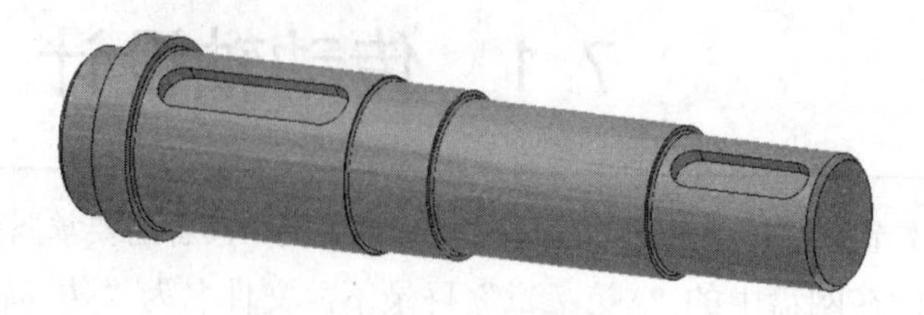

图7-2　传动轴效果展示

7.1.3　操作步骤

1．新建文件

运行 Inventor，单击【快速入门】标签栏【启动】面板中的【新建】工具按钮，在弹出的【新建文件】对话框中选择 Standard.ipt 选项，新建一个零件文件，命名为传动轴.ipt。这里我们选择在原始坐标系的 *XY* 平面新建草图。

2．创建旋转草图

传动轴的主体部分是一个回转体。在 Inventor 中，所有的回转体都可以通过旋转的方法来创建。

首先应该绘制旋转的草图截面轮廓。单击【草图】标签栏【绘图】面板中的【直线】工具按钮，绘制如图 7-3 所示的旋转草图截面轮廓，并使用【尺寸】工具对其进行尺寸标注，旋转示意图如图 7-4 所示。

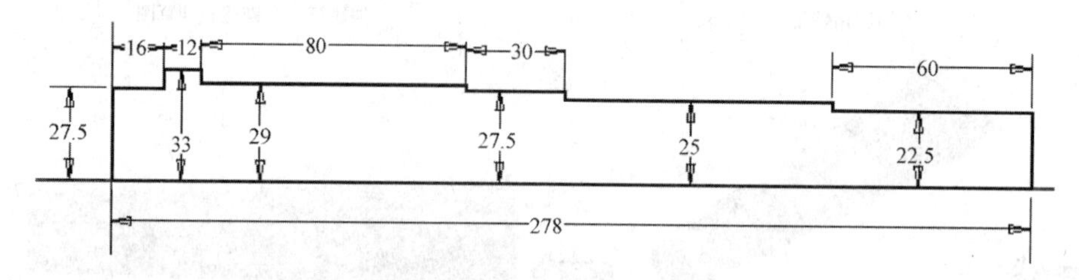

图7-3　绘制旋转草图截面轮廓

3．旋转创建传动轴的主体

单击【草图】标签栏中的【完成草图】工具按钮，退出草图环境，进入零件环境。单击【三维模型】标签栏【创建】面板中的【旋转】工具按钮，弹出【旋转】对话框，选择图 7-4 中所示的图形为截面轮廓，选择长度标注为 278 的直线为旋转轴，单击【确定】按钮，完成传动轴主体的创建，如图 7-5 所示。

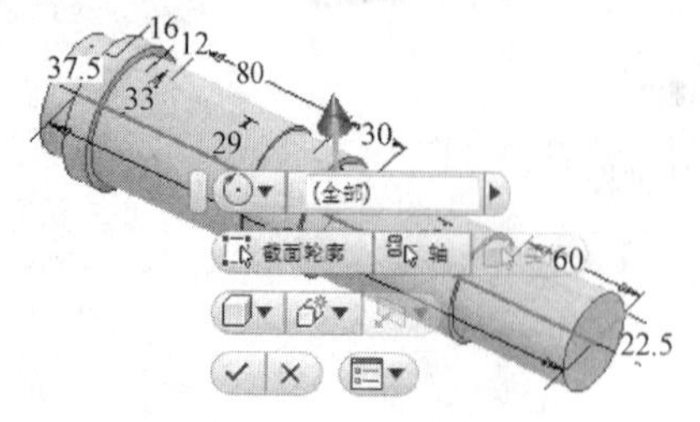

图7-4　旋转示意图

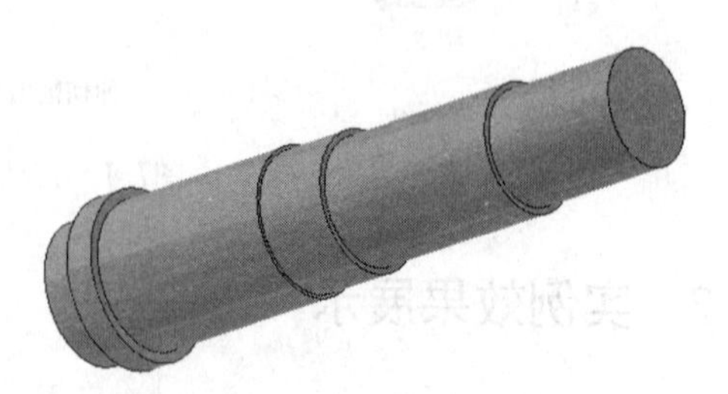

图7-5　创建传动轴的主体

4. 添加圆角和倒角特征

传动轴的台阶处由于有尺寸的突变，容易引起应力集中现象，因此需要添加圆角特征。另外，需要在其两端添加倒角特征，以便于后期装配时容易装入孔类零件，如齿轮等。

1）单击【三维模型】标签栏【修改】面板中的【圆角】工具按钮，弹出【圆角】对话框，选择传动轴的四处台阶处的五个尺寸突变处，圆角半径设定为1mm，圆角示意图如图7-6中所示。单击【确定】按钮，完成圆角的创建。

2）单击【三维模型】标签栏【修改】面板中的【倒角】工具按钮，弹出【倒角】对话框。选择传动轴两端的圆形边线为倒角边，倒角方式为【倒角边长】，设置倒角边长为2。单击【确定】按钮，创建倒角特征。添加了倒角和圆角特征的传动轴如图7-7所示。

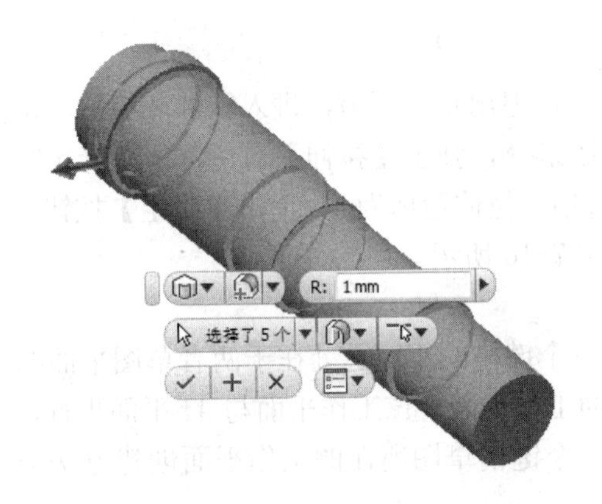

图7-6 圆角示意图

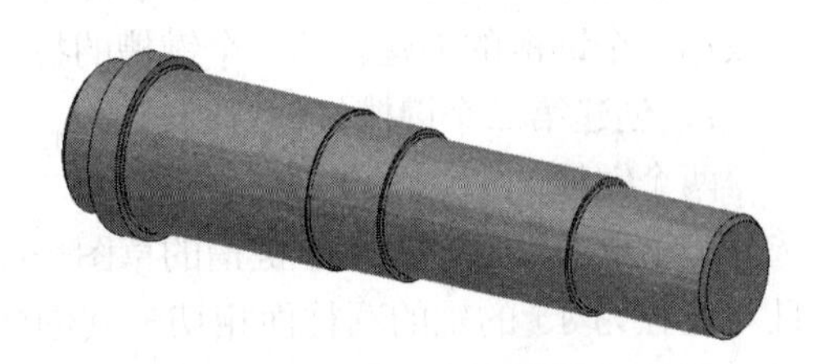

图7-7 添加了倒角和圆角特征的传动轴

5. 创建第一个键槽拉伸草图

传动轴上的两个键槽都可以利用拉伸切削方式来创建。在进行拉伸之前，首先应该建立拉伸草图，因为拉伸是基于草图的特征。首先绘制直径为58的传动轴部分的键槽草图。

1）草图平面的选择十分重要。在这里，将草图平面选择在与圆柱面相切的位置上。单击【三维模型】标签栏【定位特征】面板中的【工作平面】工具按钮，创建用来建立草图的辅助工作平面。由于在步骤1中选择了原始坐标系的*XY*平面作为旋转的草图所在平面，因此可以借助原始坐标平面来创建工作平面。

选择【工作平面】工具以后，在浏览器中的【原始坐标系】文件夹下选择【*XY*平面】，则此时工作区域内的*XY*平面上出现一个工作平面的预览，在该预览平面上按住左键然后拖动，会打开【偏移】对话框，显示要建立的工作平面相对原始平面（这里是*XY*平面）的偏移距离，输入偏移距离为29，则创建的工作平面恰好与轴的圆柱面相切，单击按钮，则创建工作平面，如图7-8所示。

2）在新建的工作平面上单击右键，在快捷菜单中选择【新建草图】选项，则在工作平面上新建草图，并进入草图环境。单击【草图】标签栏【绘图】面板中的【槽】工具按钮，绘制键槽形状。为了便于观察，在工具栏中将模型的显示方式设置为【线框】显示。选择【尺寸】工具，为图形添加如图7-9所示的尺寸约束。

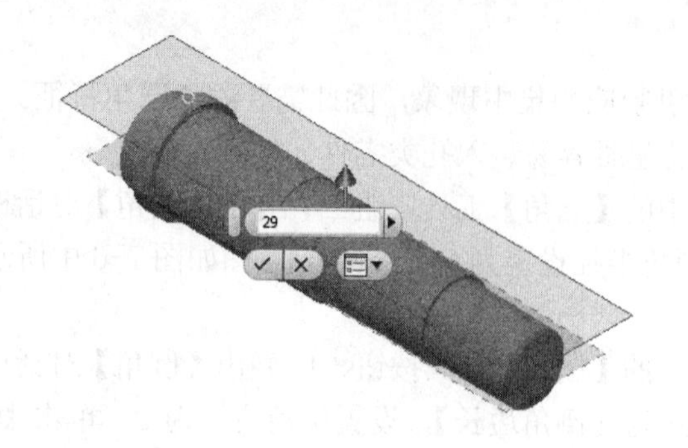

图7-8 创建工作平面

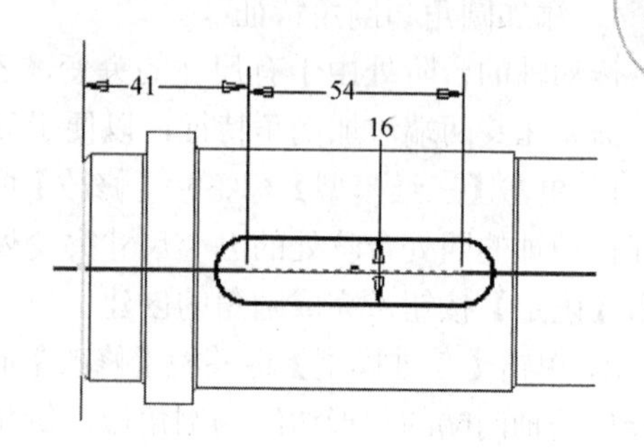

图7-9 为草图图形添加尺寸约束

6．拉伸切削创建第一个键槽

单击【草图】标签栏中的【完成草图】工具按钮，退出草图环境，进入零件环境。单击【三维模型】标签栏【创建】面板中的【拉伸】工具按钮，弹出【拉伸】对话框。选择步骤5中创建的图形为拉伸截面，布尔方式选择【求差】选项，拉伸距离为6，单击【确定】按钮，完成第一个键槽的创建。第一个键槽的拉伸示意图如图7-10所示。

7．创建第二个键槽拉伸草图

两个键槽的创建方法是一样的，第二个键槽与第一个键槽的不同之处在于两者草图平面的选择和键槽的尺寸。第二个键槽的草图平面也是新建的工作平面，该工作平面与 *XY* 平面平行，且与直径为45的轴的圆柱面相切。其创建方法与第一个键槽草图所在的工作平面创建方法类似，但是需要将其偏移距离改为22.5。

在建立的工作平面上新建草图，绘制几何图形，添加约束和标注尺寸，均与第一个键槽草图的对应部分类似。第二个键槽的拉伸草图如图7-11所示。

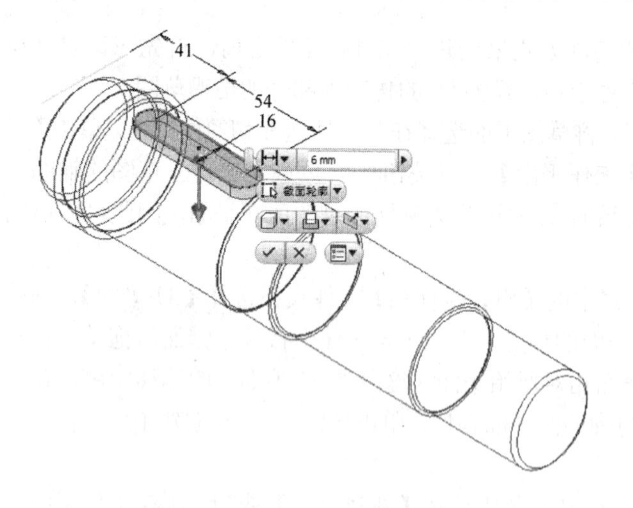

图7-10 第一个键槽的拉伸示意图

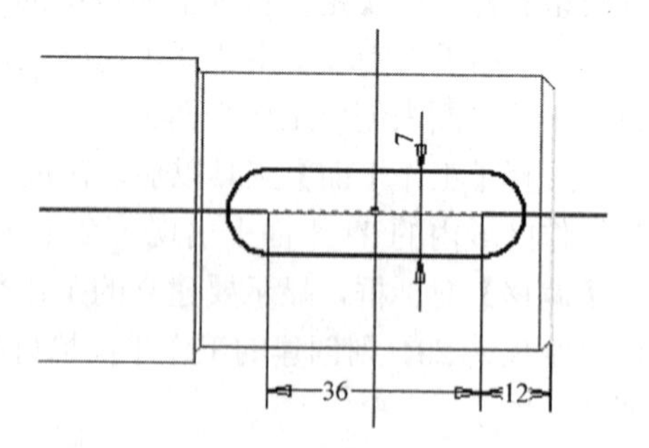

图7-11 第二个键槽的拉伸草图

8．拉伸创建第二个键槽

退出草图环境，进入零件环境。按照与创建第一个键槽类似的方法，创建第二个键槽。至此，传动轴的创建全部完成。

7.1.4 总结与提示

传动轴中较为复杂的部分就是键槽的创建。如果一些特征需要在圆柱面或者其他曲面上建立，由于不能够在非平面上建立草图，所以往往必须借助工作平面来实现特征的创建。除了用拉伸截面轮廓的方法创建键槽以外，还可以利用首先拉伸出一个矩形凹槽，然后再对其进行圆角以形成圆弧轮廓部分实体的方法来创建键槽。

7.2 轴承设计

轴承可以设计成部件的形式，也可以设计成单独零件的形式。这里为了减少设计的复杂程度，设计成单个零件的形式。对于本书中的减速器来说，需要两种尺寸的轴承，分别安装在大齿轮轴和小齿轮轴的两端。这里仅详细介绍一种尺寸的轴承的造型，另一种由于造型方法与第一种类似所以只做简单介绍。

轴承的模型文件在网盘中的“\第 7 章”目录下，文件名为“轴承 1. ipt”和“轴承 2. ipt”。

7.2.1 实例制作流程

轴承的设计过程如图 7-12 所示。

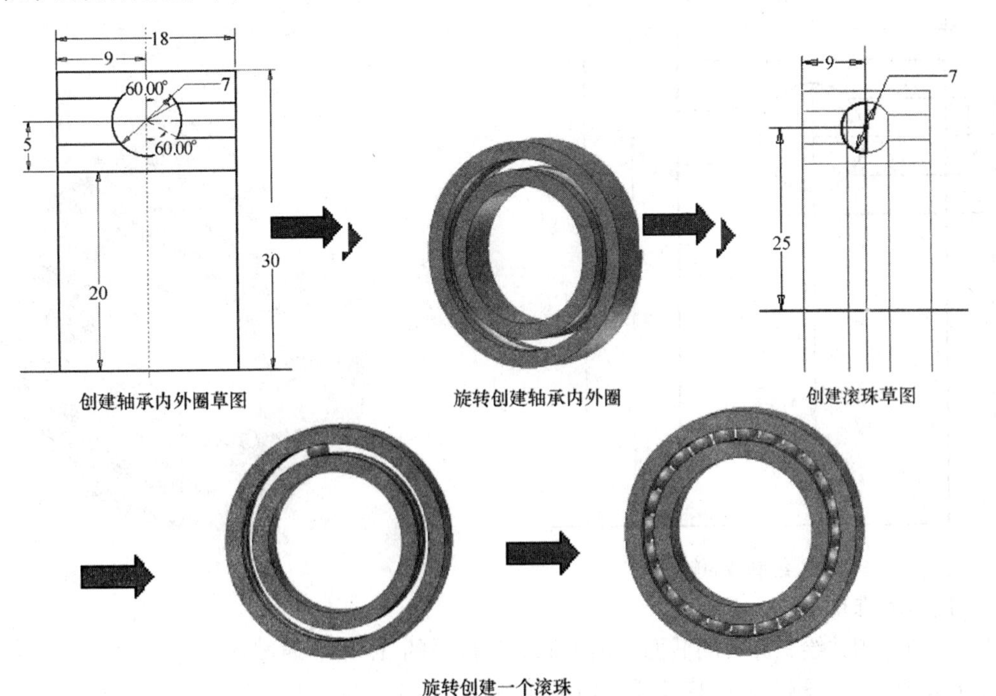

图7-12 轴承的设计过程

7.2.2 实例效果展示

轴承效果展示如图 7-13 所示。

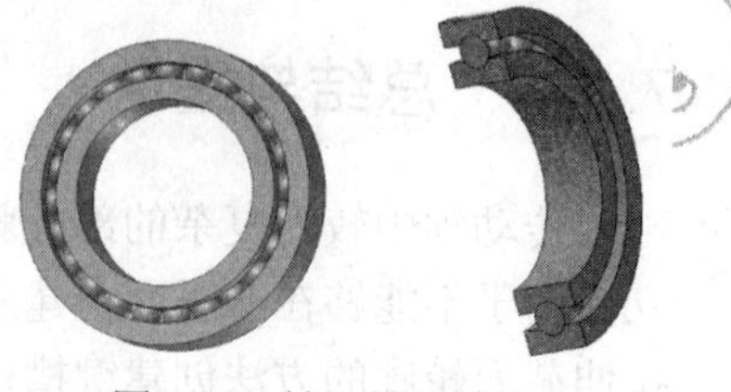
图7-13 轴承效果展示

7.2.3 操作步骤

1. 新建文件

运行 Inventor，单击【快速入门】标签栏【启动】面板中的【新建】工具按钮，在弹出的【新建文件】对话框中选择 Standard.ipt 选项，新建一个零件文件，命名为轴承 1.ipt。这里选择在原始坐标系的 *XY* 平面新建草图。

2. 创建轴承内外圈的草图

轴承内外圈是一个回转体，因此可以用旋转的方法来生成。进入草图环境后，选择【直线】、【圆】等工具，绘制如图 7-14 所示的截面轮廓，并且选择【尺寸】工具为图形添加尺寸约束。

3. 旋转创建轴承内外圈

单击【草图】标签栏中的【完成草图】工具按钮，退出草图环境，进入零件环境。单击【三维模型】标签栏【创建】面板中的【旋转】工具按钮，弹出【旋转】对话框。选择图 7-15 旋转示意图中所示的图形为截面轮廓，以草图中最底端的直线为旋转轴，其他设置如图 7-15 中【旋转】对话框所示。单击【确定】按钮，完成旋转特征的创建。创建轴承的内外圈如图 7-16 所示。

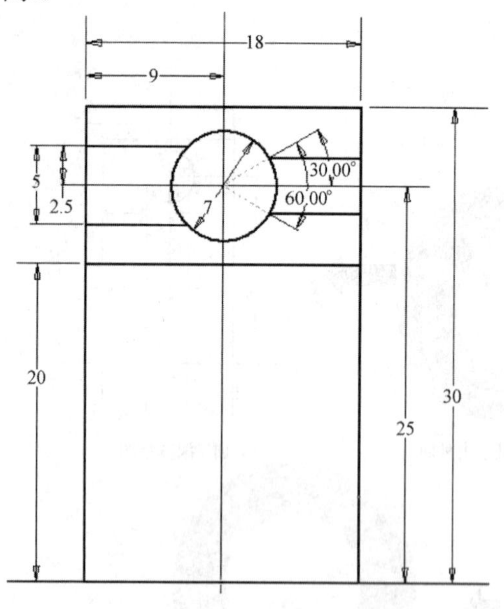

图7-14 绘制截面轮廓

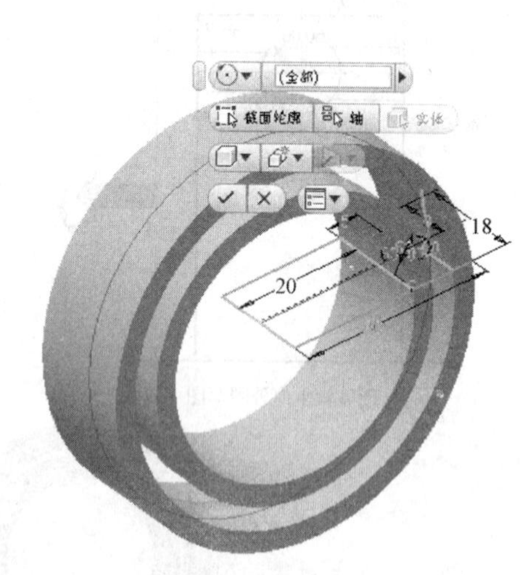

图7-15 旋转示意图

4. 创建滚珠草图

1）绘制草图并绘制旋转的截面。由于原始坐标系的 *XY* 平面通过轴承的中心，故可以在 *XY* 平面上新建草图。在浏览器中打开【原始坐标系】文件夹，选择其中的【*XY* 平面】，单击右键，在快捷菜单中选择【新建草图】选项，则草图被创建。为了便于观察和绘制草图几何图元，在

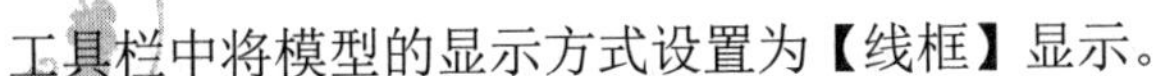

工具栏中将模型的显示方式设置为【线框】显示。

2）在新建的草图上，利用【圆】工具绘制一个圆，其位置如图 7-17 所示。然后选择【直线】工具绘制一条竖直且过圆心的直线，利用【修剪】工具去除多余的线条，只剩下半圆形和过圆心的直线。选择【尺寸】工具标注圆的半径，并将半径设置为 3.5，如图 7-17 所示。

5．旋转创建单个滚珠

创建轴承中的滚珠特征，可通过围绕直径方向旋转一个半圆来得到一个球体作为滚珠。

单击【草图】标签栏中的【完成草图】工具按钮✔，退出草图环境，进入零件环境。单击【三维模型】标签栏【创建】面板中的【旋转】工具按钮，弹出【旋转】对话框。选择绘制的半圆形为截面轮廓，选择过圆心的直线为旋转轴，单击【确定】按钮，完成旋转，创建单个圆形的滚珠，如图 7-18 所示。

图7-16　创建轴承的内外圈

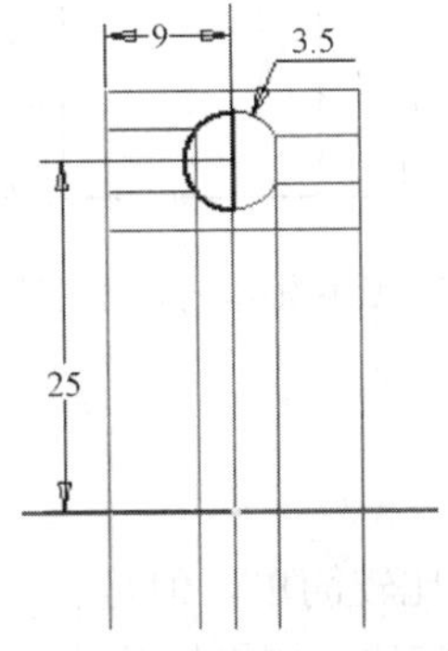

图7-17　绘制滚珠草图

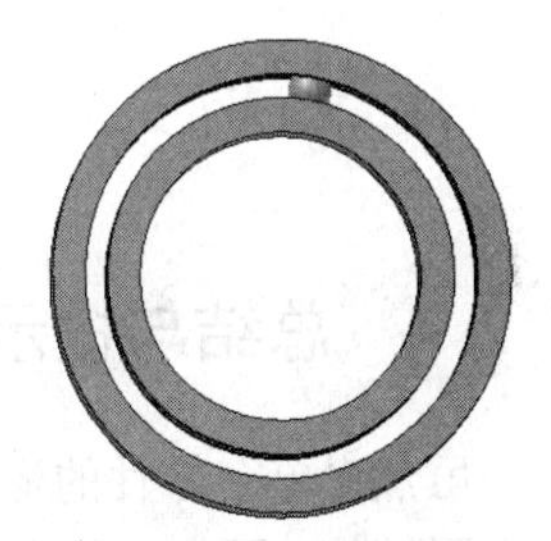

图7-18　创建单个圆形的滚珠

6．环形阵列以创建多个滚珠

将旋转创建的单个滚珠进行环形阵列即可以创建多个滚珠。单击【三维模型】标签栏【阵列】面板中的【环形阵列】工具按钮，弹出【环形阵列】对话框。选择创建的滚珠为要阵列的特征，选择轴承内外环的中心线为旋转轴，【引用数目】设置为 24，【引用夹角】设置为 360°，如图 7-19 所示。单击【确定】按钮，创建环形阵列特征。至此，轴承创建完毕。

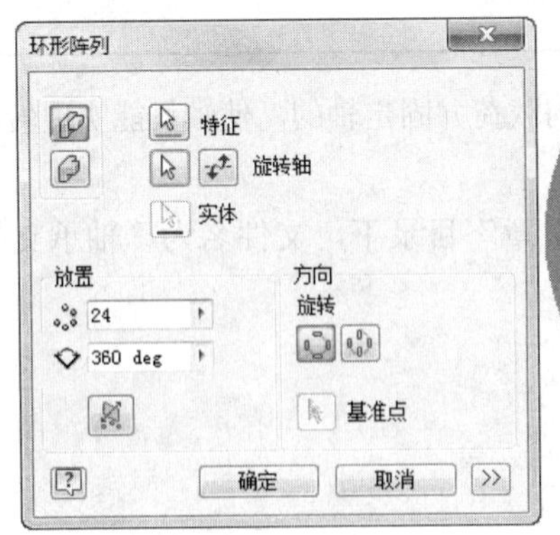

图7-19　【环形阵列】对话框及阵列预览

对于另一种尺寸的轴承（文件名为“轴承 2.ipt”），创建的方法与上述轴承的创建方法完全

一致，只是尺寸上有所差别。图 7-20 所示为旋转轴承内外圈特征的草图。可以看出，两种轴承的最大差别在于内外径的尺寸不同。

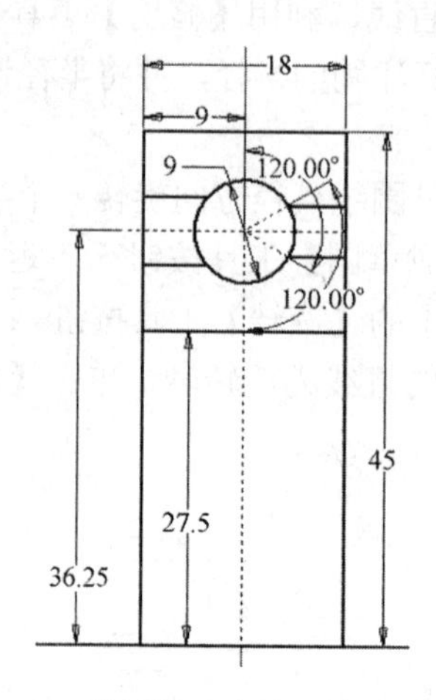

图7-20　旋转轴承内外圈特征的草图

7.2.4　总结与提示

虽然以单个零件的形式创建轴承比较简单，但是有一个缺点，即无法驱动轴承的外圈相对于内圈转动，因为它的内外圈是一个整体。如果把轴承设置为部件的形式，就不存在这个问题，可以为部件形式的轴承添加装配约束、运动约束或者过渡约束，并且可以驱动约束以观察其运动情况。读者可以尝试创建单个零件然后组装成为一个轴承部件，然后为其添加装配约束和运动约束。

7.3　轴承支架设计

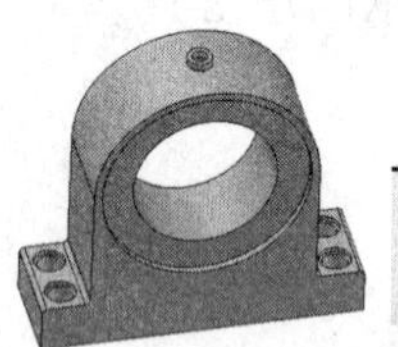

轴承支架是用来承担径向载荷并固定轴的，使轴只能实现转动。

轴承支架的模型文件在网盘中的“\第 7 章”目录下，文件名为“轴承支架.ipt”。

7.3.1　实例制作流程

轴承支架的设计过程如图 7-21 所示。

7.3.2　实例效果展示

轴承支架效果展示如图 7-22 所示。

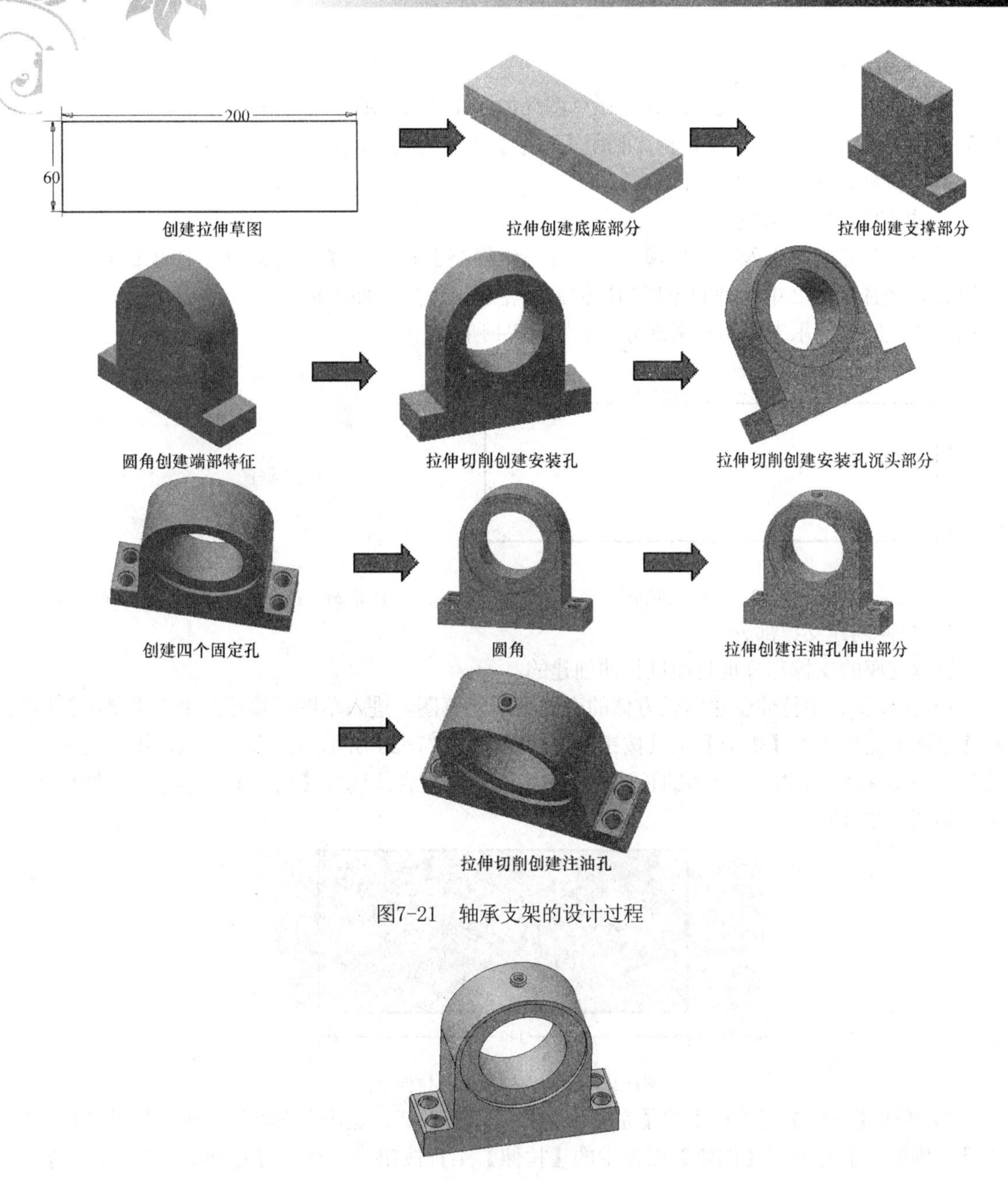

图7-21 轴承支架的设计过程

图7-22 轴承支架效果展示

7.3.3 操作步骤

1. 新建文件

运行 Inventor，单击【快速入门】标签栏【启动】面板中的【新建】工具按钮，在弹出的【新建文件】对话框中选择 Standard.ipt 选项，新建一个零件文件，命名为轴承支架.ipt。这里选择在原始坐标系的 *XY* 平面新建草图。

2．创建拉伸草图

首先创建轴承支架的底座部分。在草图环境中单击【草图】标签栏【绘图】面板中的【矩形】工具按钮，绘制一个矩形。利用【尺寸】工具为其标注尺寸，并将其长度和宽度分别设置为200和60，如图7-23所示。

3．拉伸创建底座部分

退出草图环境，进入零件环境。单击【三维模型】标签栏【创建】面板中的【拉伸】工具按钮，选择步骤2中绘制的矩形为拉伸截面轮廓，设置拉伸距离为30，单击【确定】按钮，完成拉伸，创建轴承支架的底座部分，如图7-24所示。

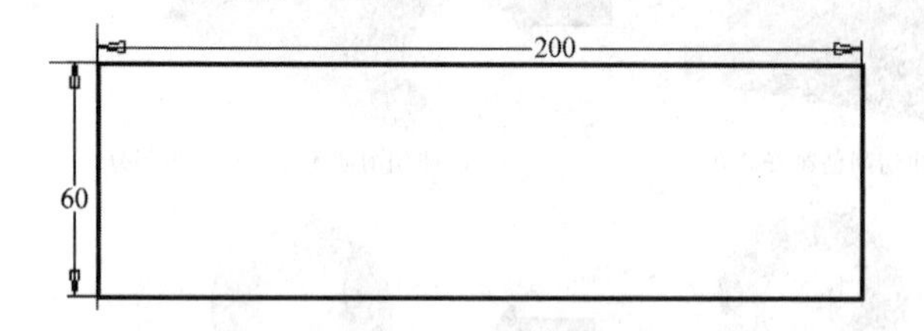

图7-23　绘制拉伸草图

图7-24　拉伸创建轴承支架的底座部分

4．拉伸创建支撑部分

轴承支座的支撑部分也是通过拉伸创建的。

1）在步骤3中拉伸创建的长方体的表面上新建草图。进入草图环境后，单击【草图】标签栏【绘图】面板中的【矩形】工具按钮，绘制如图7-25所示的矩形。注意，矩形的两条长边与步骤3拉伸创建的长方体的长边在草图中的投影重合。选择【尺寸】工具为其添加尺寸约束，如图7-25所示。

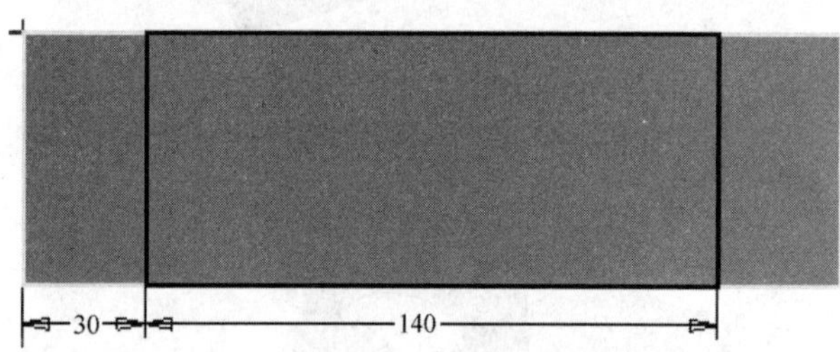

图7-25　绘制支撑部分的拉伸草图

2）单击【草图】标签栏中的【完成草图】工具按钮，退出草图环境，进入零件环境。单击【三维模型】标签栏【创建】面板中的【拉伸】工具按钮，弹出【拉伸】对话框。选择所绘制的矩形为拉伸截面轮廓，设置拉伸距离为150，单击【确定】按钮，完成拉伸。拉伸示意图如图7-26所示。

5．圆角创建端部特征

可以通过圆角来创建轴承支架端部的圆形特征。单击【三维模型】标签栏【修改】面板中的【圆角】工具按钮，弹出【圆角】对话框。选择端部的两条棱边作为圆角边，设定圆角半径为70，单击【确定】按钮以完成圆角的创建。圆角示意图如图7-27所示。

6．拉伸切削创建安装孔

用来安装轴承的孔可以通过拉伸切削创建。

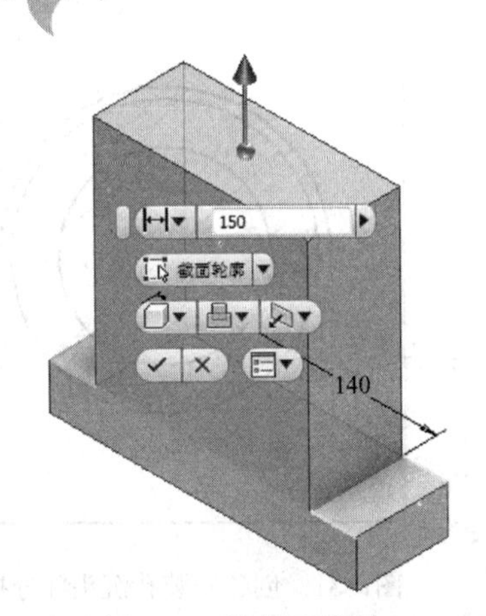

图7-26　拉伸示意图

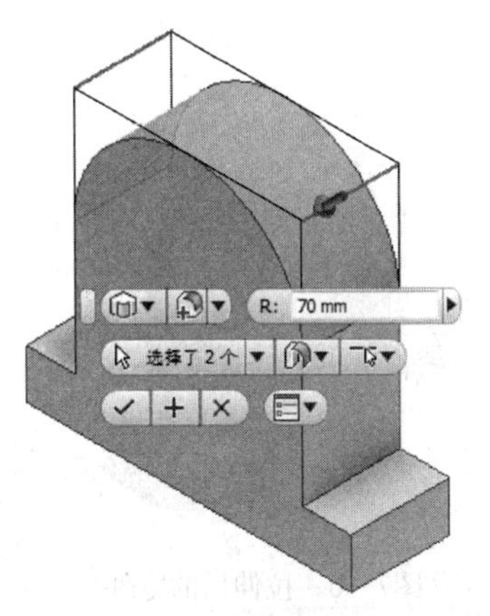

图7-27　圆角示意图

1）选择图 7-27 中的一个侧面，单击右键，在快捷菜单中选择【新建草图】选项，则在该面上新建草图，同时进入草图环境。单击【草图】标签栏【绘图】面板中的【圆】工具按钮，绘制一个圆；然后选择【尺寸】工具，标注其直径和圆心位置，并修改尺寸。草图的拉伸如图 7-28 所示。

2）单击【草图】标签栏中的【完成草图】工具按钮，退出草图环境，进入零件环境。单击【三维模型】标签栏【创建】面板中的【拉伸】工具按钮，弹出【拉伸】对话框。选择本步骤所绘制的草图中的圆为截面轮廓，拉伸示意图如图 7-29 所示。

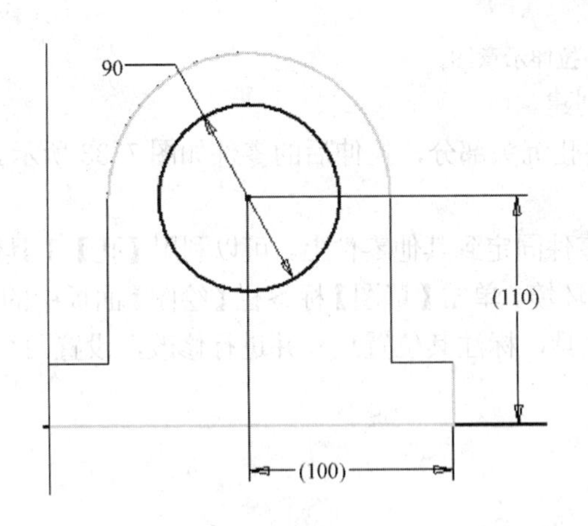

图7-28　创建拉伸草图

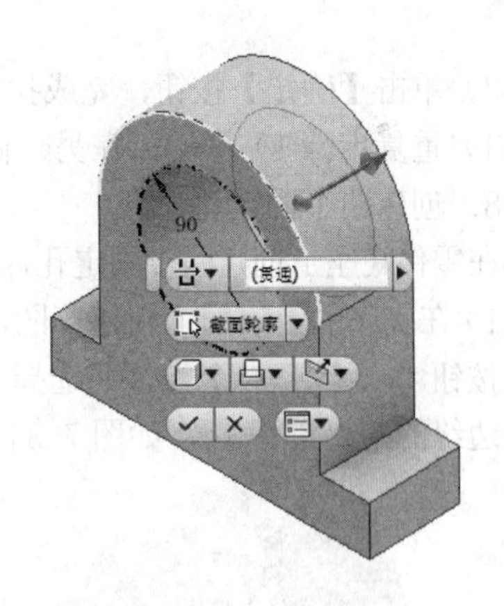

图7-29　拉伸示意图

3）单击【确定】按钮，完成拉伸，此时零件如图 7-30 所示。

7. 拉伸切削创建安装孔沉头部分

安装孔的沉头部分也可以通过拉伸切削创建。

1）与步骤 6 相同，在零件的侧面上新建草图，创建沉头孔的拉伸草图并进行尺寸标注，如图 7-31 所示。

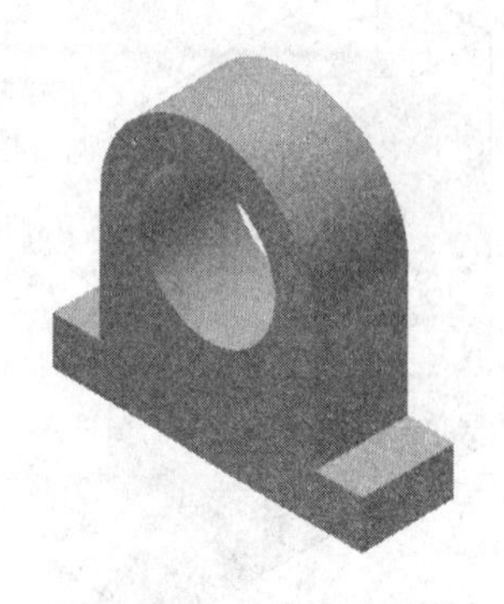

图7-30 拉伸后的零件

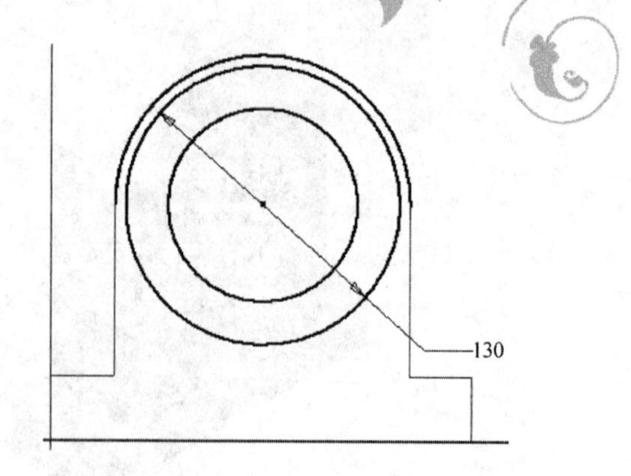

图7-31 创建安装孔沉头部分拉伸草图

2）退出草图环境，进入零件环境，选择【拉伸】工具进行拉伸，输入拉伸距离为 5，拉伸示意图如图 7-32 所示。

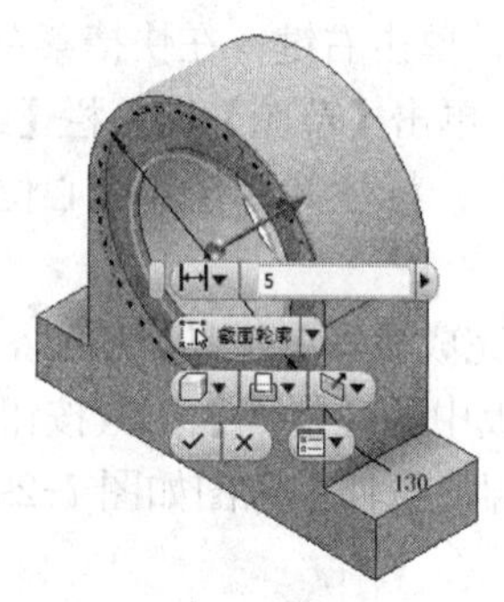

图7-32 拉伸示意图

3）单击【确定】按钮，完成拉伸特征的创建。

4）重复步骤 1）～3），在另一侧创建安装孔沉头部分，拉伸后的零件如图 7-33 所示。

8. 创建四个固定孔

在零件底座上创建四个固定孔，以便于将零件固定到其他零件上。可以利用【孔】工具创建。

1）在底座的上表面上新建草图，进入草图环境。单击【草图】标签栏【绘图】面板中的【点】工具按钮十，绘制 4 个点，并选择【尺寸】工具，标注其位置尺寸并进行修改，设置四个点到零件边缘的距离都为 15，如图 7-34 所示。

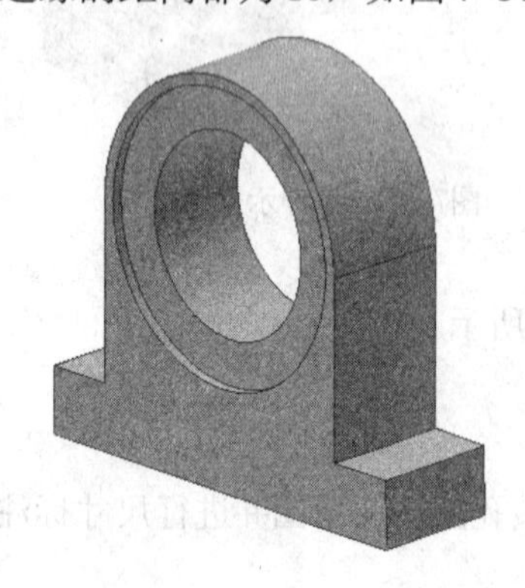

图 7-33 拉伸后的零件

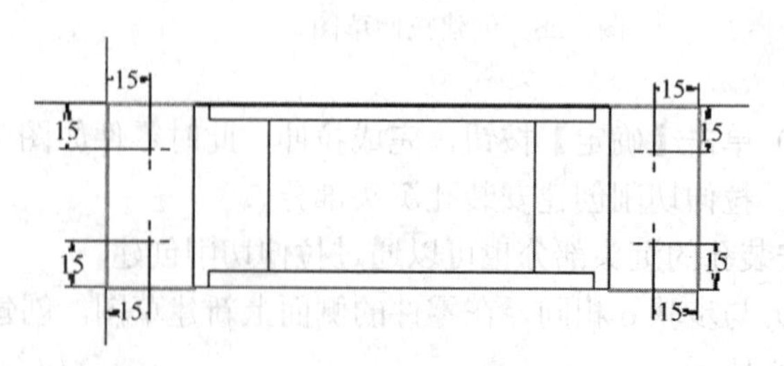

图 7-34 绘制 4 个孔心

2）单击【草图】标签栏中的【完成草图】工具按钮✓，退出草图环境，进入零件环境。单击【三维模型】标签栏【修改】面板中的【孔】工具按钮，弹出【孔】对话框，草图上的四个点被自动选中作为孔的孔心，设置孔的类型及预览如图7-35所示。

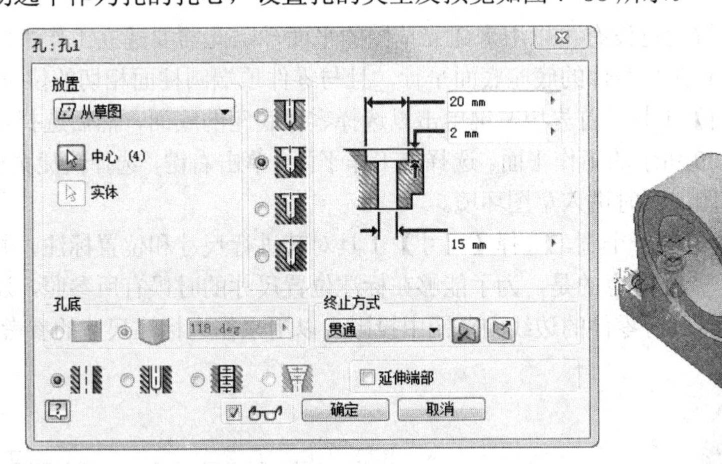

图7-35　设置孔的类型及预览

3）单击【确定】按钮，完成4个固定孔的创建，此时零件如图7-36所示。

9．圆角

对于轴承支架的两处尺寸突变处，应该添加圆角特征以防止应力集中现象。单击【三维模型】标签栏【修改】面板中的【圆角】工具按钮，弹出【圆角】对话框。选择图7-37所示的两条边线为圆角边，将圆角半径设置为3，单击【确定】按钮，完成圆角创建。此时的零件如图7-38所示。

图7-36　创建固定孔后的零件

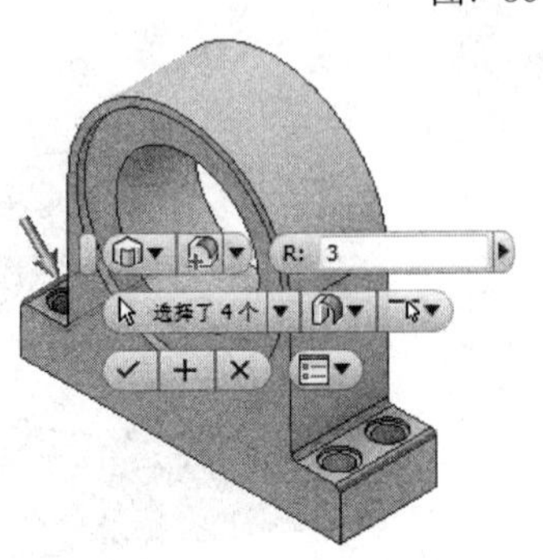

图7-37　圆角示意图

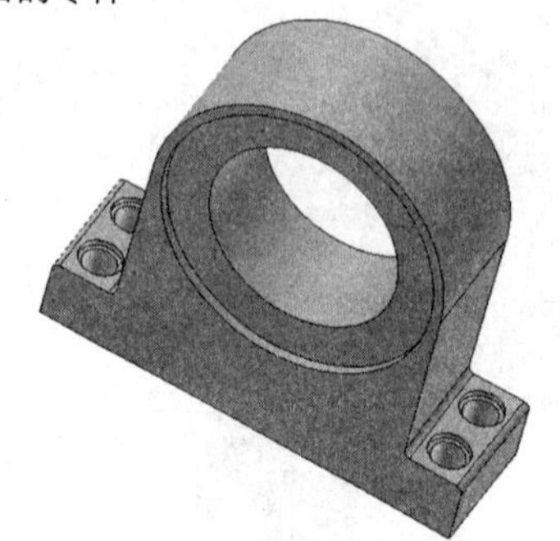

图7-38　圆角后的零件

10. 拉伸创建注油孔伸出部分

轴承支架顶端有一个注油孔，是为了向其中添加润滑油脂而设计的。注油孔的伸出部分可以利用拉伸来完成。

因为在注油孔的位置附近没有可以用来建立草图的平面，因此需要建立工作平面以便绘制草图。工作平面可以建立在与零件的底座底面平行，且与零件顶端圆柱面相切的位置上。

1）选择【工作平面】工具。首先用左键单击以选择零件底座的底面，然后选择零件顶端的圆柱面，则建立如图 7-39 所示的工作平面。选择该工作平面，单击右键，选择快捷菜单中的【新建草图】选项以建立草图，同时进入草图环境。

2）选择【圆】工具绘制一个圆，选择【尺寸】工具对其进行尺寸和位置标注，并修改其尺寸值，如图 7-40 所示。需要注意的是，为了能够在标注位置尺寸的时候有所参照，还应该通过【投影几何图元】工具将已有零件的边线向草图中投影，以用来作为标注尺寸的参考。

图7-39　建立工作平面

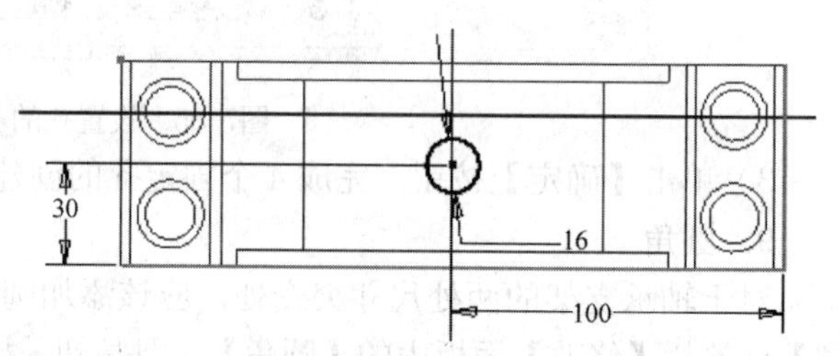

图7-40　绘制拉伸草图

3）单击【草图】标签栏中的【完成草图】工具按钮，退出草图环境，进入零件环境。单击【三维模型】标签栏【创建】面板中的【拉伸】工具按钮，弹出【拉伸】对话框。选择图 7-40 中所示的圆为拉伸截面轮廓，设置终止方式为【距离】，拉伸距离为 5，如图 7-41 所示。

4）单击【确定】按钮，完成拉伸，隐藏工作平面，此时的零件如图 7-42 所示。

注 意

细心的读者可能会注意到，这样拉伸创建的结构与零件的圆柱面之间存在微小的间隙，这在实际的设计中可以说是一个缺陷，但是由于这里的结构尺寸较小，因此可以忽略。如果追求完美，可以设置拉伸的方向为【双向】，同时将拉伸距离加倍，就可以解决这个问题了。

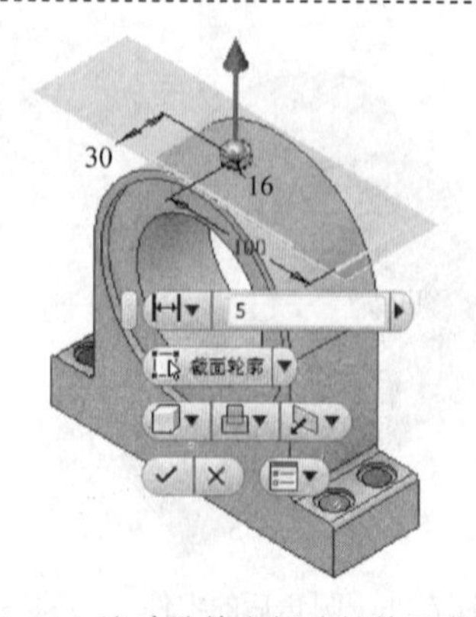

图7-41　注油孔伸出部分拉伸示意图

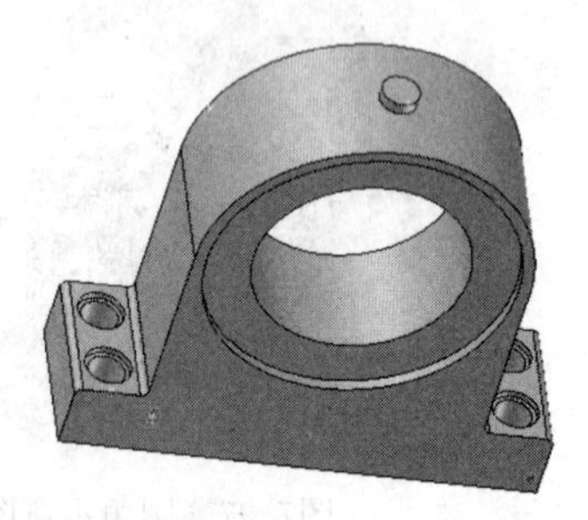

图7-42　拉伸并隐藏工作平面后的零件

11. 拉伸切削创建注油孔

可以通过拉伸切削的方式创建注油孔。

1）在步骤 10 中创建的注油孔伸出部分的表面上新建草图，单击【草图】标签栏【绘图】面板中的【圆】工具按钮，绘制一个与注油孔伸出部分投影到草图面上的圆同心的圆，然后选择【尺寸】工具，标注其直径为 10，如图 7-43 所示。

2）进入零件环境，单击【三维模型】标签栏【创建】面板中的【拉伸】工具按钮，弹出【拉伸】对话框。选择图 7-43 中的直径为 10 的圆为拉伸截面轮廓，选择布尔方式为【求差】，终止方式为【介于两面之间】，选择注油孔伸出部分的上表面为开始创建特征的表面，选择安装孔的内表面为结束创建特征的表面，注油孔拉伸示意图如图 7-44 所示。

3）单击【确定】按钮，完成拉伸特征的创建。此时的零件如图 7-45 所示。至此，轴承支架零件已经全部创建完成。

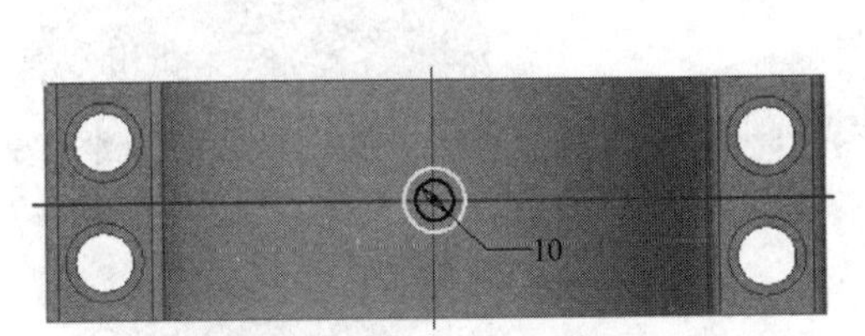

图7-43 绘制注油孔拉伸草图

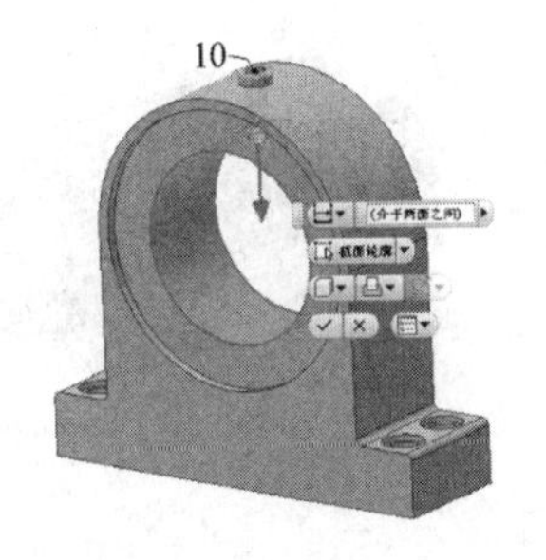

图7-44 注油孔拉伸示意图

图7-45 最终完成的零件

7.3.4 总结与提示

在基于草图特征的创建过程中，草图几何图元的绘制非常重要。绘制草图几何图元，技巧的应用也十分重要。

1）在必要的时候，应该通过【投影几何图元】工具为位置尺寸的标注创造条件。因为在一些草图中没有当前零件任何边线的投影，所以缺少位置尺寸标注的参照，故无法进行位置尺寸的标注。

2）当创建一些具有位置关系的几何图元时，如果自动捕捉约束有困难，可以手动添加约束。可以添加几何约束，也完全可以用尺寸约束来代替几何约束，例如，标注两个点重合，可以用重合约束，也可以利用【尺寸】工具将两个点的水平和竖直距离均设置为零。

3）要善于利用【修剪】工具去除不必要的草图线条，利用【延伸】工具延伸曲线以闭合某些开放的轮廓。开放的轮廓有时无法创建所需要的特征，如拉伸等。

第8章

圆柱齿轮与蜗轮设计

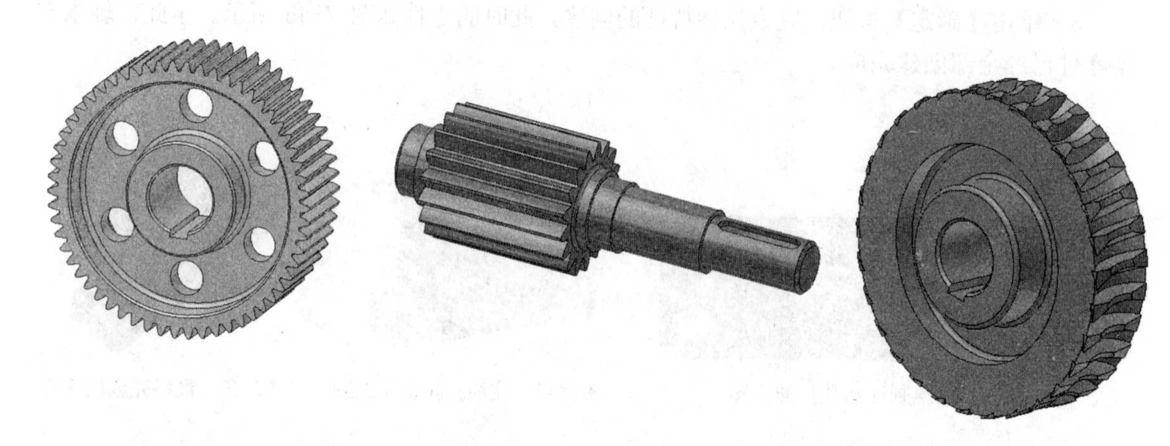

本章介绍圆柱齿轮以及蜗轮的设计方法。在齿轮和蜗轮的设计过程中，读者应该重点掌握参数化造型的概念和具体的设计方法，以及利用扫掠工具创建复杂特征的技巧。

- 大圆柱齿轮设计
- 小圆柱齿轮设计
- 蜗轮设计

8.1 大圆柱齿轮设计

圆柱齿轮是常见的齿轮形式，也是比较具有代表性的齿轮形式。本节主要介绍齿轮齿形的创建过程。

大圆柱齿轮的模型文件在网盘中的“\第 8 章”目录下，文件名为“大圆柱齿轮.ipt”。

8.1.1 实例制作流程

大圆柱齿轮的设计过程如图 8-1 所示。

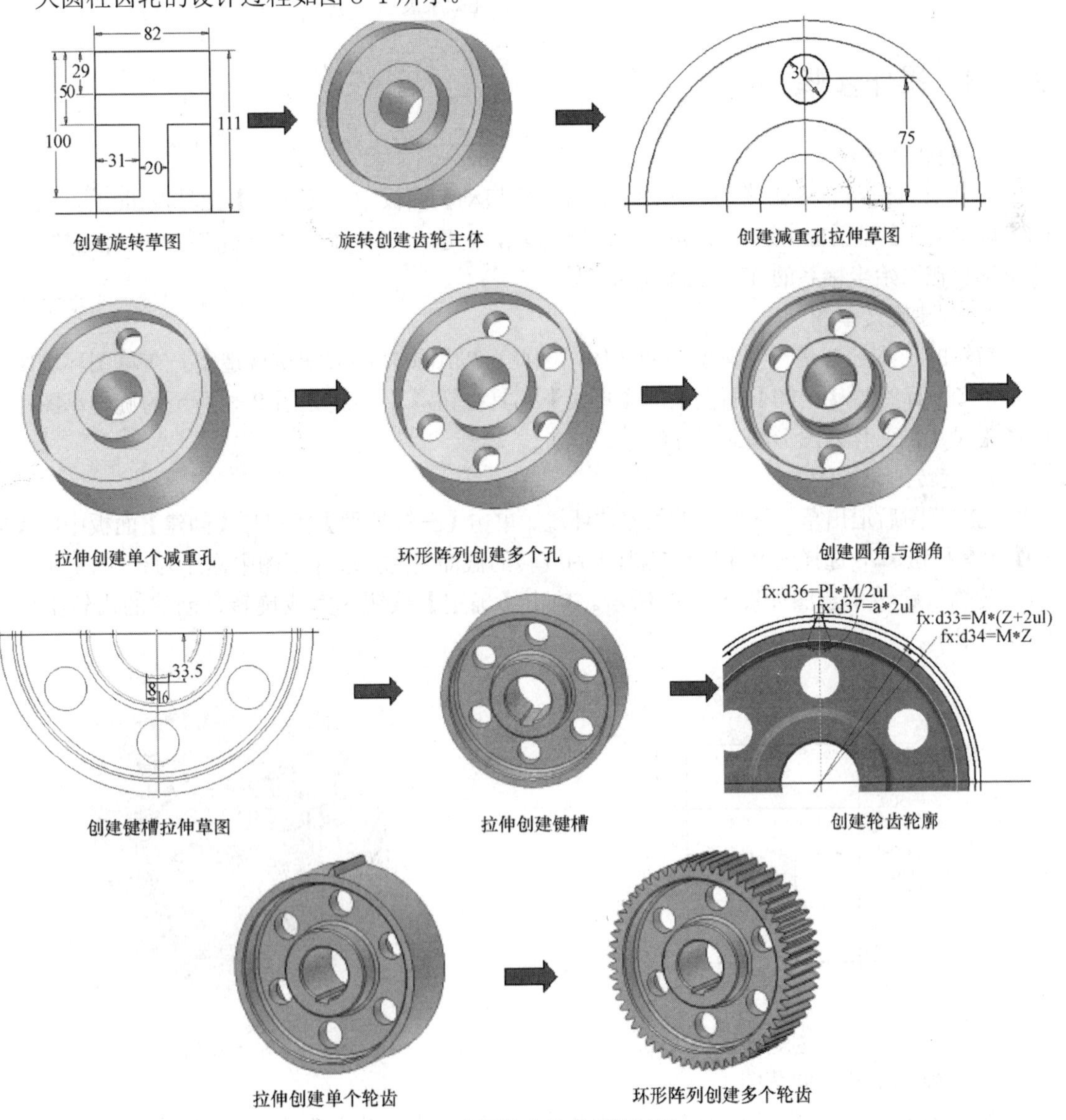

图8-1 大圆柱齿轮的设计过程

8.1.2 实例效果展示

大圆柱齿轮效果展示如图 8-2 所示。

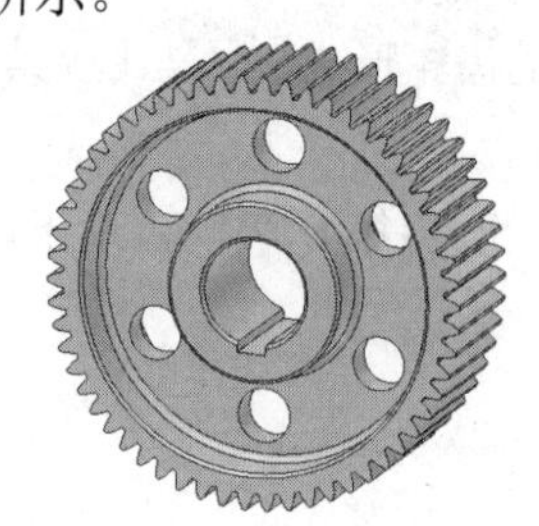

图8-2 大圆柱齿轮效果展示

8.1.3 操作步骤

1．新建文件

运行 Inventor，单击【快速入门】标签栏【启动】面板中的【新建】工具按钮，在弹出的【新建文件】对话框中选择 Standard.ipt 选项，新建一个零件文件，命名为大圆柱齿轮.ipt。这里选择在原始坐标系的 *XY* 平面新建草图。

2．创建旋转草图

齿轮的主体部分是一个典型的回转体，因此可以用旋转的方法实现造型。在草图环境中单击【草图】标签栏【绘图】面板中的【直线】工具按钮，绘制如图 8-3 所示的旋转草图，并选择【尺寸】工具为图形添加尺寸约束。

3．旋转创建齿轮主体

完成草图后退出草图环境，进入零件环境。单击【三维模型】标签栏【创建】面板中的【旋转】工具按钮，选择图 8-4 所示的形状为旋转的截面轮廓，选择草图中标注为 82 的水平直线为旋转轴，旋转示意图如图 8-4 中所示。单击【确定】按钮，完成旋转，创建的齿轮主体如图 8-5 所示。

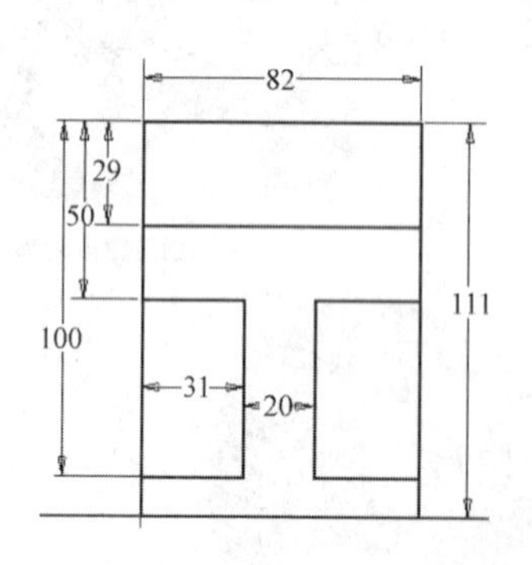

图8-3 创建旋转草图

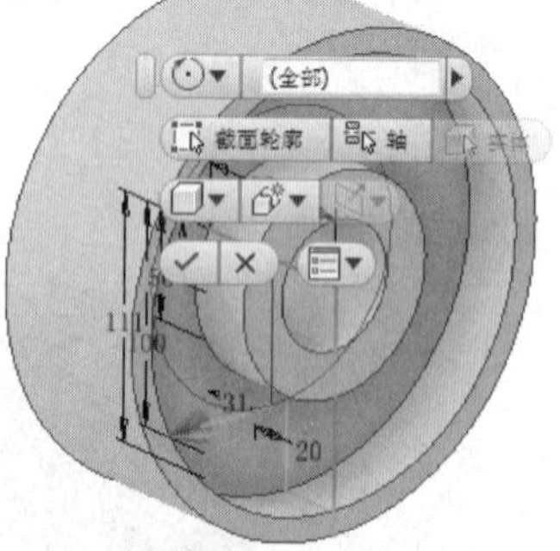

图8-4 旋转示意图

4．创建减重孔拉伸草图

为了减轻零件重量，往往为零件添加减重孔。减重孔可以通过打孔方式获得，也可以通过拉伸切削的方式，这里我们利用后者创建减重孔。首先绘制拉伸草图。在创建的齿轮主体的内侧面上新建草图，选择【圆】工具绘制一个圆，再利用【尺寸】工具标注其直径为 30，并为其添加位置尺寸约束，如图 8-6 所示。

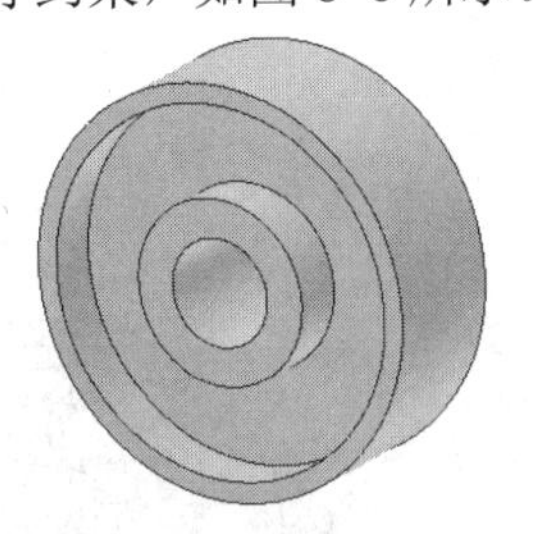

图8-5 创建的齿轮主体

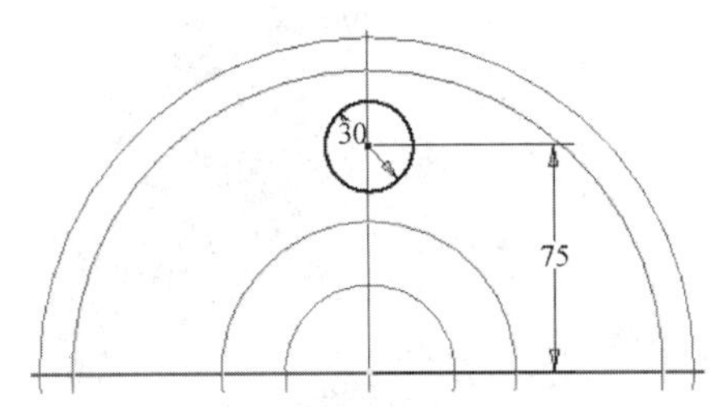

图8-6 创建减重孔拉伸草图

5. 拉伸创建单个减重孔

1）单击【草图】标签栏中的【完成草图】工具按钮，退出草图环境，进入零件环境。单击【三维模型】标签栏【创建】面板中的【拉伸】工具按钮，弹出【拉伸】对话框。

2）选择步骤 4 中绘制的圆为拉伸截面轮廓，将布尔方式设定为【求差】，终止方式为【贯通】，拉伸示意图如图 8-7 所示。

3）单击【确定】按钮，完成拉伸，此时零件上出现单个减重孔，如图 8-8 所示。

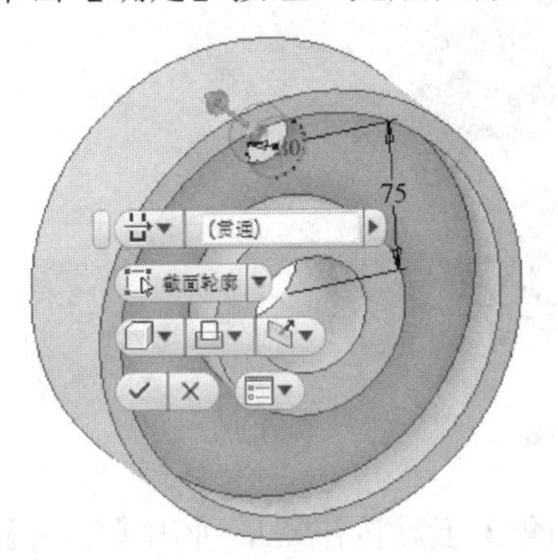

图8-7 拉伸示意图

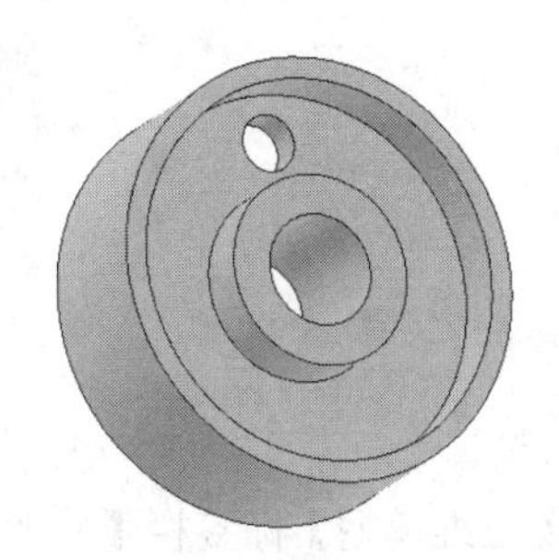

图8-8 拉伸创建单个减重孔

6. 环形阵列创建多个减重孔

对于其他的减重孔，可以通过环形阵列创建，而不必一一对草图进行拉伸。

1）单击【三维模型】标签栏【阵列】面板中的【环形阵列】工具按钮，弹出【环形阵列】对话框。

2）选择步骤 5 中创建的减重孔为要进行阵列的特征，选择齿轮主体的外侧圆柱面，就会将齿轮主体的中心线作为环形阵列的旋转轴，设置【引用数目】为 6 个，【引用夹角】为 360°，此时零件上出现特征预览，如图 8-9 所示。

3）单击【确定】按钮，完成环形阵列，此时的零件如图 8-10 所示。

7. 创建倒角与圆角

在零件的某些边线处创建倒角与圆角特征。

1）单击【三维模型】标签栏【修改】面板中的【圆角】工具按钮，弹出【圆角】对话框。

2）选择图 8-11 所示的边线为圆角边（注意零件两侧的边都要选择），设置圆角半径为 4mm，单击【确定】按钮，完成圆角特征的创建。

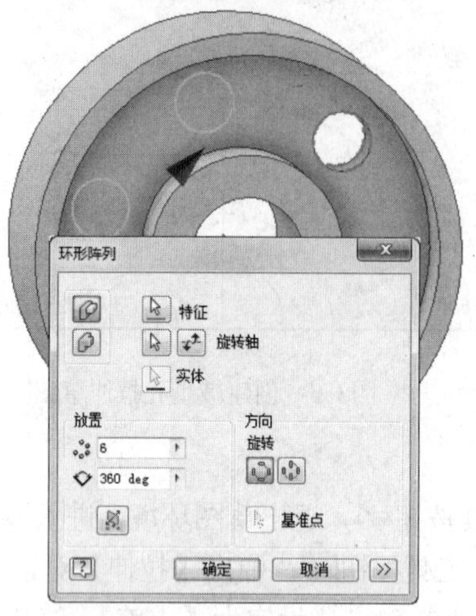

图8-9　【环形阵列】对话框及特征预览

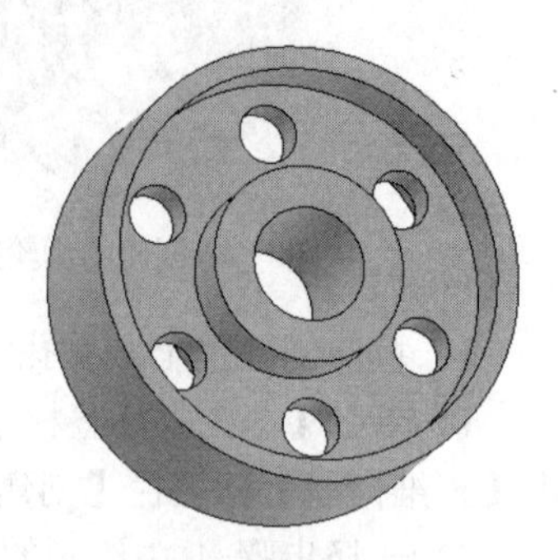

图8-10　环形阵列减重孔后的零件

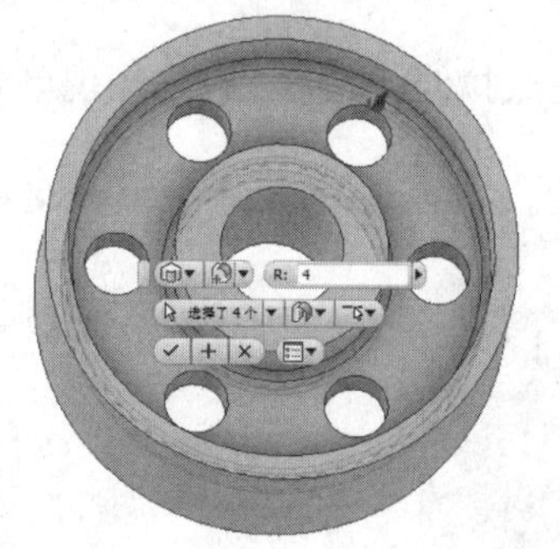

图8-11　圆角示意图

3）单击【三维模型】标签栏【修改】面板中的【倒角】工具按钮，弹出【倒角】对话框。

4）选择图 8-12 所示的边线为倒角边，在【倒角】对话框中设置倒角方式为【倒角边长】，指定倒角边长为 2mm。

单击【确定】按钮，完成倒角。添加了倒角和圆角特征的零件如图 8-13 所示。

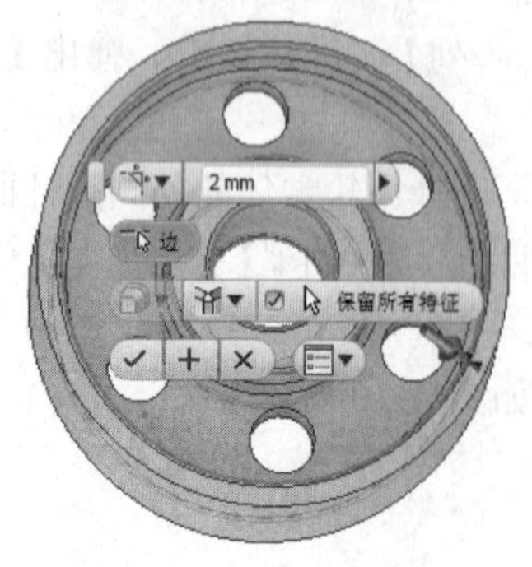

图8-12　倒角示意图

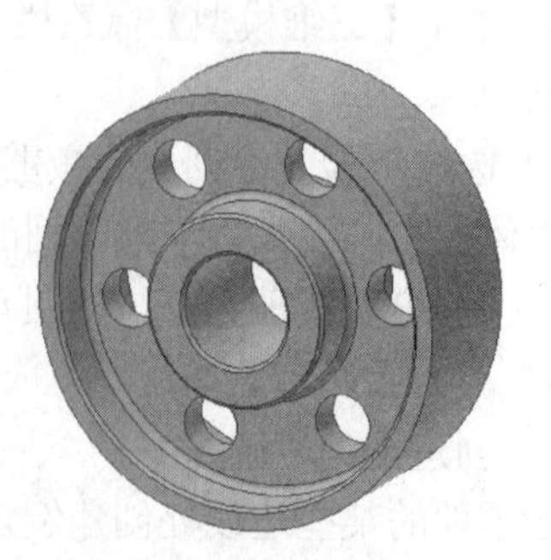

图8-13　添加了圆角和倒角特征的零件

8. 创建拉伸键槽草图

零件上的键槽特征可以利用拉伸求差的方法完成。在创建的齿轮主体的内侧面上新建草图，进入草图环境后，选择【直线】工具，绘制如图 8-14 所示的拉伸键槽草图，并为其添加尺寸约束。

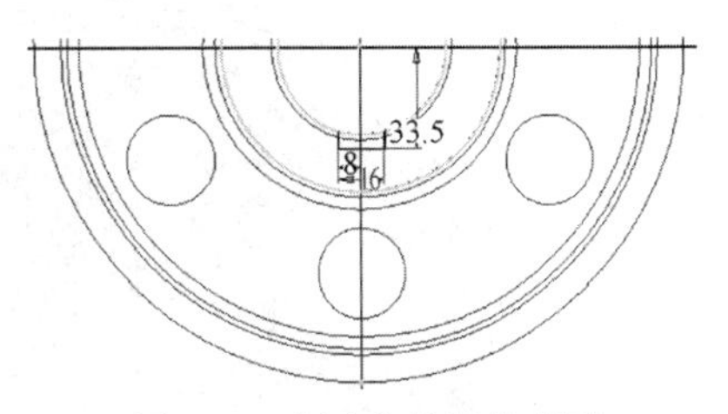

图8-14 创建拉伸键槽草图

9. 拉伸创建键槽

单击【草图】标签栏中的【完成草图】工具按钮，退出草图环境，进入零件环境。单击【三维模型】标签栏【创建】面板中的【拉伸】工具按钮，弹出【拉伸】对话框。拉伸截面的选择以及其他参数设置如图 8-15 所示。单击【确定】按钮，完成键槽的拉伸，如图 8-16 所示。

图8-15 拉伸示意图

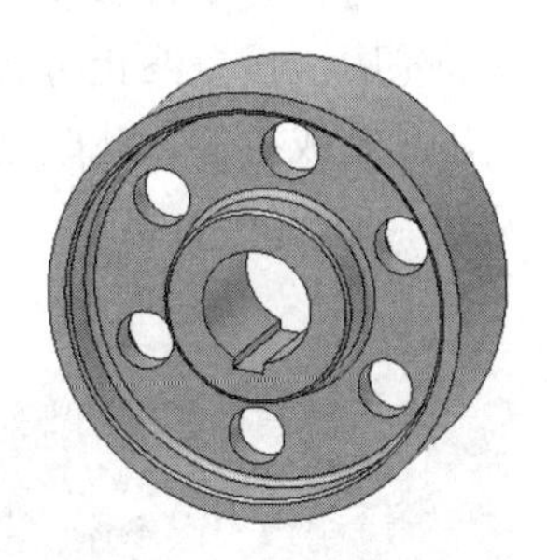

图8-16 拉伸创建键槽

10. 创建轮齿轮廓

为齿轮添加轮齿，可以利用拉伸轮齿轮廓的方法建立。关于轮齿的创建可以参考第 3 章 3.10 节的详细内容，这里不再赘述。

1）在创建的齿轮主体的内侧面上新建草图，单击【管理】标签栏【参数】面板中的【参数】工具按钮f_x，创建如图 8-17 所示的用户参数。其中，m 为齿轮的模数，设置为 4mm；Z 为齿轮齿数，设置为 58；α 为压力角，设置为 20。

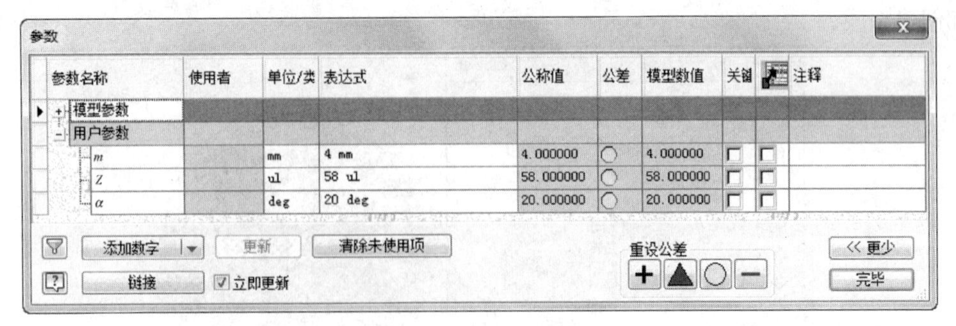

图8-17 创建用户参数

2）创建如图 8-18 所示的轮齿轮廓，并进行标注。

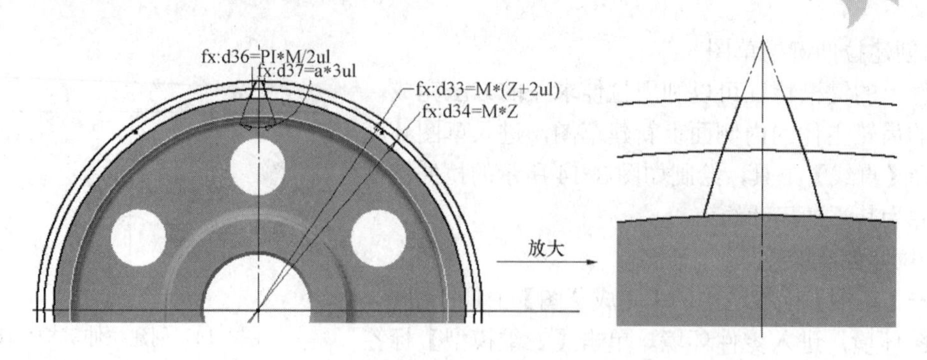

图8-18　创建轮齿轮廓

11．拉伸创建单个轮齿

单击【草图】标签栏中的【完成草图】工具按钮，退出草图环境，进入零件环境。单击【三维模型】标签栏【创建】面板中的【拉伸】工具按钮，弹出【拉伸】对话框。选择绘制的轮齿轮廓为截面轮廓，设置终止方式为【距离】，设置拉伸的深度为 82mm，如图 8-19 所示。单击【确定】按钮，完成拉伸，此时创建单个轮齿，如图 8-20 所示。

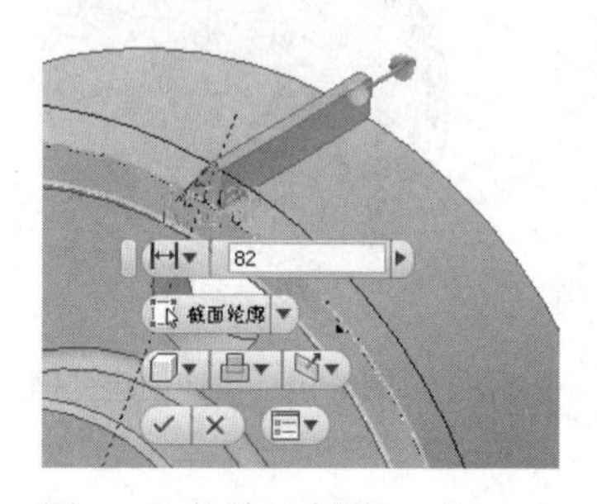

图8-19　拉伸示意图

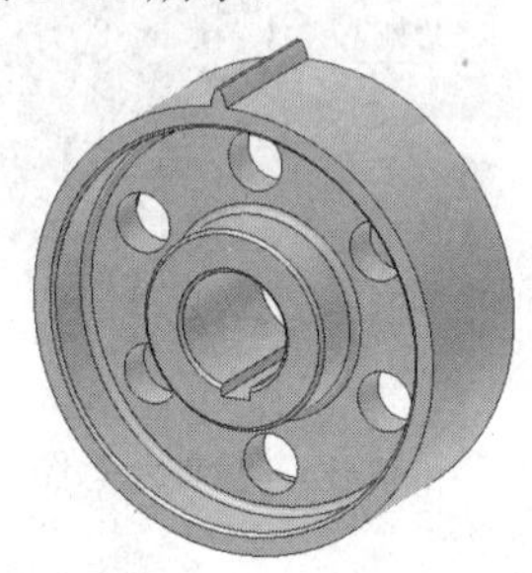

图8-20　拉伸创建单个轮齿

12．环形阵列创建多个轮齿

通过环形阵列可以创建多个完全一样的轮齿。单击【三维模型】标签栏【阵列】面板中的【环形阵列】工具按钮，弹出【环形阵列】对话框。选择创建的单个轮齿作为要阵列的特征，选择齿轮的圆柱面，这样就会将齿轮的中心轴作为旋转轴，将【引用数目】设置为 Z，【引用夹角】设置为 360°，如图 8-21 所示。单击【确定】按钮，完成阵列。至此，大圆柱齿轮已经全部创建完成。

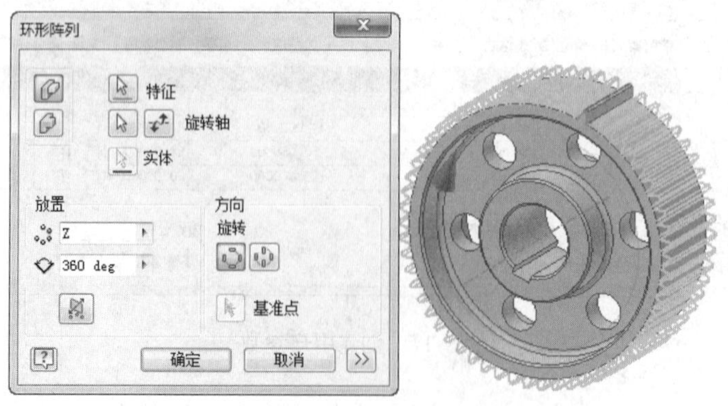

图8-21　【环形阵列】对话框及阵列预览

8.1.4 总结与提示

齿轮是参数化造型的一个典型例子，通过齿轮的设计，读者应该对参数化造型的概念有了更加深入的了解。参数化造型的一个突出优点就是可以十分方便快速地对零件进行修改。如在本节中需要将齿轮的模数改为 3.5，齿数改为 64，则只需要打开【参数】对话框，修改其中对应的用户参数即可，然后草图上的尺寸就会自动更新，零件特征也随之更新，这样就使得设计工作变得轻松高效了。

8.2 小圆柱齿轮设计

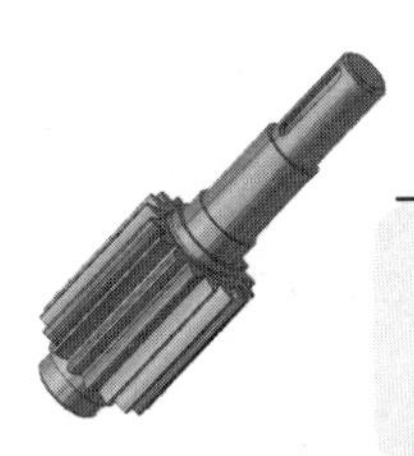

小圆柱齿轮是与大圆柱齿轮啮合的齿轮，所以二者的设计参数具有一定的关系。小齿轮并不像大齿轮那样装配在传动轴上，它本身就是齿轮轴的形式。本节的小圆柱齿轮设计主要包括轴部分的设计和轮齿部分的设计。

小圆柱齿轮的模型文件在网盘中的“\第 8 章”目录下，文件名为“小圆柱齿轮.ipt”。

8.2.1 实例制作流程

小圆柱齿轮的设计过程如图 8-22 所示。

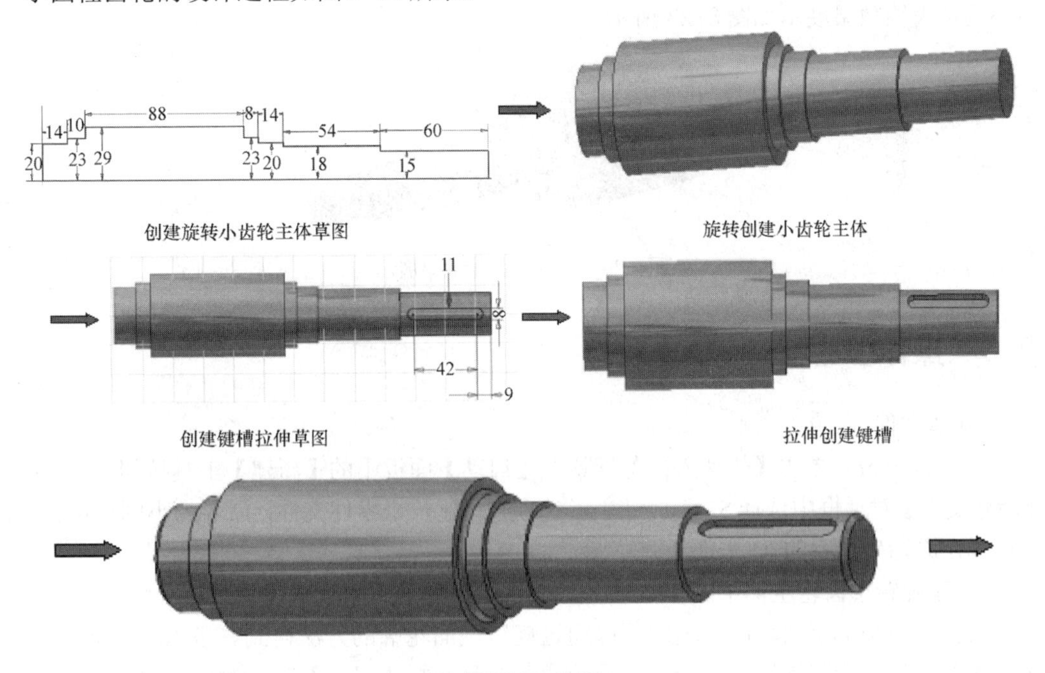

图8-22 小圆柱齿轮的设计过程

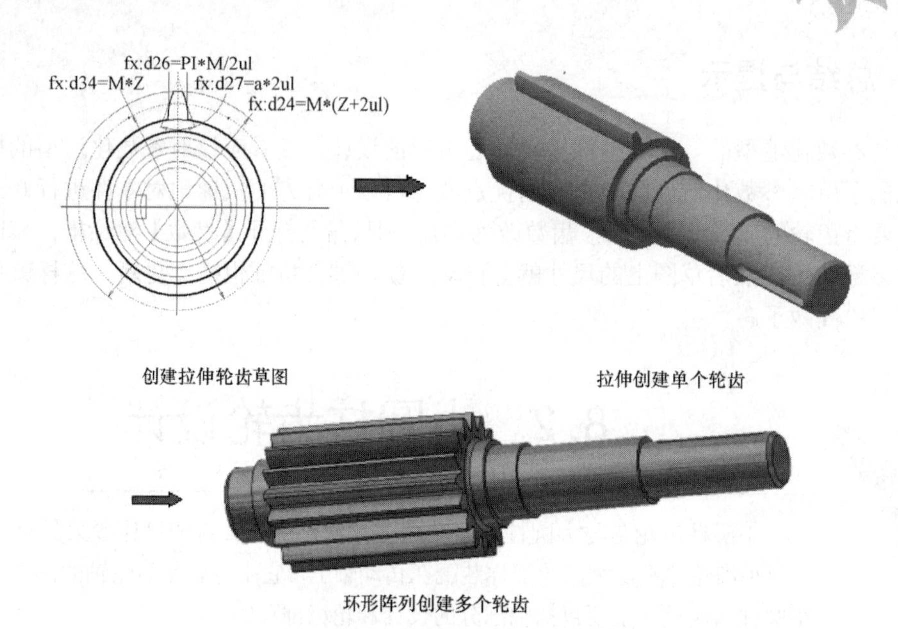

图8-22　小圆柱齿轮的设计过程（续）

8.2.2　实例效果展示

小圆柱齿轮效果展示如图 8-23 所示。

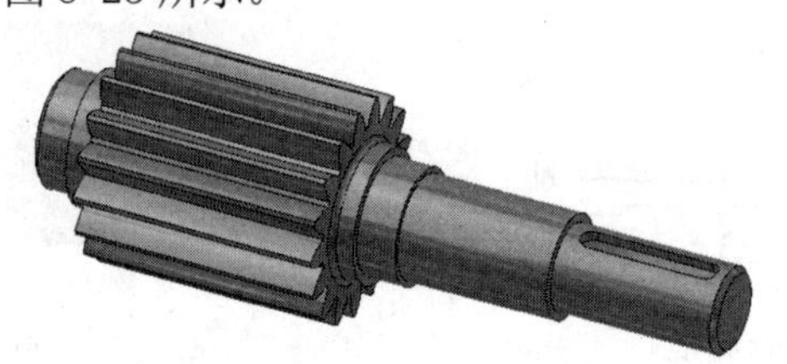

图8-23　小圆柱齿轮效果展示

8.2.3　操作步骤

1. 新建文件

运行 Inventor，单击【快速入门】标签栏【启动】面板中的【新建】工具按钮，在弹出的【新建文件】对话框中选择 Standard.ipt 选项，新建一个零件文件，命名为小圆柱齿轮.ipt。这里选择在原始坐标系的 *XY* 平面新建草图。

2. 创建旋转小齿轮主体草图

小齿轮主体是一个回转体，因此可以通过旋转截面轮廓的方法得到。进入草图环境后，选择【直线】工具，绘制旋转小齿轮的截面轮廓，并且选择【尺寸】工具对图形进行尺寸标注，并修改尺寸值，如图 8-24 所示。

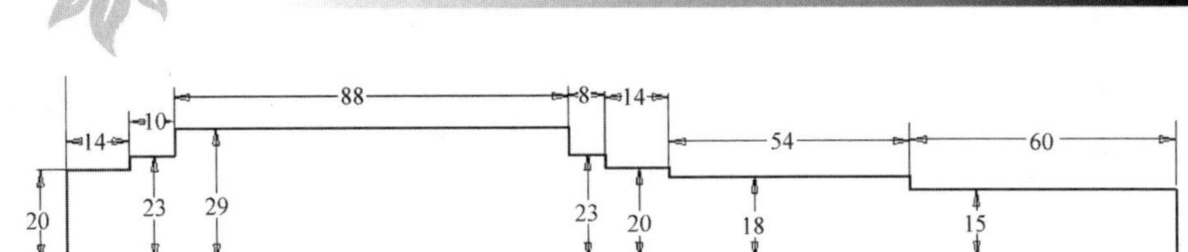

图8-24 创建旋转小齿轮主体草图

3．旋转创建小齿轮主体

1）单击【草图】标签栏中的【完成草图】工具按钮，退出草图环境，进入零件环境。单击【三维模型】标签栏【创建】面板中的【旋转】工具按钮，弹出【旋转】对话框。

2）由于草图中只有图 8-24 所示的一个封闭的截面轮廓，所以它会被自动选择为旋转的截面轮廓；然后选择最下方的一条直线为旋转轴，终止方式选择【全部】。

3）单击【确定】按钮，完成小齿轮主体的创建，如图 8-25 所示。

4．创建键槽拉伸草图

在齿轮轴直径为 30 的部分有一个键槽，可以通过拉伸的方法得到。拉伸前首先绘制拉伸的草图，这里需要建立一个工作平面以绘制草图。由于在前面的章节中已经讲过在圆柱面上创建键槽的方法，故这里不再赘述。

1）建立一个与直径为 30 的圆柱面相切的工作平面，如图 8-26 所示。

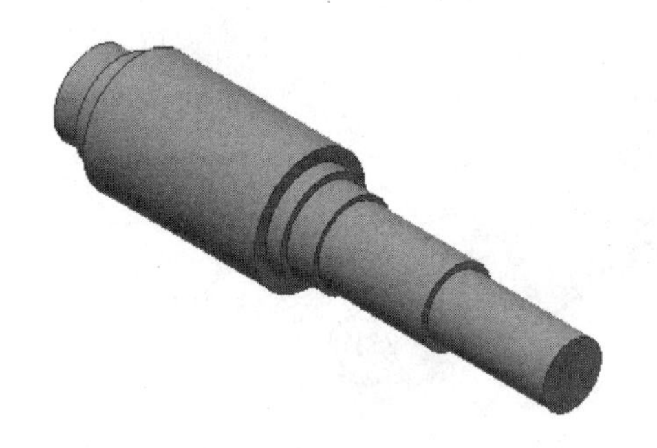

图8-25 旋转创建小齿轮主体

图8-26 建立工作平面

2）在这个工作平面上新建草图，创建如图 8-27 所示的键槽拉伸草图。

3）使用【尺寸】工具为其添加形状尺寸和位置尺寸。

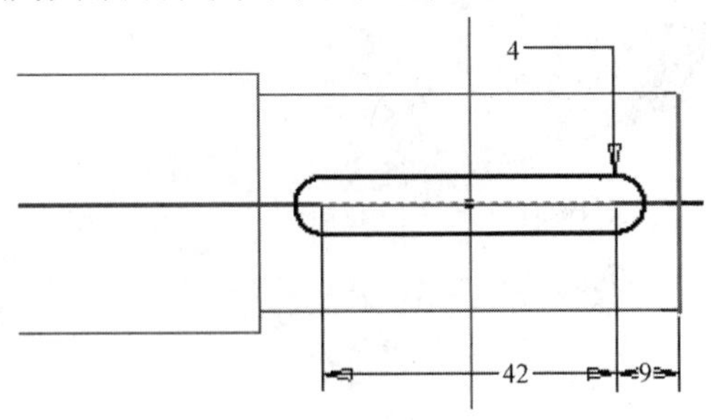

图8-27 创建键槽拉伸草图

5．拉伸创建键槽

单击【草图】标签栏中的【完成草图】工具按钮，退出草图环境，进入零件环境。单击【三维模型】标签栏【创建】面板中的【拉伸】工具按钮，弹出【拉伸】对话框。选择图 8-27

中创建的键槽拉伸草图为拉伸截面，布尔操作方式选择为【求差】，终止方式为【距离】，设置拉伸距离为 4mm，拉伸示意图如图 8-28 所示，单击【确定】按钮，完成键槽的创建，此时的零件如图 8-29 所示。

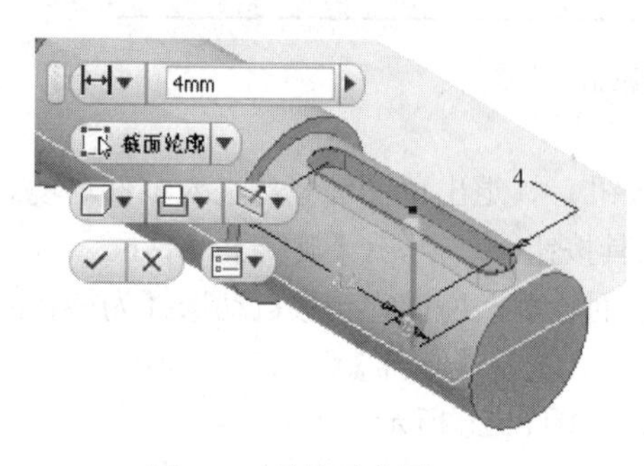

图8-28　拉伸示意图

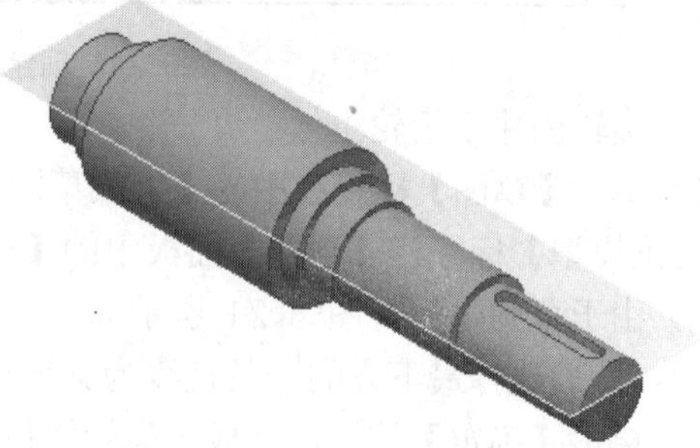

图8-29　拉伸创建键槽后的零件

6．添加倒角和圆角特征

为零件的两端添加倒角特征，【倒角】对话框的设置和倒角边的选择如图 8-30 所示。

为图 8-31 中所示的零件位置添加圆角特征，圆角示意图如图 8-31 所示。

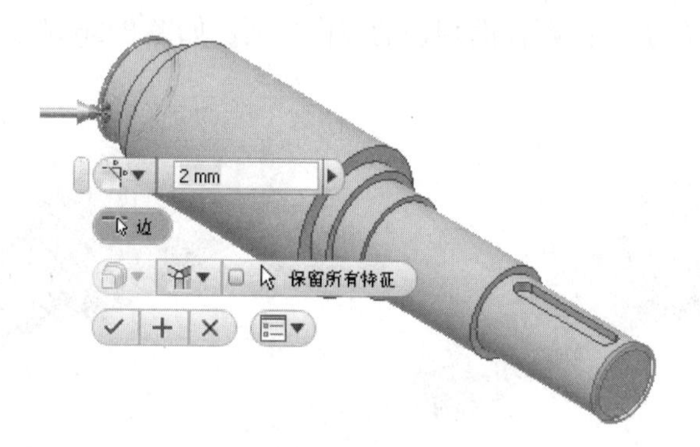

图8-30　倒角示意图

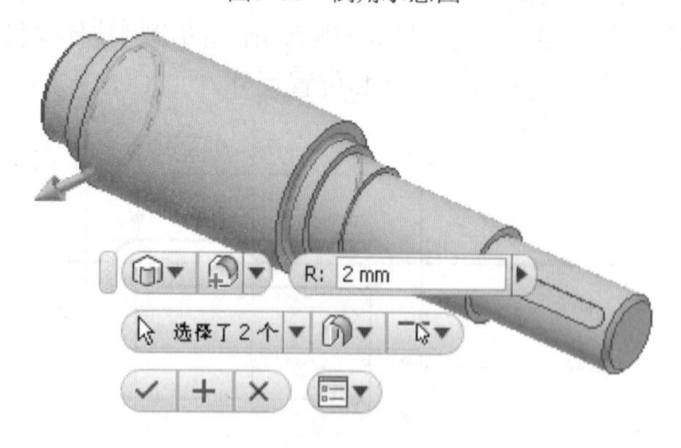

图8-31　圆角示意图

7．创建拉伸轮齿草图

通过拉伸截面轮廓创建第一个轮齿。首先在图 8-32 所示的零件表面上新建草图，然后在草图上绘制轮齿的轮廓。在 8.1 节中，已经讲过了关于参数化创建轮齿的方法，故这里不再详细讲述。由于大圆柱齿轮需要与小圆柱齿轮配合，所以在设计过程中应该注意使设计的齿轮在装配以后能够啮合。由机械制图的相关知识可知，如果两个齿轮能够正确啮合，则其模数和压力角必须相等。另外，标准齿轮的齿数不应该小于 17，否则会发生根切现象。因此，小齿轮的模数设置为 4，齿数设置为 17，压力角设置为 20°，需要利用工具面板上的【参数】工具创建这些用户自定义的参数，如图 8-33 的【参数】对话框中所示。然后绘制轮齿的截面轮廓并进行标注，如图 8-34 所示。

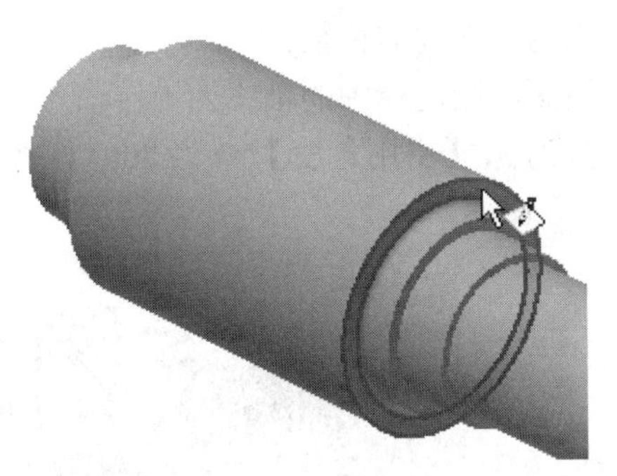

图8-32　草图平面

参数

参数名称	使用者	单位/类	表达式	公称值	公差	模型数值	关键		注释
参考参数									
用户参数									
Z		ul	17 ul	17.000000	○	17.000000	☐	☐	
m		mm	4 mm	4.000000	○	4.000000	☐	☐	
α		deg	20 deg	20.000000	○	20.000000	☐	☐	

添加数字　更新　清除未使用项　重设公差　<< 更少
链接　☑立即更新　完毕

图8-33　【参数】对话框

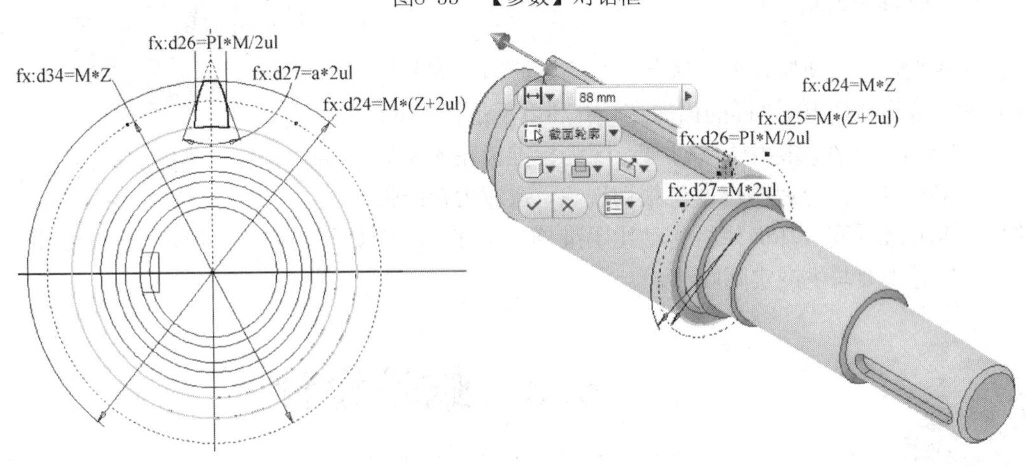

图8-34　绘制轮齿拉伸草图以及拉伸示意图

8．拉伸创建单个轮齿

单击【草图】标签栏中的【完成草图】工具按钮✔，退出草图环境，进入零件环境。单击

【三维模型】标签栏【创建】面板中的【拉伸】工具按钮，弹出【拉伸】对话框。选择图 8-33 中的轮齿轮廓为拉伸的截面轮廓，终止方式设置为【距离】，指定拉伸距离为 88，拉伸示意图如图 8-34 所示。单击【确定】按钮，完成拉伸，则单个轮齿被创建，如图 8-35 所示。

9. 环形阵列创建多个轮齿

1）单击【三维模型】标签栏【阵列】面板中的【环形阵列】工具按钮，弹出【环形阵列】对话框。

2）选择创建的单个轮齿作为要阵列的特征。

3）选择轴上任何一个圆柱面，则选择轴的轴线为旋转轴。

4）将【引用个数】设置为 Z，【引用角度】为 360°，如图 8-36 所示。

图8-35　拉伸创建单个轮齿

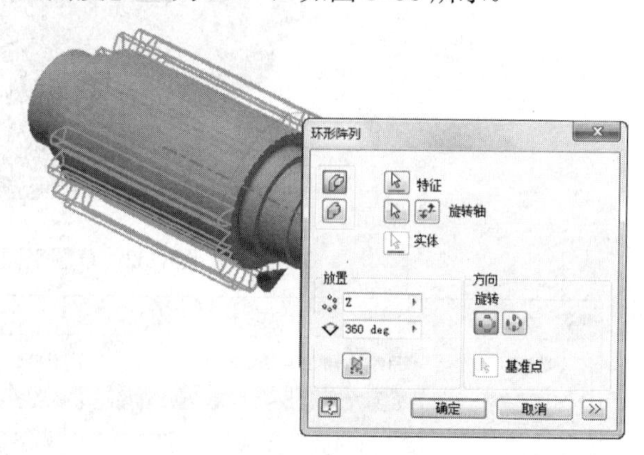

图8-36　【环形阵列】对话框及阵列预览

5）单击【确定】按钮，完成阵列。至此，小圆柱齿轮已经全部创建完毕。

8.2.4　总结与提示

图8-37　实际中无法加工的齿轮

在一些教程中，所制作的范例往往与实际脱节，如将标准齿轮的齿数设计为 16，这样的齿轮在 CAD 环境下是存在的，如图 8-37 所示，但在实际中却很少见。因为标准齿轮的齿数如果小于 17，在加工过程中会发生根切现象，造成齿轮的强度降低，渐开线受到破坏而使得传动比不准确，这在实际中是不允许的。所以，在进行设计的过程中，注意不要与生产实际脱节。

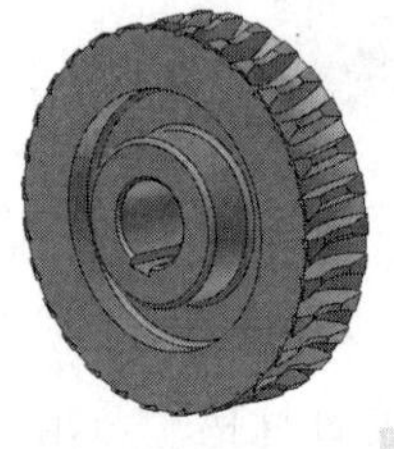

8.3　蜗轮设计

蜗轮较圆柱齿轮的设计来说要复杂的多，尤其是蜗轮的齿形设计。本节主要来学习如何创建蜗轮的齿形。通过本节的学习，读者将对利用扫掠创建不规则实体有一个深入的了解。

蜗轮的模型文件在网盘中的“\第 8 章”目录下，文件名为“蜗轮.ipt”。

8.3.1 实例制作流程

蜗轮的设计过程如图 8-38 所示。

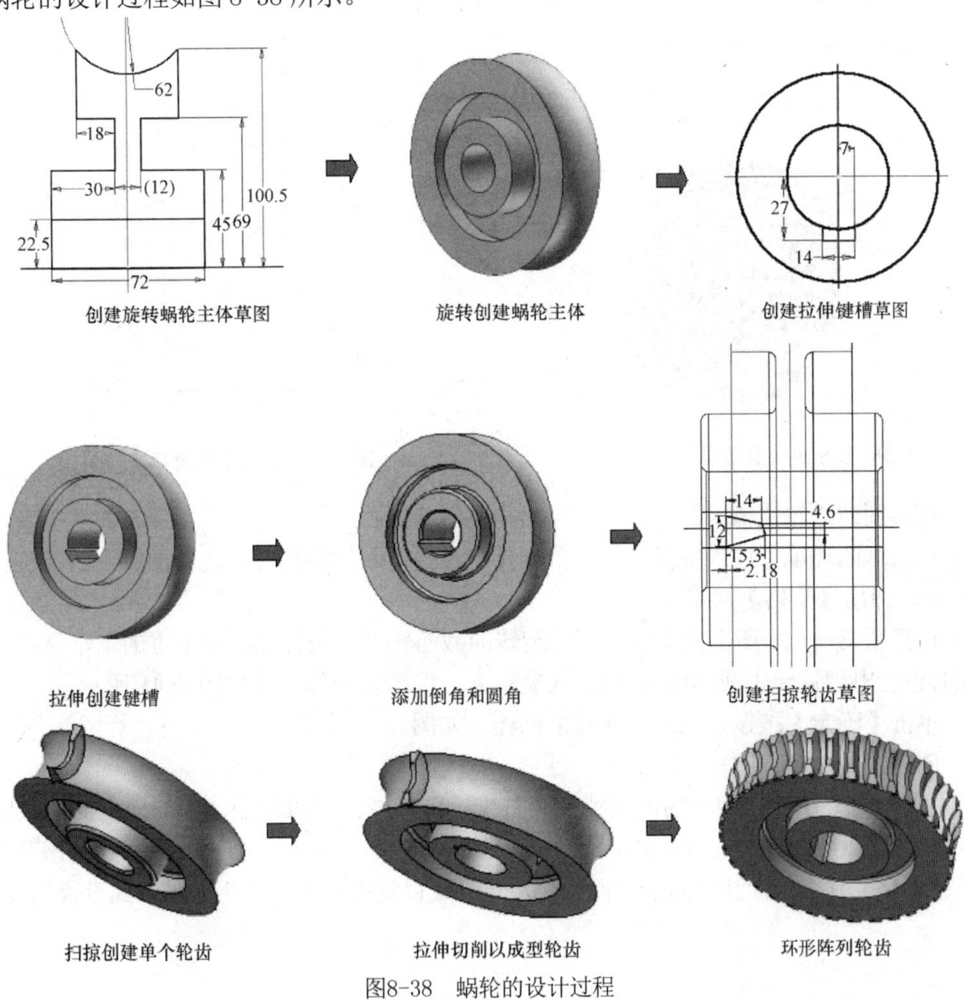

图8-38 蜗轮的设计过程

8.3.2 实例效果展示

蜗轮效果展示如图 8-39 所示。

8.3.3 操作步骤

1. 新建文件

运行 Inventor，单击【快速入门】标签栏【启动】面板中的【新建】工具按钮，在弹出

的【新建文件】对话框中选择 Standard. ipt 选项，新建一个零件文件，命名为蜗轮. ipt。这里选择在原始坐标系的 *XY* 平面新建草图。

2. 创建旋转蜗轮主体草图

蜗轮的主体是一个回转体，因此可以通过旋转的方式生成。首先在草图环境中单击【草图】标签栏【绘图】面板中的【直线】工具按钮和【三点圆弧】工具按钮，创建如图 8-40 所示的旋转蜗轮主体草图，并选择【尺寸】工具，为图形添加尺寸约束。

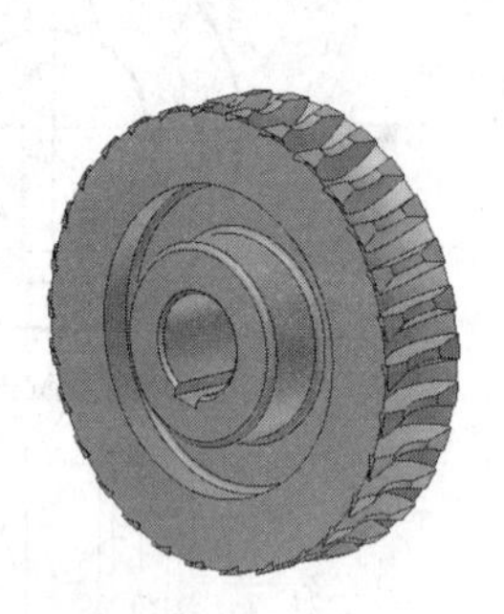

图8-39 蜗轮效果展示

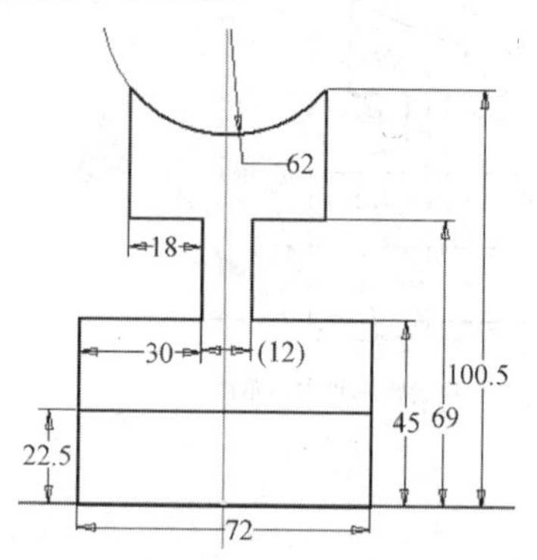

图8-40 创建蜗轮旋转主体草图

3. 旋转创建蜗轮主体

1）退出草图环境，进入零件环境。单击【三维模型】标签栏【创建】面板中的【旋转】工具按钮，弹出【旋转】对话框。

2）选择图 8-41 中所示的截面轮廓为旋转的截面轮廓，选择图形最下方的水平直线为旋转轴，此时也会出现旋转生成形体的预览。【旋转】对话框及形体预览如图 8-41 所示。

3）单击【确定】按钮，完成旋转特征创建，如图 8-42 所示。

4. 创建拉伸键槽草图

使用拉伸的方法创建零件的键槽特征，首先绘制草图。在齿轮的一个侧面上新建草图，单击【草图】标签栏【绘图】面板中的【直线】工具按钮，绘制如图 8-43 所示的键槽草图，并利用【尺寸】工具进行标注。为了方便观察，通过【视觉样式】工具将显示模式设置为【线框】显示。

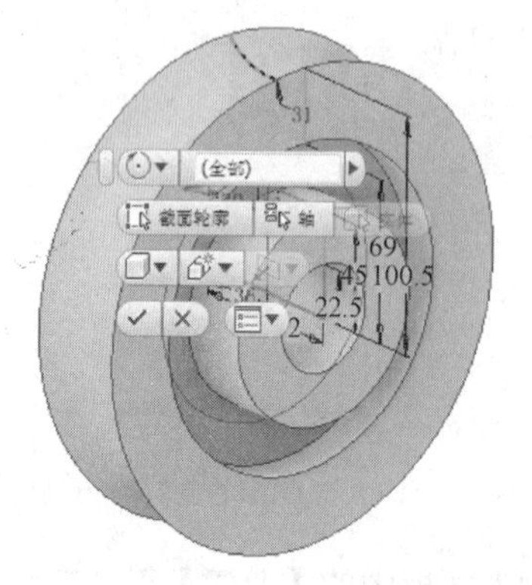

图8-41 【旋转】对话框及形体预览

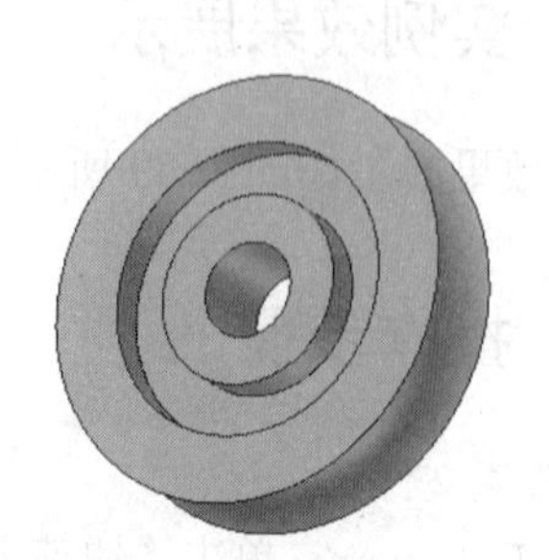

图8-42 旋转创建蜗轮主体

5．拉伸创建键槽

单击【草图】标签栏中的【完成草图】工具按钮，退出草图环境，进入零件环境。选择【三维模型】标签栏，单击【创建】面板中的【拉伸】工具按钮，弹出【拉伸】对话框。选择图 8-42 为拉伸截面，布尔方式设置为【求差】，终止方式设置为【贯通】，拉伸示意图如图 8-44 所示。单击【确定】按钮，完成键槽的创建，如图 8-45 所示。

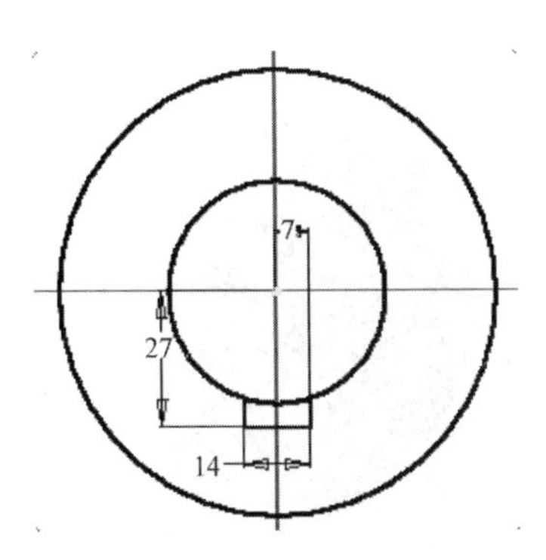

图8-43　绘制拉伸键槽草图

图8-44　拉伸示意图

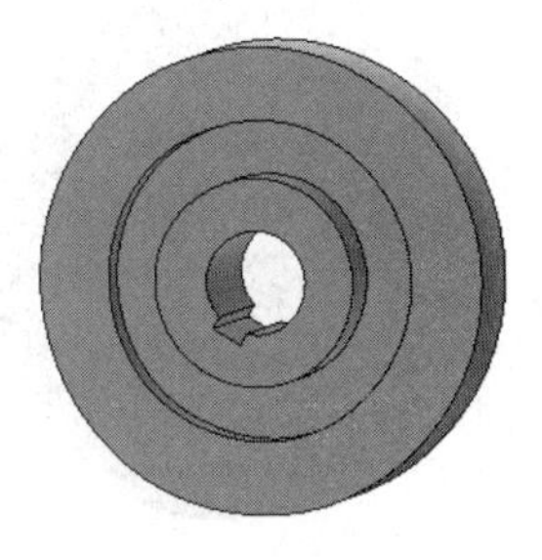

图8-45　拉伸创建键槽

6．添加倒角与圆角

为零件添加倒角和圆角特征。具体的过程在前面的章节中已经有过详细的叙述，所以这里不再详细讲解。创建倒角的零件边线和【倒角】对话框的设置如图 8-46 所示；创建圆角的零件边线和【圆角】对话框的设置如图 8-47 所示。添加了倒角和圆角的零件如图 8-48 所示。

7．创建扫掠轮齿草图

轮齿是通过扫掠得到的，基本步骤如下：

1）为了创建扫掠的截面轮廓和扫掠路径，就要建立两个草图，分别绘制用来作为截面轮廓和扫掠路径的几何图形。由于没有现成的表面可以用来建立草图，所以需要建立工作平面来绘制草图。

2）单击【三维模型】标签栏【定位特征】面板中的【工作轴】工具按钮，然后在浏览器中选择【原始坐标系】下的 *XZ* 平面和 *YZ* 平面，则建立一条与 *Z* 轴重合的工作轴。

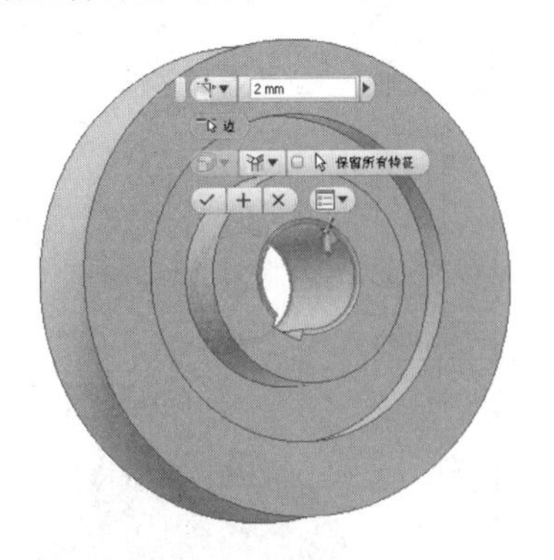

图8-46　倒角边和【倒角】对话框的设置

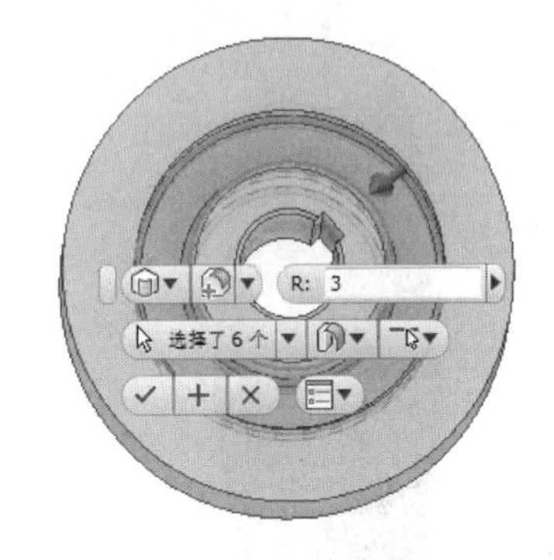

图8-47　圆角边和【圆角】对话框的设置

3）单击【三维模型】标签栏【定位特征】面板中的【工作平面】工具按钮，选择建立的工作轴，然后选择原始坐标系的 *XZ* 平面，在弹出的【角度】对话框中输入 8，则建立一个过工

作轴且与 *XZ* 平面成 8° 的工作平面，如图 8-49 所示。该工作平面作为建立扫掠路径几何图形所在的草图平面。

4）建立第二个工作平面，以作为绘制扫掠截面轮廓图形所在的草图平面。选择【工作平面】工具后，选择原始坐标系下的 *XY* 平面，在弹出的【偏移距离】对话框中输入 102，按回车键，完成工作平面的创建，所创建的第二个工作平面如图 8-50 所示。

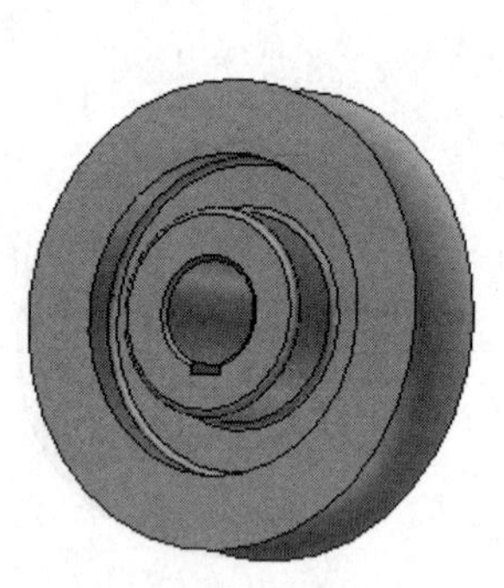
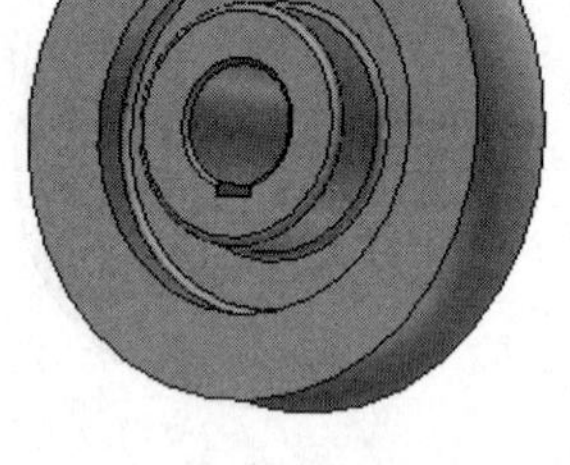

图8-48　添加了倒角与圆角的零件

XZ平面

工作平面

图8-49　建立工作平面

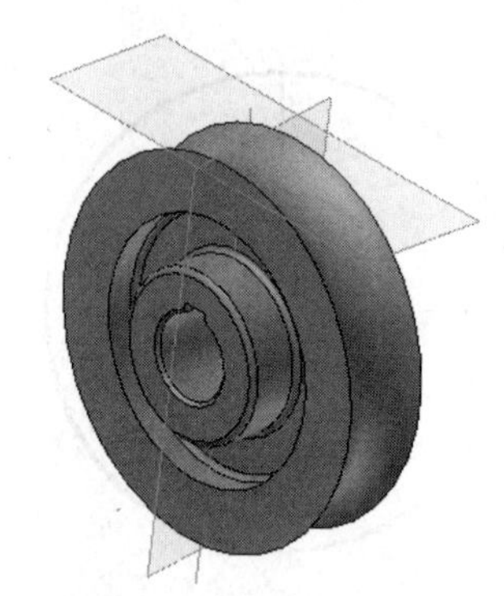

图8-50　创建第二个工作平面

5）在建立的第一个工作平面上新建草图，进入草图环境后单击【草图】标签栏【绘图】面板的【圆弧】工具按钮，绘制如图 8-51 所示的圆弧作为扫掠路径，并选择【尺寸】工具进行标注，并且修改半径尺寸值为 28.5。

6）结束绘制扫掠路径草图后，选择第二个工作平面新建草图，绘制如图 8-52 所示的扫掠的截面轮廓图形，并进行尺寸标注。

8．扫掠创建单个轮齿

退出草图环境后，进入零件环境。单击【三维模型】标签栏【创建】面板中的【扫掠】工具按钮，弹出【扫掠】对话框。步骤 7 中所绘制的截面轮廓和扫掠路径被自动选择，将布尔方式设置为【求并】，单击【确定】按钮即可完成单个轮齿的创建，如图 8-53 所示。

图8-51　绘制圆弧

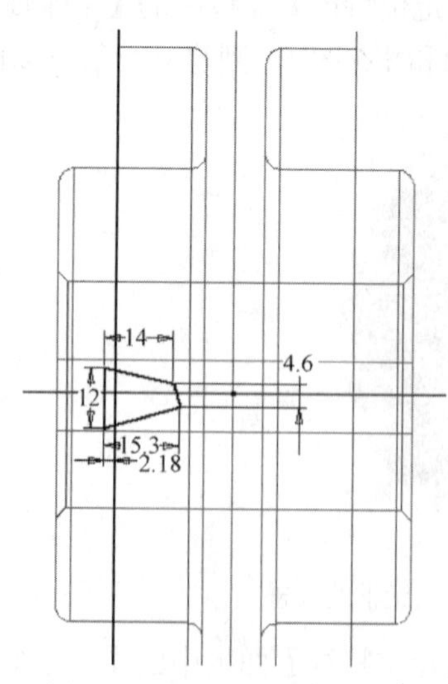

图8-52　绘制扫掠截面轮廓

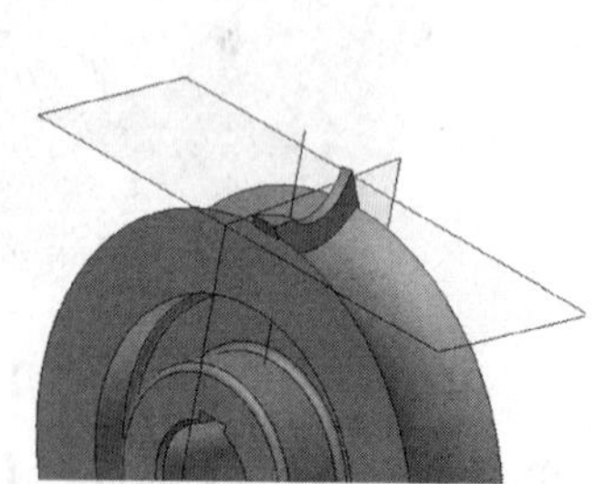

图8-53　扫掠创建单个轮齿

9. 拉伸切削以成型轮齿

可以看到扫掠出的单个轮齿还需要进行修整去除多余的部分才能够成为可用的轮齿。这里采用 Inventor 提供的【拉伸】工具去除轮齿的多余部分。

1）在原始坐标系的 XZ 平面新建草图，单击【草图】标签栏【绘图】面板中的【直线】工具按钮，绘制如图 8-54 所示的封闭几何图形以作为拉伸的截面轮廓，并利用【尺寸】工具进行标注和修改尺寸值。

2）单击【草图】标签栏中的【完成草图】工具按钮，退出草图环境，进入零件环境。单击【三维模型】标签栏【创建】面板中的【拉伸】工具按钮，弹出【拉伸】对话框。选择绘制的封闭几何图形为截面轮廓，布尔方式为【求差】，终止方式为【贯通】，方向设置为对称，拉伸示意图如图 8-55 所示。

3）单击【确定】按钮完成拉伸特征的创建，隐藏工作平面，此时的轮齿如图 8-56 所示。

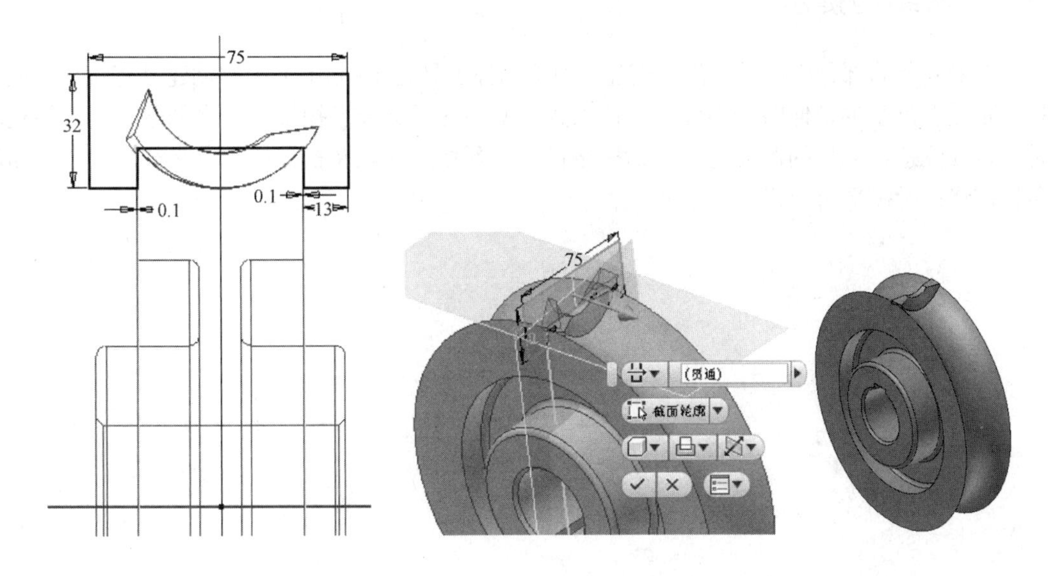

图8-54　绘制封闭几何图形　　图8-55　拉伸示意图　　图8-56　拉伸后的轮齿

10. 环形阵列轮齿

将创建的单个轮齿通过环形阵列可以创建多个轮齿。

1）单击【三维模型】标签栏【阵列】面板中的【环形阵列】工具按钮，弹出【环形阵列】对话框。

2）在浏览器中按住<Ctrl>键，选择创建轮齿的【扫掠】和【拉伸】操作作为阵列的特征。

3）选择零件上任何一个旋转面，选择零件的旋转轴为环形阵列的旋转轴，此时出现阵列特征的预览，将【引用数目】设置为 30，【引用夹角】为 360°，阵列的其他设置如图 8-57 所示。

4）单击【确定】按钮，完成阵列特征的创建。至此，蜗轮已经全部创建完成。

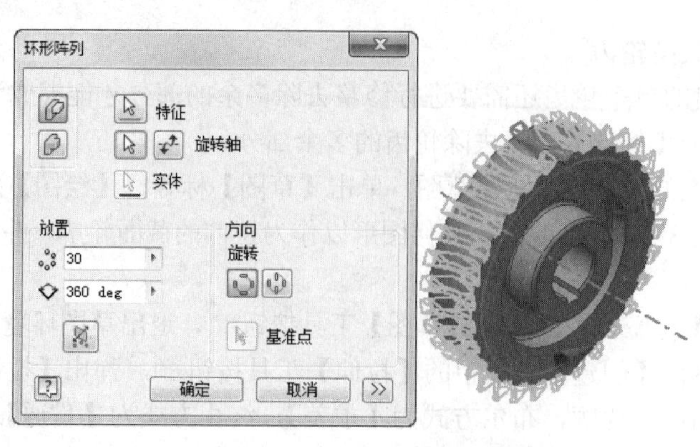

图8-57 【环形阵列】对话框及阵列预览

8.3.4 总结与提示

蜗轮最复杂的部分应该是轮齿的创建，由于扫掠工具是 Inventor 用来创建具有统一的截面形状但是具有复杂的延伸路径零件的最佳工具，所以这里选择了扫掠工具来创建轮齿。创建轮齿时一定要注意，扫掠的截面轮廓和扫掠路径一定要相交，以及扫掠的起点必须放置在截面轮廓和扫掠路径所在平面的相交处。

第 9 章

减速器箱体与附件设计

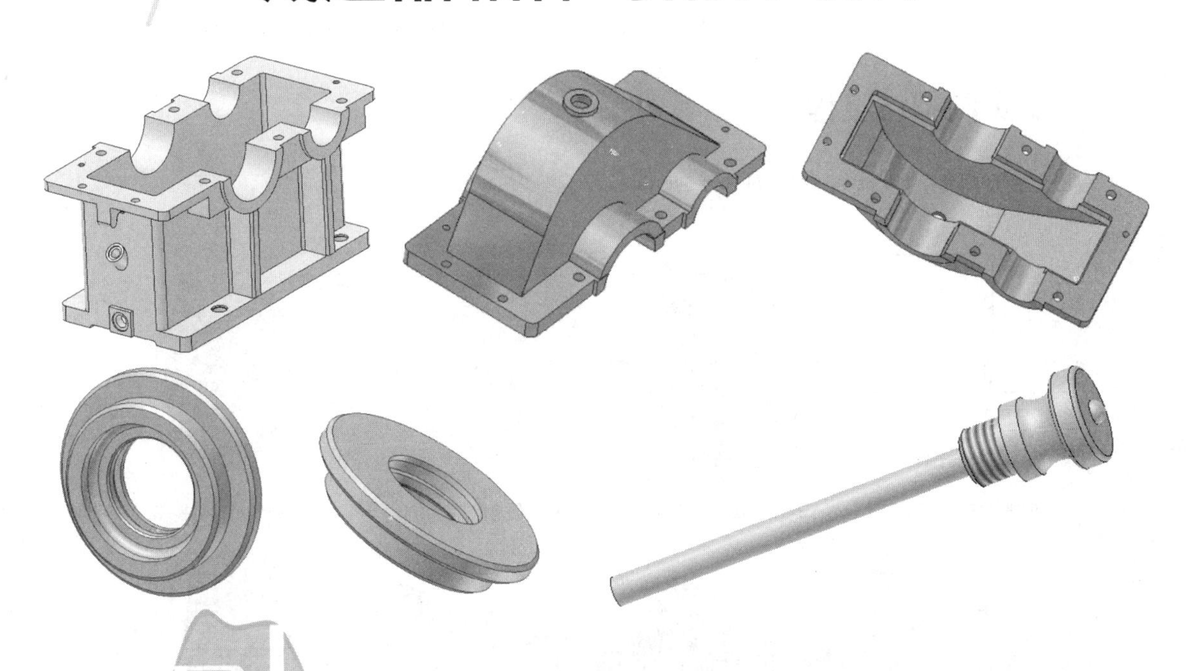

导读

本章介绍减速体箱体及其附件的设计，其中涉及复杂零件的具体设计方法，在部件环境中利用自上而下的零件设计方法对具有装配关系的零件进行设计等。

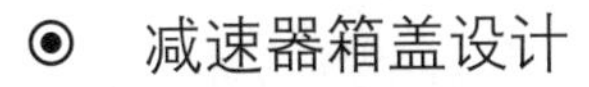

精彩内容

- 减速器箱盖设计
- 油标尺与通气器设计
- 端盖设计

9.1 减速器下箱体设计

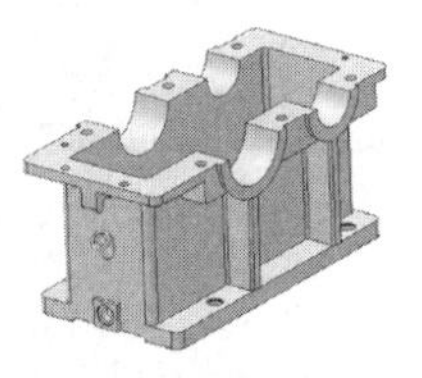

本节介绍下箱体的创建过程，包括拉伸，筋，镜像，打孔，圆角等功能。通过本节的学习使读者掌握如何利用 Inventor2018 提供的基本工具来实现复杂模型的创建。

减速器下箱体的模型文件在网盘中的“\第 9 章”目录下，文件名为“下箱体. ipt”。

9.1.1 实例制作流程

减速器下箱体的设计过程如图 9-1 所示。

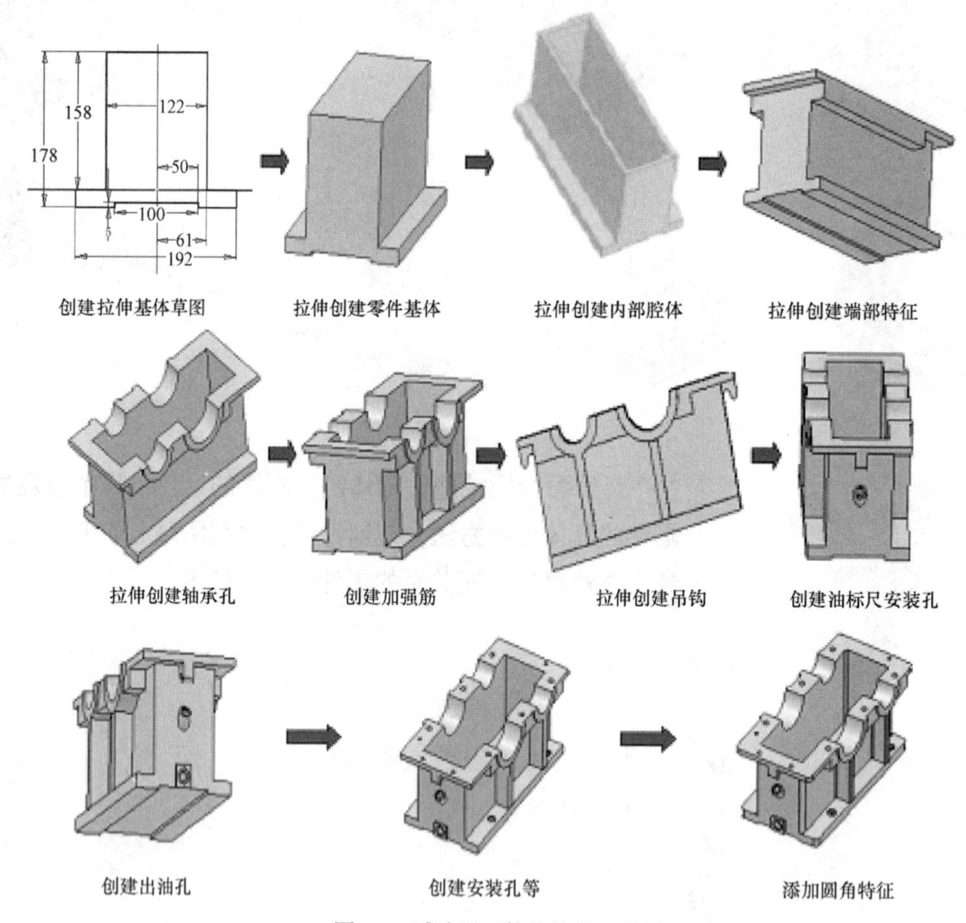

图9-1 减速器下箱体的设计过程

9.1.2 实例效果展示

减速器下箱体效果展示如图 9-2 所示。

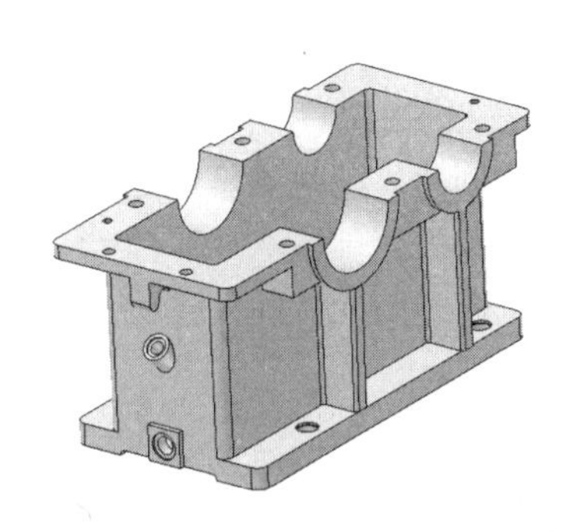

图9-2　减速器下箱体效果展示

9.1.3　操作步骤

1. 新建文件

运行 Inventor，单击【快速入门】标签栏【启动】面板中的【新建】工具按钮，在弹出的【新建文件】对话框中选择 Standard.ipt 选项，新建一个零件文件，命名为下箱体.ipt。这里选择在原始坐标系的 XY 平面新建草图。

2. 创建拉伸基体草图

由于零件的基体部分（见图 9-3）具有统一的截面形状和长度，因此可以用拉伸的方法创建。首先创建拉伸的草图几何图形。进入草图环境后，单击【草图】标签栏【绘图】面板中的【直线】工具按钮，绘制如图 9-4 所示的拉伸基本草图，选择【尺寸】工具为其进行尺寸标注，并对尺寸值进行编辑。

3. 拉伸创建零件基体

单击【草图】标签栏中的【完成草图】工具按钮，退出草图环境，进入零件环境。单击【三维模型】标签栏【创建】面板中的【拉伸】工具按钮，弹出【拉伸】对话框。由于草图中只有图 9-4 所示的一个截面轮廓，所以自动被选取为拉伸截面轮廓，将拉伸距离设置为 370mm，如图 9-5 所示。单击【确定】按钮，完成拉伸，创建如图 9-3 所示的零件基体。

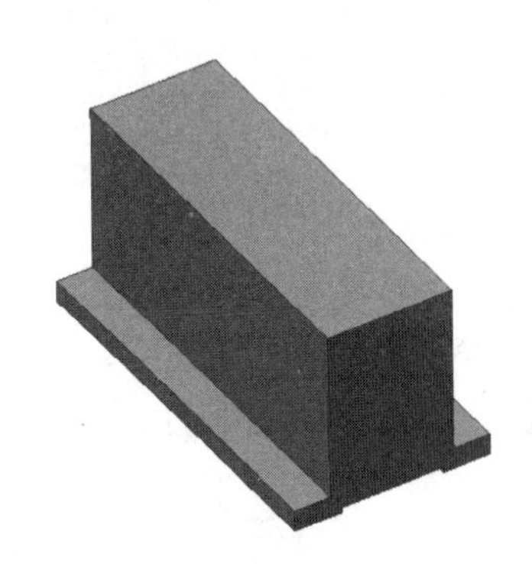

图9-3　创建的零件基体

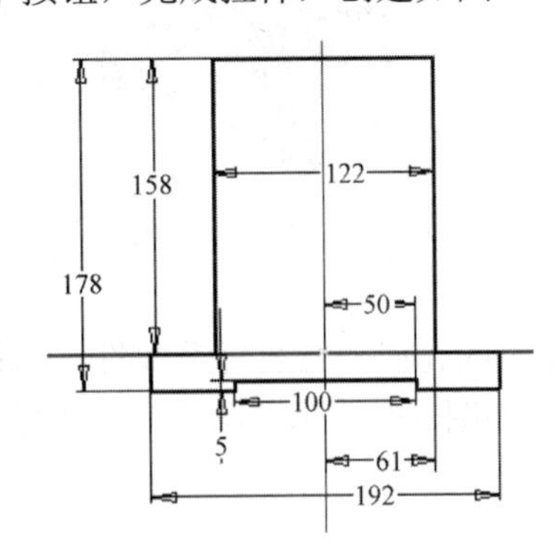

图9-4　绘制拉伸基体草图

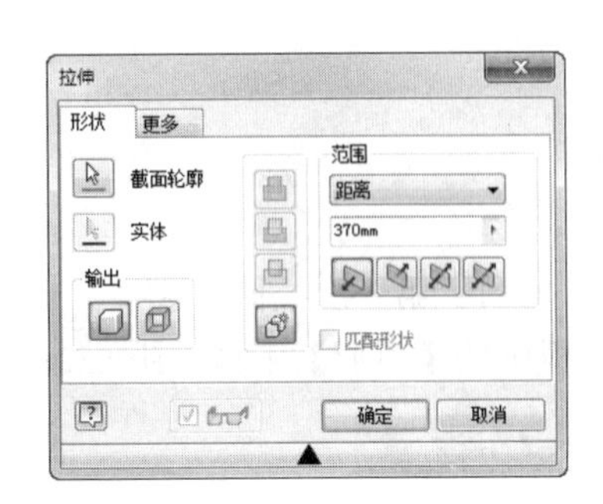

图9-5　拉伸示意图

4. 拉伸创建内部空腔

对于零件内部的空腔，可以利用【拉伸】工具来完成。首先在箱体的上表面新建草图，绘

制如图 9-6 所示的拉伸内腔草图；然后单击【三维模型】标签栏【创建】面板中的【拉伸】工具按钮，弹出【拉伸】对话框，按照图 9-7 所示的选择拉伸截面轮廓和拉伸方式；最后单击【确定】按钮，完成零件内部空腔的创建，此时的零件如图 9-8 所示。

5．拉伸创建端部特征

对于零件上端的伸出特征，可以通过两次拉伸来完成。

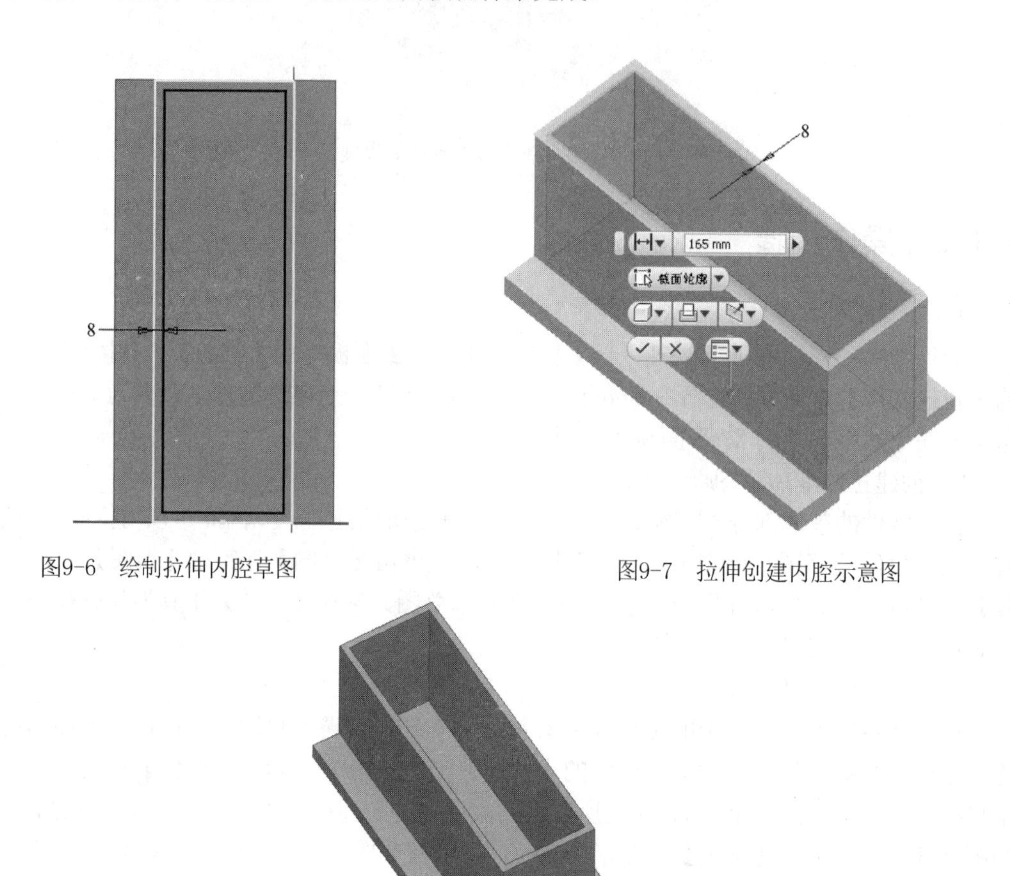

图9-6　绘制拉伸内腔草图

图9-7　拉伸创建内腔示意图

图9-8　完成拉伸后形成空腔的零件

1）第一次拉伸。选择在形成空腔的壳体上表面新建草图，单击【草图】标签栏【绘图】面板中的【矩形】工具按钮，绘制如图 9-9 所示的草图，并选择【尺寸】进行尺寸标注。

注 意

在创建草图以后，壳体的内外表面都会在草图上自动投影出矩形轮廓，由于壳体外表面的矩形轮廓对后来的造型没有用处，可以任意选择将其删除或者保留，图 9-9 中对其进行了删除，以便于在后来的拉伸中选择截面轮廓。

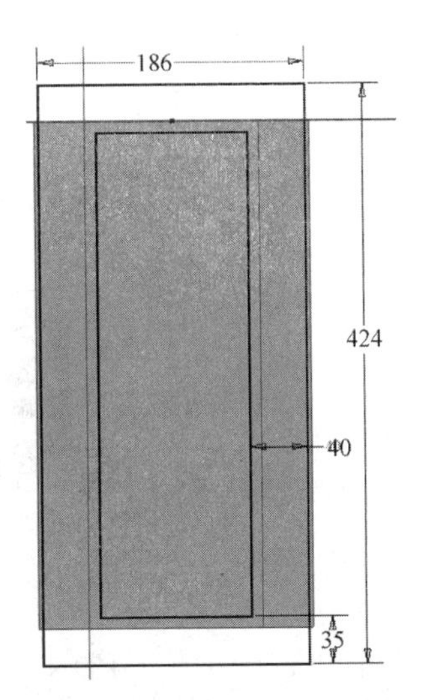

图9-9 绘制拉伸壳体上表面草图

单击【草图】标签上的【完成草图】工具按钮，退出草图环境，进入零件环境。单击【三维模型】标签栏【创建】面板中的【拉伸】工具按钮，弹出【拉伸】对话框。选择图9-10所示的图形作为拉伸截面轮廓，设置终止方式为【距离】，拉伸距离为12mm，拉伸创建壳体上表面，如图9-10所示。单击【确定】按钮，完成拉伸，此时的零件如图9-11所示。

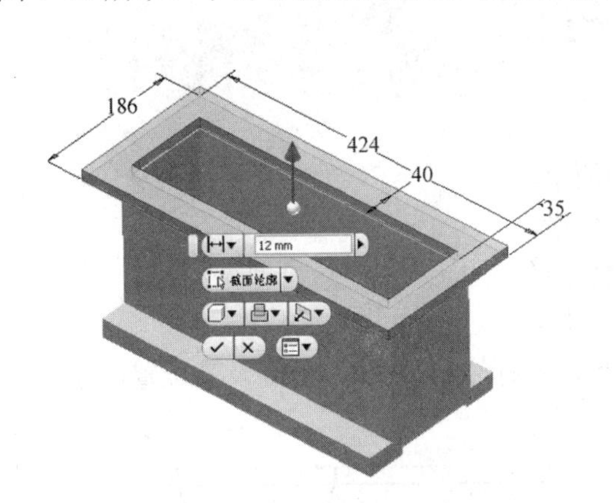

图9-10 拉伸创建壳体上表面

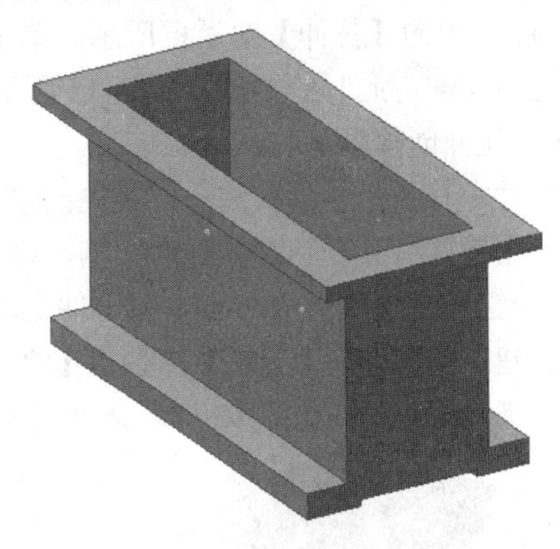

图9-11 拉伸创建壳体上表面后的零件

2）第二次拉伸。选择在第一次拉伸形成特征的下表面新建草图，单击【草图】标签栏【绘图】面板中的【直线】工具按钮，绘制如图9-12所示的拉伸壳体下表面草图，并进行尺寸标注。

这里需要注意的是，虽然建立草图以后，某些边线会自动投影到草图中形成草图中的线条，但是这些线条不会自动与手工绘制的线条产生某种位置关系。例如，在草图中绘制了一条直线，它与自动投影得到的两条相交直线构成一个三角形，如图9-13所示，但是系统不认为这样形成了一个封闭三角形，如果要拉伸等需要选择封闭截面轮廓的操作，则无法选择这个三角形作为截面轮廓，这时需要手工添加三角形的另外两条边，即与投影直线重合的两条边线。

在绘制图9-12所示的两个矩形时，或者将矩形的四条边线全部手工绘制，或者可以利用一条投影直线作为矩形的边，但是利用【直线】工具绘制其他边时，注意要将与投影直线相连接的边线的一个端点手工设置，或者在绘图工程中自动捕捉为与投影直线重合。

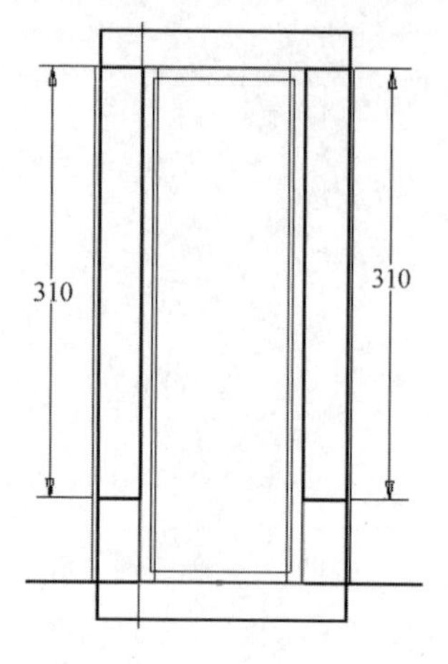

图9-12　绘制拉伸壳体下表面草图

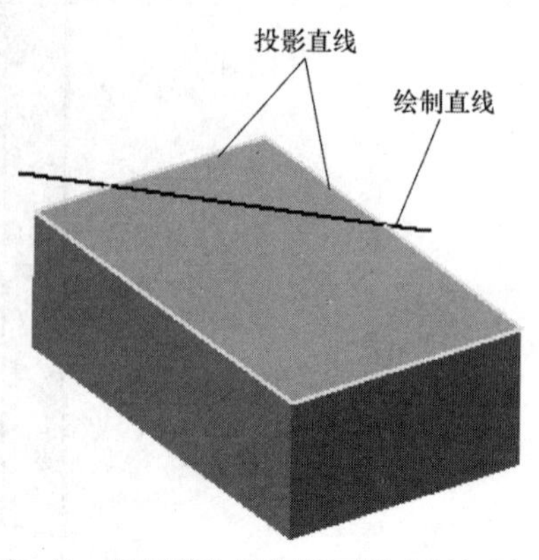

图9-13　投影线与绘制线不组成封闭图形

单击【草图】标签栏中的【完成草图】工具按钮，退出草图环境，进入零件环境。单击【三维模型】标签栏【创建】面板中的【拉伸】工具按钮，弹出【拉伸】对话框。选择图 9-14 所示的图形为拉伸截面轮廓，终止方式为【距离】，设置拉伸距离为 28mm，其他设置如图 9-14 中的【拉伸】对话框所示。单击【确定】按钮，完成拉伸，此时的零件如图 9-15 所示。

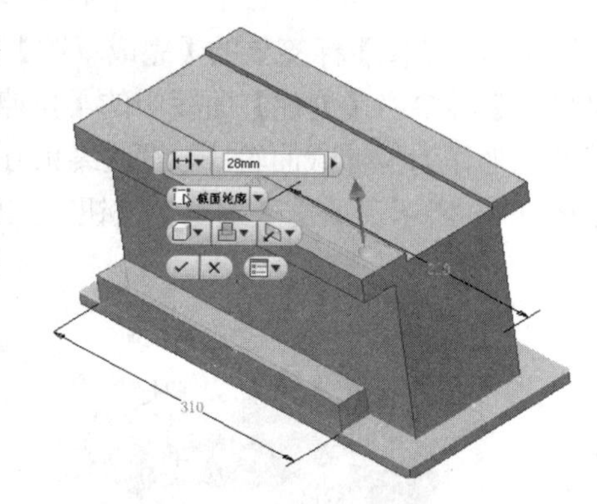

图9-14　拉伸创建壳体下表面

6．拉伸创建轴承孔

零件中有 4 个轴承安装孔，首先创建一侧的两个，然后利用镜像将其复制到另外的一侧，以减少工作量。

1）绘制半圆柱形的凸台。在零件上端伸出特征的侧面新建草图，单击【草图】标签栏【绘图】面板中的【圆】工具按钮，绘制如图 9-16 所示的半圆形，并标注半径尺寸为 60 及其位置尺寸 170。

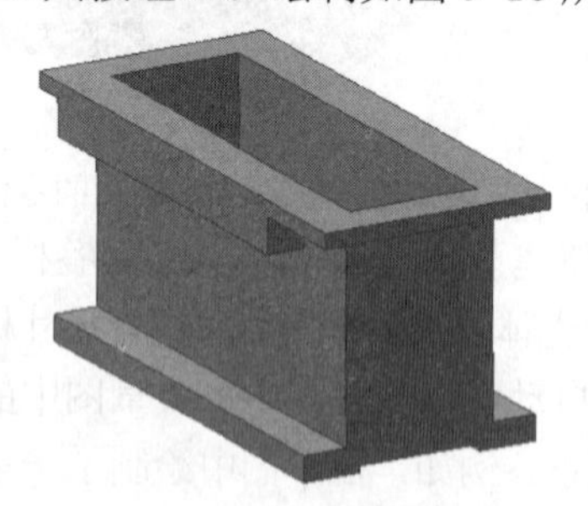
图9-15　拉伸创建壳体下表面后的零件

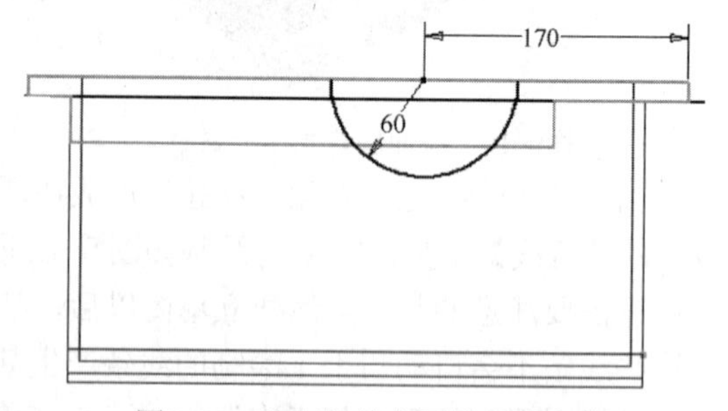

图9-16　绘制拉伸半圆柱形凸台草图

2）单击【草图】标签栏中的【完成草图】工具按钮，退出草图环境，进入零件环境。单击【三维模型】标签栏【定位特征】面板中的【工作平面】工具按钮，将草图所在平面向外偏移 5 后，创建工作平面，以作为后续造型过程中的参考面。

3）单击【三维模型】标签栏【创建】面板中的【拉伸】工具按钮，弹出【拉伸】对话框。选择图 9-16 中所示的半圆形为截面轮廓，将终止方式设置为【介于两面之间】，将起始表面设置为新建的工作平面，将终止表面设置为零件的外侧表面，拉伸创建半圆柱形凸台，如图 9-17 所示。

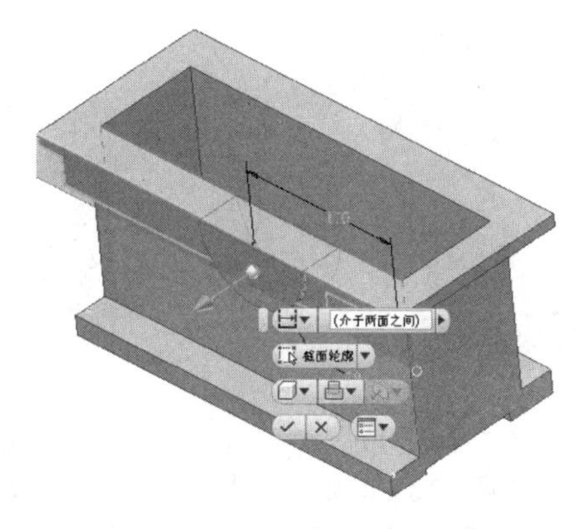

图9-17 拉伸创建半圆柱形凸台

4）单击【确定】按钮，完成拉伸，此时的零件如图 9-18 所示。

5）按照相同的方法创建同侧的另外一个半圆柱形凸台。绘制如图 9-19 所示的另一半圆柱形凸台草图，拉伸创建另一半圆柱形凸台，如图 9-20 所示。注意，该特征的拉伸终止方式以及起始表面和终止表面的选择与上一个半圆柱形凸台完全相同。创建了两个半圆柱形凸台后的零件如图 9-21 所示。

6）在零件宽度方向的中心处创建工作平面以作为镜像凸台特征的对称平面。单击【三维模型】标签栏【定位特征】面板中的【工作平面】工具按钮，选择零件的一个侧面，在弹出的【偏移】对话框中输入正确的偏移距离后（这里以空腔部分的外壁作为参考表面，偏移距离为 61），按 Enter 键即可创建工作平面，创建的工作平面如图 9-22 所示。

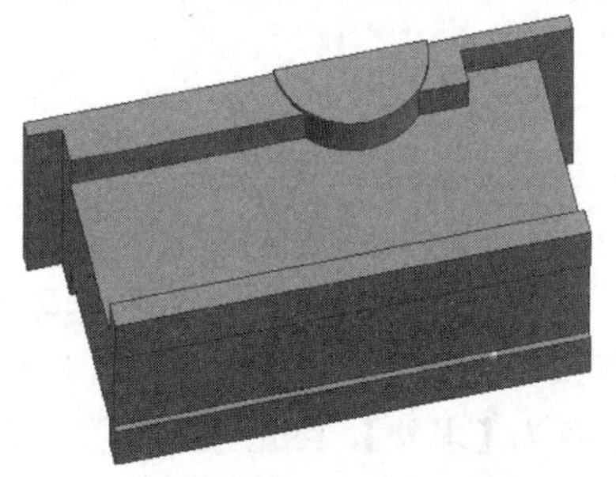

图9-18 拉伸创建半圆柱形凸台后的零件

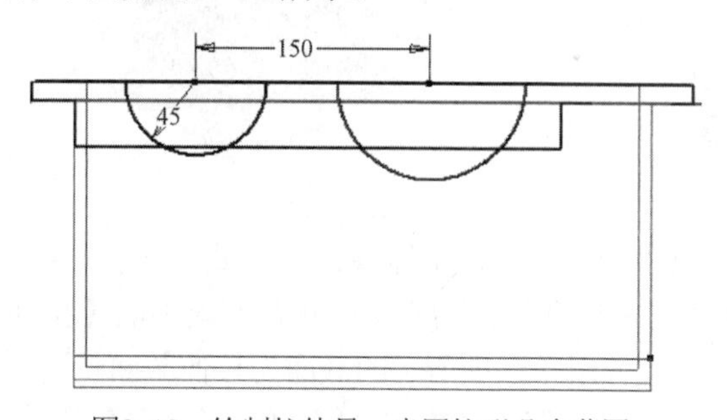

图9-19 绘制拉伸另一半圆柱形凸台草图

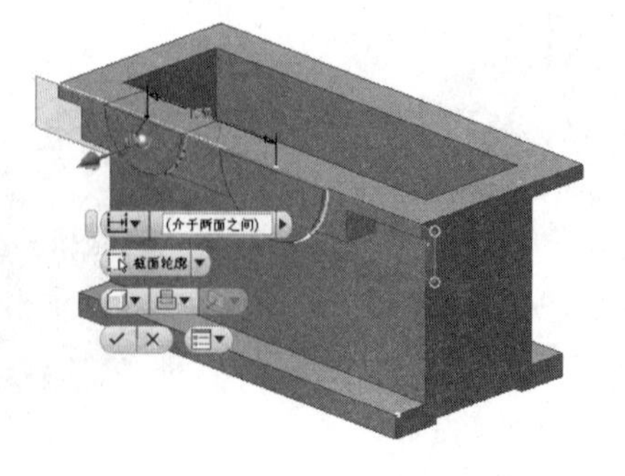

图9-20 拉伸创建另一半圆柱形凸台

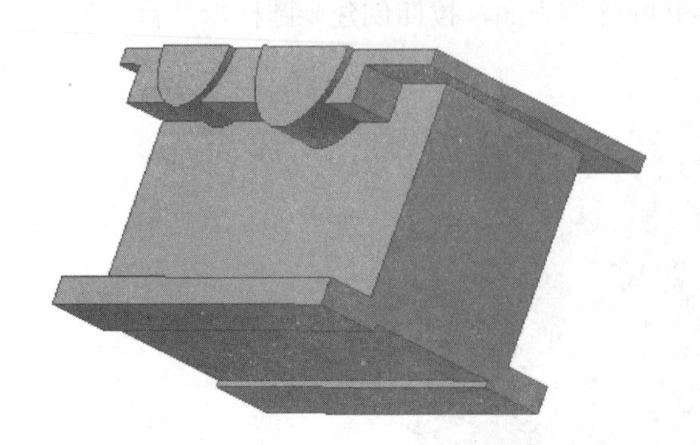

图9-21　创建两个半圆柱形凸台后零件

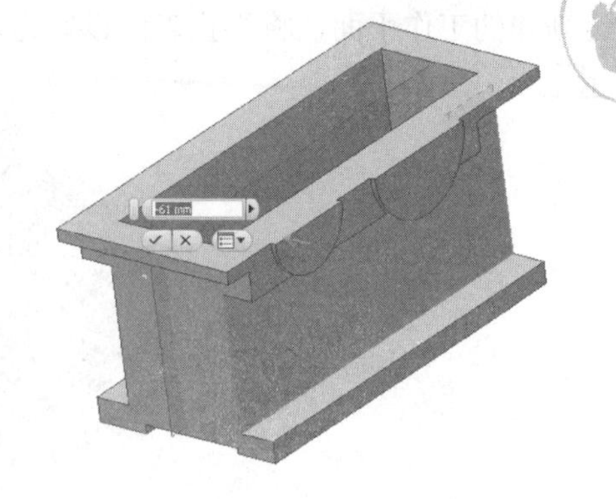

图9-22　创建的工作平面

7）单击【三维模型】标签栏【阵列】面板中的【镜像】工具按钮，弹出【镜像】对话框。选择两个半圆柱形凸台作为镜像特征，以刚创建的工作平面作为镜像平面，在【创建方法】选项中选择【完全相同】项，单击【确定】按钮，完成特征的镜像，此时两个圆柱形凸台被复制到零件的另一侧，如图 9-23 所示。

8）通过拉伸求差即可创建四个轴承孔。选择凸台的表面新建草图，单击【草图】标签栏【绘图】面板中的【直线】工具按钮和【圆】工具按钮，绘制如图 9-24 所示的拉伸轴承安装孔并利用【尺寸】工具标注尺寸并修改尺寸值。

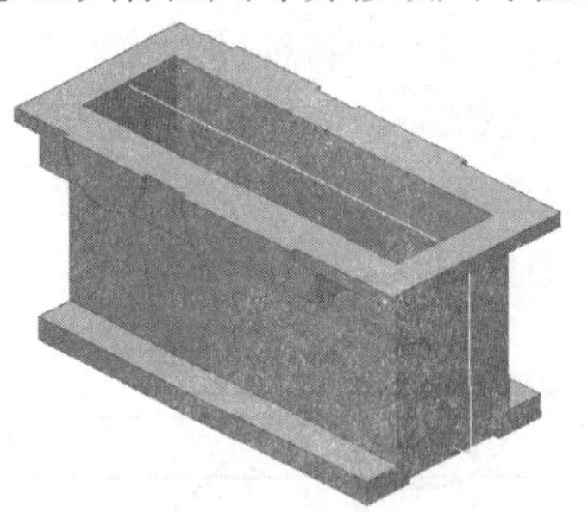

图9-23　镜像特征到另外一侧

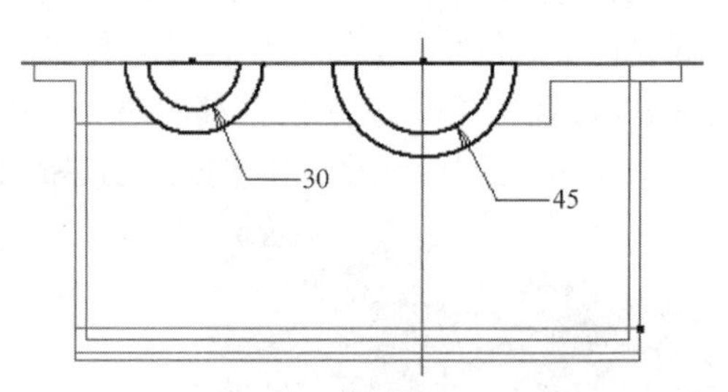

图9-24　绘制拉伸轴承安装孔草图

9）单击【草图】标签栏中的【完成草图】工具按钮，退出草图环境，进入零件环境。单击【三维模型】标签栏【创建】面板中的【拉伸】工具按钮，弹出【拉伸】对话框。选择图 9-25 拉伸示意图中所示的截面为拉伸截面轮廓，布尔方式设置为【求差】，终止方式设置为【贯通】，方向设置为【方向 2】。单击【确定】按钮，完成拉伸，此时的零件如图 9-26 所示。

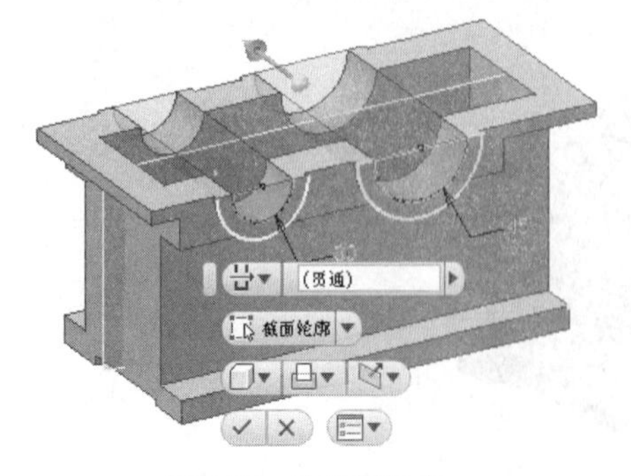

图9-25　拉伸示意图

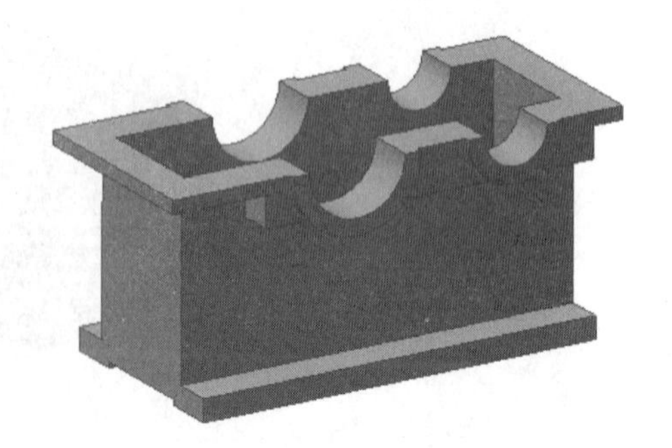

图9-26　拉伸创建轴承安装孔后的零件

7. 创建加强筋

零件侧面的加强筋可以直接用【加强筋】工具来完成，也可以通过拉伸生成。这里分别用加强筋工具和拉伸工具创建同侧的加强筋，然后通过镜像复制到零件的另外一侧。

加强筋也是基于草图的特征，在使用【加强筋】工具创建加强筋之前，需要绘制草图图形作为加强筋的外形轮廓。

1）为了创建草图，需要新建工作平面，这里通过偏移零件侧面的方式，创建过轴承安装孔孔心且垂直于零件上表面的工作平面，如图 9-27 所示。在该工作平面上绘制草图，选择【草图】标签栏【绘图】面板中的【直线】工具按钮和【投影几何图元】工具按钮，绘制如图 9-28 所示的直线与投影几何图元。

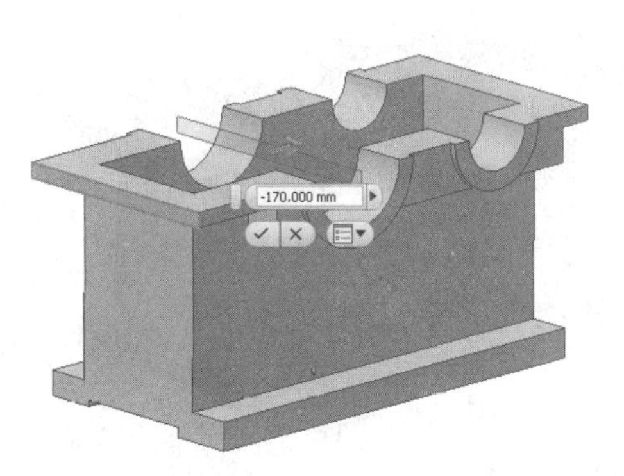

图9-27 创建工作平面

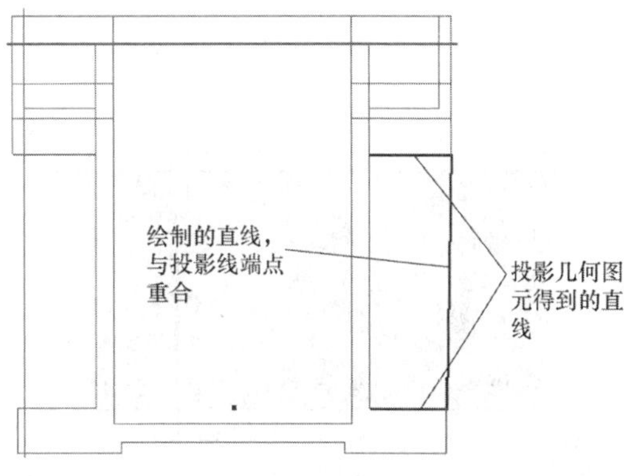

图9-28 绘制直线与投影几何图元

2）单击【草图】标签栏中的【完成草图】工具按钮，退出草图环境，进入零件环境。单击【三维模型】标签栏【创建】面板中的【加强筋】工具按钮，弹出【加强筋】对话框。

3）加强筋的截面轮廓自动选择为在草图中绘制的图形，将鼠标指针拖动到加强筋轮廓附件，以选择不同的方向，这里选择图 9-29 加强筋示意图中的所示方向，设置加强筋的厚度为 16mm，方向为双向，终止方式为【到表面或平面】。

4）单击【确定】按钮，完成单个加强筋的创建，此时的零件如图 9-30 所示。

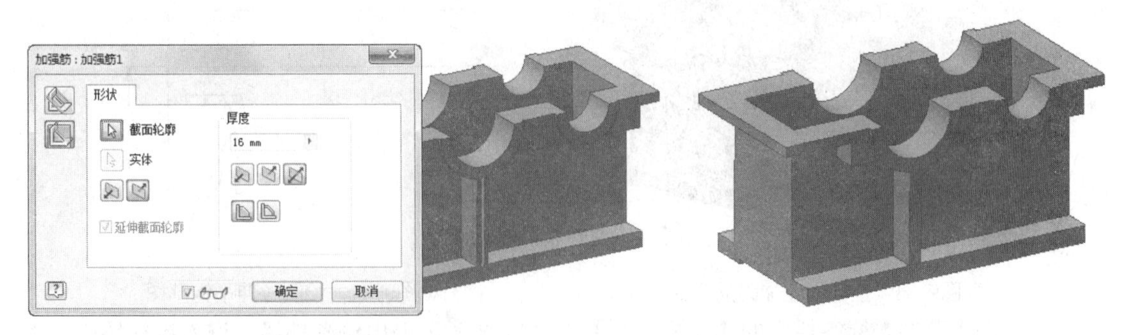

图9-29 创建加强筋示意图

图9-30 创建单个加强筋后的零件

如果要通过拉伸创建加强筋，可以：

1）选择另外一个凸台的外表面新建草图，进入草图环境中后，选择【直线】工具，绘制如图 9-31 所示的加强筋草图，并选择【尺寸】工具标注尺寸和修改尺寸值。

2）单击【草图】标签栏中的【完成草图】工具按钮，退出草图环境，进入零件环境。单击【三维模型】标签栏【创建】面板中的【拉伸】工具按钮，弹出【拉伸】对话框。选择图9-32 所示的图形作为拉伸截面轮廓，将拉伸终止方式设置为【到】，选择零件的外侧表面作为终止平面即可，如图 9-32 中所示。

3）单击【确定】按钮，完成拉伸特征的创建，此时的零件如图 9-33 所示。

当利用【加强筋】工具或者拉伸的方法创建了一侧的加强筋以后，可以将同侧的两个加强筋通过镜像复制到另外一侧去。单击【三维模型】标签栏【阵列】面板中的【镜像】工具按钮，弹出【镜像】对话框。选择两个加强筋作为镜像特征，选择图 9-22 中所示的工作平面为镜像平面，在【创建方法】中选择【完全相同】选项，则加强筋被复制到零件的另外一侧。

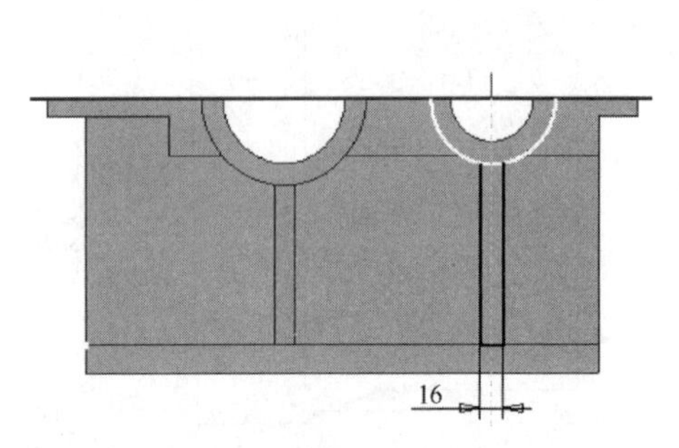

图9-31　绘制拉伸加强筋草图

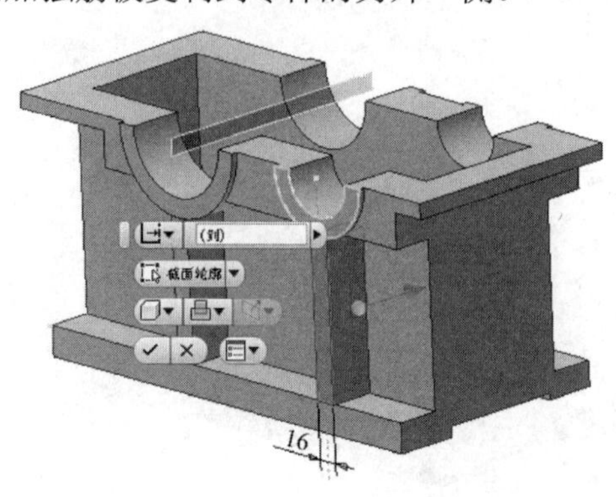

图9-32　拉伸创建加强筋

8．拉伸创建吊钩

零件两侧的吊钩可以利用拉伸的方法创建。

1）在图 9-22 所示的工作平面上绘制草图。选择【草图】标签栏【绘图】面板中的【直线】工具按钮和【三点圆弧】，绘制如图 9-34 所示的拉伸吊钩草图，选择【通用尺寸】工具进行尺寸标注，并对尺寸值进行修改。

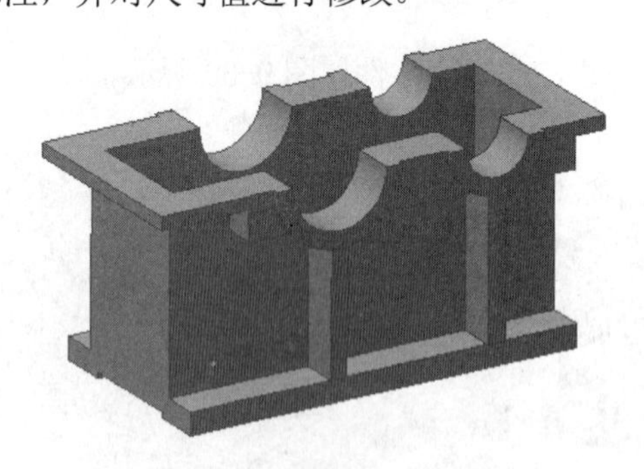

图9-33　拉伸创建加强筋后的零件

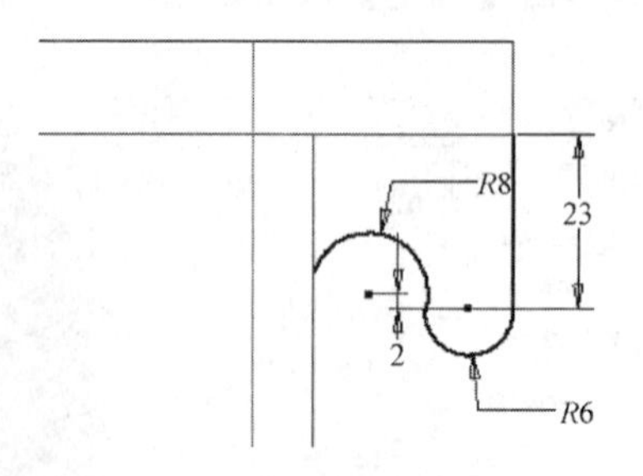

图9-34　绘制拉伸吊钩草图

2）单击【草图】标签栏中的【完成草图】工具按钮，退出草图环境，进入零件环境。单击【三维模型】标签栏【创建】面板中的【拉伸】工具按钮，弹出【拉伸】对话框。选择图 9-35 所示的图形为拉伸截面轮廓，方向为双向对称拉伸，终止方式为距离，拉伸距离设置为 20mm，拉伸创建单侧吊钩，如图 9-35 所示。单击【确定】按钮，完成拉伸，此时的零件如图 9-36 所示。

3）需要通过镜像将一侧的吊钩特征复制到零件的另外一侧。镜像之前首先创建一个工作平面作为镜像平面，要求该工作平面应该位于零件长度的 1/2 处，且平行于零件长度方向的侧面（见图 9-37 中的起始平面）。通过将零件的一个侧面偏移到另外一个相对侧面的长度的 1/2（185mm）来创建作为镜像平面的工作平面，如图 9-37 所示。

单击【三维模型】标签栏【阵列】面板中的【镜像】工具按钮，弹出【镜像】对话框。选择一侧的吊钩作为镜像特征，选择创建的工作平面作为镜像平面，在【创建方法】中选择【完全相同】选项，单击【确定】按钮，镜像特征创建完毕，此时零件的两侧都有了一个吊钩。

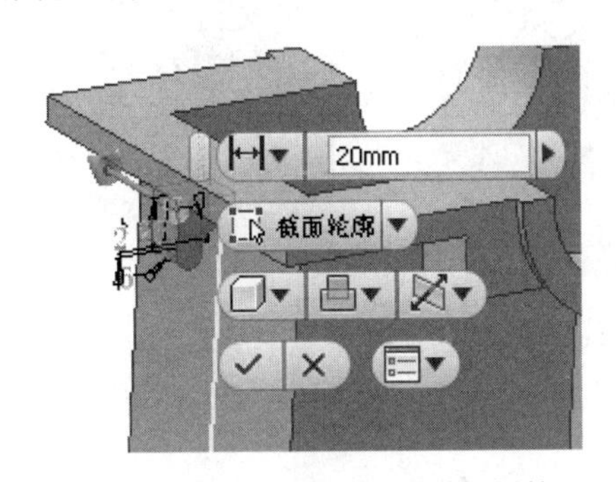

图9-35　拉伸创建单侧吊钩

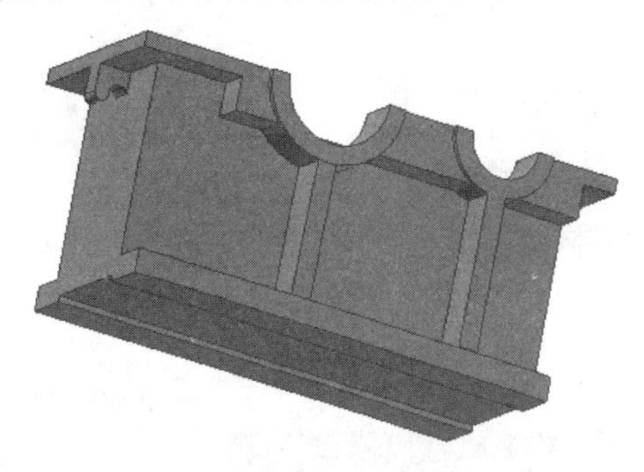

图9-36　拉伸创建单侧吊钩后的零件

9. 创建油标尺安装孔

减速器中一般都装有油标尺以观察箱体中润滑油的液面，如果箱体内润滑油太少，可以及时添加。油标尺安装孔可以通过拉伸并打孔的方法创建。

1）由于安装孔具有一定的斜度，零件上没有可用表面可以用来绘制草图，所以需要新建一个工作平面以绘制拉伸的草图。创建草图的工作平面如图 9-38 所示，与零件的侧面成 45° 角。

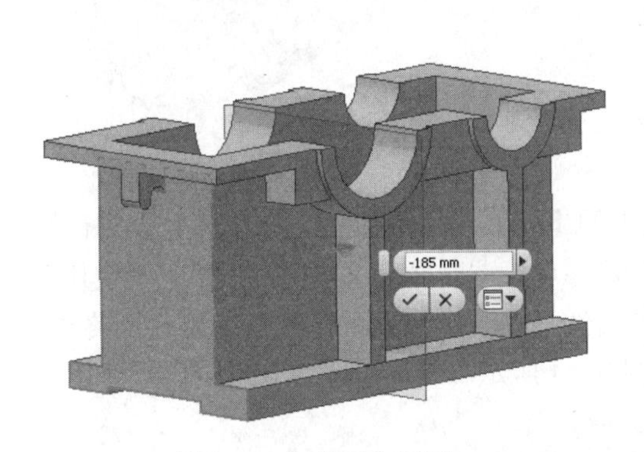

图9-37　创建工作平面

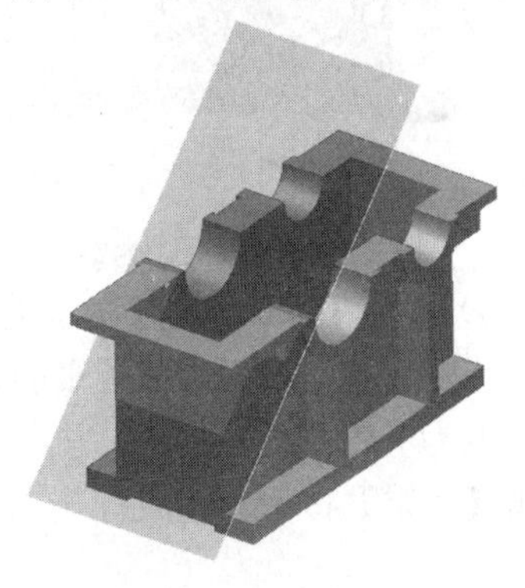

图9-38　创建草图的工作平面

2）创建该草图工作平面需要建立其他的工作平面和工作轴以作为辅助元素，建立该草图工作平面的过程如图 9-39 所示。首先，偏移底面 79mm 以创建图 9-39a 所示的水平工作平面；然后，选择此平面和油标尺安装孔所在的平面以创建图 9-39b 所示的工作轴，选择此工作轴和油标尺安装孔所在的平面，设置旋转角度为 45°，以创建图 9-39c 中所示的工作平面；最后，偏移图 9-39c 中的工作平面 15mm，以创建图 9-39d 所示的工作平面，即所需要的工作平面。

3）在新建的工作平面上绘制草图。单击【草图】标签栏【绘图】面板中的【圆】工具按钮，绘制如图 9-40 所示的直径为 24mm 的圆，并选择【尺寸】工具进行尺寸标注及尺寸值的修改。

4）单击【草图】标签上的【完成草图】工具按钮，退出草图环境，进入零件环境。单击【三维模型】标签栏【创建】面板中的【拉伸】工具按钮，弹出【拉伸】对话框。选择绘制的圆为拉伸截面轮廓，终止方式选择为【到】，选择安装孔所在的平面为终止平面，其他设置如图 9-41 所示。单击【确定】按钮，完成拉伸，此时的零件如图 9-42 所示。

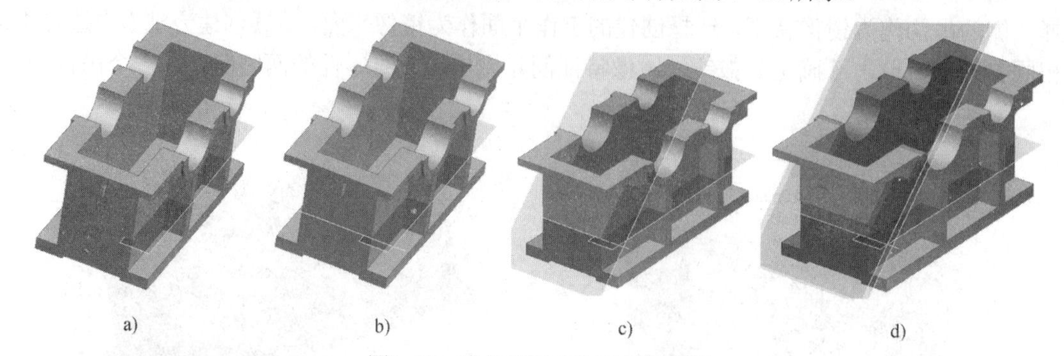

图9-39　建立草图工作平面的过程

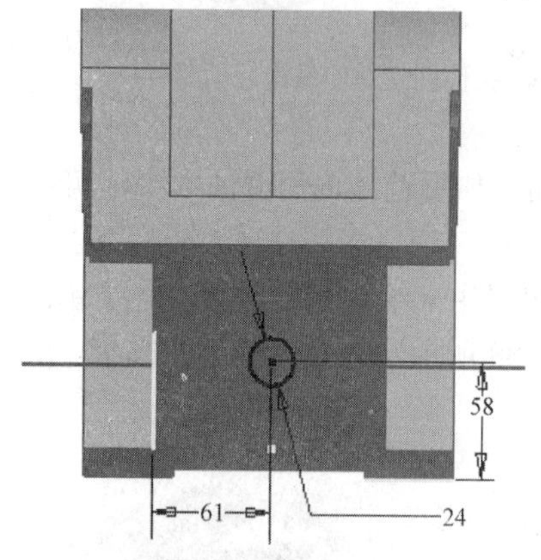

图9-40　绘制直径为24的圆

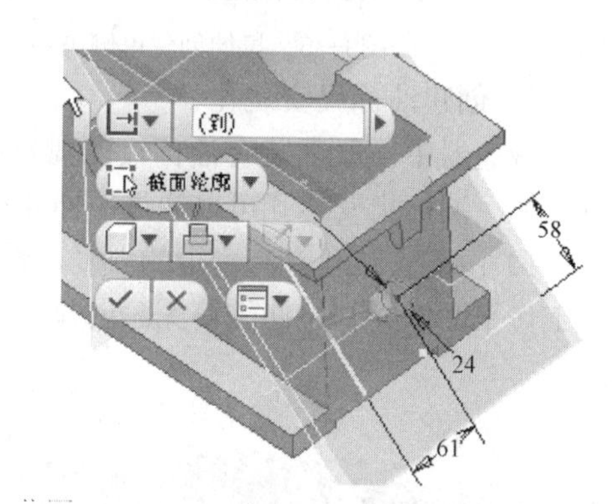

图9-41　拉伸示意图

5）单击【三维模型】标签栏【修改】面板中的【孔】工具按钮，弹出【孔】对话框，选择上步拉伸体上表面为放置平面，选择边线为同心参考，具体的设置如图 9-43 所示。其中，孔的类型为沉头螺纹孔，终止方式选择为【到】，然后选择安装孔所在的箱壁的内侧作为终止平面。单击【确定】按钮，完成打孔，此时的零件如图 9-44 所示。

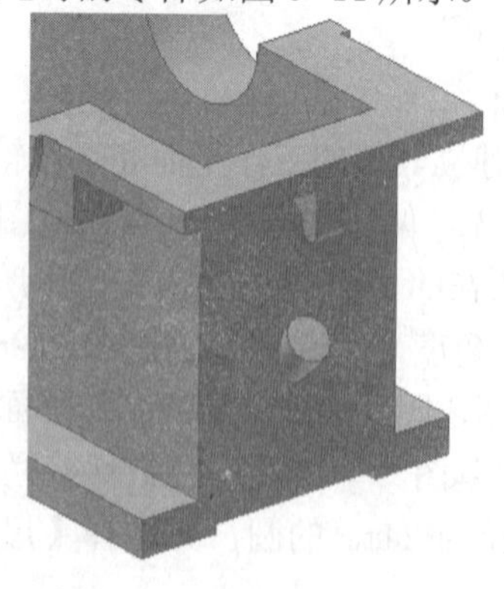

图9-42　拉伸完毕后的零件

10. 创建出油孔

箱体的侧面底部有出油孔，以便于排尽箱体中的废旧润滑油，如图 9-45 所示。出油孔分两步创建完成，第一步创建方形凸台特征，第二步创建凸台上的沉头孔特征。

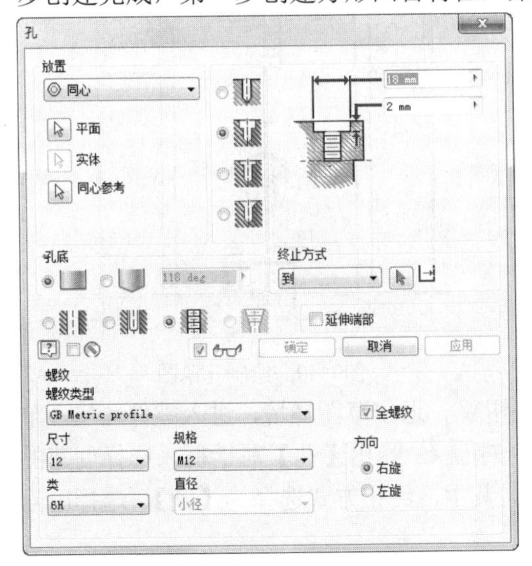

图9-43 设置打孔参数

图9-44 创建油标尺安装孔后的零件

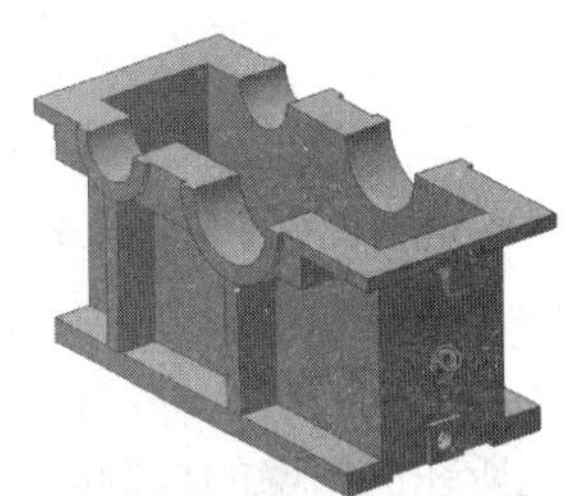

图9-45 出油孔

（1）创建方形凸台特征

1）选择出油孔所在的平面新建草图。单击【草图】标签栏【绘图】面板中的【矩形】工具按钮，绘制一个矩形，使用【等长】约束工具使矩形的边长相等而成为正方形；然后使用【尺寸】工具对图形进行标注，如图 9-46 所示。

2）单击【草图】标签栏中的【完成草图】工具按钮，退出草图环境，进入零件环境。单击【三维模型】标签栏【创建】面板中的【拉伸】工具按钮，弹出【拉伸】对话框，选择绘制的正方形为拉伸截面轮廓，拉伸示意图如图 9-47 所示。

3）单击【确定】按钮，完成方形凸台的拉伸，如图 9-48 所示。

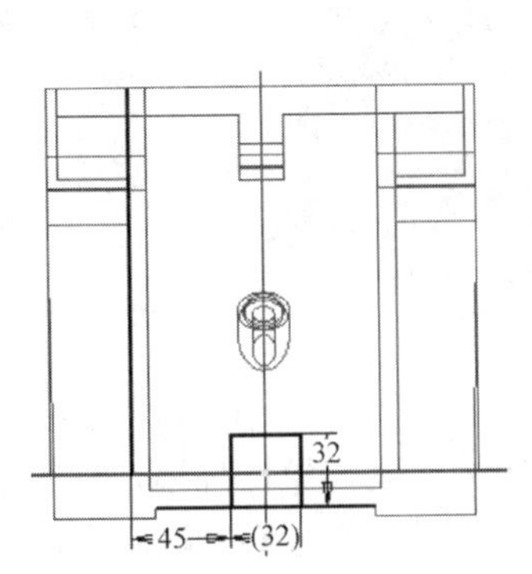

图9-46 绘制拉伸方形凸台草图

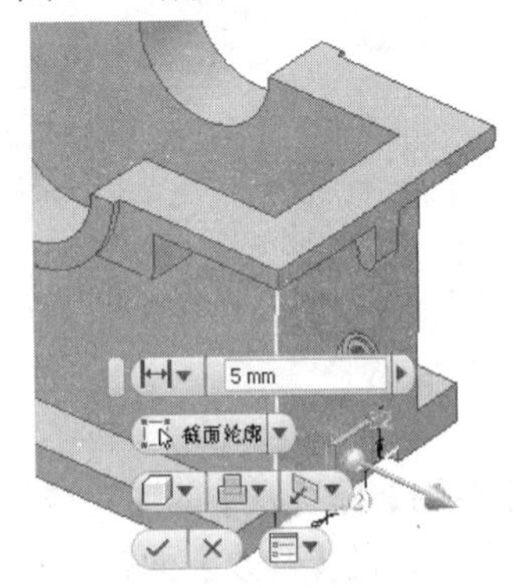

图9-47 拉伸示意图

（2）创建凸台上的沉头孔特征

1）在方形凸台的上表面上新建草图。选择【点】工具绘制一个点，使用【尺寸】工具标注

尺寸，并通过修改尺寸值约束该点与投影得到的方形的中心点重合，如图 9-49 所示。

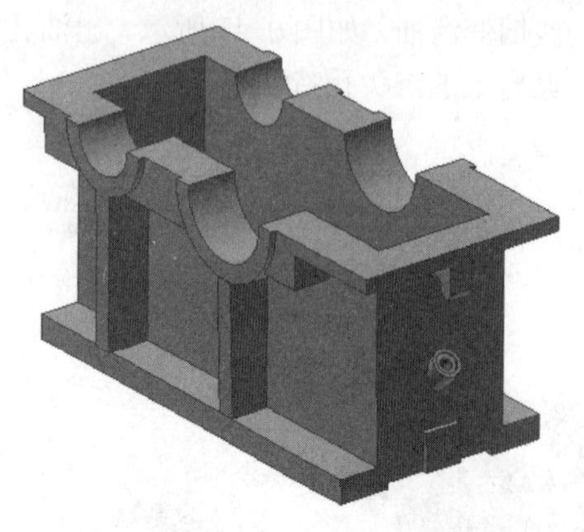

图9-48 拉伸创建方形凸台后的零件

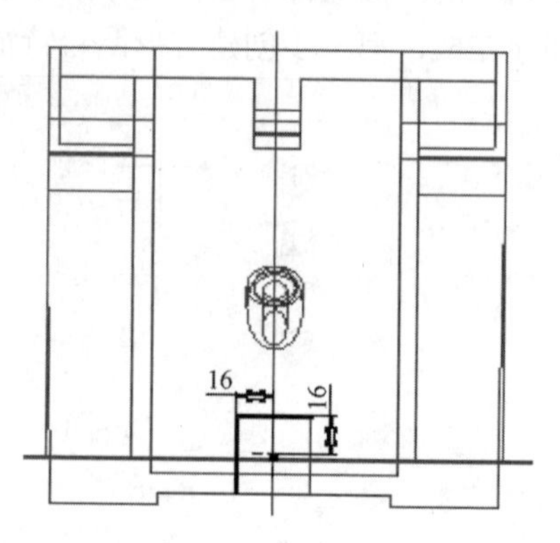

图9-49 绘制孔草图

2）单击【草图】标签栏中的【完成草图】工具按钮，退出草图环境，进入零件环境。单击【三维模型】标签栏【修改】面板中的【孔】工具按钮，弹出【孔】对话框。选择创建的点作为孔的中心点，打孔的其他设置如图 9-50 所示。其中，终止方式选择为【到】，选择出油孔所在的箱壁的内侧面作为打孔的终止面。

3）单击【确定】按钮，完成出油孔特征的创建。

11．创建安装孔等各种孔特征

首先创建零件上表面的 6 个用来与减速器上盖相连的螺栓孔。

1）在零件的上表面上新建草图。选择【直线】和【点】工具，绘制如图 9-51 所示的草图并标注尺寸。其中，所绘制的直线用于作为创建的点的尺寸标注的参考线，所绘制的点则是用来作为打孔的中心。

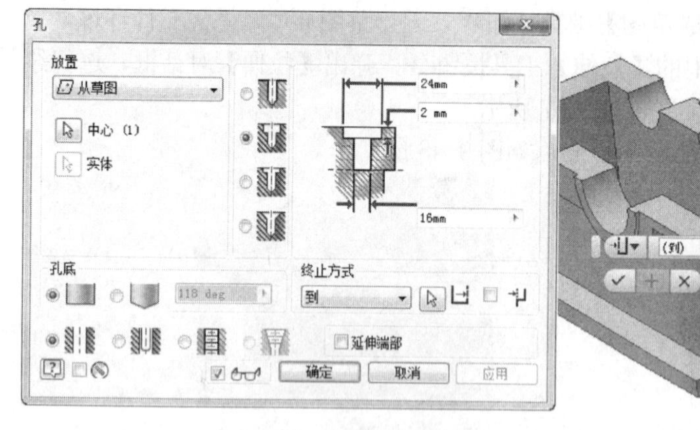

图9-50 设置打孔参数

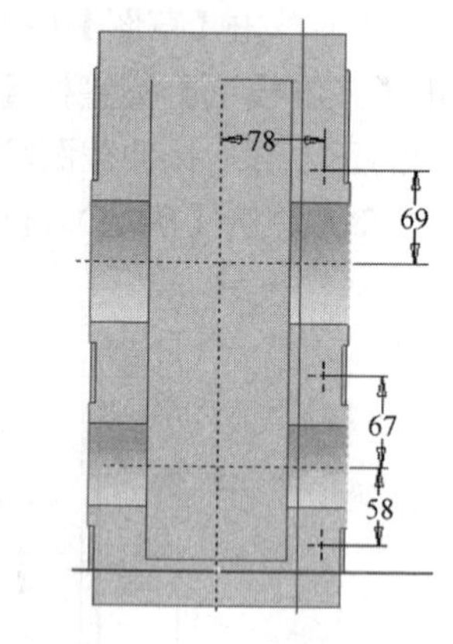

图9-51 绘制草图并标注尺寸

2）单击【草图】标签栏中的【完成草图】工具按钮，退出草图环境，进入零件环境。单击【三维模型】标签栏【修改】面板中的【孔】工具按钮，弹出【孔】对话框。

3）选择绘制的三个点作为打孔的中心，打孔的其他设置如图 9-52 所示。其中，设置孔的深度为 40，然后选择零件上端特征的下表面作为打孔的终止平面。单击【确定】按钮，完成三个直孔的创建。

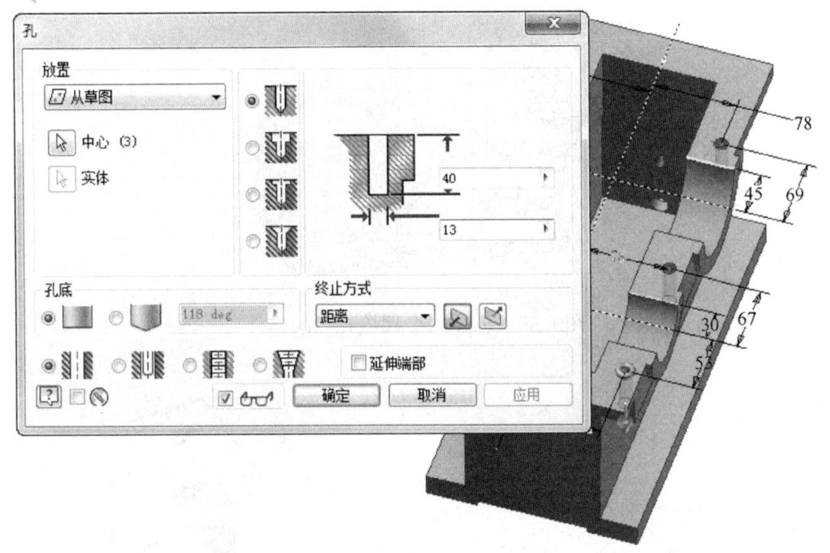

图9-52 设置打孔参数

4）利用拉伸工具为这三个孔创建沉头特征。选择零件上端特征的下表面新建草图；选择【圆】工具，绘制 3 个与创建的直孔同心的圆，并标注尺寸，如图 9-53 所示。单击【草图】标签栏中的【完成草图】工具按钮，退出草图环境；单击【三维模型】标签栏【创建】面板中的【拉伸】工具按钮，弹出【拉伸】对话框。拉伸截面和其他设置如图 9-54 所示。单击【确定】按钮，完成拉伸，则一侧的三个螺栓孔创建完毕。

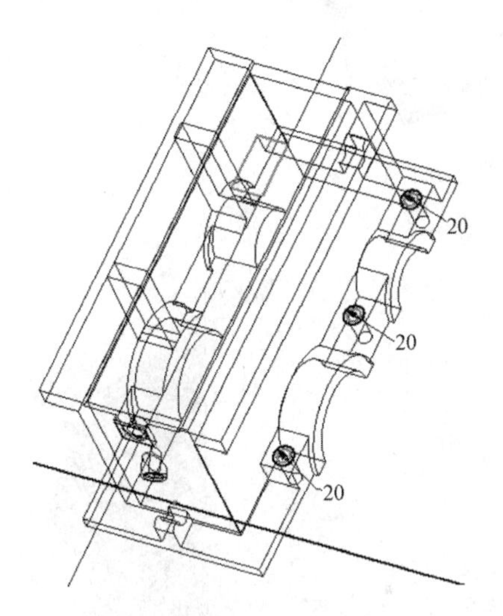

图9-53 绘制圆并标注尺寸

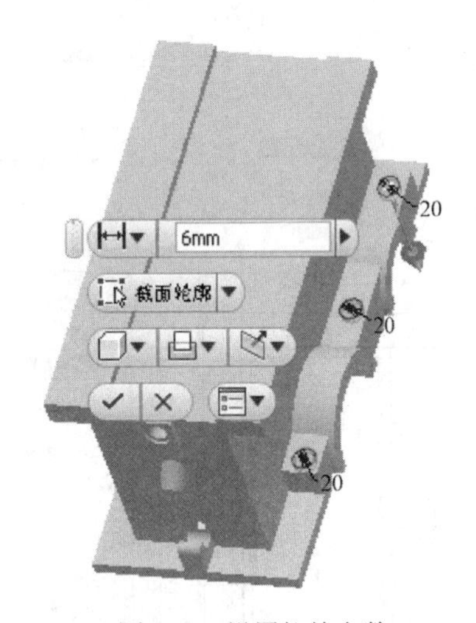

图9-54 设置拉伸参数

5）通过镜像将这三个螺栓孔复制到零件的另外一侧即可。具体的步骤这里不再详细讲述，读者可以参考前面的内容中以及有关于镜像的详细说明。

创建了 6 个螺栓孔后的零件如图 9-55 所示。

至于其他孔的创建这里就不再一一叙述，图9-56～图9-58是各类孔的草图以及打孔示意图，读者可以参考图自己创建对应的孔特征。

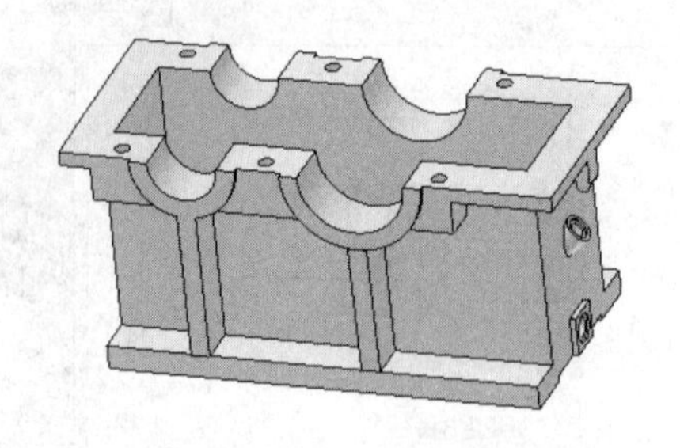

图9-55　创建六个螺栓孔后的零件

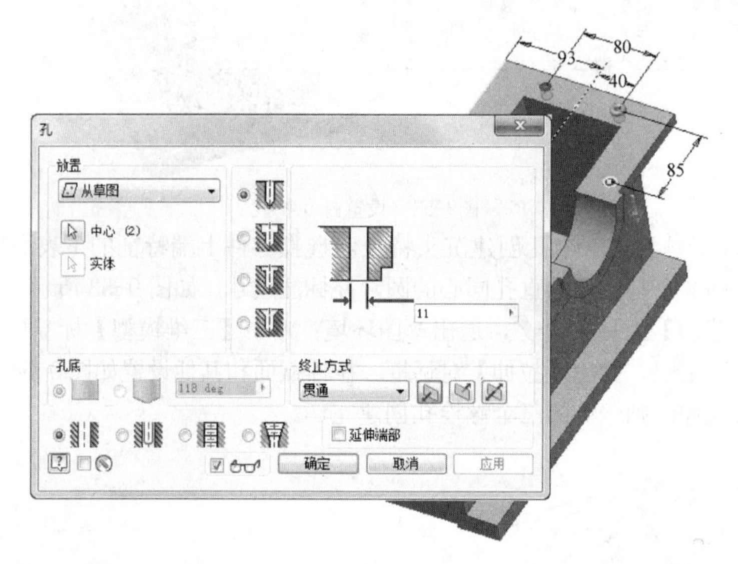

图9-56　孔的草图打孔示意图1

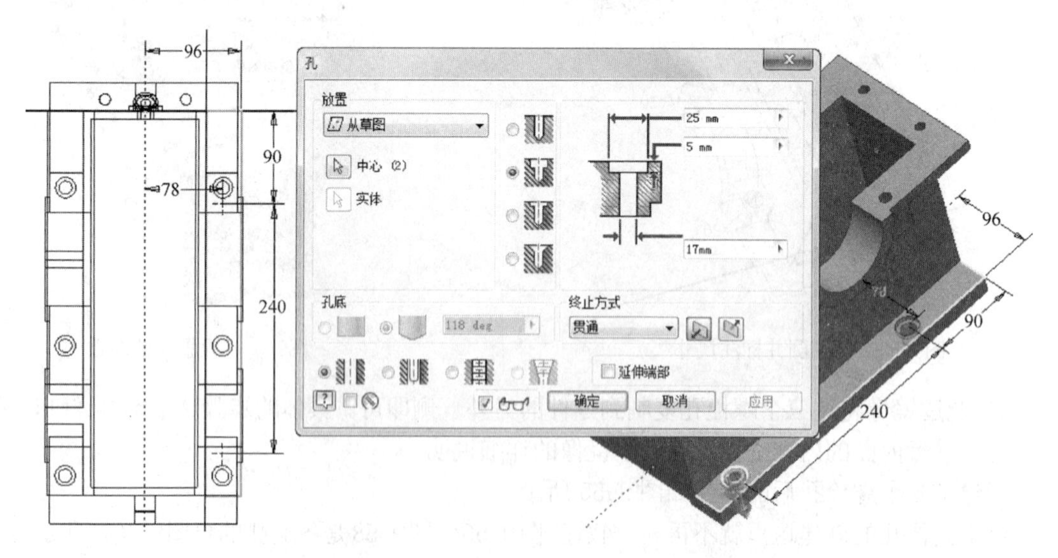

图9-57　孔的草图打孔示意图2

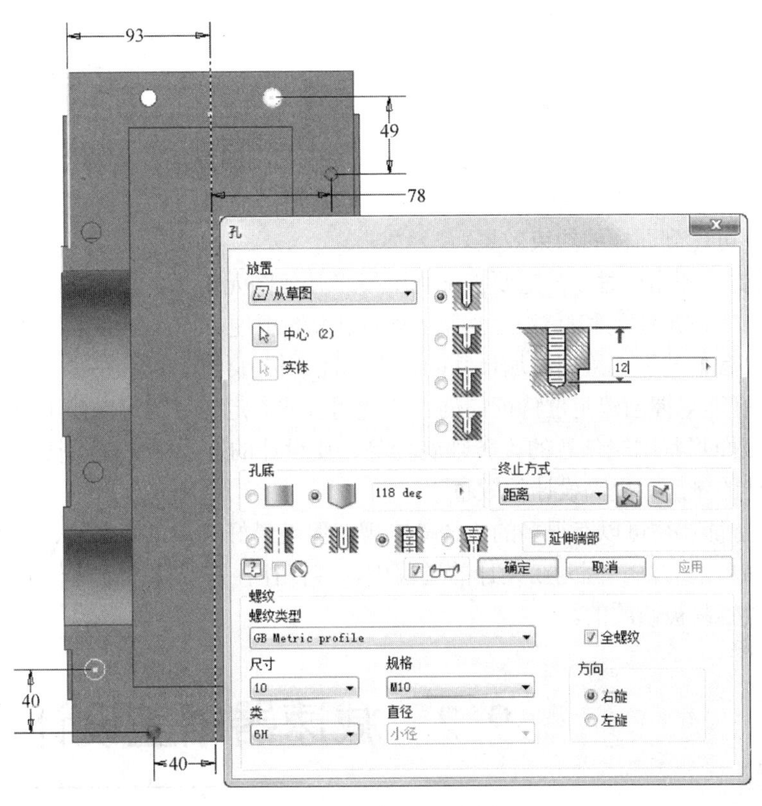

图9-58　孔的草图打孔示意图3

12. 添加倒角与圆角

最后为零件的一些边线添加倒角与圆角特征。具体的创建过程不再详细讲述，前面已经有很多关于创建倒角和圆角的内容，读者可以参考。图 9-59 所示为零件上倒角和圆角的一些基本情况，读者可以根据图 9-59 自行为零件添加倒角与圆角特征。

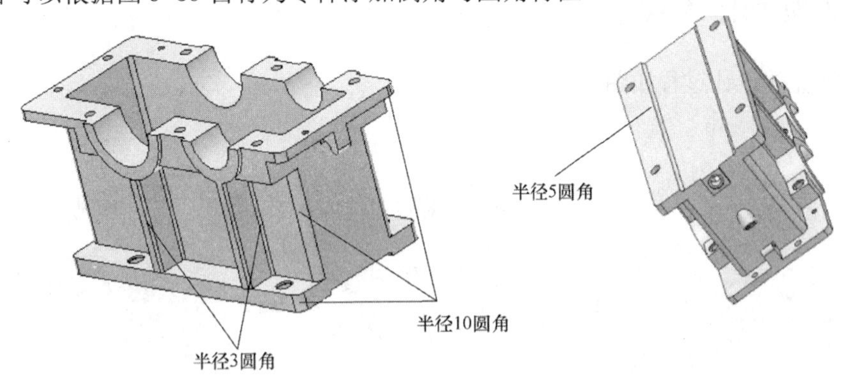

图9-59　圆角示意图

9.1.4　总结与提示

在减速器下箱体的设计中，涉及到很多的二维、三维 Inventor 设计方法和技巧，读者可以

在实际练习过程中自己认真体会。本节只是引导读者如何设计零件，至于一些绘制草图图形以及尺寸标注等的细节问题限于篇幅不可能一一详述，读者在不断进行练习的过程中也会慢慢积累经验。这里简单地总结一下在减速器下箱体设计过程中的几点技巧：

1）要善于利用尺寸约束和几何约束。几何约束利用的好，可以大大减少尺寸约束的数量，使得草图简洁明了；如果某些情况下缺少必要的几何图元以添加几何约束，可以使用尺寸约束代替几何约束可达到同样的约束效果。

2）在绘制草图图形时，一定要善于利用投影几何图元工具。往往在新建的草图上缺少必要的几何元素，给图形绘制和标注尺寸都带来了很大的不便，如果能够很好地利用投影几何图元工具，则可以有效地引入绘图添加尺寸的参考标注，提高绘图效率。

3）要很好地掌握创建定位特征的创建和使用方法。定位特征可以使用户在任意的表面上新建草图，让截面形状围绕任意的旋转轴旋转等，使设计的过程中充满了技巧和捷径。善于使用可以减小设计的难度，提高设计的效率。

4）一种特征往往可以有很多的途径来实现，但是最好选择最简单的、步骤最少以及所涉及草图图形最简单的方法。因为在设计的过程中，零件往往需要修改某些特征，那么最简单的造型方法也是最容易被修改的。

9.2 减速器箱盖设计

由于箱盖与下箱体有配合的关系，因此如果使用自上而下的零件设计方法，将会使设计效率大大提高，也能够提高设计的零件的精确度。

箱盖的模型文件在网盘中的“\第 9 章”目录下，文件名为“箱盖. ipt”。

9.2.1 实例制作流程

减速箱箱盖的设计过程如图 9-60 所示。

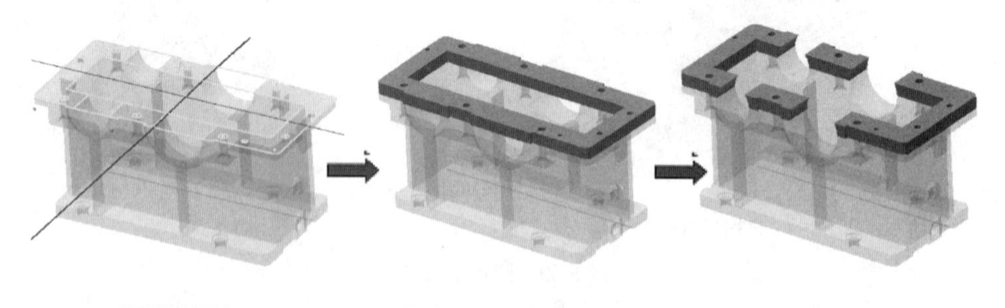

图9-60 减速器箱盖的设计过程

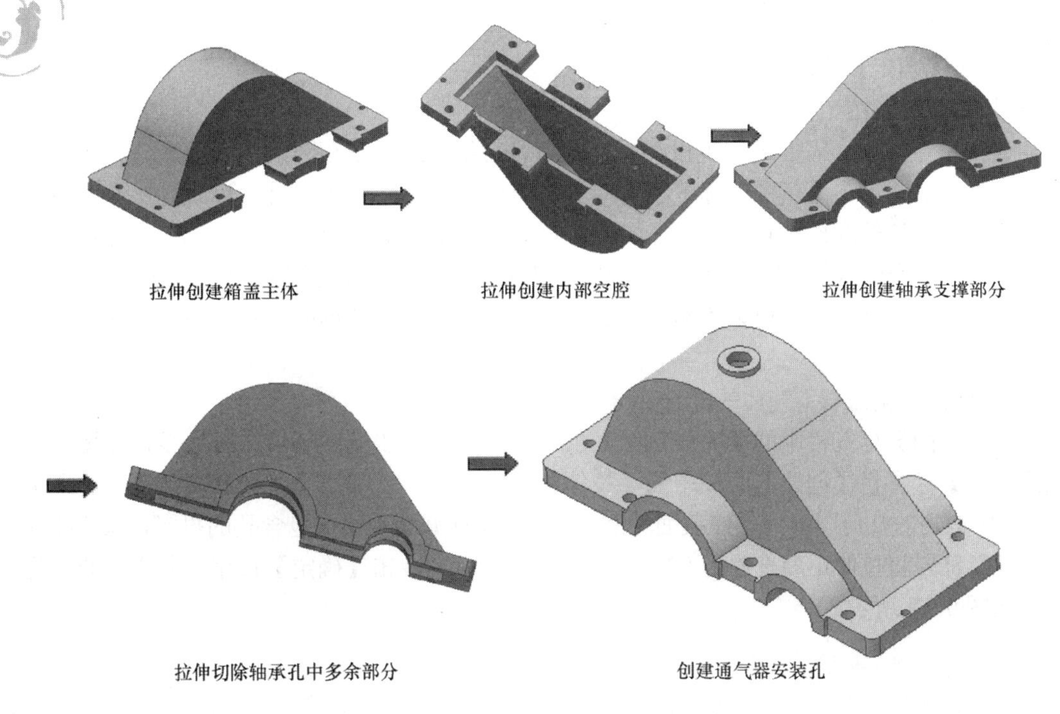

图9-60　减速器箱盖的设计过程（续）

9.2.2　实例效果展示

减速器箱盖效果展示如图 9-61 所示。

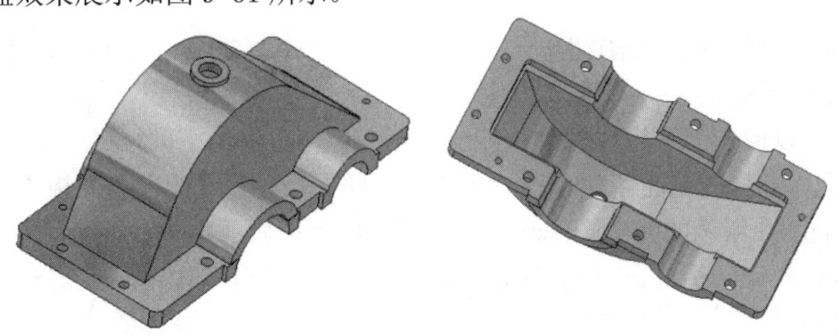

图9-61　减速器箱盖效果展示

9.2.3　操作步骤

1. 新建文件

1）新建一个部件文件。单击【装配】标签栏【零部件】面板中的【放置】工具按钮，在弹出的【装入零部件】对话框中，选择下箱体并将其打开，则下箱体被装入到工作区域中。

2）单击【装配】标签栏【零部件】面板中的【创建】工具按钮，在弹出的【创建在位零部件】对话框中，设定零件名称为箱盖.ipt，文件类型为零件，指定文件存储的位置和创建文件所使用的模板。

3）单击【确定】按钮，则创建一个在位新零件。

2．投影拉伸草图

创建在位零件后，需要进一步设计零件的各种特征。选择下箱体的上表面新建一个草图，进入草图环境后，单击【草图】标签栏【绘图】面板中的【投影几何图元】工具按钮，将下箱体的配合端面的轮廓投影到草图中，如图 9-62 所示。之所以这么做，是因为下箱体和上盖的结合面之间是完全吻合的，因此就可以借用下箱体的配合端面的轮廓来拉伸出箱盖的配合部分，并且使用投影的几何图元就可以不再为其标注尺寸，因为投影图形的尺寸与原图形的尺寸完全一致。

3．拉伸创建箱盖与下箱体的配合部分

单击【草图】标签栏中的【完成草图】工具按钮，退出草图环境，进入零件环境。单击【三维模型】标签栏【创建】面板中的【拉伸】工具按钮，弹出【拉伸】对话框。选择步骤 2 中投影所得到的几何图形为拉伸截面轮廓。注意，拉伸截面中不要包含孔的投影，以便能够拉伸创建孔特征。将拉伸距离设置为 20mm, 如图 9-63 所示。单击【确定】按钮，完成拉伸，此时的零件如图 9-64 所示。

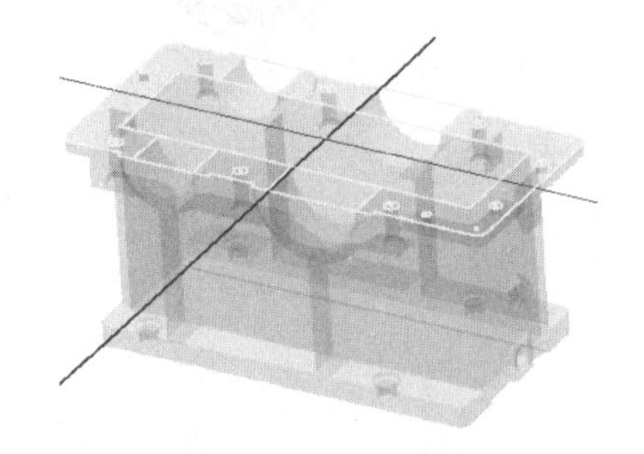

图9-62　投影端面轮廓到当前草图

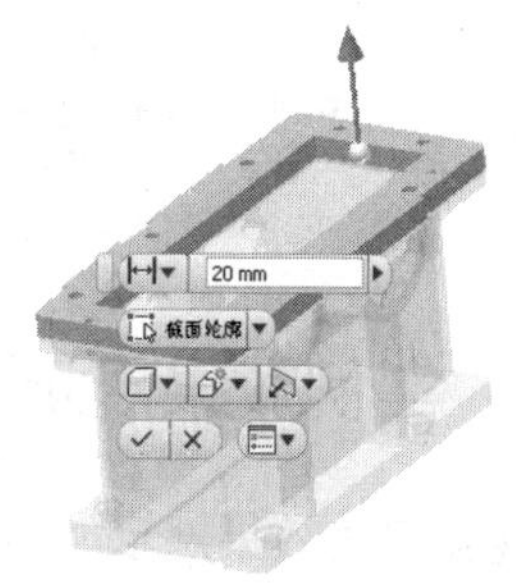

图9-63　设置拉伸参数

4．拉伸创建轴承孔

创建轴承孔，以便于上下箱体配合时能够为轴承留出足够的空间。

1）在箱盖配合部分的侧面新建草图。单击【草图】标签栏【绘图】面板中的【圆】工具按钮，绘制如图 9-65 所示的两个圆。注意，所绘制的两个圆的大小与两个轴承孔的大小一样，所示这里不用标注尺寸。另外，利用【投影几何图元】工具可以在草图上得到箱体的轴承孔孔心和其边线的投影。

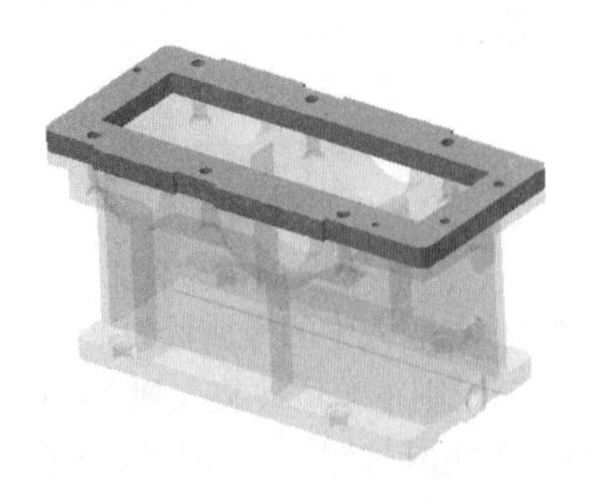

图9-64　拉伸完毕后的零件

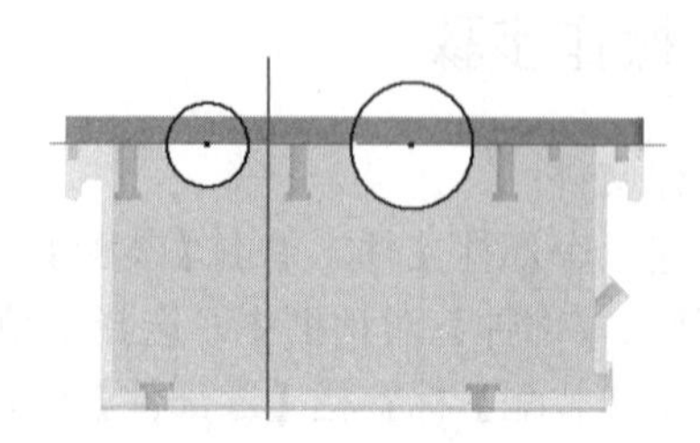

图9-65　绘制两个圆

2）单击【草图】标签栏中的【完成草图】工具按钮，退出草图环境。单击【三维模型】标签栏【创建】面板中的【拉伸】工具按钮，选择两个圆为拉伸截面轮廓，布尔方式选择为【求差】，终止方式为【贯通】，如图 9-66 所示。

3）单击【确定】按钮，完成拉伸，此时零件如图 9-67 所示。

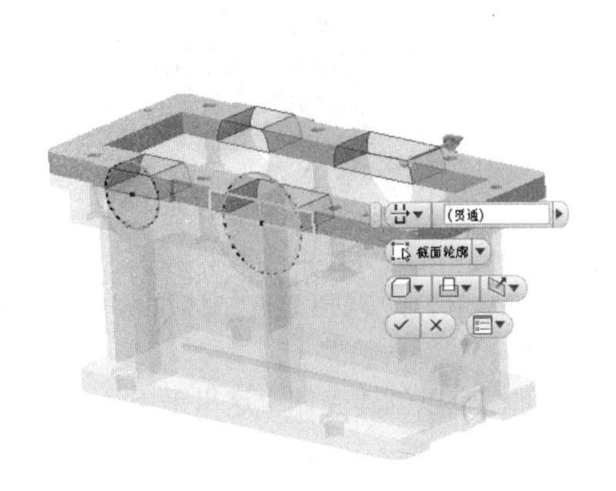

图9-66　拉伸创建轴承孔

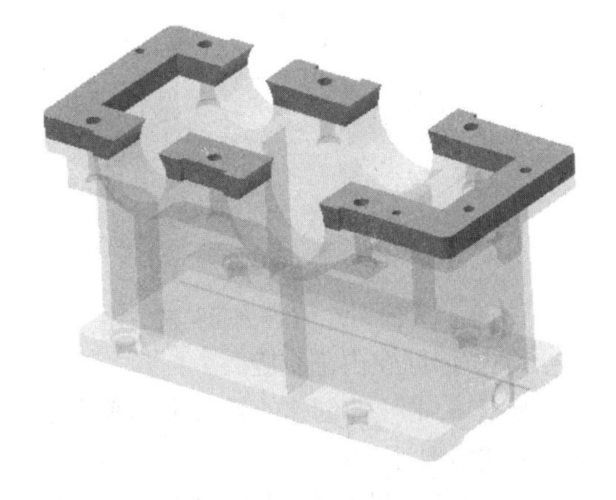

图9-67　拉伸创建轴承孔后的零件

5. 拉伸创建箱盖主体

由于箱盖的配合特征和轴承孔的特征已经创建完毕，其他特征部分的创建不需要在这种部件环境下完成，所以可以保存箱盖文件后退出部件文件。打开保存的箱盖文件箱盖.ipt，此时就可以在零件环境中独立编辑箱盖。

创建箱盖的主体部分时必须考虑的一个问题就是，箱盖不能与内部齿轮发生干涉现象。

1）在箱盖长度方向的内侧新建草图。选择【草图】标签栏【绘图】面板中的【直线】工具按钮和【三点圆弧】工具按钮，绘制如图 9-68 所示的箱盖主体草图，选择【尺寸】工具对其进行尺寸标注，并修改其尺寸值。

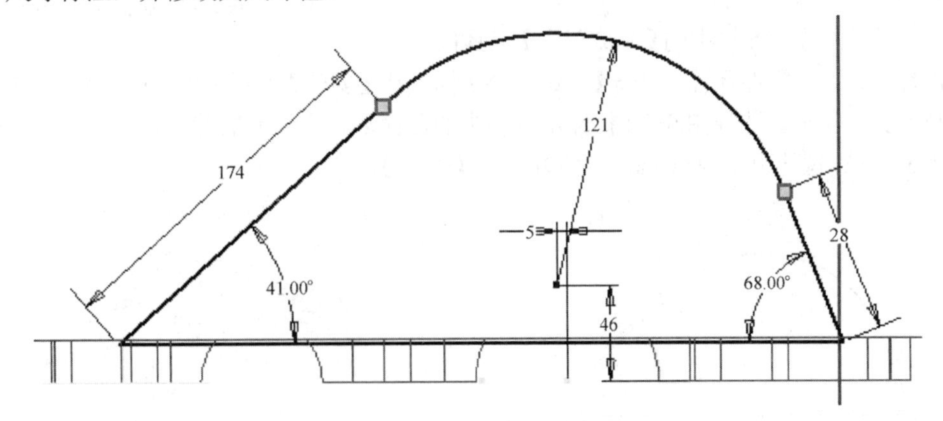

图9-68　绘制箱盖主体草图

2）单击【草图】标签栏中的【完成草图】工具按钮，退出草图环境，进入零件环境。单击【三维模型】标签栏【创建】面板中的【拉伸】工具按钮，弹出【拉伸】对话框。选择绘制的箱盖主体草图为截面轮廓，终止方式为【距离】并指定拉伸距离为 106mm，如图 9-69 所示。

3）单击【确定】按钮，完成拉伸，此时的零件如图 9-70 所示。

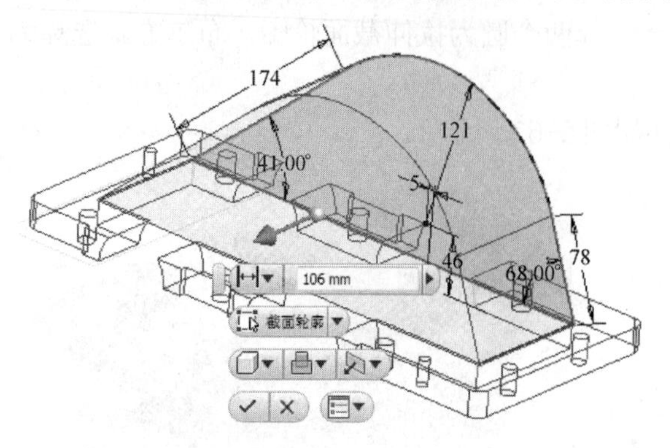

图9-69　拉伸创建箱盖主体

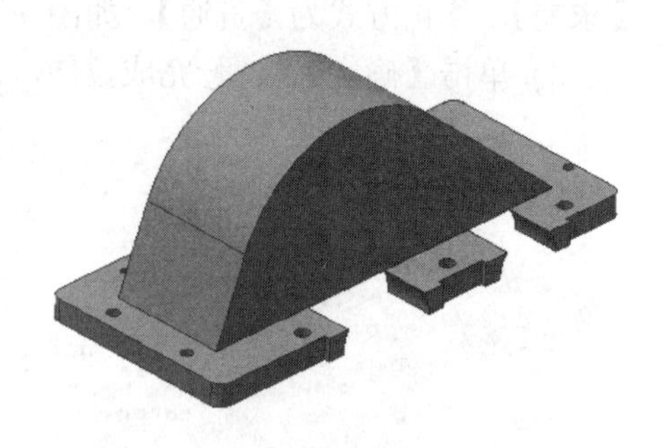

图9-70　拉伸创建箱盖主体后的零件

6．拉伸创建内部空腔

步骤 5 中拉伸创建的箱盖主体是实心的，需要将其内部掏空以创建壳体。这里采用拉伸切削的方式实现。

1）为了绘制拉伸草图，新建一个工作平面。将箱盖主体部分的侧面偏移主体部分厚度的一半来创建工作平面，如图 9-71 所示。

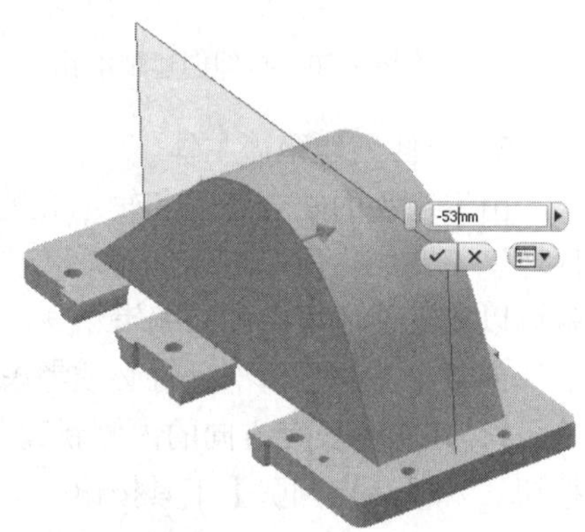

图9-71　创建工作平面

2）在这个工作平面上绘制草图。单击【草图】标签栏【绘图】面板中的【投影几何图元】工具按钮，将箱盖轮廓投影到草图中；然后单击【草图】标签栏【绘图】面板中的【偏移】工具按钮，将投影曲线偏移一定的距离；最后选择【直线】工具，将投影并且偏移得到的曲线首尾相连，使其成为一个封闭的图形，并选择【尺寸】工具为其标注，如图 9-72 所示。

3）单击【草图】标签栏中的【完成草图】工具按钮，退出草图环境，进入零件环境。单击【三维模型】标签栏【创建】面板中的【拉伸】工具按钮，弹出【拉伸】对话框。选择图 9-73 拉伸示意图中的截面形状为拉伸的截面轮廓，布尔方式设置为【求差】，设置拉伸距离为 90mm，拉伸方向为【对称】。

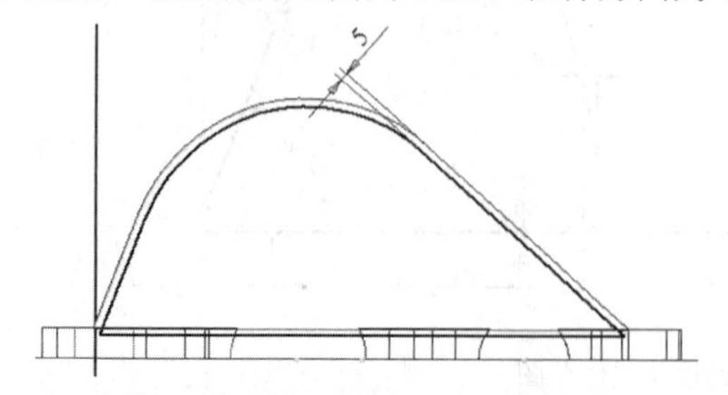

图9-72　绘制拉伸内部空腔草图

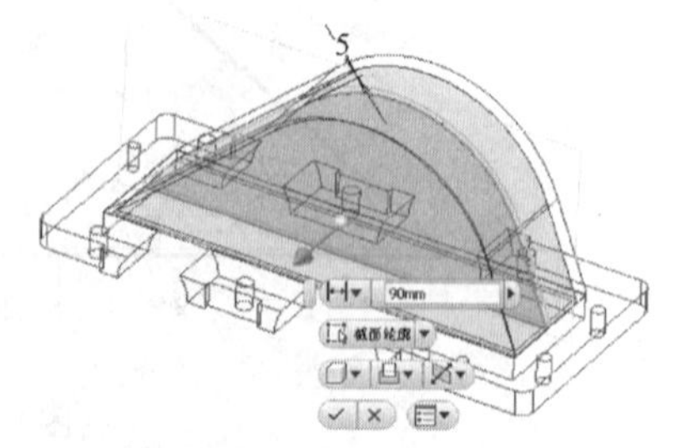

图9-73　拉伸示意图

4）单击【确定】按钮，完成拉伸，此时的零件如图 9-74 所示。

7．拉伸创建轴承支撑部分

箱盖的轴承支撑部分和下箱体轴承孔一起组成一个完整的轴承安装孔，如图 9-75 所示。可以采用拉伸一侧特征然后通过镜像复制到另一侧的方法来创建零件两侧的轴承支撑部分特征。

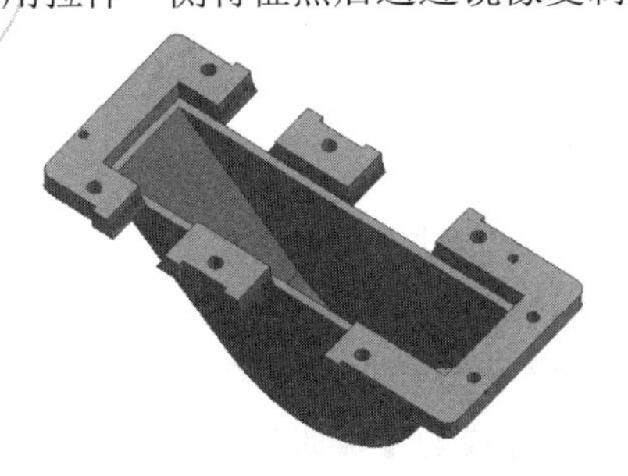

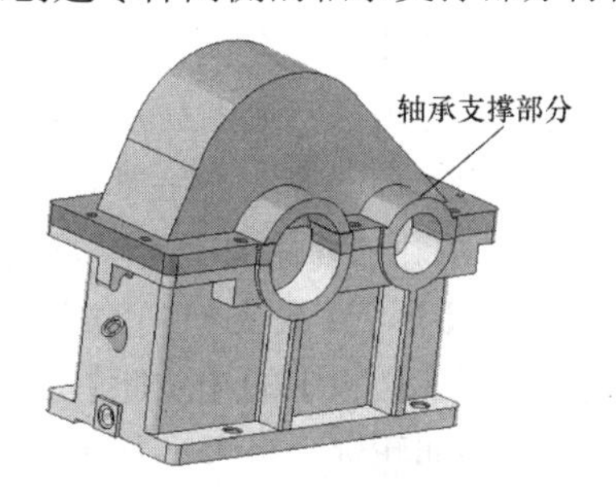

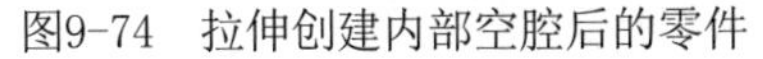

图9-74 拉伸创建内部空腔后的零件　　图9-75 轴承支撑部分示意图

1）对于零件一侧的轴承支撑部分，可以采用拉伸的方法创建。在零件宽度方向最外侧的表面上新建草图。选择【圆】和【直线】工具，绘制如图 9-76 所示的拉伸轴承支撑部分草图，然后选择【尺寸】工具进行标注，并对尺寸值进行修改。

在绘制草图的过程中，需要利用【投影几何图元】工具，将零件轴承孔的圆形边线特征投影到草图中，这样草图中也会出现其圆心。在创建新草图图形时，就可以自动捕捉到该点，以便于自动创建约束。

2）单击【草图】标签栏中的【完成草图】工具按钮，退出草图环境，进入零件环境。单击【三维模型】标签栏【创建】面板中的【拉伸】工具按钮，弹出【拉伸】对话框。选择如图 9-77 所示的形状为拉伸截面轮廓，终止方式设置为【到】，选择箱盖主体平行于拉伸截面的相邻侧面为拉伸的终止表面。

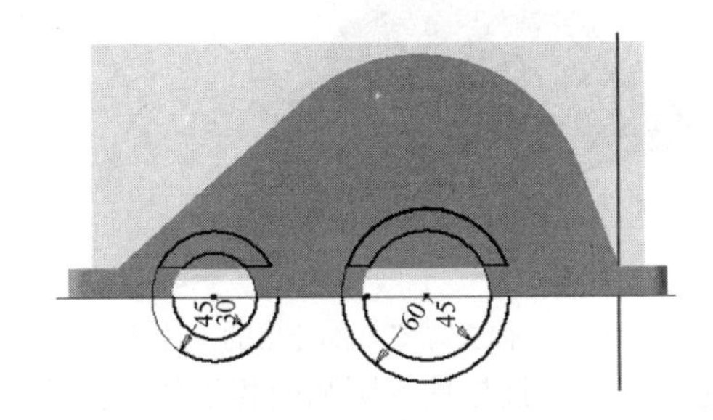

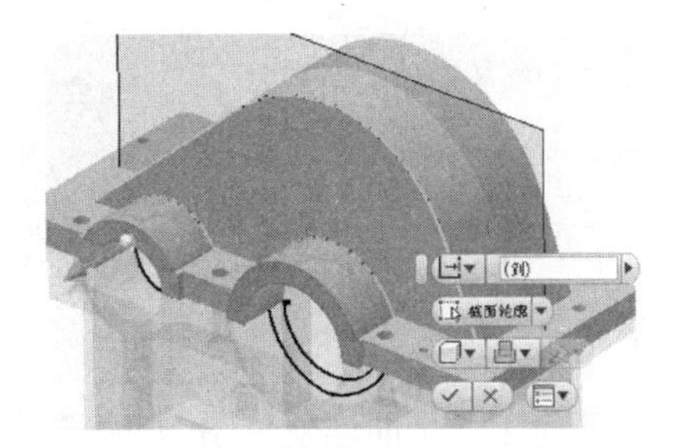

图9-76 绘制拉伸轴承支撑部分草图　　图9-77 拉伸创建轴承支撑部分

3）单击【确定】按钮，完成拉伸，此时的零件如图 9-78 所示。

4）通过镜像工具将该特征复制到零件的另外一侧。详细过程不再讲述，镜像示意图如图 9-79 所示。选择的镜像平面是图 9-71 所示的工作平面。

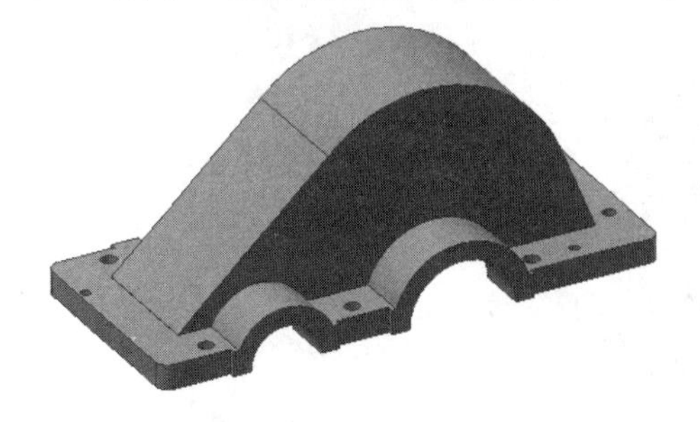

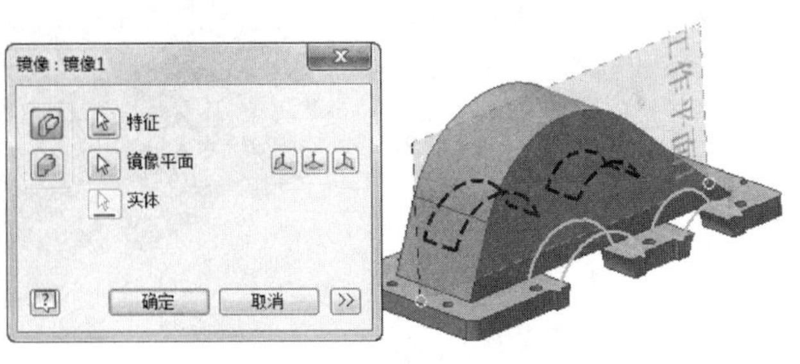

图9-78 拉伸创建轴承支撑部分后的零件　　图9-79 镜像示意图

8．切除轴承孔中多余部分

完成了轴承支撑部分的创建以后，可以看到轴承孔中有多余的部分，如果要安装传动轴，必然会存在干涉现象，如图 9-80 所示，所以应该将其去除。

可以利用拉伸的方法去除掉多余部分。

1）在轴承孔的外侧面上新建草图，绘制如图 9-81 所示的圆并标注尺寸。

2）单击【草图】标签栏中的【完成草图】工具按钮，退出草图环境。单击【三维模型】标签栏【创建】面板中的【拉伸】工具按钮，弹出【拉伸】对话框。选择在草图中绘制的两个圆为拉伸截面轮廓，将布尔方式设置为【求差】，设置终止方式为【贯通】，如图 9-82 所示。

3）单击【确定】按钮，完成拉伸，此时的零件如图 9-83 所示。

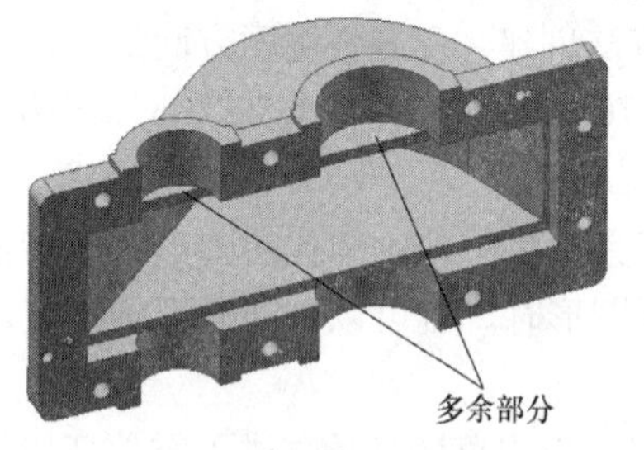

图9-80 轴承孔中的多余部分

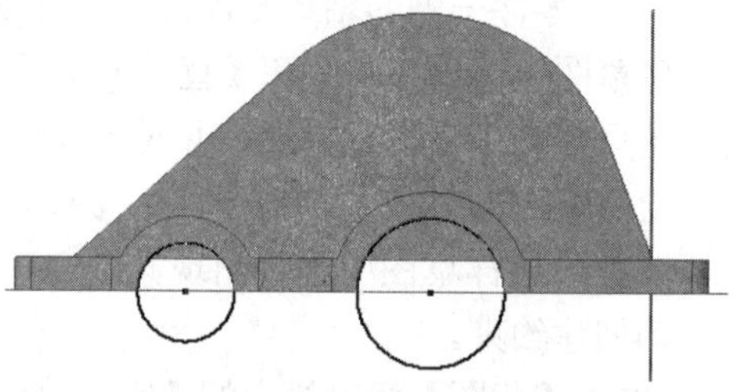

图9-81 绘制两个圆

9．创建通气器安装孔

在箱盖的顶端安装有通气器，所以需要创建通气器的安装孔。可以通过拉伸的方法创建：

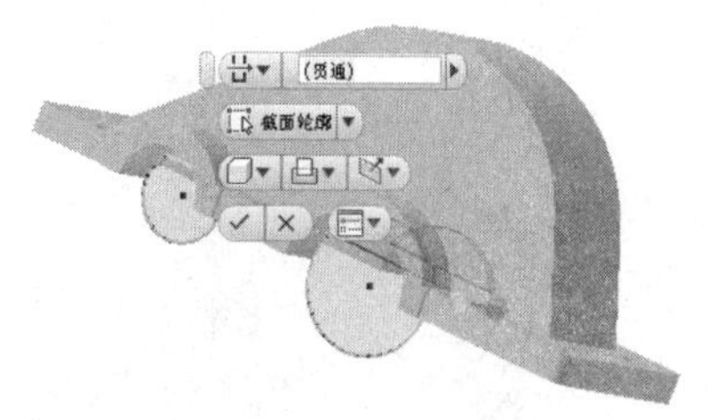

图9-82 拉伸示意图

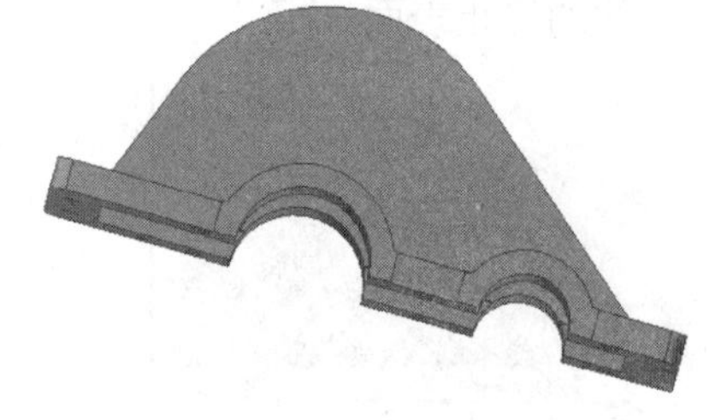

图9-83 拉伸去除多余部分后的零件

1）新建工作平面创建草图。创建一个与箱盖的配合面平行且与顶部圆弧面相切的工作平面。单击【三维模型】标签栏【定位特征】面板中的【工作平面】工具按钮，先选择与箱体的配合面，然后选择零件顶部的圆弧面，创建如图 9-84 所示的工作平面。

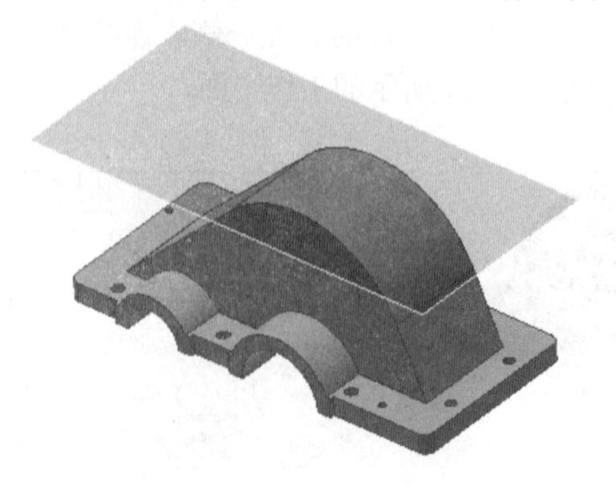

图9-84 创建工作平面

2）在这个工作平面上新建草图。进入草图环境后，选择【圆】工具，绘制如图 9-85 所示的圆，并标注尺寸。注意，这里仍然需要选择【投影几何图元】工具来创建投影直线，以作为标注尺寸的参考。

3）单击【草图】标签栏中的【完成草图】工具按钮，退出草图环境。单击【三维模型】标签栏【创建】面板中的【拉伸】工具按钮，弹出【拉伸】对话框。选择图 9-86 所示的圆为拉伸截面，将布尔方式设置为【求并】，终止方式设置为【对称】，拉伸距离为 10mm，其他设置如图 9-86 中的【拉伸】对话框所示。

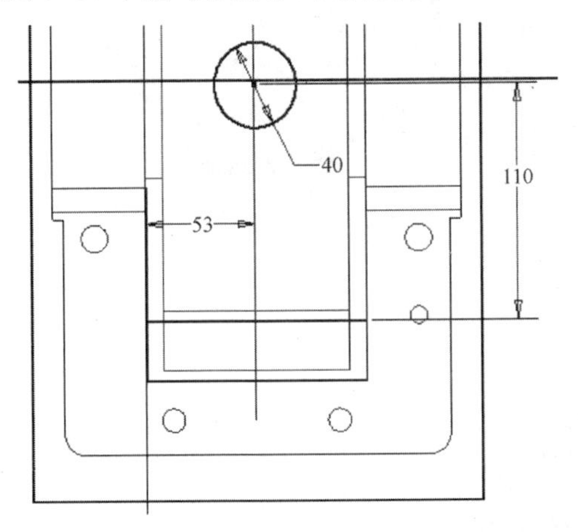

图9-85 绘制圆

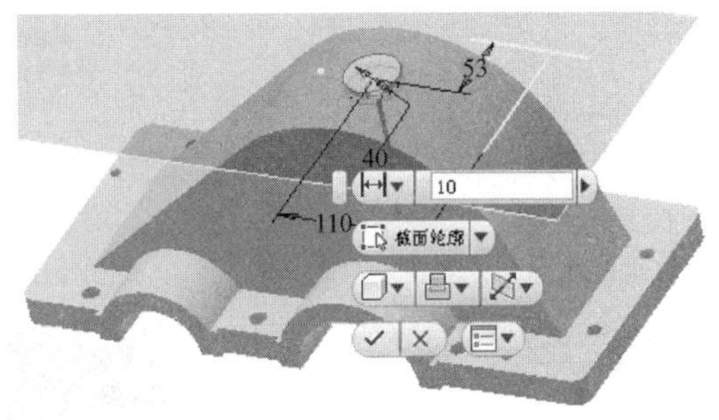

图9-86 设置拉伸参数

4）单击【确定】按钮，完成拉伸，此时的零件如图 9-87 所示。

5）在拉伸创建圆柱体的顶面上新建草图，选择【点】工具，在拉伸部分在草图上的投影圆形的中心绘制一个点作为孔的中心点，如图 9-88 所示。

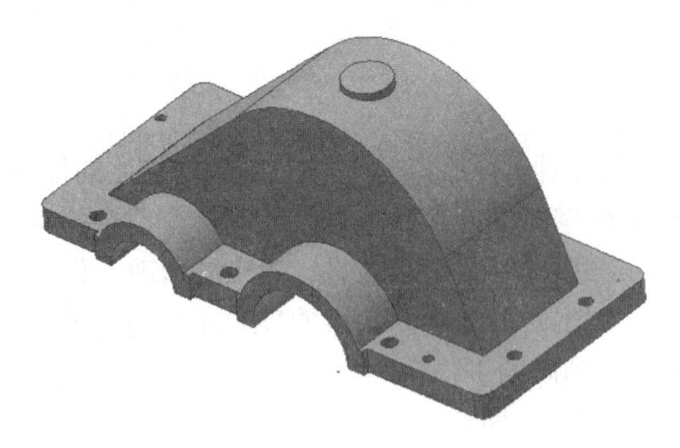
图9-87 拉伸创建圆柱体后的零件

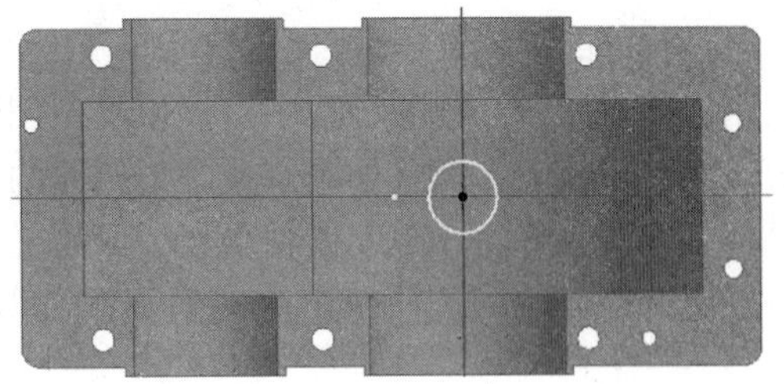
图9-88 绘制中心点

单击【草图】标签栏中的【完成草图】工具按钮，退出草图环境。单击【三维模型】标签栏【修改】面板中的【孔】工具按钮，选择绘制的中心点为孔的孔心，孔的其他设置如图 9-89 所示。单击【确定】按钮，完成孔的创建，此时的零件如图 9-90 所示。

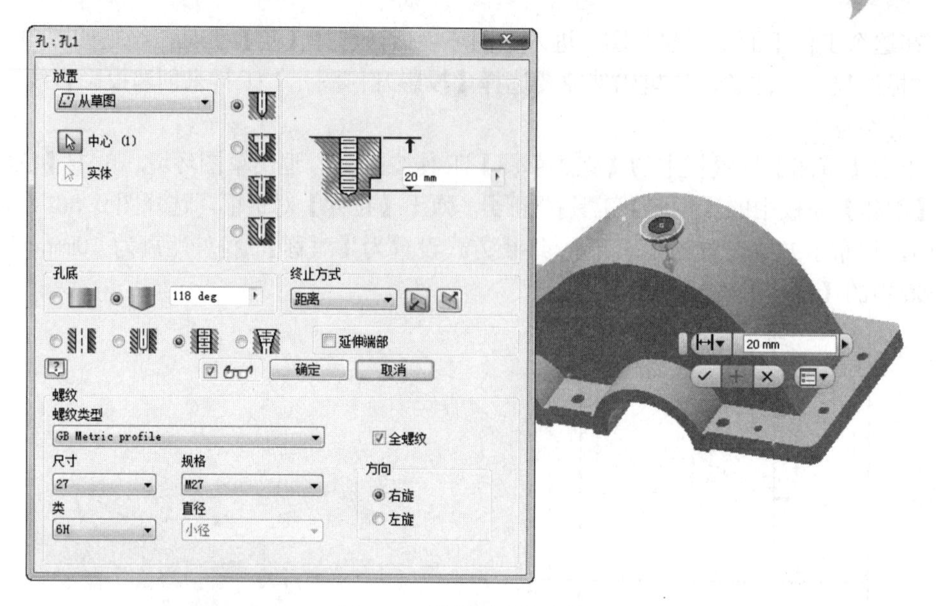

图9-89　设置创建孔参数

图9-90　创建通气器安装孔后的零件

9.2.4　总结与提示

在箱盖的设计过程中，可以看到，自上而下的设计方法在某些时候有着无与伦比的优越性。在创建箱盖配合部分的过程中，如果不是创建在位零部件，那么就必须绘制一个复杂的草图轮廓作为拉伸截面，而且如果修改了下箱体的尺寸，那么还要对箱盖进行对应的修改，但是如果采用了本节的方法，则不仅减少了大量的工作量，还使得创建的箱盖的尺寸能够随着下箱体的改变而自动更新，从而避免了修改过程中重复的、琐碎的工作。

9.3　油标尺与通气器设计

油标尺和通气器的创建方法十分相似，故放在一起讲述。这里仅介绍油标尺的设计过程，在本节最后将简单介绍通气器的创建方法。

油标尺的模型文件在网盘中的“第 9 章”目录下，文件名为“油标尺. ipt”。

9.3.1 实例制作流程

油标尺的设计过程如图 9-91 所示。

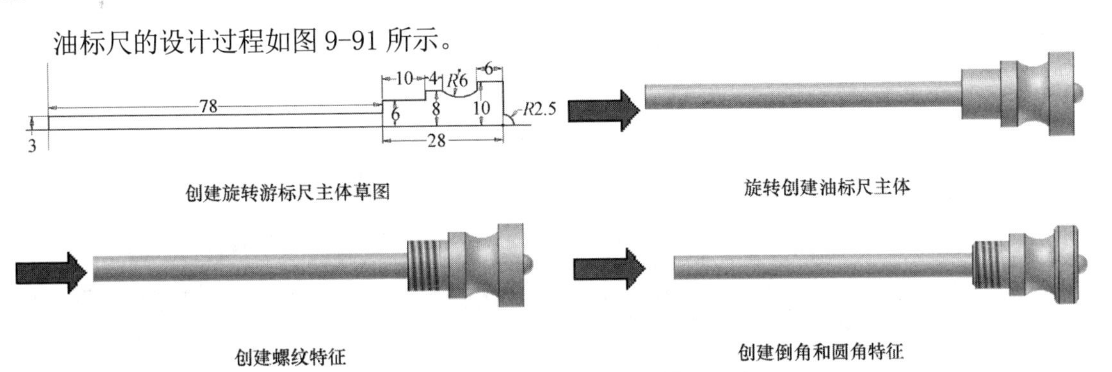

图9-91 油标尺的设计过程

9.3.2 实例效果展示

油标尺效果展示如图 9-92 所示。

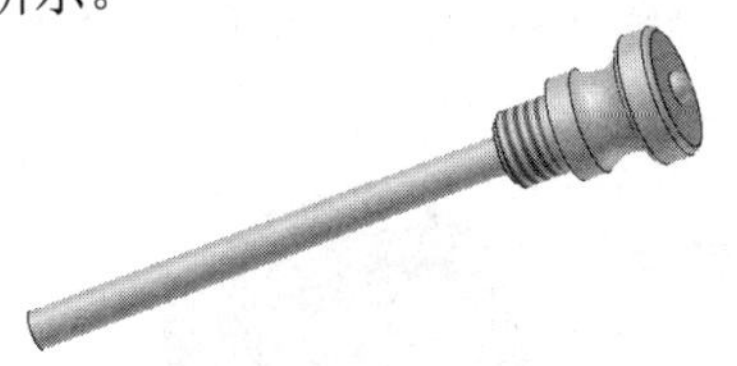

图9-92 油标尺效果展示

9.3.3 操作步骤

1. 新建文件

运行 Inventor，单击【快速入门】标签栏【启动】面板中的【新建】工具按钮，在弹出的【新建文件】对话框中选择 Standard.ipt 选项，新建一个零件文件，命名为油标尺.ipt。这里选择在原始坐标系的 *XY* 平面新建草图。

2. 创建旋转油标尺主体草图

油标尺的主体部分是一个回转体，因此可以通过旋转的方法生成。进入草图环境后，选择【草图】标签栏【绘图】面板中的【直线】工具按钮和【三点圆弧】工具按钮，绘制如图 9-93 所示的旋转油标尺主体草图，并选择【尺寸】工具为其标注尺寸。

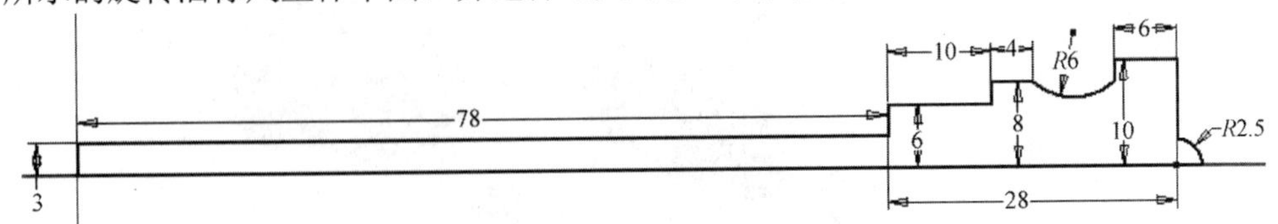

图9-93 旋转油标尺主体草图

3. 旋转创建游标尺主体

单击【草图】标签栏中的【完成草图】工具按钮，退出草图环境，进入零件环境。单击

【三维模型】标签栏【创建】面板中的【旋转】工具按钮，弹出【旋转】对话框。选择图 9-94 所示的图形为旋转的截面轮廓，选择草图最下方的一条水平直线为旋转轴，终止方式设置为【全部】，旋转示意图如图 9-94 所示。单击【确定】按钮，完成旋转，旋转创建的油标尺主体如图 9-95 所示。

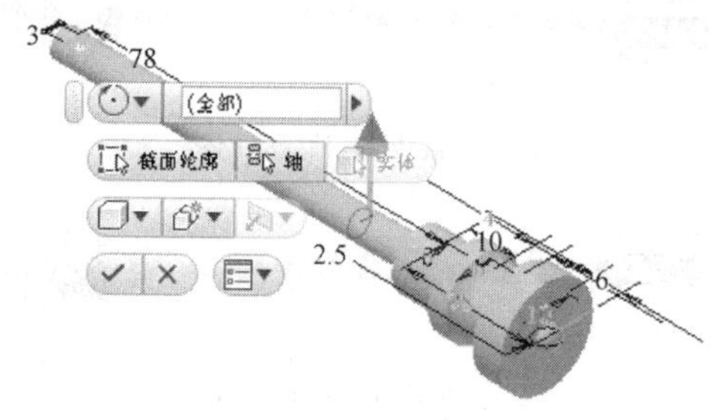

图9-94 旋转示意图

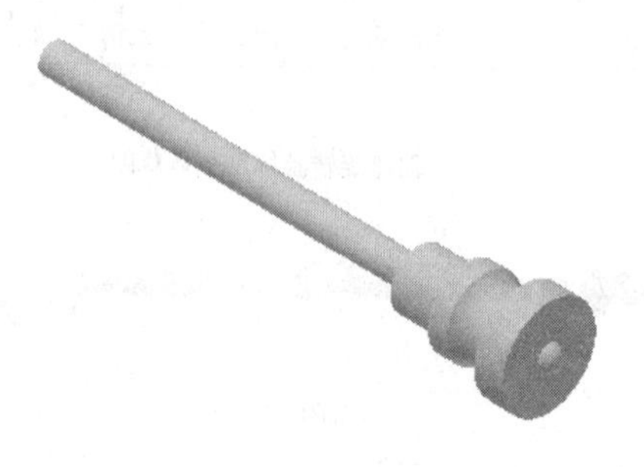

图9-95 旋转创建的油标尺主体

4. 创建螺纹特征

油标尺通过螺纹固定在箱体上，需要在直径为 12 的轴上创建螺纹特征。单击【三维模型】标签栏【修改】面板中的【螺纹】工具按钮，弹出【螺纹】对话框。选择直径为 12 的轴的表面作为螺纹面，螺纹的其他设置如图 9-96 示。单击【确定】按钮，完成螺纹特征的创建，此时的零件如图 9-97 所示。

图9-96 设置创建螺纹参数

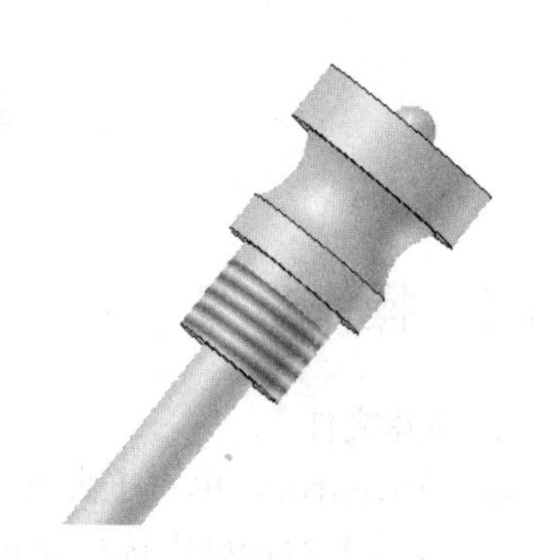

图9-97 创建螺纹特征后的零件

5. 创建倒角与圆角特征

为油标尺创建倒角与圆角特征，具体过程不再详细叙述。图 9-98 所示为创建倒角和圆角的示意图。读者可以看图完成倒角与圆角的创建。创建完倒角与圆角特征后，油标尺即全部创建完成。

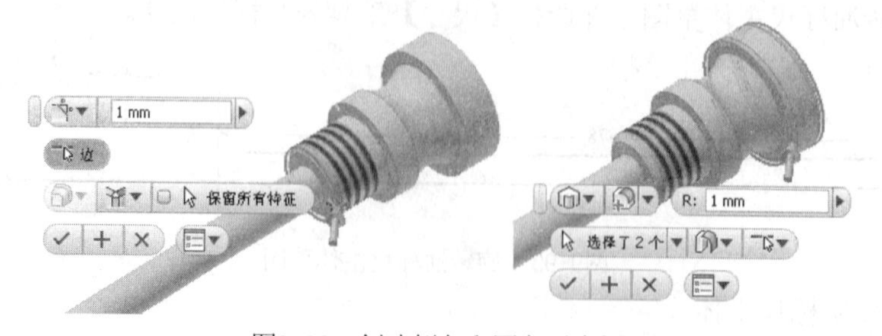

图9-98 创建倒角和圆角示意图

通气器也是一个回转体，如图 9-99 所示。所以也可以通过旋转方法生成。首先绘制一个如图 9-100 所示的旋转通气器草图，旋转创建通气器的主体；然后为其创建螺纹、倒角和圆角特征即可。

通气器的模型文件在网盘中的“\第 9 章”目录下，文件名为“通气器. ipt”。

图9-99 通气器

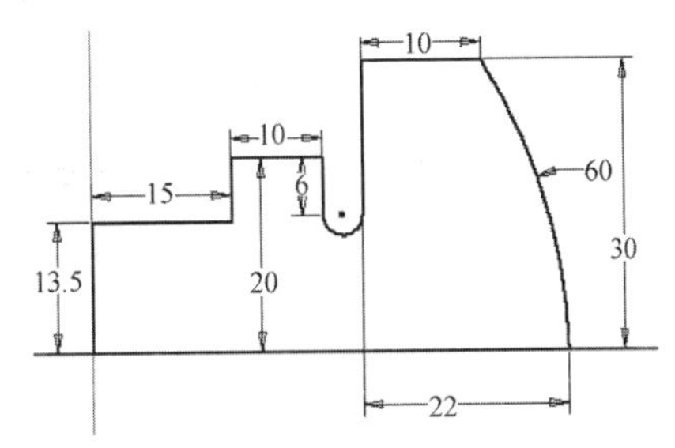

图9-100 旋转通气器草图

9.3.4 总结与提示

油标尺的创建过程比较简单，除了零件本身没有复杂的特征外，还要根据零件的特点来选择合适的造型方法。例如，对油标尺的主体部分，如果不采用旋转方法而是采用拉伸等方法，至少需要四次拉伸和一次放样（或者旋转）才可以完成，这样造型过程的复杂程度就大大增加了，还会给模型的修改带来困难。所以，在设计零件的过程中，一定要根据模型特征的特点选择合适的造型方法。

9.4 端盖设计

端盖安装在减速器轴承孔中，用于隔绝箱体与外部，防止漏油以及尘土进入箱体内部等。一共需要 4 种类型的端盖，分别安装于减速器的两个传动轴的两端。由于这 4 种端盖仅有微小的差别，这里我们仅介绍安装在大齿轮传动轴一端的端盖的设计方法，其他三种的规格和设计过程做简单介绍。

端盖的模型文件在网盘中的“\第 9 章”目录下，文件名为分别为“端盖 1-1. ipt”、“端盖 1-2. ipt”、“端盖 2-1. ipt”和“端盖 2-2. ipt”。

9.4.1 实例制作流程

端盖的设计过程如图 9-101 所示。

9.4.2 实例效果展示

端盖效果展示如图 9-102 所示。

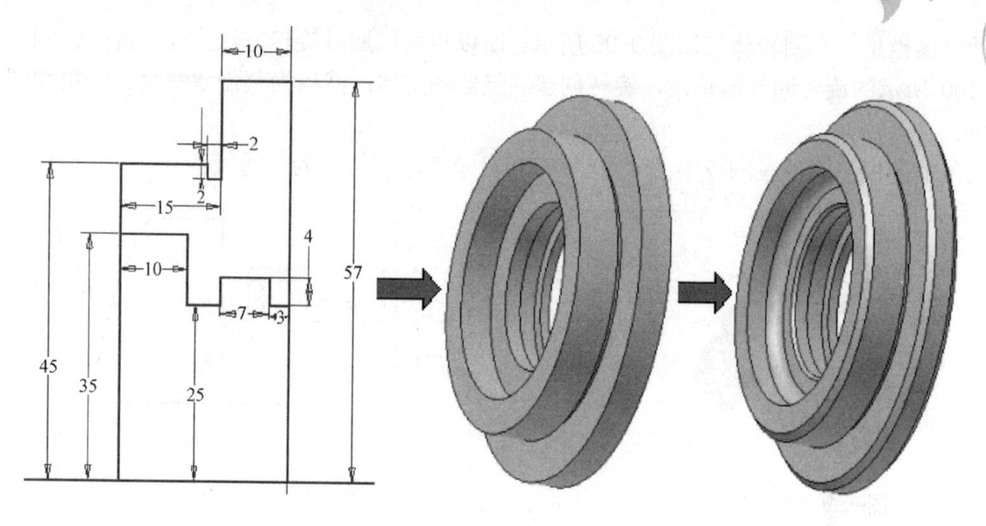

图9-101 端盖的设计过程

9.4.3 操作步骤

1. 新建文件

运行 Inventor，单击【快速入门】标签栏【启动】面板中的【新建】工具按钮，在弹出的【新建文件】对话框中选择 Standard.ipt 选项，新建一个零件文件，命名为端盖 1-1.ipt。这里我们选择在原始坐标系的 *XY* 平面新建草图。

2. 创建旋转端盖主体草图

可以看到，端盖的形状虽然有些复杂，但是其主体部分是一个回转体，因此可以用旋转的方法来创建。进入草图环境后，单击【草图】标签栏【绘图】面板中的【直线】工具按钮，绘制如图 9-103 所示的旋转端盖主体草图，并选择【尺寸】工具进行尺寸标注。

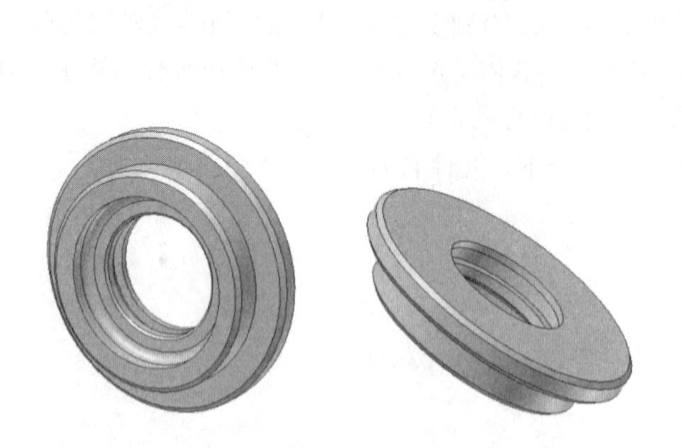
图9-102 端盖效果展示

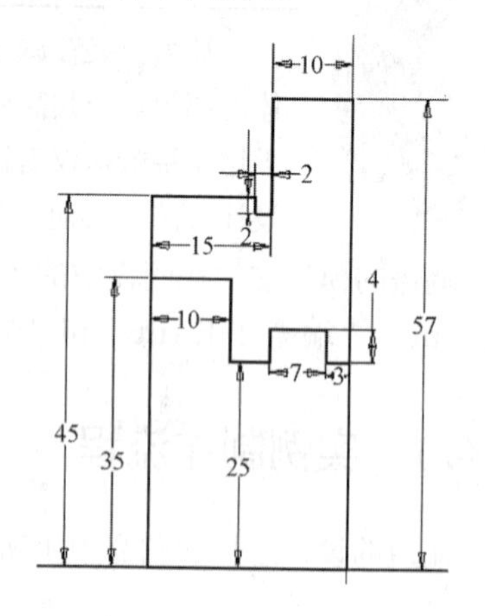

图9-103 绘制旋转端盖主体草图

3. 旋转创建端盖主体

单击【草图】标签栏中的【完成草图】工具按钮，退出草图环境，进入零件环境。单击

【三维模型】标签栏【创建】面板中的【旋转】工具按钮，弹出【旋转】对话框，选择图 9-104 旋转示意图中所示的草图为截面轮廓，选择草图最下方的水平直线为旋转轴。单击【确定】按钮，完成旋转，此时的零件如图 9-105 所示。

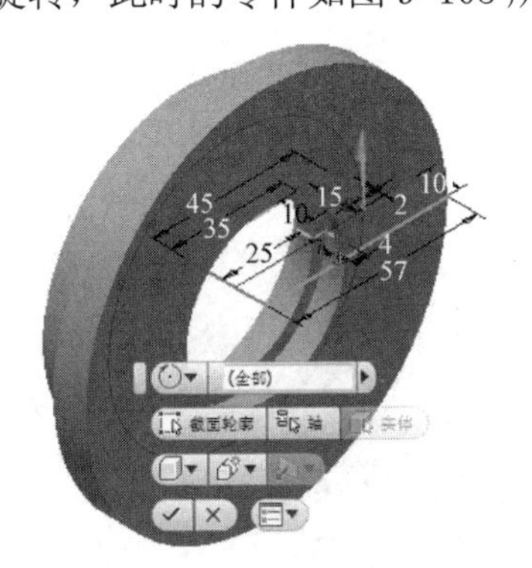

图9-104　旋转示意图

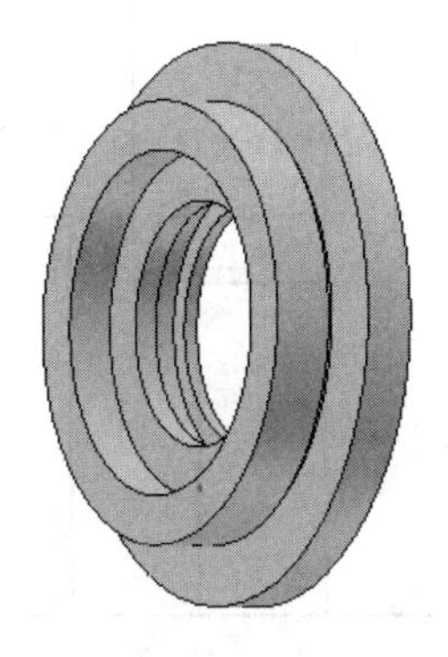

图9-105　旋转创建端盖主体后的零件

4. 创建倒角与圆角特征

为零件创建倒角与圆角特征。创建倒角和圆角的过程不再详细叙述。图 9-106 所示为倒角与圆角示意图。图中显示了添加倒角与圆角的边线、方式与半径。至此，端盖已经全部创建完毕。

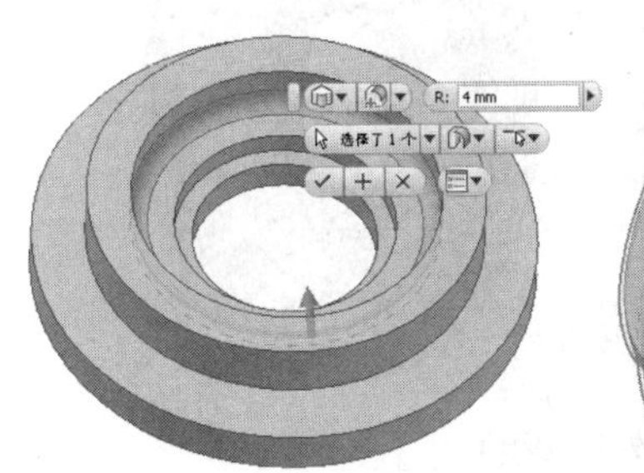

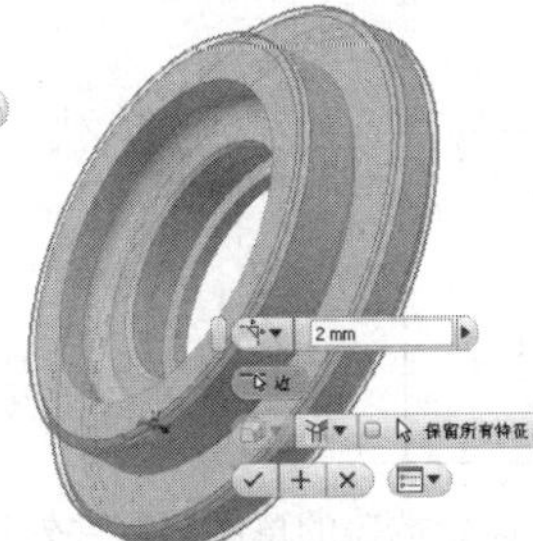

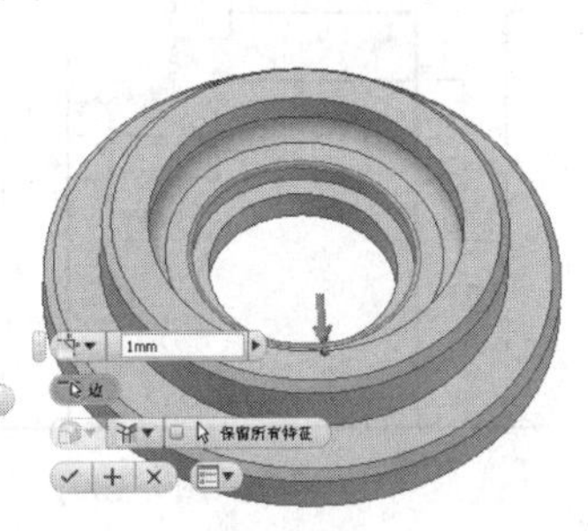

图9-106　倒角与圆角示意图

对于安装在大齿轮传动轴另外一侧、与“端盖 1-1”尺寸相似的“端盖 1-2”，也可以用旋转的方法创建，其旋转草图如图 9-107 所示。可以为旋转创建的零件添加倒角与圆角特征。创建完成的零件如图 9-108 所示。

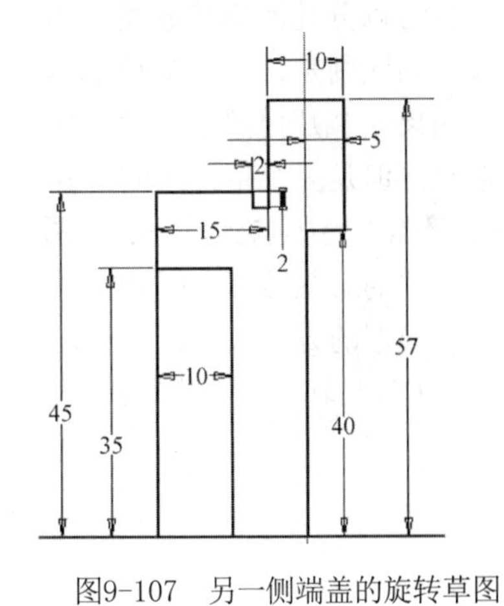

图9-107　另一侧端盖的旋转草图

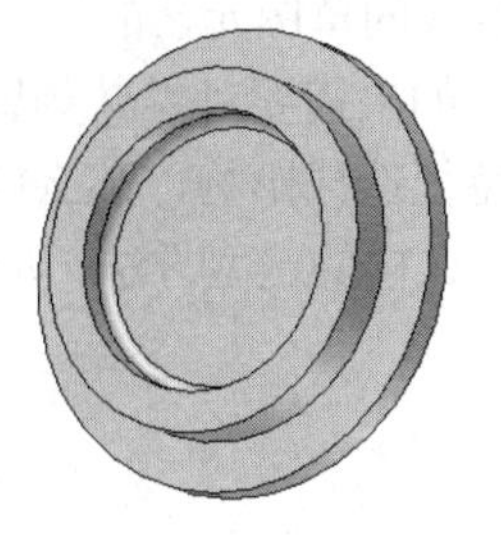
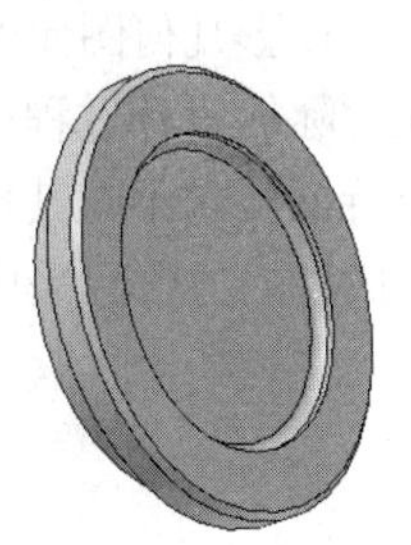

图9-108　创建完成的零件

其他两个安装在小齿轮传动轴两端的端盖也通过类似的方法创建，其草图与零件外观如图9-109 所示。

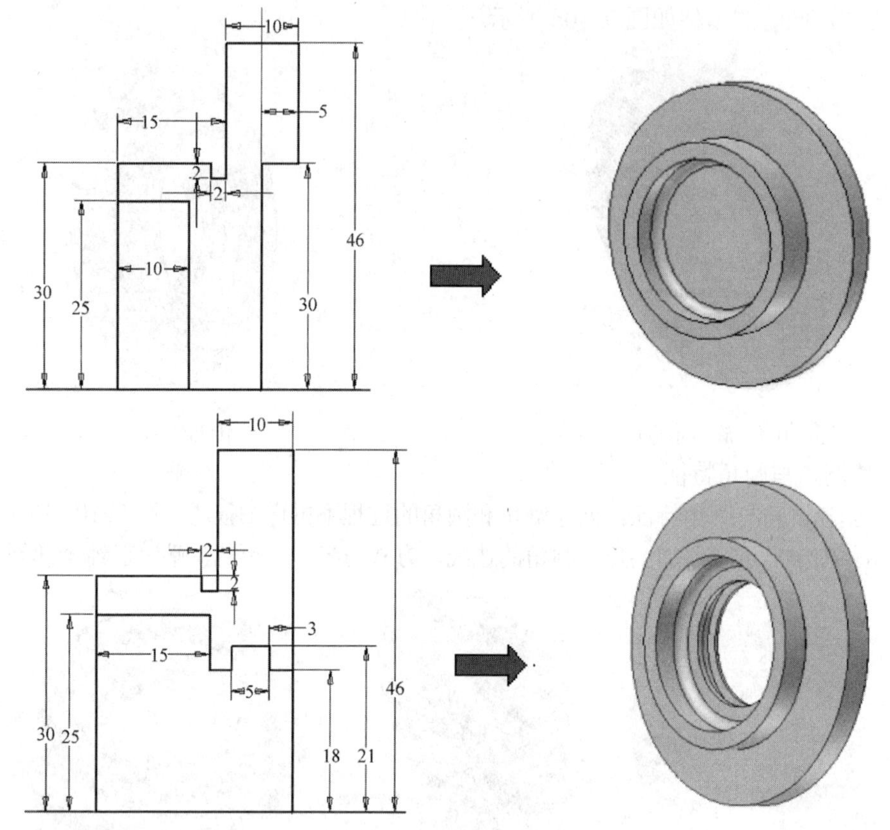

图9-109　小齿轮端盖的草图与零件外观（续）

至此，所有的端盖都已经创建完毕。

9.4.4　总结与提示

在旋转生成端盖时，主体特征既可以一次旋转成型，也可以分几次旋转成型，如可以分两次旋转生成两个油封槽特征。一次旋转成型与多次旋转成型的区别是，一次旋转中草图之间各个元素的关系较为紧密，往往互相作为标注尺寸的参考，如果一个几何图元变动，往往按照尺寸关系会引起多个元素的变化；多次旋转虽然过程较为繁琐，但是多个草图之间是独立的（如果不存在投影几何图元而构成的草图元素的话），修改一个草图不会影响到另外的草图。

在实际的设计过程中，如果需要对零件频繁修改，且零件的某些特征之间独立性较强，修改一个特征要求不对其他特征造成影响，那么应该采用多次成型的方法来设计零件；相反可以用一次成型的方法。采用什么样的造型方法，应该结合生产实际与软件特性进行综合考虑。

第3篇

装配与工程图篇

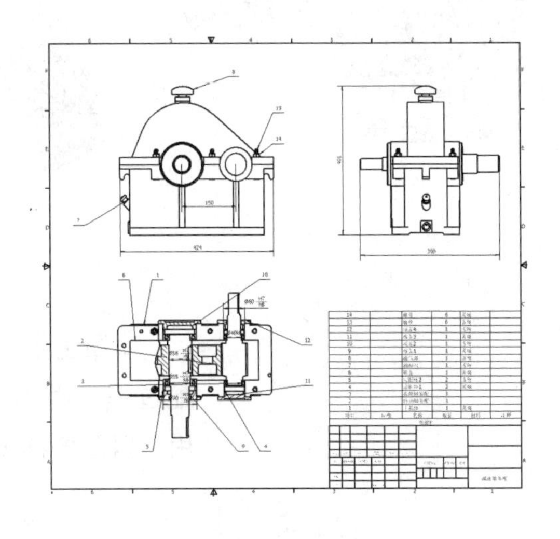

本篇介绍以下主要知识点：

 减速器装配

 减速器干涉检查与运动模拟

 减速器工程图与表达视图设计

第 10 章

减速器装配

本章主要介绍减速器部件的总体装配以及其子部件的装配过程，讲述了各种装配约束在实际装配过程中的具体应用，以及各种实用的装配技巧。

- 传动轴装配
- 小齿轮装配
- 减速器总装配

10.1 传动轴装配

在 Inventor 中，既可以把单个零件组装成为完整的部件，也可以首先把某些零件组装成为子部件，最后把零件和子部件组装成为部件。在本书的减速器的装配中，采用后一种方法。因为这种方法的装配思路更加清晰，且易于对装配关系进行修改。在本节中，首先讲述传动轴与大齿轮以及其他附属零件的装配。

传动轴部件文件位于网盘中的“\第 10 章\减速箱”目录下，文件名为“传动轴装配.iam”。

10.1.1 装配流程

传动轴的装配过程如图 10-1 所示。

图10-1 传动轴的装配过程

10.1.2 装配效果展示

传动轴装配效果展示如图 10-2 所示。

图10-2　传动轴装配效果展示

10.1.3　装配步骤

1. 新建文件

运行 Inventor，单击【快速入门】标签栏【启动】面板中的【新建】工具按钮，在弹出的【新建文件】对话框中选择 Standard.iam 选项，单击【创建】按钮，新建一个部件文件，并将其命名为传动轴装配.iam。

2. 装入所有零件

可以选择在装配时首先装入所有需要的零部件，也可以选择在需要的时候才装入某个零部件，这里我们一次装入所有需要的零部件。单击【装配】标签栏【零部件】面板中的【放置】工具按钮，弹出【装入零部件】对话框，选择要装入的零部件。可选择装入的零件有传动轴一个（传动轴.ipt）、大齿轮一个（大圆柱齿轮.ipt）、平键一个（平键.ipt）和轴承两个（轴承2.ipt）。当零部件装入以后，浏览器中会出现对应的图标，如图 10-3 所示。

图10-3　装入的所有零件

3. 向传动轴上装配平键

平键的装配要求是平键同时和传动轴以及齿轮上的键槽配合，使得两者之间没有相对转动。下面看一下如何向平键和传动轴之间添加装配约束，使得两者之间的位置要求能够与实际情况相符合。实际情况下，平键安装在键槽中，平键必须有三个面与键槽的对应面接触，才能够保证安装的正确性，这三个面分别是底面、侧面和一端的半圆面，如图 10-4 所示。在为平键和传动轴之间添加装配约束时，也是要在这三个平面上添加约束。

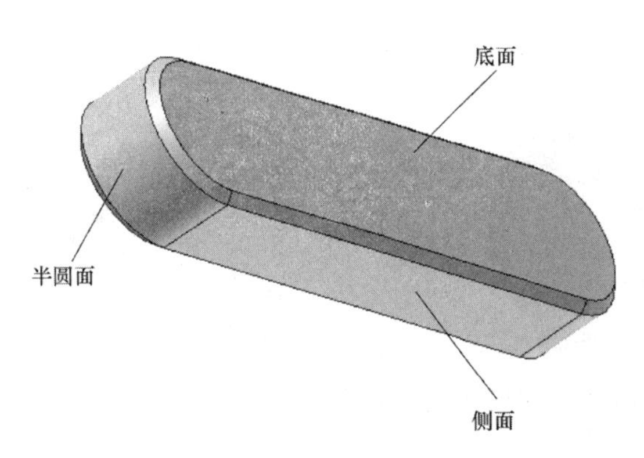

图10-4 平键的三个接触面

平键的装配步骤如下：

1）添加键槽底面和传动轴对应面之间的配合约束。单击【装配】标签栏【位置】面板中的【约束】工具按钮，弹出【放置约束】对话框。装配【类型】选择为【配合】选项，然后选择平键的一个底面和键槽的底面作为配合面，如图 10-5 所示。【偏移量】设置为零，【求解方法】选项中选择【配合】选项即可。单击【确定】按钮，完成第一个配合约束的添加，此时的部件如图 10-6 所示。

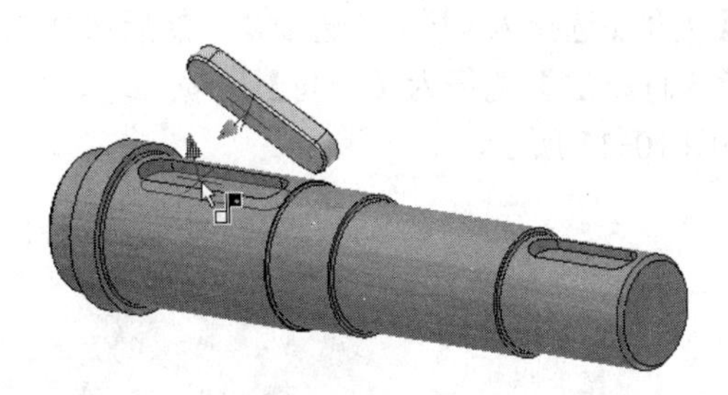

图10-5 选择两个底面为配合面

图10-6 添加第一个配合约束后的部件

2）添加约束使得平键的一个侧面与键槽的一个侧面配合。单击【装配】标签栏【位置】面板中的【约束】工具按钮，弹出【放置约束】对话框，装配【类型】选择为【配合】选项，然后选择平键的一个侧面和键槽的一个侧面作为配合面，如图 10-7 所示。偏移量设置为零，【求解方法】选项选择【配合】选项即可。

注 意

可以选择【装配】标签栏【零部件】面板中的【移动】和【旋转】工具，将零件旋转一定的角度，以便于添加约束和观察；然后单击工具栏上的【刷新】按钮，即可使零件恢复原来的位置。

单击【确定】按钮，完成第二个配合配合约束的添加，此时的部件如图 10-8 所示。

3）为平键的半圆面和键槽的半圆面之间添加相切约束。单击【装配】标签栏【位置】面板中的【约束】工具按钮，弹出【放置约束】对话框。装配【类型】选择为【相切】选项，然后选择平键的一个半圆面和键槽的半圆面作为配合面，如图 10-9 所示。【偏移量】设置为零，【求解方法】选择为【内切】选项，单击【确定】按钮，完成相切约束的添加。此时，

平键已经完全约束在了传动轴上。

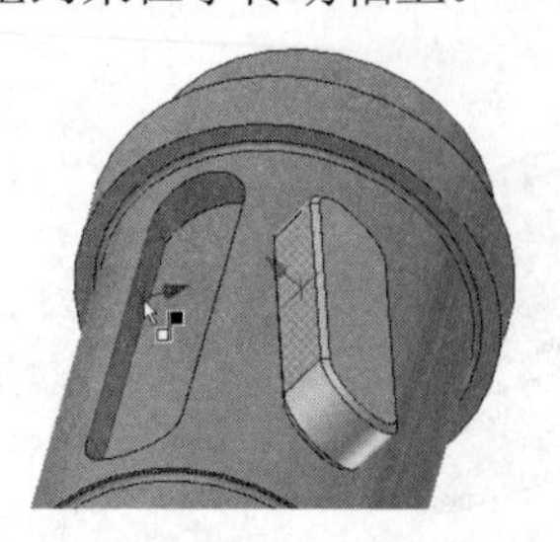

图10-7　选择两个侧面为配合面

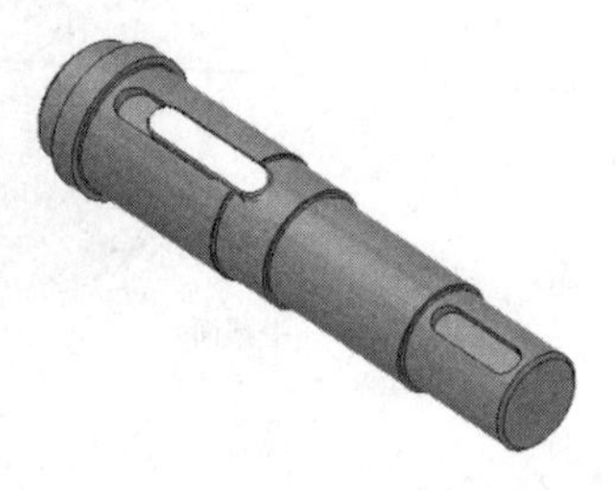

图10-8　添加第二个配合约束后的部件

4．向传动轴上装配齿轮

需要将大圆柱齿轮装配到传动轴上。装配具有轴或者孔特征的零件时，一个最好用的装配方式就是插入装配。插入装配不仅仅可以使轴类零件插入到孔中，还可以使两个轴的轴线对齐，或者两个孔的中心线对齐等，同时插入装配还可以约束两个面之间的配合关系。

在大齿轮的装配中，需要添加两个约束，即大齿轮与传动轴之间的约束、大齿轮与平键之间的约束。前者保证大齿轮与传动轴的同心关系和端面配合关系，后者保证大齿轮的键槽与平键之间的正确关系，其具体的装配步骤如下：

1）添加大齿轮和传动轴之间的装配关系。单击【装配】标签栏【位置】面板中的【约束】工具按钮，弹出【放置约束】对话框。装配【类型】选择为【插入】选项，然后选择图 10-10 所示的两个圆形端面，【偏移量】设置为零，【求解方法】选择为【反向】选项，单击【确定】按钮，即可完成插入装配，此时的部件如图 10-11 所示。

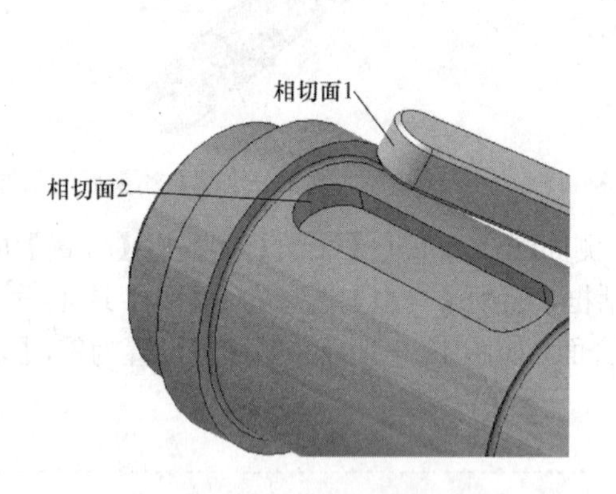

图10-9　选择两个半圆面为配合面

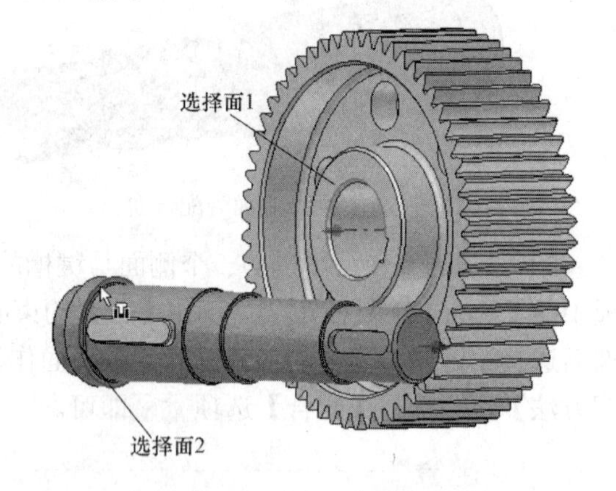

图10-10　选择两个圆形端面为配合面

此时，虽然大齿轮已经安装到了传动轴上，但是大齿轮的键槽和安装在传动轴上的键的装配关系还没有设置，正确的情况下平键应该位于大齿轮的键槽中。由于平键已经和传动轴之间存在了正确的装配关系，且大齿轮也已经和传动轴之间有了正确的装配关系，所以如果这时还用类似于向传动轴上安装平键时所用的配合约束、相切约束等装配约束，则会造成零部件过约束而无法装配的问题。其实这时只要规定平键的底面和齿轮键槽的底面平行就完全可以正确地约束齿轮与平键了，因此可以选择【角度】类型的约束方式。

2）单击【装配】标签栏【位置】面板中的【约束】工具按钮，弹出【放置约束】对话框。装配【类型】选择为【定向角度】选项，然后选择图 10-12 所示的键槽底面和平键底面（表面有箭头符号），【角度】设置为 180°，【求解方法】选择为【定向角度】选项，单击【确定】按钮，即可完成对准角度装配，此时齿轮已经完全约束到传动轴上。

5．在传动轴两端装配轴承

需要向传动轴两端装配轴承以便把传动轴装配到下箱体上。轴承的装配比较简单，仅用插入约束就可以实现轴承的正确安装。

1）单击【装配】标签栏【位置】面板中的【约束】工具按钮，弹出【放置约束】对话框。

2）装配【类型】选择为【插入】，选择如图 10-13 所示的两个圆形端面（有箭头符号垂直与该表面），【偏移量】设置为零，【求解方法】选择为【反向】即可。

图10-11　添加插入约束后的部件

图10-12　选择两个底面为配合面

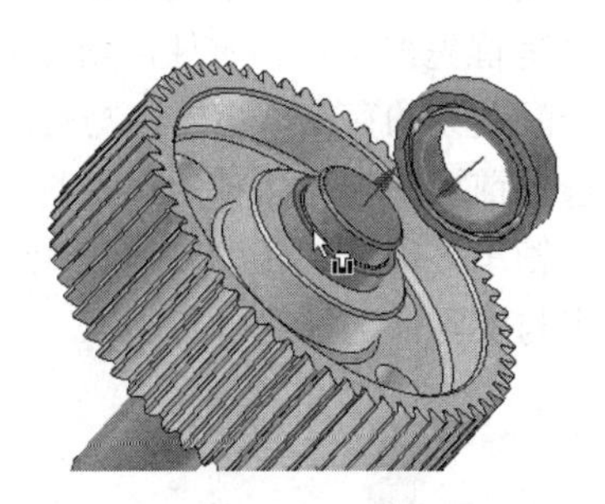

图10-13　选择两个圆形端面为配合面

3）单击【确定】按钮，完成一个轴承的装配。

对于另外一端轴承的装配，这里不再详细讲述。图 10-14 所示为另一端的插入约束示意图，读者可以参照该图自行完成另外一个轴承的装配。装配完毕两个轴承的部件如图 10-15 所示。此时，传动轴部件已经全部装配完成。

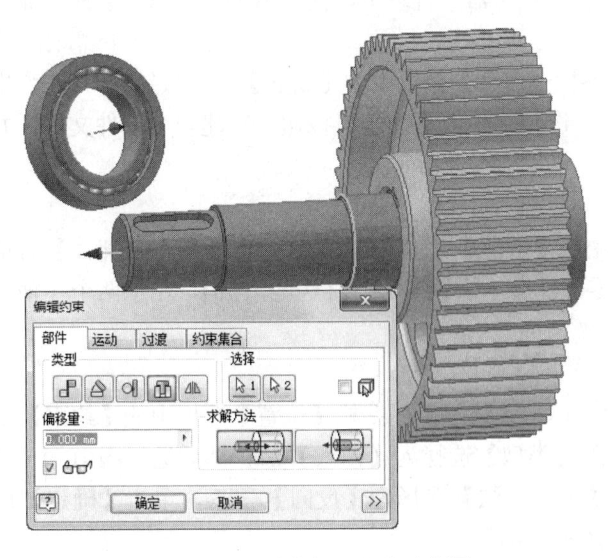

图10-14　另外一端的插入约束示意图

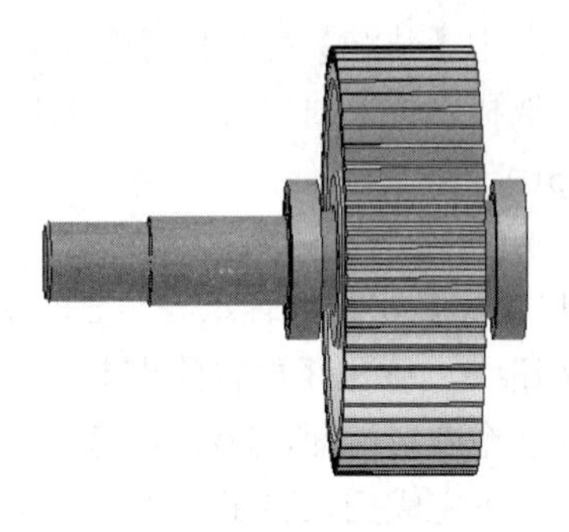

图10-15　装配完毕两个轴承的部件

10.1.4 总结与提示

在一个复杂的部件装配中，往往要涉及多种装配约束的使用，因此务必对各种装配约束有十分深入的了解。例如，插入约束不仅仅是把轴和孔装配在一起，还可以使两个轴的中心线重合等。另外，虽然插入装配没有在【放置约束】对话框中对配合端面提出任何要求，但是当选择了需要进行插入的回转体以后，回转体被选择的端面就会自动作为配合的面，读者在练习中会逐渐体会到这一点。

在进行了部件的装配之后，部件中的某些零件被设置为固定，如首先装入的第一个零件，如齿轮轴。零件在被固定以后，就不能被鼠标拖动从而发生转动或者移动，但是可以通过零件快捷菜单的【固定】选项来改变零件是否被固定的状态。例如，在传动轴的装配中，由于传动轴是首先被装入的零件，所以它被设置为固定的。当通过键槽安装了平键以及齿轮以后，由于装配关系的存在，齿轮也与传动轴一起被固定，这时可以右击传动轴，在快捷菜单中将【固定】选项前面的勾号去掉；然后选择任意一个轴承，右击，在快捷菜单中选择【固定】选项，则此时轴承被固定，传动轴和齿轮可以一起转动，就好像一个整体，这就达到了设计的目标，同时也与实际情况相符合。

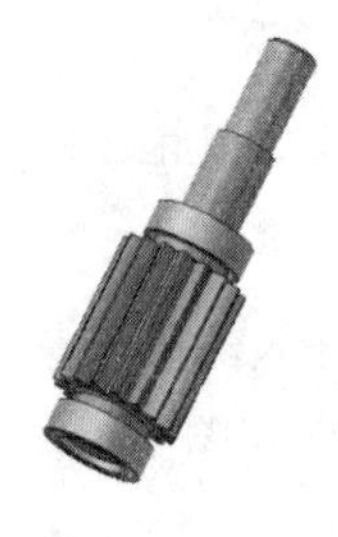

10.2 小齿轮装配

小齿轮的装配与传动轴装配之间的区别是小齿轮固连在齿轮轴上，不再利用平键进行轴与齿轮之间的装配，只需要安装好轴承即可。这里我们简单讲述小齿轮装配的过程。

小齿轮部件文件位于网盘中的“\第 10 章\减速器”目录下，文件名为“小齿轮装配.iam”。

1．新建文件

运行 Inventor，单击【快速入门】标签栏【启动】面板中的【新建】工具按钮，在弹出的【新建文件】对话框中选择 Standard.iam 选项，单击【创建】按钮，新建一个部件文件，并命名为小齿轮装配.iam。

2．装入所有零部件

单击【装配】标签栏【零部件】面板中的【放置】工具按钮，弹出【装入零部件】对话框，选择要装入的零部件。可选择装入的零部件有小齿轮（小圆柱齿轮.ipt），轴承两个（轴承1.ipt）。

3．添加装配约束

1）将其中一个轴承安装到小齿轮轴上。单击【装配】标签栏【位置】面板中的【约束】工具按钮，弹出【放置约束】对话框。装配【类型】选择为【插入】，然后选择图 10-16 所示的两个圆形端面，【偏移量】设置为零，【求解方法】选择为【反向】，单击【确定】按钮，即可完成插入装配，此时的部件如图 10-17 所示。

2）将另外一个轴承装入到小齿轮的另外一端，也是选择插入装配，配合面的选择如图 10-18

另外一端的插入约束示意图所示，设置【偏移量】为零，【求解方法】选择为【反向】即可。

此时，小齿轮已经全部组装完毕，如图 10-19 所示。

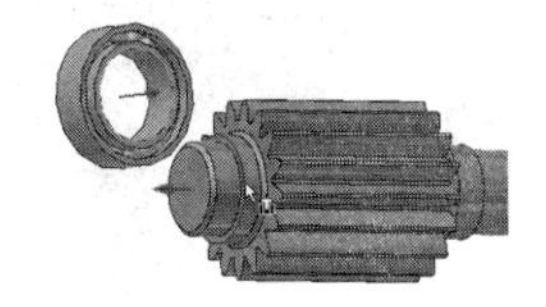

图10-16　选择两个圆形端面为配合面

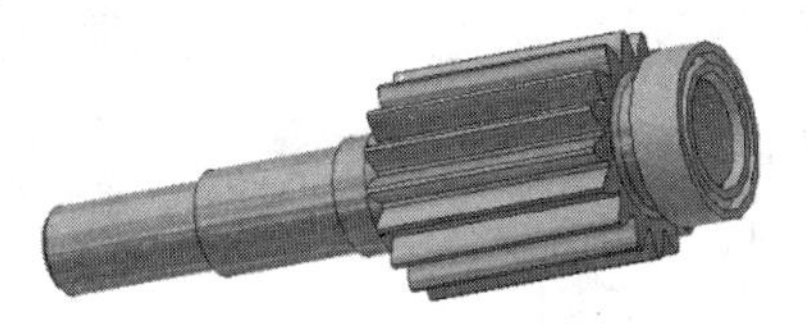

图10-17　添加插入约束后的部件

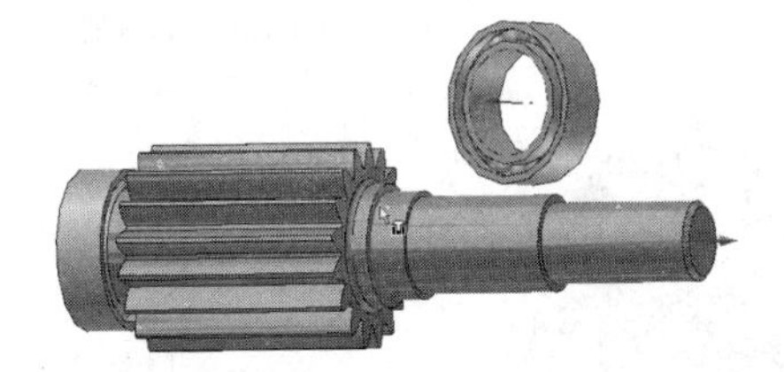

图10-18　另外一端的插入约束示意图

图10-19　组装完毕的小齿轮

10.3　减速器总装配

本节将上面创建的传动轴装配部件、小齿轮装配部件与箱体、箱盖以及其他附件装配在一起，完成减速器的整个装配。

减速器装配文件位于网盘中的“\第 10 章\减速器”目录下，文件名为“减速器装配. iam”。

10.3.1　装配流程

减速器的装配过程如图 10-20 所示。

10.3.2　装配效果展示

减速器装配效果展示如图 10-21 所示。

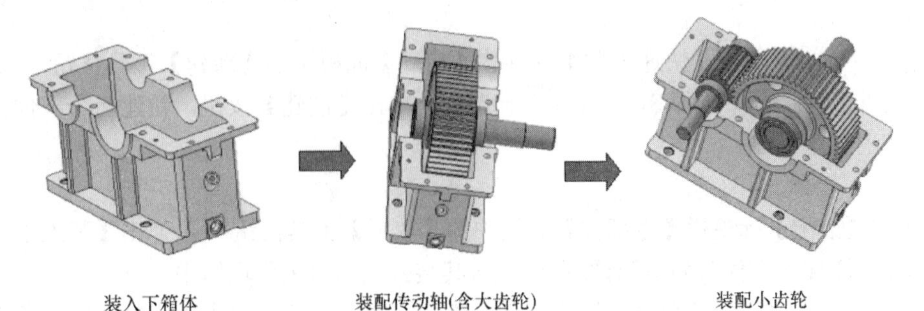

图10-20　减速器的装配过程

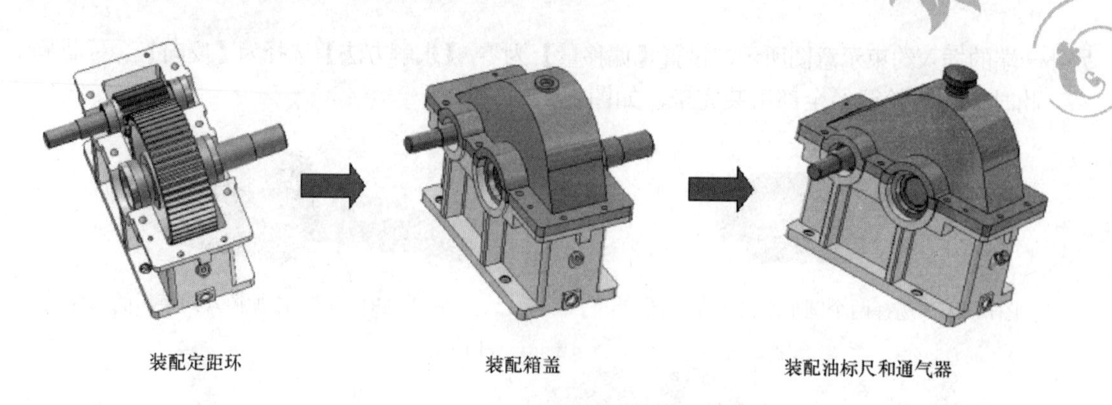

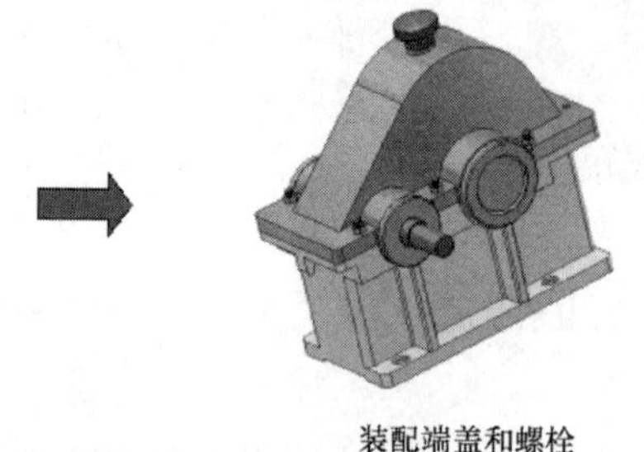

图10-20　减速器的装配过程（续）

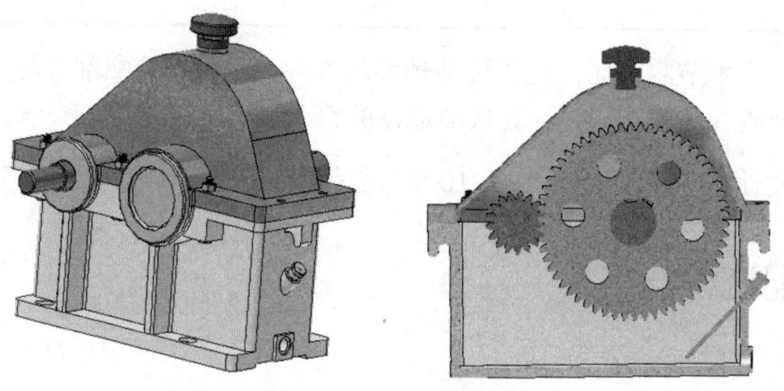

图10-21　减速器装配效果展示

10.3.3　装配步骤

1．新建文件

运行 Inventor，单击【快速入门】标签栏【启动】面板中的【新建】工具按钮，在弹出的【新建文件】对话框中选择 Standard.iam 选项，单击【创建】按钮，新建一个部件文件，并命名为减速器装配.iam。

2．装入下箱体

1）单击【装配】标签栏【零部件】面板中的【放置】工具按钮，弹出【装入零部件】对话框。选择下箱体（文件名为下箱体.ipt），将其装入到当前工作环境中。

2）单击鼠标，则下箱体自动放置到部件文件中；单击右键，在快捷菜单中选择【在原点处固定放置】选项，则完成零件放置。

3）部件环境中放置的第一个零部件自动添加固定约束，不能用鼠标对其进行拖动。如果需要可以自行拖动零部件，可以在零部件上单击右键，去掉快捷菜单中【固定】选项前面的勾号即可取消零部件的固定约束。

4）第一个零部件的原始坐标系与部件文件的原始坐标系相重合。

3．装配传动轴

1）单击【装配】标签栏【零部件】面板中的【放置】工具按钮，弹出【装入零部件】对话框。选择传动轴子部件（文件名为传动轴装配.iam），将其装入到当前工作环境中。

实际情况是传动轴安装在下箱体的轴承孔中，且传动轴上轴承的一个侧面与箱体空腔的内侧面对齐，如图10-22所示。这种约束要求仅仅用插入约束就可以满足。

2）单击【装配】标签栏【位置】面板中的【约束】工具按钮，弹出【放置约束】对话框，装配【类型】选择为【插入】选项，选择一个轴承的内侧表面和对应的轴承孔的内侧表面，如图10-23所示（有箭头符号垂直于该表面），【偏移量】设置为零，【求解方法】选择为【对齐】即可。单击【确定】按钮，完成传动轴的装配。

4．装配小齿轮

小齿轮的装配和传动轴的装配十分类似，所以这里简单介绍。

1）装入小齿轮子部件（文件名为小齿轮装配.iam）。

2）单击【装配】标签栏【位置】面板中的【约束】工具按钮，弹出【放置约束】对话框。装配【类型】选择为【插入】选项，选择一个轴承的内侧表面和对应的轴承孔的内侧表面，如图10-24所示（有箭头符号垂直于该表面），【偏移量】设置为零，【求解方法】选择为【对齐】选项即可。

3）单击【确定】按钮，完成小齿轮的装配，此时的部件如图10-25所示。

可以看到，传动轴和小齿轮的装配都只是对一侧的轴承和轴承孔之间添加了插入约束，但是另外一侧的轴承和轴承孔的位置关系也是正确的。这主要是因为在设计零部件时已经考虑了全局的装配，以及一些零件设计的基础知识。例如，安装在同一轴上的两个轴承孔的中心线是重合的，因为两侧的轴承孔是通过一个截面轮廓一次拉伸切削创建的；传动轴上两个安装轴承的阶梯轴的位置也是提前设计计算过的，这样装配好一侧的轴承后，则另外一侧的轴承也恰好处于它应在的位置。

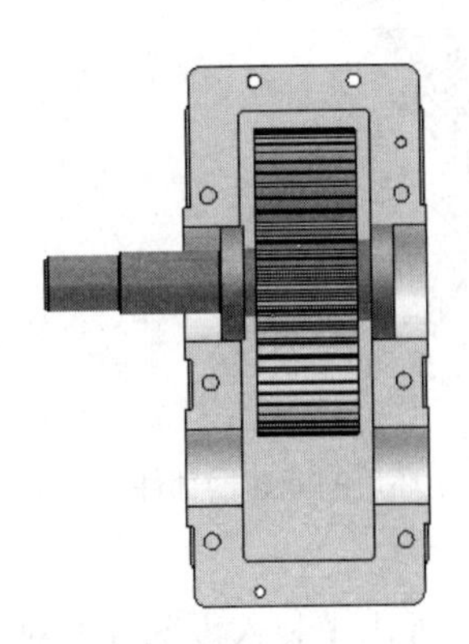

图10-22　实际组装示意图

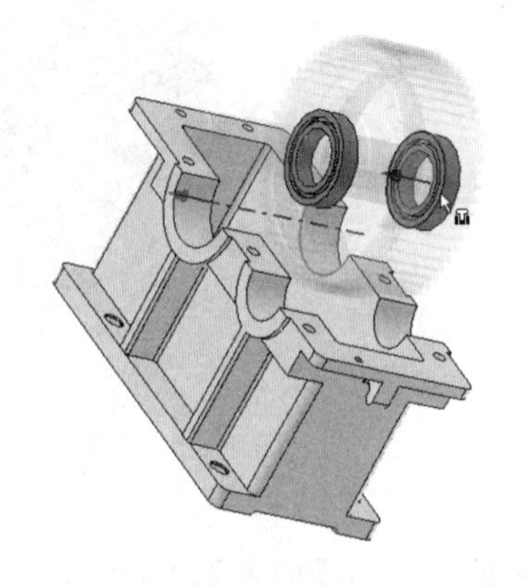

图10-23　选择内侧表面为配合面（一）

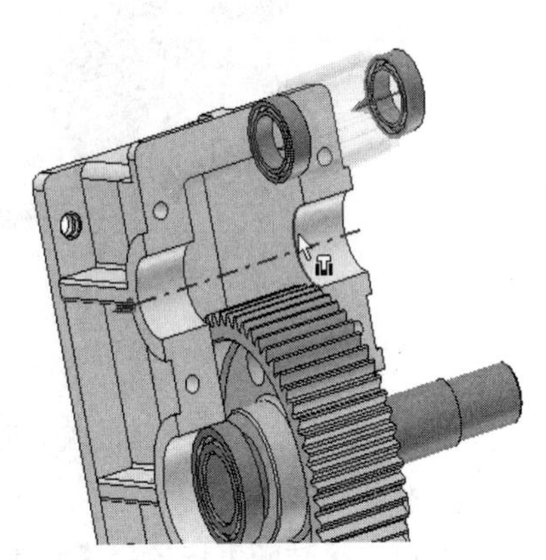

图10-24　选择内侧表面为配合面（二）

5. 装配定距环

由于轴承与装配在轴承孔外端的端盖之间存在间隙，为了防止传动轴因轴向受力而发生窜动，需要在轴承与端盖之间安装定距环，如图 10-26 所示。

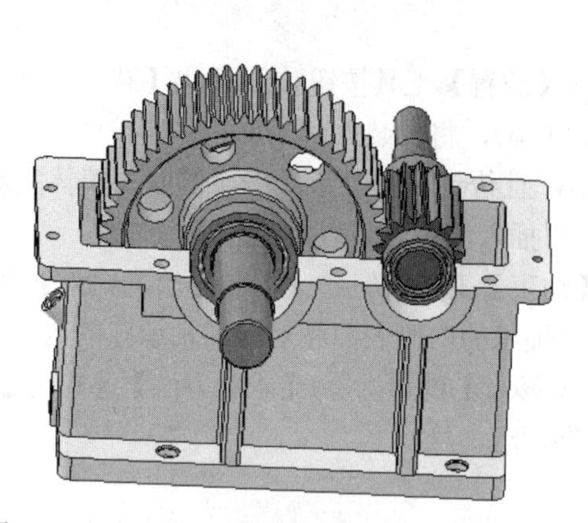

图10-25 完成小齿轮装配后的部件

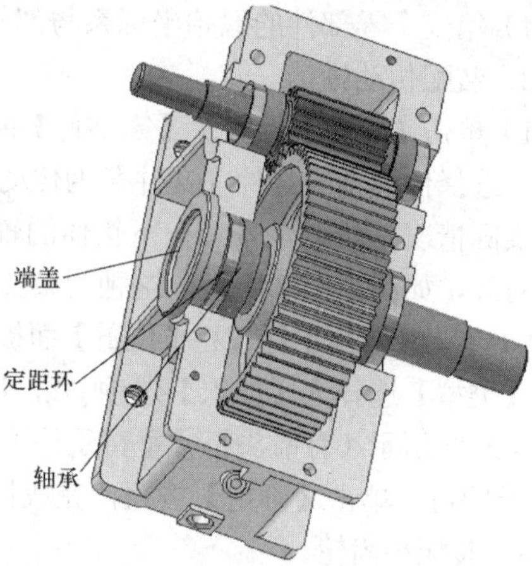

端盖
定距环
轴承

图10-26 装配在轴承与端盖之间的定距环

1）单击【装配】标签栏【零部件】面板中的【放置】工具按钮，弹出【装入零部件】对话框。选择两种不同类型的定距环（文件名为定距环 1.ipt 和定距环 2.ipt），将其装入到当前工作环境中，每种零件装入两个。

2）单击【装配】标签栏【位置】面板中的【约束】工具按钮，弹出【放置约束】对话框。装配【类型】选择为【插入】选项，选择定距环的一个侧面和对应装配位置轴承的一个侧面作为配合面，如图 10-27 所示。

单击【确定】按钮，完成一个定距环的装配。

3）其他三个定距环的装配与此类似，故不再详细讲述。

读者需要注意，两种不同尺寸类型的定距环需要安装在与其尺寸相符的轴承孔中。装配四个定距环后的减速器部件如图 10-28 所示。

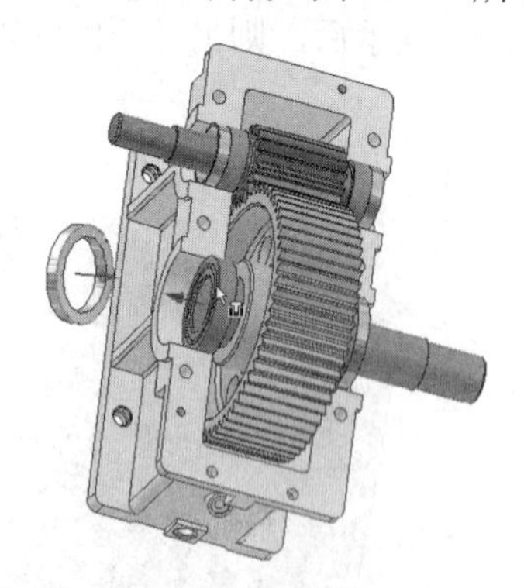

图10-27 选择两个侧面为配合面

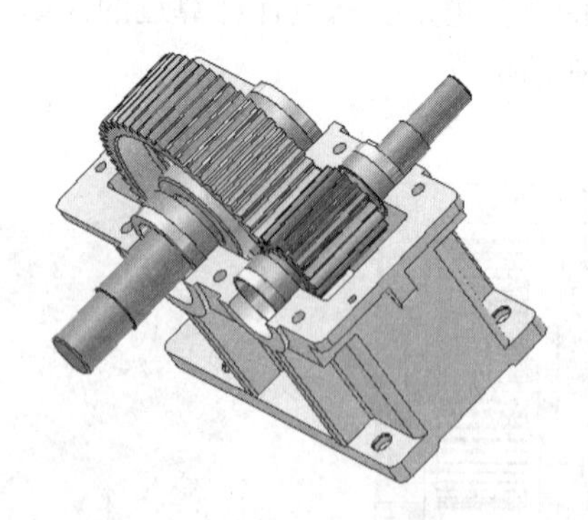

图10-28 装配四个定距环后的减速器部件

6. 装配箱盖

1）单击【装配】标签栏【零部件】面板中的【放置】工具按钮，弹出【装入零部件】对话框。选择箱盖（文件名为箱盖.ipt），将其装入到当前工作环境中。

箱盖与箱体在实际情况中的装配要求是其配合表面应该吻合，且对应的孔应该互相对齐，以便于螺栓能够穿过。在 Inventor 的装配中，可以通过两个简单的插入约束来完成装配。

2）单击【装配】标签栏【位置】面板中的【约束】工具按钮，弹出【放置约束】对话框。装配【类型】选择为【插入】，选择图 10-29 所示的两个对应孔的表面作为配合面，设置【偏移量】为零，【求解方法】选择为【反向】即可，单击【确定】按钮，完成第一个插入装配约束。

3）对于第二个插入装配约束，也是通过选择下箱体和箱盖的对应孔来完成，对应孔的选择是任意的。选择图 10-30 所示的一对孔来进行装配，装配方法与上一个插入装配约束完全相同，这里不再赘述。

装配箱盖后的部件如图 10-31 所示。

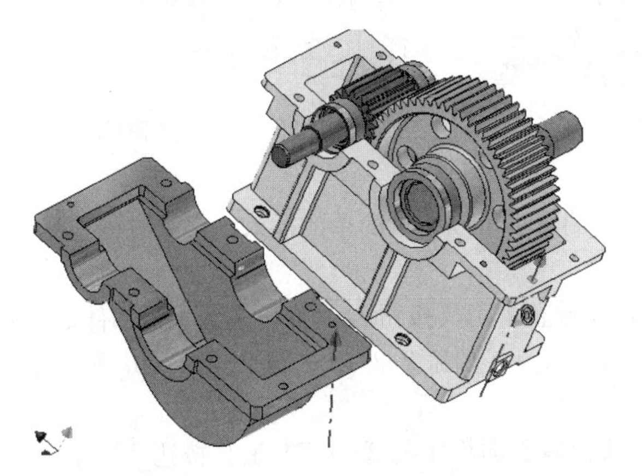

图10-29 选择孔表面为配合面（一）

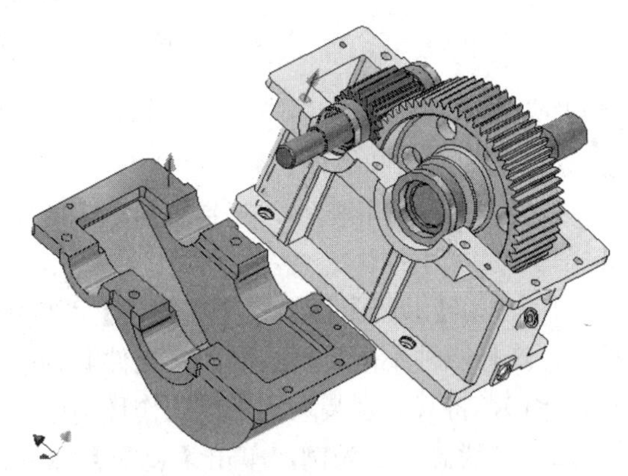

图10-30 选择孔表面为配合面（二）

7. 装配油标尺和通气器

油标尺和通气器的装配基本属于轴类零件和孔的配合装配，所以可以选择插入装配约束来进行装配。

1）单击【装配】标签栏【零部件】面板中的【放置】工具按钮，弹出【装入零部件】对话框。选择油标尺和通气器（文件名为油标尺.ipt 和通气器.ipt），将其装入到当前工作环境中。

2）单击【装配】标签栏【位置】面板中的【约束】工具按钮，弹出【放置约束】对话框。装配【类型】选择为【插入】，选择图 10-32 所示的零件的端面作为配合表面，设置【偏移量】为零，【求解方法】选择为【反向】即可，单击【确定】按钮，完成插入装配约束。此时，油标尺则被装配到油标尺孔中，如图 10-33 所示。

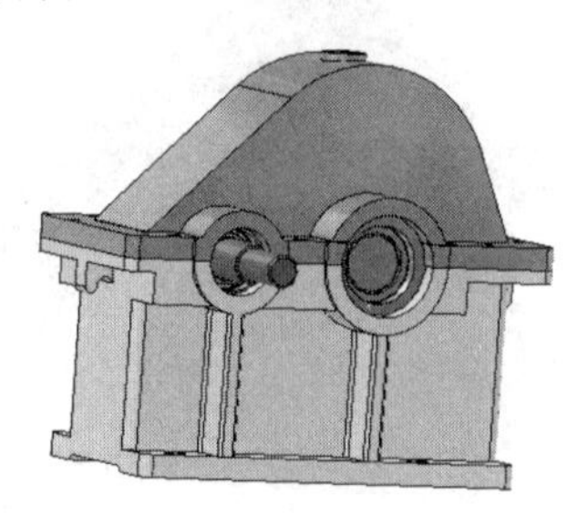

图10-31 装配箱盖后的部件

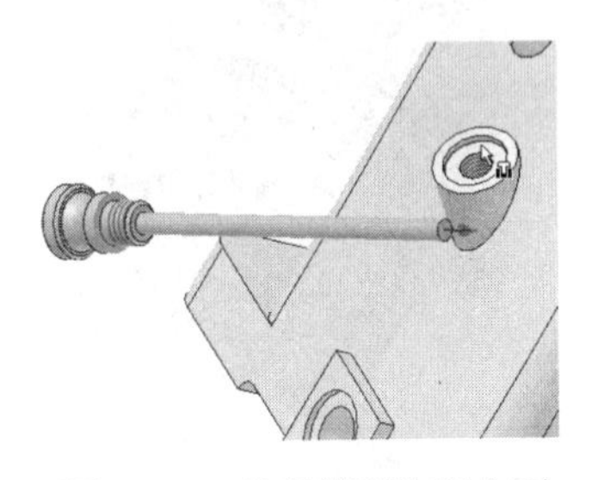

图10-32 选择端面为配合面

3）对于通气器，也可按照类似的方法进行装配即可。图 10-34 所示为添加插入装配约束时选择的零件端面特征，同时在【放置约束】对话框中设置【偏移量】为零，【求解方法】选择为【反向】选项即可，单击【确定】按钮，完成装配。

装配通气器后的部件如图 10-35 所示。

图10-33 装配油标尺后的部件

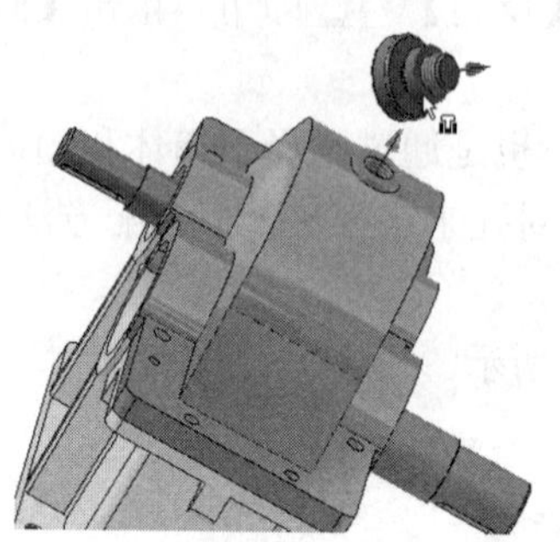

图10-34 选择零件端面特征

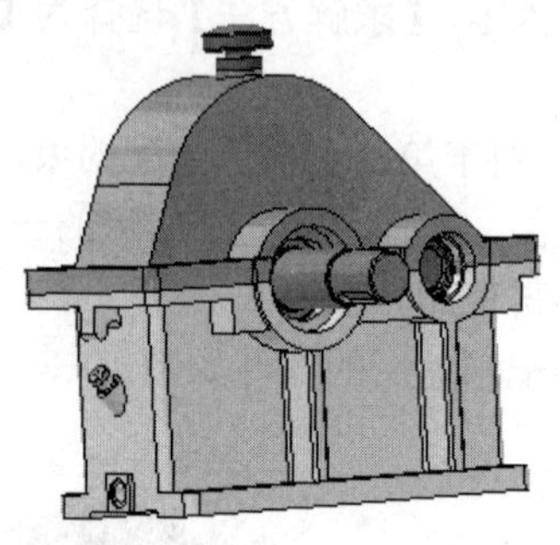

图10-35 装配通气器后的部件

8．装配端盖和螺栓

端盖与轴承孔相配和，起到密封防尘的作用。端盖也可以通过简单的插入约束来进行装配，其操作步骤如下：

1）单击【装配】标签栏【零部件】面板中的【放置】工具按钮，弹出【装入零部件】对话框，选择四种不同类型的端盖（文件名为端盖 1-1.ipt、端盖 2-2.ipt、端盖 3-3.ipt 和端盖 4-4.ipt），将其分别装入到当前工作环境中。

2）以端盖 1-1 为例，单击【装配】标签栏【位置】面板中的【约束】工具按钮，弹出【放置约束】对话框。装配【类型】选择为【插入】，选择图 10-36 所示的轴承孔的外侧表面和端盖的对应配合表面，设置偏移量为零，【求解方法】选择为【反向】，单击【确定】按钮，完成插入装配约束。

3）其他几个端盖的装配与此类似，故不再详细讲述。

安装端盖后的减速器部件如图 10-37 所示。

螺栓和螺母用来固定减速器的箱盖和下箱体，其装配步骤如下：

1）单击【装配】标签栏【零部件】面板中的【放置】工具按钮，装入螺栓和螺母。单击【装配】标签栏【位置】面板中的【约束】工具按钮，为螺栓和下箱体之间添加插入约束，具体过程不再赘述，其插入约束示意图如图 10-38 所示。

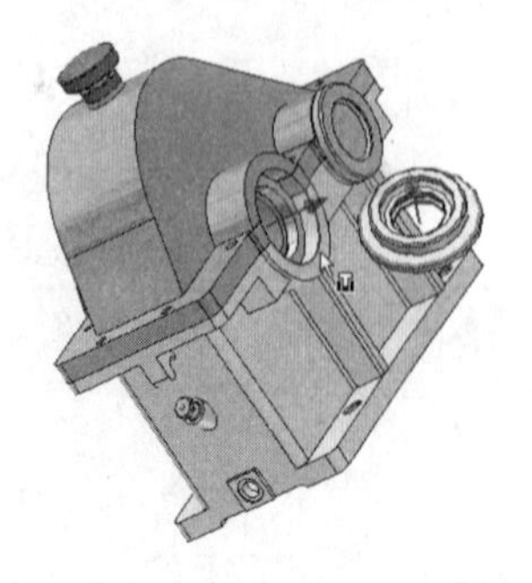

图10-36 选择配合面

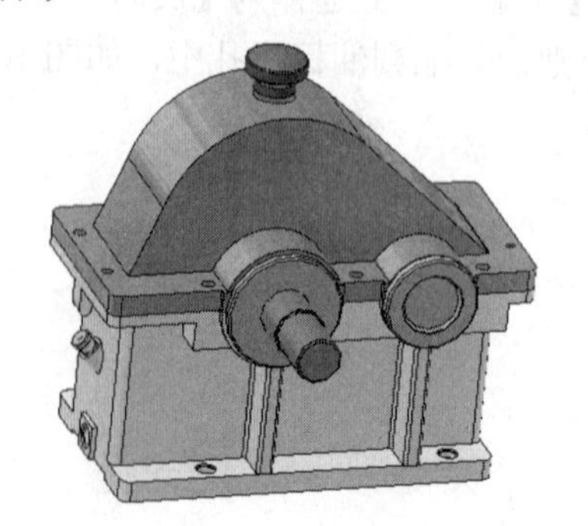

图10-37 安装端盖后的减速器部件

2）装配完螺栓之后，再为其装配螺母。螺母也是通过插入装配完成的，其插入约束示意图如图 10-39 所示。此时，一对螺栓和螺母已经装配完毕。

3）按照同样的步骤和方法添加其他的螺栓和螺母即可。

螺栓和螺母全部装配完毕以后，减速器部件就全部装配完成。

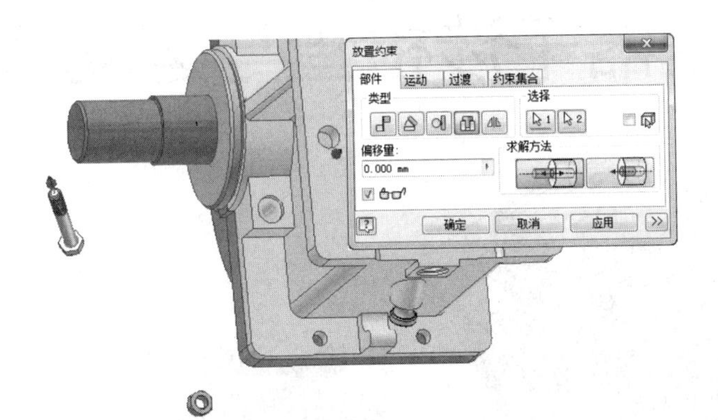

图10-38　螺栓插入约束示意图

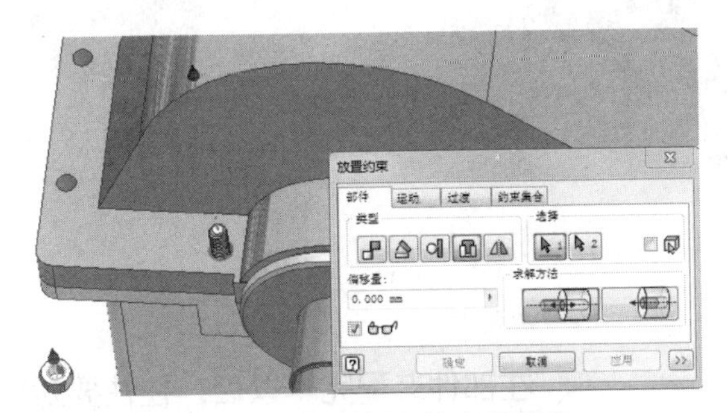

图10-39　螺母插入约束示意图

10.3.4　总结与提示

虽然 Inventor 的装配约束有配合、角度、相切、插入和对称五种，但是这五种装配约束不是毫无关系的，如在插入约束中同时也可以包含端面的配合关系等。另外，在复杂部件的装配中，往往一个零件的装配就要用到数中装配约束，这时就需要仔细分析零件的实际装配特征，以选择最合适同时也是最精简的装配方式。例如，在减速器箱盖的装配中，由于减速器箱盖和下箱体存在一个明显的配合关系，读者往往马上就想到首先添加一个配合的装配约束，岂不知添加了配合的装配约束之后，还免不了要添加两个插入装配约束来具体限定箱盖的装配位置，于是第一个配合的装配约束就成了画蛇添足之笔，毫无用处。所以，在进行零件设计与装配的时候，既要考虑零部件的真实特征，又要对软件的使用方法有全面的了解，才可以有效地防止顾此失彼的现象。

第 11 章

减速器干涉检查与运动模拟

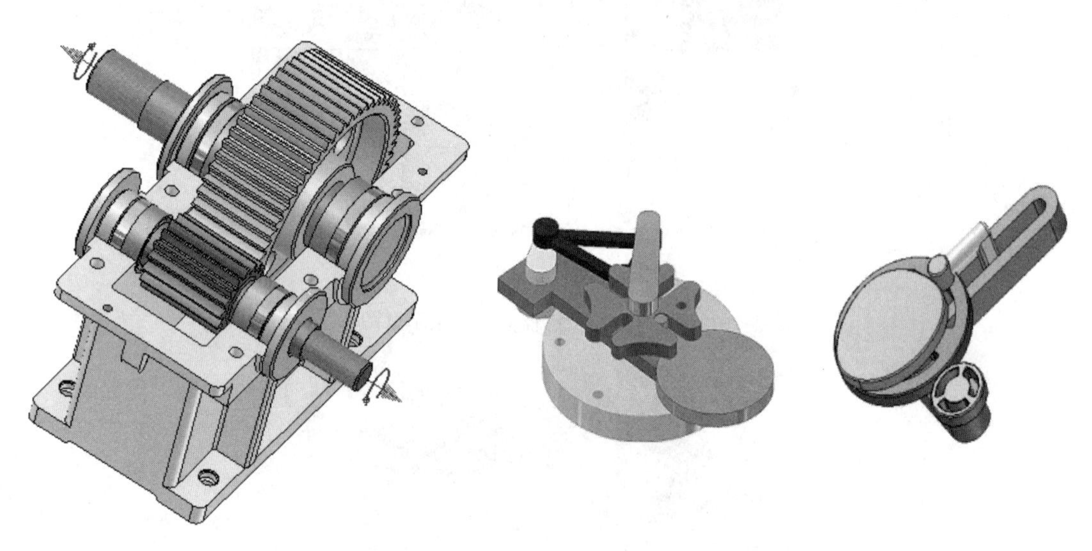

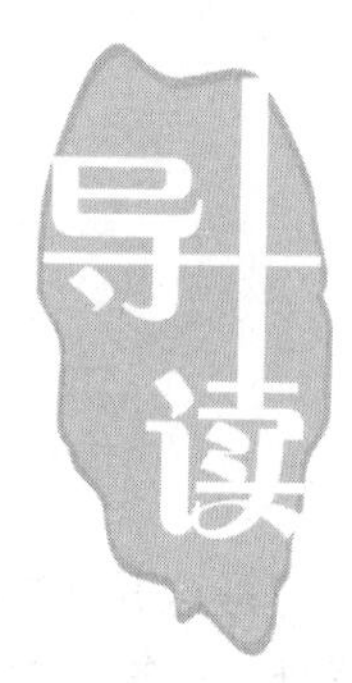

在部件装配完毕以后，往往要对部件进行检查以便确定各个零部件之间没有干涉，尤其是运动的零部件在运动过程中不能够发生碰撞。Inventor 提供了运动模拟和干涉检查的功能，用户可以通过这些功能，进一步完善零部件的设计。本章将对减速器的干涉检查和运动模拟做一简要介绍。

- 齿轮传动的运动模拟
- 减速器的干涉检查

11.1　齿轮传动的运动模拟

在 Inventor 中，可以为零部件之间添加运动约束，使零部件之间按照指定的方向和预定的传动比运动，也可以驱动某个装配约束，使零部件按指定的增量和距离依次重置来模拟运动的效果。需要注意的是，只能同时驱动一个装配约束，但是可以通过使用等式工具来创建约束之间的代数关系来驱动其他的约束。

11.1.1　添加齿轮间的运动约束

齿轮是运动零件，可以为其添加运动约束，这样当一个齿轮发生运动时，另外一个齿轮也会按照一定的传动比随之运动。

要为一对齿轮添加运动约束，其步骤如下：

1）单击【装配】标签栏【位置】面板中的【约束】工具按钮，弹出【放置约束】对话框，选择其中的【运动】选项卡，如图 11-1 所示。

2）将运动【类型】设置为【转动】，然后选择两个齿轮轴，齿轮轴上出现中心轴线标志和旋转方向标志，如图 11-2 所示。

3）指定所需要的传动比，默认为 1。

4）在【求解方法】选项中选择【前进】或者【反向】选项来确定运动的方向。

5）单击【确定】按钮，完成运动约束的添加，此时在齿轮之间即建立了运动约束关系。

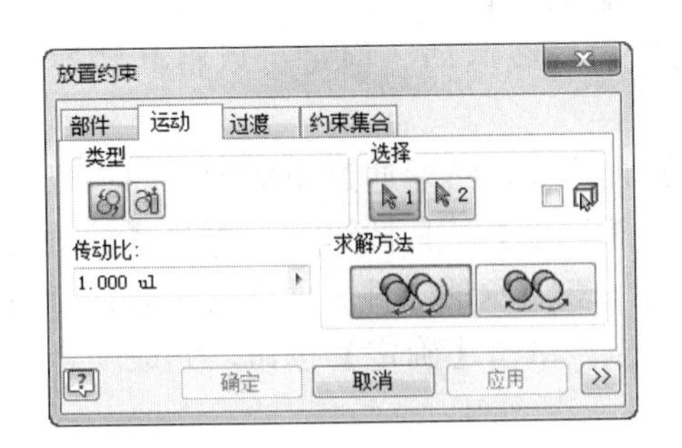

图11-1　【运动】选项卡

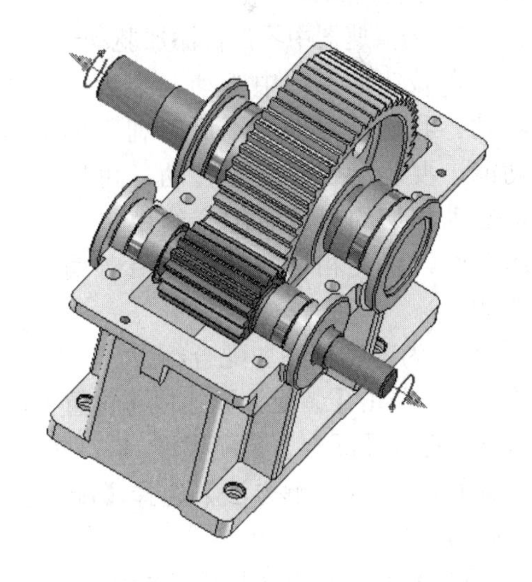

图11-2　运动约束示意图

这时可以用鼠标拖动大齿轮或者小齿轮转动，将会看到大、小齿轮此刻按照所设定的传动比和运动方向同时转动。

注 意

驱动约束对于运动约束来说是不可用的，如果在浏览器中的运动约束图标上单击右键，快捷菜单中的【驱动约束】选项是灰色的。所以，在 Inventor 中，想建立一个运动约束然后利用驱动约束来驱动它是不可能实现的。

11.1.2 驱动约束

1. 使用驱动约束注意事项

如上所述，不能用驱动约束来驱动运动约束，但是可以用驱动约束来驱动一般的装配约束，以达到自动运动模拟的效果，如实现一对啮合齿轮的自动连续转动。需要注意的是，虽然不可以用驱动约束来驱动运动约束，但是用驱动约束驱动其他装配约束使得具有运动约束的零部件运动时，运动约束还是有效的。例如，在减速器部件中，在大、小齿轮之间添加了运动约束，然后，利用驱动约束使其中一个齿轮传动，那么另外一个齿轮也会按照在运动约束中规定的传动比和运动方向运动。所以，一般在利用 Inventor 进行模拟运动时，都是采用运动约束和驱动约束相结合的方法。

在添加驱动约束时，一定要清楚驱动约束是如何驱动装配约束以使得零件进行运动的。

1）如果装配类型是配合、相切和插入，则驱动约束功能驱动零件在其装配偏移量的方向上运动，即发生平移。

2）如果装配类型是对准角度，驱动约束功能驱动零件在其偏转角度方向上运动，即发生旋转。

所以，如果想让一个利用插入装配约束插入孔中的轴类零件在孔中转动，驱动插入装配约束是不可能达到目的的。

2. 为减速器中零部件添加驱动约束

在减速器部件中驱动一个齿轮传动，通过两个齿轮之间的运动约束使两个齿轮同时转动。我们已经知道不可能利用驱动齿轮与传动轴之间插入装配约束的方法来完成这个功能，要驱动零件发生转动，可以通过驱动零件之间的对准角度约束来实现，也可以通过驱动相切约束或者配合约束来实现。注意，驱动相切约束或者配合约束的零部件发生运动时，可使相切的零部件沿着偏移距离的方向直线运动，但是可以将其转换为零件的转动。

1）为零部件添加配合约束。为零件添加配合约束，然后通过驱动配合约束以达到运动的目的。单击【装配】标签栏【位置】面板中的【约束】工具按钮，弹出【放置约束】对话框。选择【配合】装配类型，然后选择图 11-3 所示的零件表面作为配合面，设置【偏移量】为零，【求解方法】选择【配合】选项。单击【确定】按钮，完成配合装配约束的添加。

2）为配合约束添加驱动约束。驱动该配合约束使齿轮发生转动。在浏览器中选择该配合约束，单击右键，在快捷菜单中选择【驱动】选项，弹出【驱动】对话框，如图 11-4 所示。将【开始】位置和【结束】位置分别设置为 0mm 和 60mm，其他选项采用默认的设置即可。单击【播放】按钮，可以看到大齿轮和小齿轮同时转动起来。

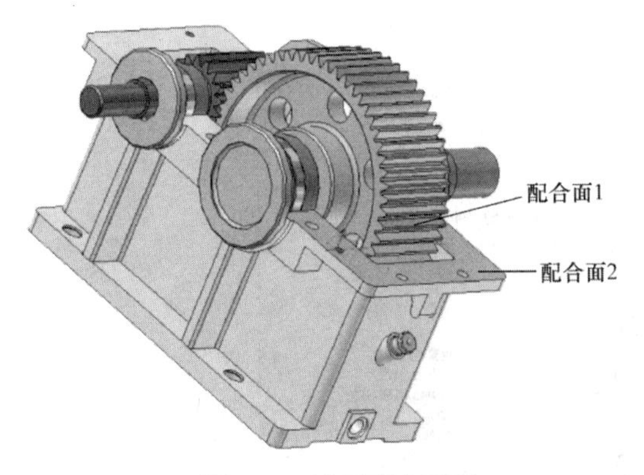

图11-3　选择配合平面

图11-4　【驱动】对话框

注 意

由于驱动配合约束是把零件的直线运动转化为转动，所以结束位置如果超过了零件最大转角所能够达到的极限位置，则系统会给出出错信息。如果将图 11-4 中的结束位置设置为 120mm，按下【播放】按钮▶后运动到 109mm 处，齿轮运动停止，并弹出出错信息提示，如图 11-5 所示。可见终止位置的最大范围只能够达到 109mm 处，但是如果采用对准角度装配约束的话，就不会出现这个问题了。所以，在进行类似的转动类驱动约束时，如果零件的运动范围很小，且零件上很难建立对准角度约束的话，可以采用配合约束或者相切约束代替对准角度约束。相反情况下，只能够使用对准角度约束。

11.1.3　录制齿轮运动动画

在采用驱动约束实现零件运动后，可以将运动情况录制为视频文件，以便于进行观察或者演示。在【驱动】对话框中，有一个红色的【录像】按钮◎，可以录制驱动约束时的零件运动情况。

1）如果要进行录制，可以单击【录像】按钮◎，则弹出【另存为】对话框。选择要录制的视频文件的文件名、路径和文件类型，其中文件类型只能是 AVI 文件。

2）单击【保存】按钮关闭【另存为】对话框，此时弹出【视频压缩】对话框。选择一种视频文件压缩的格式，还可以通过拖动下面的滑动条调节视频的压缩质量。一般来说，压缩质量越高，则图像越清晰，但文件体积也会更大。选择完毕后单击【确定】按钮，关闭【视频压缩】对话框。

3）可以单击【驱动】对话框中的【播放】按钮▶，如果选择【在录像时最小化对话框】复选框，则【驱动】对话框最小化，零件开始运动，同时录像也会开始。可以看到，录像时零部件的运动会比平时慢很多，这是因为在驱动约束的同时进行录像，系统资源消耗大而使得系统性能降低的缘故。

4）当运动结束时，录像也会自动停止。在运动的过程中如果关闭【驱动】对话框，则录像也会停止，视频文件中的内容仅是从开始录像到关闭【驱动】对话框时的零件运动情况。

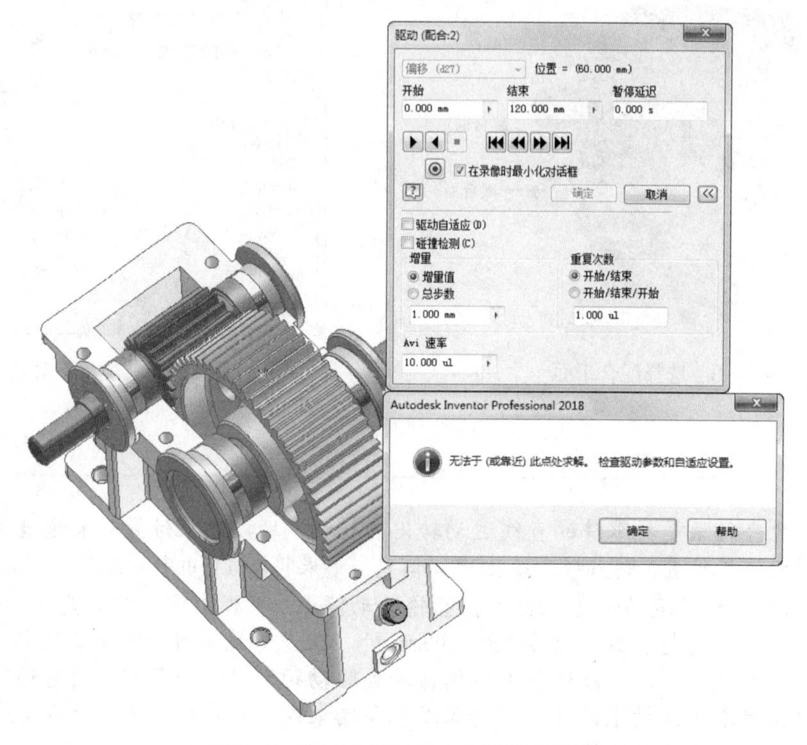

图11-5　无法求解时弹出出错信息提示

11.2　减速器的干涉检查

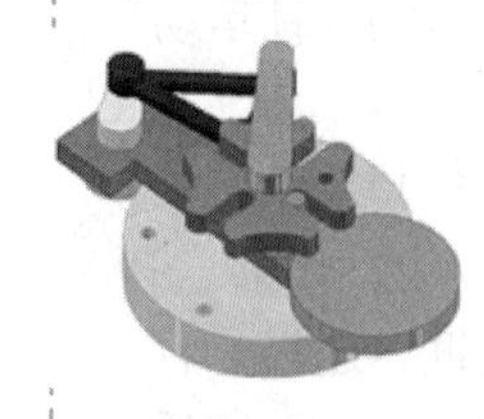

在装配完成以后，还需要检查零部件的设计以及装配是否合理。常见的检查就是干涉检查，即检查部件中的各个零件或者子部件之间是否存在干涉。如果存在干涉，那么零部件在实际安装时就会发生互相碰撞而无法完成装配，此时或者要对零件进行设计上的修改，或者改变装配方法以避免干涉。

在 Inventor 中，常用的检查干涉的方法有两种，即剖视部件以观察干涉和利用 Inventor 提供的干涉检查工具来检查两个零部件之间的干涉，下面分别讲述这两种方法在减速器部件中的实际应用。

11.2.1　剖视箱体以观察干涉

当减速器全部安装完成以后，它成为一个封闭的箱体，我们只能够观察它的外观，而不能观察到它的内部。由于减速器的很多零部件安装在箱体内部，所以如果要观察其零部件之间是否存在干涉情况，就必须能够观察到减速器内部。Invnetor 提供了一个很好的部件剖视的工具，这样就可以创建部件各种形式的剖视图，如半剖视图、1/4 剖视图、3/4 剖视图等，以方便地看到部件所有的内部特征。

1. 创建半剖视图观察齿轮、传动轴和油标尺的干涉

在减速器的设计过程中需要注意以下几点：

1）在减速器中，如果箱盖或者下箱体设计不当，会使其与齿轮存在干涉，那么减速器就不能正常工作。

2）在传动轴的安装过程中，其两端的轴承也要正确地安装在轴承孔中，不能与定距环发生干涉。

3）如果油标尺设计过短，当箱体润滑油位偏低时无法检测到润滑油液面高度，设计过长则容易与齿轮或者箱内壁发生干涉。

因此，在装配完成之后，有必要对两者进行观察，以确定是否存在干涉或者设计不合理的现象。下面分步讲解如何创建半剖视图以观察齿轮、传动轴和油标尺的安装情况。

1）观察齿轮与油标尺的安装位置。可以看到，在减速器宽度方向的 1/2 处创建半剖视图，能够很好地观察齿轮和油标尺与箱壁之间的位置关系。

首先应该创建用来作为剖面的工作平面，可以将箱体宽度方向的一个侧面偏移与另外一个对应侧面之间的距离的一半来创建一个工作平面，如图 11-6 所示。其实也完全可以借用零件中的工作平面。在设计箱盖时，为了创建内部的空腔特征，已经建立了一个与图 11-6 所示位置重合的工作平面，这时可以借用这个工作平面来完成剖视。如果这个工作平面不可见，在浏览器中选择这个工作平面，单击右键，在快捷菜单中选择【可见】选项即可。

2）单击【视图】标签栏【外观】面板中的【半剖视图】工具按钮，然后选择图 11-6 所示的工作平面，此时部件被剖切。单击右键，从快捷菜单中选择【确定】选项完成剖切，剖切后的部件如图 11-7 所示。

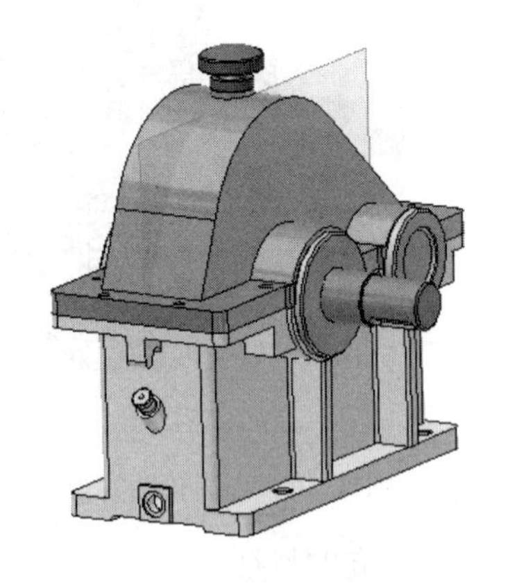

图11-6　创建工作平面

图11-7　剖切后的部件

从图 11-7 中可以看到，齿轮与箱体、油标尺与箱体以及油标尺与齿轮之间均没有干涉。另外，油标尺的长度设计也较为合理，既没有碰到箱底，长度也不过短，从而能够在润滑油液面较低时也可以检测到，同时还可以观察平键与齿轮、传动轴之间的安装情况。从图 11-7 中可以看到，平键的安装是正确的，恰好位于传动轴和齿轮的键槽之间。

3）为了能够观察传动轴及其轴承等零件的安装情况，需要创建一个垂直于箱盖与箱体的配合面且过传动轴轴线的工作平面，如图 11-8 所示。可以将下箱体加强筋的对应侧面偏移其厚度的一半来创建该工作平面。例如，下箱体中加强筋的厚度为 16mm，可以将其厚度方向的一个侧面偏移 8mm 来创建该工作平面。

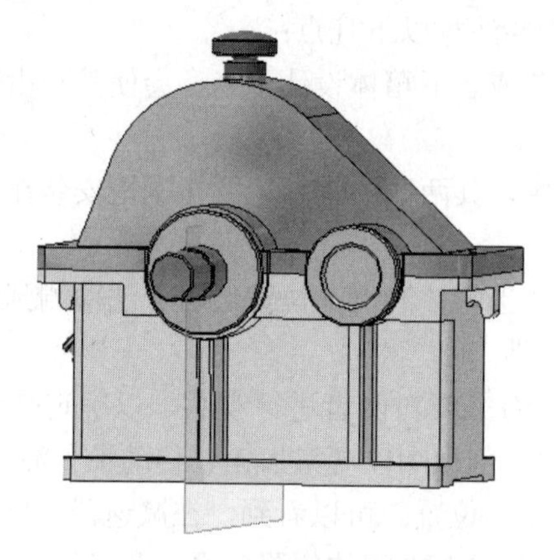

图11-8 创建工作平面

单击【视图】标签栏【外观】面板中的【半剖视图】工具按钮，选择创建的工作平面，单击右键，选择快捷菜单中的【确定】选项来完成剖切，被剖切的部件如图 11-9 所示。此时可以观察传动轴与轴承、轴承与轴承孔、轴承与定距环、定距环与端盖以及端盖与轴承孔之间是否装配合理、是否存在干涉等。小齿轮轴的半剖视图如图 11-10 所示。

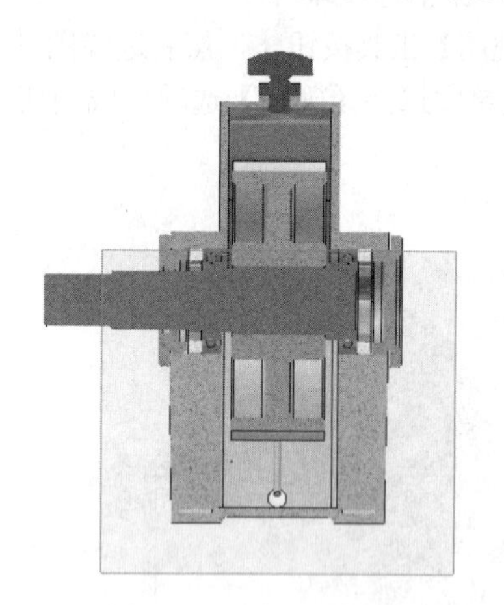

图11-9 剖切后的部件

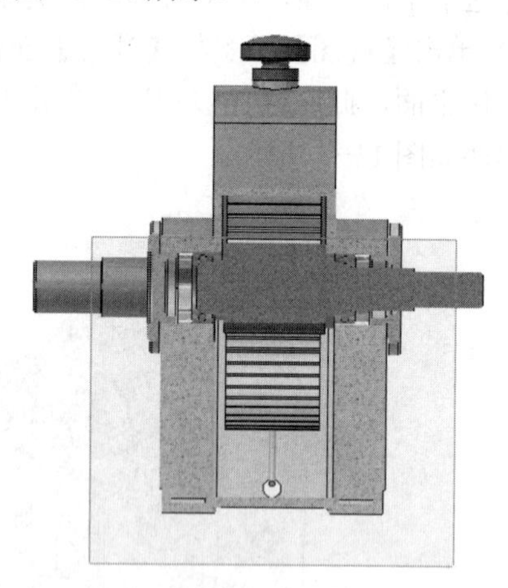

图11-10 小齿轮轴的半剖视图

2. 创建 1/4 剖或者 3/4 剖视图以便于同时观察两个方向的特征

创建半剖视图，一次只能观察一个方向，即垂直于剖面方向上的特征。如果要同时观察两个方向上的特征，则需要创建 1/4 剖视图或者 3/4 剖视图，图 11-11 所示为减速器的 3/4 视图图。从中可以看出，在 3/4 剖视图中，既可以观察齿轮是否与箱体内壁之间存在干涉，还可以观察传动轴及其附件的安装情况。3/4 剖视图或者 1/4 剖视图相对于半剖视图来说，增大了观察的范围。

要创建合适的1/4剖视图或者3/4剖视图，必须首先创建正确的剖切平面。一般选择工作平面作为剖切平面。在图11-11所示的3/4剖视图中，选择了图11-6中的工作平面和图11-8中所示的工作平面作为剖切平面，也可以选择这两个工作平面创建1/4剖视图，如图11-12所示。

图11-11 减速器的3/4剖视图

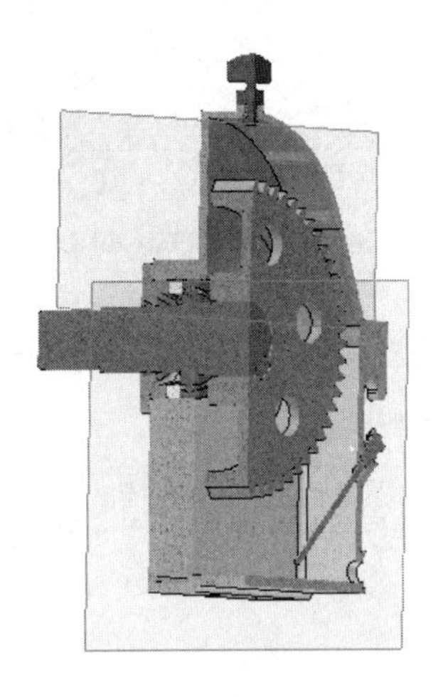

图11-12 减速器的1/4剖视图

11.2.2 检查静态干涉

剖视图只能直观地观察零部件之间是否存在干涉，当干涉体积很小、超出人眼观察范围，或者剖视图无法全面显示干涉部分时，可以利用Inventor提供的干涉检查工具来定量地检测干涉。注意，该工具只能够检查静止状态的零部件之间的干涉。

下面利用干涉检查工具来检查箱盖与通气器之间是否存在干涉。

1）选择【检验】标签栏【干涉】面板中【干涉检查】选项，弹出【干涉检查】对话框。

2）选择通气器为【定义选择集1】，选择箱盖为【定义选择集2】，单击【确定】按钮，完成干涉检查。

3）弹出的【检测到干涉】对话框，如图11-13所示。在该对话框中显示了发生干涉的零件为通气器和箱盖，以及干涉部分的体积和形心等，同时在部件中干涉的部分以红色显示。

注意

虽然这里检测到了零件之间的干涉，但是并不是说明零件的设计有问题，发生干涉的是零件之间的螺纹装配部分，由于在Inventor中的螺纹是通过贴图方式显示而不是真正的螺纹，所以即使螺纹连接部分的尺寸设计完全正确，也会检测到干涉，这时候将其忽略即可。

4）如果要检测大齿轮与箱体之间是否存在干涉，可以选择大齿轮和箱体分别作为【定义选择集1】和【定义选择集2】，这时检测不到任何干涉，系统会弹出对话框，告知【没有检测到干涉】，如图11-14所示。

图11-13 【检测到干涉】对话框

图11-14 没有检测到干涉时的对话框

11.2.3 检测运动过程中的干涉

显然，仅检测静态干涉是不够的，因为很多时候运动情况下的干涉更加重要。Inventor 也提供了检查零部件运动过程中干涉的工具。由于是通过驱动约束来使零部件进行运动，所以这个动态检测干涉的工具是和驱动约束工具一起使用的。下面以检测减速器各个零部件之间的运动干涉为例，简要讲述如何检测零部件运动过程中的干涉。

在浏览器中选择前面所建立的用来驱动大齿轮和小齿轮共同运动的配合约束，单击右键，从快捷菜单中选择【驱动】选项，弹出【驱动】对话框。选择【碰撞检测】复选框，然后单击【播放】按钮▶，此时齿轮开始在驱动约束的作用下运动，当检测到零部件之间的干涉时，运动停止，同时系统会弹出对话框，显示【检测到冲突】，发生干涉的零部件的轮廓线会变成红色并亮显，如图 11-15 所示。检测到零部件运动过程中的干涉以后，可以修改零部件，或者对装配关系进行修改，以消除零部件之间不正确的干涉关系。

当检测到干涉时，运动就会停止在发生干涉的位置处，这时如果要确定发生干涉零部件的干涉部分位置等详细信息，可以选择【检验】标签栏中的【干涉检查】选项，弹出【干涉检查】对话框后，选择发生干涉的零部件分别作为【定义选择集 1】和【定义选择集 2】，然后单击【确定】按钮，即可在弹出的【检查到干涉】对话框中获得干涉部分的详细信息。

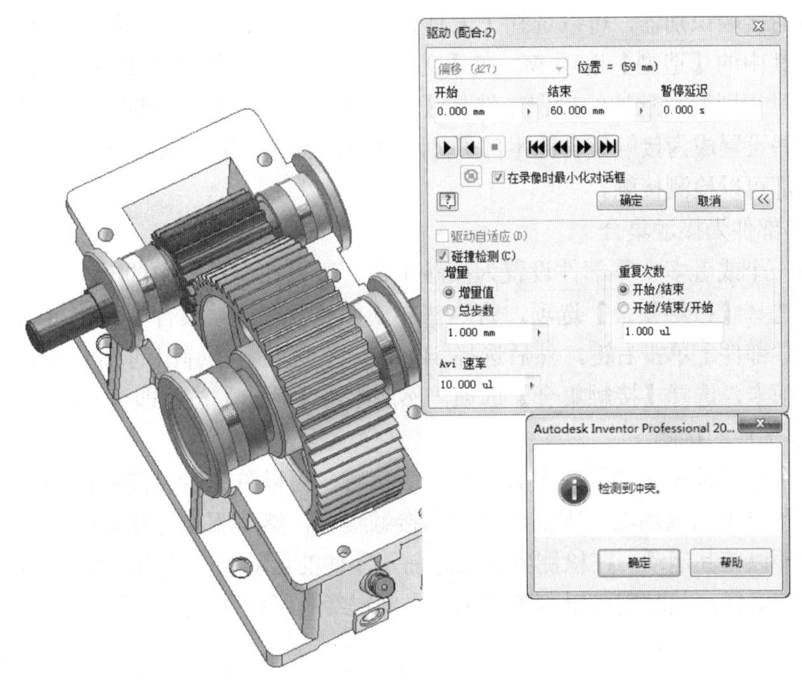

图11-15　检测到运动过程中的干涉

11.2.4　检测零部件的接触

1. 接触识别器的工作原理

在实际的机构设计中，很多情况下需要依靠零部件之间的接触进行工作，如图 11-16 所示的凸轮机构。有时候就需要检测两个零部件什么时候开始发生接触，以及某些零部件是否能够按照预期的方式运动等，这时可以使用 Inventor 的接触识别器工具来判断零部件的接触情况。

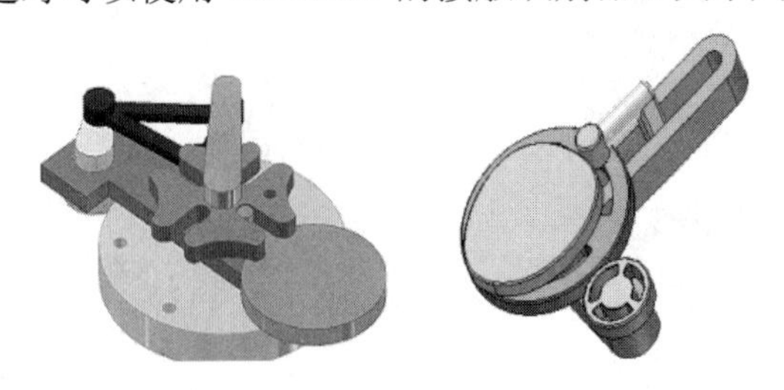

图11-16　凸轮机构

接触识别器的工作原理：如果激活了接触识别器工具，并且将某些零部件设置为接触集合，那么在驱动约束运动过程中，如果这些零部件发生接触，系统会做出对应的反应。如果要观察某个零件是否能够按照预期的方式运动，可以把与该零件有接触关系的零件的【接触集合】属性去掉，或者不激活接触识别器工具，那么在驱动约束时，零件就会按照已有的轨迹运动而不

考虑与其他零件的接触关系。这样就可以观察零件是否能够按照预期的方式运动，因为此时零件不受外部接触的干扰。

2．激活接触识别器

如果要激活接触识别器，可以选择【工具】标签栏中的【文档设置】项，弹出【文档设置】对话框。选择其中的【造型】选项卡，在【交互式接触】选项中选择【接触识别器关闭】复选框，将关闭接触识别器。默认的设置是选择【接触识别器关闭】复选框。选择【仅接触集合】选项，只有那些设置成为接触集合的零部件才可以检测接触，也可以选择【所有零部件】选项，则所有零部件都可以检测接触。

3．设置零部件为接触集合

如果要将一个或者多个零部件设置为接触集合，可以在浏览器中的一个或多个零部件上单击右键，然后选择【接触集合】选项，将这些零部件包含在接触集合中，也可以在绘图区域中的一个或多个零部件上单击右键，然后选择 iProperty 选项，在弹出的 iProperty 对话框中选择【引用】选项卡，选择【接触集合】选项，然后单击【确定】按钮即可。

4．检测零部件的接触

要检测两个零部件在运动过程中有没有发生接触，可以首先激活接触识别器，然后在浏览器中通过快捷菜单中的选项将该零部件设置为接触集合，然后驱动这些零部件的装配约束或者拖动这些零部件以使其运动。在检测到接触之前，零件的运动十分顺畅，但是一旦检测到接触，则运动速度立刻降低，此时则可以判断零部件之间已经有了接触。

注 意

接触不是干涉，接触指零部件的表面之间有接触，当然也包含了零部件之间的干涉；干涉指零部件之间有相交的体积，如果仅仅是表面有接触而相交体积为零，则不算作干涉。

5．检查零部件是否按照预定轨迹运动

如果要观察零部件是否按照预定的轨迹运动，则可以关闭接触识别器，或者将零件的【接触识别】属性取消，然后通过驱动约束使零部件运动。如果零部件能够按照预定的方式运动，则说明零部件的装配约束是正确的。

第 12 章

减速器工程图与表达视图设计

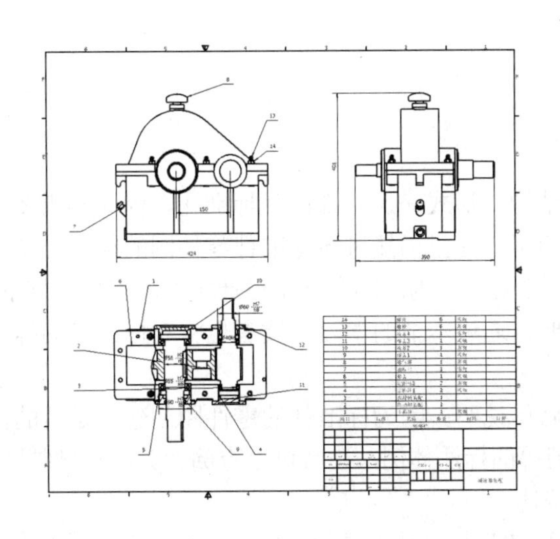

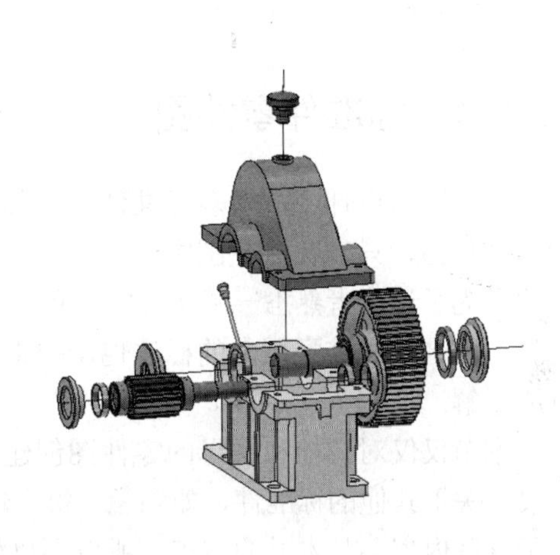

导读

本章主要讲述减速器中零部件的工程图，如零件图和部件装配图的创建方法和技巧，以及能够更清楚表达部件装配关系的表达视图的创建方法，最后介绍利用表达视图生成爆炸图和装配动画的基本步骤。

精彩内容

- 零件图绘制
- 装配图绘制
- 减速器表达视图

12.1 零件图绘制

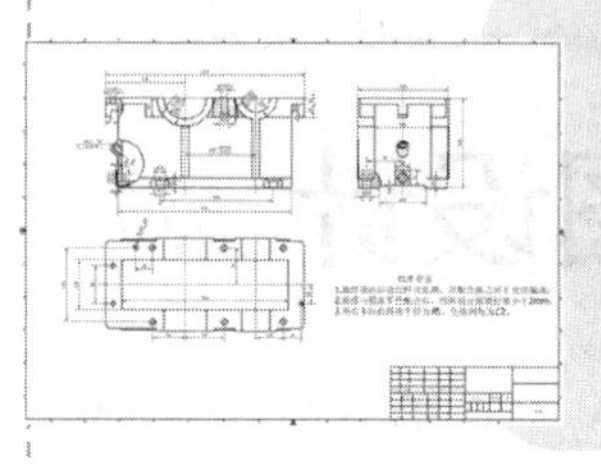

在 Inventor 中，绘制零件图的一般步骤是：

1）选择合适的视图以表达零件的所有特征。

2）为其进行尺寸标注。

3）进行技术要求的标注。

4）填写标题栏。

12.1.1 标准件零件图

在实际的设计中，很多标准件由于其结构、形式、尺寸都已经标准化，因此不需要画出它们的零件图，只需在装配图中注明其标记即可。这里仍然讲述标准件零件图的绘制方法，主要目的是为了让读者熟悉一下实际的工程图创建过程，为后续章节中设计零件的工程图打下基础。另外，标准件在装配图中的标注也十分重要，通过本节的学习，读者也将对标准件的标注格式有所了解。

本节仅仅对螺栓和螺母的零件图创建略作说明。因为标准件的零件图创建不是目的，而是手段。关于其他的标准件，如轴承、键、销等的标注体例，读者可以查阅有关的机械制图标准，由于这些内容不是本书的重点，所以不再赘述。

在 Inventor 中，所有零部件的二维工程图都是自动生成的，螺栓、螺母也不例外。这样就不用手工绘制螺栓、螺母中的螺纹，最主要的工作就是零件的标注。虽说如此，实体设计阶段的螺栓、螺母的三维形状决定了其工程图中的外观样式。由于螺栓与螺母是标准件，所以零件的各个特征的尺寸都是符合一定的标准，在三维设计时就一定要注意这一点。例如，螺帽与螺杆的长度就不能够随意设定，一定要查阅相关的标准，这样自动生成的工程图才会符合螺栓、螺母的外形绘制标准。图 12-1 所示为在工程图绘制标准中螺栓与螺母的比例画法。

下面按照绘制零件图的一般顺序，介绍螺栓的零件图创建过程，螺母的零件图创建由于篇幅所限，仅以范例展示。

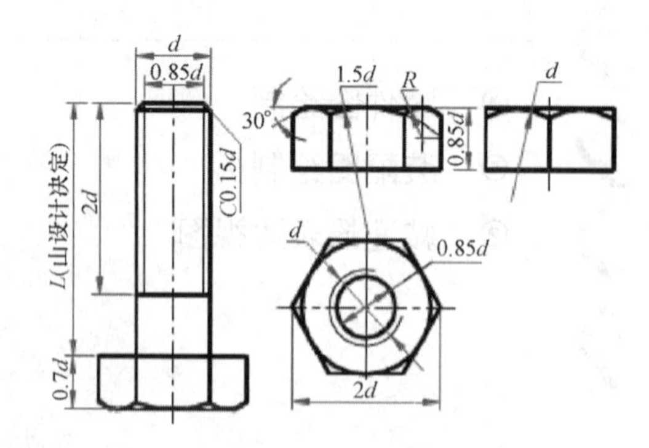

图12-1　工程图绘制标准中螺栓与螺母的比例画法

螺栓的零件图文件位于网盘中的“\第 12 章\减速器”目录下，文件名为“螺栓.idw”。

1．新建文件

运行 Inventor，单击【快速入门】标签栏【启动】面板中的【新建】工具按钮，在弹出的【新建文件】对话框中选择 Standard.idw 选项；然后单击【创建】按钮，新建一个工程图文件。

注 意

此时无须保存文件，当创建了一个零件的零件图以后在保存文件时，系统会自动把零件的文件名作为当前工程图文件的文件名（扩展名不同）。例如，如果创建了文件名为螺栓.ipt 的零件的工程图，则在保存工程图文件时默认文件名为螺栓.idw。建议采用默认的文件名，因为如果零件图和工程图文件名称一样，就易于区分和管理。

2．选择合适的视图

螺栓与螺母的外形简单，而且是标准件，因此采用基本的三视图（主视图、俯视图和左视图）就完全可以表达清楚零件的特征。

1）单击【放置视图】标签栏【创建】面板中的【基础视图】工具按钮，弹出【工程视图】对话框。

2）在【工程视图】对话框中选择要创建工程图的零件。这里选择创建好的螺栓的文件螺栓.ipt，当保存工程图文件时，文件名自动设置为螺栓.idw。

3）在 ViewCube 中选择一种合适的视图方向。这里我们选择创建右视图作为图样中的主视图（区别于建立在主视图基础上的投影视图）。

4）【工程视图】对话框中的其他设置如图 12-2 所示。单击【确定】按钮，完成主视图的创建，如图 12-3 所示。

图12-2 【工程视图】对话框

5）创建了视图之后，可以用鼠标将其拖动到图样中合适的位置。

6）为了表达螺帽端部的特征，还需要为螺栓创建一个投影侧视图。单击【放置视图】标签栏【创建】面板中的【投影视图】工具按钮，选择已经创建的主视图，向右拖动鼠标，在适当的位置单击左键，确定要创建的视图的位置；然后单击右键，选择快捷菜单中的【创建】选项，则投影视图被创建，如图 12-4 所示。

注 意

由于创建的螺纹是真实的螺纹，而不是使用 Inventor 的螺纹工具创建的，所以在生成工程图的时候不会生成如图 12-5 所示的标准螺纹工程图样式。在设计螺栓时，为了使得零件更加真实，采用了切削真实螺纹的方法。在实际设计过程中，如果需要在工程图中正确地表达螺纹，可以选择【螺纹】工具，创建以贴图形式表达的螺纹。

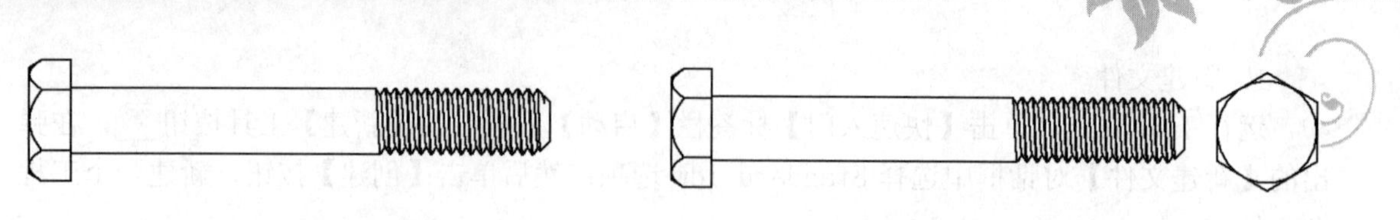

图12-3 主视图　　　　图12-4 投影视图

7）为了使工人在读零件图的时候更加容易，可以在零件图中添加零件的轴测图以更加清楚地表达零件的实体特征。单击【放置视图】标签栏【创建】面板中的【投影视图】工具按钮，选择主视图；然后向右下方或者左上方等与水平或者竖直方向大概倾斜 45°的方向上拖动鼠标，则此时出现轴测图的预览。

8）单击鼠标左键，确定创建轴测图的位置。

9）单击鼠标右键，选择快捷菜单中的【创建】选项，即可创建零件的轴测图。

为螺栓添加轴测图后的工程图如图 12-6 所示。

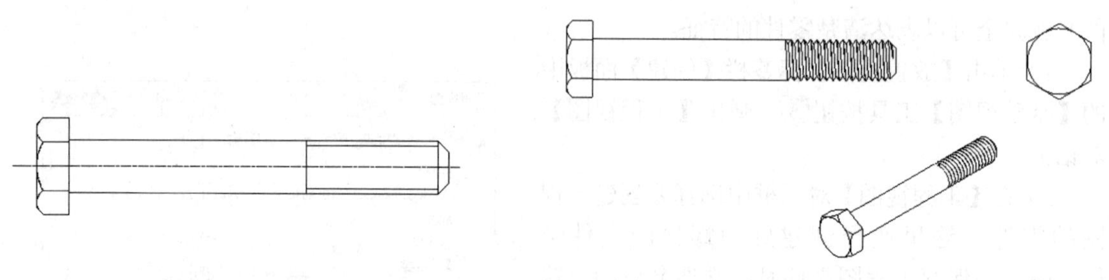

图12-5 标准螺纹工程图样式　　　　图12-6 添加轴测图后的工程图

3．尺寸标注

对于回转类零件和其他具有对称特征的零件，或者零件上的回转体特征如孔、圆柱等，在其工程图上一般都需要标注中心标记，在主视图和侧视图中添加中心标记的方法如下：

1）对于螺栓的主视图，单击【标注】标签栏【符号】面板中的【对分中心线】工具按钮，然后选择螺杆的两条水平方向的轮廓线，则创建螺栓的中心线，如图 12-7 所示。

2）对于投影侧视图，单击【标注】标签栏【符号】面板中的【中心标记】工具按钮，移动鼠标指针到圆形中心左右，则圆形的中心被自动捕捉，显示为一个绿色的小圆点，单击左键即可在圆形中心处创建中心标记，如图 12-7 所示。

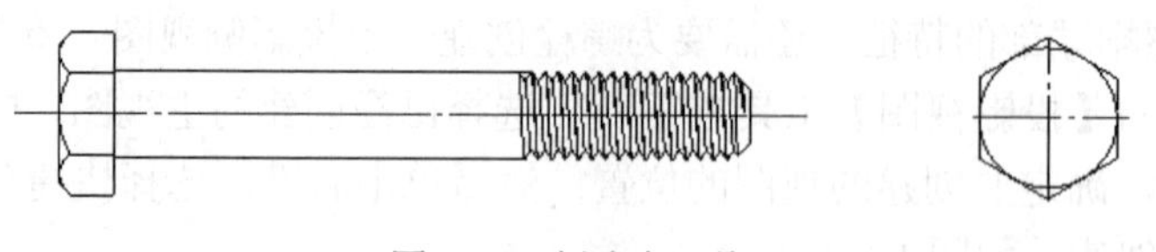

图12-7 创建中心线

螺栓的尺寸标注包括螺杆的标注和螺纹的标注两部分。其中，螺纹的标注是主要部分，螺纹标注包括螺纹的国标代号、规格尺寸和性能等级。对于本节中螺栓的螺纹标注，可以：

1）单击【标注】标签栏【尺寸】面板中的【尺寸】工具按钮，然后选择螺杆的两条水平轮廓线，引出螺纹大径尺寸，创建该尺寸。

2）在尺寸上单击右键，选择快捷菜单中的【文本】选项，弹出【编辑尺寸】对话框，编辑尺寸文本，如图 12-8 所示。输入图 12-8 所示的文本作为螺栓的尺寸标注。

3）单击【确定】按钮，完成文本的修改以及螺栓的标注。

此时，螺栓上的螺纹尺寸标注如图 12-9 所示。其尺寸标注的含义是：螺纹规格 d = M10，公称长度为 70mm，性能等级 8.8 级的 A 级的六角头螺栓。

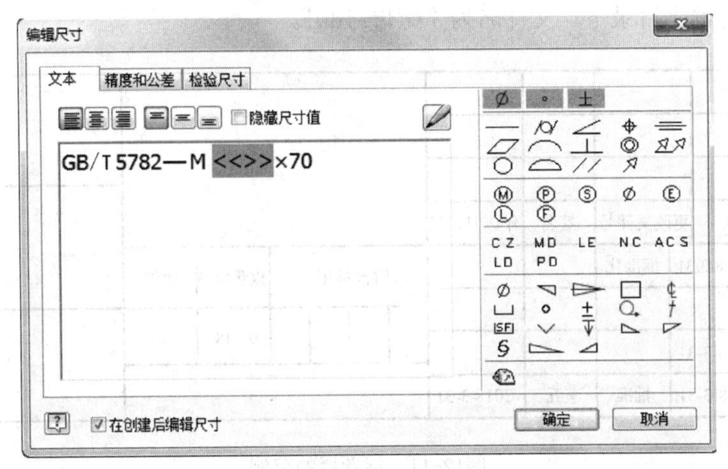

图12-8 【文本格式】对话框

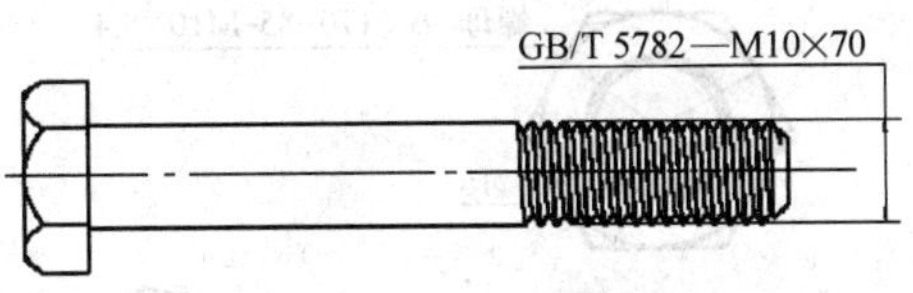

图12-9 螺纹尺寸标注

注 意

默认情况下，自动生成的尺寸在【文本格式】对话框中以红色的<<>>形式显示，用户不能够在文本框中将其删除或者修改。如果确实要修改的话，可以在需要修改的尺寸上单击右键，选择快捷菜单中的【隐藏数值】选项，再次打开【文本格式】对话框，这样就可以对尺寸值进行修改了。

4）为螺杆标注尺寸，具体过程不再详述。最后完成标注的螺栓零件图如图 12-10 所示。

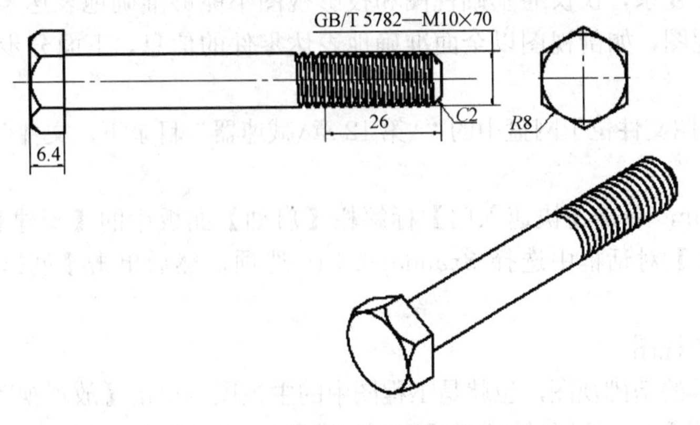

图12-10 完成标注的螺栓零件图

4．填写标题栏

选择【文本】工具，填写零件图的标题栏。具体的方法可以参考前面的相关章节，图 12-11 所示为填写的标题栏的范例。

螺母的标注不再具体讲述，其零件图如图 12-12 所示。螺母的零件图文件位于网盘中的“\第 12 章\减速器”目录下，文件名为“螺母. idw”。

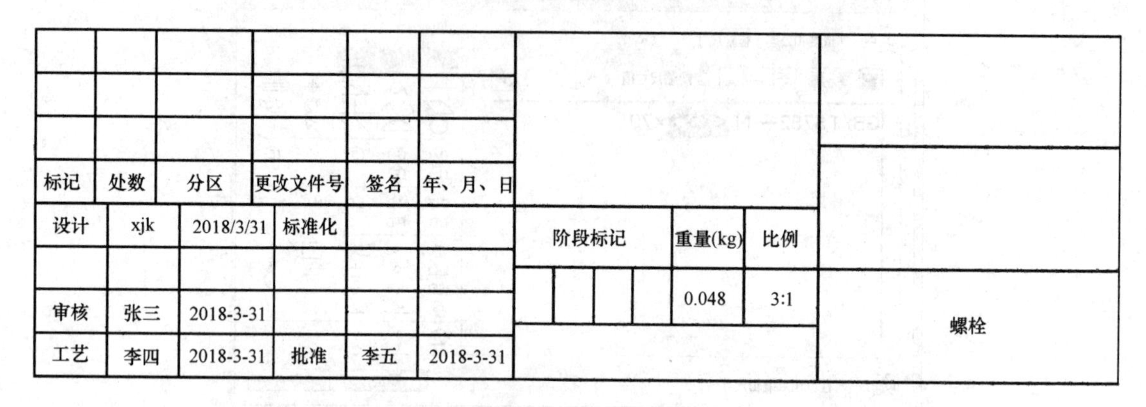

标记	处数	分区	更改文件号	签名	年、月、日				
设计	xjk	2018/3/31	标准化			阶段标记	重量(kg)	比例	
							0.048	3:1	
审核	张三	2018-3-31							螺栓
工艺	李四	2018-3-31	批准	李五	2018-3-31				

图12-11　标题栏的范例

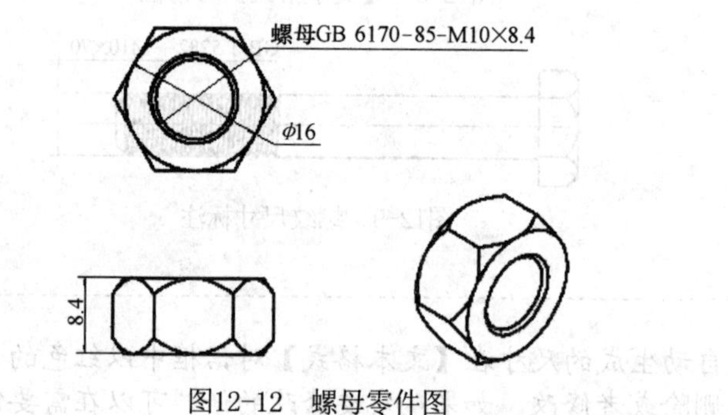

图12-12　螺母零件图

12.1.2　传动轴零件图

传动轴比螺栓复杂，仅仅靠基础视图和投影视图不能够准确地表达零件的某些特征，因此需要创建其他视图，如剖视图以全面准确地表达零件的信息。下面分步骤介绍传动轴零件图的创建过程。

传动轴的零件图文件位于网盘中的“\第 12 章\减速器”目录下，文件名为“传动轴. idw”。

1．新建文件

运行 Inventor，单击【快速入门】标签栏【启动】面板中的【新建】工具按钮，在弹出的【新建文件】对话框中选择 Standard. idw 选项，然后单击【创建】按钮，新建一个工程图文件。

2．选择合适的视图

1）创建传动轴的基础视图，也就是工程图中的主视图。单击【放置视图】标签栏【创建】面板中的【基础视图】工具按钮，弹出【工程视图】对话框。在【文件】选项中选择传动轴. ipt，默认方向为【前视图】方向，工程图的其他设置如图 12-13 所示。将其放置在适当位置，如图 12-14 所示。

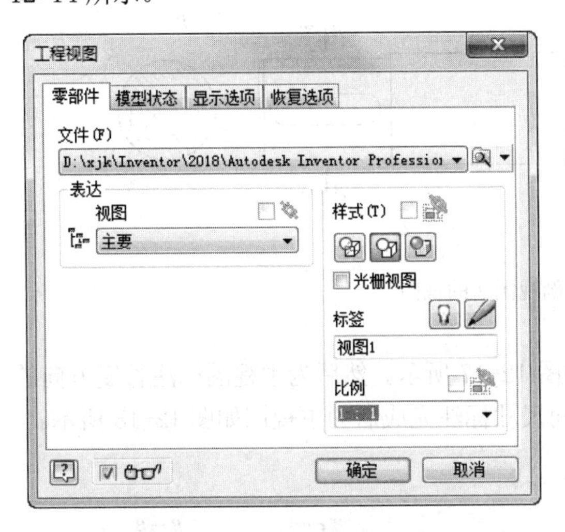

图12-13　【工程视图】对话框

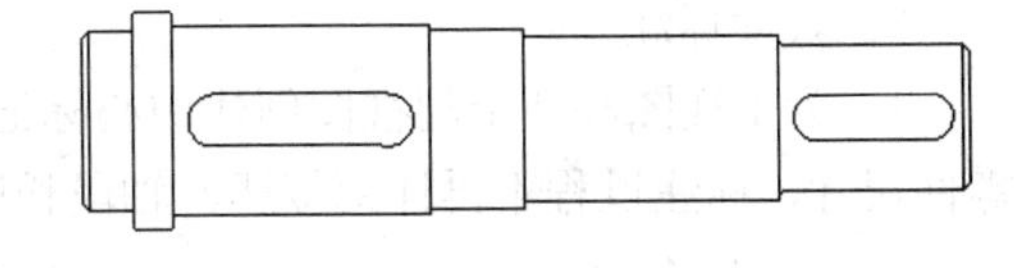

图12-14　传动轴的主视图

2）由于传动轴是一个回转体，主视图已经可以看好地表达其特征信息，所以无须再创建侧视图，但是主视图无法表现键槽特征的某些信息，如键槽的深度，所以需要为表现键槽的特征而创建合适的视图。在工程图中，为了表达键槽的特征，一般都采用剖视图的方法。下面介绍一下创建剖视图以表达键槽特征信息的方法。

① 单击【放置视图】标签栏【创建】面板中的【剖视】工具按钮，选择刚才创建的传动轴的主视图，然后在键槽长度的大约一半处绘制一条竖直的直线以作为剖切线，接着绘制一条水平向右的直线作为投影方向线。

② 单击右键，选择快捷菜单中的【继续】选项，则出现剖视图的预览图，并弹出【剖视图】对话框以设置生成剖视图的各种选项，移动鼠标以选择合适的位置放置剖视图，如图 12-15 所示。单击左键完成剖视图的创建。

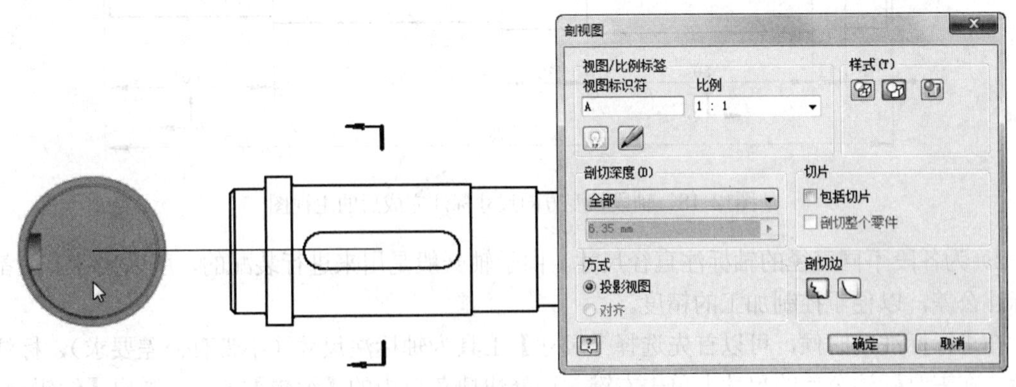

图12-15　创建第一个键槽剖视图

③ 由于传动轴上有两个键槽，所以还需要为另外一个键槽创建剖视图。创建方法与第一个键槽的剖视图创建方法类似，两个剖视图都创建完毕后的视图如图 12-16 所示。

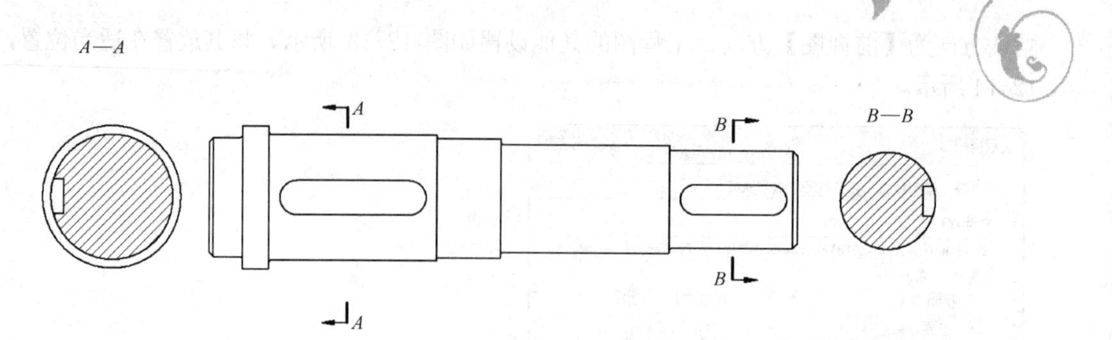

图12-16　创建两个剖视图后的视图

3．尺寸标注

1）为主视图和两个剖视图创建中心标记，如图 12-17 所示。然后为主视图标注长度方向的零件尺寸，标注过程不再详细叙述。轴段长度方向尺寸标注完成后的主视图如图 12-18 所示。

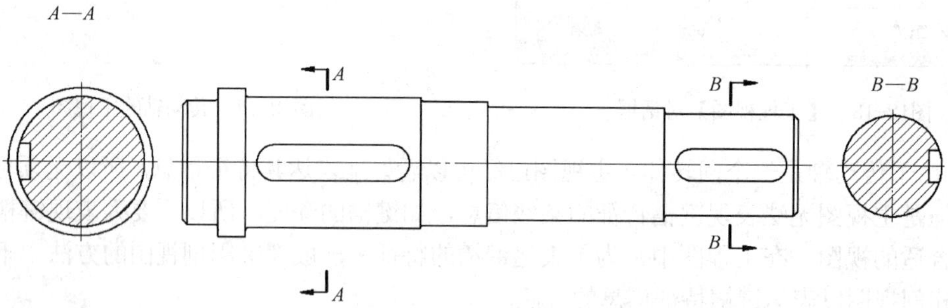

图12-17　创建中心标记

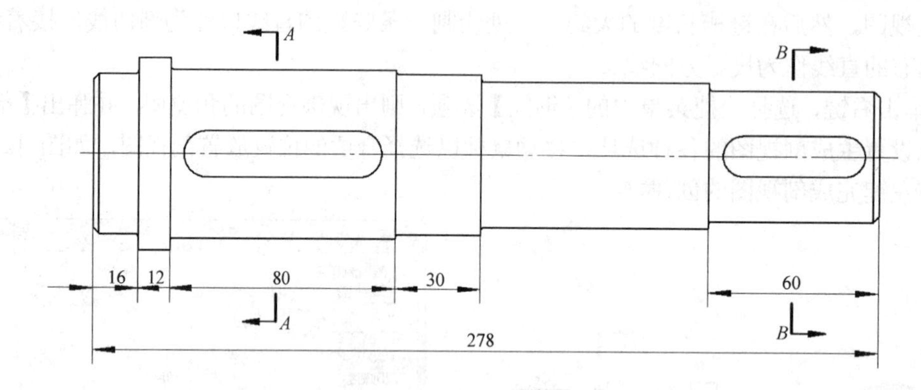

图12-18　轴段长度方向尺寸标注完成后的主视图

2）为各段不同直径的轴标注直径尺寸。由于轴一般是用来进行装配的，所以尺寸一般都需要标注公差，以便于控制加工的精度。

在进行标注的时候，可以首先选择【尺寸】工具为轴标注尺寸（不带有公差要求），标注完成后，在需要标注公差的尺寸上单击右键，选择快捷菜单中的【编辑】选项，弹出【编辑尺寸】对话框，如图 12-19 所示。选择【精度和公差】选项卡，【公差方式】列表框中列出了所有的公差方式，从中选择一种方式，选择的方式决定了对话框中其他的选项哪些是可用的。

选择【偏差】方式，则【上偏差】和【下偏差】选项是可用的，可以设置上、下偏差的具体数值。设置完毕后，单击【确定】按钮，完成尺寸的公差设置，此时的尺寸上也添加了公差标注，如图 12-20 所示。【编辑尺寸】对话框中【精度】选项组可用于设置数值精度，数值将按指定的精度四舍五入，单击下三角按钮并从列表中进行选择。【基本单位】选项可用于设置选定尺寸的基本单位的小数位数；【基本公差】选项可用于设置选定尺寸的基本公差的小数位数。尺寸精度和公差参数设置完成后，为其他轴段进行类似的尺寸标注，所有轴段尺寸及公差标注完成后的工程图如图 12-21 所示。

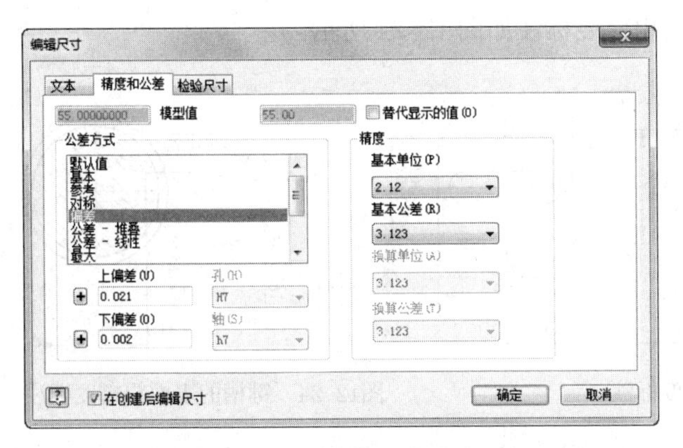

图12-19 【编辑尺寸】对话框

图12-20 为尺寸添加公差标注

3）为键槽特征标注尺寸。键槽特征需要三个尺寸来进行定义，即长度、宽度和深度。可以在主视图上标注长度，在剖视图上标注宽度和深度，如图 12-22 所示。

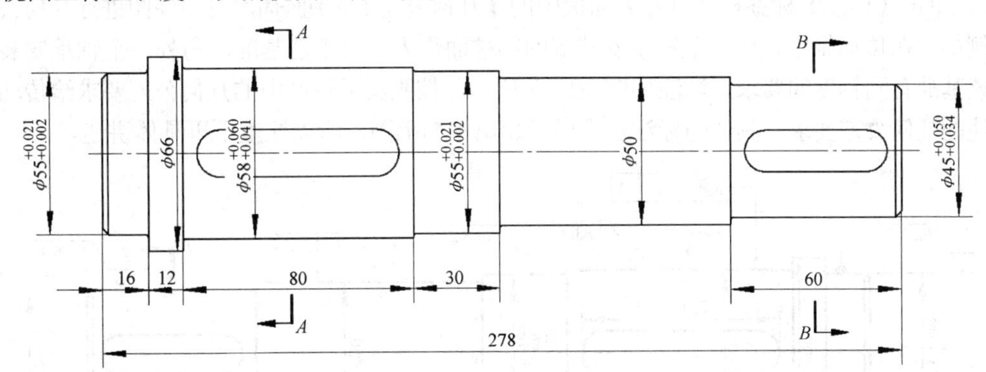

图12-21 轴段尺寸及公差标注完成后的工程图

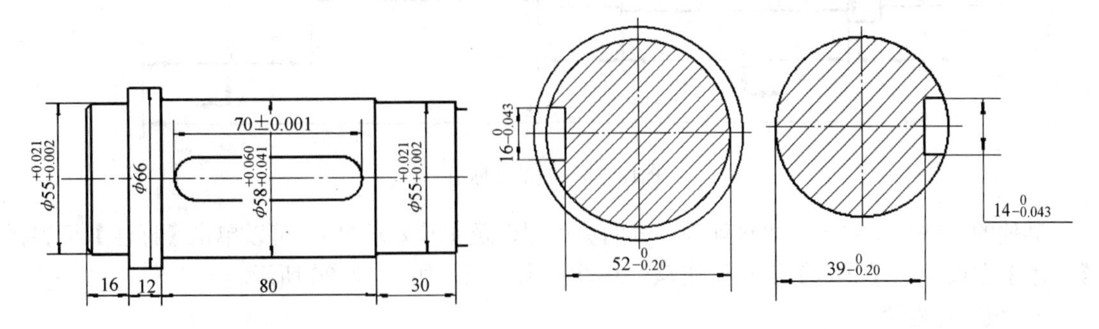

图12-22 标注键槽尺寸

4．技术要求标注

技术要求一般包括表面粗糙度、尺寸公差、形状和位置公差、热处理和表面镀涂层，以及零件制造检验、实验的要求等。可以根据实际情况在零件中按照国家标准规定给出正确的标注。

传动轴上需要安装轴承和齿轮，因为安装处存在表面接触，因此需要标注表面粗糙度。图12-23所示为传动轴的表面粗糙度标注情况。另外，键槽部分由于也存在表面接触，也需要进行表面粗糙度的标注，其中一个键槽的表面粗糙度标注如图12-24所示。

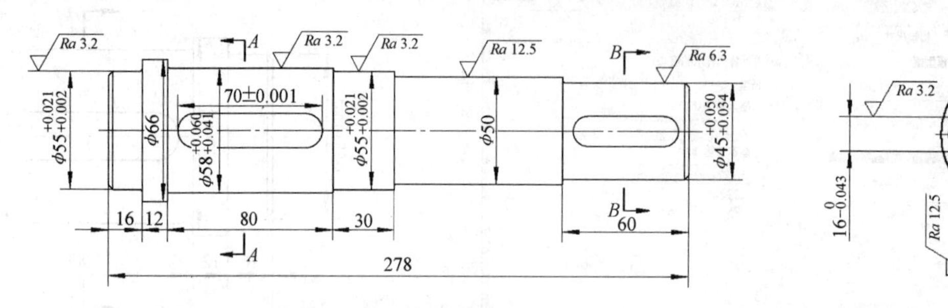

图12-23　传动轴的表面粗糙度标注

图12-24　键槽的表面粗糙度标注

如果要对传动轴进行形状、位置公差标注，首先应该确定工艺基准。

1）单击【标注】标签栏【符号】面板中的【基准标示符号】工具按钮，选择零件上可以作为基准的部分，添加基准符号。

2）单击【标注】标签栏【符号】面板中的【几何公差】按钮，对零件图进行几何公差标注。例如，在传动轴中，以一个轴承安装端的圆柱面作为一个工艺基准，另外一个轴承安装部位则与该基准有同轴度的要求，标注如图12-25所示。按照实际生产中的几何公差要求给传动轴添加其他的几何公差要求，具体的标注由于已经超出本书范围，所以这里不再具体讲述。

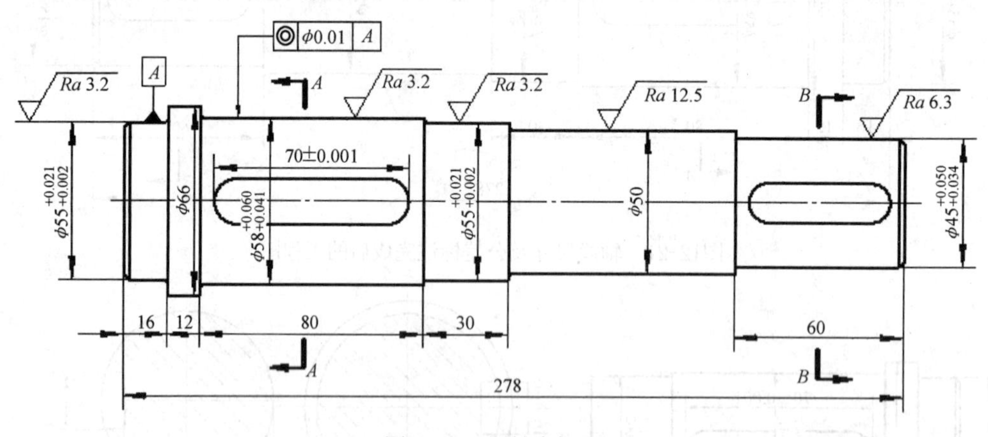

图12-25　同轴度标注

其他的一些技术要求（如热处理、表面涂镀层以及实验要求等），可以单击【标注】标签栏【文本】面板中的【文本】工具按钮A，标注技术要求，如图12-26所示。

5．填写标题栏

标题栏的填写与螺栓的标题栏填写类似，这里不再赘述。需要注意的是，标题栏中零件名称和设计者自动由系统确定，设计者是在【选项】对话框中设置的用户名（通过选择【工具】标题栏中的【应用程序选项】选项打开）如 administrator，零件名称是生成零件图的零件文件的名称，如传动轴，用户不可以通过编辑文本的方式改变这两个项目。对于标题栏中的其他项目，可以使用【文本】工具进行填写。

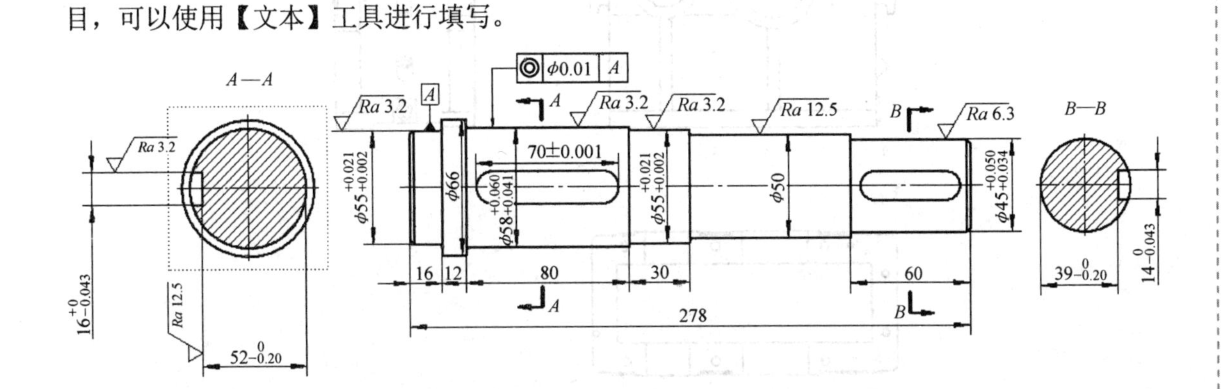

技术要求
1.调质200～250HBW。
2.所有台阶处倒角R2。
3.表面淬火处理。

图12-26 技术要求标注

12.1.3 下箱体零件图

通过传动轴和螺栓零件图创建过程的学习，读者已经大概掌握了创建零件图的一般过程和方法。下箱体是减速器部件中较为复杂的零件，通过学习其零件图的绘制，读者可以了解复杂零件的零件图创建技巧，提高零件图绘制的综合水平。下面分步扼要介绍下箱体零件图的创建过程。

下箱体的零件图文件位于网盘中的“\第 12 章\减速器”目录下，文件名为“下箱体.idw”。

1. 新建文件

运行 Inventor，单击【快速入门】标签栏【启动】面板中的【新建】工具按钮，在弹出的【新建文件】对话框中选择 Standard.idw 选项，然后单击【创建】按钮，新建一个工程图文件。

2. 选择合适的视图

下箱体具有非常繁多复杂的特征，凭借一个视图已经不能够完全表达零件的特征，因此这里需要同时创建主视图、俯视图和左视图以表达零件。另外，零件中有一些特征是这三个视图也无法表达的，如油标尺安装孔和一些螺栓孔等，所以还需要创建局部剖切视图以表达这些特征。

1）创建基本视图　单击【放置视图】标签栏【创建】面板中的【基础视图】工具按钮，在 ViewCube 中选择右视图作为主视图，在【工程视图】对话框中设置【比例】为 1∶2；然后创建其俯视图和左视图。创建的基本视图如图 12-27 所示。

2）创建局部剖视图　油标尺安装孔在三个视图上都无法很好地表达，因此为其创建局部剖

视图。有关创建局部剖视图的具体方法可以参照第 5 章的相关内容，这里仅介绍创建局部剖视图的步骤。

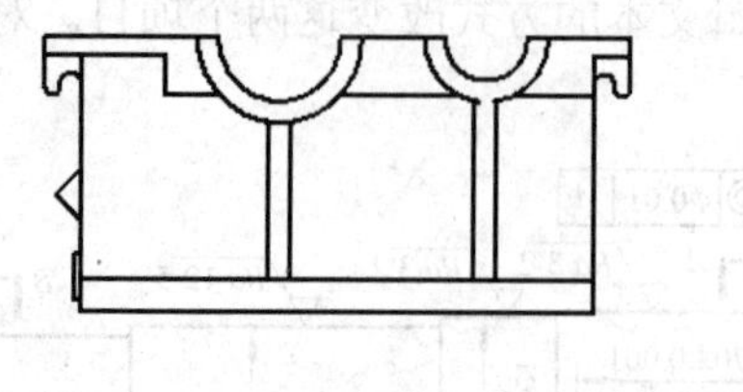
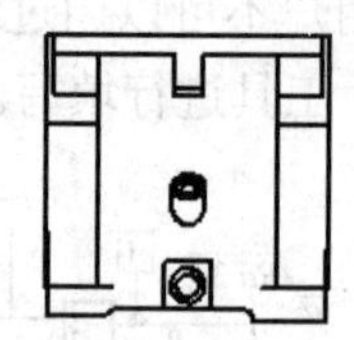
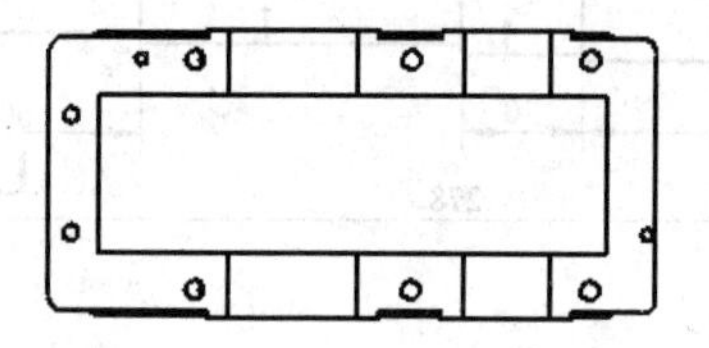

图12-27　下箱体的基本视图

1）选择主视图。单击【放置视图】标签栏【草图】面板中的【开始创建草图】工具按钮，创建一个草图；单击【草图】标签栏【绘图】面板中的【圆】工具按钮，绘制一个如图 12-28 所示的圆；然后单击【草图】标签栏中的【完成草图】工具按钮，退出草图环境，进入工程图环境。

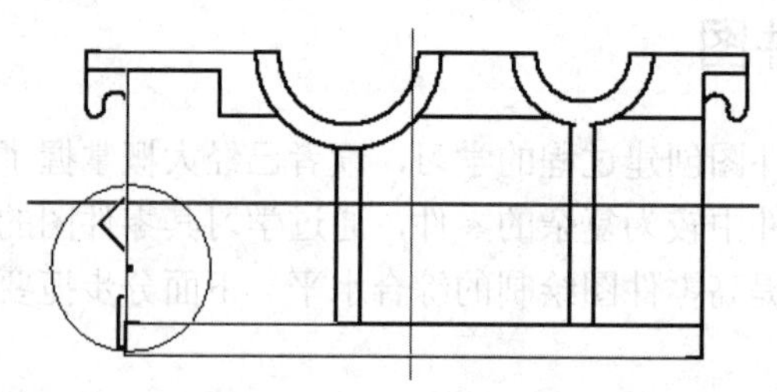

图12-28　在草图中绘制圆

2）单击【放置视图】标签栏【修改】面板中的【局部剖视图】工具按钮，然后选择主视图，弹出【局部剖视图】对话框。

3）在草图中绘制的圆被自动选择作为剖切边界的截面轮廓，在【深度】选项中选择【自点】项，在主视图中选择图 12-29 所示的点作为剖切的起始点，最后设置剖切的深度，这里指定为 93mm。

注 意

剖切起始点和剖切深度不是任意设定的，二者之间存在一定的关系。例如，在下箱体中，从剖切起始点开始剖切，剖切到指定深度的时候，恰好能够切掉油标尺安装孔的一半，这时正好可以观察安装孔的特征。总之，两者的设置应该使得剖切视图能够恰好表达特征，所以在选择剖切起始点和设定剖切深度的时候，一定要经过计算。另外，也可以通过单击鼠标左键在视图中创建剖切起始点，注意点总是创建在最靠近外面（即距离读者最近）的表面上。

4）单击【确定】按钮，完成油标尺安装孔局部剖视图的创建，如图 12-30 所示。

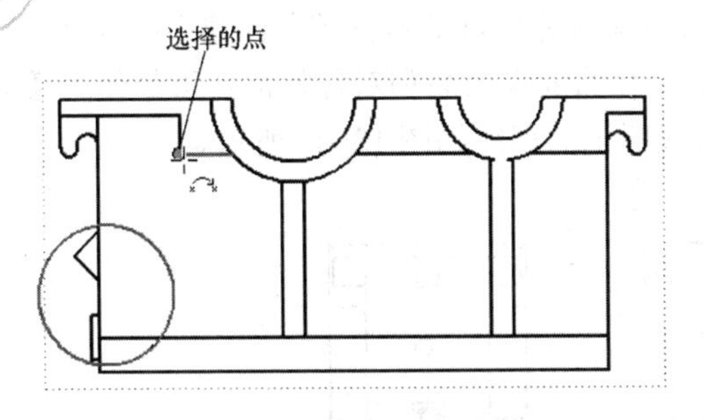

图12-29　选择剖切起始点

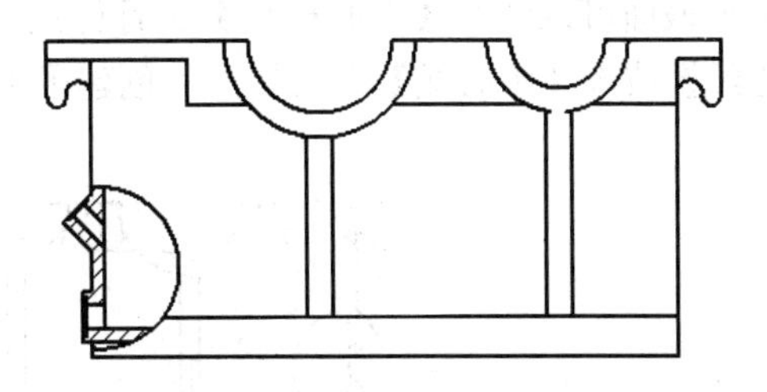

图12-30　创建油标尺安装孔的局部剖视图

5）创建零件上出油孔和安装孔的局部剖视图。具体过程这里不再赘述，其截面轮廓和【局部剖视图】对话框中的设置如图 12-31 所示。其中出油孔可以借助油标尺安装孔的截面轮廓，只需要将其圆形的截面轮廓增大到能够覆盖出油孔即可。另外，零件底座上的固定孔可以在左视图中进行局部剖切，具体过程不再详细讲述，其截面轮廓和【局部剖视图】对话框中的设置如图 12-32 所示。

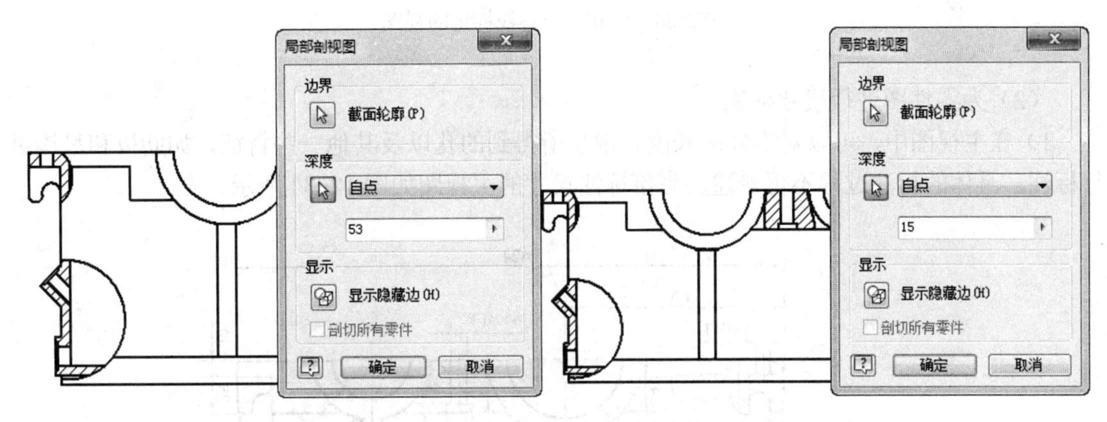

图12-31　创建出油孔和安装孔的局部剖视图

至此，零件的视图已经选择并创建完毕，然后可以为其标注尺寸了。

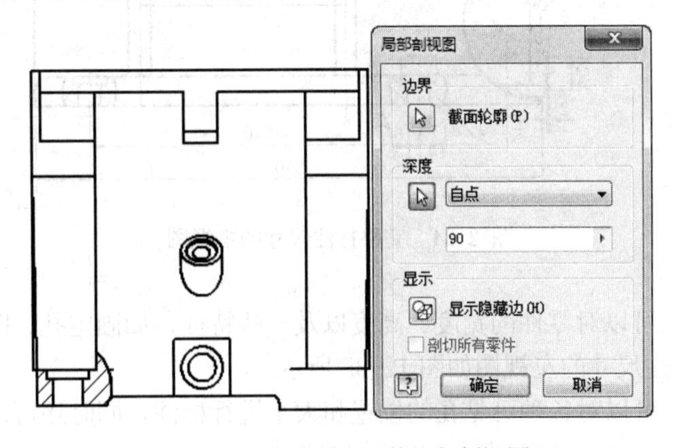

图12-32　创建固定孔的局部剖视图

3．尺寸标注

（1）创建中心线标记　为图上的各个孔以及具有对称特征的零件部分创建中心线标记。对于圆形截面可以使用【中心标记】进行标注，对于孔的剖视截面和对称特征，可是使用【对分中心线】或者【中心线】工具标注，创建了中心线标记的视图如图 12-33 所示。

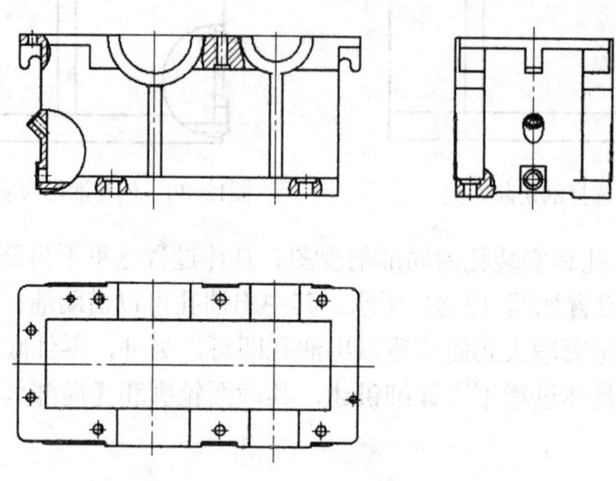

图12-33　创建了中心线标记的视图

（2）为零件图进行尺寸标注

1）在主视图中，可以对零件的长度、剖视所得到的孔以及其他一些特征，如肋板和吊钩进行标注，具体的标注过程不再赘述。完整标注尺寸的主视图如图 12-34 所示。

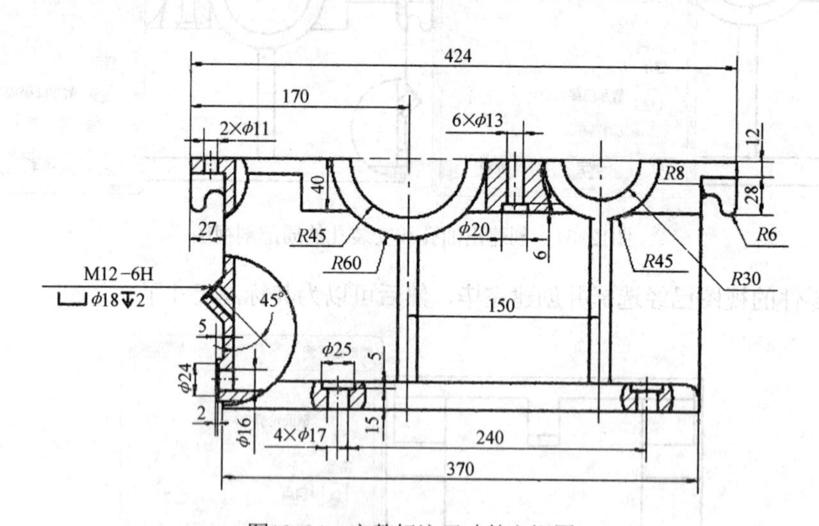

图12-34　完整标注尺寸的主视图

2）在左视图中，可以对零件的宽度、高度以及一些特征，如固定孔、凹台在宽度方向的尺寸进行标注。完整标注尺寸的左视图如图 12-35 所示。

3）在俯视图中，可以对各种可见孔的位置和大小进行标注，同时还可以对箱体空腔尺寸进行标注。完整标注尺寸的俯视图如图 12-36 所示。

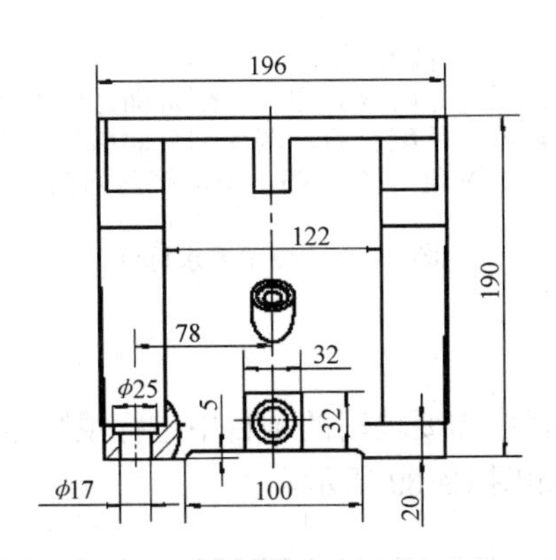

图12-35　完整标注尺寸的左视图

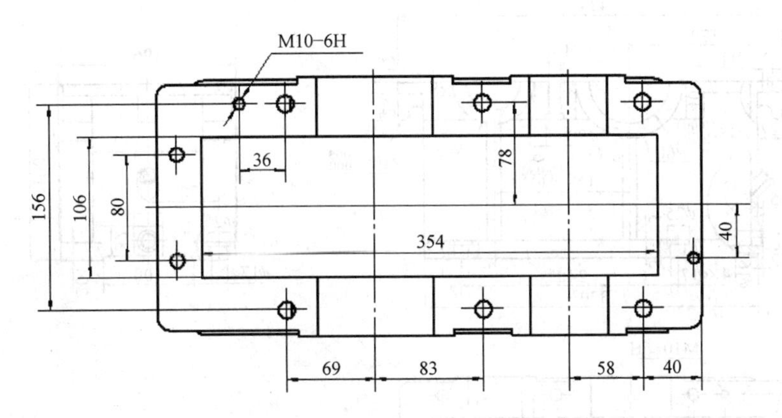

图12-36　完整标注尺寸的俯视图

4．技术要求标注

对于一些有加工精度要求的尺寸，需要标注尺寸公差，如两个轴承孔之间的距离，其尺寸偏差标注如图 12-37 所示。需要标注公差的还有主视图上两个轴承孔的半径尺寸，其公差标注见图 12-37 所示。

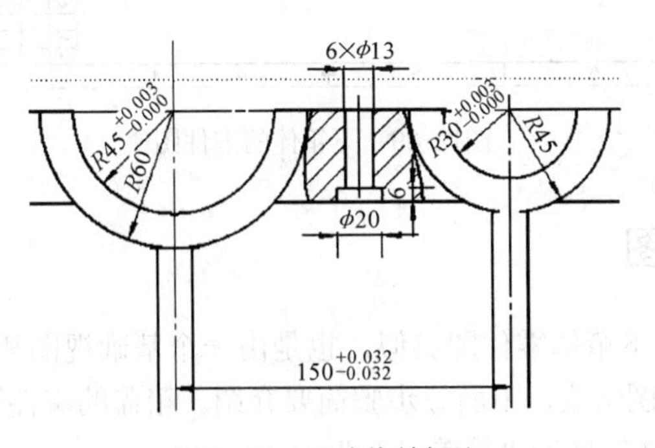

图12-37　尺寸偏差标注

对于其他的技术要求可以使用【文本】工具在图样的空白处进行标注。下箱体的其他技术要求标注如图 12-38 所示。

技术要求

1.铸件清砂后进行时效处理，且配合面之间不允许漏油。

2.箱体与箱盖零件配合后，四周剖分面错位量小于2mm。

3.所有未注的圆角半径为*R*5，全部倒角为*C*2。

图12-38　技术要求标注

5．填写标题栏

选择【文本】工具在标题栏中需要填写的项目中进行填写即可，这里不再赘述。至此，下箱体的零件图已经全部完成，如图 12-39 所示。

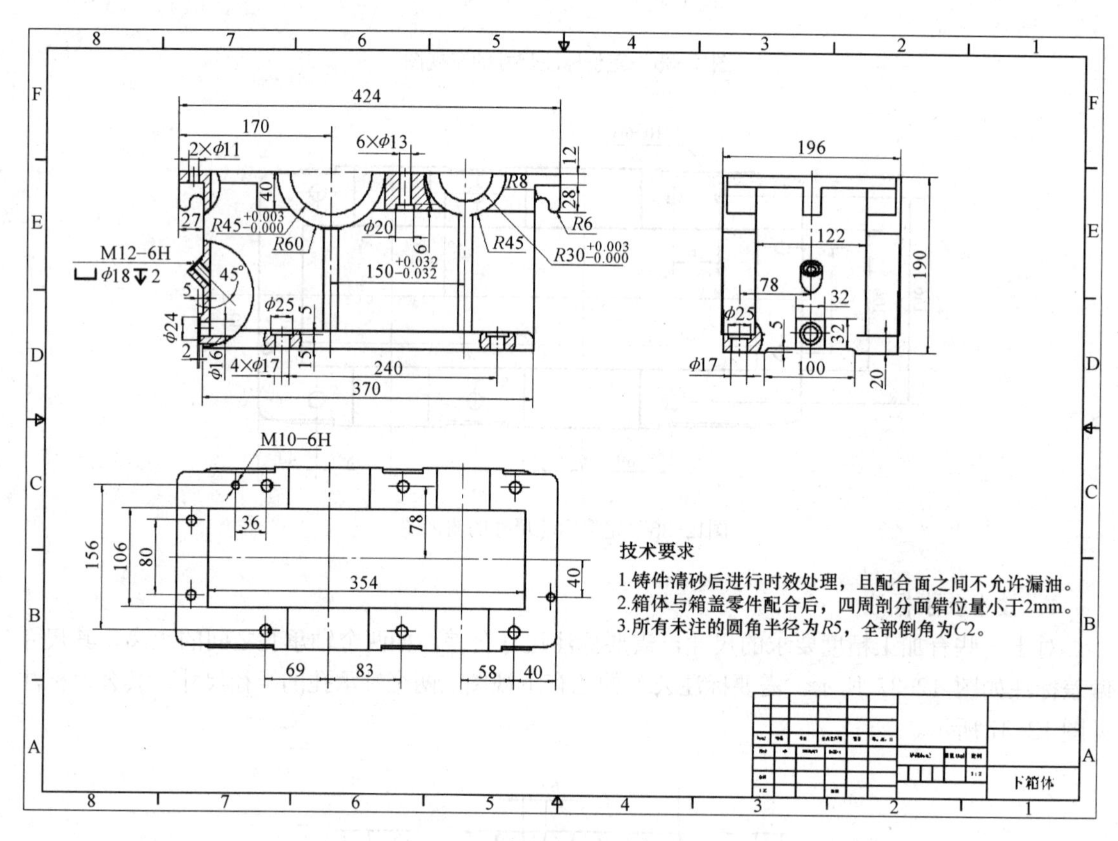

图12-39　下箱体的零件图

12.1.4　箱盖零件图

箱盖零件图的创建与下箱体零件图类似，也是由一个基础视图和两个投影视图以及表达零件个别特征的局部剖切视图组成，下面分步骤简要介绍。箱盖的零件图文件位于网盘中的“\第 12 章\减速器”目录下，文件名为“箱盖.idw”。

1．新建文件

运行 Inventor，单击【快速入门】标签栏【启动】面板中的【新建】工具按钮，在弹出的【新建文件】对话框中选择 Standard.idw 选项，然后单击【创建】按钮，新建一个工程图文件。

2. 选择合适的视图

主视图、左视图和俯视图能够表达箱盖的基本外形特征，对于通气器安装孔则可以创建局部剖视图。另外，对于配合面上的安装孔以及协助拆卸的螺纹孔，为了表达其在深度方向的信息，也可以创建局部剖视图。

（1）创建零件图主视图　单击【放置视图】标签栏【创建】面板中的【基础视图】工具按钮，在 ViewCube 中选择左视图作为主视图，并沿逆时针方向旋转 90°，在【工程视图】对话框中设置【比例】为 1∶2，创建主视图；然后创建俯视图和左视图，如图 12-40 所示。

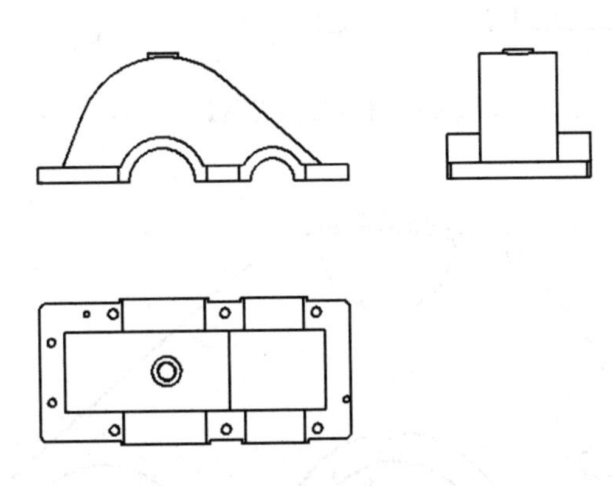

图12-40　箱盖的基本视图

（2）创建通气器安装孔的局部剖切视图

1）在图样中选中主视图，单击【放置视图】标签栏【草图】面板中的【开始创建草图】工具按钮，创建一个草图；单击【草图】标签栏【绘图】面板中的【圆】工具按钮，绘制如图 12-41 中所示的圆，然后退出草图。

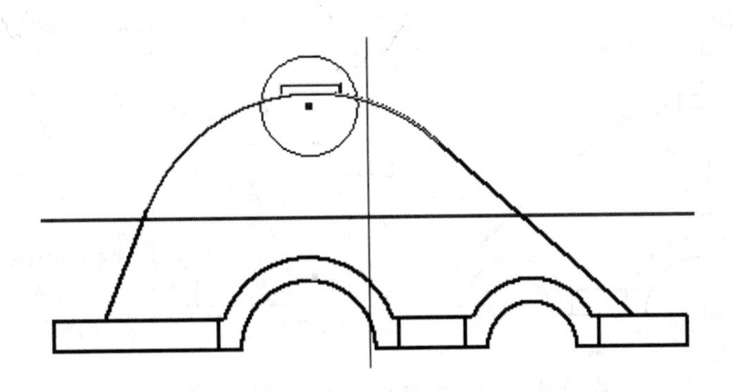

图12-41　在草图中绘制圆

2）单击【放置视图】标签栏【修改】面板中的【局部剖视图】工具按钮，弹出如图 12-42 中所示的【局部剖视图】对话框，选择在草图中绘制的圆作为截面轮廓，选择图 12-42 所示的点作为起始点。【深度】方式设置为【自点】，将剖切【深度】设置为 53，单击【确定】按钮，完成通气器安装孔局部剖视图的创建，如图 12-43 所示。

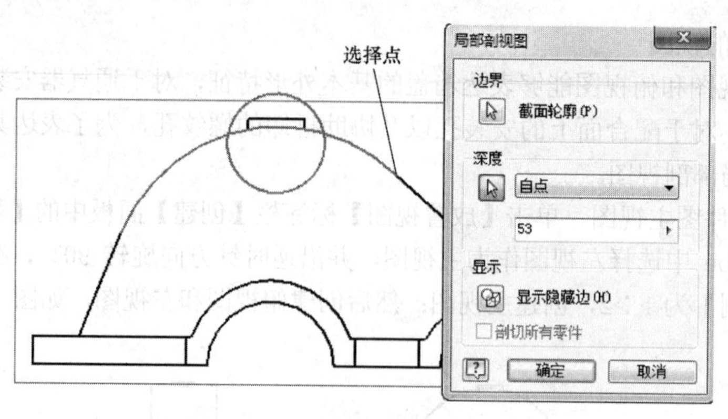

图12-42　【局部剖视图】对话框

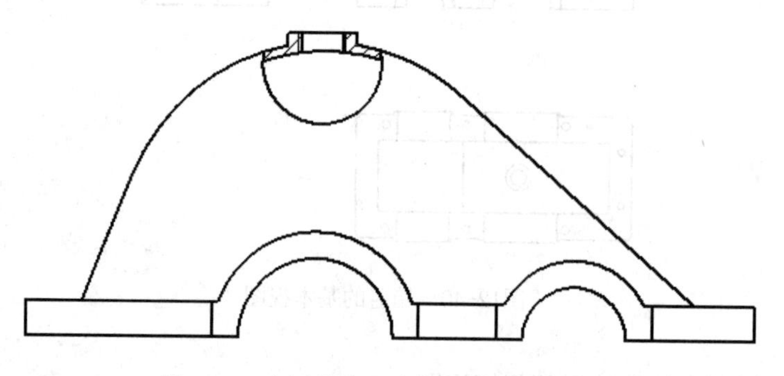

图12-43　创建通气器安装孔的局部剖视图

（3）创建零件配合面上安装孔的局部剖视图　为零件配合面上的安装孔创建局部剖视图的具体过程不再赘述。其截面轮廓和【局部剖视图】对话框如图 12-44 所示。

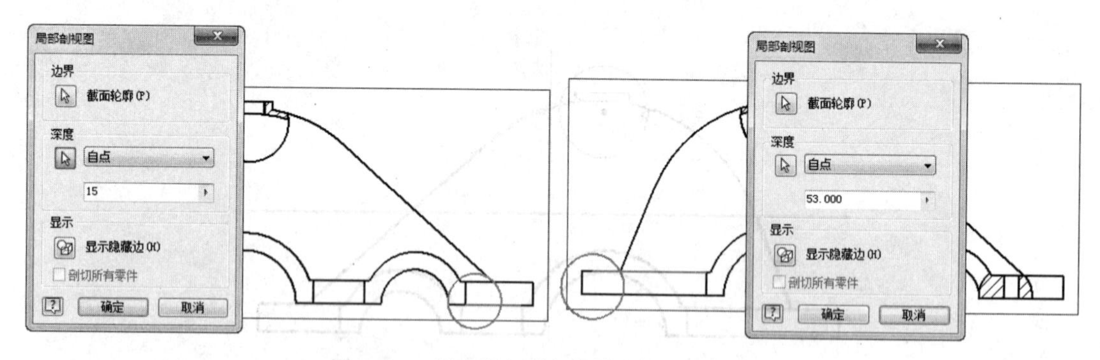

图12-44　创建配合面上安装孔的局部剖视图

3．尺寸标注

在标注尺寸之前，仍然需要利用各种中心标记工具为视图标注中心，如图 12-45 所示。

在主视图中，可以为轴承孔、局部剖视图中的孔以及箱盖的外形进行尺寸标注，如图12-46所示；在俯视图中，可以标注箱盖的长度和宽度，各个孔的位置尺寸等，具体的标注如图12-47所示；在左视图中，可以标注零件的高度以及其他未经标注的尺寸，如图12-48所示。

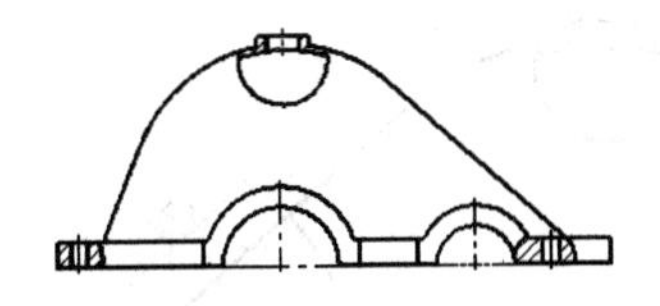

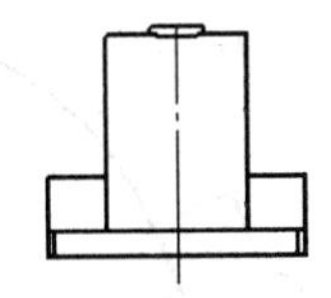

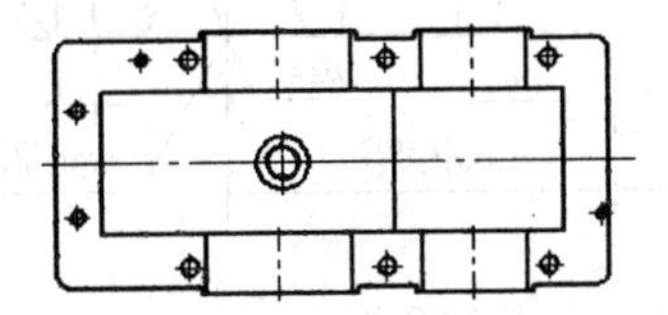

图12-45　创建中心标记

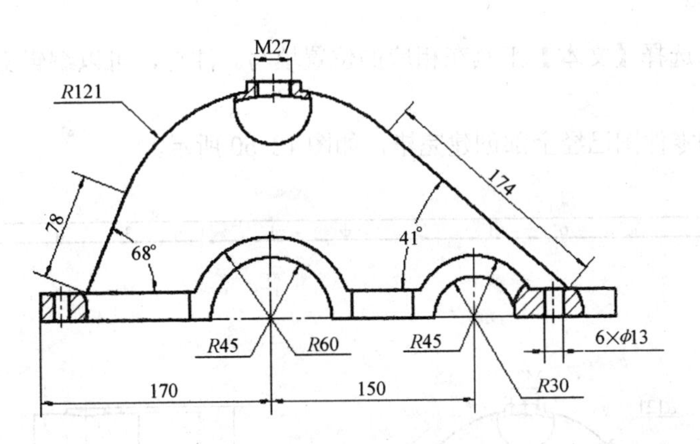

图12-46　标注主视图尺寸

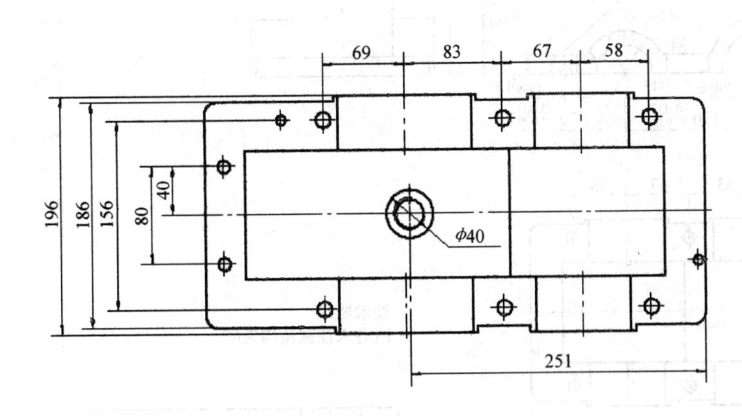

图12-47　标注俯视图尺寸

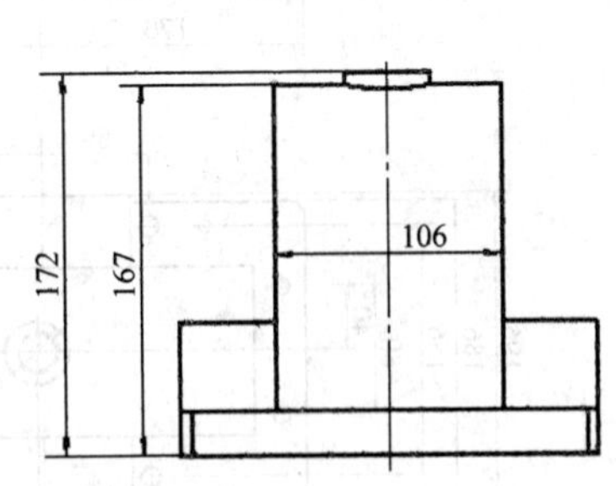

图12-48　标注左视图尺寸

4. 技术要求标注

对于箱盖上的轴承孔特征，包括孔径和孔间距离，也需要进行公差标注，如图 12-49 所示。对于其他的技术要求，可以选择【文本】工具在图样内添加。

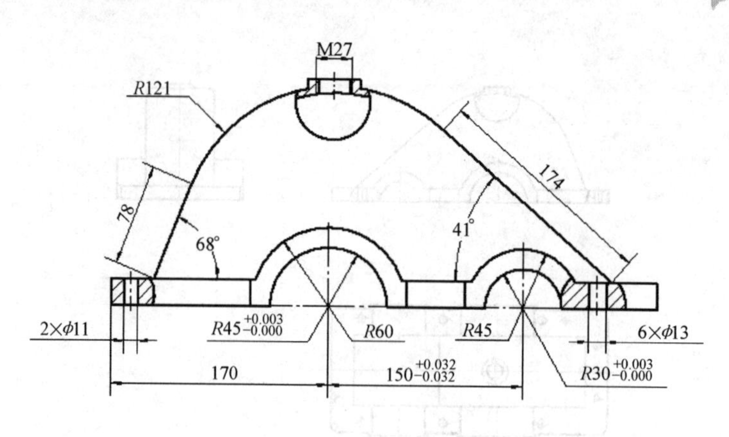

图12-49　标注公差

5．填写标题栏

标题栏也可以选择【文本】工具在相应的位置填写。注意，可以编辑文本属性以使文本不超越表格的边界。

至此，箱盖的零件图已经全部创建完毕，如图 12-50 所示。

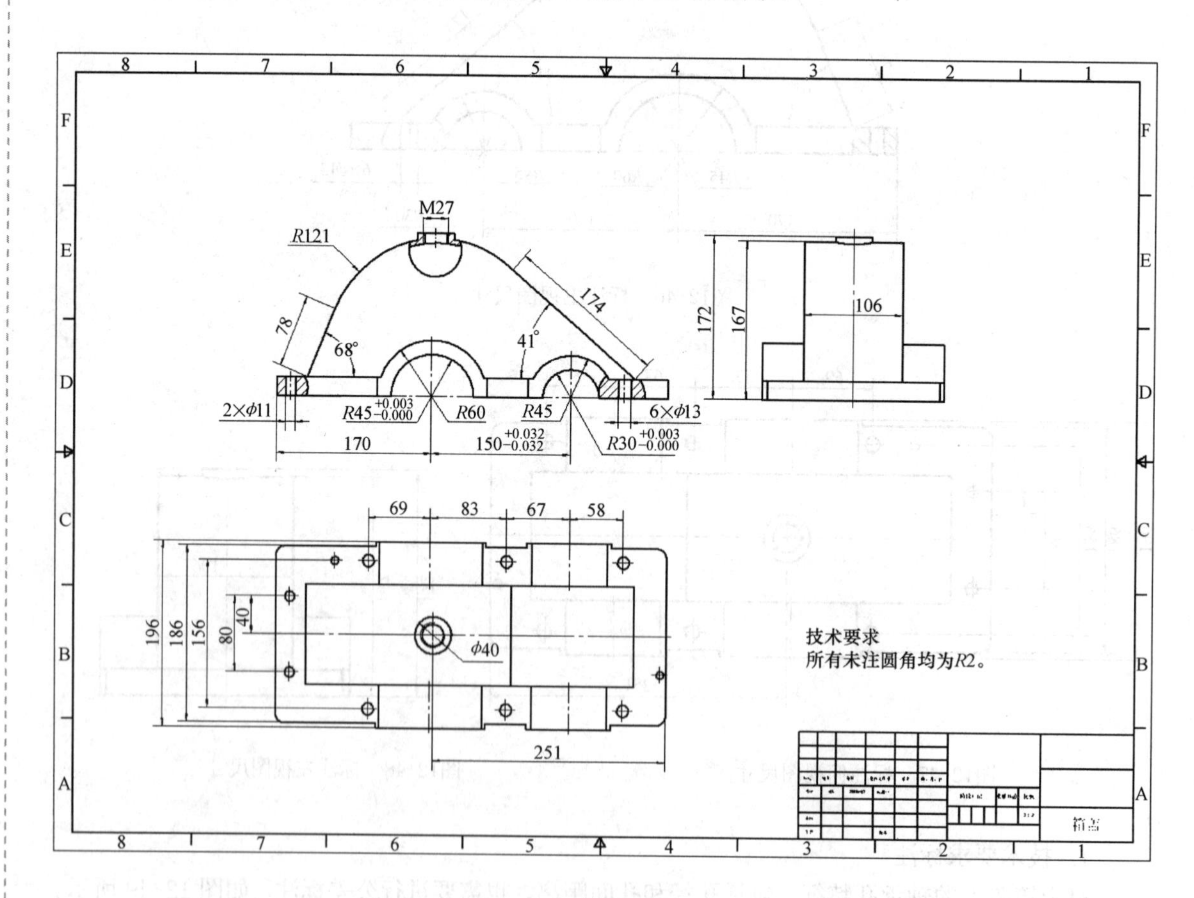

图12-50　箱盖的零件图

12.2 装配图绘制

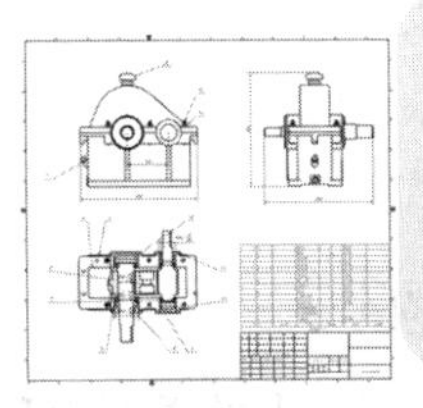

本节主要介绍两个部件的装配图－传动轴部件和减速器部件。传动轴部件较为简单，通过它的装配图创建读者可以熟悉创建装配图的基本过程和方法。在较为复杂的减速器装配图创建中，主要讲述如何在装配图中清楚地表达多个零部件之间的装配关系，使得读者可以积累创建复杂部件装配图的经验。

装配图以表达部件的工作原理和装配关系为主，是进行设计、装配、检验、安装和调试以及维修等的重要技术参考文件。装配图由以下几部分组成：

1）一组图形，用来表达机器或者部件的工作原理、零件之间的装配关系和主要结构形状。

2）必要的尺寸，主要是与部件有关的性能、装配、安装及外形等方面的尺寸。

3）零件的编号和明细栏用来说明部件的组成情况，如零件的代号、名称、数量和材料等。

4）技术要求，提出与部件有关的性能、装配、检验及试验等方面的要求。

5）标题栏，填写图名、图号及设计单位等。

在装配图的创建过程中，需要依次创建以上所述的装配图组成部分。需要说明的是，在 Inventor 中，零件编号和明细栏可以自动生成，这样就大大减少了创建装配图的工作量。

Inventor 创建装配图和创建零件图没有本质的区别，都是在工程图环境下利用已有的零部件进行二维图样的自动生成。不同之处在于装配图需要零件编号和明细栏。另外，零件图侧重表达零件的特征，而装配图侧重于零部件之间的关系。

传动轴装配图文件位于网盘中的“\第 12 章\减速器”目录下，文件名为“传动轴装配. idw”。

12.2.1 传动轴装配图

1. 新建文件

运行 Inventor，单击【快速入门】标签栏【启动】面板中的【新建】工具按钮，在弹出的【新建文件】对话框中选择 Standard. idw 选项；然后单击【创建】按钮，新建一个工程图文件。

2. 选择合适的视图

对于传动轴部件来说，唯一不好表达的零件就是平键，因为它安装在齿轮和传动轴之间，是不可见的，所以需要创建剖视图以表达该零件。对于该部件来说，首先创建一个主视图，然后创建一个剖视图就可以清楚的表达所有零件之间的关系了。

1）创建基础视图。单击【放置视图】标签栏【创建】面板中的【基础视图】工具按钮，弹出【工程视图】对话框，选择传动轴部件（文件名为传动轴装配. iam）作为要创建工程图的部件，然后选择合适的视图方向。这里需要注意的是，要能够在剖视图中表达平键的信息，对视图方向是有要求的，要求平键的外表面面向读者，如图 12-51 所示，这样才能在剖视图中表达平键。以该方向为投影方向创建基础视图，即主视图，如图 12-52 所示。

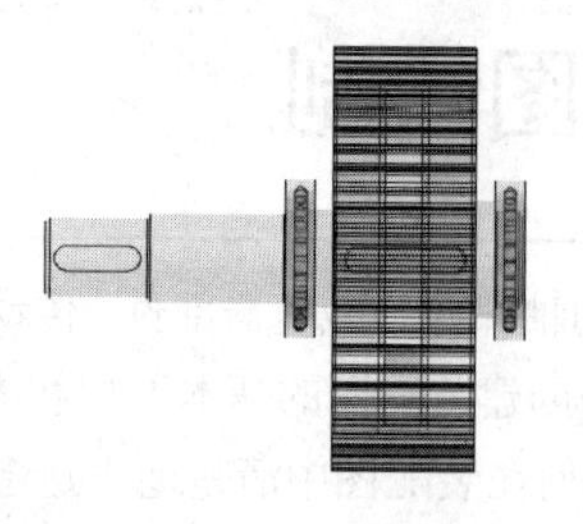

图12-51　视图方向选择

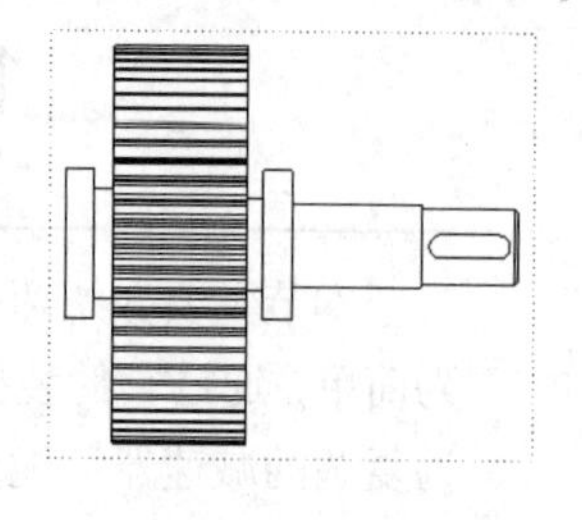

图12-52　创建主视图

2）创建剖视图以表达平键的装配关系。单击【放置视图】标签栏【创建】面板中的【剖视】工具按钮，选择主视图，在其竖直方向的中心处绘制一条水平直线，然后绘制一条竖直方向的直线作为投影方向；单击右键，选择快捷菜单中的【继续】选项，出现要创建的剖视图的预览，同时弹出【剖视图】对话框，如图 12-53 所示。设置好其中的选项后单击【确定】按钮，即创建剖视图，如图 12-54 所示。

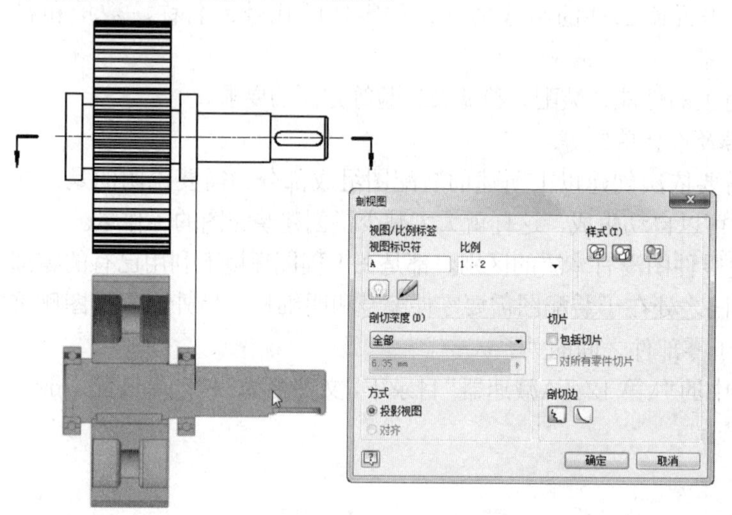

图12-53　创建剖视图示意图

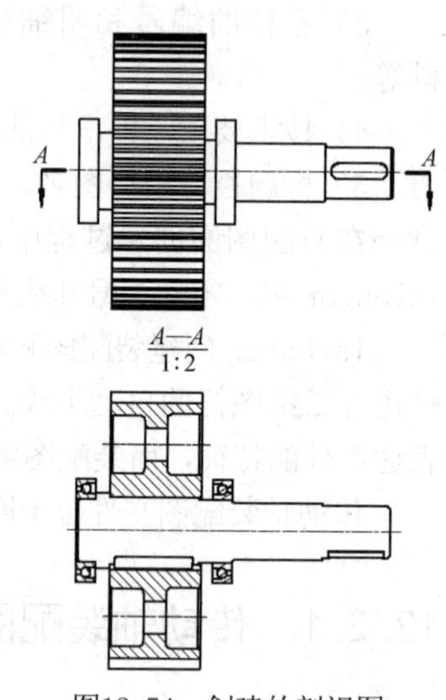

图12-54　创建的剖视图

3）隐藏部分零件的剖面线。可以看到在创建的剖视图中，所有的零件都进行了剖切，但是有关标准规定，对于紧固件以及轴、连杆、球、键、销等实心零件，若按纵向剖切，且剖切平面通过其对称平面或与对称平面相平行的平面或者轴线时，则这些零件都按照不剖切绘制。

在 Inventor 中，可以隐藏或者显示单个零件的剖面线，以可以修改剖面线的形式。在剖视图中，选择平键，单击右键，选择快捷菜单中的【隐藏】选项，则平键的剖面线被隐藏。按照相同的方法隐藏传动轴的剖面线，此时的剖视图如图 12-55 所示。

3．标注尺寸

装配图中的尺寸标注和零件图中有所不同，零件图中的尺寸是加工的依据，工人根据这些尺寸能够准确无误地加工出符合图样要求的零件；装配图中的尺寸则是装配的依据，装配工人需要根据这些尺寸来精确地安装零部件。在装配图中，一般需要标注一下几种类型的尺寸：

1）总体尺寸，即部件的长、宽和高。它为制作包装箱、确定运输方式以及部件占据的空间提供依据。

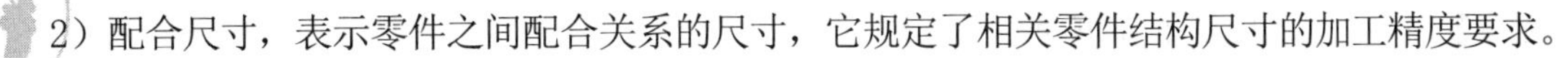

2）配合尺寸，表示零件之间配合关系的尺寸，它规定了相关零件结构尺寸的加工精度要求。

3）安装尺寸，是部件用于安装定位的连接板尺寸及其上面的安装孔的定形尺寸和定位尺寸。

4）重要的相对位置尺寸，它是对部件工作性能有影响的零件的相对位置尺寸，在装配中必须保证，应该直接注出。

5）规格尺寸，它是选择零部件的依据，在设计中确定，通常要与相关的零件和系统相匹配，如所选用的管路管螺纹的外径尺寸。

6）其他的重要尺寸。需要注意的是，正确的尺寸标注不是机械地按照以上类型的尺寸对装配图进行标注，而是在分析部件功能和参考同类型资料的基础上进行。

传动轴部件主视图中的尺寸标注如图12-56所示。其中：

- 尺寸240和280是传动轴部件的径向尺寸和长度尺寸，即总体尺寸。
- 尺寸30和122则是相对位置尺寸，注意280同时也是相对位置尺寸，它们分别表示齿轮和轴承的安装位置。

剖视图中的尺寸标注如图12-57所示。在剖视图中主要标注了配合尺寸，如ϕ54H8/h7和ϕ55H7/f6，表明了轴和齿轮以及轴承之间的配合尺寸公差要求，为加工提供了重要依据。

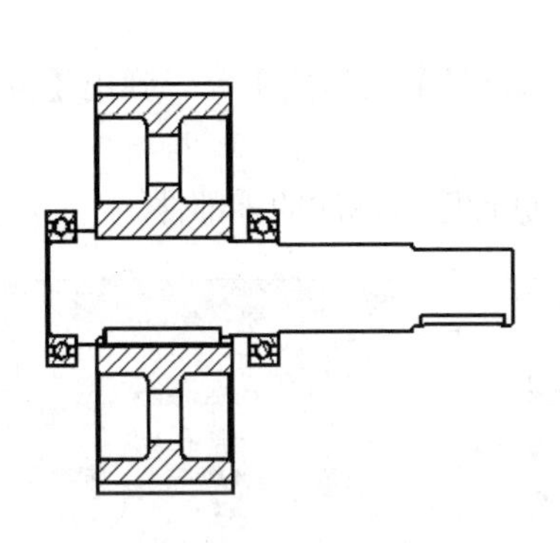

图12-55　隐藏剖面线后的剖视图

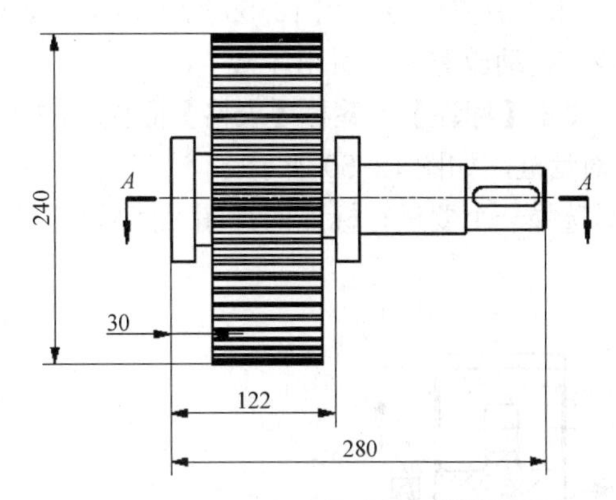

图12-56　主视图中的尺寸标注

4．创建零件编号（引出序号）和明细栏

装配图中要求对每个零件或者部件都标注序号或者代号，并填写明细栏。

- 序号的作用是让我们很直观地了解组成部件的全部零件的个数，同时将零件与明细栏中的对应信息联系起来。
- 明细栏中列举了各个零件的名称、数量等基本信息，为产品生产的准备、组织和管理工作提供了必需的信息资料。
- 零件序号和明细栏中的序号一一对应，根据序号可以在明细栏中查阅各个零件比较详细的信息，有利于看图和图样管理。

在Inventor中，可以选择手动或者自动生成零件编号，而明细栏的生成则是完全自动的，十分方便。

（1）手动创建零件编号　如果要手动为每一个零部件分别创建编号，可单击【标注】标签栏【表格】面板中的【引出序号】工具按钮①，在视图中选择一个零件。注意，当鼠标指针移动到某个零件上方的时候，零件的轮廓线以红色亮显，单击即可选中该零件，此时弹出【BOM表

特性】对话框，如图 12-58 所示。

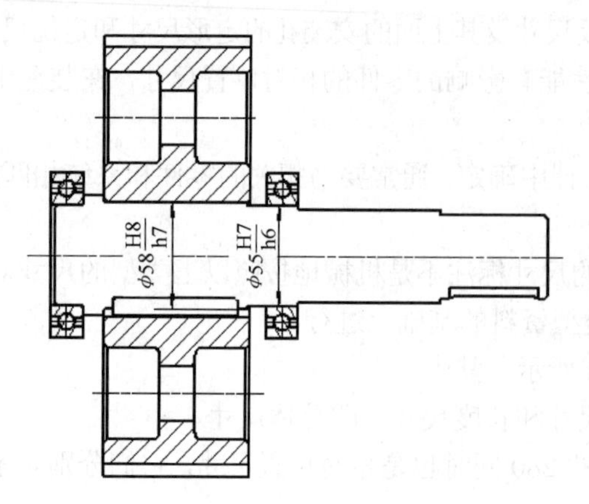

图12-57　剖视图中的尺寸标注

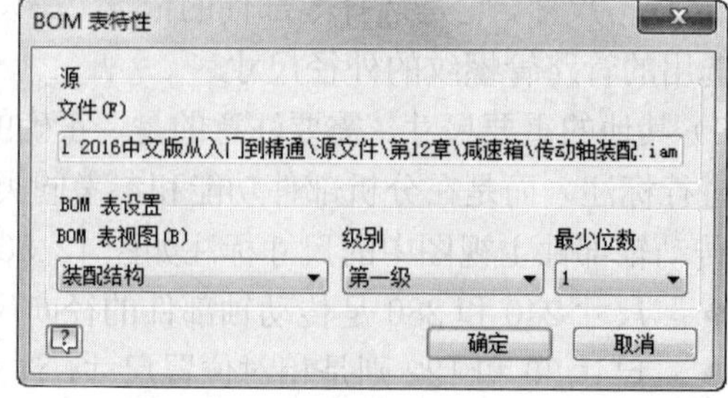

图12-58　【BOM表特性】对话框

当完成相应的设置后，单击【确定】按钮，鼠标指针旁边出现引出序号的预览，单击左键即可在单击处放置编号，图 12-59 所示为在传动轴部件的剖视图中创建的引出序号。

（2）自动放置所有引出序号

1）单击【标注】标签栏【表格】面板中的【自动引出符号】工具按钮，弹出【自动引出序号】对话框，如图 12-60 所示。

2）选择一个要进行标注的视图，然后一一设定需要进行序号标注的零部件。

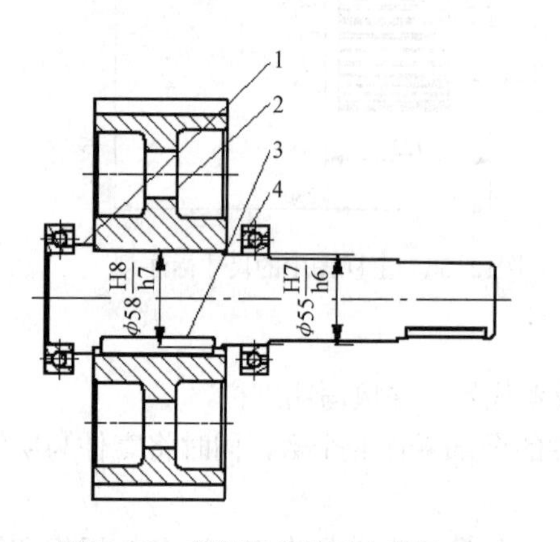

图12-59　剖视图中的引出序号

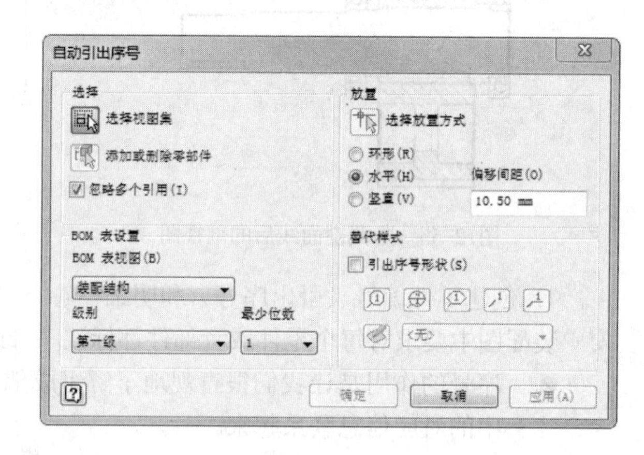

图12-60　【自动引出序号】对话框

注 意

在工程图中一般要求引出序号沿水平或者铅垂方向顺时针或者逆时针排列整齐，虽然可以通过选择放置引出序号的位置使得编号排列整齐，但是编号的大小是系统确定的，有时候数字的排列不是按照大小顺序，这时候可以对编号取值进行修改。选择一个要修改的编号单击右键，选择快捷菜单中的【编辑引出序号】选项即可。

3）选择放置位置，在合适的位置单击鼠标左键即可。

4）设置完毕后单击【确定】按钮，即可创建所有零部件的引出编号。

为传动轴部件的剖视图进行引出所有序号操作，如图 12-61 所示。可以看到，自动标注的编号往往在空间上的排列比较凌乱，但是可以通过拖动编号以更改其排列位置。

（3）创建明细栏　要创建装配图的明细栏，可单击【标注】标签栏【表格】面板中的【明细栏】工具按钮，选择一个视图，此时鼠标指针旁边出现一个矩形方框，即要创建的明细栏的预览，选择一个合适的位置后单击左键，则创建明细栏。为传动轴装配图创建的明细栏如图 12-62 所示。

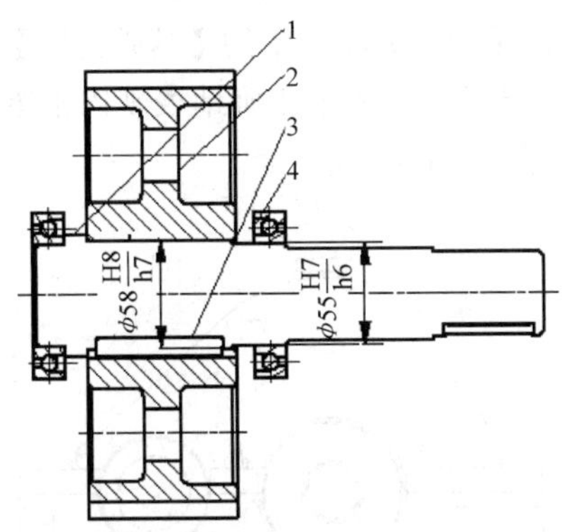

图12-61　自动引出所有序号

4		平键	1	常规	
3		轴承1	2	常规	
2		传动轴	1	常规	
1		大圆柱齿轮	1	常规	
项目	标准	名称	数量	材料	注释
		明细栏			

图12-62　传动轴装配图的明细栏

5．添加技术要求

装配图的技术要求应该注写以下几方面的内容：

1）装配过程中的注意事项和装配后应该满足的要求，如保证间隙、精度要求、润滑方法以及密封要求等。

2）检验、试验的条件和规范以及操作要求

3）部件的性能、规格参数，以及运输使用时的注意事项和涂饰要求等。

选择文本工具为装配图添加适当的技术要求。

6．填写明细栏

选择文本工具填写明细栏，则装配图全部创建完毕。

12.2.2　减速器装配图

减速器的装配图由于装配的零部件较多，因此比传动轴装配图要复杂。下面介绍减速器装配图的创建过程。

减速器部件装配图文件位于网盘中的“\第 12 章\减速器”目录下，文件名为“减速器装配.idw”。

1. 新建文件

运行 Inventor，单击【快速入门】标签栏【启动】面板中的【新建】工具按钮，在弹出的【新建文件】对话框中选择 Standard.idw 选项，单击【创建】按钮，新建一个工程图文件。

2. 选择合适的视图

为了能够全面地表现减速器装配体，在装配图中创建部件的主视图、左视图和俯视图，并且对俯视图进行局部剖切，以表现部件的内部特征。

1）单击【放置视图】标签栏【创建】面板中的【基础视图】工具按钮，创建部件的主视图。注意，为了能够在俯视图的局部剖视图中正确地表现内部零件之间的关系，主视图的投影方向应该垂直于箱体的一侧，如图 12-63 所示。

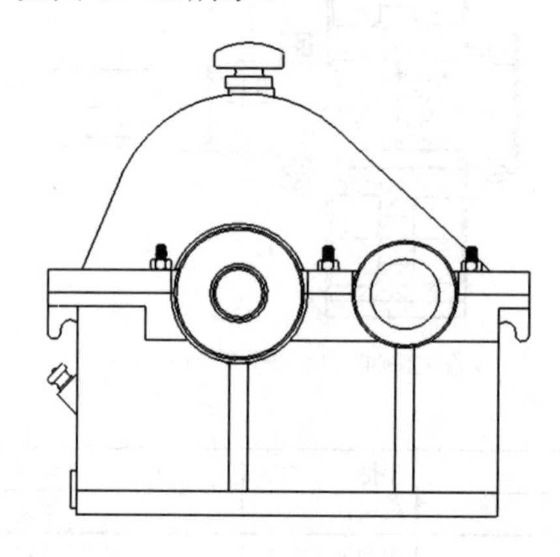

图12-63　主视图的投影方向

2）创建主视图以后，再利用【投影视图】工具创建左视图和俯视图，减速器的三视图如图 12-64 所示。

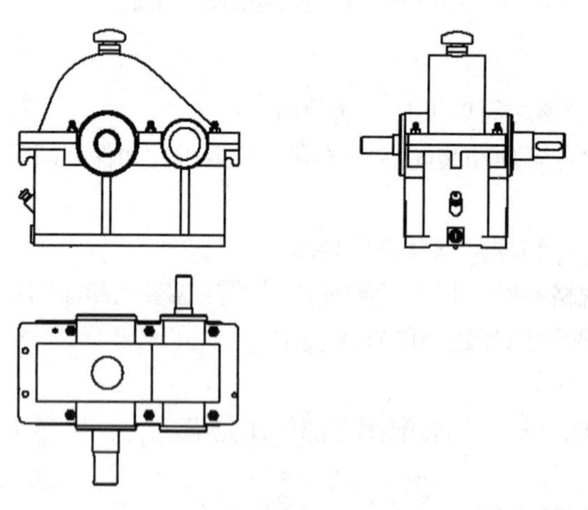

图12-64　减速器的三视图

3）选择俯视图，单击【放置视图】标签栏【草图】面板中的【开始创建草图】工具按钮，则新建一个与俯视图关联的草图。在此草图内绘制一个图 12-65 所示的封闭图形作为局部剖切的边界截面轮廓。

4）完成草图，单击【放置视图】标签栏【创建】面板中的【局部剖视图】工具按钮，选择俯视图，弹出【局部剖视图】对话框，绘制的草图图形自动被选择为截面轮廓，将【深度】类型选择为【自点】，如图 12-66 所示，单击【确定】按钮，完成局部剖切，此时的俯视图如图 12-67 所示。

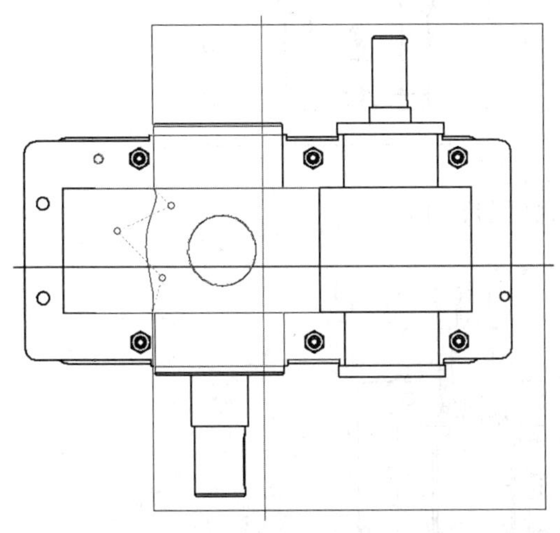

图12-65 绘制局部剖切的边界截面轮廓

图12-66 创建局部剖视图

5）根据前面提出的装配图剖切的一些原则，这里将轴和下箱体设置为不剖切，去除两个传动轴和下箱体的剖面线，此时的俯视图如图 12-68 所示。

3. 尺寸标注

标注尺寸之前，首先在各个视图中标注中心线。然后分别为减速器的装配图标注几种类型的尺寸，如总体尺寸、相对位置尺寸等。主视图和左视图的尺寸标注如图 12-69 所示，主要是一些外形总体尺寸以及两个齿轮轴之间的相对位置尺寸。在俯视图中，主要需要标注一些配合尺寸，如图 12-70 所示。对于其他尺寸的标注这里不再赘述，读者可以在实际的设计中根据具体的需求决定标注哪些尺寸。

4. 零件编号和明细栏

在减速器装配图中创建零件编号和明细栏的方法与在传动轴装配图中一样。选择【标注】标签栏，单击【表格】面板中的【自动引出序号】工具按钮，自动为所有的零部件标注引出序号。

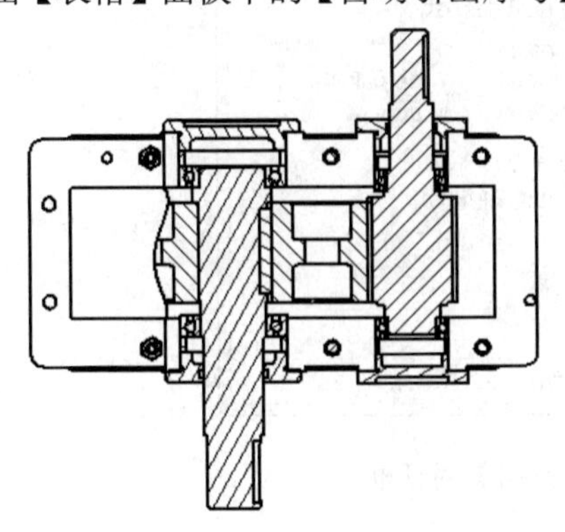

图12-67 局部剖切后的俯视图

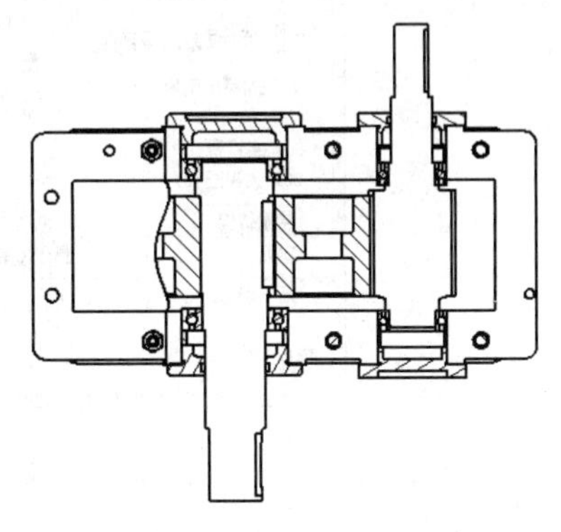

图12-68 隐藏剖面线后的局部剖视图

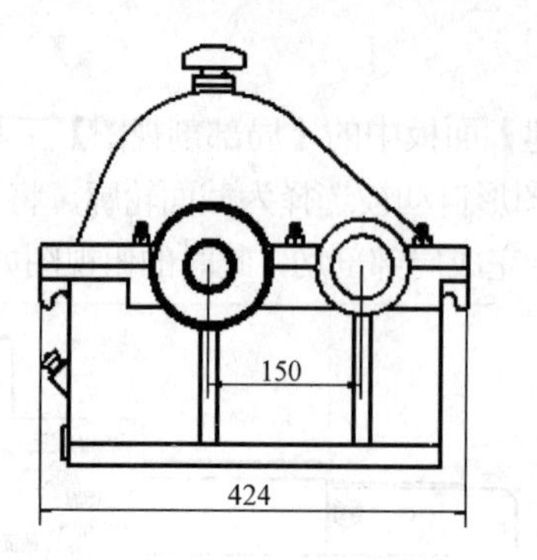

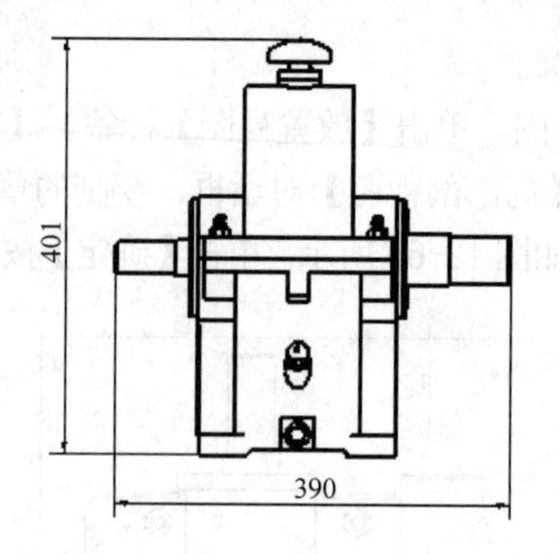

图12-69　主视图和左视图的尺寸标注

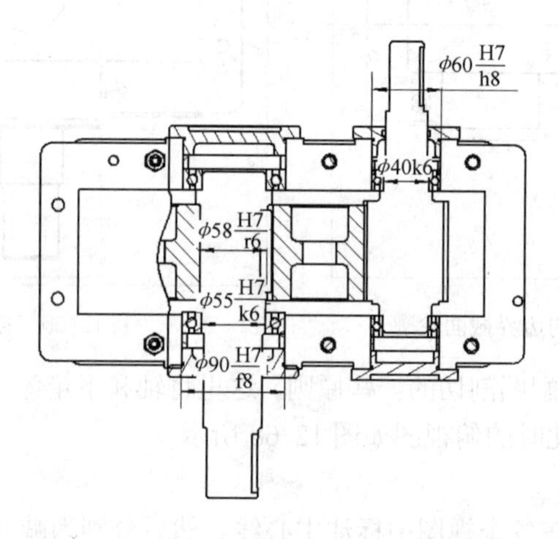

图12-70　俯视图的尺寸标注

1）单击【标注】标签栏【表格】面板中的【自动引出序号】工具按钮，弹出【自动引出序号】对话框，如图 12-71 所示。

2）单击俯视图，选择所有的零件以进行标注序号，其他选项如图 12-71 所示。

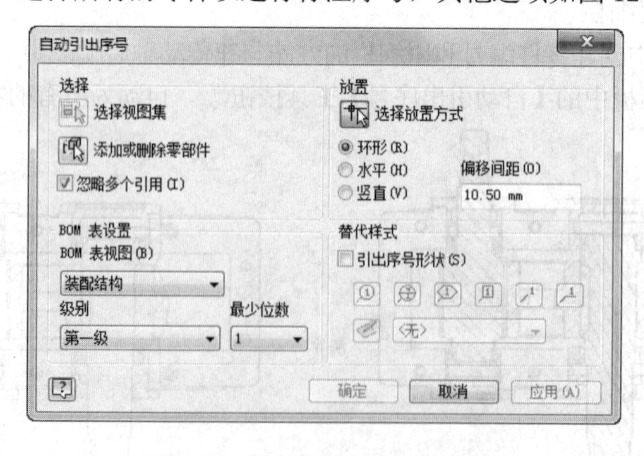

图12-71　【自动引出序号】对话框

3）单击【确定】按钮，完成引出序号的创建，此时的俯视图如图 12-72 所示。

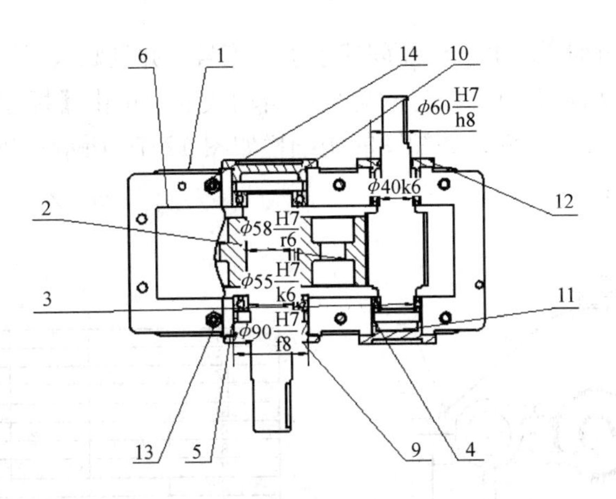

图12-72　创建引出序号后的俯视图

注意

通过编号的快捷菜单中的【编辑引出序号】选项可以编辑编号的数字值。选择该选项则弹出一个编号的【编辑引出序号】对话框，如图 12-73 所示。在【引出序号值】文本框中单击以改变引出序号和明细栏。【序号】可以同时设置引出序号和明细栏中的值。如果要修改【序号】的取值，单击该值然后键入新值即可。【替代】选项则仅忽略引出序号中的值。如果忽略引出序号值，那么在明细栏中做出更改后，该值不会更新。如果要修改【替代】选项的值，选择该值，然后键入新值即可。

4）虽然自动标注的零件编号在空间上的排列还是比较整齐，但是数字没有按照一定的顺序排列。这是因为 Inventor 是按照装配顺序来为零部件编号的，在部件文件中最先装入的零件的编号为 1，第二个装入的零件编号为 2，依此类推。可以通过修改引出编号的数字，使数字按照逆时针或者顺时针的顺序排列。

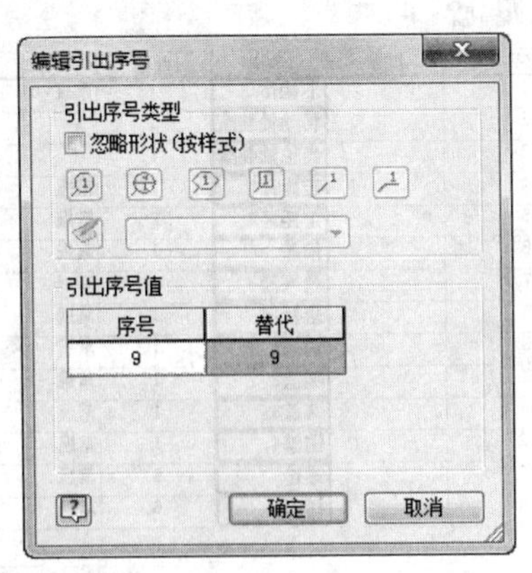

图12-73　【编辑引出序号】对话框

5）油标尺和通气器在俯视图上无法表现，可以在主视图上选择【引出序号】工具①，单独为这两个零件进行引出序号的标注。另外螺栓和螺母也适合在主视图上标注。以上几个零件在主视图中的引出序号标注如图 12-74 所示。

6）为装配图添加明细栏。由于已经创建了引出序号，并且修改了引出序号的项目编号，所以明细栏中的值也会自动随着引出序号的更新而自动改变。单击【标注】标签栏【表格】面板中的【明细栏】工具按钮，创建装配图的明细栏如图 12-75 所示。在创建明细栏的时候，有以下几个事项值得注意：

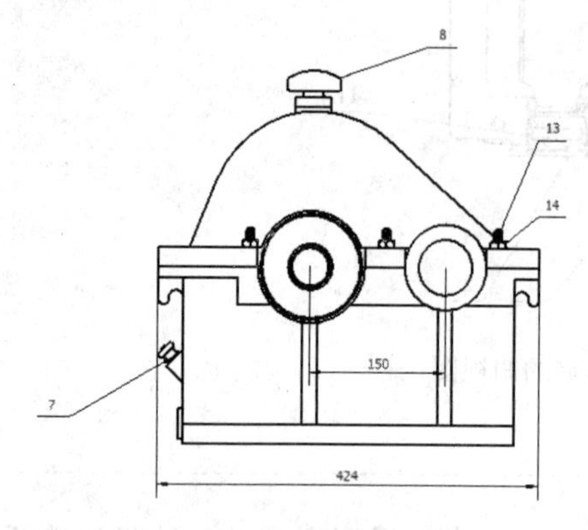

图12-74　部分零件的引出序号

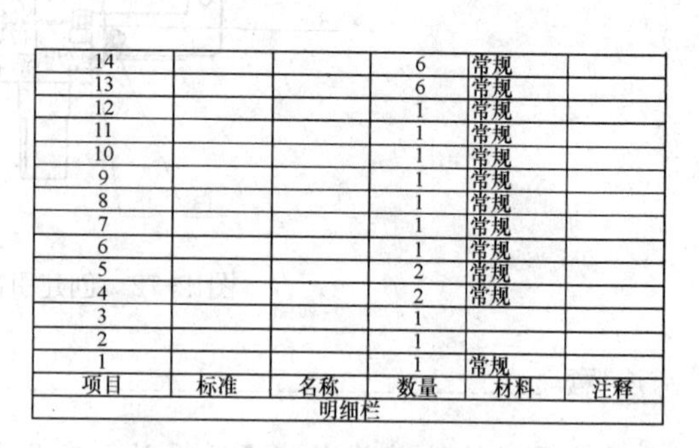

14			6	常规	
13			6	常规	
12			1	常规	
11			1	常规	
10			1	常规	
9			1	常规	
8			1	常规	
7			1	常规	
6			1	常规	
5			2	常规	
4			2	常规	
3			1		
2			1		
1			1	常规	
项目	标准	名称	数量	材料	注释
明细栏					

图12-75　装配图的明细栏

① 自动创建明细栏以后，往往其中的序号不是按照顺序排列的，这时可以通过编辑明细栏来实现编号的顺序或者逆序排列。双击明细栏，弹出【明细栏：减速器总装配】对话框，如图 12-76 所示。在【名称】栏中输入零件名称。

② 单击对话框中的【排序】按钮，弹出如图 12-77 所示的【对明细栏排序】对话框。选择进行排序的关键字和该关键字下的排列顺序（升序和降序）。可以选择三个关键字，即第一个关键字、第二个关键字和第三个关键字。排序的时候，将首先按照第一个关键字及其排列顺序进行排序，然后依次按照第二个和第三个关键字及其排列顺序排序。

明细栏：减速器总装配.iam

序号	标准	名称	数量	材料	注释
1		下箱体	1	常规	
2		传动轴装配	1		
3		齿轮轴装配	1		
4		定距环1	2	常规	
5		定距环2	2	常规	
6		前盖	1	常规	
7		通气器	1	常规	
8		游标尺	1	常规	
9		端盖1	1	常规	
10		端盖2	1	常规	
11		端盖3	1	常规	
12		端盖4	1	常规	
13		螺栓	6	常规	
14		螺母	6	常规	

确定　取消　应用(A)

图12-76　【明细栏：减速器总装配】对话框

③ 在【明细栏】对话框中，可以编辑任何一个零件的任何信息，包括序号、数量、代号和注释。在实际创建明细栏的过程中，往往出现缺少零件信息、排序混乱等问题，这时

就需要利用【明细栏】对话框进行零件条目的添加与删除，以及序号的重新编制等。总之，要能够与引出序号正确无误的一一对应，一般按照从大到小的顺序排列，并且不会遗漏零部件。

④ 为防止无意中更新明细栏单元中的值，可以冻结它们。冻结某个单元后，在更新其他单元时，将不更新该单元，在删除【冻结】条件之前，无法对其进行编辑。具体的方法是：在【编辑明细栏】对话框中选择表中包含要冻结的单元行，然后在所选的任意单元上单击鼠标右键，在快捷菜单中选择【冻结】选项，被冻结的单元将亮显。要解除对单元的冻结，可以重复【冻结】步骤。

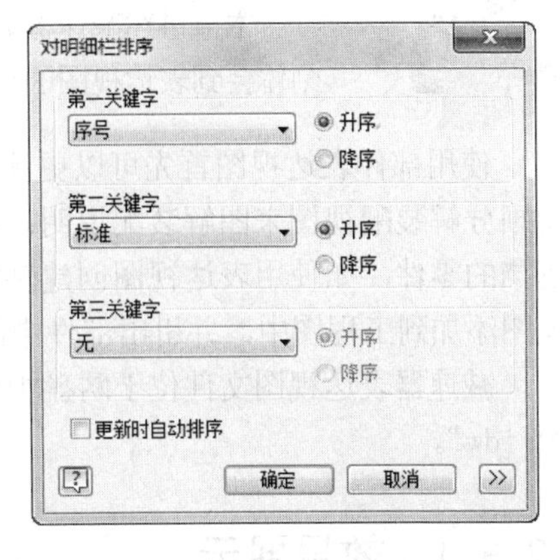

图12-77 【对明细表排序】对话框

⑤ 如果在视图中无法为某个零件（如被遮挡）添加引出序号，则可以在明细栏中添加该零件。在添加自定义零件之后，可以为它们添加引出序号。步骤如下：在【明细栏】对话框中选择表中的一行以设置新零件的位置，然后执行【插入自定义零件】命令，则在所选行的前面或后面插入零件，并输入零件的相关信息，如序号、代号等。

5．技术要求和明细栏

为装配图添加技术要求，填写明细栏中的条目。至此，减速器装配图已经全部创建完成，如图12-78所示。

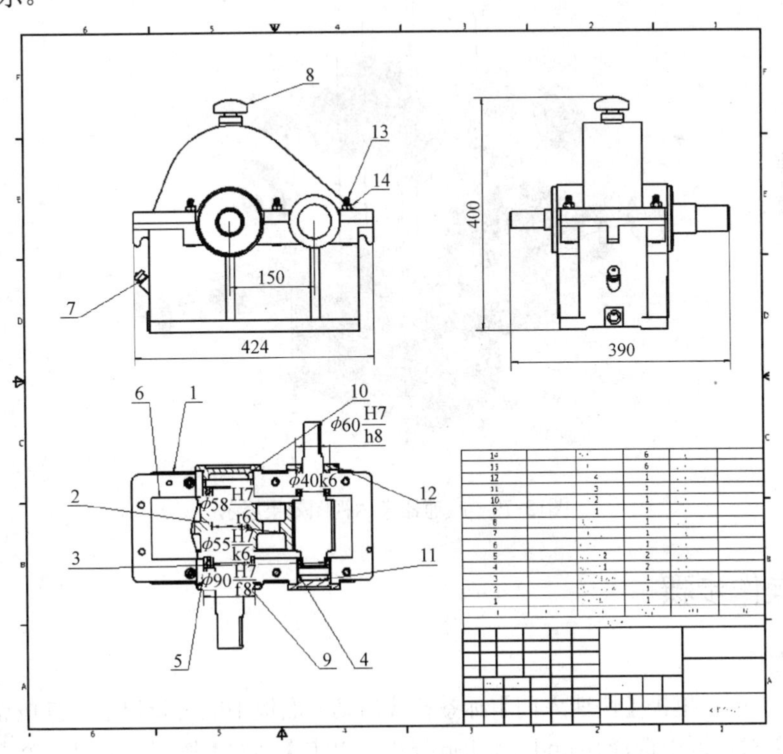

图12-78 减速器装配图

12.3 减速器表达视图

本节讲述减速器表达视图和爆炸图的创建。通过本节的学习，读者不仅可以深刻体会到表达视图的作用，而且能够独立创建部件的表达视图和爆炸图。

使用部件表达视图首先可以更清楚地显示部件中的零件是如何相互影响和配合的，如使用动画分解装配视图来图解装配说明；其次，可以使用分解装配视图以露出可能会被部分或完全遮挡的零件，如使用表达视图创建轴测的分解装配视图以露出部件中的所有零件，还可以将该视图添加到工程图中，并引出部件中的每一个零件的序号。

减速器表达视图文件位于网盘中的“\第 12 章\减速器”目录下，文件名为“减速器表达视图.idw”。

12.3.1 效果展示

减速器表达视图效果展示如图 12-79 所示。

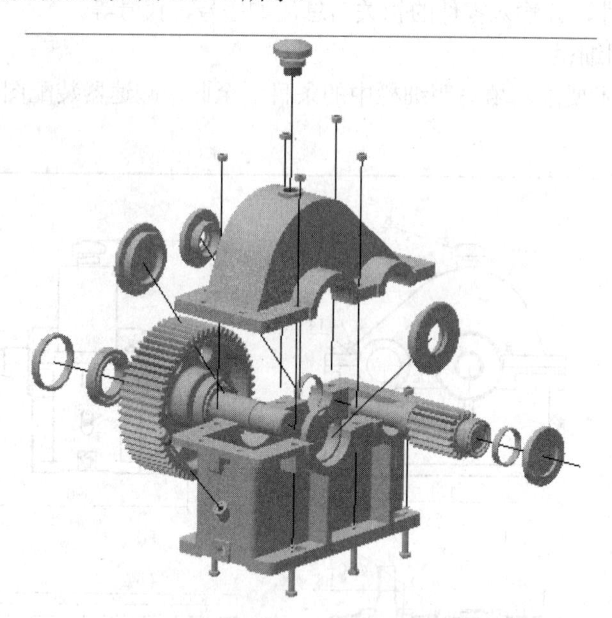

图12-79 减速器表达视图效果展示

12.3.2 操作步骤

1. 新建文件

运行 Inventor，单击【快速入门】标签栏【启动】面板中的【新建】工具按钮，在弹出的【新建文件】对话框中选择 Standard.ipn 模板，单击【创建】按钮，新建一个表达视图文件，并将文件保存为减速器表达视图.ipn。

2．自动创建表达视图

单击【表达视图】标签栏【模型】面板中的【插入模型】工具按钮，弹出【插入】对话框。选择减速器部件（文件名为减速器总装配.iam）作为要创建表达视图的部件，如图12-80所示。单击【确定】按钮，自动创建如图12-81所示的表达视图。

3．手动调整零部件位置

1）单击【表达视图】标签栏【创建】面板中的【调整零部件位置】工具按钮，弹出【调整零部件位置】小工具栏，如图12-82所示。

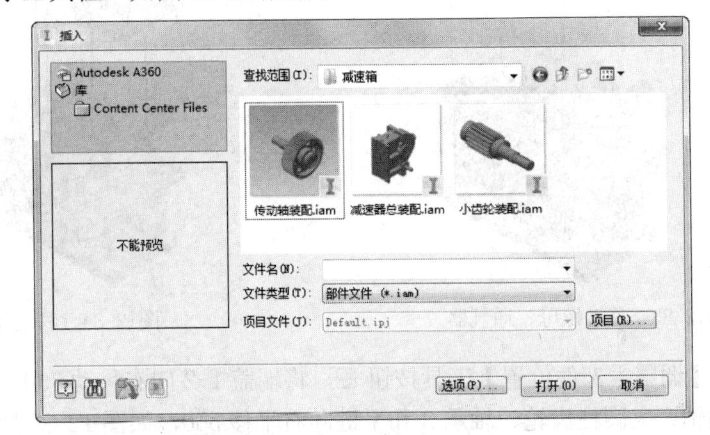

图12-80　【插入】对话框

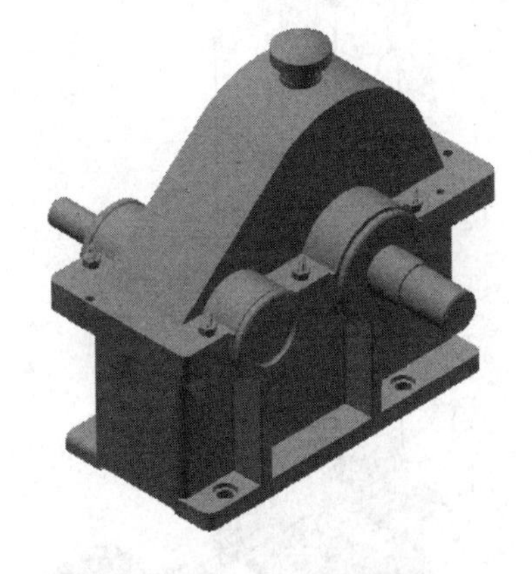

图12-81　自动创建的表达视图

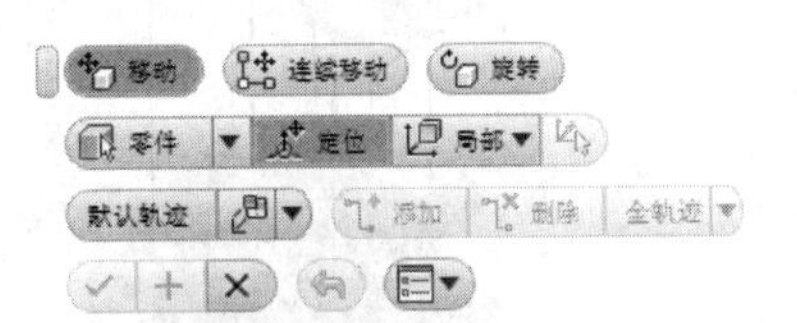

图12-82　【调整零部件位置】小工具栏

2）选择装配体中的螺母和通气器，视图中出现移动箭头，拖动所需移动方向的箭头，将其向上移动800，单击【应用】按钮，将零件沿指定方向移动800，如图12-83所示。

3）单击【表达视图】标签栏【创建】面板中的【调整零部件位置】工具按钮，弹出【调整零部件位置】小工具栏。选择装配体中的箱盖，将其向上移动400，单击【应用】按钮，将箱盖零件沿指定方向移动400，如图12-84所示。

4）单击【表达视图】标签栏【创建】面板中的【调整零部件位置】工具按钮，弹出【调整零部件位置】小工具栏。选择装配体中的螺栓，将其向下移动300，单击【应用】按钮，将螺栓零件沿指定方向移动300，如图12-85所示。

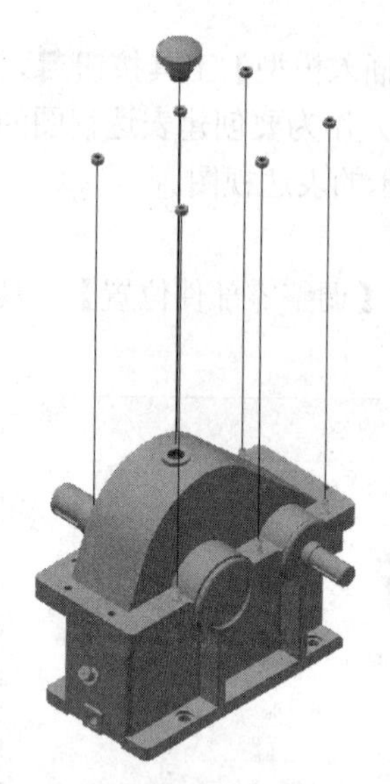

图12-83　移动螺母、通气器

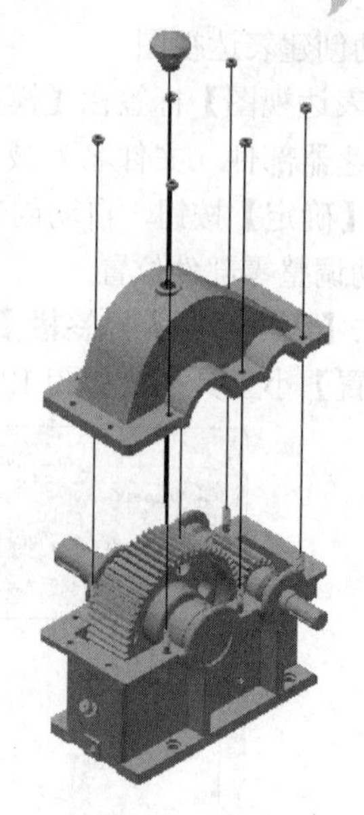

图12-84　移动箱盖

5）重复选择【调整零部件位置】工具按钮，将端盖 1-2 向右移动 730；将定距环 2 向右移动 640；将传动轴、大圆柱齿轮、轴承 2 和平键向右平移 550，如图 12-86 所示。

图12-85　移动螺栓

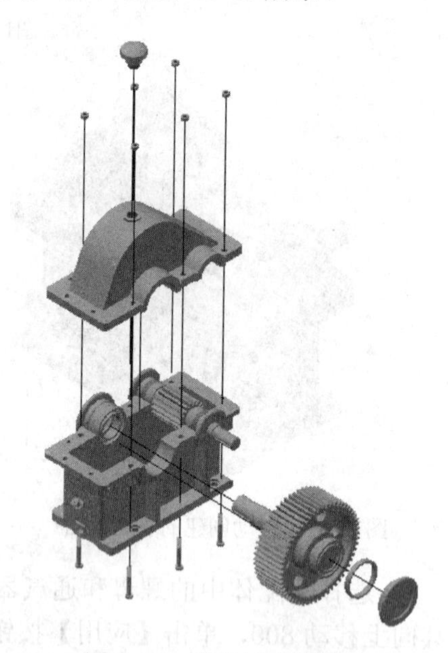

图12-86　移动相应零件（一）

6）重复选择【调整零部件位置】工具按钮，将端盖 1-1 向左移动 260；将定距环 2 向左移动 160；将轴承 2 和平键向左平移 80，如图 12-87 所示。

7）重复选择【调整零部件位置】工具按钮，将端盖 2-1 向左移动 480；将定距环 1 向左移动 420；将轴承 1 向左平移 360；将小圆柱齿轮向左移动 300；将端盖 2 向右移动 210；将定距环 1 向右移动 160；将轴承 1 向右平移 100；将游标尺斜向上移动 200，位置调整完毕后的表

达视图如图 12-88 所示。

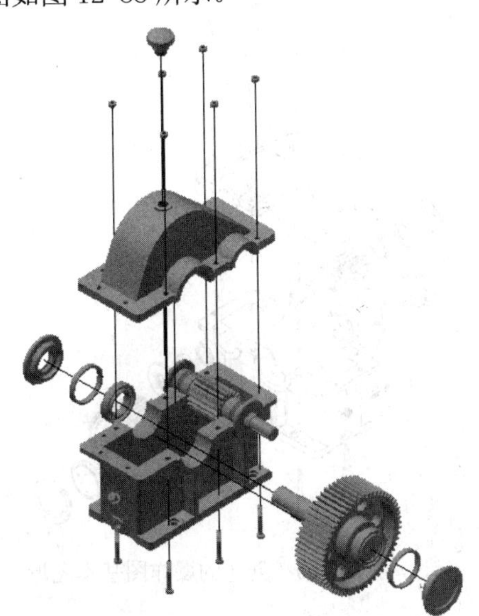

图12-87 移动相应零件（二）

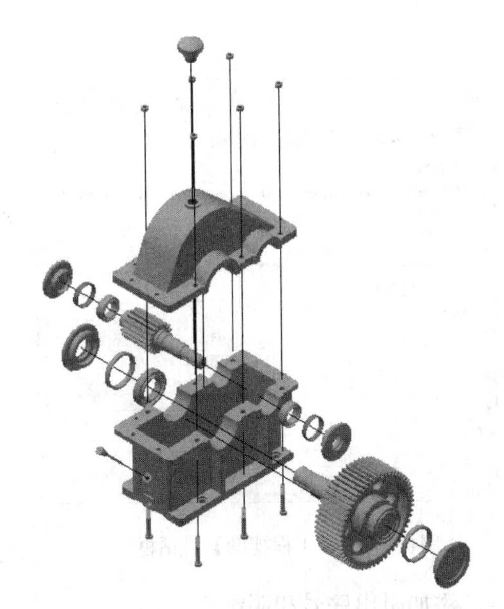

图12-88 位置调整完毕后的表达视图

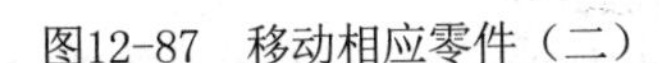

注 意

这里没有对传动轴部件和小齿轮部件进行分解，因为这些部件的装配比较简单，从实用的角度出发没有对其进行零件分解。如果要对它们进行分解，可以从浏览器中找到这些部件，然后单击右键，选择快捷菜单中的【自动分解】选项即可。自动分解以后，如果有的零件的位置不合理，还可以通过【调整零部件位置】工具进行手工调整。

12.3.3 爆炸图创建

爆炸图是在表达视图基础上生成的二维工程图，它可以很好地反映部件的装配结构。在当前的生产条件下，由于很多企业不可能在车间安装显示器终端来播放产品的装配过程，还是需要使用工装卡片来指导工人的生产，所以爆炸图能够很好地发挥自己的作用。下面，我们一步一步的来学习一下爆炸图的创建过程。

减速器的爆炸图文件位于网盘中的“\第 12 章\减速器”目录下，文件名为“爆炸图.idw”。

1. 创建基本的爆炸图形

1）运行 Inventor，单击【快速入门】标签栏【启动】面板中的【新建】工具按钮，在弹出的【新建文件】对话框中选择 Standard.idw 模板，单击【创建】按钮，新建一个工程图文件，并将文件保存为减速器爆炸图.idw。

2）单击【放置视图】标签栏【创建】面板中的【基础视图】工具按钮，弹出【工程视图】对话框。在【文件】选项中选择减速器的表达视图文件减速器表达视图.ipn，其他设置如图 12-89【工程视图】对话框所示。

3）在 ViewCube 上选择轴测图方向为基础视图的放置方向。

4）单击【确定】按钮，完成爆炸图基本图形的创建，如图 12-90 所示。

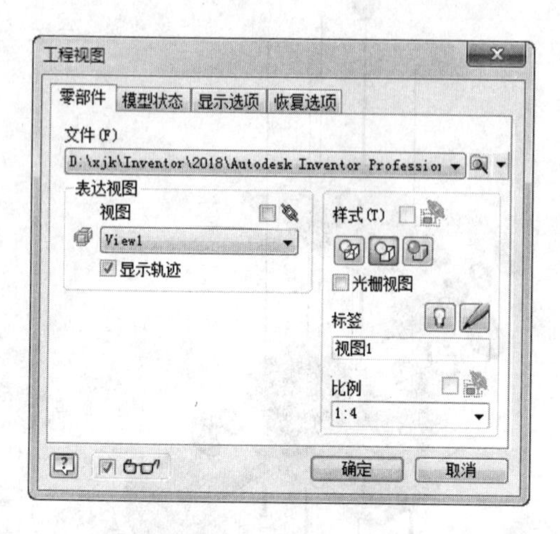

图12-89 【工程视图】对话框

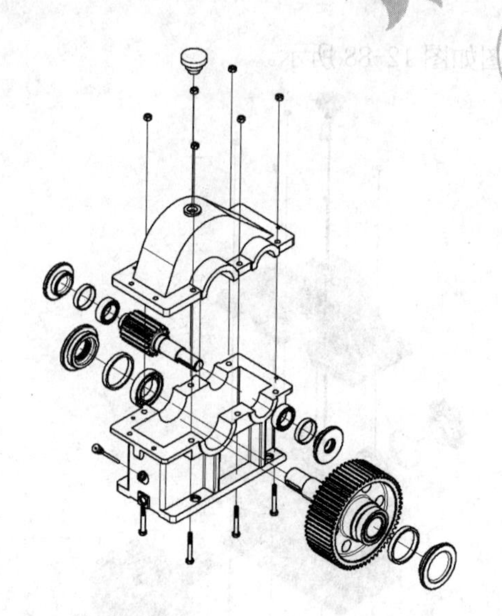

图12-90 创建的爆炸图基本图形

2．添加引出序号和明细栏

1）添加引出序号和明细栏可以更加清晰地表现部件中的零件信息。可以选择利用【引出序号】工具手工为每一个零部件添加引出序号，也可以选择【自动引出序号】工具自动为所有零部件创建引出序号。利用【自动引出序号】工具为爆炸图添加零件编号，如图 12-91 所示。可以修改引出序号的具体编号，以使得编号的排列遵循一定的标准。

2）单击【标注】标签栏【表格】面板中的【明细栏】工具按钮，创建部件的零部件明细栏，如图 12-92 所示。

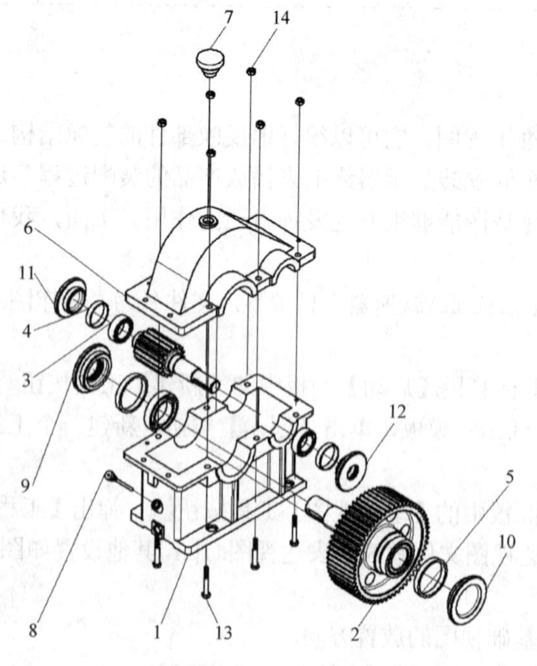

图12-91 为爆炸图添加零件编号

序号	标准	名称	数量	材料	注释
14		螺母	6	常规	
13		螺栓	6	常规	
12		端盖2-2	1	常规	
11		端盖2-1	1	常规	
10		端盖1-2	1	常规	
9		端盖1-1	1	常规	
8		游标尺	1	常规	
7		通气器	1	常规	
6		箱盖	1	常规	
5		定距环2	2	常规	
4		定距环1	2	常规	
3		齿轮轴装配	1		
2		传动轴装	1		
1		下箱体	1	常规	
明细栏					

图12-92 爆炸图的明细栏

另外，如果有必要的话，可以选择【文本】工具填写标题栏中的相关信息。至此，爆炸图已经全部创建完毕，如图 12-93 所示。

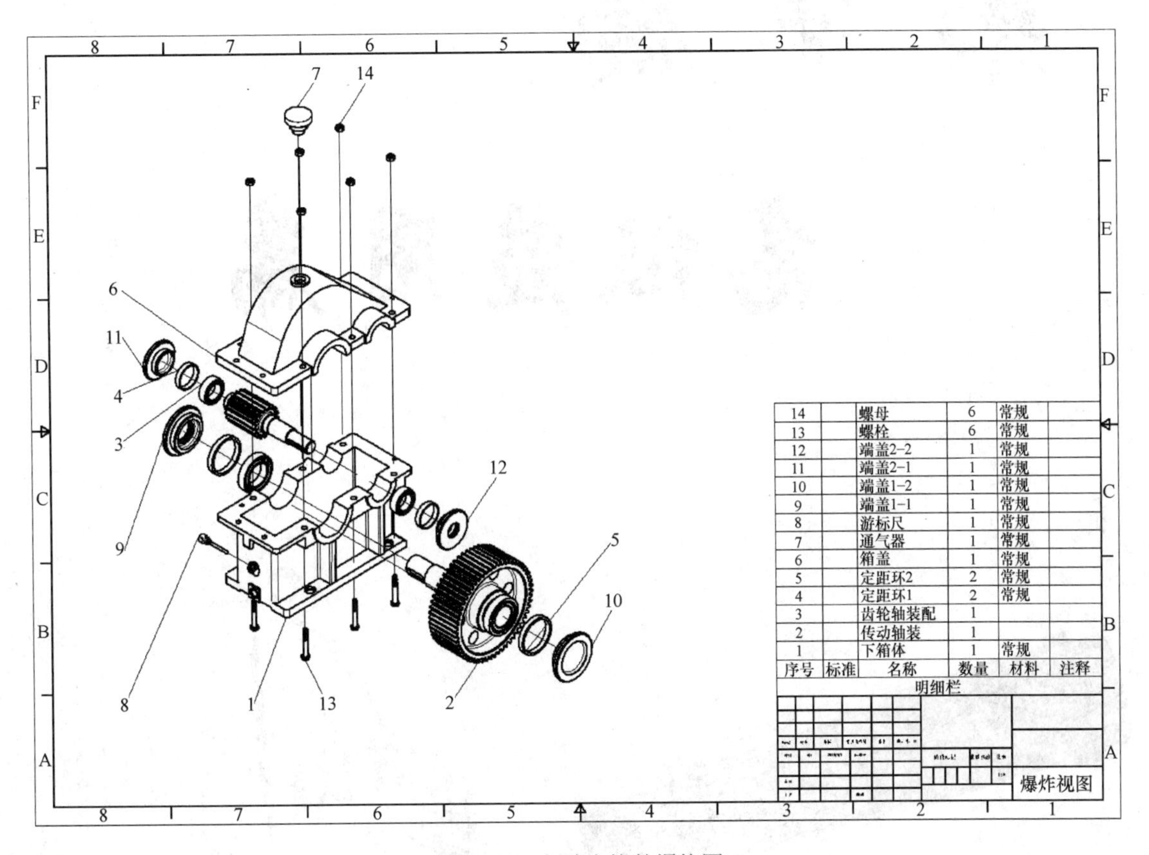

图12-93　创建完毕的爆炸图

第4篇

高级应用篇

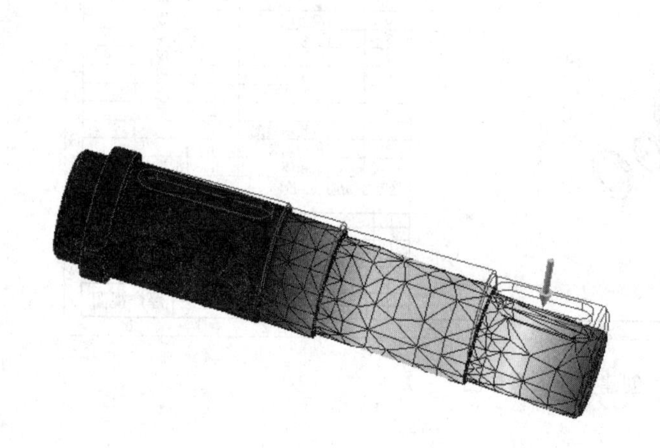

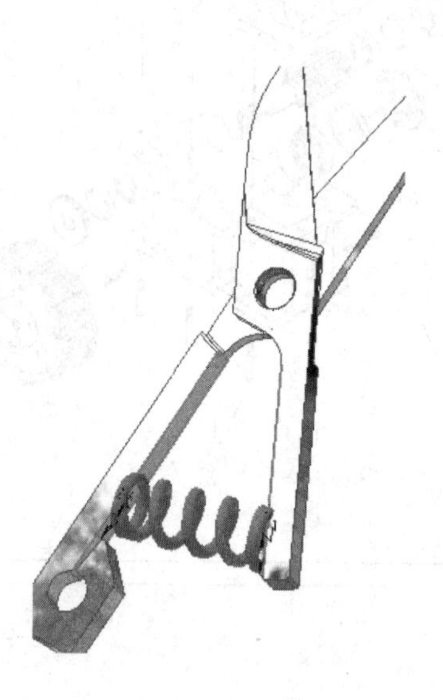

本篇介绍以下主要知识点：

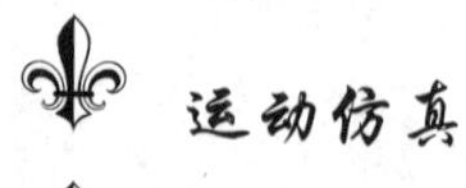

- 运动仿真
- 应力分析
- Inventor 二次开发入门

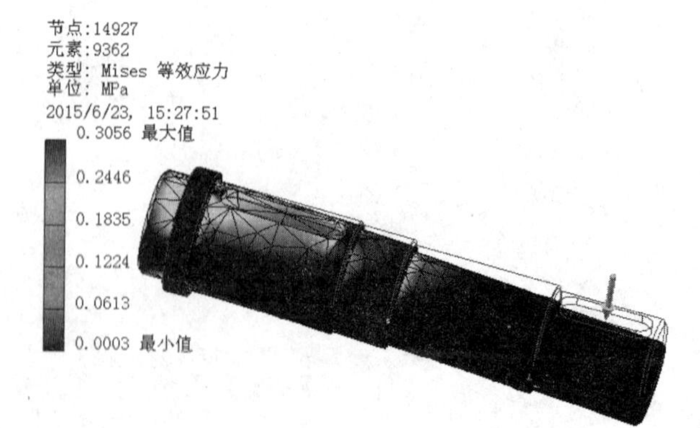

第 13 章

运动仿真

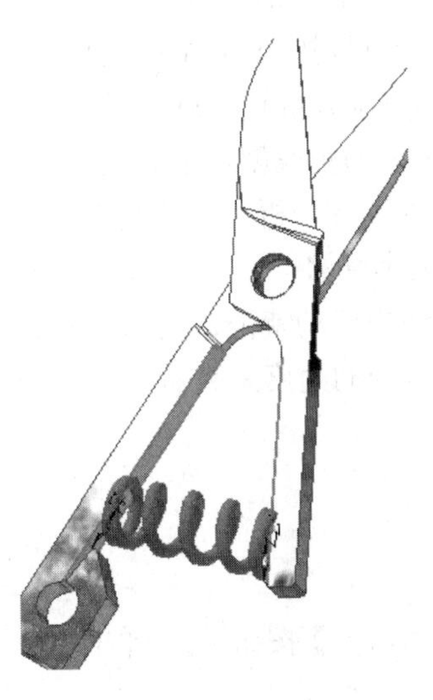

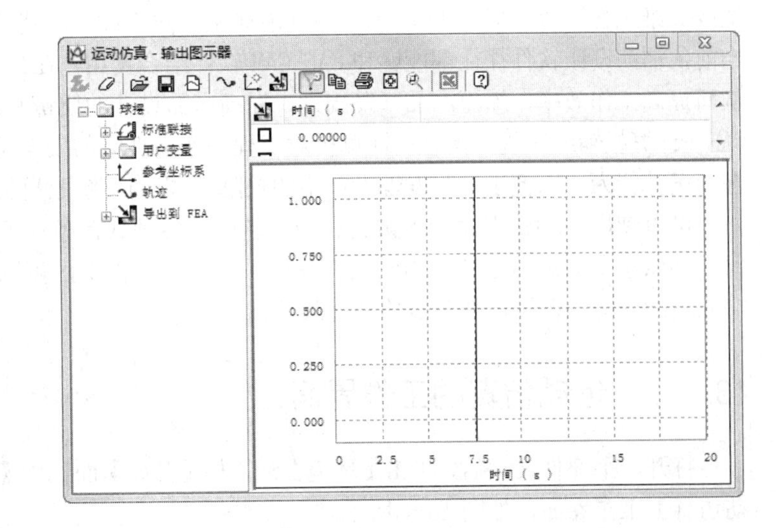

导读

在产品设计完成之后，往往需要对其进行仿真以验证设计的正确性。本章主要介绍 Inventor 运动仿真功能的使用方法，以及将 Inventor 模型和仿真结果输出到 FEA 软件中进行仿真的方法。

精彩内容

- Inventor 2018 的运动仿真模块概述
- 构建仿真机构
- 仿真及结果的输出

13.1 Inventor2018 的运动仿真模块概述

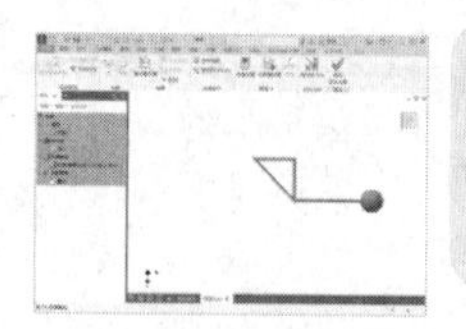

运动仿真包含广泛的功能并且适应多种工作流。本节主要介绍运动仿真的基础知识。在了解了运动仿真的主要形式和功能后，就可以开始探究其他功能，然后根据特定需求来使用运动仿真。

Inventor 作为一种辅助设计软件，能够帮助设计人员快速创建产品的三维模型，以及快速生成二维工程图等，但是 Inventor 的功能如果仅限于此，那就远远没有发挥 Inventor 的价值。当前，辅助设计软件往往都能够和 CAE/CAM 软件结合使用，在最大程度上发挥这些软件的优势，从而提高工作效率，缩短产品开发周期，提高产品设计的质量和水平，为企业创造更大的效益。CAE（计算机辅助工程）指利用计算机对工程和产品性能与安全可靠性进行分析，模拟其工作状态和运行行为，以便于及时发现设计中的缺陷，同时达到设计的最优化目标。

可以使用运动仿真功能来仿真和分析装配在各种载荷条件下运动的运动特征，还可以将任何运动状态下的载荷条件输出到应力分析。在应力分析中，可以从结构的角度来查看零件如何响应装配在运动范围内任意点的动态载荷。

13.1.1 运动仿真的工作界面

打开一个部件文件后，单击【环境】标签栏【开始】面板中【运动仿真】按钮，弹出【运动仿真】工作界面，如图 13-1 所示。

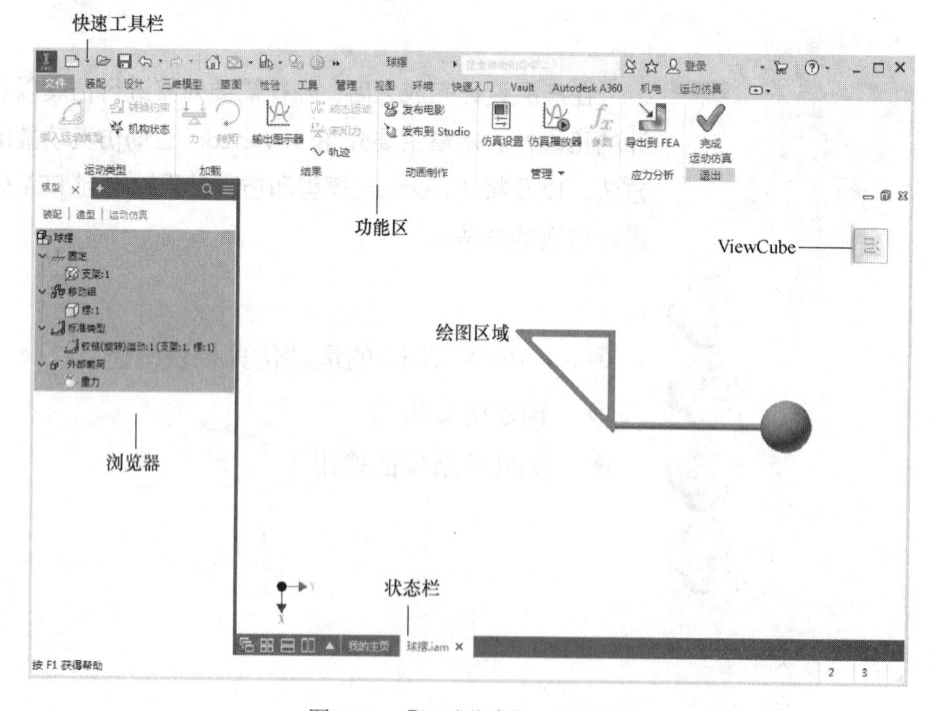

图13-1 【运动仿真】工作界面

进入运动仿真环境后，可以看到，操作界面主要由 ViewCube（绘图区域右上部）、快速工具栏（上部）、功能区（见图 13-2）、浏览器和状态栏以及绘图区域构成。

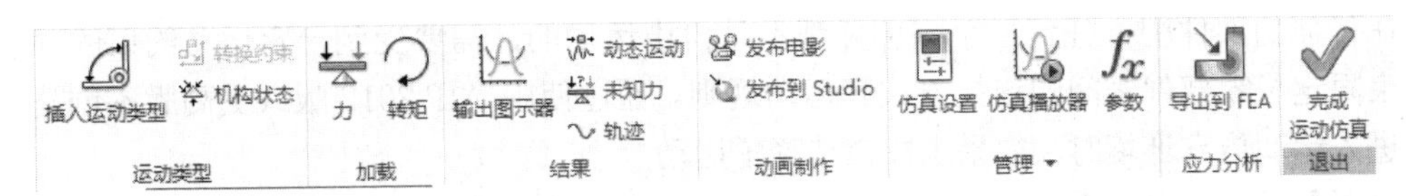

图13-2 【运动仿真】功能区

13.1.2 Inventor 运动仿真的特点

Inventor 2018 的仿真部分软件是完全整合于三维 CAD 的机构动态仿真软件，具有以下显著特点：

1）使软件自动将配合约束和插入约束转换为标准连接（一次转换一个连接），同时可以手动创建连接。

2）已经包含了仿真部分，把运动仿真真正整合到设计软件中，无须再安装其仿真部分。

3）能够将零部件的复杂载荷情况输出到其他主流动力学、有限元分析软件（如 Ansys）中进行进一步的强度和结果分析。

4）更加易学易用，保证在建立运动模型时将 Inventor 环境下定义的装配约束直接转换为运动仿真环境下运动约束；可以直接使用材料库，用户还可以按照自己的实际需要自行添加新材料。

13.2 构建仿真机构

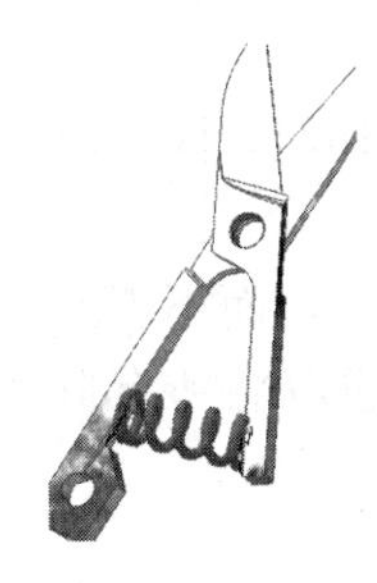

在进行仿真之前，首先应该构建一个与实际情况相符合的运动机构，这样仿真结果才有意义。构建仿真机构除了需要在 Inventor 中创建基本的实体模型外，还需要指定焊接零部件以创建刚性、统一的结构，添加运动和约束、作用力和力矩以及碰撞等。需要指出的是，要仿真部件的动态运动，需要定义两个零件之间的机构连接，并在零件上添加力（内力或/和外力）。现在，部件是一个机构。

可以通过三种方式创建连接：在【运动仿真设置】对话框中激活【自动转换对标准连接的约束】功能，使 Inventor 自动将合格的装配约束转换成标准连接；使用【插入运动类型】工具手动插入运动类型；使用【转换约束】工具手动将 Autodesk Inventor 装配约束转换成标准连接（每次只能转换一个连接）。

注 意

当【自动转换对标准连接的约束】功能处于激活状态时，不能使用【插入运动类型】或【转换约束】工具来手动插入标准连接。

13.2.1 运动仿真设置

在任何的部件中，任何一个零部件都不是自由运动的，需要受到一定运动约束的限制。运动约束限定了零部件之间的连接方式和运动规则。通过使用 AIP 2012 版或更高版本创建的装配部件进入运动仿真环境时，如果未取消选择【运动仿真设置】对话框中的【自动转换对标准连接的约束】，Inventor 将通过转换全局装配运动中包含的约束来自动创建所需的最少连接；同时，软件将自动删除多余约束。此功能在确定螺母、螺栓、垫圈和其他紧固件的自由度不会影响机构的移动时尤其好用。事实上，在仿真过程中，这些紧固件通常是锁定的。添加约束时，此功能将立即更新受影响的连接。

单击【运动仿真】标签栏【管理】面板上的【仿真设置】工具按钮，弹出【运动仿真设置】对话框，如图 13-3 所示。

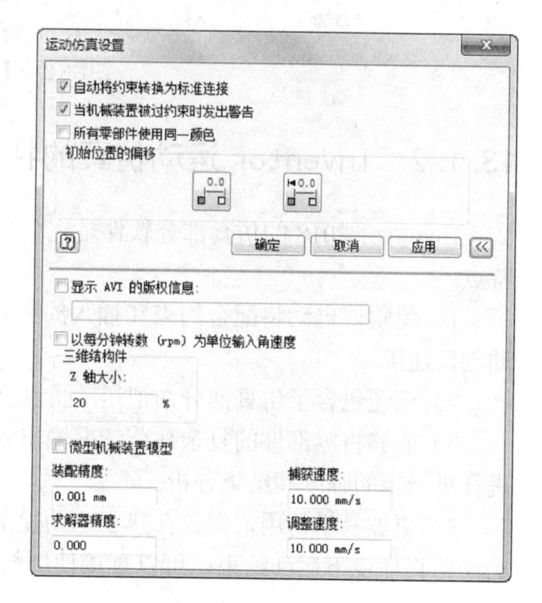

图13-3 【运动仿真设置】对话框

选择【自动将约束转换为标准连接】复选框，将激活自动运动仿真转换器，将装配约束转换为标准连接。如果选择了【自动将约束转换为标准连接】，就不能再选择手动插入标准连接，也不能再选择一次一个连接的转换约束。选择取消此功能，都会删除机构中的所有现有连接。

【当机械装置被过约束时发出警告】复选框默认是选中的，如果机构被过约束，Inventor 将会在自动转换所有配合前向用户发出警告，并将约束插入标准连接。

选择【所有零部件使用同一颜色】复选框，将预定义的颜色分配给各个移动组，固定组使用同一颜色。该工具有助于分析零部件关系。

在【初始位置的偏移】选项卡中，按钮将所有自由度的初始位置设置为 0，而不更改机构的实际位置，这对于查看输出图示器中以 0 开始的可变出图非常有用；按钮将所有自由度的初始位置重设为在构造连接坐标系的过程中指定的初始位置。

13.2.2 转换约束

转换约束将自动从装配约束创建标准连接。如果不想通过【自动转换对标准连接的约束】自动创建一个或多个标准连接，而想一般性地创建机构主要零件间的连接和约束，可单击【运动仿真】标签栏【运动类型】面板中的【转换约束】工具按钮，在弹出如图 13-4 所示的对话框中创建零件间的连接。

【选择两个零件】选项用以指定两个零部件，以便确定这两个零部件之间的哪些约束可以转换为标准连接。仅这两个零部件之间的装配约束显示在【配合】列表框中，选择的第一个零部件是父零部件，选择的第二个零部件是子零部件，这两个零部件之间的现有装配约束会显示在【配合】列表框中。

【运动类型】选项显示可从选定的配合约束创建的标准连接的类型（表 13-1 列出了 Inventor 可以转换的标准连接和各种装配约束），包括动画图示。例如，选择剪刀上刃和下刃创建标准连接，如图 13-5 所示。如果未选定配合约束，则在默认情况下，Inventor 将创建空间自由运动连接（六个自由度）。

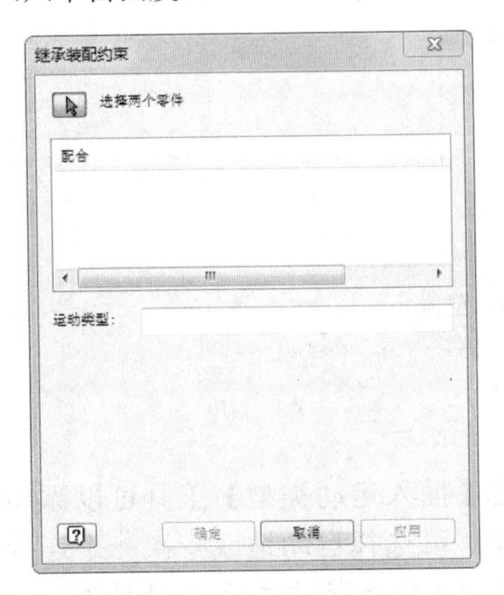

图13-4 【继承装配约束】对话框

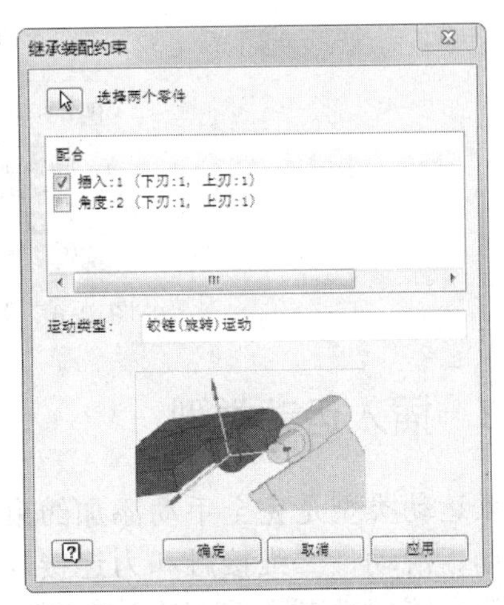

图13-5 创建标准连接

表13-1 可转换的标准连接和装配约束

标准连接	装配约束
旋转	插入（环形边、环形边） 配合（线、线）以及配合（平面、平面）与偏移垂直或不垂直 配合（圆柱面、圆柱面）以及配合（平面、平面）与偏移垂直或不垂直
平移	组合两个不平行的配合（平面、平面）
柱面运动	配合（线、线） 配合（圆柱面、圆柱面）
球面运动	配合（点、点） 配合（球面、球面）
平面运动	配合（平面、平面）
球面圆槽运动	配合（线、点） 配合（线、球面） **注**:球形的中心点保留在平面中
线-面运动	配合（平面、线）
点-面运动	配合（平面、点） 配合（平面、球面）**注意**:球形的中心点保留在平面中
空间自由运动	没有约束
焊接	组合三个约束或两个嵌入

选择【插入】复选框并单击【确定】后，剪刀的上刃、下刃两个零件间就建立了旋转运动标准连接。【转换约束】后的浏览器如图 13-6 所示。可以看到，新连接位于【标准类型】节点下的浏览器中。此外，将显示【移动组】节点，上刃从固定组移动到移动组。这时拖动剪刀上刃或选择【仿真播放器】对话框中的【运行或重放仿真】按钮▶，上刃就会围绕中间的旋转轴而旋转。

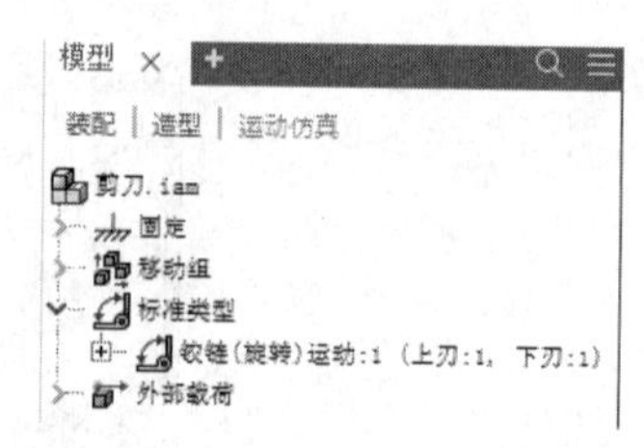

图13-6 【转换约束】后的浏览器

13.2.3 插入运动类型

插入运动类型是完全手动添加约束的方法。使用【插入运动类型】工具可以添加标准、滚动、滑动、二维接触和力连接。对于标准连接，可选择自动地或一次一个连接地将装配约束转换成连接，而对于其他所有的运动类型，【插入运动类型】工具是添加连接的唯一方式。

在机构中插入运动类型的典型工作流程是：

1）确定所需连接的类型。考虑所具有的与所需的自由度数和类型，还要考虑力和接触。

2）如果知道在两个零部件的其中一个上定义坐标系所需的任何几何图元，这时就需要进入装配模式中的【部件和零件】，添加所需图元。

3）单击【运动仿真】标签栏【运动类型】面板中的【插入运动类型】工具按钮，弹出如图 13-7 所示【插入运动类型】对话框。【插入运动类型】对话框【运动类型】的下拉列表中列出了各种可用的连接。该对话框的下方则提供了与选定运动类型相应的选择工具。默认情况下指定为【空间自由运动】，空间自由运动动画将连续循环播放，也可选择【运动类型】菜单右侧的显示连接表【工具】选项，弹出【运动类型表】对话框，如图 13-8 所示。该表显示了每个运动类别和特定运动类型的视觉表达。单击图标，选择运动类别。选择运动类别后，可用的选项将立即根据运动类别变化。

对于所有运动（三维接触除外），【先拾取零件】选项可以在选择几何图元前选择连接零部件，这使得选择图元（点、线或面）更加容易。

4）从【运动类型】下拉列表中或【连接表】中选择所需的运动类型。

5）选择定义运动所需的其他任何选项。

6）为两个零部件定义连接坐标系。

7）单击【确定】或【应用】按钮，这两个操作均可以添加连接，而单击【确定】还将关闭此对话框。

为了在创建约束时能够恰如其分地使用各种连接，下面详细介绍【插入运动类型】的几种类型：

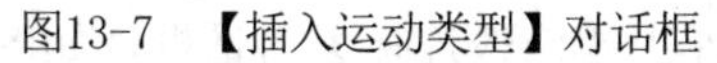
图13-7 【插入运动类型】对话框

图13-8 【运动类型表】对话框

1．插入标准连接

将标准连接添加至机构时，要考虑在两个零部件和两个连接坐标系的相对运动之间所需的自由度。插入运动类型时，将两个连接坐标系分别置于两个零部件上；应用连接时，将定位两个零部件，以便使它们的坐标系能够完全重合；再根据运动类型，在两个坐标系之间进而在两个零部件之间创建自由度。

标准连接有旋转、平移、柱面运动、球面运动、平面运动、球面圆槽运动、线-面运动、点-面运动、空间自由运动和焊接等。读者可以根据零件的特点以及零部件间的运动形式选择相应的标准连接。各种标准连接的添加步骤大致相同，这里仅以剪刀插入旋转为例来说明具体操作。

1）打开零部件的运动仿真模式，单击【运动仿真】标签栏【运动类型】面板中的【插入运动类型】工具按钮，弹出如图 13-7 所示【插入运动类型】对话框。

2）在【运动类型】下拉列表中或【连接表】中选择【空间自由运动】。

3）在图形窗口中指定零部件的连接坐标系。选择剪刀下刃接触面上的旋转曲线（由于绕轴旋转要定义 Z 轴和原点，要选择环形边，如果已选择柱面或线性边，则原点将设置在图元中间，所以选择接触面上的旋转曲线），如图 13-9 所示。显示图示连接空间坐标轴，这个 X、Y 和 Z 轴是从选定的几何图元中衍生的，与零件或装配坐标系无关；坐标轴使用不同形状的箭头来区分，单箭头表示 X 矢量，双箭头表示 Y 矢量，Z 矢量使用三箭头来表示。这里只需指定旋转轴 Z 轴即可。单击右键，弹出快捷菜单，选择【继续】，如图 13-10 所示。开始【零件 2】的选择，同样选择上刃接触面上的旋转曲线。方向相反时可以通过单击按钮改变方向。

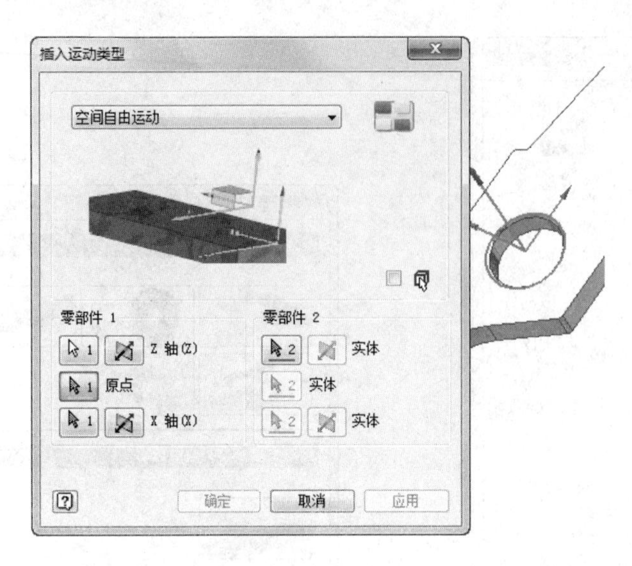

图13-9　选择剪刀下刃旋转曲线

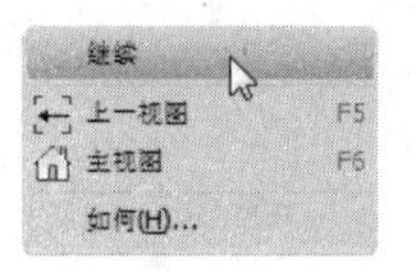

图13-10　快捷菜单

4）选择【确定】，完成旋转插入连接。

如果要编辑插入运动类型，可以在浏览器中选择【标准类型】项下刚刚新建的连接，右键单击，弹出快捷菜单，如图 13-11 所示。选择【编辑】，弹出【修改连接】对话框，如图 13-12 所示，进行标准连接的修改。

其他几种标准连接的插入操作步骤大同小异，这里不再赘述。

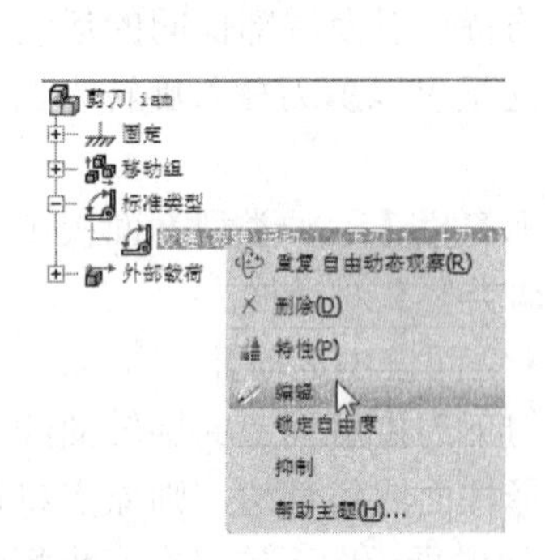

图13-11　新建连接快捷菜单

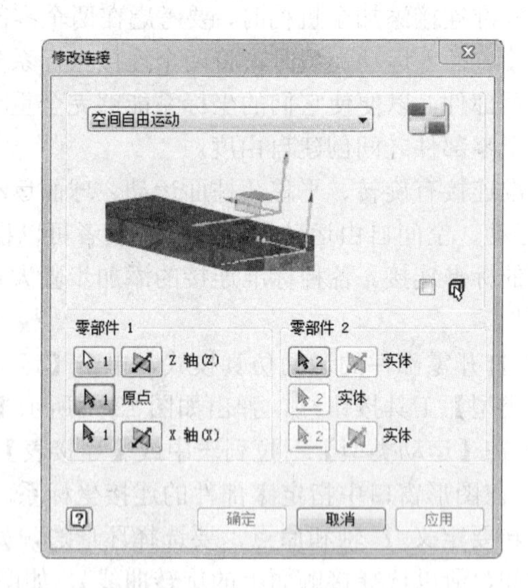

图13-12　【修改连接】对话框

2．插入滚动连接

创建一个部件并添加一个或多个标准连接后，还可以在两个零部件（这两个零部件之间有一个或多个自由度）之间插入其他（滚动、滑动、二维接触和力）连接，但是必须手动插入这些连接。滚动、滑动、二维接触和力等连接无法通过约束转换自动创建。

滚动连接可以封闭运动回路，并且除锥面连接外，可以用于彼此之间存在二维相对运动的零部件。可以仅在彼此之间存在相对运动的零部件之间创建滚动连接，因此在包含滚动连接的两个零部件的机构中，必须至少有一个标准连接。滚动连接应用永久接触约束。滚动连接可以有两种不同的行为，具体取决于在连接创建期间所选的选项：

- 【滚动】选项仅能确保齿轮的耦合转动。
- 【滚动】和【相切】选项可以确保两个齿轮之间的相切以及齿轮的耦合转动。

打开零部件的运动仿真模式，单击【运动仿真】标签栏【运动类型】面板上的【插入运动类型】工具按钮，弹出如图13-7所示【插入运动类型】对话框。在【运动类型】下拉列表中或【连接表】中选择【传动：齿轮齿条运动】，弹出如图13-13所示的对话框，或者在打开的传动连接的连接表中选择需要的运动类型，如图13-14所示；然后根据具体的运动类型和零部件的运动特点，按照插入运动类型的指示，为零部件插入滚动连接。具体操作与标准连接类似，这里不再赘述。

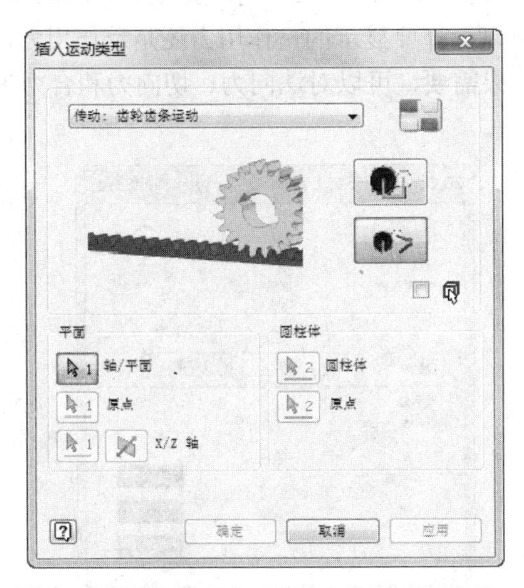

图13-13 选择【传动：齿轮齿条运动】选项

图13-14 传动连接的连接表

3．插入二维接触连接

二维接触连接和三维接触连接（力）同属于非永久连接。其他均属于永久连接。

插入二维接触连接的操作步骤如下：

1）打开零部件的运动仿真模式，单击【运动仿真】标签栏【运动类型】面板中的【插入运动类型】工具按钮，弹出如图13-7所示【插入运动类型】对话框。

2）在【运动类型】下拉列表或【连接表】中，选择2D Contact，弹出如图13-15所示对话框。选择相应的运动类型，或者在打开的2D Contact连接的连接表（见图13-16）选择运动类型后确认。

插入二维接触连接时，需要选择零部件上的两个回路，这两个回路一般在同一平面上。

图13-15 选择2D Contact选项

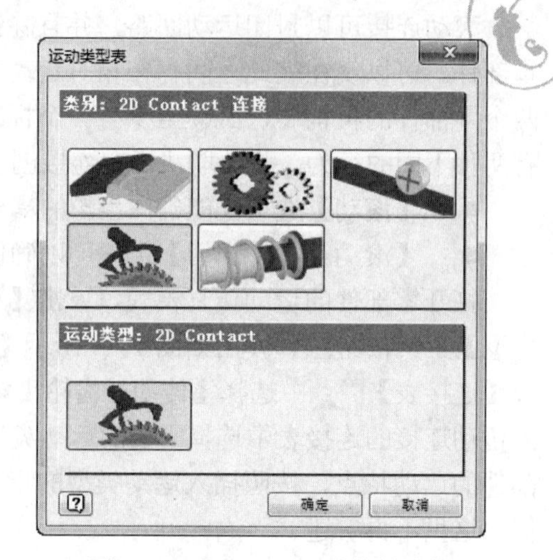

图13-16 2D Contact连接的连接表

3）创建连接后，需要将特性添加到二维接触连接。在浏览器上选择刚刚添加的【接触类型】下二维接触连接，右键单击，弹出快捷菜单，选择【特性】，如图 13-17 所示。弹出【2D Contact:1（下刃:1,弹簧 2:1)】对话框，如图 13-18 所示。可以选择要显示的是作用力还是反作用力，以及要显示的力的类型（法向力、切向力或合力）。如果需要，可以对法向力、切向力和合力矢量进行缩放和/或着色，使查看更加容易。

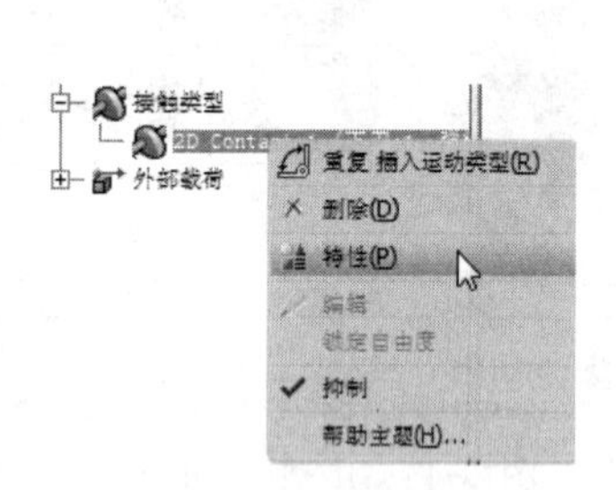

图13-17 选择【特性】选项

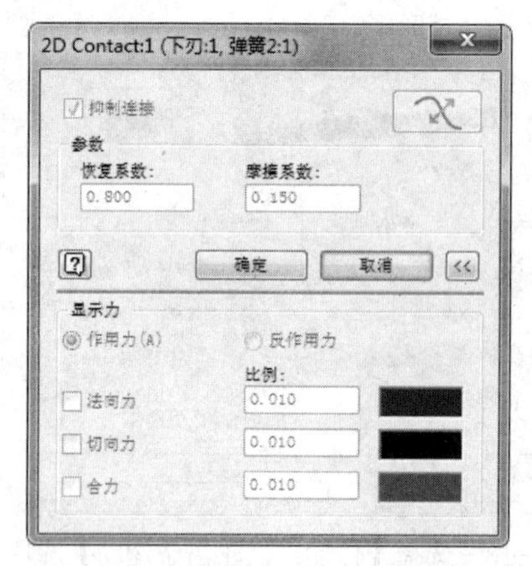

图13-18 【2D Contact:1（刀刃:1,弹簧2:1）】对话框

在图 13-18 中，选择【抑制连接】复选框，系统在进行所有计算时将此二维接触连接排除在外，但不是从机构中将其完全删除。默认【抑制连接】处于未选择状态。

单击 【反转正向】单击，可以反转零部件上曲线的正向。

此外，还可在此更改摩擦系数和恢复系数。

4．插入滑动连接

滑动连接与滚动连接类似，可以封闭运动回路，并且可以在具有二维相对运动的零部件之间工作。可以仅在具有二维相对运动的零部件之间创建滑动连接。连接坐标系将会被定位在接触点。连接运动处于由矢量 $Z1$（法线）和 $X1$（切线）定义的平面中。接触平面由矢量 $Z1$ 和 $Y1$

定义。这些连接应用永久接触约束，且没有切向载荷。

滑动连接包括平面圆柱运动、圆柱-圆柱外滚动、圆柱-圆柱内滚动、凸轮-滚子运动、圆槽滚子运动等运动类型。其操作步骤与滚动连接类似，为节省篇幅，这里不再赘述。

5. 插入力连接

力连接（三维接触连接）和二维接触连接一样都为非永久性接触，而且可以使用三维接触连接模拟非永久穿透接触。力连接主要使用弹簧/阻尼器/千斤顶连接对作用/反作用力进行仿真。其具体操作与以上介绍的其他插入运动类型大致相同。现在简单介绍一下剪刀的三维接触连接的插入。这里为部件添加一个弹簧。

线性弹簧力就是弹簧的张力与其伸长或者缩短的长度成正比的力，且力的方向与弹簧的轴线方向一致。

两个接触零部件之间除了外力的作用外，当它们发生相对运动的时候，零部件的接触面之间会存在一定的阻力，这个阻力的添加也是通过力连接来完成的，如剪刀上、下刃的相对旋转接触面间就存在阻力。要添加这个阻力，首先在【运动类型】下拉列表或【连接表】中，选择【力连接】中的 3D contact 选项，如图 13-19 所示。选择需要添加的零部件即可。

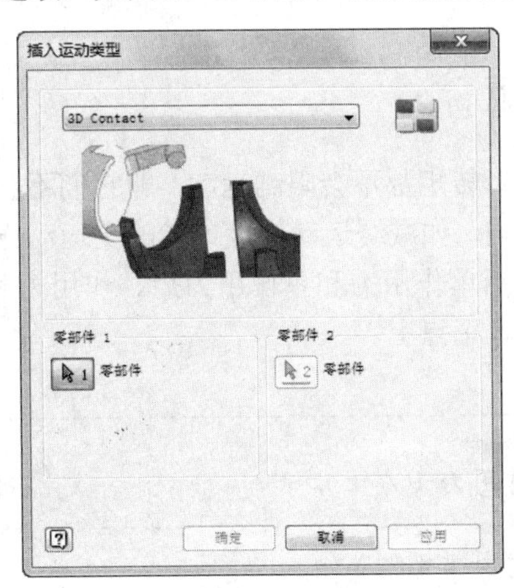

图13-19　选择3D contact选项

要定义接触集合，需要选择【运动仿真】浏览器中的【力铰链】目录，选择接触集合，单击右键，选择快捷菜单上的【特性】选项，弹出如图 13-19 所示的 3D contact 对话框。与弹簧连接类似，可以定义接触集合的刚度、阻尼、摩擦力和零件的接触点，单击【确定】，就添加了接触力。

6. 定义重力

重力是外力的一种特殊情况，地球引力所产生的力作用于整个机构。其设置步骤如下：

1）在运动仿真浏览器中的【外部载荷】→【重力】上单击右键。从快捷菜单中选择【定义重力】选项，弹出如图 13-20 所示的【重力】对话框。

2）在图形窗口中选择要定义重力的图元。该图元必须属于固定组。

3）在选定的图元上会显示一个黄色箭头，如图 13-21 所示。单击【反向】按钮，可以更改重力箭头的方向。

4）如果需要，在【值】文本框中输入要为重力设置的值。

5）单击【确定】按钮，完成重力设置。

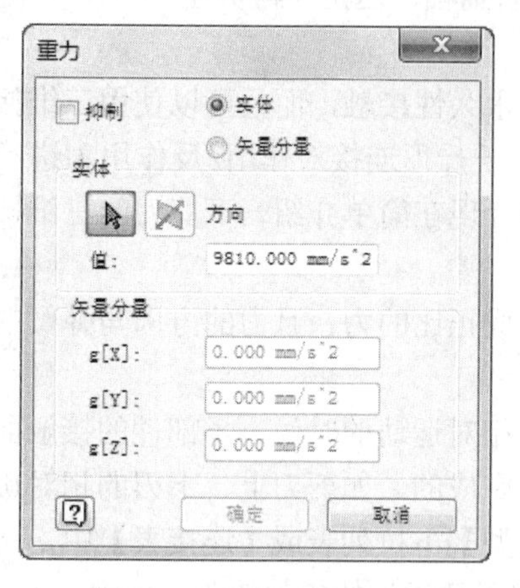

图13-20 【重力】对话框

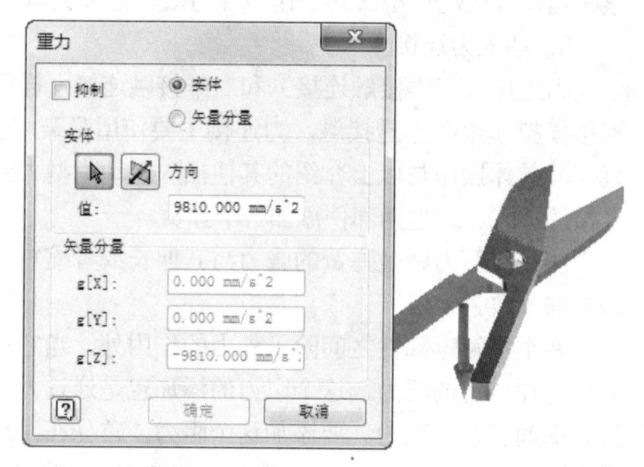

图13-21 设置重力后的剪刀

13.2.4 添加力和转矩

施加在零部件上的力或者转矩都不会限制运动，即它们不会影响模型的自由度，但是力或者转矩能够对运动造成影响，如减缓运动速度或者改变运动方向等。作用力直接作用在物体上从而使其能够运动，包括单作用力和单作用力矩、作用力和反作用力（力矩）。单作用力（转矩）作用在刚体的某一个点上。

注 意

软件不会计算任何的反作用力（力矩）。

要添加单作用力，可以按以下步骤操作：

1）单击【运动仿真】标签栏【加载】面板上的【力】工具按钮，弹出【力】对话框，如图 13-22 所示。如果要添加转矩，则单击【转矩】按钮，弹出【转矩】对话框，如图 13-23 所示。

2）单击【位置】按钮，然后在图形窗口中的分量上选择力或转矩的应用点，如图 13-24 所示。

注 意

当力的应用点位于一条线或面上而无法捕捉时，可以进入【部件】环境，绘制一个点，再进入【运动仿真】环境，就可以在选定位置插入力或转矩的应用点。

3）单击【位置】按钮，在图形窗口中选择第二个点。选订的两个点可以定义力或转矩矢量的方向。其中，以选订的第一个点作为基点，选订的第二个点处的箭头作为力或转矩的方向，如图 13-26 所示。单击【反向】可以将力或转矩矢量的方向反向。

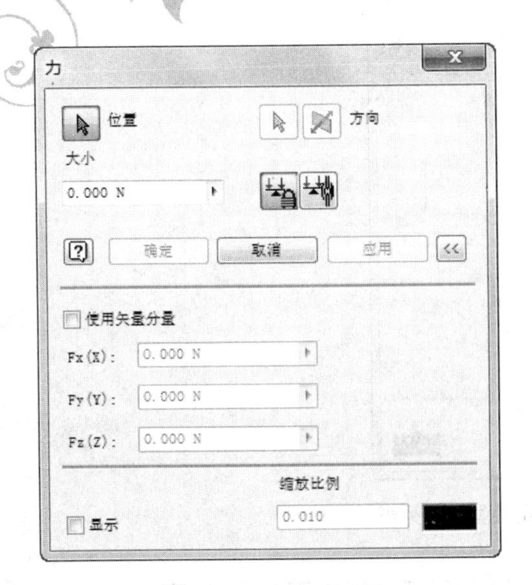

图13-22 【力】对话框

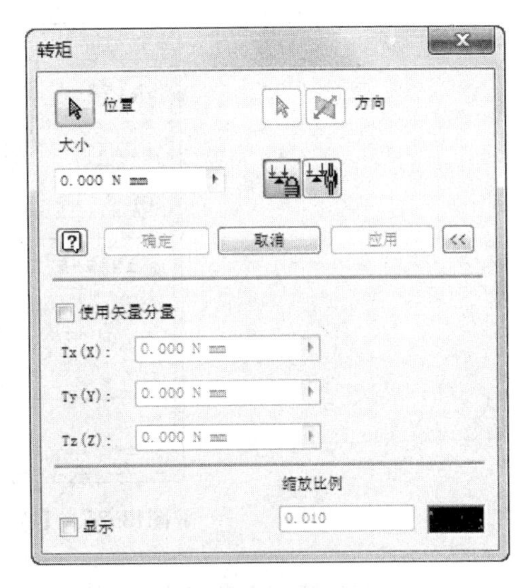

图13-23 【转矩】对话框

4）在【大小】文本框中可以定义力或转矩大小的值。可以输入常量，也可以输入在仿真过程中变化的值。单击【大小】文本框右侧的下三角按钮，打开数据类型下拉列表。从数据类型下拉列表中可以选择【常量】或【输入图示器】，如图 13-26 所示。

选择【输入图示器】弹出【大小】对话框，如图 13-27 所示。定义一个在仿真过程中变化的值。

图形的垂直轴表示力或转矩载荷，水平轴表示时间，力或转矩绘制由红线表示。双击一时间位置，可以添加一个新的基准点，如图 13-28 所示。用光标拖动蓝色的基准点可以输入力或扭矩的大小。需要精确输入力或转矩时，可以通过【起始点】和【结束点】来定义，X 用于输入时间点，Y 用于输入力或转矩的大小。

单击图 13-26 中的【固定载荷方向】按钮，以固定力或转矩在部件的绝对坐标系中的方向。

单击图 13-26 中的【关联载荷方向】按钮，将力或转矩的方向与包含力或转矩的分量关联起来。

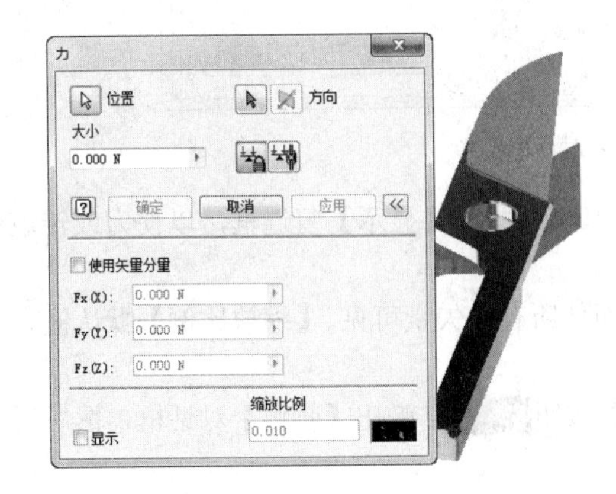

图 13-24 选择应用点

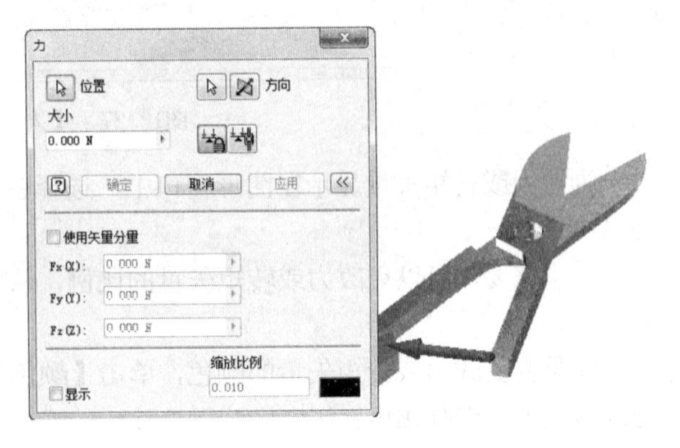

图 13-25 确定力或转矩方向

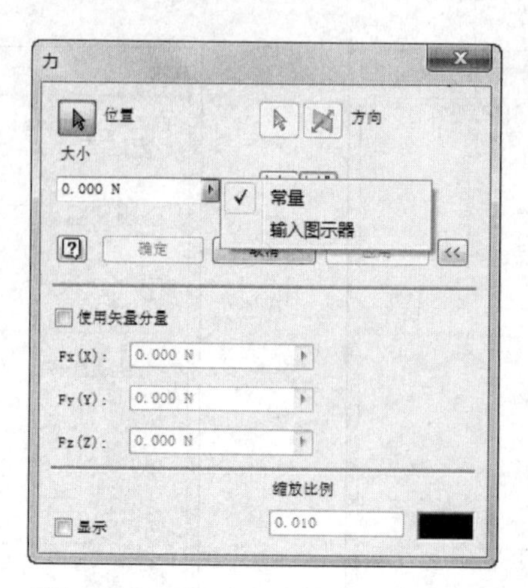

图13-26 【大小】数据类型下拉列表

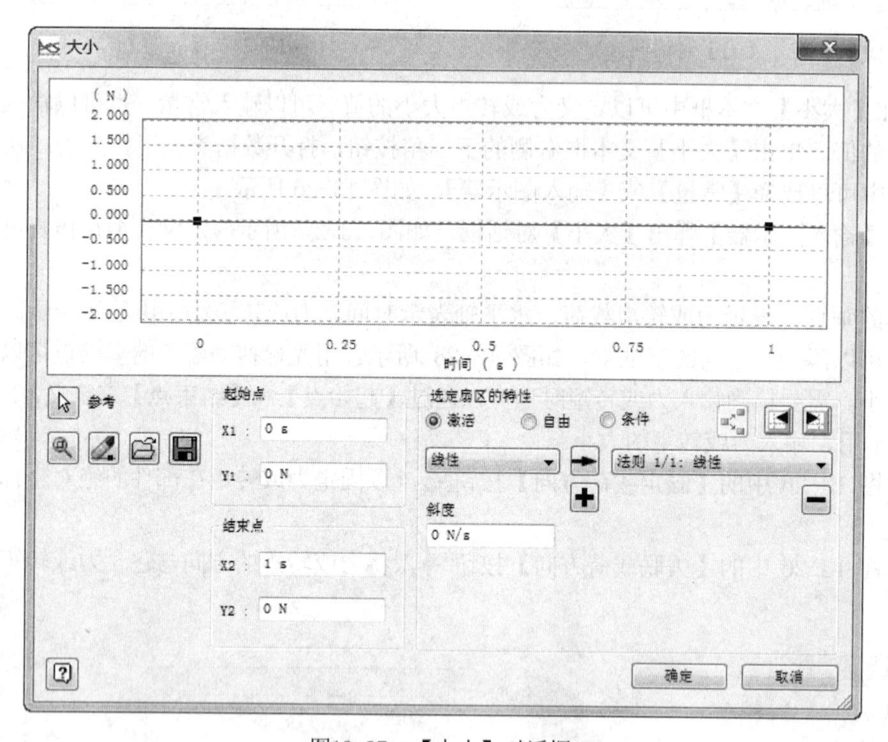

图13-27 【大小】对话框

为使力或转矩矢量显示在图形窗口中，选择图 13-27 中的【显示】复选框，以使力或转矩矢量可见。

如果需要，可以更改力或转矩矢量的比例，从而使所有的矢量可见。【缩放比例】默认值为 0.010。

如果要更改力或转矩矢量的颜色，单击【颜色】按钮████，弹出【颜色】对话框，然后为力或转矩矢量选择颜色。

5）单击【确定】按钮，完成单作用力的添加。

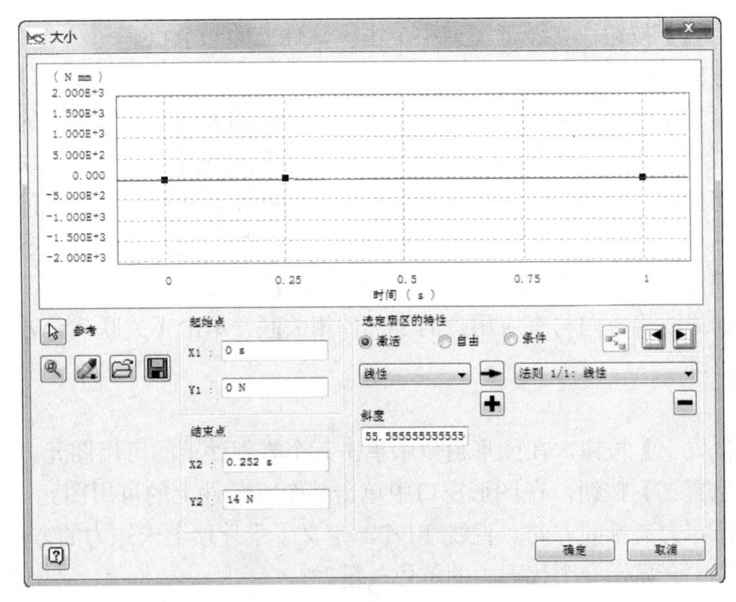

图13-28　添加基准点以及输入力大小

13.2.5　未知力的添加

有时为了运动仿真能够使机构停在一个指定位置，而这个平衡的力又很难确定，这时就可以借助于添加未知力来计算所需力的大小。

使用未知力来计算机构在指定的一组位置保持静态平衡时所需的力、转矩或千斤顶，在计算时需要考虑所有外部影响，包括重力、弹力、外力或约束条件等，而且机构只能有一个迁移度。下面简单介绍一下未知力的添加步骤：

1）单击【运动仿真】标签栏【结果】面板中的【未知力】工具按钮，弹出如图13-29所示的【未知力】对话框。

图13-29　【未知力】对话框

2）选择适当的力类型：力、转矩或千斤顶。

对于力或转矩：

- 单击【位置】按钮，在图形窗口中单击零部件上的一个点。
- 单击【方向】按钮，在图形窗口中单击第二个连接零部件上的可用图元，通过确定在图形窗口中绘制的矢量的方向来指定力或转矩的方向。选择可用的图元，如线性边、圆柱面或草图直线，图形窗口中会显示一个黄色矢量来表明力或转矩的方向。在图形窗口中将确定矢量的方向。可以改变矢量方向并使其在整个计算期间保持不变。
- 必要的话单击【反向】按钮，将力或转矩的方向（也就是黄色矢量的方向）反向。
- 单击【固定载荷方向】按钮，可以锁定力或转矩的方向。
- 此外，如果要将方向与有应用点的零部件相关联，单击【关联载荷方向】按钮，使其可以移动。

对于千斤顶：

- 单击【位置一】按钮，在图形窗口中单击某个零部件上的可用图元。
- 单击【位置二】按钮，在图形窗口中单击某个零部件上的可用图元，以选择第二个应用点并指定力矢量的方向。直线 P1-P2 定义了千斤顶上未知力的方向。
- 图形窗口中会显示一个代表力的黄色矢量。

3）在【运动类型】选项的下拉列表中选择机构的一个连接。

4）如果选定的连接有两个或两个以上自由度，则在【自由度】文本框中选择受驱动的那个自由度。

5）【初始位置】文本框将显示选定自由度的初始位置；在【最终位置】文本框中输入所需的最终位置。

6）【步长数】文本框用于调整中间位置数。默认为 100 个步长。

7）单击【更多】按钮>>，显示与在图形窗口中显示力、转矩或千斤顶矢量相关的参数。

- 选择【显示】以在图形窗口中显示矢量并启用【比例】和【颜色】选项。
- 要缩放力、转矩或千斤顶矢量，以便在图形窗口中看到整个矢量，可以在【缩放比例】文本框中输入系数。系数的默认值为 0.01。
- 如果要选择矢量在图形窗口中的颜色，单击【颜色】按钮，打开 Microsoft 的【颜色】对话框。

8）单击【确定】按钮，输出图示器将自动打开，并在【未知力】目录下显示变量 fr'?' 或 mm'?'（针对搜索的力或转矩）。

13.2.6 修复冗余

在插入运动类型和添加约束的工作完成后，有时会产生过约束的情况，使得运动仿真不能按照所要求的那样顺利进行。Inventor 2018 的【机构状态】功能在这方面为用户带来了很大的方便，可以帮助查找并修复多余约束的情况。

注意

仅在【自动转换对标准连接的约束】选项未被激活时，此功能才可用。如果使用【自动转换对标准连接的约束】选项，软件将自动修复所有冗余。

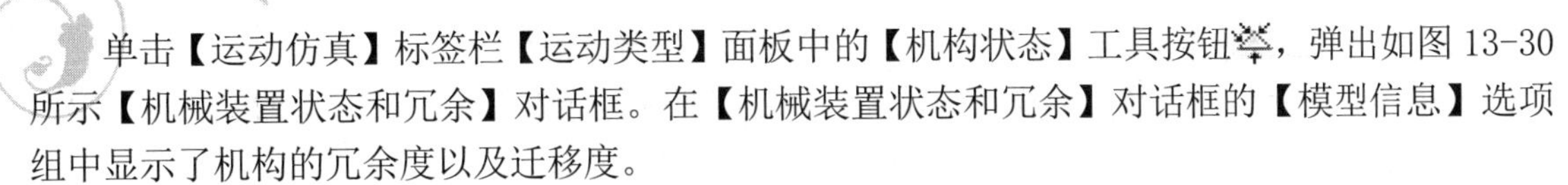

单击【运动仿真】标签栏【运动类型】面板中的【机构状态】工具按钮，弹出如图13-30所示【机械装置状态和冗余】对话框。在【机械装置状态和冗余】对话框的【模型信息】选项组中显示了机构的冗余度以及迁移度。

具体修复冗余的步骤如下：

1）在【机械装置状态和冗余】对话框的【封闭运动链】组中，单击【下一个链】图标直到【初始连接】列大于0。

2）如果系统建议通过改变连接以删除多余约束，则该建议将显示在紧邻连接右侧的【多余约束】列中，而修改后的连接将显示在【最终连接】列中。

注 意

如果想看到选定链的零部件在图形窗口中亮显，单击【亮显链的零部件】按钮。

3）如果需要，可以使用垂直滚动条来移动建议更改的连接，直到它显示在窗口中。

4）如果软件不能建议进行更改，则在【多余约束】列的顶部将显示一个警告图标。

注 意

系统在找不到解决方案时，并不意味没有解决方案。在【最终连接】列中，手动修改链中的某些连接也可以删除过约束。

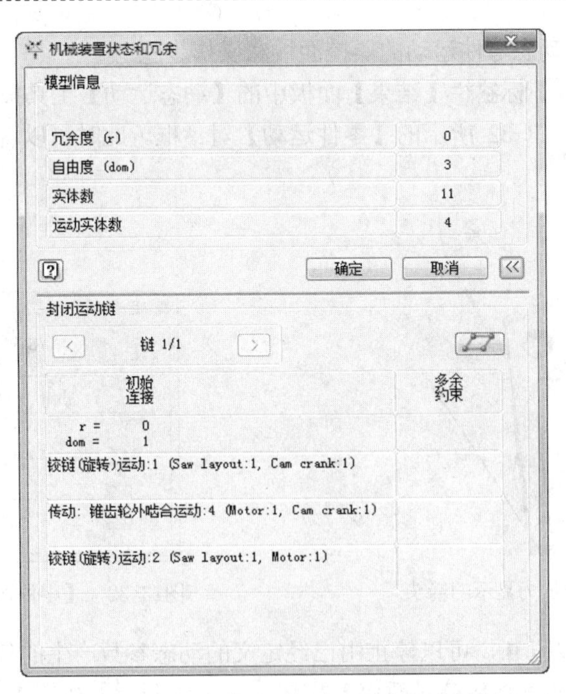

图13-30 【机械装置状态和冗余】对话框

5）对所有过约束运动链重复步骤2和3。

6）当【模型信息】选项组指明不再有任何多余约束时，单击【测试】按钮，进行测试。

7）系统将尝试装配机构，如果不成功，会显示一条警告消息。

如果不想进行修改，还可以在单击【确定】之前随时单击【重设模型】。此时会使模型返回其原始状态。

8）机构不再过约束时，单击【确定】按钮保存这些操作，完成修复。

13.2.7　动态零件运动

前面已经为要进行运动仿真的零部件插入了运动类型，建立了运动约束以及添加了相应的力和转矩，在运行仿真前要对机构进行一定的核查，以防止在仿真过程中出现不必要的错误。使用【动态运动】功能，就是通过鼠标为运动部件添加驱动力，驱动实体来测试机构的运动。可以利用鼠标左键选择运动部件，拖动此部件使其运动，查看运动情况是否与设计初衷相同，以及是否存在一些约束连接上的错误。用鼠标左键选择运动部件上的点就是拖动时施力的着力点，拖动时，力的方向由零部件上的选择点和每一瞬间的光标位置之间的直线决定；力的大小根据这两点之间的距离系统会自己来计算，当然距离越大施加的力也越大。力在图形窗口中显示为一个黑色矢量，如图 13-31 所示。鼠标的操作产生了使实体移动的外力，当然，这时对机构运动有影响的不只是添加的鼠标驱动力，系统也会将所有定义的动态作用（如弹簧、连接、接触）等考虑在内。【动态运动】功能是一种连续的仿真模式，但是它只是执行计算而不保存计算，而且对于运动仿真没有时间结束的限制。这也是它与【仿真播放器】进行的运动仿真的主要不同之处。

下面简单介绍一下动态零件运动的操控面板和操作步骤：

1）单击【运动仿真】标签栏【结果】面板中的【动态运动】工具按钮，在原来的【仿真播放器】位置弹出如图 13-32 所示的【零件运动】对话框。此时可以看到机构在已添加的力和约束下会运动。

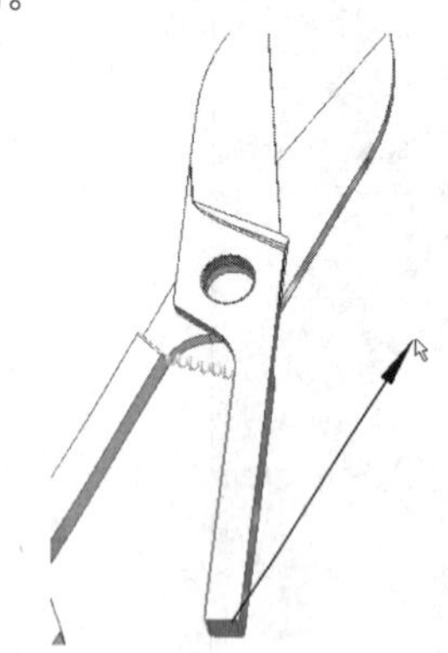

图13-31　施加力显示的箭头

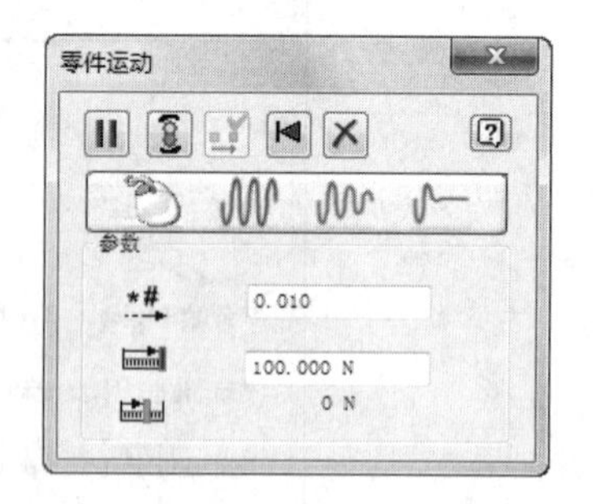

图13-32　【零件运动】对话框

2）选择【暂停】按钮，可以停止由已经定义的动态参数产生的任何运动。单击【暂停】按钮后，【开始】按钮将代替【暂停】按钮。单击【开始】按钮后，将启动使用鼠标所施加的力所产生的运动。

3）在运动部件上，选择驱动力的着力点，同时按住鼠标左键并移动鼠标对部件施加驱动力。对零件施加的外力与零件上的点到鼠标光标位置之间的距离成正比，拖动方向为施加的力的方

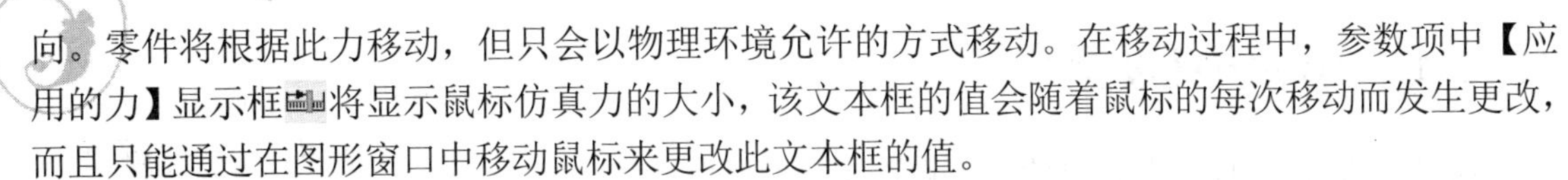

向。零件将根据此力移动，但只会以物理环境允许的方式移动。在移动过程中，参数项中【应用的力】显示框将显示鼠标仿真力的大小，该文本框的值会随着鼠标的每次移动而发生更改，而且只能通过在图形窗口中移动鼠标来更改此文本框的值。

当驱动力需要鼠标在很大位移才能驱动运动部件（或鼠标移动很小距离便产生很大的力）时，可以更改参数项中【放大鼠标移动的系数】文本框中的值，这将增大或减小应用于零件上的点到光标位置之间距离的力的比例，比例系数增大的时候，很小的鼠标位移可以产生很大的力，比例系数变小的时候相反。默认情况下，此值为 0.010。

当需要限制驱动力的大小时，可以选择更改参数项中【最大力】文本框中应用力的最大值。当设定最大力后，无论力的应用点到鼠标光标之间的距离多大，所施加的力最大只能为设定值。默认力的最大值为 100N。

下面介绍一下【零件运动】对话框中其他几个按钮的含义：

1)【抑制驱动条件】按钮：此按钮可以在连接上的强制运动影响了零件动作时停止此强制驱动造成的影响。默认情况下，强制运动在动态零件运动模式下不处于激活状态。此外，如果此连接上的强制运动受到了抑制，而要使此强制运动影响此零件的动作，选择【解除抑制驱动条件】。

2）阻尼类型：阻尼的大小对于机构的运动所起到的影响不可小视，Inventor 2018 的【零件运动】提供了四种可添加给机构的阻尼类型：

- 在计算时将机械装置阻尼考虑在内。
- 在计算时忽略阻尼。
- 在计算时考虑弱阻尼。
- 在计算时考虑强阻尼。

3)【将此位置记录为初始位置】按钮：有时为了仿真的需要，要保存图形窗口中的位置，作为机构的初始位置，此时必须先停止仿真，选择【将此位置记录为初始位置】；然后，系统会退出仿真模式返回构造模式，使机构位于新的初始位置。此功能对于找出机构的平衡位置非常有用。

4)【重新启动仿真】按钮：当需要使机构回到仿真开始时的位置并重新启动计算时，可以选择【重新启动模拟】按钮。此时会保留先前使用的选项如阻尼等。

5)【退出零件运动】按钮：在完成了【零件运动】模拟后，选择【退出零件运动】按钮，可以返回零件环境。

13.3　仿真及结果的输出

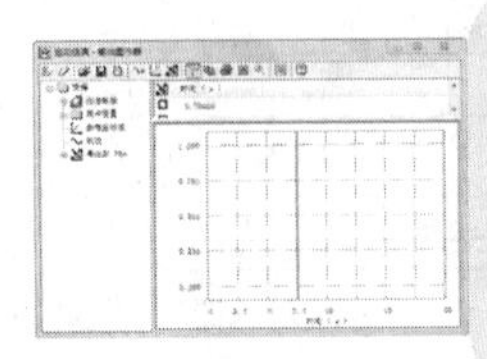

在给模型添加了必要的连接，指定了运动约束，并添加了与实际情况相符合的力、力矩以及运动后，就构建了正确的仿真机构，此时可以进行机构的仿真以观察机构的运动情况，并输出各种形式的仿真结果。下面按照进行仿真的一般步骤对仿真过程以及结果的分析做一简要介绍。

13.3.1 运动仿真设置

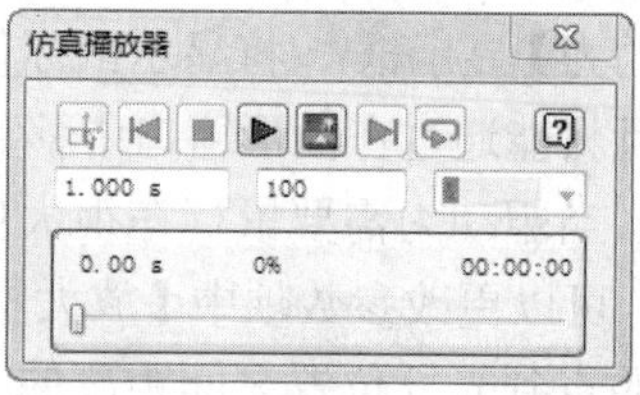

在进行仿真之前，熟悉仿真的环境设置以及如何更改环境设置，对正确而有效地进行仿真还是很有帮助的。打开一个部件的运动仿真模式后，【仿真播放器】就自动开启，如图 13-33 所示。下面简单介绍【仿真播放器】的组成及使用。

图 13-33 【仿真播放器】对话框

1. 按钮

单击按钮，开始运行仿真；单击按钮，停止仿真；单击按钮，使仿真返回到零件模式，可以从中修改模型；单击按钮，回放仿真；单击按钮，直接移动到仿真结束；单击按钮，可以在仿真过程中取消激活屏幕刷新，仿真将运行，但是没有图形表达；单击按钮，循环播放仿真直到单击停止按钮。

2. 最终时间

如图 13-34 所示，最终时间决定了仿真过程持续的时间，默认为 1s，仿真开始的时间永远为零。

3. 图像数

如图 13-35 所示，这一栏显示仿真过程中要保存的图像数（帧），其数值大小与【最终时间】是有关系的。默认情况下，当【最终时间】为默认的 1.000 s 时，图像数为 100。最多为 500000 个图像。更改【最终时间】的值时，【图像数】文本框中的值也将自动更改，以使其与新【最终时间】的比例保持不变。

帧的数目决定了仿真输出结果的表现细腻程度，帧的数目越多，则仿真的输出动画播放越平缓。相反，如果机构运动较快，但是帧的数目又较少，则仿真的输出动画就会出现快速播放甚至跳跃的情况，这样就不容易仔细观察仿真的结果及其运动细节。

注 意

这里的帧的数目是帧的总数目而非每秒的帧数。另外，不要混淆机构运动速度和帧的播放速度的概念，前者和机构中部件的运动速度有关，后者是仿真结果的播放速度，主要取决计算机的硬件性能。计算机硬件性能越好，则能够达到的播放速度就越快，即每秒能够播放的帧数就越多。

4. 过滤器

如图 13-36 所示，【过滤器】可以控制帧显示步幅。例如，如果【过滤器】为 1，则每隔 1 帧显示 1 个图像；如果为 5，则每隔 5 帧显示 1 个图像。只有仿真模式处于激活状态且未运行仿真时，才能使用该选项。默认为 1 个图像。

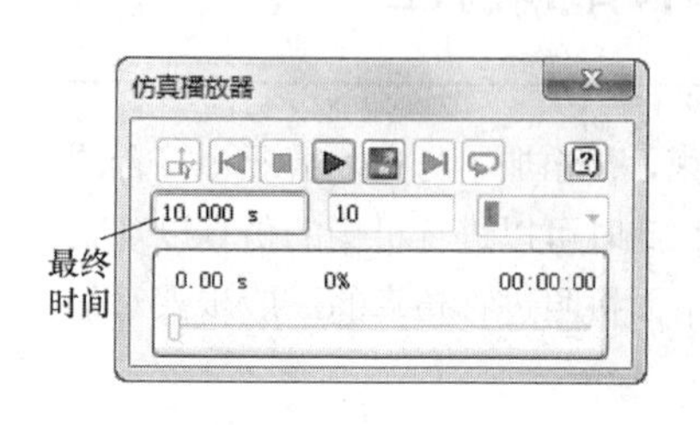

图13-34 最终时间

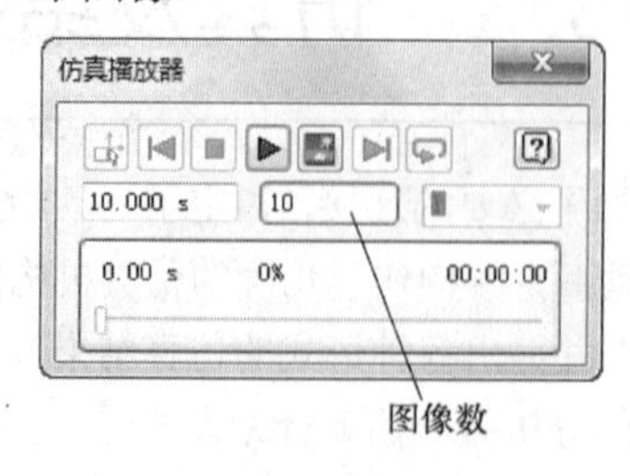

图13-35 图像数

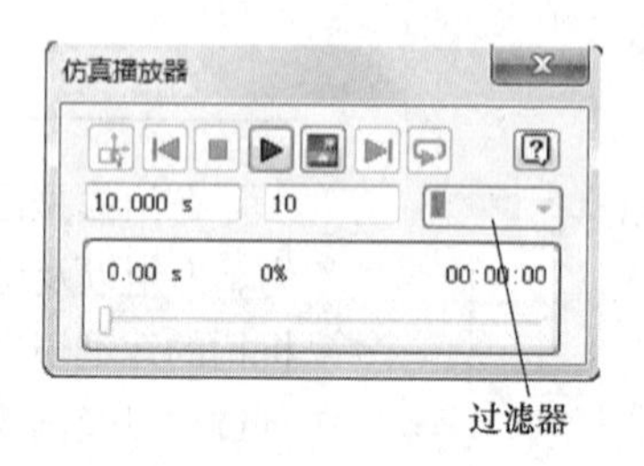

图13-36 过滤器

5. 模拟时间、百分比和计算实际时间

如图 13-37 所示，【模拟时间】显示机械装置运动的持续时间；如图 13-38 所示，【百分比】显示仿真完成的百分比；如图 13-39 所示，【计算实际时间】显示运行仿真实际所花的时间。

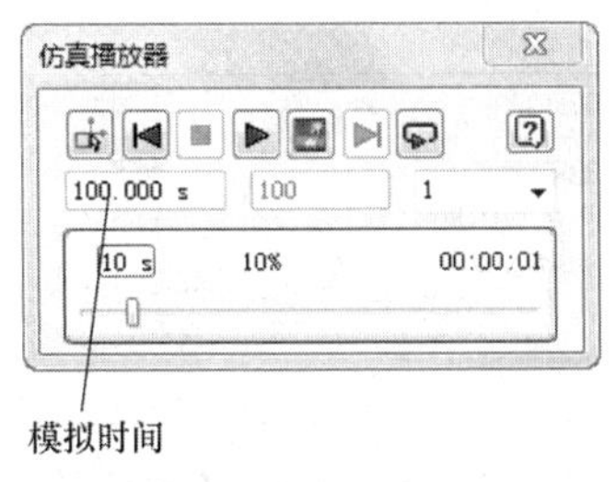

图13-37 模拟时间

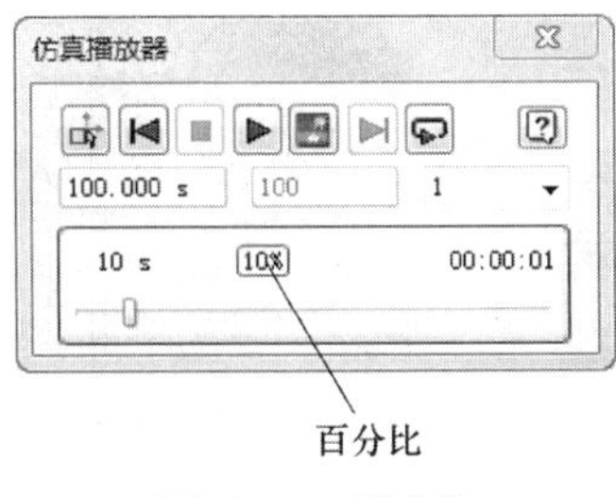

图13-38 百分比

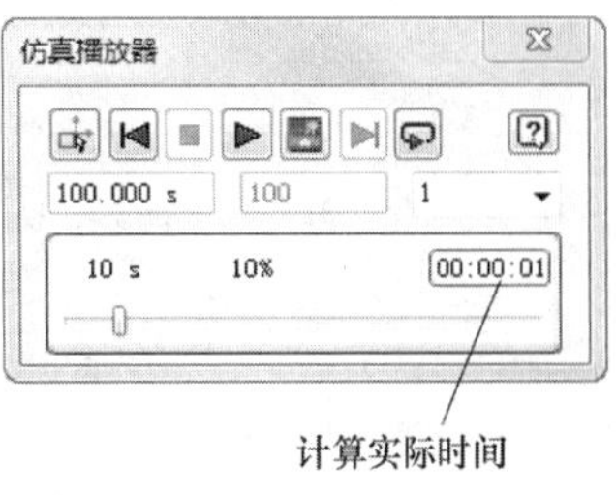

图13-39 计算实际时间

13.3.2 运行仿真

仿真环境设置完毕，就可以进行仿真了。参照上一节介绍的【仿真播放器】的设置参数控制仿真过程。需要注意的是，通过拖动滑动条的滑块位置，可以将仿真结果动画拖动到任何一帧处停止，以便于观察指定时间和位置处的仿真结果。

运行仿真的一般步骤是：

1）设置好仿真的参数（参考 13.2.1 运动仿真设置一节）。

2）打开【仿真播放器】，可以单击播放按钮▶开始运行仿真。

3）仿真结束后，产生仿真结果。

4）同时可以利用播放控制按钮用来回放仿真动画。可以改变仿真方式，同时观察仿真过程中的时间和帧数。

13.3.3 仿真结果输出

在完成了仿真之后，可以将仿真结果以各种形式输出，以便于仿真结果的观察。

注 意

只有当仿真全部完成后才可以输出仿真结果。

1. 输出仿真结果为 AVI 文件

如果要将仿真的动画保存为视频文件，以便于在任何时候和地点方便观看仿真过程，可以使用运动仿真的【发布电影】功能。具体的步骤是：

1）单击【运动仿真】标签栏【动画制作】面板中的【发布电影】工具按钮，弹出【发布电影】对话框，如图 13-40 所示。

2）通过【浏览】按钮▶可以选择 AVI 文件的保存路径和文件名。选择完毕后单击【保存】按钮，则弹出【视频压缩】对话框，如图 13-41 所示。在【视频压缩】对话框中可以指定要使用的视频压缩编解码器。默认的视频压缩编解码器是 Cinepak Codec by Radius。可以使用【压缩质量】中的滑动条来更改压缩质量，一般均采用默认设置。设置完毕后单击【确定】按钮。

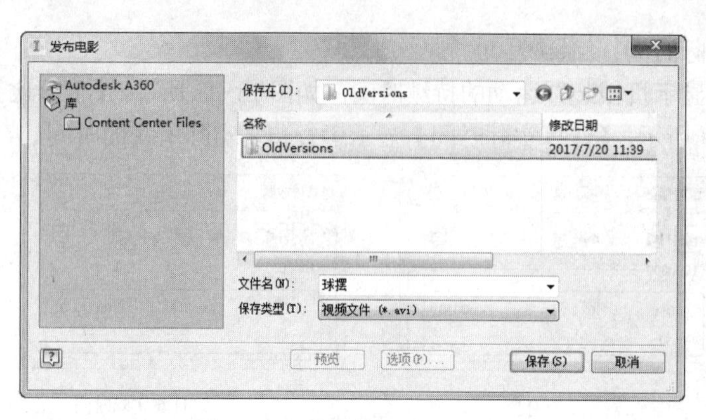

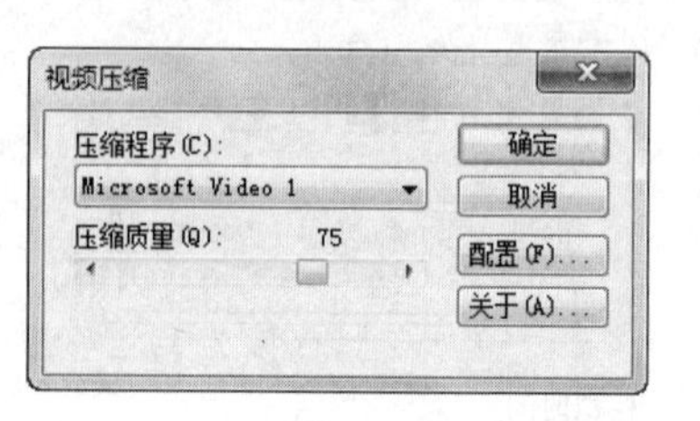

图13-40　【发布电影】对话框

图13-41　【视频压缩】对话框

3）单击【仿真播放器】中的【播放】按钮▶开始或重放仿真。

4）仿真结束时，再次单击【发布电影】以停止记录。

2．输出图示器

输出图示器可以用来分析仿真。在仿真过程中和仿真完成后，将显示仿真中所有输入和输出变量的图形和数值。【输出图示器】窗口中包含工具栏、浏览器、时间步长窗格和图形窗口。

单击【运动仿真】标签栏【结果】面板中的【输出图示器】工具按钮，弹出如图 13-42 所示的【输出图示器】窗口。

多次单击【输出图示器】工具按钮，可以弹出多个【输出图示器】窗口。

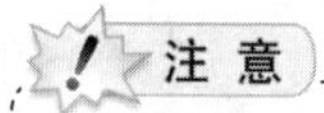

与动态零件运动参数、输入图示器参数类似，在【参数】对话框中输出图示器参数不可用。

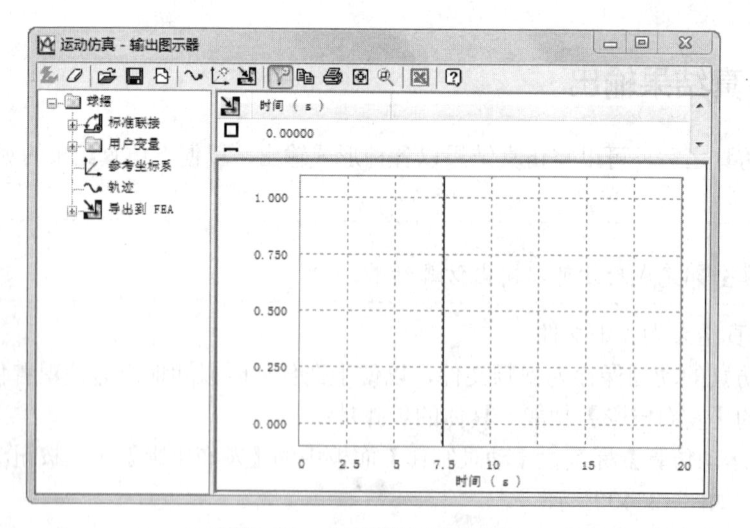

图13-42　【输出图示器】窗口

【输出图示器】中的变量及含义见表 13-2。

可以使用【输出图示器】进行以下操作：

- 显示任何仿真变量的图形。

- 对一个或多个仿真变量应用快速傅里叶变换。
- 保存仿真变量。
- 将当前变量与上次仿真时保存的变量相比较。
- 使用仿真变量从计算中导出变量。
- 准备 FEA 的仿真结果。
- 将仿真结果发送到 Excel 和文本文件中。

下面简要介绍【输出图示器】中的工具栏：

- 【清除】按钮：清除输出图示器中的所有仿真结果。
- 【全部不选】按钮：用以取消所有变量的选择。
- 【自动缩放】按钮：自动缩放图形窗口中显示的曲线，以便可以看到整条曲线。
- 【将数据导出到 Excel】按钮：将图形窗口中当前显示结果输出到 Microsoft Excel 表格中。

表13-2 【输出图示器】中的变量及含义

变量	含 义	特 性
p	位置	
v	速度	
a	加速度	
U	关节动力	
Ukin	驱动力	
fr	力	
mm	力矩（转矩）	
frc	接触力	
status_ct	接触状态	对于无接触的情况，状态为 0；对于永久接触，状态为 1。当状态为 0.5 时，则表示存在碰撞后回弹
roll_ct	滑动状态	对于沿连接坐标系 X 轴的滑动，状态为 0；对于沿连接坐标系 -X 轴的滑动，状态为 -1；而对于滚动（但是无滑动），状态为 1
frs	弹簧力	大于 0 的 frs 为牵引，小于 0 的 frs 为压缩
ls	弹簧长度	
vs	弹簧应变率	弹簧连接点的相对线速度
frl	滚动连接力和滑动连接力	
mml	滚动连接转矩和滑动连接转矩	
pen_max	三维接触连接的最大穿透	
nb_cp	三维接触连接施加的最大力	
frcp_max	三维接触连接施加的最大力	
frcp1	三维接触连接对第一个零件施加的力	力作用在第一个零件上的三个分量以绝对框架表示

（续）

变量	含　义	特　性
mmcp1	三维接触连接对第一个零件施加的力矩	对于第二个零件，第一个零件上的力（或力矩）的结果将显示在零件坐标系中
frcp2	三维接触连接对第二个零件施加的力	
mmcp2	三维接触连接对第二个零件施加的力矩	
p_ptr	跟踪位置	
v_ptr	跟踪速度	
a_ptr	跟踪加速度	
fr_ptr	外部载荷力	
mm_ptr	外部载荷力矩	
fr '?'	未知力	
mm '?'	未知力矩	
internal_step	两个图像之间内部计算的值	
hyperstatic	冗余的值	
shock	接触连接的两个零部件之间接触状态的值	

其余几个按钮与 Windows 窗口中的打开、保存、打印等工具的使用方法相同，这里不再赘述。

3. 将结果导出到 FEA

有限元分析（FEA）方法在固体力学、机械工程、土木工程、航空结构、热传导、电磁场、流体力学、流体动力学、地质力学、原子工程和生物医学工程等各个具有连续介质和场的领域中获得了越来越广泛的应用。

有限元法的基本思想就是把一个连续体人为地分割成有限个单元，即把一个结构看成由若干通过节点相连的单元组成的整体，先进行单元分析，然后再把这些单元组合起来代表原来的结构。这种先化整为零再积零为整的方法就叫有限元法。

从数学的角度来看，有限元法是将一个偏微分方程化成一个代数方程组，利用计算机求解。由于有限元法是采用矩阵算法，借助计算机这个工具可以快速地算出结果。在运动仿真中可以将仿真过程中得到的力的信息按照一定的格式输出为其他 FEA 软件（如 SAP、NASTRAN、ANSYS 等）所兼容的文件，这样就可以借助这些有限元分析软件的强大功能来进一步分析所得到的仿真数据。

注 意

在运动仿真中，要求零部件的力必须均匀分布在某个几何形状上，这样导出的数据才可以被其他 FEA 软件所利用。如果某个力作用在空间的一个三维点上，那么该力将无法被计算。运动仿真能够很好地支持零部件支撑面（或者边线）上的受力，包括作用力和反作用力。

可以在创建约束、力（力矩）、运动等元素时选择承载力的表面或者边线，也可以在将仿真数据结果导出到 FEA 时再选择。这些表面或者边线只需要定义一次，在以后的仿真或者数据导出中它们都会发挥作用。

注 意

在将仿真结果导出到 FEA 时，一次只能导出某一个时刻的仿真结果数据，也就是说，某一个时刻的仿真数据构成单独的一个文件，有限元软件只能够同时分析这一个时刻的数据。虽然运动仿真也能够将某一个时间段的数据一起导出，但也是导出到不同的文件中，与分别导出这些文件的结果没有任何区别，只是导出的效率提高了。

简要介绍【导出到 FEA】的操作步骤：

1）选择要输出到 FEA 的零件。

2）根据【运动仿真设置】对话框中的设置，可以将必要的数据与相应的零件文件相关联，以使用 Inventor 应力分析进行分析，或者将数据写入文本文件中以进行 ANSYS 模拟。

3）进行 Inventor 分析的时候，在【运动仿真】标签栏【应力分析】面板中选择【导出到 FEA】工具按钮，弹出如图 13-43 所示【导出到 FEA】对话框。

4）在图形窗口中，单击要进行分析的零件，作为 FEA 分析零件。

可以选择多个零件。要取消选择某个零件，可在按住<Ctrl>键的同时单击该零件。按照给定指示选择完零件和承载面后单击【确定】按钮即可。

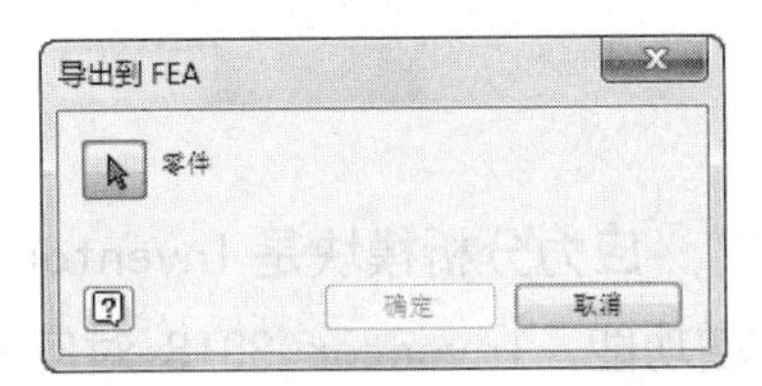

图 13-43 【导出到 FEA】对话框

第 14 章

应力分析

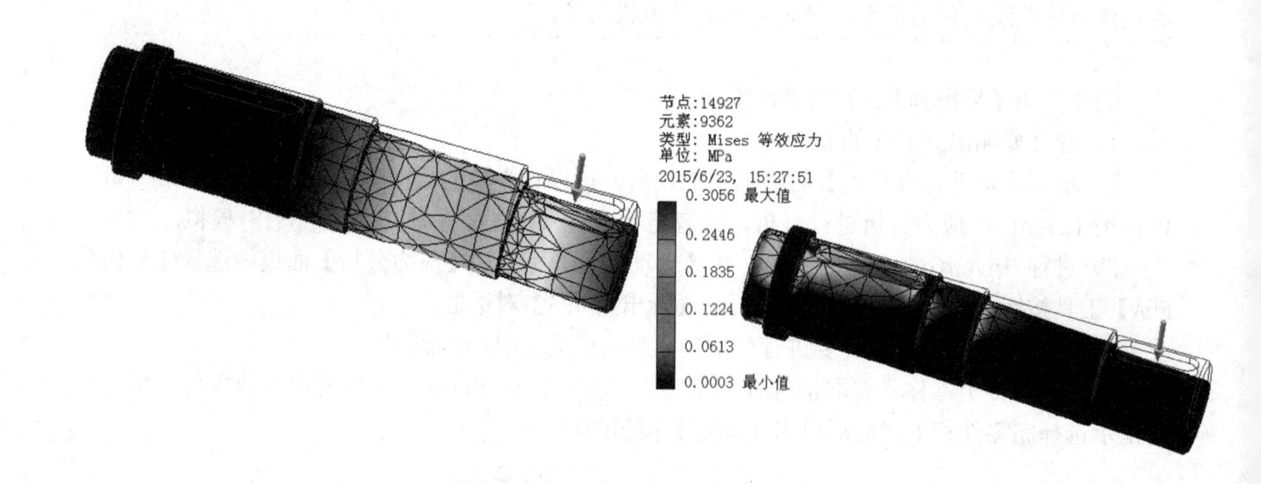

应力分析模块是 Inventor 2008 专业版的一个重要的新增功能，Inventor 2018 对应力分析模块进行了更新。通过在零件和钣金环境下进行应力分析，可以使设计者能够在设计的开始阶段就知道所设计的零件的材料和形状是否能够满足应力要求，变形是否在允许范围内等。

精彩内容

- Inventor2018 应力分析模块概述
- 边界条件的创建
- 模型分析及结果处理

14.1 Inventor 2018 应力分析模块概述

Inventor 2018 完备了零件和钣金的应力分析环境，增加完善了新建抽壳元网格、多时间步长分析、特征抑制等新特性。新的应力分析模块能够使用户计算零件的应力、变形、安全系数和共振频率模式。本章主要介绍如何在 Inventor 2018 中使用应力分析功能。

14.1.1 应力分析的一般方法

应力分析模块集成在 Inventor 中，运行 Inventor，进入到零件或者钣金环境下，单击【环境】标签栏【开始】面板中的【应力分析】工具按钮，如图 14-1 所示，则进入到应力分析环境。在应力分析环境中可以看到：

1）此时的工具面板已经变成了【应力分析】面板。

2）浏览器的标题栏也变成了【应力分析】，其中包含有【载荷和约束】【结果】等选项。

3）在功能区中，增加了【应力分析】标签栏，其中有一些在应力分析过程中能够用到的工具按钮，如【网格视图】按钮、【边界条件】按钮、【最大结果】等按钮以及【变形样式】列表框。

Inventor 的应力分析模块由美国 ANSYS 公司开发，所以 Inventor 的应力分析也是采取 FEA 的基本理论和方法。FEA 的基本方法是将物理模型的 CAD 表示分成小片断（想像为象一个三维迷宫），此过程称为网格化。

网格（有限元素集合）的质量越高，物理模型的数学表示就越好。使用方程组对各个元素的行为进行组合计算，便可以预测形状的行为。如果使用典型工程手册中的基本封闭形式计算，将无法理解这些形状的行为。图 14-2 所示为对零件模型进行有限元网格划分的示意图。

图14-1 进入应力分析环境

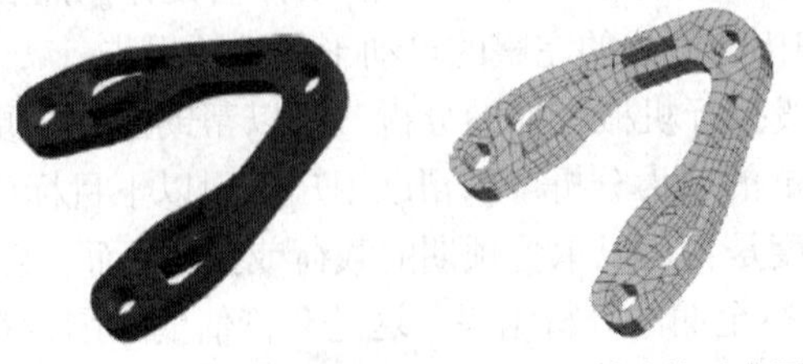

图14-2 对零件模型进行有限元网格划分的示意图

Inventor 中的应力分析是通过使用物理系统的数学表示来完成的。该物理系统由以下内容组成：

1）一个零件（模型）。

2）材料特性。

3）可应用的边界条件（称为预处理）。

4）此数学表示的方案（求解）。要获得一种方案，可将零件分成若干小元素。求解器会对各个元素的独立行为进行综合计算，以预测整个物理系统的行为。

5）研究该方案的结果（称为后处理）。

所以，进行应力分析的一般步骤是：

1）创建要进行分析的零件模型。

2）指定该模型的材料特性。

3）添加必要的边界条件以便于与实际情况相符。

4）进行分析设置。

5）划分有限元网格，运行分析，分析结果的输出和研究（后处理）。

使用 Inventor 进行应力分析，必须了解一些必要的分析假设。

1）由 Autodesk Inventor Professional 提供的应力分析仅适用于线性材料特性。在这种材料特性中，应力和材料中的应变成正比，即材料不会永久性地屈服。在弹性区域（作为弹性模量进行测量）中，材料的应力-应变曲线的斜率为常数时，便会得到线性行为。

2）假设与零件厚度相比，总变形很小。例如，如果研究梁的挠度，那么计算得出的位移必须远小于该梁的最小横截面。

3）结果与温度无关，即假设温度不影响材料特性。

如果上面三个条件中的某一个不符合时，则不能保证分析结果的正确性。

14.1.2 应力分析的意义

使用应力分析工具，用户可以：

1）执行零件的应力分析或频率分析。

2）将力载荷、压力载荷、轴承载荷、力矩载荷或体积载荷应用到零件的顶点、表面或边。

3）将固定约束或非零位移约束应用到模型。

4）评估对多个参数设计进行更改所产生的影响。

5）根据等效应力、变形、安全系数或共振频率模式来查看分析结果。

6）添加特征（如角撑板、圆角或加强筋），重新评估设计，然后更新方案。

7）生成可以保存为 HTML 格式的完整的自动工程设计报告。

在产品的最初设计阶段执行机械零件的分析，可以帮助用户以更短的时间设计出更好的产品以投放到市场。Inventor 的应力分析可以帮助用户实现以下目标：

1）确定零件的坚固程度是否可以承受预期的载荷或振动，而不会出现不适当的断裂或变形。

2）在早期阶段便可获得全面的分析结果，这是有价值的（因为在早期阶段进行重新设计的成本较低）。

3）确定是否能以更降低成本的方式重新设计零件，并且在预期的使用中仍能达到满意的效果。

因此，应力分析工具可以帮助用户更好地了解设计在特定条件下的性能。即使是非常有经验的专家，也可能需要花费大量时间进行所谓的详细分析，才能获得考虑实际情况后得出的精确答案。在帮助进行预测和改进设计方面，通常较为有用的是从基本或基础分析中获得的趋势和行为信息，所以在设计阶段执行应力分析，可以充分地改进整个工程过程。

以下是应力分析的一个使用示例：

在设计托架系统或单个焊件时，零件的变形可能会极大地影响关键零部件的对齐，从而产生加速磨损的力。评估振动的影响时，几何结构是一个重要的因素，因为它对零件的共振频率起了关键的作用。是出现零件故障，还是获得预期的零件性能，一个重要的条件是能否避免关键的共振频率（在某些情况下是能否达到关键的共振频率）。利用 Inventor 的应力分析功能，可以得到零件在受力情况下的变形量以及振动的情况等，这样可以为零件的实际设计提供有效的参考，大大缩短了试验过程和设计周期。

14.2　边界条件的创建

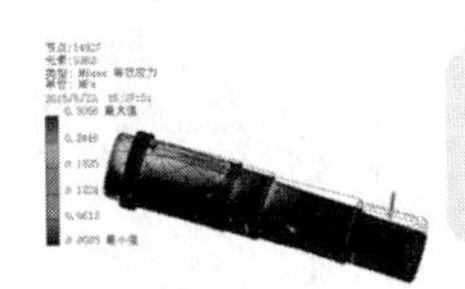

模型实体和边界条件（如材料、载荷、力矩等）共同组成了一个可以进行应力分析的系统。

14.2.1　验证材料

当在零件或者钣金环境进入应力分析环境时，系统会首先检查当前激活的零件的材料是否可以用于应力分析。如果材料合适，将在【应力分析】浏览器中列出；如果不合适，将打开如图 14-3 所示的【指定材料】对话框。可以从【替代材料】下拉列表中为零件选择一种合适的材料，以用于应力分析。

如果不选择任何材料而取消此对话框，继续设置应力分析，当尝试更新应力分析时，将显示该对话框，以便于在运行分析之前选择一种有效的材料。

需要注意的是，当材料的屈服强度为零时，可以执行应力分析，但是安全系数将无法计算和显示。当材料密度为零时，同样可以执行应力分析，但无法执行共振频率（模式）分析。

14.2.2　力和压力

应力分析模块中提供力和压力两种形式的作用力载荷。力和压力的区别是力作用在一个点上，而压力作用在表面上，压力更加准确的称呼应该是压强。下面以添加力为例，讲述如何在应力分析模块下为模型添加力。

1）单击【应力分析】标签栏【载荷】面板上的【力】工具按钮，弹出如图 14-4 所示的【力】对话框。

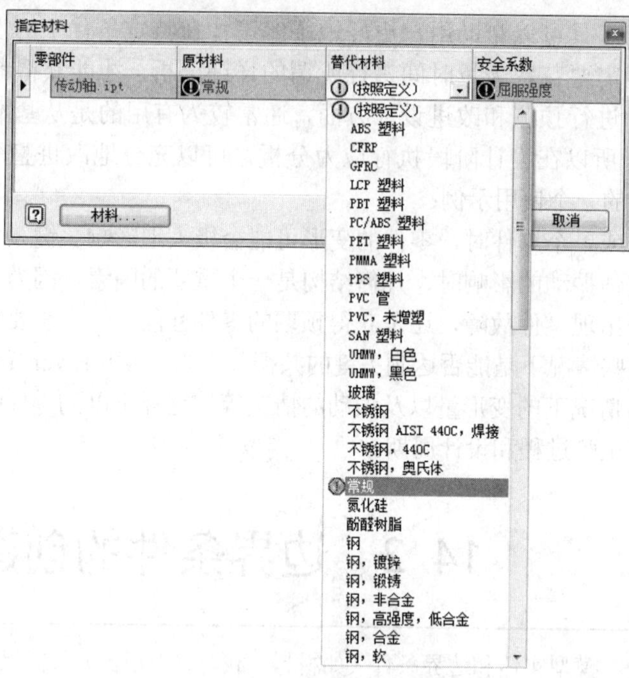

图14-3 【指定材料】对话框

图14-4 【力】对话框

2）单击【位置】按钮，选择零件上的某一点为力的作用点，也可以在模型上单击左键，则鼠标指针所在的位置就作为力的作用点。

3）通过单击【方向】按钮可以选择力的方向。如果选择了一个平面，则平面的法线方向被选择作为力的方向。单击【反向】按钮，可以使力的作用方向相反。

4）在【大小】文本框中输入力的大小。如果选择了【使用矢量分量】复选框，还可以通过指定力的各个分量的值来确定力的大小和方向。既可以输入数值形式的力值，也可以输入已定义参数的方程式。

5）单击【确定】按钮，完成力的添加。

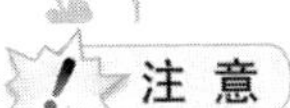

当使用分量形式的力时，【方向】按钮和【大小】文本框变为灰色不可用。因为此时力的大小和方向完全由各个分力来决定，不需要再单独指定力的这些参数。

要为零件模型添加压力，可以选择【载荷】面板上的【压强】工具按钮，弹出如图14-5所示的【压强】对话框。单击【面】按钮，指定压力作用的表面；然后在【大小】文本框中指定压力的大小。注意，单位为MPa（MPa是压强的单位）。压力的大小取决于作用表面的面积。单击【确定】按钮，完成压力的添加。

14.2.3 轴承载荷

顾名思义，轴承载荷仅可以应用到圆柱表面。默认情况下，应用的载荷平行于圆柱的轴。载荷的方向可以是平面的方向，也可以是边的方向。

要为零件添加轴承载荷，可以：

1）单击【应力分析】标签栏【载荷】面板中的【轴承载荷】工具按钮，弹出如图14-6所示的【轴承载荷】对话框。

2）选择轴承载荷的作用表面。注意，应该选择一个圆柱面。

3）选择轴承载荷的作用方向。可以选择一个平面，则平面的法线方向将作为轴承载荷的方向；如果选择一个圆柱面，则圆柱面的轴向方向将作为轴承载荷的方向；如果选择一条边，则该边的矢量方向将作为轴承载荷的方向。

4）在【大小】文本框中可以输入轴承载荷的大小。对于轴承载荷来说，也可以通过分力来决定合力，需要选择【使用矢量分量】复选框，然后指定各个分力的大小即可。

5）单击【确定】按钮，完成轴承载荷的添加。

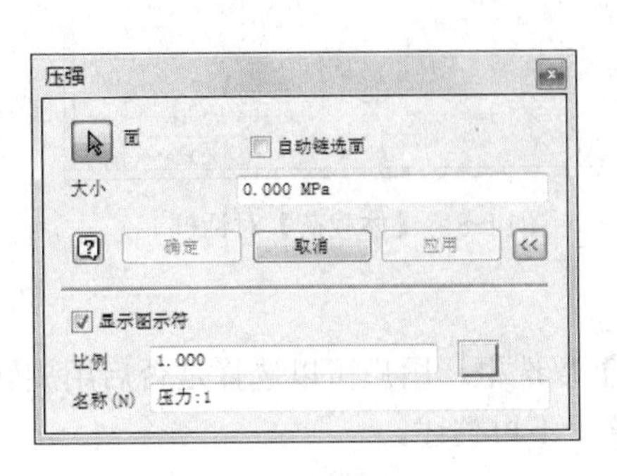

图14-5 【压强】对话框

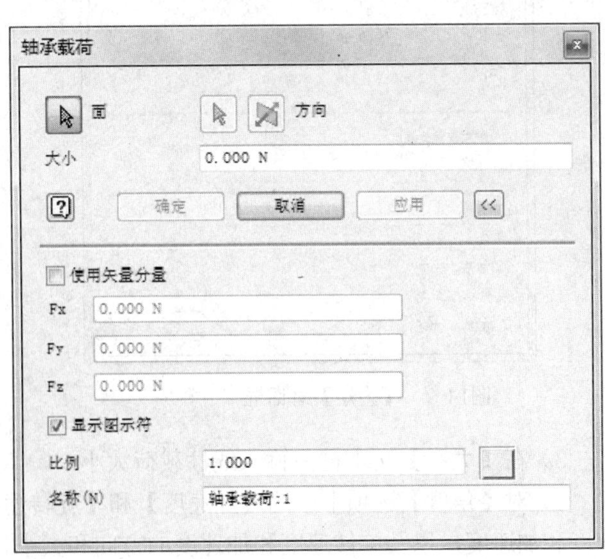

图14-6 【轴承载荷】对话框

14.2.4 力矩

力矩仅可以应用到表面，其方向可以由平面、直边、两个顶点和轴来定义。

要为零件添加力矩，可以：

1）单击【应力分析】标签栏【载荷】面板中的【力矩】工具按钮，弹出如图 14-7 所示的【力矩】对话框。

2）单击【面】按钮以选择力矩的作用表面。

3）单击【方向】按钮选择力矩的方向。可以选择一个平面，或者选择一条直线边，或者两个顶点以及轴，则平面的法线方向、直线的矢量方向、两个顶点构成的直线方向以及轴的方向将分别作为力矩的方向，同样可以使用分力矩合成总力矩的方法来创建力矩，选择【力矩】对话框中的【使用矢量分量】复选框即可。

4）单击【确定】按钮，完成力矩的添加。

14.2.5 体载荷

体载荷包括零件的重力，以及由于零件自身的加速度和速度而受到的力、惯性力。由于在应力分析模块中无法使模型运动，所以增加了体载荷的概念，以模仿零件在运动时的受力。

要为零件添加体载荷，可以：

1）单击【应力分析】标签栏【载荷】面板中的【体】工具按钮，弹出如图 14-8 所示的【体载荷】对话框。

2）在【线性】选项卡中可以选择线性载荷的重力方向，如+X，-Y 等。

图14-7 【力矩】对话框

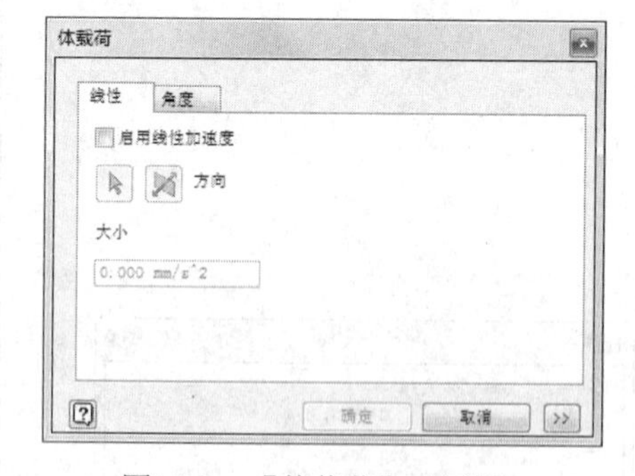

图14-8 【体载荷】对话框

3）在【大小】文本框中输入线性载荷大小。

4）对【角度】选项卡中的【加速度】和【旋转速度】复选框，用户可以选择是否启用旋转速度和加速度，以及旋转速度和加速度的方向和大小，这里不再赘述。

5）单击【确定】按钮，完成体载荷的添加。

14.2.6 固定约束

将固定约束应用到表面、边或顶点上以使零件的一些自由度被限制，如果在一个正方体零件的一个顶点上添加固定约束，则约束该零件的三个平动自由度。除了限制零件的运动外，固定约束还可以使得零件在一定的运动范围内运动。添加固定约束的一般步骤是：

1）单击【应力分析】标签栏【约束】面板中的【固定约束】工具按钮，弹出如图 14-9 所示的【固定约束】对话框。

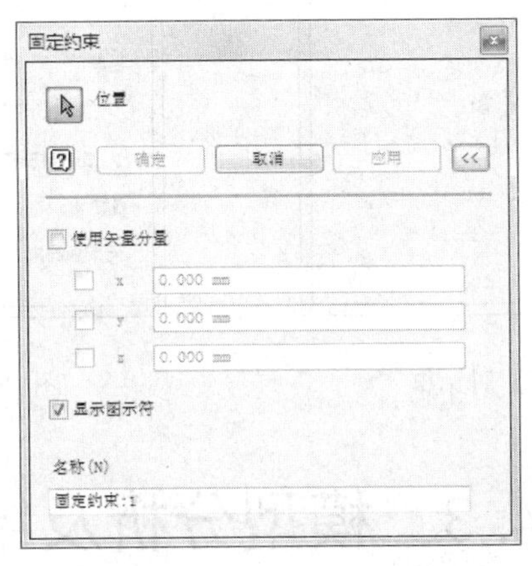

图14-9 【固定约束】对话框

2）单击【位置】按钮以选择要添加固定约束的位置，可以选择一个表面、一条直线或者一个点。

3）如果要设置零件在一定范围内运动，则可以选择【使用矢量分量】对话框，然后分别指定零件在 X、Y、Z 轴的运动范围，单位为毫米（mm）。

4）单击【确定】按钮，完成固定约束的添加。

14.2.7 销约束

可以向一个圆柱面或者其他曲面上添加销约束。当添加了一个销约束以后，物体在某个方向上就不能平移、转动和发生变形。

要添加销约束，可以单击【应力分析】标签栏【约束】面板中的【销约束】工具按钮，在弹出的如图 14-10 所示的【销约束】对话框中可以看到有三个选项，即【固定径向】、【固定轴向】和【固定切向】。当选择了【固定径向】复选框后，则该圆柱面不能在圆柱的径向方向上平移、转动或者变形。对于其他两个选项，有类似的约定。

14.2.8 无摩擦约束

利用无摩擦约束工具，可以在一个表面上添加无摩擦约束。添加无摩擦约束以后，则物体不能在垂直于该表面的方向上运动或者变形，但是可以在与无摩擦约束相切方向上运动或者变形。

要为一个表面添加无摩擦约束，可以单击【应力分析】标签栏【约束】面板中的【无摩擦约束】工具按钮，在弹出的如图 14-11 所示的【无摩擦约束】对话框选择一个表面以后，单击【确定】按钮，即完成无摩擦约束的添加。

图14-10　【销约束】对话框

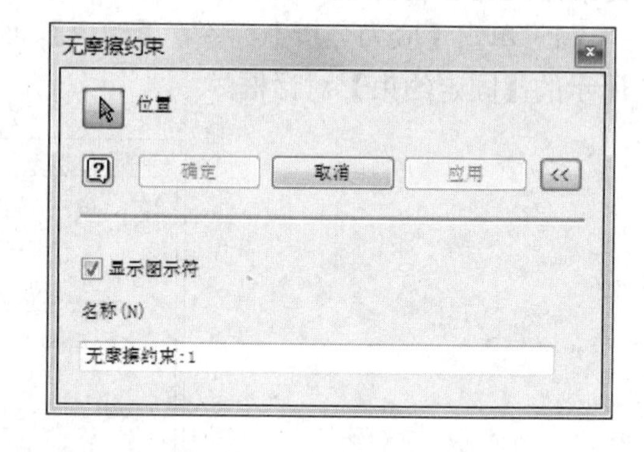

图14-11　【无摩擦约束】对话框

14.3　模型分析及结果处理

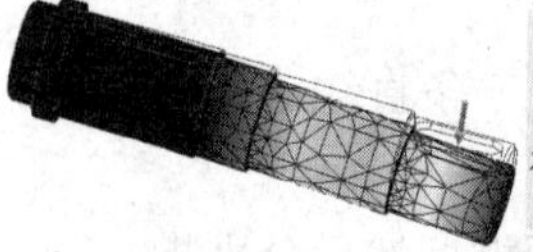

在为模型添加了必要的边界条件后，就可以进行应力分析了。本节讲述如何进行应力分析以及分析结果的处理。

14.3.1　应力分析设置

在进行正式的应力分析之前，有必要对应力分析的类型和有限元网格的相关性进行设置。单击【应力分析】标签栏【设置】面板中的【应力分析设置】按钮，弹出如图 14-12 所示的【应力分析设置】对话框。

1）在分析类型中，可以选择的分析类型有静态分析和模态分析。静态分析这里不多做解释，着重介绍一下模态分析。

模态（共振频率）分析主要用来查找零件振动的频率，以及在这些频率下的振形。与应力分析一样，模态分析也可以在应力分析环境中使用。共振频率分析可以独立于应力分析进行。用户可以对预应力结构执行频率分析，在这种情况下，可以在执行分析之前定义零件上的载荷。除此之外，还可以查找未约束的零件的共振频率。

2）在【应力分析设置】对话框中的【网格】选项卡中，可以设置网格的大小。【平均元素大小】默认值为 0.100，这时的网格所产生的求解时间和结果的精确程度处于平均水平。将数值设置为更小，可以使用精密的网格，这种网格提供了高度精确的结果，但求解时间较长；将数值设置为更大，可以使用粗略的网格，这种网格求解较快，但可能包含明显不精确的结果。

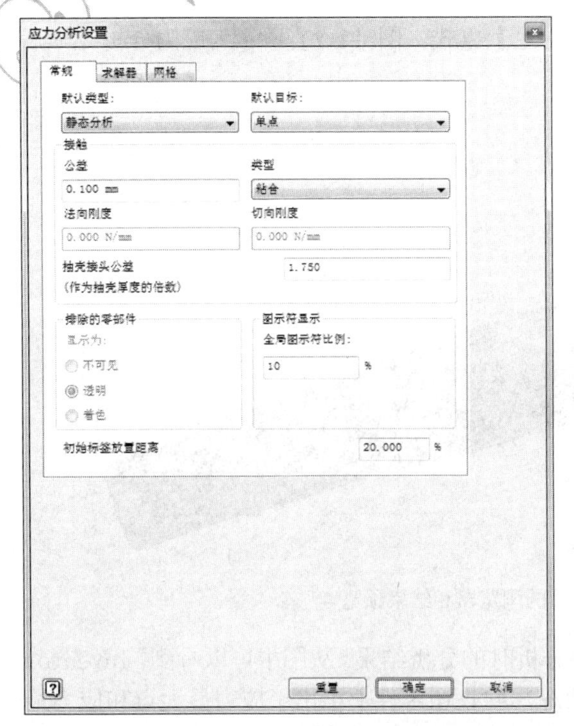

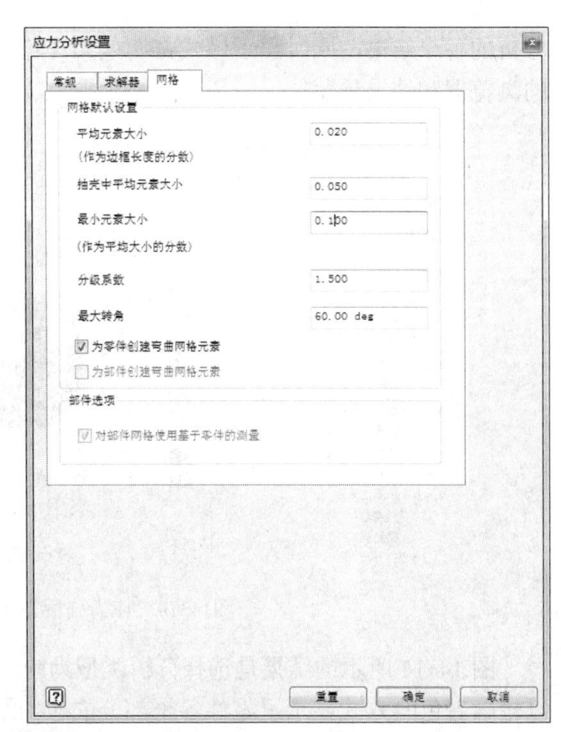

图14-12 【应力分析设置】对话框

14.3.2 运行分析

当所有的设置都已经符合要求，则【应力分析】标签栏【求解】面板中的【分析】按钮将处于可用状态，单击该按钮开始更新应力分析。如果以前没有做过应力分析，单击该按钮则开始进行应力分析。单击该按钮后，会弹出【分析】对话框，如图 14-13 所示，显示当前分析的进度情况。如果在分析过程中单击【取消】按钮，则分析会中止，不会产生任何的分析结果。

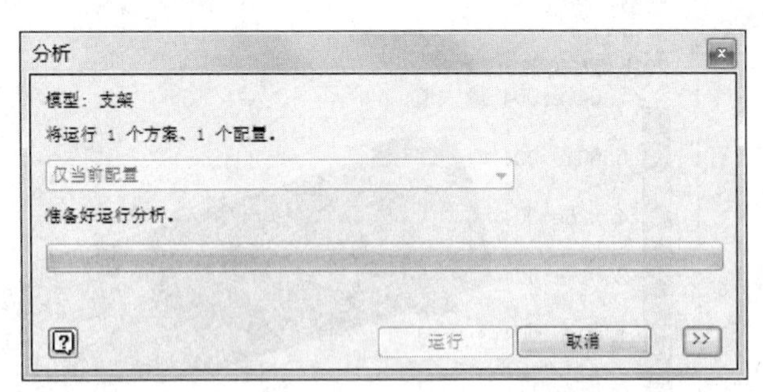

图14-13 【分析】对话框

14.3.3 查看分析结果

1. 查看应力分析结果

当应力分析结束后，在默认的设置下，【应力分析】浏览器中出现【结果】目录，显示应力

分析的各个结果，同时显示模式将切换为【轮廓着色】方式。图 14-14 所示为应力分析完毕后的浏览器和结果预览。

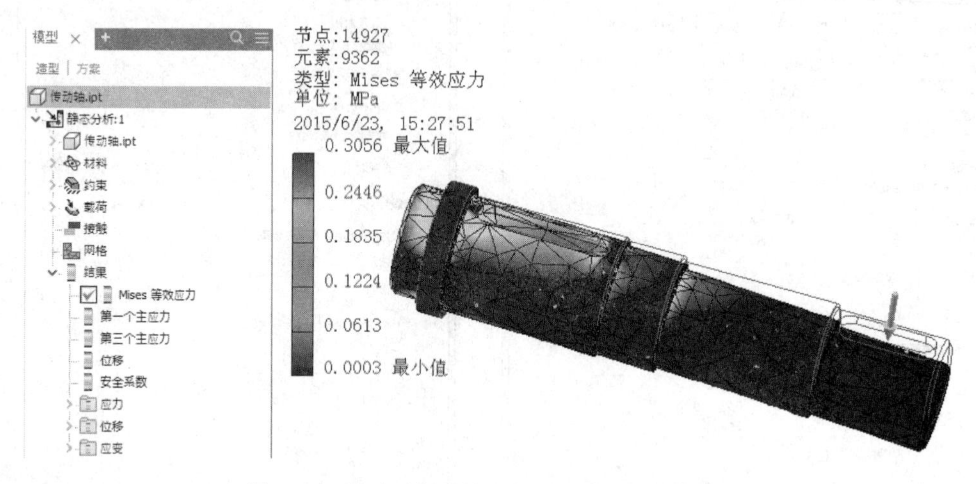

图14-14　应力分析完毕后的浏览器和结果预览

图 14-14 所示的结果是选择分析类型为应力分析时的分析结果。从图中可以看到，Inventor 以轮廓着色的方式显示了零件各个部分的应力情况，并且在零件上标出了应力最大点和应力最小点，同时还显示了零件模型在受力状况下的变形情况。查看结果时，始终都能看到此零件的未变形线框。

在应力分析浏览器中，【结果】目录下包含三个选项，即【应力】、【位移】和【应变】，默认情况下，【应力】选项前有复选标记，表示当前在工作区域内显示的是零件的等效应力。当然也可以双击其他选项，使得该选项前面出现复选标记，则工作区域内也会显示该选项对应的分析结果，图 14-15 所示为应力分析结果中的零件位移分析结果。

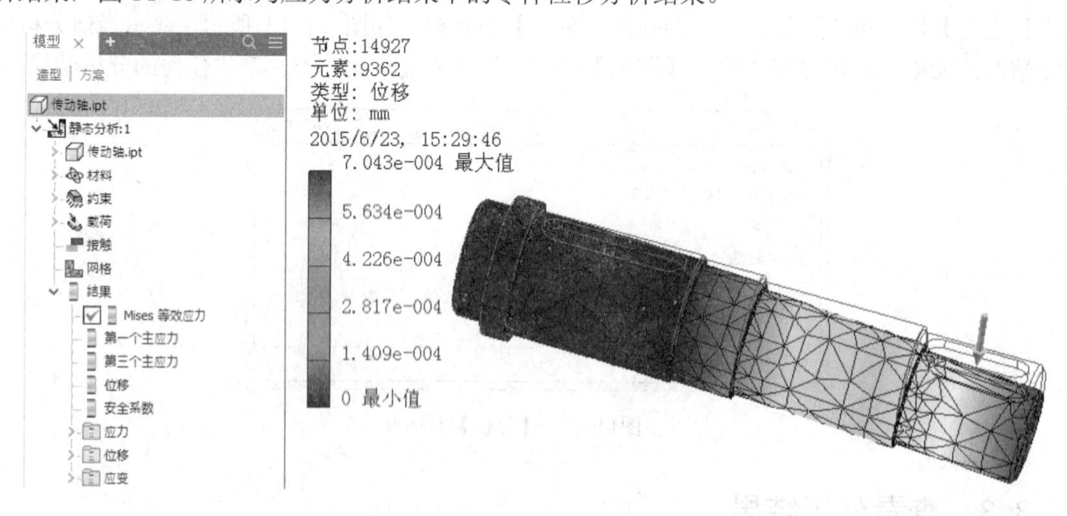

图14-15　零件位移分析结果

2. 查看模态分析结果

如果选择分析类型为【模态分析】，则分析结果如图 14-16 所示。

3. 结果可视化

如果要改变分析后零件的显示模式，可以选择标准工具栏中的【显示设置】下拉菜单，有三种显示模式可以选择：无着色、轮廓着色和平滑着色。三种显示模式下零件模型的外观区别如图 14-17 所示。

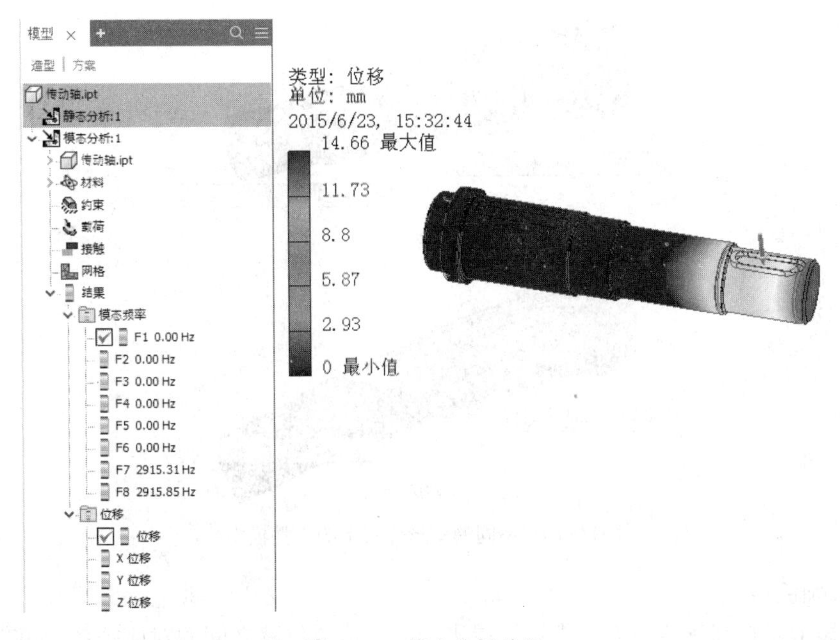

图14-16　模态分析结果

另外，Inventor 提供了一些关于分析结果可视化的选项，包括【查看网格】、【显示边界条件】、【最大值】和【最小值】。

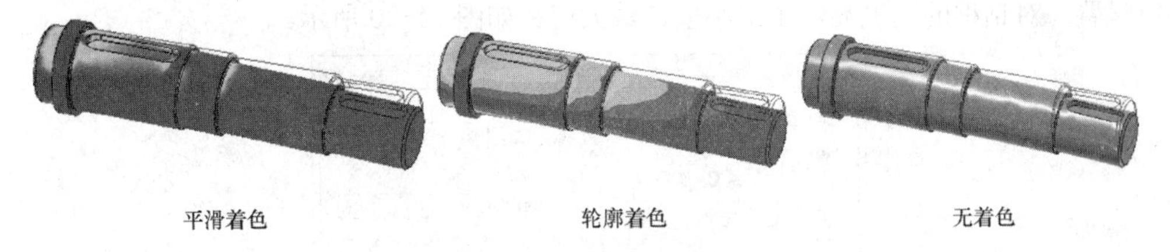

图14-17　三种显示模式下零件模型的外观区别

1）单击【查看网格】按钮，则将方案中使用的元素网格与结果轮廓一起显示，如图 14-18 所示。

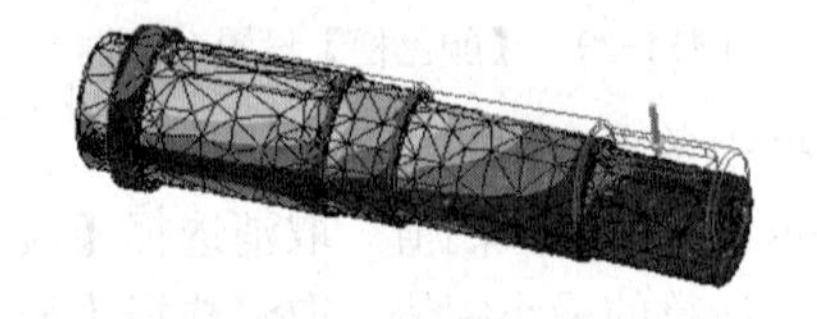

图14-18　元素网格与轮廓着色一起显示

2）单击【边界条件】按钮，显示零件上的的载荷符号。

3）单击【最大值】按钮，显示零件模型上结果为最大值的点。

4）单击【最小值】按钮，显示零件模型上结果为最小值的点。

5）单击【变形位移显示】下三角按钮，从中可以选择不同的变形样式。其中，变形样式为【调整后×1】和【调整后×5】时的零件模型显示如图 14-19 所示。

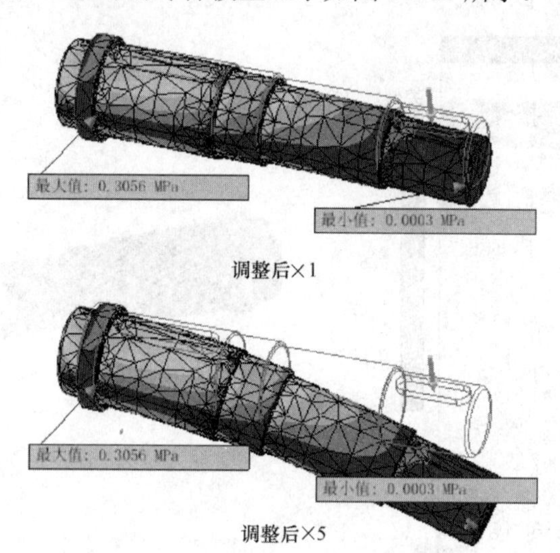

图14-19　不同的变形样式下的零件模型

4．编辑颜色栏

颜色栏显示了轮廓颜色与方案中计算得出的应力值或位移之间的对应关系，如图 14-14～图 14-16 中所示。用户可以编辑颜色栏以设置彩色轮廓，从而使应力/位移按照用户的理解方式来显示。

单击【应力分析】面板中的【颜色栏】按钮，弹出【颜色栏设置】对话框，将显示默认的颜色设置。对话框的左侧显示了最小值、最大值。如图 14-20 所示。

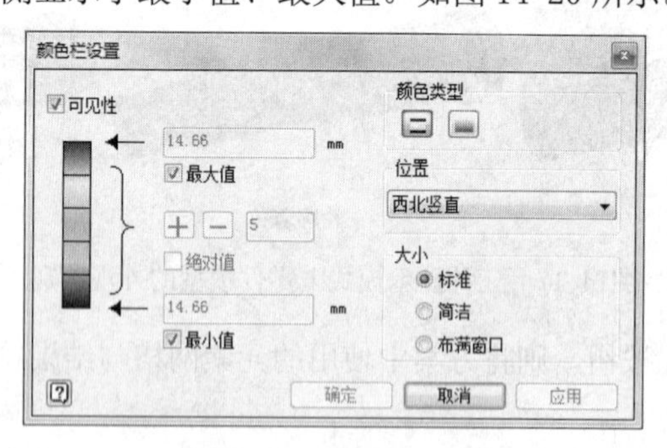

图14-20　【颜色栏】设置对话框

- 【颜色栏】设置对话框中各个选项的作用如下：
- 【最大值】复选框显示计算的最大阈值。取消选择【最大值】以启用手动阈值设置。
- 【最小值】复选框显示计算的最小阈值。取消选择【最小值】以启用手动阈值设置。
- 增加颜色＋：增加间色的数量。
- 减少颜色－：减少间色的数量。

- 颜色：以某个范围的颜色显示应力等高线。
- 灰度：以灰度显示应力等高线。

14.3.4 生成分析报告

对零件运行分析之后，用户可以生成分析报告。分析报告提供了分析环境和结果的书面记录。本节介绍如何生成分析报告、如何解释报告，以及如何保存和分发报告。

1. 生成和保存报告

对零件进行应力分析之后，您可以保存该分析的详细信息，供日后参考。执行【报告】命令，可以将所有的分析条件和结果保存为 HTML 格式的文件，以便查看和存储。

生成报告的步骤如下：

1）设置并运行零件分析。

2）设置缩放及当前零件的视图方向，以显示分析结果的最佳图示。此处所选视图就是在报告中使用的视图。

3）从工具面板中选择【报告】按钮以创建当前分析的报告。完成后，将显示一个 IE 浏览器窗口，其中包含了该报告，如图 14-21 所示。

4）使用 IE 浏览器【文件】菜单中的【另存为】命令保存报告，供日后参考。

2. 解释报告

报告由概要、简介、场景和附录组成。其中：

1）概要部分包含用于分析的文件、分析条件和分析结果的概述。

2）简介部分说明了报告的内容，以及如何使用这些内容来解释分析。

3）场景部分给出了有关各种分析条件的详细信息：几何图形和网格，包含网格相关性、节点数量和元素数量的说明；材料数据部分包含密度、强度等的说明；载荷条件和约束方案包含载荷和约束定义、约束反作用力。

4）附录部分包含以下几个部分：场景图形部分带有标签的图形，这些图形显示了不同结果集的轮廓，如等效应力、最大主应力、最小主应力、变形和安全系数，如图 14-21 所示。

材料特性部分用于分析的材料的特性和应力极限。

14.3.5 生成动画

使用【动画结果】工具，可以在各种阶段的变形中使零件可视化，还可以制作不同频率下应力、安全系数及变形的动画。这样，使得仿真结果能够形象和直观地表达出来。

可以单击【结果】面板中的【动画制作】按钮来启动动画工具，此时弹出如图 14-22 所示的【结果动画制作】对话框。可以通过【播放】、【暂停】、【停止】按钮来控制动画的播放；可以通过【记录】按钮来将动画以 AVI 格式保存成文件。

在【速度】下拉列表框中，可以选择动画播放的速度，如可以选择播放速度为【正常】、【最快】、【慢】、【最慢】等，这样可以根据具体的需要来调节动画播放速度的快慢，以便于更加方便地观察结果。

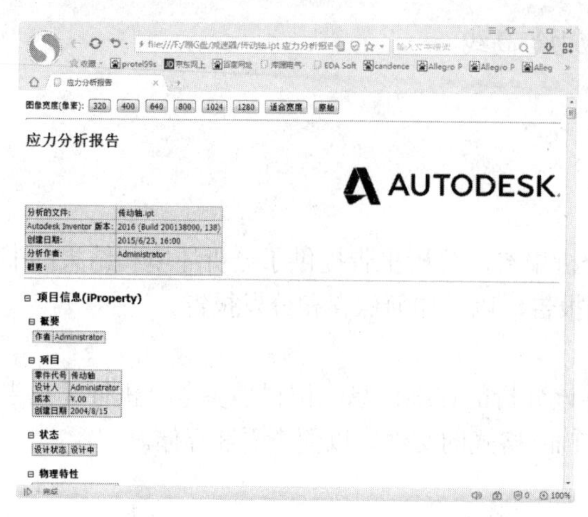

图14-21 包含报告的浏览器窗口

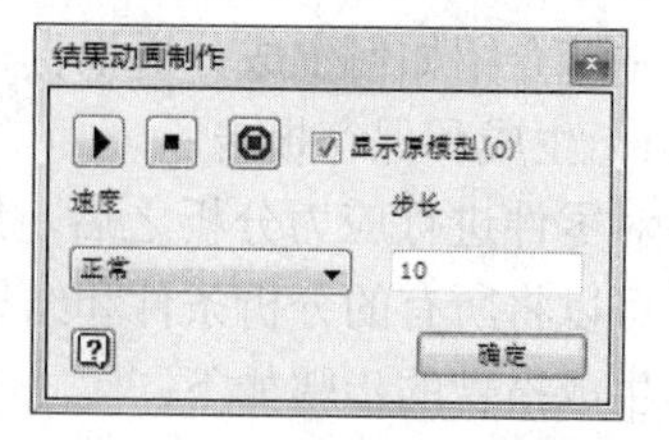

图14-22 【结果动画制作】对话框

第 15 章 Inventor 二次开发入门

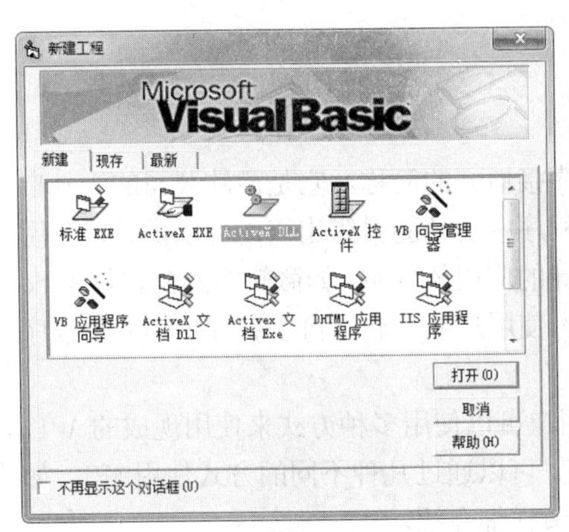

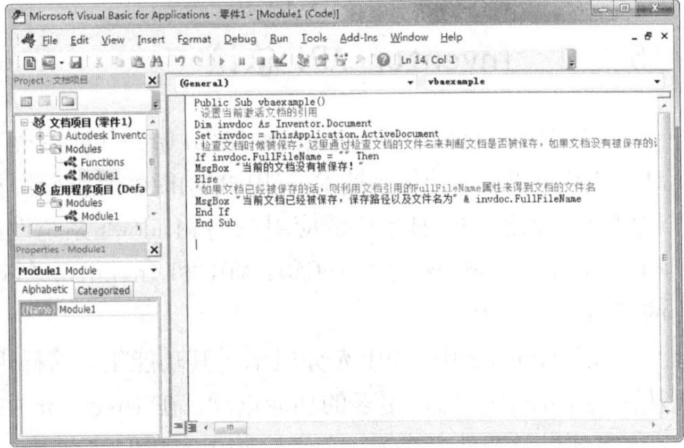

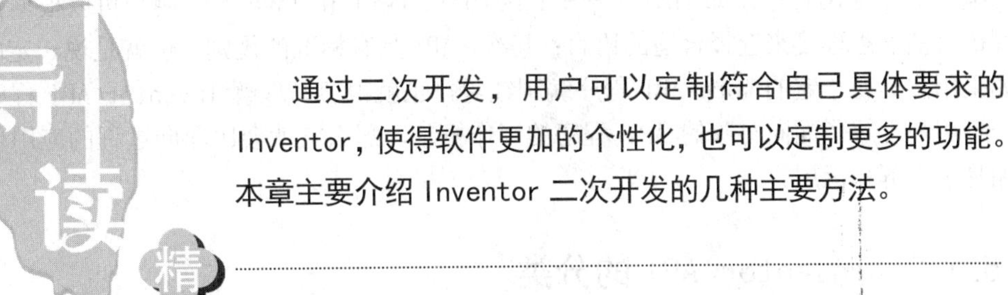

导读

通过二次开发，用户可以定制符合自己具体要求的Inventor，使得软件更加的个性化，也可以定制更多的功能。本章主要介绍 Inventor 二次开发的几种主要方法。

精彩内容

- Inventor API 概述
- Inventor VBA 开发基础
- 学徒服务器（Apprentice Server）
- 综合实例——文档特性访问

15.1 Inventor API 概述

Inventor 具有良好的开放性，它提供了充分的二次资源开发接口和开发方法，这样用户可以在其平台上开发满足自己特定要求的产品。Inventor 中支持面向对象的 ActiveX 技术，通过它可以方便有效地利用各种高级程序语言，如 Visual C++ 或者 VB 等对 Inventor 进行二次开发。通过二次开发，可以使 Inventor 增加新的功能，并能够使操作优化，满足用户的个性需要。

15.1.1 Inventor API 总论

API 是 application program interface（应用程序接口）的简称，它是微软公司的一种自动化操作（OLE 自动化）技术。API 的功能就是把应用程序中的功能暴露出来，可以供其他应用程序直接使用。API 技术广泛应用在为 Windows 系统设计的应用软件中，如微软的办公软件 Word 和 Excel，Autodesk 的 AutoCAD、MDT 和 Inventor 等，使用户能够通过自主编程定制应用程序的某些特定功能。

在 Inventor 中，API 充分展示了其功能集，这样用户可以使用多种方式来使用现成的 API，从而为 Inventor 添加更多的功能选项。在 Inventor 中，可以通过几种不同的方式使用 API，如 VBA 方式以及插件方式等，关于这些内容我们将在下一节详细介绍。

API 技术具有很多显著的优点和技术优势。首先，几乎所有的流行的编程语言都可以用来进行编写 API 应用程序，如 VB、VC＋＋、Delphi、Perl 和 Java 等。用户可以根据自己对某种编程语言的熟悉程度来选择合适的语言；其次，API 具有标准的规则，也就是说一定的通用性，即如果用户具有一定的 Word API 程序编制经验，也就很容易理解 Inventor API 程序的意义了。一旦用户理解了面向对象的 API 程序的工作机制，那么它就会比面向过程的应用程序的编写更加易于理解和运用。

15.1.2 Inventor API 的分类

1. VBA

VBA 的全称是 visual basic for application，即为应用程序量身制作的 Visual Basic。VBA 并不是一个独立的开发工具，也不为某一个产品所独有，它是微软开发的一种编程语言，可以把它理解为 VB 的一个子集，它包含了 VB 的大部分常用的功能，但是二者之间存在的一个显著的区别，即某一个产品（如 Inventor）的 VBA 程序只能够运行在该产品的内部，而 VB 可以生成独立的可以直接运行的 EXE 文件，可以在产品外部运行。VBA 作为一种易学易用的程序语言，广泛应用在 100 多种软件中，如微软的 Office 软件（包含 Word、Excel、Access 等）、Autodesk 的各种产品（如 Inventor）。

在 Inventor 中利用 VBA 设计的程序一般称为宏，需要在 Inventor 内部才可以执行，不能脱离 Inventor。Inventor VBA 可以说是访问和使用 Inventor API 最便捷的开发工具，它具有以下特点：①VBA 具有 VB 的大部分功能，且具有类似的集成开发环境。②VBA 随 Inventor 一同发行，不需要单独购买。与 Inventor 无缝集成，可以直接在 Inventor 中打开 VBA 程序界面进行应用程序开发；③VBA 不能创建可以运行在产品外部的独立的应用程序，它运行在 Inventor 相同的处理空间，运行效率高；④可以把 VBA 程序做成独立的 IVB 文件，供其他用户和文件共享。

2. 插件（ADD-IN）

插件是 Inventor 的一种特殊类型的应用程序，能够对支持 API 的产品进行编程。插件的几个重要特点如下：

1）插件能够随着 Inventor 的启动而自动加载。

2）插件能够创建用户自己的菜单命令。

3）插件能够与其他的方法一样访问和使用 Inventor API。

值得一提的是，插件在 Inventor 运行时可以自动加载的特性是一个非常实用的功能，因为许多与 Inventor 无缝集成的应用程序都需要以插件的形式运行，如 Dynamic Designer。这样，只要 Inventor 运行，则插件形式的应用程序就会自动运行，并且在 Inventor 的运行过程中，这些应用程序始终会发挥作用。

3. 独立的可执行文件（*.exe 文件）

独立的*.exe 文件可以独立运行，且与 Inventor 相关联。这种程序具有自己的界面，不需要用户在 Inventor 中做任何的交互操作。例如，一个用来创建草图几何图元的应用程序，它独立于 Inventor 运行。当运行该程序时，它通过与数据库之间的交互操作添加新的数据，如果此时 Inventor 没有启动的话，则该程序启动它，并创建所需的文档与相关的草图几何图元。由于独立的*.exe 文件运行在 Inventor 的处理空间之外，因此程序的执行效率会有所损失，并且当用户在其他应用程序的 VBA 中编写程序时，它也运行在独立的空间内。例如，在 Excel 中编写连接 Inventor 的 VBA 程序时，这个程序运行在 Excel 的处理空间内，而不是 Inventor 的处理空间内。

4. 学徒服务器（Apprentice Server）

学徒服务器是一个 ActiveX 服务器，可以理解为 Inventor 的一个子集，运行在使用它的应用程序的处理空间内。学徒服务器为运行在 Inventor 之外的应用程序，如独立的*.exe 文件访问 Inventor 文件打开了方便之门，如访问 Inventor 的装配结构、几何图元和文档属性等。

如果一个外部的应用程序要访问 Inventor 文档的信息，学徒服务器是一个非常不错的选择。由于学徒服务器能够运行在这个应用程序的内部，所以执行效率比在 Inventor 内部要高一些。另外，学徒服务器没有用户界面，所以能够更快地处理更多的操作。学徒服务器包含在 Design Tracking 中，该软件可以从 Autodesk 的网站免费下载。

15.1.3 Inventor API 使用入门示例

本节介绍一个简单的 Inventor API 的应用示例，从这个示例中可以感性地认识一下利用 API 能够在 Inventor 环境中进行什么样的工作。

1）这个程序用来判断当前激活的文档是否已经保存。运行 Inventor，单击【工具】标签栏【选项】面板中的【VBA 编辑器】按钮，弹出如图 15-1 所示的 VB 编辑器窗口。在其中输入以下所示的代码：

```
Public Sub vbaexample()
'设置当前激活文档的引用
Dim invdoc As Inventor.Document
Set invdoc = ThisApplication.ActiveDocument
'检查文档时候被保存。这里通过检查文档的文件名来判断文档是否被保存，如果文档没有被保存的话则当前激活文档的文件名为空
If invdoc.FullFileName = "" Then
MsgBox "当前的文档没有被保存！"
Else
'如果文档已经被保存的话，则利用文档引用的 FullFileName 属性来得到文档的文件名
MsgBox "当前文档已经被保存，保存路径以及文件名为" & invdoc.FullFileName
End If
End Sub
```

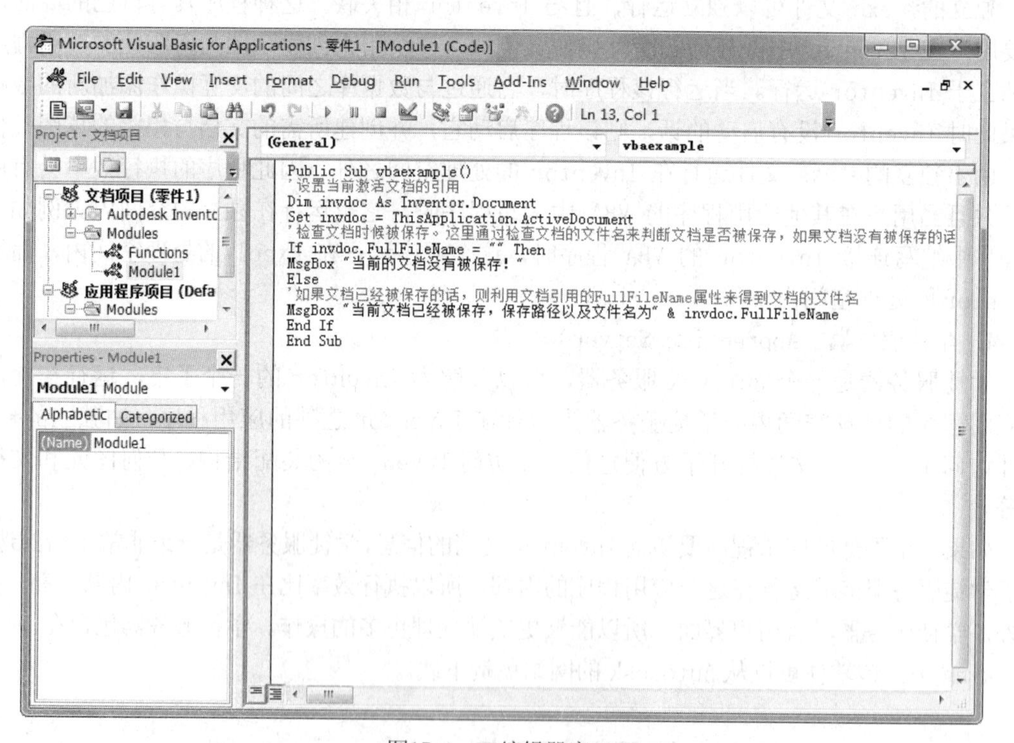

图15-1 VB编辑器窗口

2）单击图 15-1 所示的 VB 编辑器窗口标准工具栏中的【运行子过程/用户窗体】按钮，如果此时文档没有被保存，则弹出如图 15-2 所示的警告对话框。如果文档已经保存，则弹出如图 15-3 所示的警告对话框。

图15-2　文档未保存时的对话框

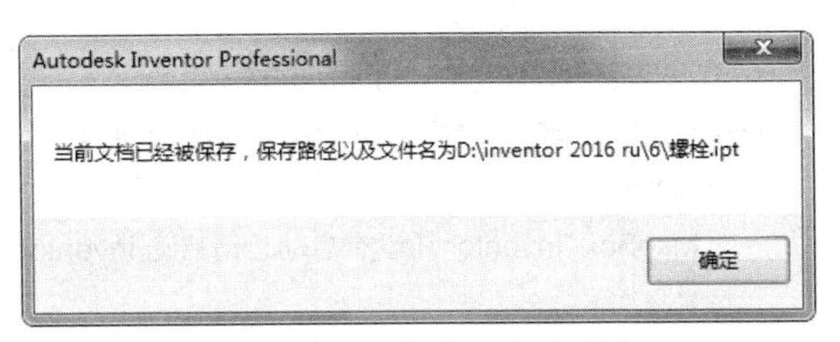

图15-3　文档保存后的对话框

当保存了该程序后，则该程序自动作为 Inventor 的一个宏，宏的名称为编制的子程序（过程）的名称，即 Public Sub 后面的函数名称，在这个范例中为 vbaexample。

3）选择菜单 Tool（工具）中的 Macros（宏）选项，则弹出如图 15-4 所示的 Macros（宏）对话框，可以看到里面已经列出了 vbaexample 函数。单击该对话框右侧的 Run（运行）按钮，则可以运行该宏，运行结果与单击 VB 编辑器的标准工具栏上的【运行子过程/用户窗体】按钮 ▶ 作用一样；选择 Step Into（逐语句）选项，则可以逐语句的执行程序，这样方便查找程序中的错误；选择 Edit（编辑）选项，则可以打开 VB 编辑器窗口以修改源程序；选择 Delete（删除）选项，则可以删除该宏。

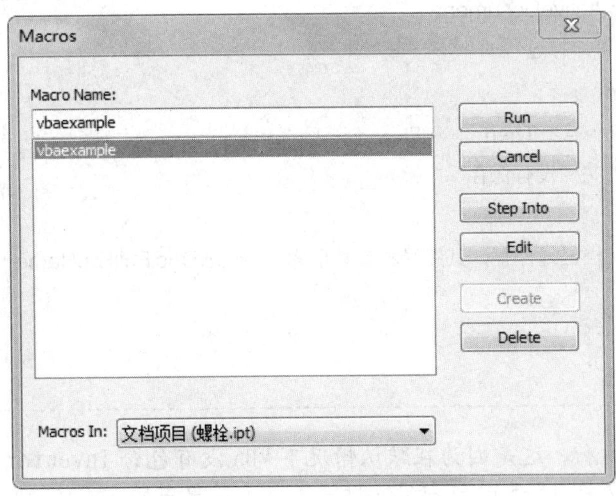

图15-4　Macros（宏）对话框

注 意

一旦创建了一个宏，则该宏可以应用在任何一个 Inventor 的文档中。也就是说本例中的这个程序可以判断任何一个 Inventor 文档，如零件文档、部件文档、工程图文档以及表达视图文档是否已经保存。

对上面的这个 VBA 程序也可以稍做修改，则成为一个外部的 VB 程序。在这个程序中我们增加了检测 Inventor 是否启动，以及自动检测是否新建了文档的功能，代码如下：

```
Sub Main ()
    On Error Resume Next
    '设置 invapp 为 Inventor 的一个引用
```

```
    Dim invapp As Inventor.Application
    Set invapp = GetObject(, "Inventor.Application")
    If Err Then
        MsgBox "Inventor 还没有启动！请启动 Inventor。"
        Exit Sub
    End If
    On Error GoTo 0
    '检查当前 Inventor 中是否有建立的文档
    If invapp.Documents.Count = 0 Then
        MsgBox "目前 Inventor 中没有新建任何的文档，请新建文档！"
        Exit Sub
    End If
    ' 设置 InvDoc 为当前的激活文档
    Dim InvDoc As Inventor.Document
    Set InvDoc = invapp.ActiveDocument
    ' 检查激活的文档是否保存过
    Dim Key As Boolean
    If InvDoc.FullFileName = "" Then
        MsgBox "当前的文档没有保存"
    Else
        MsgBox "当前文档已经保存，其路径和文件名为：" & InvDoc.FullFileName
    End If
End Sub
```

注 意

该程序往往不能运行，这是因为在默认情况下 VBA 没有包含 Inventor 相关的类，此时可以在 VBA 编辑模式下（见图 15-5），选择 Tools（工具）菜单中的 References(引用）选项，则弹出 References（引用）对话框，如图 15-6 所示。选择其中的 Autodesk Inventor Object Library 选项即可。

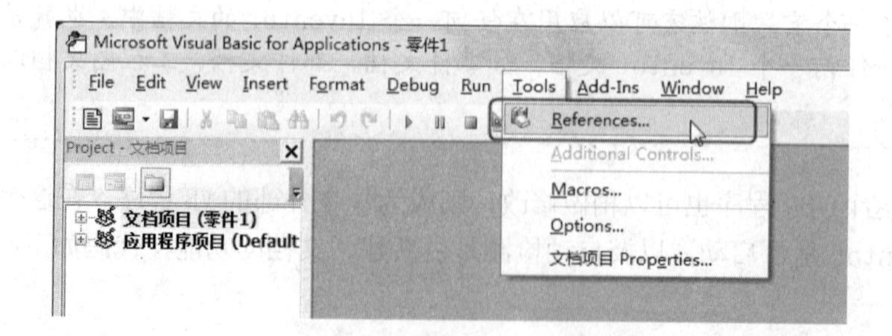

图15-5　选择References

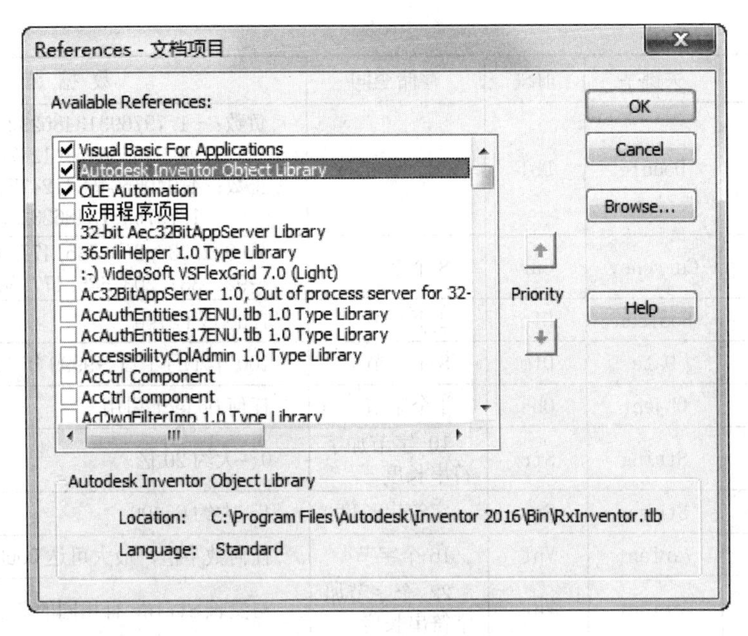

图15-6 References（引用）对话框

15.2 Inventor VBA 开发基础

在进行编程之前，先了解 VBA，掌握 VBA 的语法和代码等。

15.2.1 VBA 语法简介

VBA 的语法大部分与 VB 完全相同，本章中由于篇幅所限不可能一一详细讲述，这里仅做简要介绍，使得对 VBA 不太熟悉的读者可以有一个大致的了解。如果想详细了解 VBA 的语法知识，可以参考 VB 或者 VBA 的书籍或者文档资料。

1. 数据类型

表 15-1 列出了 VBA 中的数据类型、存储空间及数据范围。

表15-1 VBA中的数据类型、存储空间及数据范围

数据类型	关键字	前缀	存储空间	数 据 范 围
字节型	Byte	Byt	1 个字节	0～255
整型	Integer	Int	2 个字节	-32,768～32,767
长整型	Long	Lng	4 个字节	-2,147,483,648～2,147,483,647
单精度型	Single	Sng	4 个字节	负数：-3.402823E38～-1.401298E-45 正数：1.401298E-45～3.402823E38

（续）

数据类型	关键字	前缀	存储空间	数 据 范 围
双精度型	Double	Dbl	8个字节	负数：-1.79769313486232E308、-4.94065645841247E-324 正数：4.94065645841247E-324、1.79769313486232E308
货币型	Currency	Cur	8个字节	从-922,337,203,685,477.5808～922,337,203,685,477.5807
逻辑型	Boolean	Bln	2个字节	True或False
日期型	Date	Dtm	8个字节	100年1月1日～9999年12月31日
对象型	Object	Obj	4个字节	任何Object引用
变长字符型	String	Str	10 字节加字符串长度	0～大约20亿
定长字符型	String	Str	字符串长度	1～大约65400
变体数字型	Variant	Vnt	16个字节	任何数字值，最大可达Double的范围
变体字符型	Variant	Vnt	22 个字节加字符串长度	与变长String有相同的范围

2. 运算符

VBA的算术运算符见表15-2，字符串运算符见表15-3，关系运算符见表15-4，逻辑运算符见表15-5。

表15-2 VBA的算术运算符

运算符	含义	优先级	示例	结果
^	次方	1	Ia^2	9
-	负号	2	-iA	-3
*	乘	3	IA* iA* iA	27
/	除	3	10/iA	3.33333333333333
\	整除	4	10\iA	3
Mod	取模	5	10 Mod iA	1
+	加	6	10+iA	13
-	减	7	IA-10	-7

表15-3 字符串运算符

<table>
<tr><th>运算符</th><th>作用</th><th>区 别</th><th>示例</th><th>结果</th></tr>
<tr><td rowspan="2">&</td><td rowspan="4">将两个字符串拼接起来</td><td rowspan="2">连接符两旁的操作数不管是字符型还是数值型，系统先将操作数转换成字符，然后再连接</td><td>123&55</td><td>12355</td></tr>
<tr><td>abc+12</td><td>abc12</td></tr>
<tr><td rowspan="2">+</td><td rowspan="2">连接符两旁的操作数均为字符型；若均为数值型则进行算术加法运算；若一个为数字字符型，一个数值型，则自动将数字字符转换为数值，然后进行算术加；若一个为非数字字符型，一个数值型，则出错</td><td>123+55</td><td>178</td></tr>
<tr><td>abc+12</td><td>出错</td></tr>
</table>

表15-4 关系运算符

运算符	含义	示 例	结果
=	等于	"ABCDE"="ABR"	False
>	大于	"ABCDE">"ABR"	False
>=	大于等于	"bc">="大小"	False
<	小于	23<3	False
<=	小于等于	"23"<="3"	True
<>	不等于	"abc"<>"ABC"	True
Like	字符串匹配	"ABCDEFG" Like "*DE*"	True
Is	对象引用比较		

表15-5 逻辑运算符

运算符	含义	优先级	说 明	示例	结果
Not	取反	1	当操作数为假时，结果为真	Not F	T
And	与	2	两个操作数均为真时，结果才为真	T And T	T
Or	或	3	两个操作数中有一个为真时，结果为真	T Or F	T
Xor	异或	3	两个操作数不相同，结果才为真，否则为假	T Xor F	T
Eqv	等价	4	两个操作数相同时，结果才为真	T Eqv F	F
				T Eqv T	T
Imp	蕴含	5	第一个操作数为真，第二个操作数为假时，结果才为假，其余都为真	T Imp F	F

3．程序流程控制

程序流程控制语句包括选择结构控制语句、循环结构控制语句以及其他辅助控制语句。

（1）选择结构控制语句

1）If……Then 语句（单分支结构 F）：

◆ If <表达式> Then

<语句块>

End If

◆ If <表达式> Then <语句>

2）If……Then……Else 语句（双分支结构）：

◆ If <表达式> Then

<语句块 1>

Else

```
    <语句块 2>
  End If
```

◆ If <表达式> Then <语句 1> Else <语句 2>：

3）If……Then……ElseIf 语句（多分支结构）

```
If <表达式 1> Then
    <语句块 1>
ElseIf <表达式 2> Then
    <语句块 2>
  ……
  [ Else 语句块 n+1]
End If
```

4）Select Case 语句：

```
Select Case 变量或表达式
    Case 表达式列表 1
        语句块 1
    Case 表达式列表 2
        语句块 2
        ……
    Case Else
        语句块 n+1]
End Select
```

（2）循环结构控制语句

1）For 循环语句（知道循环次数的计数型循环）：

```
For 循环变量 = 初值 To 终值 [ Step 步长]
        语句块
[Exit For]
        语句块
Next 循环变量
```

2）Do……Loop 循环（不知道循环次数的条件型循环）：

用于控制循环次数未知的循环结构，语法形式有两种：

◆ Do While …… Loop

```
Do [ While | Until 条件]
    语句块
[Exit Do]
    语句块
Loop
```

◆ Do …… Loop While

```
Do
```

语句块

[Exit Do]

语句块

Loop [While | Until 条件]

（3）其他流程控制语句

1）Go To 语句：

语句形式： Go To 标号 ｜ 行号

说明：

- Go To 语句只能转移到同一过程的标号或行号处；标号是一个字符系列，首字符必须为字母，与大小写无关，任何转移到的标号后面必须有冒号“:”，“;”行号是一个数字序列；
- 以前 BASIC 中常用此语句，可读性差；现在要求尽量少用或不用，改用选择结构或循环结构来代替。

2）Exit 语句：用于退出某控制结构的执行，VB 的 Exit 语句有多种形式，如 Exit For（退出 For 循环）、Exit Do（退出 Do 循环）、Exit Sub（退出子过程）、Exit Function（退出函数）。

3）End 语句：独立的 End 语句用于结束一个程序的执行，可以放在任何事件过程中，形式为：End VB 的 End 语句还有多种形式，用于结束一个过程或块，如 End If、End With、End Type、End Select、End Sub 和 End Function。

4）With 语句：它的作用是可以对某个对象执行一系列的语句，而不用重复指出对象的名称，但不能用一个 With 语句设置多个不同的对象。属性前面需要带点号“·”。语句形式如下：

With 对象名

语句块

End With

4. 关键字

VB(A)中的关键字有 As，Binary、ByRef、ByVal、Date、Else、Empty、Error、False、For、Friend、Get、Input、Is、Len、Let、Lock、Me、Mid、New、Next、Nothing、Null、On、Option、Optional、ParamArray、Print、Private、Property、Public、Resume、Seek、Set、Static、Step、String、Then、Time、To、True、WithEvents。

在 VB（A）中，关键字会被自动识别，所以变量的名称一定不能与关键字同名，否则会出现意想不到的错误。

5. 系统常数

VB（A）提供了一些系统常数，可以直接在程序中使用而无须声明或者预定义。颜色常数见表 15-6，MsgBox 函数的常数参数见表 15-7，KeyCode 常数（即键盘上的按键所代表的常数）见表 15-8，日期常数见表 15-9。

其他的系统常数这里不再一一列出，读者在实际编程时，可以查找相关的文档，或者借助 MSDN 来获得帮助。

表15-6 颜色常数

常数	值	描述
vbBlack	0x0	黑色
vbRed	0xFF	红色
vbGreen	0xFF00	绿色
vbYellow	0xFFFF	黄色
vbBlue	0xFF0000	蓝色
vbMagenta	0xFF00FF	紫红
vbCyan	0xFFFF00	青色
vbWhite	0xFFFFFF	白色

表15-7 MsgBox函数的常数参数

常数	值	描 述
vbOKCancel	1	OK 和 Cancel 按钮
vbAbortRetryIgnore	2	Abort、Retry，和 Ignore 按钮
vbYesNoCancel	3	Yes、No，和 Cancel 按钮
vbYesNo	4	Yes 和 No 按钮
vbRetryCancel	5	Retry 和 Cancel 按钮
vbCritical	16	关键消息
vbQuestion	32	警告询问
vbExclamation	48	警告消息
vbInformation	64	通知消息
vbDefaultButton1	0	第一个按钮是默认的（默认值）
vbDefaultButton2	256	第二个按钮是默认的
vbDefaultButton3	512	第三个按钮是默认的
vbDefaultButton4	768	第四个按钮是默认的
vbApplicationModal	0	应用程序形态的消息框（默认值）
vbSystemModal	4096	系统强制返回的消息框
vbMsgBoxHelpButton	16384	添加 Help 按钮到消息框
VbMsgBoxSetForeground	65536	指定消息框窗口作为前景窗口
vbMsgBoxRight	524288	文本是右对齐的
vbMsgBoxRtlReading	1048576	指定在希伯来语和阿拉伯语系统中，文本应当显示为从右到左读
vbOKOnly	0	只有 OK 按钮（默认值）

表15-8　KeyCode常数

常数	值	描述
vbKeyLButton	0x1	鼠标左键
vbKeyRButton	0x2	鼠标右键
vbKeyCancel	0x3	Cancel 键
vbKeyMButton	0x4	鼠标中键
vbKeyBack	0x8	Backspace 键
vbKeyTab	0x9	Tab 键
vbKeyClear	0xC	Clear 键
vbKeyReturn	0xD	Enter 键
vbKeyShift	0x10	Shift 键
vbKeyControl	0x11	Ctrl 键
vbKeyMenu	0x12	Menu 键
vbKeyPause	0x13	Pause 键
vbKeyCapital	0x14	Caps Lock 键
vbKeyEscape	0x1B	Esc 键
vbKeySpace	0x20	Spacebar 键
vbKeyPageUp	0x21	Page Up 键
vbKeyPageDown	0x22	Page Down 键
vbKeyEnd	0x23	End 键
vbKeyHome	0x24	Home 键
vbKeyLeft	0x25	Left Arrow 键
vbKeyUp	0x26	Up Arrow 键
vbKeyRight	0x27	Right Arrow 键
vbKeyDown	0x28	Down Arrow 键
vbKeySelect	0x29	Select 键
vbKeyPrint	0x2A	Print Screen 键
vbKeyExecute	0x2B	Execute 键
vbKeySnapshot	0x2C	Snapshot 键
vbKeyInsert	0x2D	Insert 键
vbKeyDelete	0x2E	Delete 键
vbKeyHelp	0x2F	Help 键
vbKeyNumlock	0x90	Num Lock 键

表15-9 日期常数

常数	值	描述
vbUseSystem	0	使用 NLS API 设置
vbSunday	1	星期日
vbMonday	2	星期一
vbTuesday	3	星期二
vbWednesday	4	星期三
vbThursday	5	星期四
vbFriday	6	星期五
vbSaturday	7	星期六

6. 公共函数

VB（A）中提供了大量的公共函数，以方便的在不需要用户自主编程的情况下实现某些功能。VB（A）中常用的数学函数见表 15-10，VB（A）中常用的日期和时间函数见表 15-11，VB（A）中常用的字符串函数见表 15-12，VB（A）中常用的转换函数见表 15-13。

表15-10 常用的数学函数

函数名	功　能	示例	结果
Sqr（x）	求平方根	Sqr（9）	3
Log（x）	求自然对数，x>0	Log（10）	2.3
Exp（x）	求以 e 为底的幂值，即求 e^x	Exp（3）	20.086
Abs（x）	求 x 的绝对值	Abs（-2.5）	2.5
Hex[$](x)	求 x 的十六进制数，返回的是字符型值	Hex[$]（28）	1C
Oct[$](x)	求 x 的八进制数，返回的是字符型值	Oct[$]（10）	12
Sgn(x)	求 x 的符号，当 x>0，返回 1；x=0，返回 0；x<0，返回-1	Sgn(15)	1
Rnd(x)	产生一个在（0，1）区间均匀分布的随机数，每次的值都不同；若 x=0，则给出的是上一次本函数产生的随机数	Rnd(x)	0～1 之间数
Sin(x)	求 x 的正弦值，x 的单位是弧度	Sin(0)	0
Cos(x)	求 x 的余弦值，x 的单位是弧度	Cos(1)	0.54
Tan(x)	求 x 的正切值，x 的单位是弧度	Tan(1)	1.56
Atn(x)	求 x 的反正切值，x 的单位是弧度，函数返回的是弧度值	Atn(1)	0.79

表15-11 常用的日期和时间函数

函数名	含义	示例	结果
Date( )	返回系统日期	Date( )	02-3-19
Time( )	返回系统时间	Time( )	3:30 :00 PM
Now	返回系统时间和日期	Now	02-3-19 3:30 :00
Month(C)	返回月份代号（1-12）	Month("02,03,19")	3
Year(C)	返回年代号（1752-2078）	Year("02-03-19")	2002
Day(C)	返回日期代号（1-31）	Day("02,03,19")	19
MonthName(N)	返回月份名	MonthName(1)	一月
WeekDay()	返回星期代号（1-7），星期日为 1	WeekDay("02,03,17")	1
WeekDayName(N)	根据 N 返回星期名称，1 为星期日	WeekDayName(4)	星期三

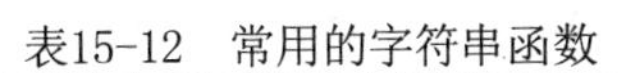

表15-12 常用的字符串函数

函数名	功 能	示例	结果
Len (x)	求 x 字符串的字符长度(个数)	Len("ab 技术")	4
LenB (x)	求 x 字符串的字节个数	LenB("ab 技术")	8
Left (x, n)	从 x 字符串左边取 n 个字符	Left("ABsYt",2)	"AB"
Right (x, n)	从 x 字符串右边取 n 个字符	Right("ABsYt",2)	"Yt"
Mid (x, n1, n2)	从 x 字符串左边第 n1 个位置开始向右取 n2 个字符	Mid ("ABsYt",2,3)	"BsY"
Ucase (x)	将 x 字符串中所有小写字母改为大写	Ucase ("ABsYug")	ABSYUG
Lcase (x)	将 x 字符串中所有大写字母改为小写	Ucase ("ABsYug")	absyug
Ltrim (x)	去掉 x 左边的空格	Lrim(" ABC ")	"ABC "
Rtrim (x)	去掉 x 右边的空格	Trim(" ABC ")	" ABC"
Trim (x)	去掉 x 两边的空格	Trim(" ABC ")	"ABC"
Instr (x, "字符", M)	在 x 中查找给定的字符,返回该字符在 x 中的位置,M=1 不区分大小写,省略则区分	Instr("WBAC","B")	2
String (n, "字符")	得到由 n 个首字符组成的一个字符串	String(3,"abcd")	"aaa"
Space (n)	得到 n 个空格	Space(3)	"□□□"
Replace(C,C1,C2,N1,N2)	在 C 字符串中从 N1 开始将 C2 替代 N2 次 C1,如果没有 N1 表示从 1 开始	Replace("ABCASAA","A","12",2,2)	"ABC12S12A"
StrReverse (C)	将字符串反序	StrReverse("abcd")	"dcba"
Mid (x, n1, n2)	从 x 字符串左边第 n1 个位置开始向右取 n2 个字符	Mid ("ABsYt",2,3)	"BsY"
Ucase (x)	将 x 字符串中所有小写字母改为大写	Ucase ("ABsYug")	ABSYUG

表15-13 常用的转换函数

函数名	功 能	示例	结果
Str (x)	将数值数据 x 转换成字符串	Str (45.2)	"45.2"
Val(x)	将字符串 x 中的数字转换成数值	Val("23ab")	23
Chr(x)	返回以 x 为 ASCII 码的字符	Chr(65)	"A"
Asc(x)	给出字符 x 的 ASCII 码值,十进制数	Asc("a")	97
Cint(x)	将数值型数据 x 的小数部分四舍五入取整	Cint(3.6)	4
Int(x)	取小于等于 x 的最大整数	Int(-3.5) Int(3.5)	-4 3
Fix(x)	将数值型数据 x 的小数部分舍去	Fix(-3.5)	-3
CBool(x)	将任何有效的数字字符串或数值转换成逻辑型	CBool(2) CBool("0")	True False
CByte(x)	将 0~255 之间的数值转换成字节型	CByte(6)	6
CDate(x)	将有效的日期字符串转换成日期	CDate(#1990,2,23#)	1990-2-23

（续）

函数名	功　　能	示例	结果
CCur(x)	将数值数据 x 转换成货币型	CCur(25.6)	25.6
Round(x，N)	在保留 N 位小数的情况下四舍五入取整	Round(2.86，1)	2.9
CStr(x)	将 x 转换成字符串型	CStr(12)	″12″
CVar(x)	将数值型数据 x 转换成变体型	CVar(″23″)+″A″	″23A″
CSng(x)	将数值数据 x 转换成单精度型	CSng(23.5125468)	23.51255
CDbl(x)	将数值数据 x 转换成双精度型	CDbl(23.5125468)	23.5125468

15.2.2　Inventor VBA 工程

当开发一个 VBA 应用程序时，用一个工程（Project）来管理不同的该程序所涉及到的所有文件，一个工程可以包括以下类型的文件：

1）工程文件（*.vbp）,用来跟踪所有的文件。

2）窗体文件(*.frm)，对应程序中的每一个窗体。

3）二进制数据文件（*.frx），每一个包含二进制数据控件（如图片或者声音等）的窗体，都会自动生成一个二进制数据文件。

4）类模块文件（*.cls），对应于用户添加的类。

5）标准模块文件（*.bas），对应于用户添加的标准模块。

6）控件文件（*.ocx），对应于用户添加的 ActiveX 控件。

7）资源文件（*.res），一个资源文件，此文件唯一。

Inventor VBA 支持三种不同类型的工程管理模式，即应用程序工程、文档工程和用户工程。这三种模式的区别在于程序的存储和调用方法不同。

1．应用程序工程

在该模式下，VBA 程序存放在 Inventor 外部的*.IVB 文件中，程序可以被所有的 Inventor 文档共享，包括程序中的功能函数也能够被其他程序所调用。所以，这种模式非常有利于程序设计的模块化以及资源共享等。另外，应用程序功能在 Inventor 启动时自动加载，可以在任何时候对其进行引用，但是，Inventor 中只能够存在一个这样的程序。

对于 Inventor 来说，只有一个*.IVB 文件是有效的，能够正常运行。进入 Inventor 界面下，单击【工具】标签栏【选项】面板中的【应用程序选项】选项，弹出【应用程序选项】对话框，如图 15-7 所示。在【默认 VBA 项目】选项中可以指定默认的*.IVB 文件的位置和文件名。

当从 Inventor 中通过选择【选项】面板中的【VBA 编辑器】选项进入 VB 编辑器窗口（见图 15-1）后，在左侧的【Project-文档项目】浏览器中双击【应用程序项目…】下的【Module1】，则在右侧的代码窗口中显示该模块的代码，如图 15-8 所示。

当添加了程序代码或者对代码进行了编辑以后，会自动保存为一个宏，宏的名称和该模块的名称一致。可以通过 Macros（宏）对话框（见图 15-4）中的相关功能按钮来运行、修改、删除宏等操作。

2. 文档工程

在文档工程模式下，VBA 程序存放在所附属的文档中。例如，要在草图中使用一个几何图元作为界面创建实体，可以编制一个创建该几何图元的 VBA 程序（存储为宏），该程序附加在该文档中；然后就可以使用该宏方便地创建该几何图元及其各种副本，就好比使用不同类型的标准件一样。在该模式下，不能直接引用其他 VBA 程序中的功能函数，用户可以自行编写，或者利用复制代码的方式来实现。

在文档工程模式下，VBA 程序依附于创建和使用它的文档文件，当该文档打开时，VBA 程序自动加载。注意，不能在其他的文档中加载该程序，它仅仅属于一个文档。

要创建一个文档工程模式下的 VBA 程序，可以：

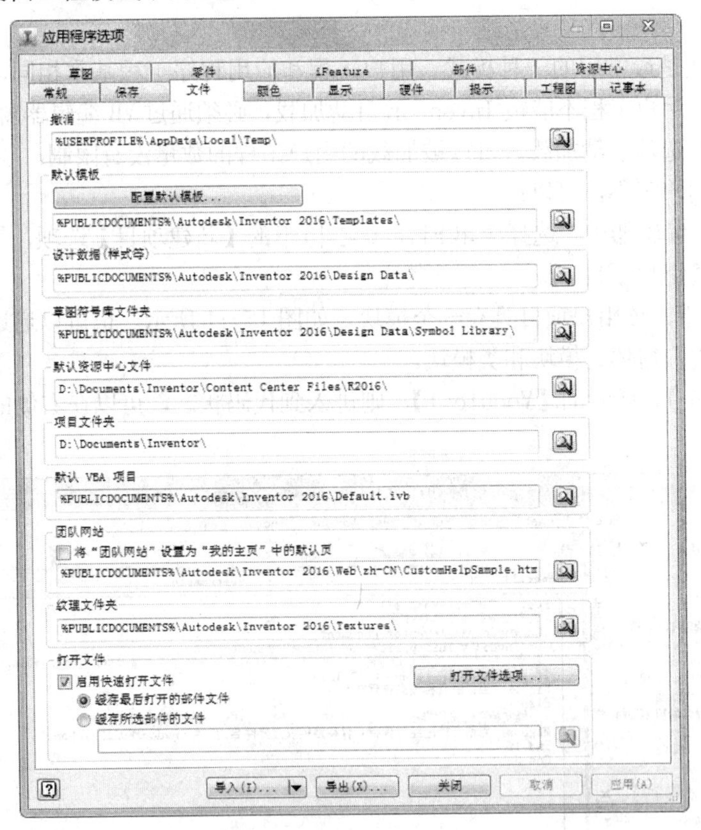

图 15-7 【应用程序选项】对话框

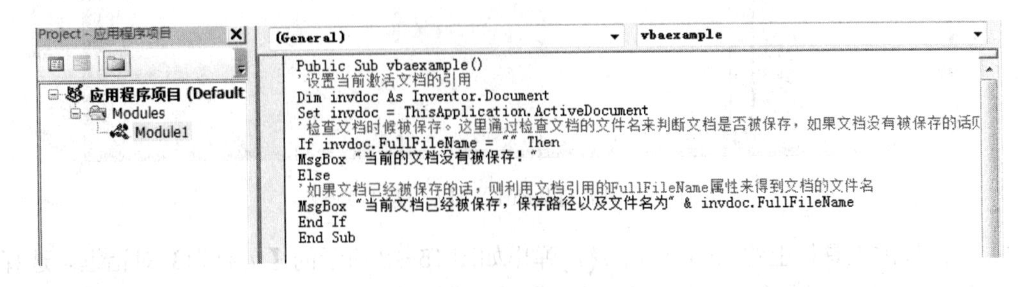

图15-8 【Module 1】的代码

1）在 Inventor 中新建一个文件，进入 VB 编辑器窗口。在【Project-文档项目】浏览器中双击如图 15-9 所示的【Module 1】，在右侧的代码区域内输入程序代码，这样就定义了一个名为 vbexample 的宏。

2）打开如图 15-4 所示的 Macros（宏）对话框，在 Macrosin（宏的位置）下拉列表中选择【文档项目（零件 1）】，则 vbexample 会显示在上面的文本框中，名称为 vbexample，如图 15-10 所示。

3）当文件存盘时，程序也会自动存储。注意，当该零件文件被引入到其他文档中时，例如，作为零件装配到部件文件中时，该零件文件中的宏也会一同被引入到部件文件中，也可以被引用。

3. 用户工程

用户工程模式是最常用的一种模式，用户工程和应用程序工程基本相同，区别之处在于保存和加载的方法。用户工程不能被 Inventor 自动加载，必须通过 VB 编辑器窗口中的 File 菜单下的【加载项目】选项手动加载。可以被加载的用户工程的数量没有限制。

要新建一个用户工程，可以：

1）进入到 VB 编辑器中，选择菜单 File（文件）下的【新建项目】选项，新建了一个用户项目，被自定义为【用户项目 1】。

2）默认状态下，该用户项目具有一个模块，如图 15-11 所示。也可以通过快捷菜单中的相关选项为其添加用户窗体、模块和类模块。

3）双击图 15-11 所示的【Module 1】，则进入到代码状态，可以在右侧的代码窗口中添加程序代码。

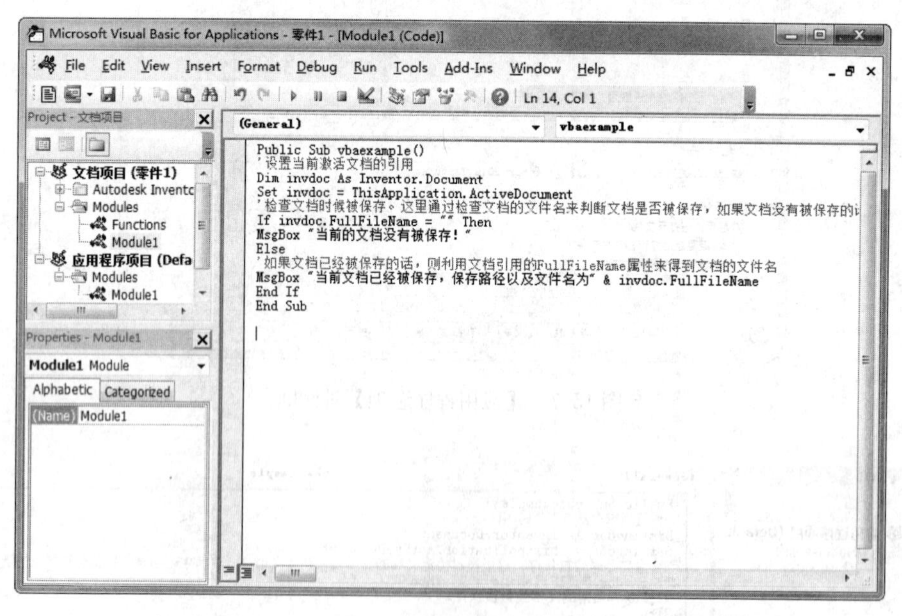

图15-9　双击【Module 1】（模块1）

4）单击标准工具栏上的 Save 按钮，弹出如图 15-12 所示的【另存为】对话框。选择好文件路径和文件名后单击【保存】按钮，保存用户工程文件。

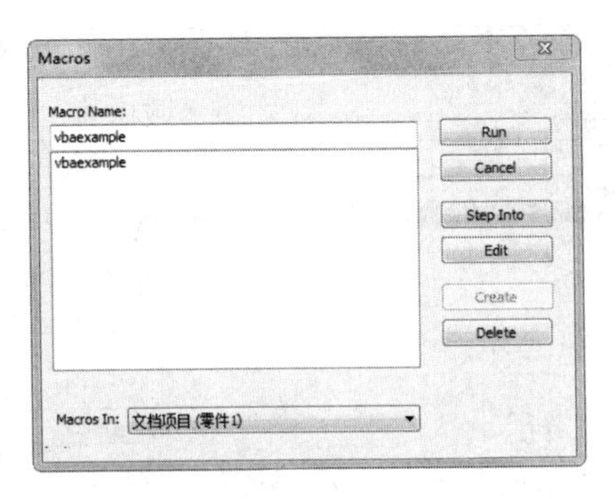

图15-10　显示Macro

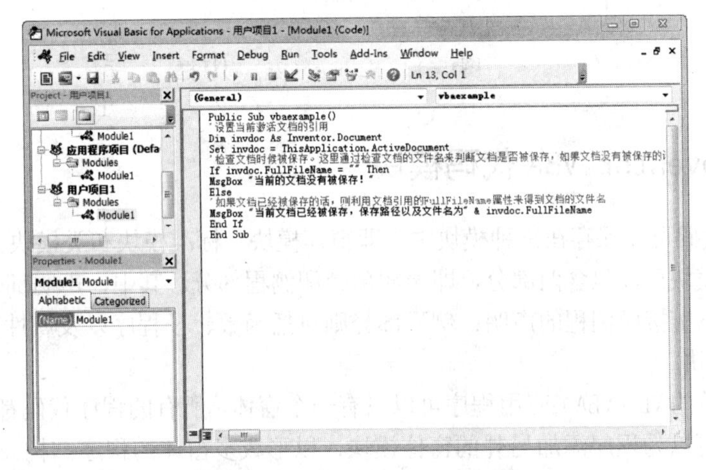

图 15-11　用户项目下的一个默认模块

建立了该用户工程以后，也可以通过宏的方式来运行程序。通过 Tools(工具)菜单中的 Macros（宏）选项，则弹出 Macros（宏）对话框。在 Macros In 下拉列表中选择【用户项目 1】，则宏的名称【用户项目 1】会显示在上面的 Macro Name（宏名称）文本框中，如图 15-13 所示。可以通过 Macros（宏）对话框中的对应功能按钮运行或者编辑宏等。

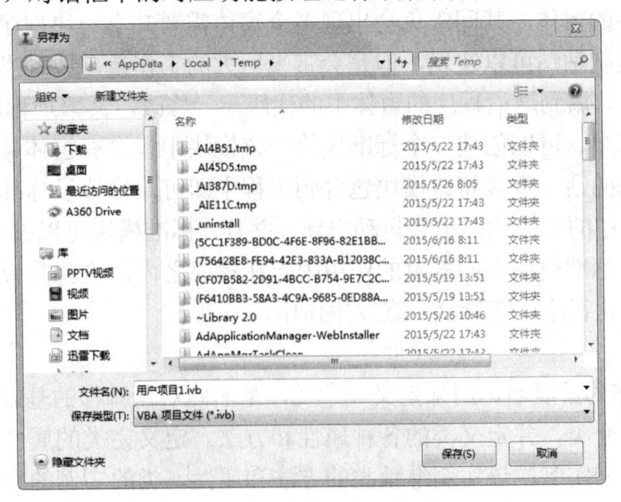

图 15-12　【另存为】对话框

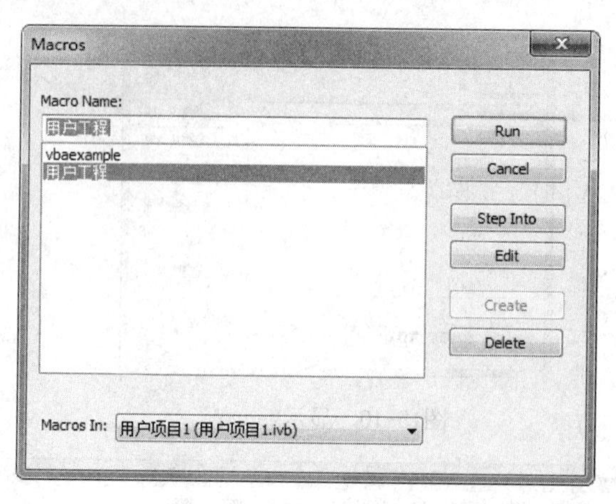

图15-13 Macros（宏）对话框

15.2.3 Inventor VBA 代码模块

VBA 程序代码可以保存在三种模块中，即窗体模块、标准模块和类模块。每一个标准模块、窗体模块和类模块可以包含两部分，即声明部分和例程部分。其中，声明部分包括常量、变量，以及类型和动态链接库例程的声明；例程部分则包括函数、子程序以及属性例程等。

1. 窗体模块

一个最简单的 VB（VBA）应用程序可以只有一个窗体，所有的程序代码都包含在该窗体的模块中。当然也可以为程序添加另外的窗体模块，以形成多窗体的程序结构。窗体模块是大部分 VB 程序的基础，在窗体模块中可以包含基本的变量、类型和例程的声明，以及事件处理例程和常规例程等。在窗体模块中的程序代码专属于该窗体所属的应用程序，它也可以引用其他的窗体或者对象等。

2. 标准模块

标准模块以 .BAS 作为文件扩展名，它可以作为例程和声明的容器。在应用程序的扩展过程中，往往会添加很多的窗体，其间难免会出现多个窗体需要共享一块程序代码的情况。在多个窗体中进行简单的复制粘贴可以实现，但是会带来巨大的工作量，并且当共享的这段程序需要修改时，就需要对所有用到这段程序的窗体中的代码一一修改，其繁琐程度可想而知。

为了避免这种麻烦，可以创建一个标准模块，该模块中包含有窗体共用的代码段，如果窗体需要使用这段代码的话，直接将该模块包含到工程中即可。修改了标准模块中的代码以后，包含了该模块了窗体中的对应代码也会自动更新，并且，标准模块可以被不同的外部程序使用，具有很强的扩展性。标准模块中的变量的作用限定在程序之内，也就是说变量存在于程序的执行过程中。只要不终止程序，变量就一直发生作用。

3. 类模块

类模块以.CLS 作为扩展名，用来定义一个类，是面向对象编程的基础。在类模块中，用户可以编写代码定义一个类，并定义类的各种属性和方法。定义完类的属性和方法之后，可以在程序中利用该类创建其实例，该实例继承类的方法和属性。类的实例的变量和数据存在于该实例的生命时间，随着该实例的产生而产生，随着该实例的消失而消失。

15.3 插件（Add-In）

插件（Add-In）作为与 Inventor API 的连接方法之一，具有很多优点，如随 Inventor 启动而自动启动、允许用户自定义菜单命令以及具有更多功能等。对于插件和 Inventor 的关系，我们可以理解为服务器和客户端的关系。Inventor 是服务器，为客户端（插件）提供服务。Inventor 在启动时，自动查找已经注册过的插件，然后将其启动。插件启动后，会得到所有 Inventor API 的访问权。Inventor 在提供服务的过程中，还保持同插件之间的通信，如传递一些插件的相关信息。

15.3.1 创建插件

创建插件的第一步就是建立一个新的 ActiveX EXE 工程或者 Active DLL 工程。任何一种支持 ActiveX 组件的程序语言都能够创建插件，各种语言编写的程序的基本概念是一样的，但是所创建的组件对事件的响应并不完全相同。如果读者对 ActiveX 组件的内容不太清楚，最好首先查阅相关的文档以对其工作原理有所了解。下面按照步骤介绍。

1. 新建 Active EXE 或者 ActiveX DLL 文件

要创建一个 ActiveX 组件，可以从 Visual Basic 的【新建工程】对话框中选择 Active EXE 或者 ActiveX DLL 选项，如图 15-14 所示。然后单击【打开】按钮，则创建一个 ActiveX 组件，此时的开发界面如图 15-15 所示。

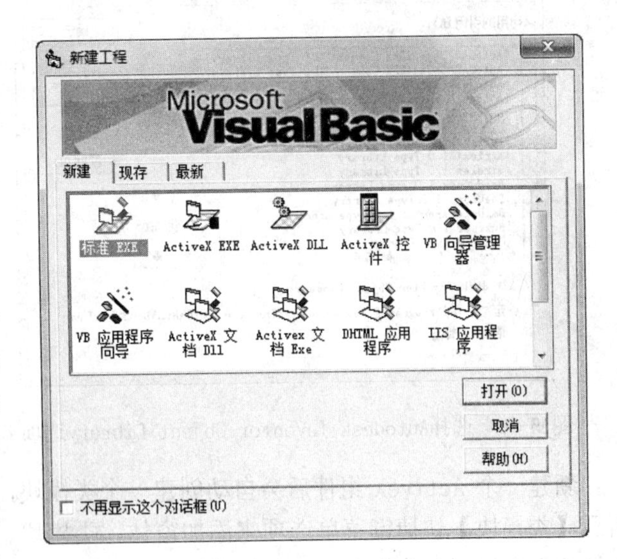

图15-14 新建ActiveX组件

2. 包含 Inventor 对象库

需要注意的是，在 ActiveX 工程中必须将 Inventor 的类型库包含进来。要包含 Inventor 的类型库，可以在开发界面中选择【工程】菜单下的【引用】选项，则弹出【引用-工程 1】对话框，选择 Autodesk Inventor Object Library 选项，如图 15-16 所示。

当创建了一个 ActiveX 组件后，必须在注册表中注册才能够正常使用。关于注册的方法在下一节详细讲述。组件注册需要通过程序的 ID 即 ProgID 才能够在注册表中进行定义，ProgID 由对象的名称和类的名称决定，也就是工程名称.类名称的形式。如果建立了一个名为工程 1 的工程，建立了一个名称为 Class1 的类，如图 15-17 所示，则 ProgID 的名称为 Project1.Class1。

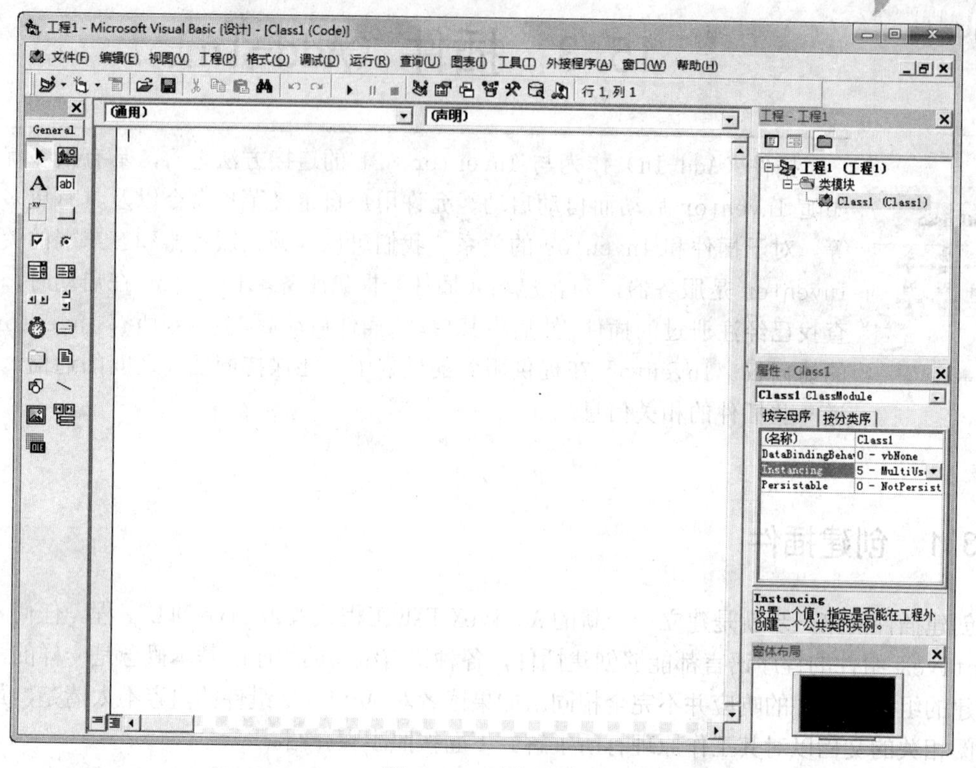

图15-15　开发界面

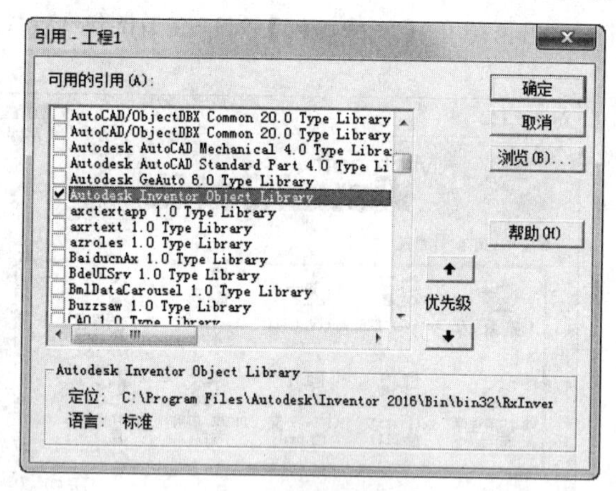

图15-16　选择Autodesk Inventor Object Library选项

图15-17　建立工程和类

新建一个 ActiveX 组件后会自动创建一个类模块，默认名称为 Class1。可以通过图 15-18 所示【类模块】快捷键菜单选项来添加窗体、类模块、标准模块等，可以通过双击某个窗体或者模块等来打开它的代码窗口为其添加代码。快捷菜单中也提供了【另存为】、【保存】等选项。

3. 添加代码

可以为各种模块添加代码以实现具体的程序功能。在 VB 中，需要利用 Implements 关键字定义 Inventor 的接口，Inventor 也会通过定义的接口同插件通信。将下面的代码添加到类模块中，以起到链接 Inventor 和插件的作用。

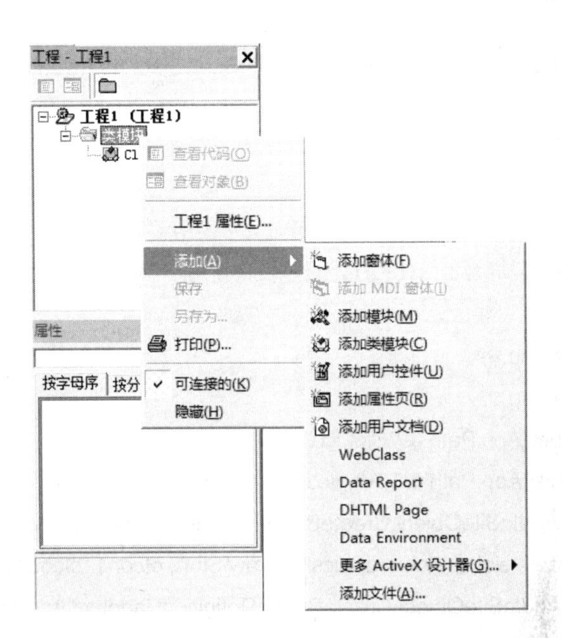

图15-18 【类模块】的快捷菜单

```
Implements ApplicationAddServer
```

这样程序中增加了一个名为 ApplicationAddServer 的对象，出现在 VB 代码窗口的对象列表中，同时它的方法也会列出在方法列表中。此时从对象列表中选择 ApplicationAddServer 对象，则立刻在代码窗口中为其添加 Active 方法的子程序，可以在其中添加程序代码，当该对象的 Activate 方法发生时，代码会被执行。

可以在方法列表中选择 ApplicationAddServer 对象的其他方法，则该方法的子程序会被自动添加。下面简单解释一下这四种方法。当插件被随着 Inventor 的启动而启动时，调用 Activate 过程。当结束 Inventor 程序或者从插件管理器中卸载插件而导致插件退出时，调用 Deactivate 过程。Automation 方法允许插件暴露自己的一个 API 给其他程序。ExecuteCommand 方法从 Inventor R6 开始就已经废弃了。

4. 实例学习

在这个实例中为 Inventor 添加一个绘图工具面板，并利用其中的工具在 Inventor 的草图环境下绘制几何图形。该程序实例位于网盘的【\二次开发\插件实例\】目录下。

1）声明变量。在代码窗口中的最前面输入以下的代码，用来声明在程序中用到的一些全局变量。

```
Option Explicit
Implements ApplicationAddInServer
Private oApp As Inventor.Application
Private WithEvents oButtonHandler1 As ButtonDefinitionHandler
Private WithEvents oButtonHandler2 As ButtonDefinitionHandler
```

2）调用 Activate 方法时，在零件的【草图】面板中添加一个新的面板，面板中添加两个工具按钮用来绘制几何图元，代码如下。读者可以参考其中的注释。

```
Private Sub ApplicationAddInServer_Activate(ByVal AddInSiteObject As Inventor.ApplicationAddInSite, ByVal FirstTime As Boolean)
    ' 设置 oApp 为 AddInSiteObject 对象的一个引用
    Set oApp = AddInSiteObject.Application
        ' 创建两个按钮的处理句柄.为了简化本范例程序,两个图标从硬盘中读取,当然也可以从其他地方获得,如图像控件或者一个源文件。同样为了简化程序，这里仅仅使用小图标，如果用户选择了大图标，则 Inventor 会自动对图标进行缩放。
    Dim oIcon1 As IPictureDisp
    Dim oIcon2 As IPictureDisp
    Set oIcon1 = LoadPicture(App.Path & "\Slot.ico")
    Set oIcon2 = LoadPicture(App.Path & "\Toggle.ico")
    Set oButtonHandler1=AddInSiteObject.CreateButtonDefinitionHandler("AddInSampleCmd1", kShapeEditCmdType, "Draw Slot", "Create slot sketch graphics", "Draw Slot", oIcon1, oIcon1)
    Set oButtonHandler2=AddInSiteObject.CreateButtonDefinitionHandler("AddInSampleCmd2", kQueryOnlyCmdType, "Toggle Slot State", "Enables/Disables state of slot command.", "Toggle Slot State", oIcon2, oIcon2)
        ' 创建一个工具面板
    Dim oCommandBar As CommandBarBase
    Set oCommandBar=oApp.EnvironmentBaseCollection.CommandBarBaseCollection.Add("AddIn Sample")
        ' 向新建的工具面板中添加按钮
    Call oCommandBar.Controls.Add(kBarControlButton, oButtonHandler1.ControlDefinition)
    Call oCommandBar.Controls.Add(kBarControlButton, oButtonHandler2.ControlDefinition)
    ' 获得二维草图环境的基本对象
    Dim oEnvBase As EnvironmentBase
    Set oEnvBase = oApp.EnvironmentBaseCollection.Item("PMxPartSketchEnvironment")
    ' 为二维草图环境设置工具面板菜单中的工具栏
    oEnvBase.PanelBarList.Add oCommandBar
    MsgBox "要使用新增的插件面板中的功能，需要在 Inventor 中建立二维草图，" & Chr(13) &  "并且在工具面板中选择 Add-In Sample."
End Sub
```

3）编写按钮处理程序。在变量声明部分，已经通过下面的两个语句定义了两个按钮的句柄对象 oButtonHandler1 和 oButtonHandler2。

```
Private WithEvents oButtonHandler1 As ButtonDefinitionHandler
Private WithEvents oButtonHandler2 As ButtonDefinitionHandler
```

此时可以看到在对象列表中已经添加了这两个对象，选择这两个按钮句柄对象的 OnClick 方法，则自动添加 OnClick（单击按钮事件）的代码模块。在该代码模块中添加程序如下：

```
Private Sub oButtonHandler1_OnClick()
    '确认当前文档中是否存在激活的草图
```

```
    If TypeOf oApp.ActiveEditObject Is PlanarSketch Then
        '调用绘制草图几何图元的子程序
        Call DrawSlot(oApp.ActiveEditObject)
    Else
        '如果文档中没有激活的草图，则显示错误信息
        MsgBox "A sketch must be active for this command."
    End If
End Sub
Private Sub oButtonHandler2_OnClick()
    '点击 Toggle 按钮可以使得命令 1 可用
    If oButtonHandler1.Enabled Then
        oButtonHandler1.Enabled = False
    Else
        oButtonHandler1.Enabled = True
    End If
End Sub
```

4）编写绘制几何图形子程序。

程序代码如下：

```
Private Sub DrawSlot(oSketch As PlanarSketch)
    ' 定义 Draw_Lines 和 Draw_Arcs 为直线和圆弧
    Dim oLines(1 To 2) As SketchLine
     Dim oArcs(1 To 2) As SketchArc
    ' 定义一个交易使得绘制槽形轮廓这一行为通过 Undo 来进行撤销
    Dim oTransGeom As TransientGeometry
    Dim oTrans As Transaction
    Set oTrans = oApp.TransactionManager.StartTransaction(oApp.ActiveDocument, "Create Slot")
    ' 绘制两条直线和两条圆弧，以构成槽的轮廓
    With oApp.TransientGeometry
        Set oLines(1) = oSketch.SketchLines.AddByTwoPoints( _
                        .CreatePoint2d(0, 0), .CreatePoint2d(5, 0))
        Set oArcs(1) = oSketch.SketchArcs.AddByCenterStartEndPoint( _
                        .CreatePoint2d(5, 1), oLines(1).EndSketchPoint, _
                        .CreatePoint2d(5, 2))
        Set oLines(2) = oSketch.SketchLines.AddByTwoPoints( _
                        oArcs(1).EndSketchPoint, .CreatePoint2d(0, 2))
        Set oArcs(2) = oSketch.SketchArcs.AddByCenterStartEndPoint( _
                        .CreatePoint2d(0, 1), oLines(2).EndSketchPoint, _
                        oLines(1).StartSketchPoint)
```

```
    End With
        '创建直线和圆弧的相切约束
    Call oSketch.GeometricConstraints.AddTangent(oLines(1), oArcs(1))
    Call oSketch.GeometricConstraints.AddTangent(oLines(2), oArcs(1))
    Call oSketch.GeometricConstraints.AddTangent(oLines(2), oArcs(2))
    Call oSketch.GeometricConstraints.AddTangent(oLines(1), oArcs(2))
        '创建直线之间的平行约束
    Call oSketch.GeometricConstraints.AddParallel(oLines(1), oLines(2))
        ' 结束交易
    oTrans.End
End Sub
```

5）编制其他过程程序。当退出插件时，触发 Deactivate 过程，其代码如下：

```
Private Sub ApplicationAddInServer_Deactivate()
    ' 利用 Nothing 关键字释放所有的引用以释放内存空间
    Set Button_Handler1 = Nothing
    Set Button_Handler2 = Nothing
     Set App_Obj = Nothing
End Sub
```

对于 Automation 方法，在本例中并不支持应用程序接口，所以也没有必要支持该属性，但是，VB 在编译时要求所有的方法都应该编写一定的代码，这里可以添加如下程序代码，将函数返回值设置为 Nothing，指示插件的 API 不可用。

```
Private Property Get ApplicationAddInServer_Automation() As Object
     Set ApplicationAddInServer_Automation = Nothing
End Property
```

对于 ExecuteCommand 方法，当用户运行任何插件的命令时，该方法将被调用，即使该方法不再可用，Inventor 仍然会执行它。可以在令该子过程代码为空，或者加一些注释就可以了，如下所示，这样一方面能够通过编译，另一方面即使 VB 在进行代码优化时也不会删除它。

```
Private Sub ApplicationAddInServer_ExecuteCommand(ByVal CommandID As Long)
    ' 添加任意的注释即可。
End Sub
```

6）在全部代码都已经编写完毕后，可以选择 VB 标准工具栏上的【文件】菜单下的【Make 插件实例.dll】选项，则生成 DLL 文件。

15.3.2 为插件注册

当程序已经创建完毕并且编译生成了 DLL 文件后，还需要在注册表中为其注册，插件才能够正常使用。在 VB 中，当编译生成 DLL 文件时，会自动向注册表中添加信息，以便于将该 DLL 文件作为系统的一个 ActiveX 部件，但是该 ActiveX 部件如果要在 Inventor 中使用的话，还需要另外一些注册信息也需要添加到注册表中去。这些 VB 不会替我们完成，所以只能够手动添加。下面按照步骤讲述如何向注册表中添加插件的注册信息。

1. 注册 DLL 服务器

选择 Windows【开始】菜单中的【运行】选项，输入如下的内容：

```
RegSvr32 "D:\inventor\ AddInSample.dll"
```

如图 15-19【运行】对话框中所示，根据 DLL 文件的具体位置填写。单击【确定】按钮，弹出如图 15-20 所示的消息提示，显示注册服务器成功。

图15-19 【运行】对话框

图15-20 注册服务器成功消息提示

2. 获得插件 I

在编译 DLL 文件时，插件会自动分配一个 ID，注册就需要找到这个 ID，方法是：

1）从 Windows 的【开始】菜单中选择【运行】选项，在弹出的【运行】对话框中【打开】文本框中输入 Regedit，如图 15-21 所示；然后按下<Enter>键，则弹出 Windows 自带的【注册表编辑器】对话框，如图 15-22 所示。

2）在 HKEY_CLASSES_ROOT 文件夹中，找到 Project1.Class1 文件夹，打开 Clsid 子文件夹，Clsid 的值显示在右侧列表框中，如图 15-23 所示。

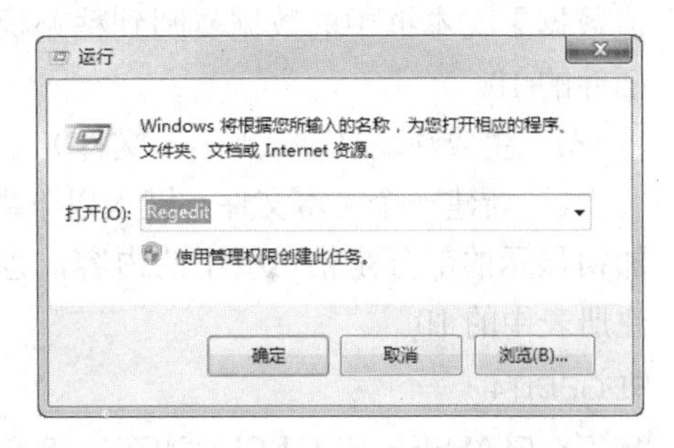

图 15-21 在【打开】文本框中输入 regedit

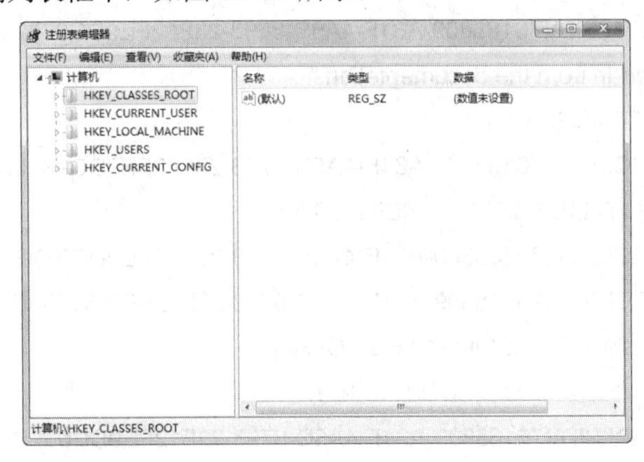

图 15-22 【注册表编辑器】对话框

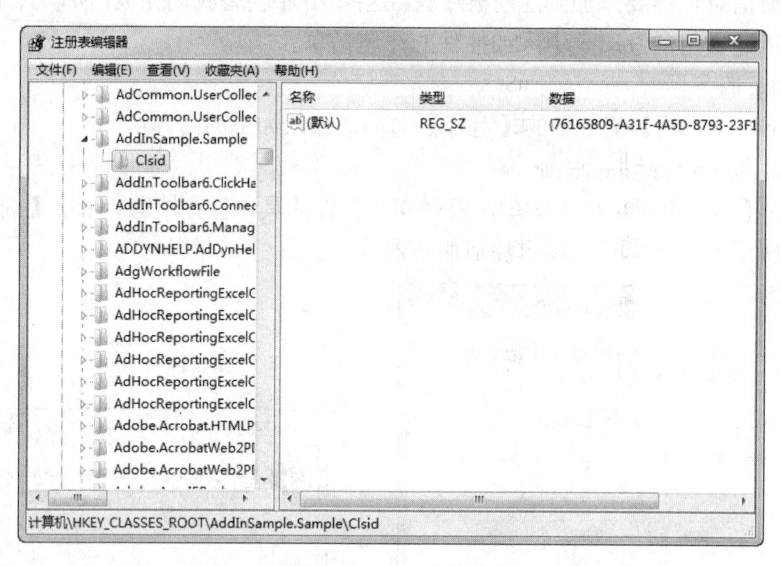

图15-23　Clsid的值

3）双击右侧列表框中的值的名称（默认），弹出如图 15-24 所示的【编辑字符串】对话框。将【数值数据】文本框中的数据复制到粘贴板中，这就是插件的 ID。

图15-24　【编辑字符串】对话框

3. 生成注册文件（*.reg 文件）

1）新建一个文本文件，键入以下内容。其中，加粗显示的部分是粘贴板中的内容，也就是插件在注册表中的 ID。

```
REGEDIT4
[HKEY_CLASSES_ROOT\CLSID\{76165809-A31F-4A5D-8793-23F12FE9DC03}]
@=" Sample Add-In"
```

注：本部分程序改变与组件相关的名称，该名称显示在附加模块管理器中。

```
[HKEY_CLASSES_ROOT\CLSID\{76165809-A31F-4A5D-8793-23F12FE9DC03}\Description]
@=" This is the sample Add-In from the documentation."
```

注：为组件添加一个文本描述。

```
[HKEY_CLASSES_ROOT\CLSID\{76165809-A31F-4A5D-8793-23F12FE9DC03}\Implemented
Categories\{39AD2B5C-7A29-11D6-8E0A-0010B541CAA8}]
[HKEY_CLASSES_ROOT\CLSID\{76165809-A31F-4A5D-8793-23F12FE9DC03}\Required Categories]
[HKEY_CLASSES_ROOT\CLSID\{76165809-A31F-4A5D-8793-23F12FE9DC03}\Required
Categories\{39AD2B5C-7A29-11D6-8E0A-0010B541CAA8}]
```

注：指定该 ActiveX 组件属于 Inventor 的插件范围内。

```
[HKEY_CLASSES_ROOT\CLSID\{76165809-A31F-4A5D-8793-23F12FE9DC03}\Settings]
"LoadOnStartUp"="1"
```

"Type"="Standard"
"SupportedSorftwareVersionGreaterThan"="7.."

注：指定插件的一些设置，如 LoadOnStartUp 为 1 则该插件会自动启动。

2）将该文本文件存储，可以设定文件名为 AddInSample.txt，然后将扩展名.txt 改为.reg。

4. 执行注册文件以注册插件

双击文件 AddInSample.reg 以运行该文件，对弹出的图 15-25 所示的信息进行确认，单击【是】按钮，则完成插件的注册。此时弹出如图 15-26 所示的对话框，提示注册成功。

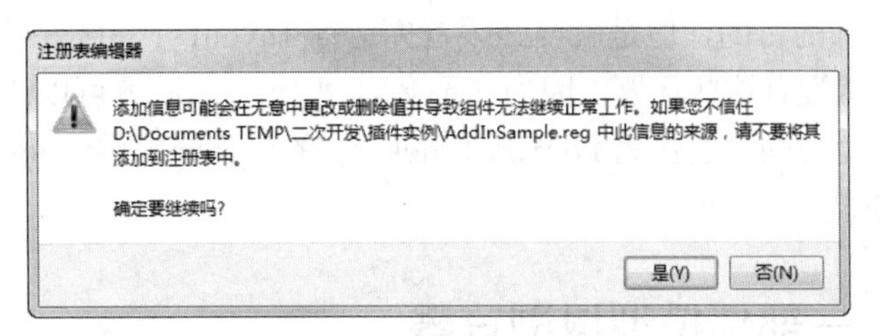

图15-25　信息确认提示

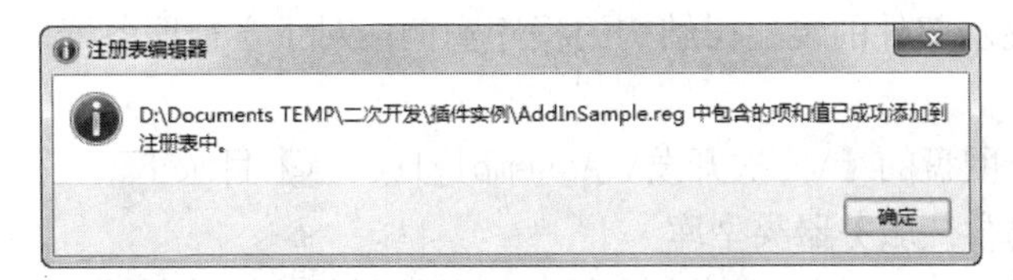

图15-26　【注册表编辑器】对话框

15.4　学徒服务器（Apprentice Server）

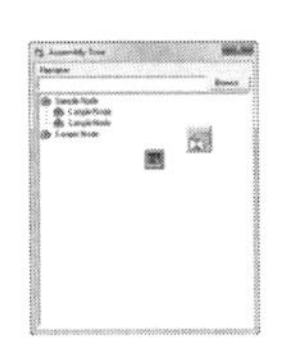

本质上，学徒服务器是一个 ActiveX 部件，它运行在使用它的客户端的程序进程中，必须通过 API 来访问它的功能。

15.4.1　学徒服务器简介

学徒服务器（apprentice server）可以理解为一个没有用户界面的袖珍 Inventor，它是 Inventor 的一个子集。本质上，学徒服务器是一个 ActiveX 部件，它运行在使用它的客户端的程序进程中，必须通过 API 来访问它的功能。例如，编写了一个显示零件物理属性的 VB 程序，则学徒服务器将在该 VB 程序中运行。

学徒服务器的 API 是完整的 Inventor API 的一个子集，学徒服务器提供对文件参考、边界映象、几何特征、装配结构、渲染样式以及文档属性等的访问接口，其中对某些属性的访问是只读的，如装配部件的结构、渲染样式等，有些属性则为可读写，如文档属性等。

学徒服务器与 Inventor 的 API 之间存在很大的相同之处，毕竟前者是后者的一个子集，但是两者也存在不同之处。

1）两者的显著区别在于 Application 对象和 Document 对象，Inventor 和学徒服务器对于

两者的描述方式是完全不同的。例如，在学徒服务器中，称 Application 对象为 Apprentice Server Component，它所支持的 API 就要比 Inventor 的 Application 对象支持的 API 少的多。在学徒服务器中没有 Documents 集的概念，学徒服务器只有单一的文档界面，它不支持多文档的同时打开，也就是说只能够同时打开一个文档。如果在打开一个文档的同时强行打开另外一个文档，则先前的文档会被关闭。

2）使用学徒服务器的应用程序一般是要打开 Inventor 的文档，然后进行各种操作。例如，打开一个 Inventor 的装配部件，遍历其中的零部件，获取其物理属性等。当然，使用 Inventor 的 API 也可以达到同样的目的，但是就要必须首先运行 Inventor，这就导致了更多的花费和时间。利用学徒服务器就没有这些问题，因为它不必运行 Inventor 就可以读取 Inventor 的文档。另外，学徒服务器是免费的，它作为 Design Tracking 的一部分提供，Design Tracking 可以从 Autodesk 的网站上下载。

15.4.2　实例——部件模型树浏览器

本节介绍一个显示部件的装配树结构的程序实例，对于学徒服务器的一些编程语法我们结合程序做简要介绍。

该程序实例位于网盘的【\二次开发\ AssemblyTree \】目录下。

1. 在 VB 中包含学徒服务器类型库

在编写程序之前，首先要在 VB 中包含学徒服务器类型库。选择【工程】菜单中的【引用】选项，则弹出【引用-工程 1】对话框。选择其中的 Autodesk Inventor Object Library 选项，如图 15-27 所示。

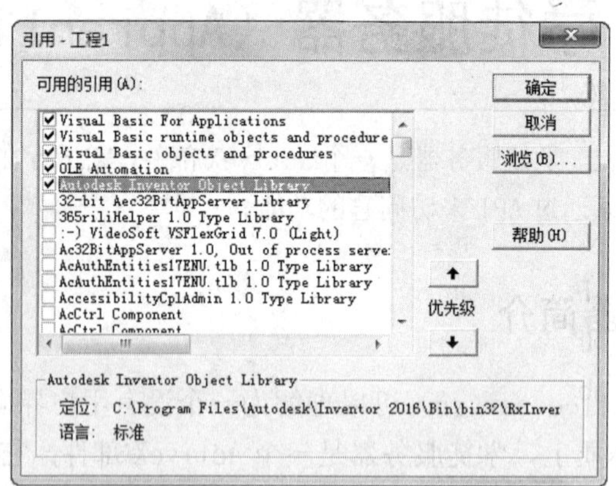

图15-27　选择Autodesk Inventor Object Library选项

本节的实例程序是首先打开一个 Inventor 的部件文件，同时部件文件的装配模型树显示在程序界面中，如图 15-28 所示。

2. 在 VB 下新建一个标准 EXE 文件

在界面上添加一个文本框（名称为 txtFilename），一个按钮（名称为 cmdBrowse），一个 CommonDialog 控件（名称为 Common Dialog1），一个 ImageList 控件（名称为 img List），还有一个 TreeView 控件（名称为 treList），如图 15-29 所示。下面分别说明各个部分的程序代码。

1）对程序用到的全局变量进行声明，代码如下：

```
Option Explicit
Private oApprenticeApp As ApprenticeServerComponent
Private TreeBuilt As Boolean
```

图15-28　部件文件的装配模型树

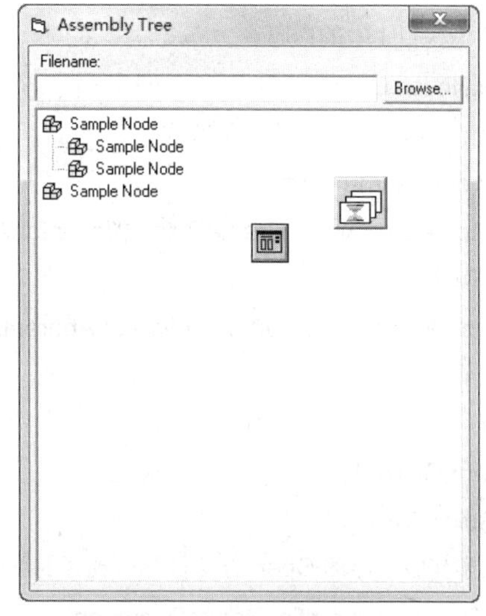

图15-29　程序界面

2）当单击 Browse... 按钮后，则弹出【打开】对话框以选择文件。单击对话框中的【确定】按钮后，则显示模型树。为按钮添加处理函数如下：

```
Private Sub cmdBrowse_Click()
   ' 设置【打开】对话框的各种参数.
   With CommonDialog1
      Dim oApprentice As New ApprenticeServerComponent
      .InitDir = oApprentice.FileLocations.Workspace
      Set oApprentice = Nothing
      .DialogTitle = "Assembly Tree"
      .DefaultExt = ".iam"
      .Filter = "Inventor Assembly File (*.iam) | *.iam"
      .FilterIndex = 0
      .Flags = cdlOFNHideReadOnly
      .ShowOpen
   End With
      ' 获得选择的文件的文件名
   txtFilename.Text = CommonDialog1.FileName
      ' 如果文件名不为空的话，调用 BuildTree 函数以显示模型树。.
```

```
        If txtFilename.Text <> "" Then
            BuildTree
        End If
End Sub
```

3）绘制模型树的子函数 BuildTree 程序代码如下：

```
Private Sub BuildTree()
    ' 清除 TreeList 中的内容
    treList.Nodes.Clear
    ' 创建一个新的学徒服务器对象
    On Error Resume Next
    Set oApprenticeApp = CreateObject("Inventor.ApprenticeServer")
    If Err Then
        MsgBox "cannot start the Inventor Apprentice Server."
        End
    End If
    On Error GoTo 0
    TreeBuilt = True
    ' 利用学徒服务器的 Open 方法打开所选择的部件文件
    Dim oDoc As ApprenticeServerDocument
    On Error Resume Next
    Set oDoc = oApprenticeApp.Open(txtFilename.Text)
    If Err Then
        MsgBox "Unable to open the specified file.", vbOKOnly + vbExclamation
        Exit Sub
    End If
    On Error GoTo 0
        ' 检查部件文件的版本是否是 R5 以上，如果是 R4 以下版本的 Inventor 创建的，则给出警告信息说明
文件必须移植到 R5 以上的版本中才能够被程序所用。
    If oDoc.SoftwareVersionSaved.Major < 4 Then
        MsgBox "The selected file must be migrated to R4 or later before using this utility.", vbOKCancel +
vbExclamation
        Exit Sub
    End If
    ' 建立一个 TreeList 中的顶部节点
    Dim TopNode As Node
    Set TopNode = treList.Nodes.Add(, , , oDoc.DisplayName, "Assembly")
    ' 调用递归函数 GetComponents 以遍历模型树中的对象.
    Call GetComponents(oDoc.ComponentDefinition.Occurrences, TopNode)
```

```
    ' 设置节点展开.
    TopNode.Expanded = True
End Sub
```

4）递归函数 GetComponents 的作用是遍历模型树中的元素，并且将其添加到 TreeList 中。GetComponents 的程序代码如下：

```
Private Sub GetComponents(InCollection As ComponentOccurrences, ParentNode As Node)
    Dim oCompOccurrence As ComponentOccurrence
    For Each oCompOccurrence In InCollection
        ' 判断当前对象是不是一个部件或者零件.
        Dim ImageType As String
        If oCompOccurrence.Definition.Document.DocumentType = kAssemblyDocumentObject Then
            ImageType = "Assembly"
        Else
            ImageType = "Part"
        End If
        ' 在 Treelist 中显示当前对象，即模型树
        Dim CurrentNode As Node
        Set CurrentNode = treList.Nodes.Add(ParentNode, tvwChild, , oCompOccurrence.Name,
ImageType)
        ' 递归调用当前函数，以遍历每一个模型树的组称元素
        Call GetComponents(oCompOccurrence.SubOccurrences, CurrentNode)
    Next
End Sub
```

5）添加其他部分代码，如下：

```
Private Sub Form_Unload(Cancel As Integer)
    ' 当关闭窗体时，释放 oApprenticeApp 对象，即断开与学徒服务器的连接
    Set oApprenticeApp = Nothing
End Sub
Private Sub txtFilename_KeyPress(KeyAscii As Integer)
    ' 如果用户按下了回车键，同时选择了部件文件，则调用 BuildTree 函数
    If KeyAscii = 13 And txtFilename.Text <> "" Then
        KeyAscii = 0
        BuildTree
    End If
End Sub
Private Sub txtFilename_LostFocus()
    ' 如果在文本框中输入了部件文件的路径和文件名，则当文本框失去焦点(如按下 Tab 键)时，调用 BuildTree
函数
```

```
    If txtFilename.Text <> "" Then
        BuildTree
    End If
End Sub
```

15.5　综合实例——文档特性访问

在 Inventor 中，所有的文档都设置了一定的特性。选择菜单下的 iProperties 选项可以打开【特性】对话框，其中列出了文档的所有特性，如模型实体的物理特性等。这些特性全部可以通过 Inventor API 来访问。本节通过一个实例来看一下如何使用 API 来访问文档的特性。

15.5.1　读取文档特性

该程序实例位于网盘中的【\二次开发\Properties】目录下。

该应用程序在 VB 环境下编写，运用学徒服务器来完成应用程序与 Inventor 文档之间的通信。运行该程序后，界面如图 15-30 所示。单击【浏览】按钮后，可以在弹出的【打开】对话框中选择一个 Inventor 的文档，然后该文档的所有特性就会显示在下面的列表框中，如图 15-31 程序运行结果示意图所示。

图15-30　程序运行界面

1. 建立程序的用户界面

在 Visual Basic 中新建一个标准 EXE 工程，在当前窗体中，添加一个文本框(txtFilename)，用来显示打开的文档的路径和文件名。添加三个按钮，分别命名为 cmdBrowse、cmdSaveChanges 和 cmdCancel，其中 cmdBrowse 按钮用来打开一个 Inventor 文档，cmdCancel 按钮用来退出程序，cmdSaveChanges 按钮将在下一节讲述。添加一个 ListBox (lstProperties)，用来显示文档的特性；添加 CommonDialog (CommonDialog1)，用来显示【打开】对话框。以及添加说明性文本的 Label，如图 15-32 所示。

2. 变量声明

```
Option Explicit
' oApprenticeApp 为一个学徒服务器对象，oDoc 为学徒服务器文件，ChangeMade 为布尔变量
Private oApprenticeApp As ApprenticeServerComponent
Private oDoc As ApprenticeServerDocument
Private ChangeMade As Boolean
```

图15-31 程序运行结果示意图

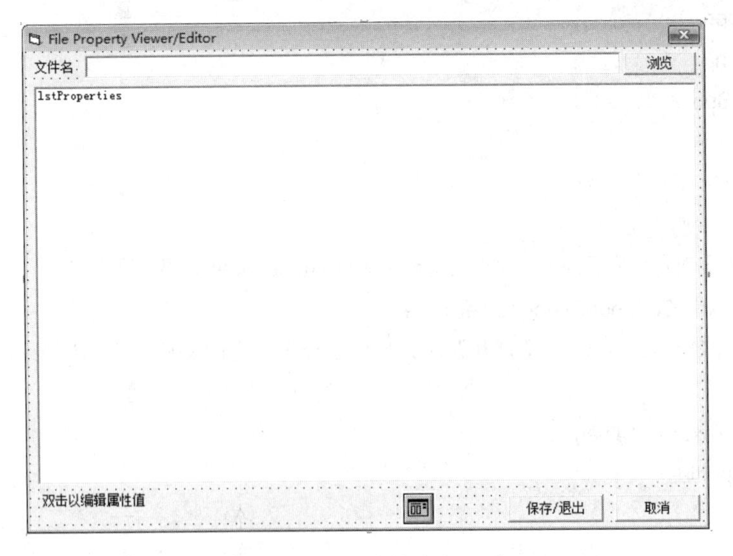

图15-32 程序的用户界面

3. 编写【浏览】按钮的处理函数

单击【浏览】按钮后，弹出【打开】对话框，当用户选择了一个 Inventor 文档时，该文档特性显示在 ListBox 中，所以【浏览】按钮功能主要有两个，即打开一个【打开】对话框和调用显示文档特性的子函数。程序代码如下：

```
Private Sub cmdBrowse_Click()
' 设置 oApprenticeApp 为一个学徒服务器对象
    If oApprenticeApp Is Nothing Then
        Set oApprenticeApp = New ApprenticeServerComponent
    End If
        If Not oApprenticeApp.Document Is Nothing Then
        oApprenticeApp.Close
    End If
        ' 设置【打开】对话框的各种属性.
    With CommonDialog1
        ' Use the current workspace as the initial directory.   If there's not a workspace
        ' defined this will return an empty string which results in VB using a default
        ' initial directory.
        .InitDir = oApprenticeApp.FileLocations.Workspace
                .DialogTitle = "Display Properties"
        .Filter = "Inventor Files (*.iam, *.ipt, *.idw, *.ipn, *.ide) | *.iam; *.ipt; *.idw; *.ipn; *.ide"
        .FilterIndex = 0
        .Flags = cdlOFNHideReadOnly
        .CancelError = True
        On Error Resume Next
        .ShowOpen
        If Err Then
            Exit Sub
        End If
        On Error GoTo 0
    End With
        ' 将【打开】对话框中返回的文件名传递给文本框 txtFilename 以显示文件名.
    txtFilename.Text = CommonDialog1.FileName
        ' 如果文件名不为空，即在【打开】对话框中选择了一定的文档，则调用显示文件特性的子函数
ShowProperties
    If txtFilename.Text <> "" Then
        ShowProperties
    End If
End Sub
```

4．编写显示文档特性子函数 ShowProperties

```
Private Sub ShowProperties()
  ' 清楚 ListBox 中的内容
    lstProperties.Clear
```

```
' 在学徒服务器中打开选定的 Inventor 文档.
Set oDoc = oApprenticeApp.Open(txtFilename.Text)
' 如果没有打开文档，则显示错误信息
If oDoc Is Nothing Then
    MsgBox "Unable to open the specified document."
    Exit Sub
End If
' 遍历特性集中的每一个对象
Dim oPropSet As PropertySet
For Each oPropSet In oDoc.PropertySets
    lstProperties.AddItem "Property Set: " & oPropSet.DisplayName & ", " & oPropSet.InternalName
   Dim oProp As Property
   For Each oProp In oPropSet
' 显示特定日期的特性信息.
        If VarType(oProp.Value) <> vbDate Then
            lstProperties.AddItem "    " & oProp.Name & ", " & oProp.PropID & " = " & ShowValue
(oProp)
        Else
            If oProp.Value = #1/1/1601# Then
                lstProperties.AddItem "    " & oProp.Name & ", " & oProp.PropID & " = "
            Else
                lstProperties.AddItem "    " & oProp.Name & ", " & oProp.PropID & " = " & ShowValue
(oProp)
            End If
        End If
    Next
  Next
End Sub
```

15.5.2 修改特性值

在本实例程序中，对于文档的一些可读写的属性，可进行修改。当双击 ListBox 中的某属性时，将弹出如图 15-33 所示的对话框。用户可以输入该属性的新值，输入完毕以后，单击【确定】按钮，此时【保存/退出】按钮变为可用。单击该按钮，则输入的新值被保存到 Inventor 文档中。下面按照步骤讲解该功能的代码实现。

1. 添加窗体

选择菜单 Project 下的 Add Form 选项，添加一个新的窗体，命名为 picThumbnail。其中放置一个 PictureBox 控件，命名为 picThumbnail，程序的用户界面如图 15-34 所示。

2. 编写双击 ListBox 中的特性条目时的处理函数

当双击 ListBox 中的特性条目时，弹出【输入新的值】对话框，用户可以修改某个特性值；如果该特性为只读的话，则弹出如图 15-35 所示的对话框，提示该特性不可以修改。代码如下：

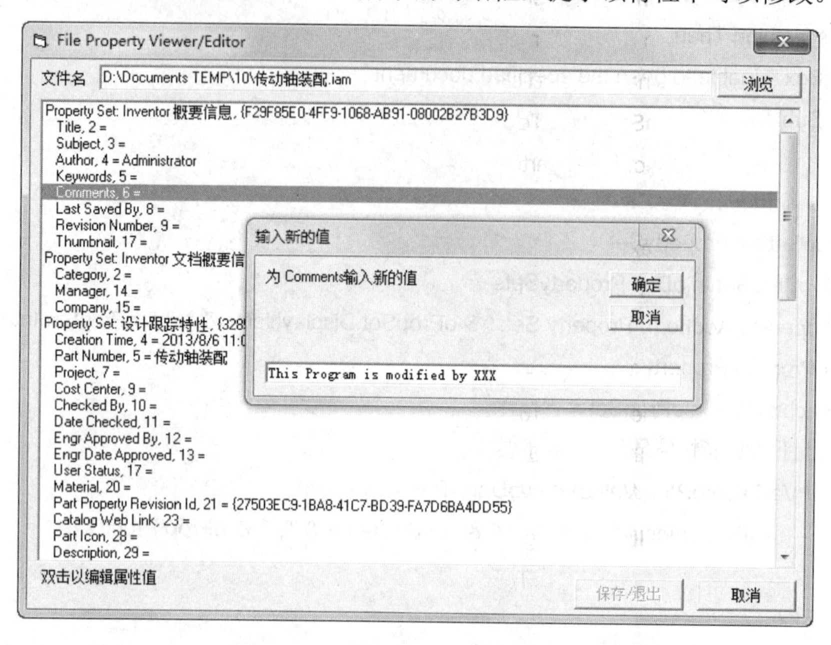

图 15-33 【输入新的值】对话框

图15-34 程序的用户界面

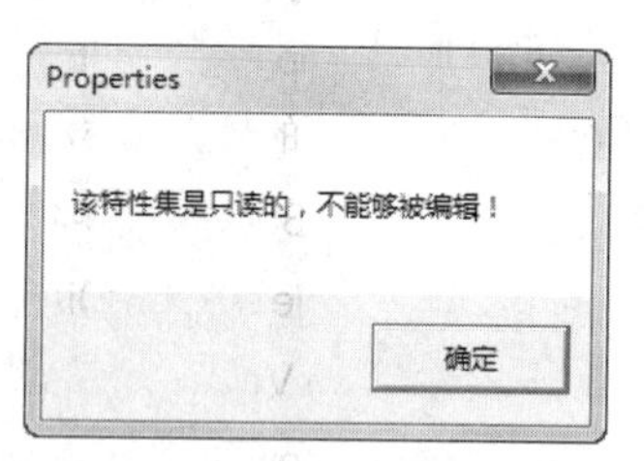

图15-35 特性为只读时弹出的对话框

```
Private Sub lstProperties_DblClick()
    Dim SelectIndex As Integer
    SelectIndex = lstProperties.ListIndex
    Dim SelectText As String
    SelectText = lstProperties.List(SelectIndex)
    ' 检查所选择的属性是否可以编辑，如果不可以编辑，则打开警告对话框.
    If Left(SelectText, 1) <> " " Then
        MsgBox "该特性集是只读的，不能被编辑！"
```

```
Else
    ' 获得所选择的特性项目的 ID.
    Dim StartDelimPosition As Integer
    Dim EndDelimPosition As Integer
    StartDelimPosition = InStr(SelectText, ",")
    EndDelimPosition = InStr(SelectText, "=")
    SelectText = Mid(SelectText, StartDelimPosition + 1, EndDelimPosition - StartDelimPosition - 1)
    Dim PropID As Long
    PropID = Val(SelectText)
        ' 判断所选择的特性属于哪一个特性集
    Dim i As Integer
    For i = SelectIndex - 1 To 0 Step -1
        If Left$(lstProperties.List(i), 13) = "Property Set:" Then
            ' 获得特性集的 ID。通过 VB 的对象浏览器，不同特性集的 ID 也可以被得到。当在浏览器中
            选择一个特性集列表时，该 ID 也作为特性描述的一部分显示出来。
            Dim PropSetID As String
            PropSetID    =    Trim(Right(lstProperties.List(i),    Len(lstProperties.List(i))    -
InStr(lstProperties.List(i), ",")))
            Exit For
        End If
    Next
    ' 通过特性集的 ID 和特性 ID 获得某一个特性
    Dim oProp As Property
    Set oProp = oDoc.PropertySets.Item(PropSetID).ItemByPropId(PropID)
    ' 判别获得的特性取值的具体属类，以便于在编辑属性时能够输入符合该类型的值
    If PropSetID = "{F29F85E0-4FF9-1068-AB91-08002B27B3D9}" And PropID = 17 Then
        Dim oPic As stdole.IPictureDisp
        Set oPic = oProp.Value
        frmThumbnail.Show
        frmThumbnail.picThumbnail.Picture = oProp.Value
    Else
    ……Dim TestString As String
        Select Case VarType(oProp.Value)
            Case vbString
            ……
```

如果判断特性取值输入字符串类型，则编写 Case vbString 下的处理程序，如下：

```
    Case vbString
     ' 显示编辑属性的对话框，并在输入文本框中显示特性的原有值
```

```
Dim NewString As String
NewString = InputBox("为" & oProp.Name & "输入新的字符串值", "编辑特性值", oProp.Value)
 ' 如果输入的值不为空，并且没有单击【取消】按键
 If NewString <> "" Then
 ' 将新输入的值赋给该特性
  oProp.Value = NewString
 ' 更新 ListBox 中所列出的特性
  lstProperties.List(SelectIndex) = "     " & oProp.Name & ", " & oProp.PropID & " = " & 
ShowValue(oProp)
   ' 设置修改标志
   ChangeMade = True
   cmdSaveChanges.Enabled = True
    End If
```

如果判断特性取值输入布尔类型，则编写 Case vbBooleab 下的处理程序；如果为日期类型，则需要编写 Case vbDate 下的处理程序等，代码不再一一列出，读者可以参考网盘中所附的源程序代码。

将新的值保存到所修改的特性中的代码如下：

```
Private Sub cmdSaveChanges_Click()
   ' 如果有特性被修改，则将新的特性值保存到该特性中取
   If ChangeMade Then
     oDoc.PropertySets.FlushToFile
   End If
' 卸载当前窗体
   Unload Me
End Sub
```

3. 完成其他部分的代码以形成完成的程序

其他部分的代码如下，具体含义可以参照其中的注释：

```
 Private Sub cmdCancel_Click()
    ' 当单击【取消】按钮时则关闭程序，卸载当前窗体
Unload Me
End Sub
Private Sub Form_Unload(Cancel As Integer)
   ' 当通过窗体右上角的关闭按钮关闭窗体时，释放当前的 Inventor 文档，并且断开与学徒服务器的
连接。
   Set oDoc = Nothing
   Set oApprenticeApp = Nothing
End Sub
Private Sub txtFilename_KeyPress(KeyAscii As Integer)
```

```
    ' 当焦点位于输入文本框上，且按下了回车键时，调用 ShowProperties 子函数以显示文档特性
If KeyAscii = 13 And txtFilename.Text <> "" Then
        KeyAscii = 0
        ShowProperties
    End If
End Sub
Private Sub txtFilename_LostFocus()
    ' 当在文本框中输入了部件的路径和名称后，如果按下 Tab 键使得文本框失去焦点，则调用
ShowProperties 子函数以显示文档特性。
If txtFilename.Text <> "" Then
        ShowProperties
    End If
End Sub
```